中国国家标准汇编

2007年修订-14

中国标准出版社　编

中国标准出版社

北　京

图书在版编目（CIP）数据

中国国家标准汇编：2007年修订.14/中国标准出版社编.—北京：中国标准出版社，2008

ISBN 978-7-5066-4946-9

Ⅰ.中…　Ⅱ.中…　Ⅲ.国家标准-汇编-中国-2007
Ⅳ.T-652.1

中国版本图书馆CIP数据核字（2008）第100912号

中国标准出版社出版发行
北京复兴门外三里河北街16号
邮政编码:100045

网址 www.spc.net.cn
电话:68523946　68517548
中国标准出版社秦皇岛印刷厂印刷
各地新华书店经销

*

开本 880×1230 1/16　印张 39.5　字数 1 202 千字
2008年8月第一版　2008年8月第一次印刷

*

定价 200.00 元

ISBN 978-7-5066-4946-9

出 版 说 明

1.《中国国家标准汇编》是一部大型综合性国家标准全集，自1983年起，按国家标准顺序号以精装本、平装本两种装帧形式陆续分册汇编出版。《汇编》在一定程度上反映了我国建国以来标准化事业发展的基本情况和主要成就，是各级标准化管理机构，工矿企事业单位，农林牧副渔系统，科研、设计、教学等部门必不可少的工具书。

2. 由于标准的动态性，每年有相当数量的国家标准被修订，这些国家标准的修订信息无法在已出版的《汇编》中得到反映。为此，自1995年起，新增出版在上一年度被修订的国家标准的汇编本。

3. 修订的国家标准汇编本的正书名、版本形式、装帧形式与《中国国家标准汇编》相同，视篇幅分设若干册，但不占总的分册号，仅在封面和书脊上注明"2007年修订-1,-2,-3,……"等字样，作为对《中国国家标准汇编》的补充。读者配套购买则可收齐前一年新制定和修订的全部国家标准。

4. 修订的国家标准汇编本的各分册中的标准，仍按顺序号由小到大排列(不连续)；如有遗漏的，均在当年最后一分册中补齐。

5. 2007年制修订国家标准1 410项，全部收入在《中国国家标准汇编》第352～367分册和2007年修订-1～修订-23分册中。本分册为"2007年修订-14"，收入新制修订的国家标准10项。

中国标准出版社

2008年6月

目　　录

ICS 07.060
A 45

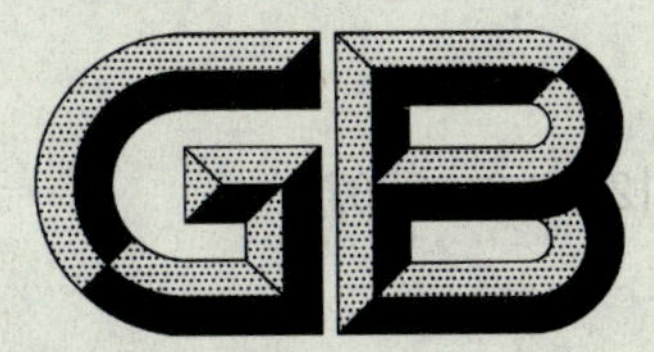

中华人民共和国国家标准

GB/T 12763.3—2007
代替 GB/T 12763.3—1991

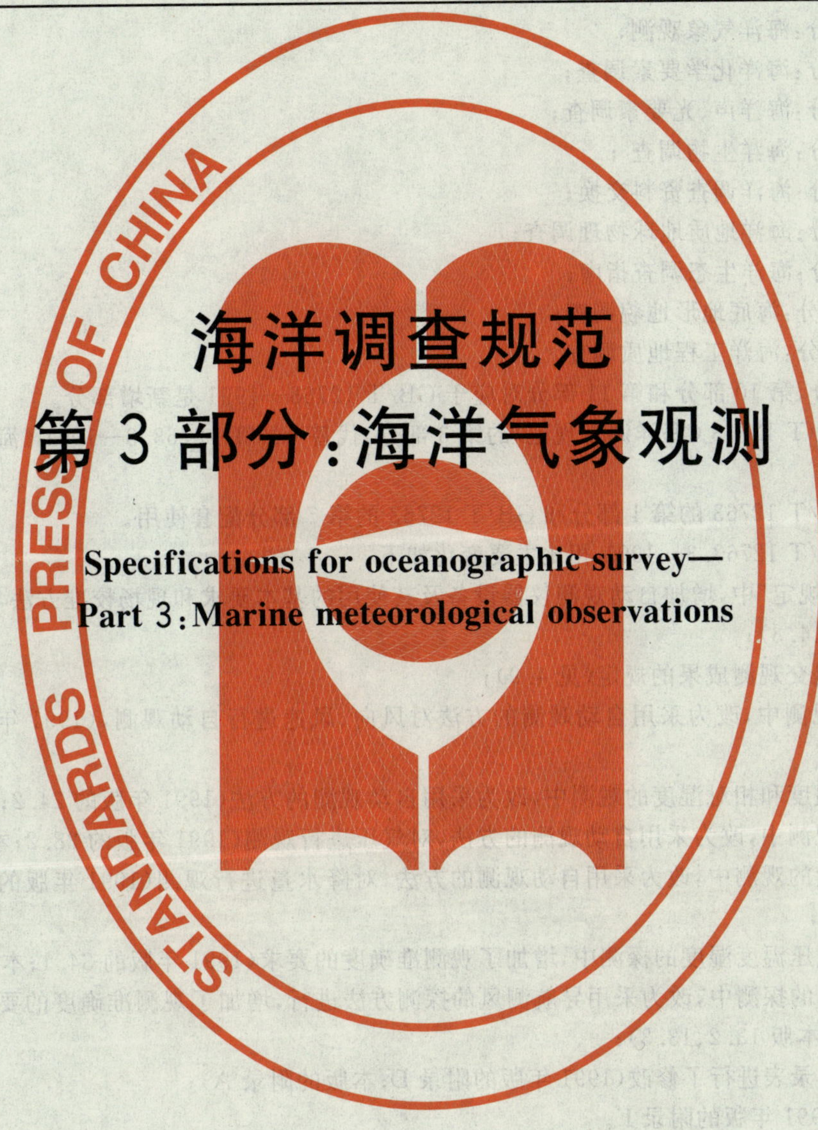

海洋调查规范 第3部分:海洋气象观测

Specifications for oceanographic survey—Part 3: Marine meteorological observations

2007-08-13 发布　　　　2008-02-01 实施

中华人民共和国国家质量监督检验检疫总局
中国国家标准化管理委员会　发布

前言

GB/T 12763《海洋调查规范》分为11个部分：

——第1部分：总则；

——第2部分：海洋水文观测；

——第3部分：海洋气象观测；

——第4部分：海洋化学要素调查；

——第5部分：海洋声、光要素调查；

——第6部分：海洋生物调查 ；

——第7部分：海洋调查资料交换；

——第8部分：海洋地质地球物理调查；

——第9部分：海洋生态调查指南；

——第10部分：海底地形地貌调查；

——第11部分：海洋工程地质调查。

其中第9部分、第10部分和第11部分对应于GB/T 12763—1991是新增部分。

本部分为GB/T 12763《海洋调查规范》的第3部分，代替GB/T 12763.3—1991《海洋调查规范 海洋气象观测》。

本部分与GB/T 12763的第1部分和GB/T 12763的第7部分配套使用。

本部分与GB/T 12763.3—1991相比主要变化如下：

——在“一般规定”中，增加自动观测仪器设备及其使用的基本要求和现场校准方法与质控要求(见4.6、4.7、4.8)；

——增加了提交观测成果的规定(见4.9)；

——在风的观测中，改为采用自动观测的方法对风向、风速进行自动观测，(1991年版的20；本版的8.3)；

——在空气温度和相对湿度的观测中，改为采用自动观测的方法(1991年版的24.2；本版的9.3)；

——在气压观测中，改为采用自动观测的方法，对气压进行观测(1991年版的28.2；本版的10.3)；

——在降水量的观测中，改为采用自动观测的方法，对降水量进行观测(1991年版的32.2.1；本版的11.3)；

——在高空气压温度湿度的探测中，增加了观测准确度的要求(1991年版的34.1；本版12.2)；

——在高空风的探测中，改为采用导航测风的探测方法进行，增加了观测准确度的要求(1991年版的38.1；本版13.2、13.3)；

——对观测记录表进行了修改(1991年版的附录D；本版的附录A)；

——删除了1991年版的附录E。

本部分的附录A、附录B、附录C、附录D为资料性附录。

本部分由国家海洋局提出。

本部分由国家海洋标准计量中心归口。

本部分由国家海洋局北海分局负责起草，中国气象局、国家海洋局东海分局、国家海洋局南海分局参加起草。

本部分主要起草人：王炜阳、马舒庆、翁光明、宋萍萍、江崇波、王俊成、邱力。

本部分所代替标准的历次版本发布情况为：

——GB/T 12763.3—1991。

海洋调查规范
第3部分:海洋气象观测

1 范围

GB/T 12763 的本部分规定了海洋气象观测的项目、技术指标、观测方法、记录整理和提交成果的要求。

本部分适用于海洋环境基本要素调查中的海洋气象观测。

2 规范性引用文件

下列文件中的条款通过 GB/T 12763 的本部分的引用而成为本部分的条款。凡是注日期的引用文件,其随后所有的修改单(不包括勘误的内容)或修订版均不适用于本部分,然而,鼓励根据本部分达成协议的各方研究是否可使用这些文件的最新版本。凡是不注日期的引用文件,其最新版本适用于本部分。

GB 4844　氦气

GB 4845　氦气检验方法

GB/T 12763.1　海洋调查规范　第1部分:总则

GB/T 12763.7　海洋调查规范　第7部分:海洋调查资料交换

3 术语和定义

下列术语和定义适用于 GB/T 12763 的本部分。

3.1

海面有效能见度　sea level effective horizontal visibility

测站所能见到的海面二分之一以上视野范围内的最大水平距离。

[GB/T 14914—2006,定义 3.6]

3.2

海面最小能见度　minimum horizontal visibility

测站四周各方向海面能见度不一致时所能看到的最小水平距离。

[GB/T 14914—2006,定义 3.6]

3.3

云量　cloud cover

云遮蔽天空视野的成数。总云量是指天空被所有的云遮蔽的总成数;低云量是指天空被低云遮蔽的成数。

3.4

云状　cloud form

云的外形。

3.5

云高　cloud height

自海面至云底的垂直距离。

3.6

天气现象　weather phenomena

大气中、海面及船体(或其他建筑物)上,产生的或出现的降水、水汽凝结物(云除外)、冻结物、干质悬浮物和光、电的现象,也包括一些风的特征。

3.7

海平面气压　sea level pressure

作用在海平面单位面积上的大气压力。

3.8

降水量　precipitation

从天空降落到海面上的液态或固态(经融化后)降水,未经蒸发、流失和扩散而在水平面积聚的深度。

3.9

逆温层　lnversion layer

温度随高度的增高而增高的气层。

3.10

零度层　zero-temperature layer

温度为0℃的气层。

3.11

对流层顶　tropopause

对流层与平流层间的过渡层。对流层顶的高度和温度,随纬度和季节的不同而变化,同时还与天气系统的活动有关。

3.12

量得风层　measured wind layer

与所测到的平均风相对应的高度范围。量得风层是根据气球的上升时间确定的,通常所测到的平均风作为该层的中间高度(或中间时间)上的风。

4　一般规定

4.1　技术设计

4.1.1　技术设计的依据

进行海上气象观测前,应根据任务书或合同书的要求对气象观测进行技术设计。

4.1.2　技术设计的主要内容

技术设计的主要内容包括:

a)　海区范围和测站布设;

b)　观测方式、项目及时次;

c)　对调查船和主要仪器设备的要求;

d)　质量控制措施;

e)　提交成果的形式和要求;

f)　工作进度及完成时间。

4.2　观测方式、项目及时次

4.2.1　观测方式

海洋气象观测采用定时观测、定点连续观测、走航观测和高空气象探测。

4.2.2　观测时次及项目

4.2.2.1　海洋气象观测采用北京时间,以20时为日界。

4.2.2.2　定时观测在每日02、08、14、20时进行观测。观测项目为：云、有效水平能见度、最小水平能见度、天气现象、风、气压、海面空气温度、相对湿度和降水量。

4.2.2.3　调查船在到达站位后，应立即进行一次观测。观测项目为：云、海面水平能见度、天气现象、风、气压、海面空气温度、相对湿度。

4.2.2.4　定点连续观测在每日24个整点进行。其中，02、08、14、20时的观测项目与4.2.2.2相同；05、11、17、23时的观测项目与4.2.2.3相同；其他时次的观测项目为：气压、海面空气温度、相对湿度和风。

4.2.2.5　走航观测采用自动观测的方法连续进行。每1 min记录一次。观测项目为：气压、海面空气温度、相对湿度、风和降水量。

4.2.2.6　高空气象探测在每日的08、20时进行，探测项目为气压、温度、湿度、风向、风速。

4.3　观测程序

4.3.1　海面气象观测

每次定时观测应在观测前30 min巡视仪器。在正点前20 min按下列顺序依次观测海面水平能见度、云、天气现象、海面气温和相对湿度、海面风、气压、降水量等。气压观测应尽量接近正点。

4.3.2　高空气象探测

每次探测均应在预定放球时间前1 h按下列顺序工作：

a)　将基点检查合格，准备施放的和备份的探空仪置于百叶箱中；

b)　施放前30 min进行基值测定并进行初算；

c)　充灌气球；

d)　检查接收设备、发射机和电池；

e)　装配探空仪和试听信号；

f)　正点施放并接收信号。

4.4　观测场地及使用仪器的基本要求

海面气象(除气压外)观测场地应选择在调查船的高层甲板，在观测点能看到整个天空和海天交界线。高空气象探测场地应设在空旷处，其上方不得有妨碍施放气球的电线、绳索和建筑物。

4.5　仪器设备的配备

气象观测仪器设备的配备按GB/T 12763.1的有关规定执行。

4.6　自动观测仪器设备的基本要求

4.6.1　自动观测仪器设备应性能可靠、测量准确、设计简单、操作维护方便、结构坚固。

4.6.2　自动观测仪器设备应具有系统设置、数据记录、数据转换、数据通讯单元和供电功能；能设置每个传感器的最新标定文件；能对气压、空气温度、相对湿度、风向、风速、降水量等观测要素进行连续自动观测、显示、打印并可以将数据存入存储器；能将传感器所获得的原始数据转换成工程数据并直接传输到计算机上；具有对采集的数据进行剔除明显误差的功能。

4.6.3　自动观测仪器设备测量准确度，要满足各要素测量技术指标。

4.6.4　仪器工作电源一般采用220 V交流电并配有UPS供电。

4.7　观测资料的存储

观测资料载体为纸质或计算机存储器。

观测资料，特别是自动记录资料要定期转录到非易失性存储器(如光盘)上。在未转录到非易失性存储器上之前，应备份两份。

4.8　观测质量控制

4.8.1　观测人员应于每日07、19时校核观测用钟表和仪器设备时钟，观测用钟表24 h内误差不得大于10 s。

4.8.2　各项观测数据使用纸张记录表的，应使用硬度适中的黑色铅笔记录在观测记录表上(参见表 A.1),书写的字迹应工整清楚,不得涂擦和字上改字。若记录有误,改正时将原记录数据划一横线,并在其右上方写上正确数据。

4.8.3 海面自动观测仪器应在每个航次前、后,用足够准确的标准仪器或基值测定仪器进行现场比对,高空探测仪应在每次施放前进行比对。比对数据应记录在观测记录表相应栏内。在用仪器必须在检定有效期内。对于不符合规定的仪器,应及时检修或更换。

4.9 观测资料处理和成果提交

4.9.1 在计算机中,利用储存的数据,按 GB/T 12763.7 的要求,进行数据的进一步处理,生成数据文件。

4.9.2 按 4.1.2 条的要求,将观测记录表装订成册与生成的数据文件一并提交。

4.9.3 提交调查报告和航次报告。调查报告按 12763.1 的要求;航次报告的主要内容应包括:

a) 概述;

b) 调查的位置、时间、获取的数据量;

c) 观测工作设计的依据和技术文件;

d) 观测工作所使用的仪器设备及工作情况;

e) 观测工作的质量控制措施。

5 海面有效能见度的观测

5.1 观测要素

海面有效能见度的观测项目为海面有效能见度和海南最小能见度。

5.2 技术指标

海面有效能见度以千米(km)为单位,分辨率为 0.1 km,准确度为±20%。

5.3 观测和记录方法

5.3.1 海面有效能见度采用目测方法进行。观测时,应站在船上较高处,视野开阔的地方。

5.3.2 夜间观测时,应站在不受灯光影响处,并停留至少 5 min,待眼睛适应后再进行观测。

5.3.3 海面有效能见度记录到 0.1 km;不足 0.1 km 时,记 0.0。

5.3.4 海面有效能见度的观测可参照表 1,按经验判定。

表 1 海面有效能见度参照表

单位为千米

海天交界线清晰程度	海面有效能见度	
	眼高出海面≤7 m 时	眼高出海面>7 m 时
十分清楚	>50.0	
清楚	20.0～50.0	>50.0
勉强可以看清	10.0～20.0	20.0～50.0
隐约可辨	4.0～10.0	10.0～20.0
完全看不清	<4.0	<10.0

5.3.5 当海面水平能见度小于 10.0 km 时,应伴有雾、降水、浮尘等天气现象,两者不应发生矛盾。

6 云的观测

6.1 观测要素

云的观测要素为:总云量、低云量、云状、低云高。

6.2 技术指标

6.2.1 云量以成(1/10)为单位,分辨率为 1 成,准确度为±1 成。

6.2.2 最低云高以米(m)为单位,分辨率为 1 m,准确度为±10%。

6.3 观测和记录方法

6.3.1 云量的观测和记录

将天空分作 10 等份，目测云占天空的成数，记录到成。

全天无云或云量＜0.5 成，云量记为 0；天空完全被云所遮蔽，云量记为 10；天空基本为云所遮蔽，但有云隙，云量记为 10^{-}。

6.3.2 低云高的观测和记录

参照表 2，按所见低云的最低高度进行记录，记录到 1 m。

6.3.3 云状的观测和记录

云状按高、中、低三族十属二十九类进行观测。根据云的外形特征、结构、色泽(参见附录 B)及高度和各种常见的天气现象以及云的发展演变过程判别云状，分辨至类(见表 2)，按云量的多少，依次记录其简写字母。

无云时，云状栏空白；无法判断云状时，云状栏记“—”。

6.3.4 几种特殊情况的云量、云状的观测

因雾使云量、云状不明时，总云量、低云量均记 10，云状记“≡”；透过雾能判天顶的云状时，总云量、低云量均记 10，云状记“≡”和可见云状。

因霾或浮尘使天空的云量、云状全部或部分不明时，总云量、低云量均记“—”，云状记该现象符号和可见云状。

表 2　云状分类表

<table>
<tr><th rowspan="2">云族</th><th colspan="2">云　属</th><th colspan="2">云　类</th><th rowspan="2">常见云底高度范围/m</th></tr>
<tr><th>学　名</th><th>简　写</th><th>学　名</th><th>简　写</th></tr>
<tr><td rowspan="5">低云</td><td>积云</td><td>Cu</td><td>淡积云
浓积云
碎积云</td><td>Cu hum
Cu cong
Fc</td><td>400～2 000</td></tr>
<tr><td>积雨云</td><td>Cb</td><td>秃积雨云
鬃积雨云</td><td>Cb calv
Cb cap</td><td>400～2 000</td></tr>
<tr><td>层积云</td><td>Sc</td><td>透光层积云
蔽光层积云
积云性层积云
堡状层积云
荚状层积云</td><td>Sc tra
Sc op
Sc cug
Sc cast
Sc lent</td><td>400～2 500</td></tr>
<tr><td>层云</td><td>St</td><td>层云
碎层云</td><td>St
Fs</td><td>50～800</td></tr>
<tr><td>雨层云</td><td>Ns</td><td>雨层云
碎雨云</td><td>Ns
Fn</td><td>400～2 000</td></tr>
<tr><td rowspan="2">中云</td><td>高层云</td><td>As</td><td>透光高层云
蔽光高层云</td><td>As tra
As op</td><td>2 500～4 500</td></tr>
<tr><td>高积云</td><td>Ac</td><td>透光高积云
蔽光高积云
荚状高积云
积云性高积云
絮状高积云
堡状高积云</td><td>Ac tra
Ac op
Ac lent
Ac cug
Ac flo
Ac cast</td><td>2 500～4 500</td></tr>
</table>

表 2（续）

云族	云属		云类		常见云底高度范围/m
	学名	简写	学名	简写	
高云	卷云	Ci	毛卷云 密卷云 伪卷云 钩卷云	Ci fil Ci dens Ci not Ci unc	4 500～10 000
	卷层云	Cs	毛卷层云 薄幕卷层云	Cs fil Cs nebu	4 500～8 000
	卷积云	Cc	卷积云	Cc	4 500～8 000

7 天气现象的观测

7.1 观测要素

观测表 3 中列出的各类天气现象。

表 3 天气现象种类及对应符号表

天气现象	符号	天气现象	符号	天气现象	符号	天气现象	符号
雨	•	霰	$\overset{\times}{\triangle}$	雨凇	∾	浮尘	S
阵雨	$\overset{\bullet}{\nabla}$	米雪	$\underline{\triangle}$	雾凇	V	霾	∞
毛毛雨	,	冰粒	$\dot{\triangle}$	吹雪	$\overset{+}{\to}$	雷暴	ㄍ
雪	✱	冰雹	△	雪暴	$\overset{+}{\Rightarrow}$	闪电	↯
阵雪	$\overset{*}{\nabla}$	冰针	↔	龙卷	)(	极光	⩍
雨夹雪	$\overset{*}{\bullet}$	雾	≡	积雪	⊠	大风	⩘
阵性雨夹雪	$\overset{*}{\underset{\bullet}{\nabla}}$	轻雾	=	结冰	⊔	飑	∀

7.2 观测和记录方法

7.2.1 在定时观测中，只观测和记录观测时出现的天气现象。

7.2.2 在定点连续观测中，下列天气现象应观测和记录开始时间和终止时间（时、分）：雨、阵雨、毛毛雨、雪、阵雪、雨夹雪、阵性雨夹雪、霰、米雪、冰粒、冰雹、雾、雨凇、雾凇、吹雪、雪暴、龙卷、雷暴、极光、大风。飑只观测和记录开始时间。

7.2.3 根据各天气现象的特征（参见附录 C），判定视区内出现的各种天气现象，用表 3 中的符号记入记录表的天气现象栏。

7.2.4 在定点连续观测中，两次观测之间出现的天气现象按出现的顺序记入前一次观测的记录表。需要观测和记录起止时间的天气现象，按下述规定记录：

a) 先记符号，后记起止时间。在几次定时观测中连续出现的天气现象，各定时记录表中应连续记录；

示例：07 时 15 分至 11 时 20 分有雾，在 05 时的记录表中记≡0715——，在 08 时的记录表中记≡0800——，在 11 时的记录表中记≡1100——1120；

b) 出现时间不足一分钟即终止时，只记开始时间；

c) 大风的起止时间，凡两段出现的时间间歇在 15 min 或以内时，应作为一次记载。

7.2.5 在视区内出现的天气现象但在测站未出现，也应观测和记录，同时应在纪要栏注明。

7.2.6 当天气现象造成灾害时，应于纪要栏内详细记载。

7.2.7 凡与海面有效能见度有关的天气现象，均应与海面有效能见度相配合。

8 海面风的观测

8.1 观测要素

观测海面上 10 min 的平均风速及相应风向。在定点连续观测中，还应观测日最大风速、相应风向及出现时间；日极大瞬时风速、相应风向及出现时间。

8.2 技术指标

8.2.1 风速以米/秒(m/s)为单位，分辨率为 0.1 m/s；当风速不大于 5.0 m/s 时，准确度为±0.5 m/s；当风速大于 5.0 m/s 时，准确度为±5%。

8.2.2 风向以度(°)为单位，分辨率为 1°，正北为 0°，顺时针计量，测量的准确度规定为两级：一级为±5°，二级为±10°。

8.3 观测和记录方法

8.3.1 传感器的安装

风的传感器应安装于船舶大桅顶部，四周无障碍，不挡风的地方；传感器与桅杆之间的距离至少应有桅杆直径的 10 倍；风向传感器的 0°应与船艏方向一致。

8.3.2 风速和相应风向的换算

观测到的合成风速、风向，要根据船只的航速、航向和船艏方向换算成风速和相应风向。

8.3.3 风速、风向的观测方法

每 3 s 采集一次，将合成风速和风向换算成风速和风向作为瞬时风速和相应风向；连续采样 10 min，计算风程和相应风向的平均值，作为该 10 min 结束时刻的平均风速和相应风向；记录每 1 min 的前 10 min 平均风速和相应风向，将整点前 10 min 的平均风速和相应风向，作为该整点的风速、相应风向值。

8.3.4 极值的选取

从每日观测的 10 min 平均风速和相应风向中，选出日最大风速、相应风向及出现时间；从每日观测的瞬时风速和相应风向中，选出日极大风速、相应风向及出现时间。

8.3.5 风速的记录

风速记录到 0.1 m/s，静风时，风速记 0.0。

8.3.6 风向的记录

风向记录取整数，静风时，风向记 C。

8.3.7 风速的目测

在风速测量仪器(含备用仪器)故障时，风速的目测，可根据海面征状(参见附录 D 表 D.1)，估计风力的等级，以该风级中的中数值记录在记录表的风速栏内。

8.3.8 风向的目测

在风速、风向测量仪器(含备用仪器)故障时，风向的目测可采用观测开阔的海面上风浪的来向作为风向，记录在记录表的风向栏内。

9 海面空气温度和相对湿度的观测

9.1 观测要素

观测海面上 1 min 的空气温度和相对湿度；在定点连续观测中，还应观测日最高、最低温度和最小相对湿度。

9.2 技术指标

9.2.1 空气温度以摄氏度(℃)为单位，分辨率为 0.1℃，测量的准确度规定为两级：一级为±0.2℃；二级为±0.5℃。

9.2.2 相对湿度以百分率(%)表示,分辨率为1%,当相对湿度大于80%时,准确度为±8%;当相对湿度小于等于80%时,准确度为±4%。

9.3 观测和记录方法

9.3.1 传感器的安装

空气温度和相对湿度传感器应安装在百叶箱或防辐射罩内,尽量避免周围热源和辐射的影响。

9.3.2 空气温度和相对湿度的观测方法

每3 s采样一次,连续采样1 min,经误差处理后,计算样本数据的平均值;用整点前1 min的平均值,作为该整点的空气温度和相对湿度值。

9.3.3 极值的选取

从每日观测的1 min空气温度值中,选出日最高和最低温度;从每日观测的1 min相对湿度值中,选出最小相对湿度。

9.3.4 空气温度的记录

空气温度记录到0.1℃,缺测记"-"。

9.3.5 相对湿度的记录

相对湿度记录到整数,缺测记"-"。

10 气压的观测

10.1 观测要素

观测海面上1 min的海平面气压;在定点连续观测中,还应观测日最高和最低海平面气压。

10.2 技术指标

海平面气压以百帕(hPa)为单位,分辨率为0.1 hPa,测量的准确度规定为三级:一级为±0.1 hPa,二级为±0.5 hPa,三级为±1 hPa。

10.3 观测和记录方法

10.3.1 传感器的安装

气压传感器应安置在温度少变、没有热源、不直接通风处。

10.3.2 海平面气压的观测方法

每3 s采样一次,连续采样1 min,经误差处理后,计算样本数据的平均值并经高度订正(订正值为船舶平均吃水线到气压传感器的高度乘以0.13)成海平面气压值;用整点前1 min的平均值,作为该整点的海平面气压值。

10.3.3 极值的选取

从每日观测的1 min海平面气压值中,选出日最高和最低海平面气压值。

10.3.4 海平面气压的记录

海平面气压观测记录到0.1 hPa;缺测记"-"。

11 降水量的观测

11.1 观测要素

观测海面上1 min和定时观测前6 h的降水量。在定点连续观测中,还应计算日降水量累计值。

11.2 技术指标

降水量以毫米(mm)为单位,分辨率为0.1 mm,当降水量小于等于10.0 mm时,准确度为±0.4 mm;当降水量大于10.0 mm时,准确度为±4%。

11.3 观测和记录方法

11.3.1 传感器的安装

降水量传感器应安装在船上开阔处。

11.3.2 降水量的观测方法

连续观测，每 1 min 记录一次，计算降水量值；用定时前 6 h 的累计降水量，作为该定时的降水量累计值。每日 4 次定时降水量之和，为日降水量累计值。

11.3.3 降水量的记录

11.3.3.1 降水量观测记录到 0.1 mm。无降水时，降水栏空白；降水量不足 0.05 mm 时，记"0.0"；缺测记"-"。

11.3.3.2 当出现纯雾、露、霜、雾凇、吹雪时，不观测降水量。如有降水量，仍按无降水记录。

11.3.3.3 当降水量缺测时，应在记录表纪要栏注明原因和降水情况，如小雨、中雨、大雨。

12 高空气压温度湿度的探测

12.1 探测要素

探测高空的气压、温度和湿度。

12.2 技术指标

12.2.1 气压以百帕(hPa)为单位，分辨率为 0.1 hPa；海面至 500 hPa，准确度为±2 hPa；500 hPa 以上，准确度为±1 hPa。

12.2.2 温度以摄氏度(℃)为单位，分辨率为 0.01℃；海面至 100 hPa，准确度为±0.5℃；100 hPa 以上，准确度为±1.0℃。

12.2.3 相对湿度以百分率(%)表示，分辨率为 1%；海面至对流层顶，准确度为±5%；对流层顶以上，准确度为±10%。

12.2.4 露点以摄氏度(℃)为单位，分辨率为 0.1℃。

12.2.5 温度露点差以摄氏度(℃)为单位，分辨率为 0.1℃。

12.2.6 海拔高度以米(m)为单位，分辨率为 1 m。

12.2.7 至少每 2 s 采样一次。

12.3 探测方法

12.3.1 气球、氦气及升速

12.3.1.1 气球

探空气球应采用 300 g 或 750 g 气球。在施放前 0.5 h～1 h 开始充灌气球，充气速度不宜过快，通常在 20 min 左右。

12.3.1.2 氦气

充灌气球应使用氦气，禁止使用氢气。氦气质量应符合 GB 4844 和 GB 4845 的规定。

12.3.1.3 升速和净举力

12.3.1.3.1 气球升速应控制在 400 m/min 左右，在不同的天气条件下应具有不同的净举力。

12.3.1.3.2 净举力按式(1)计算：

$$F = W_1 + W_2 - W_0 \qquad (1)$$

式中：

F——净举力，单位为克(g)；

W_0——探空仪和附加物重，单位为克(g)；

W_1——充气嘴重，单位为克(g)；

W_2——砝码重，单位为克(g)。

12.3.1.3.3 用 750 g 气球，净举力通常为 1 500 g，在云厚和雨雪天气，应增加 800 g～1 000 g 净举力。

12.3.1.3.4 根据气球升速和最近 1 h 的海面气温、气压值，从《高空气象观测常用表》中查取标准密度升速值，然后根据标准密度升速值和探空仪及附加物重量查取净举力。

12.3.2 探空仪的准备

12.3.2.1 探空仪检验

探空仪的配套检验、外观检验、机械检验和检定证的核对应在陆地上进行，不符合规定的仪器，不应带上调查船。

12.3.2.2 基值测定

在施放前 0.5 h 将探空仪放在基测箱内进行基值测定：

a) 从基值测定仪器中，读取气压、温度和相对湿度值，对探空仪进行基值测定；

b) 基值测定时的现场气压，是指探空仪所在高度的气压。若气压传感器与探空仪不在同一高度，必须订正到探空仪所在高度；

c) 基值测定的合格标准由仪器技术文件中给出 。

12.3.2.3 探空仪装配

12.3.2.3.1 探空仪基值测定合格后方可进行装配，然后检查工作电压、电流和信号。

12.3.2.3.2 气球与探空仪间距离通常为 30 m。

12.3.3 探空仪施放及信号接收

12.3.3.1 探空仪施放

探空仪和地面设备工作正常的情况下，按下述要求施放：

a) 施放的正点时间为 07 时 15 分和 19 时 15 分，禁止提前施放。当遇恶劣天气时适当推迟，但最多只能推迟 1 h；

b) 施放瞬间，人工给计算机输入启动信息，或由计算机自动判别探空仪开始升空，开始记录，并记录船位；

c) 在施放前 5 min 观测海面气象要素：气温、气压（以基值测定为准）、湿度、风向、风速、云状、云量及天气现象。

12.3.3.2 信号接收

12.3.3.2.1 信号接收应自始至终进行。如信号消失，应继续寻找接收 7 min，无信号时方可终止。

12.3.3.2.2 记录终止时间和终止原因。

12.3.4 重放探空仪

出现下列情况之一时，应重放探空仪：

a) 记录未达到 500 hPa；

b) 在 500 hPa 以下，温度和湿度记录连续漏收或可疑时段超过 5 min。

12.4 资料整理方法

12.4.1 规定等压面

规定等压面(hPa)：1 000、925、850、700、600、500、400、300、250、200、150、100、70、50、40、30、20、15、10、7、5。

12.4.2 规定特性层

规定特性层为海面层、等温层、逆温层、温度突变层、湿度突变层、零度层、对流层顶、终止层、温度失测层和湿度失测层。

12.4.3 各规定等压面要素值的计算

12.4.3.1 读取各规定等压面的温度值和湿度值。

12.4.3.2 当太阳高度角大于－3°应对所测到的温度值进行辐射订正。

12.4.3.3 根据各规定等压面的温度值（经辐射订正后）和相对湿度值计算露点温度。当温度低于－59℃时，不再计算露点温度。

12.4.4 各规定等压面海拔高度的计算

12.4.4.1 通常采用等面积法求出规定相邻等压面间的平均温度和平均湿度。平均湿度只计算到 400 hPa，400 hPa 以上省略不计。

12.4.4.2 计算两相邻规定等压面间的厚度，在 400 hPa 以下时，应进行虚温订正。

12.4.4.3 将本测站的海拔高度(以基测点为准，对同一艘调查船为常数)与各规定等压面间的厚度依次累加，即得各规定等压面的海拔高度。

12.4.5 选择特性层

12.4.5.1 海面层，以基测点为准。

12.4.5.2 等温层和逆温层，在第一对流层顶以下，选取大于 1 min 的等温层和大于 1 ℃的逆温层的开始点和终止点。

12.4.5.3 温度突变层，选取两层间的温度分布与用直线连接比较超过 1℃(第一对流层顶以下)或超过 2℃(第一对流层顶以上)的差值最大的气层。

12.4.5.4 湿度突变层，选取两层间的湿度分布与用直线连接比较超过 15% 的差值最大的气层。

12.4.5.5 零度层，只选一个。当出现几个零度层时，只选高度最低的一个；当海面气温低于 0℃时，不再选取零度层。

12.4.5.6 对流层顶一般出现在 500 hPa 以上。对流层顶出现数个时，最多只选两个，且选其高度最低者。其高度在 150 hPa 以下者，定为第一对流层顶；其高度在 150 hPa 或以上者，不论是否出现第一对流层顶，均定为第二对流层顶。选择对流层顶的具体条件是：

a) 第一对流层顶。温度垂直递减率开始小于等于 2.0 ℃/km 的气层的最低高度，且由此高度向上 2 km 及其以内的任何高度与该高度间的温度垂直递减率均小于 2.0 ℃/km，则该最低高度选为第一对流层顶；

b) 第二对流层顶。在第一对流层顶以上，由某高度起向上 1 km 及其以内的任何高度与该高度间的温度垂直递减率均大于 3.0 ℃/km，在此高度以上出现的符合第一对流层顶条件的气层，即选为第二对流层顶。

12.4.5.7 终止层，选取高空探测的最高的一层。

12.4.5.8 温度失测层，在失测层的开始点、终止点、中间点(任选)各选一层。

12.4.6 特殊情况的处理

如有漏收信号或可疑记录时，按表 4 的规定处理。当漏收或可疑记录正处于 500 hPa 层上下时，按 500 hPa 以下规定处理。

表 4 漏收信号或可疑记录处理表

要素	500 hPa 以下		500 hPa 以上	
	漏收、可疑时间/min	规定	漏收、可疑时间/min	规定
气压	$\Delta t \leqslant 5$	记录照常处理	$\Delta t \leqslant 7$	记录照常处理
	$\Delta t > 5$	重放探空仪	$\Delta t > 7$	以后记录不再整理
温度	$\Delta t \leqslant 2$	记录照常处理	$\Delta t \leqslant 3$	记录照常处理
	$2 < \Delta t \leqslant 5$	供计算厚度用，记录作失测处理	$3 < \Delta t \leqslant 7$	供计算厚度用；记录作失测处理
	$\Delta t > 5$	重放探空仪	$\Delta t > 7$	以后记录不再处理
湿度	$\Delta t \leqslant 2$	记录照常处理	$\Delta t \leqslant 3$	记录照常处理
	$2 < \Delta t \leqslant 5$	供计算厚度用；记录作失测处理	$3 < \Delta t \leqslant 7$	供计算厚度用；记录作失测处理
	$\Delta t > 5$	重放探空仪(温度低于 0℃或相对湿度小于 20%时，可不重放，供计算厚度用；记录作失测处理)	$\Delta t > 7$	湿度记录以后不再处理；压、温记录照常整理

13 高空风的探测

13.1 探测要素

探测高空的风向、风速。

13.2 技术指标

13.2.1 风向以度(°)为单位,分辨率为1°;在海面至100 hPa,当风速≤10 m/s时,准确度为±5°;风速>10 m/s时,准确度为±2.5°;在100 hPa以上,准确度为±5°。

13.2.2 风速以米/秒(m/s)为单位,分辨率为1 m/s;在海面至100 hPa时,准确度为±1 m/s;在100 hPa以上,准确度为±2 m/s。

13.2.3 至少每2 s采样一次。

13.3 探测方法

13.3.1 主要仪器设备

主要仪器设备为无线电经纬仪、导航测风系统及满足本规范要求的其他仪器设备。

13.3.2 探测规定

在调查船上通常在施放探空气球的同时探测高空风,探测规定除12.3.3条外,放球后至少1 min获取一组风向、风速值。

13.3.3 重测规定

记录未达到3 km即终止时,应重测。

13.4 资料整理方法

13.4.1 规定高度

探空仪海拔高度(km):0.5、1.0、2.0、3.0、4.0、5.0、5.5、6.0、7.0、8.0、9.0、10.0、10.5、12.0、14.0……以后每2 km为一层。

13.4.2 规定等压面

规定等压面同12.4.1条。

13.4.3 风向风速的计算

13.4.3.1 在放球后,连续采样1 min,计算一次风向风速,为量得风层的平均风向风速。

13.4.3.2 计算规定高度的风向、风速。

13.4.3.3 计算规定等压面的风向、风速。

13.4.3.4 计算对流层顶的风向、风速。

13.4.3.5 选择最大风层。在500 hPa(或5 500 m)以上,从某高度至另一高度出现风速均大于30 m/s的“大风区”时,则将在该“大风区”中其风速最大的层次选为最大风层。在该“大风区”中,同一最大风速有两层或以上时,则选取高度最低的一层作为最大风层。

在第一个“大风区”以上又出现符合上述条件的第二个“大风区”,且第二个“大风区”中的最大风速与第一个“大风区”之后出现的最小风速之差大于等于10 m/s时,则第二个“大风区”中的风速最大的层次也选为最大风层。余者类推。

13.4.3.6 如有连续失测时,按表5的规定整理。

表5 连续失测处理规定表

时间间隔/min	0～≤20		20～≤40		>40	
失测时间/min	<2	≥2	<3	≥3	<5	≥5
规　　定	照常处理	作失测处理	照常处理	作失测处理	照常处理	作失测处理

13.4.3.7 在规定高度、规定等压面和对流层顶,如失测或记录终止时,用最接近的量得风层的风代替,其允许范围见表6。

表 6　规定层失测处理表

距海面高度/m	≤900	900～≤6 000	>6 000
代替范围/m	±100	±200	±500

附 录 A
（资料性附录）
观测记录表格式

观测记录表的格式见表 A.1、表 A.2。

表 A.1 海面气象观测记录表

海区　　　船名　　　调查机构　　　观测方式

站号　　　年　月　日　　第　页　　航次

时　间	时　分	时　分	时　分	时　分
纬 度				
经 度				
能见度/最小值(km)	—	—	—	—
总云量/低云量	—	—	—	—
云 状				
最低云高(m)				
风向(°)				
风速(m/s)				
空气温度(℃)				
相对湿度(%)				
海平面气压(hPa)				
降水量(mm)				
天气现象				
纪 要 栏				
比对记录栏				
观测者				
校对者				

表 A.2 探空观测记录表

探空观测记录表

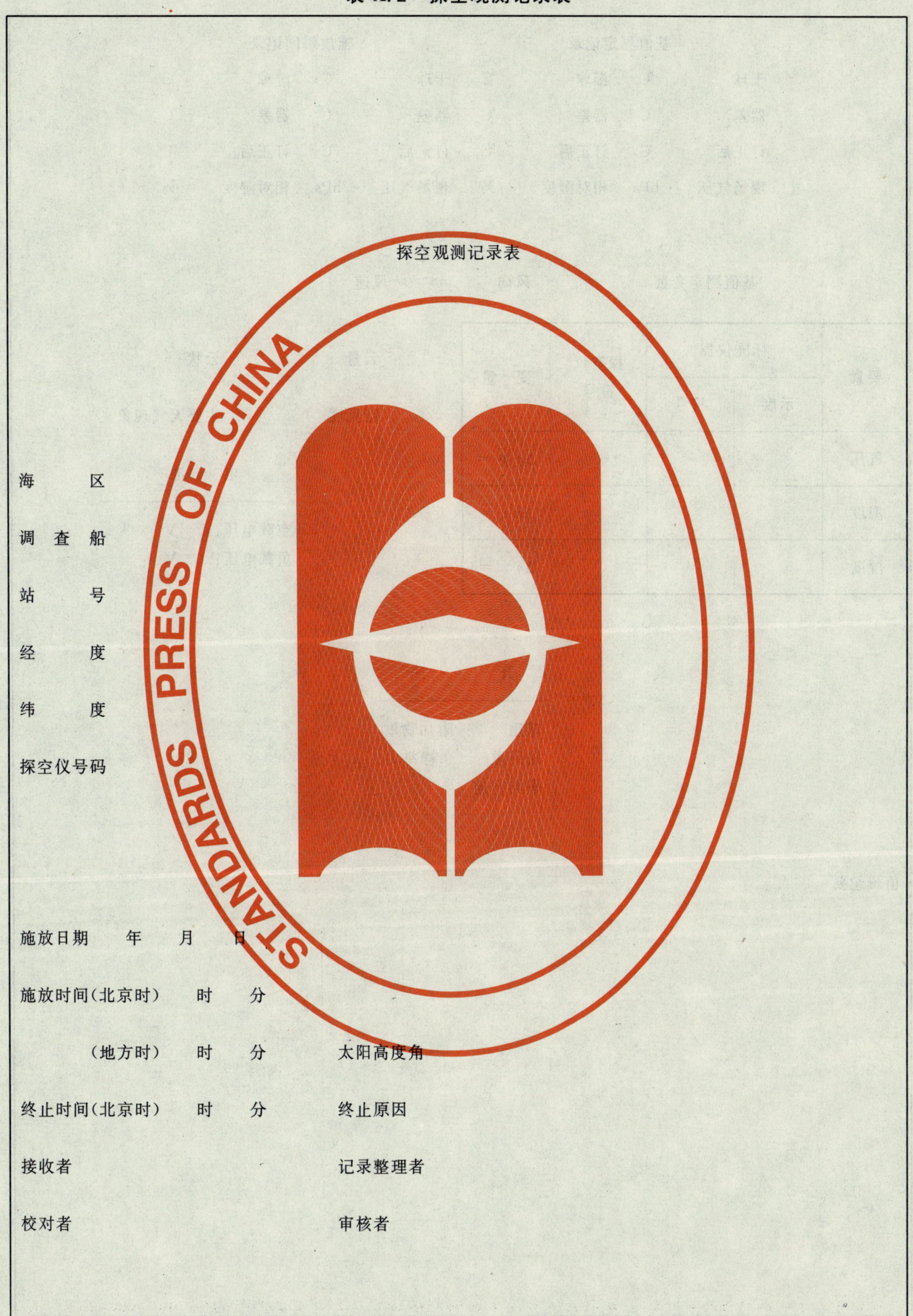

海　　区

调 查 船

站　　号

经　　度

纬　　度

探空仪号码

施放日期　　年　　月　　日

施放时间(北京时)　　时　　分

(地方时)　　时　　分　　太阳高度角

终止时间(北京时)　　时　　分　　终止原因

接收者　　记录整理者

校对者　　审核者

表 A.2(续)

基值测定记录　　施放瞬间记录

干球　℃　湿球　℃　干球　℃　湿球　℃

器差　℃　器差　℃　器差　℃　器差　℃

订正后　℃　订正后　℃　订正后　℃　订正后　℃

现场气压　hPa　相对湿度　%　现场气压　hPa　相对湿度　%

基值测定变量　　风向　　风速

要素	标准仪器		探空仪符号	变　量
	示度	符号		
气压				$\Delta n'p =$
温度				$\Delta n't =$
湿度				$\Delta n'v =$

云量　　云状

能见度　　主要天气现象

电　池

空载电压：　V

负载电压：　V

升　速

球重　　附加物重

砝码重　　净举力

平均升速

值班纪要

表 A.2(续)

规定等压面													
气压 hPa	平均温度 ℃			平均湿度 %	厚度 m	海拔高度 m	气压 hPa	温度 ℃			湿度		
	读数	辐射订正	订正后					读数	辐射订正	订正后	湿度 %	露点 ℃	$T-T_d$ ℃

表 A.2(续)

特性层								
层次	气压 hPa	温度 ℃			湿度			
		读数	辐射 订正	订正 后	湿度 %	露点 ℃	$T-T_d$
海面								
1								
2								
3								
4								
5								
6								
7								
8								
9								
10								
11								
12								
13								
14								
15								
16								
17								

零度层			
气压 hPa	高度 m	湿度 %	露点 ℃

对流层顶						
层次	气压	高度	温度	湿度	露点	$T-T_d$ ℃
1						
2						

电码

附 录 B
（资料性附录）
云 的 特 征

B.1 积云（Cu） 积云是由气块上升、水汽凝结而成，是垂直向上发展、顶部呈圆弧形或圆弧形重叠凸起而底部几乎是水平的云块。云体边界分明。积云和太阳处在相反的位置时，云的中部比边缘部分明亮；处在同一侧时，云的中部显得黝黑而边缘带鲜明的金黄色；阳光从侧面照耀时，云体明暗特别明显。

B.1.1 淡积云（Cu hum） 个体不大，轮廓清晰，底部较平，顶部呈圆弧形凸起，云块较偏平，在阳光下薄的云块呈白色。厚的云块中部常有淡影，分散孤立在空中。

B.1.2 碎积云（Fc） 个体很小，轮廓不完整，形状多变，为破碎的不规则的积云块（片）。

B.1.3 浓积云（Cu cong） 浓厚的积云，顶部呈重叠的圆弧形凸起，很像花椰菜；垂直发展旺盛时，个体臃肿、高耸，在阳光下边缘明亮。有时可产生阵性降水。

B.2 积雨云（Cb） 云体浓厚庞大，垂直发展极盛，远看像耸立的高山。云顶由冰晶组成，有白色毛丝般光泽的丝缕结构，常呈铁砧或马鬃状。云底阴暗混乱，起伏明显，有时呈悬球状结构。积雨云常产生雷暴、阵雨（雪），或有雨（雪）幡下垂；有时产生飑或降冰雹；云底偶有龙卷。

B.2.1 秃积雨云（Cb calv） 浓积云向鬃积雨云发展的过渡阶段。云顶开始冻结，圆弧形轮廓逐渐变得模糊，开始形成白色毛丝般纤维结构。秃积雨云存在的时间一般较短。

B.2.2 鬃积雨云（Cb cap） 积雨云发展到成熟阶段，云顶有明显的白色毛丝般纤维结构，并扩展成马鬃状或铁砧状。

B.3 层积云（Sc） 团块、薄片或条状云组成的云群或云层，常成行、成群或成波状排列。云块个体相当大，其视宽度角多大于5°（相当于一臂距离处三指的视宽度）。云层有时布满全天，有时分布稀疏，常呈灰色或灰白色，并有若干部分比较阴暗。层积云有时可降微弱的雨、雪。

B.3.1 透光层积云（Sc tra） 云层厚度变化很大，常有明显的缝隙；即使无缝隙，大部分云块边缘也比较明亮。

B.3.2 蔽光层积云（Sc op） 阴暗的大条形云轴或云团组成的连续云层，无缝隙，云层底部有明显的起伏，常布满全天，有时可产生降水。

B.3.3 积云性层积云（Sc cug） 由积云或积雨云衰退扩展而成，多为灰色条状，顶部常存有积云特征。在傍晚，有时也可以不经过积云阶段直接形成。

B.3.4 堡状层积云（Sc cast） 垂直发展的积云形云块，并列在一线上，有共同的底边，顶部凸起明显，远看像城堡或锯齿。

B.3.5 荚状层积云（Sc lent） 中间厚，边缘薄，形似豆荚、梭子状的云条。个体分明、分离散处。

B.4 层云（St） 云体均匀成层，呈灰色或灰白色，云底很低，像雾，但不接触海面。层云除直接生成外，也可由雾缓慢抬升或由层积云演变而来。

碎层云（Fs）云体为不规则的碎片，形状多变，移动较快，呈灰色或灰白色，由消散中的层云或雾抬升而成。

B.5 雨层云（Ns） 厚而均匀的降水云层，完全遮蔽日月，呈暗灰色布满全天，常有连续性降水。如降水不及海面在云底形成雨（雪）幡时，云底混乱，没有明确的界限。雨层云多由高层云变成，有时也可由蔽光高积云或蔽光层积云演变而成。

碎雨云（Fn）云体低而破碎，呈灰色或暗灰色，形状多变，移动较快。常出现在降水时或降水前后的降水云层之下。

B.6 高层云（As） 带有条纹或纤维结构的云幕，有时较均匀，灰色或灰白色，有时微带蓝色。云层较薄的部分可见日月轮廓，好像隔着一层毛玻璃。厚的高层云，底部比较阴暗，看不到日月。高层云可有连续性或间歇性降水，常由卷层云变厚或雨层云变薄而成；有时也可由蔽光高积云演变而成。

B.6.1 透光高层云(As tra) 云层较薄，厚度均匀，呈灰白色，透过云层日月轮廓模糊，好像隔着一层毛玻璃，船上物体没有影子。

B.6.2 蔽光高层云(As op) 云层较厚，且厚度变化较大，厚的部分隔着云层看不见日月，薄的部分比较明亮。灰色，有时微带蓝色。

B.7 高积云(Ac) 云块较小，轮廓分明，常呈扁圆形、瓦块状、鱼鳞片或波浪的密集云条，成群、成行或成波状排列。多数云块的视宽度角在1°～5°。薄的云块呈白色，厚的云块呈暗灰色。在薄的高积云上，常有环绕日月的虹彩或为外红内蓝的华环。高积云可同时出现在两个或几个高度上。高层云、层积云、卷积云都可与高积云相互演变。

B.7.1 透光高积云(Ac tra) 厚度变化较大，颜色可从洁白到深灰。个体明显，排列相当规则。云块间有明显的缝隙，即使无缝隙，薄的部分也比较明亮。

B.7.2 蔽光高积云(Ac op) 连续的高积云层，云块深暗而不规则。个体密集，厚度较厚，几乎完全不透光，但云底云块个体依然可辨。偶有短时降水。

B.7.3 荚状高积云(Ac lent) 云块分散成若干片，中间厚边缘薄，呈豆荚状或椭圆形，轮廓分明，变化较快。

B.7.4 积云性高积云(Ac cug) 云块大小不一，呈灰白色，外形略有积云特征.是由积雨云或浓积云延展而成。

B.7.5 絮状高积云(Ac flo) 云块边缘破碎，像棉絮团，多呈白色。

B.7.6 堡状高积云(Ac cast) 外形特征与堡状层积云相似，但云块较小。

B.8 卷云(Ci) 具有丝缕状结构，柔丝般光泽，分离散乱。云体通常为白色，无暗影，呈丝条状、羽毛状、马尾状、钩状、团簇状、片状、砧状等。卷云较少见晕，即使出现晕也不完整。在日出之前或日落之后，卷云常呈鲜明的黄色或橙色。冬季在高纬海区，有时会降微量的雪。

B.8.1 毛卷云(Ci fil) 纤细分散的云，呈丝条、羽毛、马尾状，白色。日月光透过云体，船上物体的阴影很明显。

B.8.2 密卷云(Ci dens) 较厚的、成片的卷云，薄的部分呈白色，厚的部分略有淡影，但边缘部分卷云的特征很明显。在云量较多时，可有不完整的晕出现。

B.8.3 伪卷云(Ci not) 云体较大而厚密，有时似砧状。由鬃积雨云顶部脱离母体而成。

B.8.4 钩卷云(Ci unc) 云体很薄，呈白色，云丝往往平行排列，向上的一头有小钩或小簇，很像逗点符号。

B.9 卷层云(Cs) 白色透明的云幕，透过云幕日月分明，常有晕环，船上物体有影。卷层云薄时，几乎看不出来，天空呈乳白色；有时丝缕结构隐约可辨，好像乱丝。冬季在高纬海区可有微量降雪。

B.9.1 毛卷层云(Cs fil) 云体厚薄不很均匀、白色丝缕结构明显的卷层云。

B.9.2 匀卷层云(Cs nebu) 均匀的云幕，有时薄得几乎看不出来，只因有晕才证明其存在。云幕较厚时，也看不出明显结构，日月清楚可见，有晕，船上物体有影。

B.10 卷积云(Cc) 云块很小。呈白色细鳞片状，常成行、成群排列整齐。很像微风吹拂水面而成的小波纹。呈白色，无暗影。卷积云可由卷云或卷层云蜕变而成，有时高积云也可演变为卷积云。

附 录 C
（资料性附录）
天气现象的特征

C.1 雨(•)——滴状的液态降水，下降时清楚可见，强度变化缓慢，落在水面上会激起波纹和水花。落在船甲板上可留下湿斑。

C.2 阵雨(▽̇)——开始和停止都较突然，强度变化大的液态降水，有时伴有雷暴。

C.3 毛毛雨(,)——稠密、细小而十分均匀的液态降水，下降情况不易分辨，看上去似乎随空气微弱的运动飘浮在空中，徐徐落下，迎面有潮湿感，落在水面无波纹。落在船甲板上只是均匀地湿润而无湿斑。

C.4 雪(✱)——固态降水，大多是白色不透明的六分枝的星状、六角形片状结晶，常缓缓飘落，强度变化较缓慢，温度较高时多成团降落。

C.5 阵雪(✱̬)——开始和停止都较突然，强度变化大的降雪。

C.6 雨夹雪(✱)——半融化的雪(湿雪)，或雨和雪同时下降。

C.7 阵性雨夹雪(✱̬)——开始和停止都较突然，强度变化大的雨夹雪。

C.8 霰(✱)——白色不透明的圆锥形或球形的颗粒状固态降水，直径约 2 mm～5 mm，下降时常呈阵性，落在船甲板上常反跳，松脆易碎。

C.9 米雪(△)——白色不透明的比较扁的或比较长的小颗粒固态降水，直径常小于 1 mm，落在船甲板上不反跳。

C.10 冰粒(△)——透明的丸状或不规则状的固态降水，较硬，落在坚硬物体上一般会反跳，直径小于 5 mm，有时内部还有未冻结的水，如被碰碎，则仅剩下破碎的冰壳。

C.11 冰雹(△)——坚硬的球状、锥状或形状不规则的固态降水。雹核一般不透明，外面包有透明的冰层，或由透明的冰层与不透明的冰层相间组成。大小差异较大，大的直径可达数十毫米，常伴随雷暴出现。

C.12 冰针(↔)——飘浮于空中的很微小的片状或针状冰晶，在阳光照耀下，闪烁可辨，有时可形成晕等现象。多出现在高纬度的严冬季节。

C.13 雾(≡)——大量微小水滴浮游空中，常呈乳白色，有雾时水平能见度小于 1.0 km，高纬度出现冰晶雾也记为雾。

C.14 轻雾(═)——微小水滴或已湿的吸湿性质粒所构成的灰白色的稀薄雾幕，出现时水平能见度为 1.0 km～10.0 km。

C.15 雨凇(∾)——过冷却液态降水碰到物体后直接冻结而成的坚硬冰层，呈透明或毛玻璃状，外表光滑或略有隆突。

C.16 雾凇(V)——空气中水汽直接凝华，或过冷却雾滴直接冻结在物体上的乳白色冰晶物，常呈毛茸茸的针状或表面起伏不平的粒状，多附在细长的物体或物体的迎风面上，有时结构较松脆，受震易塌落。

C.17 吹雪(✛)——由于强风将海面(结冰时)的积雪卷起，使水平能见度小于 10.0 km 的现象。

C.18 雪暴(✛)——为大量的雪被强风卷着随风运行，并且不能判定当时是否有降雪。水平能见度一般小于 1.0 km。

C.19 龙卷)(——一种小范围的强烈旋风，从外观看，是从积雨云(或发展很盛的浓积云)底盘旋下垂的一个漏斗状云体。有时稍伸即隐或悬挂空中，有时触及海面，旋风过境，海面有突然升降，建筑物和船舶等均可能造成严重破坏。

C.20 积雪(⊠)——雪(包括霰、米雪、冰粒)覆盖海面(结冰)达到测站四周能见面积一半以上。

C.21 结冰(⊔)——海面结冰。

C.22 浮尘(S)——尘土、细沙均匀地浮游在空中，使水平能见度小于10.0 km，浮尘多为远处尘沙经上层气流传播而来，或为沙尘暴、扬沙出现后尚未下沉的细粒浮游空中而成。

C.23 霾(∞)——大量细微的干尘粒等均匀地浮游在空中，水平能见度小于10.0 km，空气普遍混浊的现象。霾使远处光亮物体微带黄、红色，而使黑暗物体微带蓝色。

C.24 雷暴(ᚱ)——为积雨云云中或云间产生的放电现象。表现为闪电兼有雷声，有时亦可闻雷声而不见闪电。

C.25 闪电(ᐸ)——为积雨云云中或云间产生放电时伴随的电光，但不闻雷声。

C.26 极光(凶)——在高纬度海区(中纬度海区也可偶见)晴夜见到的一种在大气高层辉煌闪烁的彩色光弧或光幕，亮度一般像满月夜间的云。光弧常呈向上射出活动的光幕，光幕往往呈白色并稍带绿色或翠绿色，下边带淡红色，有时只有光带而无光弧，有时呈振动很快的光带或光幕。

C.27 大风(⫽)——瞬间(1 min平均)风速达到或超过17.0 m/s(或目测估计风力达到或超过8级)的风。

C.28 飑(∀)——突然发作的强风，持续时间短促，出现时瞬间风速突增，风向突变，气象要素随之亦剧烈变化，常伴随雷雨出现。

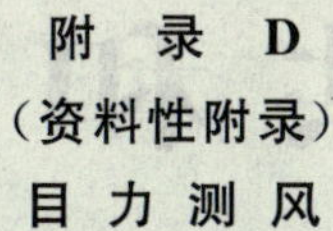

附 录 D
（资料性附录）
目 力 测 风

D.1 目力测风是在船上所有的测风仪器均失灵的特殊情况下才能使用的方法。

D.2 风向可根据船上的旗子、烟及海面上波峰线的方向进行估测，以八个方位的中数记录。

D.3 风速可根据海面征状估测风级，按风速的中数记录，见表 D.1。

表 D.1 风力等级表

风力等级	名称	波高/m		海面征状	风速范围/(m/s)	中值数/(m/s)
		一般	最高			
0	无风	—		海面平静	0.0～0.2	0
1	软风	0.1	0.1	微波如鱼鳞状，没有浪花	0.3～1.5	1
2	轻风	0.2	0.3	小波，波长尚短，波形显著，波峰光亮但不破裂	1.6～3.3	2
3	微风	0.6	1.0	小波加大，波峰开始破裂，浪沫光亮，偶见白浪花	3.4～5.4	4
4	和风	1.0	1.5	出现小浪，波长变长；白浪成群出现	5.5～7.9	7
5	清劲风	2.0	2.5	出现中浪，具有较显著的长波形状，形成许多白浪，遇见飞沫	8.0～10.7	9
6	强风	3.0	4.0	轻度大浪开始形成；波峰上到处有较大的白沫，有时有飞沫	10.8～13.8	12
7	疾风	4.0	5.5	轻度大浪，碎浪成白沫，沿风向呈条状分布	13.9～17.1	16
8	大风	5.5	7.5	出现中度大浪，波长较长，波峰边缘开始破碎成飞沫片；白沫沿风向呈明显的条带分布	17.2～20.7	19
9	烈风	7.0	10.0	形成狂浪，沿风向白沫呈浓密的条带状，波峰开始翻滚；飞沫可影响水平能见度	20.8～24.4	23
10	狂风	9.0	12.5	出现狂涛，波峰长而翻卷；白沫成片出现，沿风向呈白色；海面颠簸加大，有震动感，水平能见度受影响	24.5～28.4	26
11	暴风	11.5	16.0	出现异常狂涛（中小船只可一时隐没在浪后）；海面完全被沿风向吹出的白沫片所掩盖；波浪到处破成泡沫；水平能见度受影响	28.5～32.6	31
12	飓风	14.0	—	海面充满了白色的浪花和飞沫，完全变白；水平能见度受到严重影响	>32.6	>33

ICS 07.060
A 45

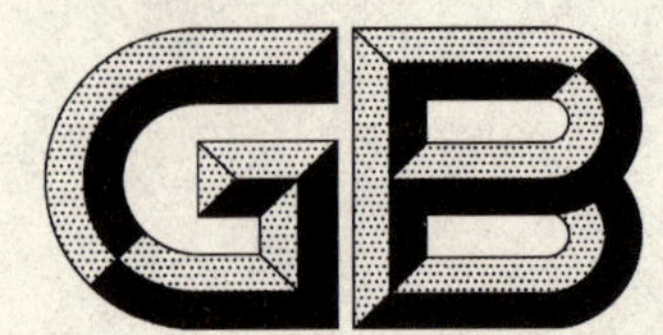

中华人民共和国国家标准

GB/T 12763.4—2007
代替 GB/T 12763.4—1991

海洋调查规范 第4部分:海水化学要素调查

Specifications for oceanographic survey—Part 4:Survey of chemical parameters in sea water

2007-08-13 发布 2008-02-01 实施

中华人民共和国国家质量监督检验检疫总局
中国国家标准化管理委员会 发布

前言

GB/T 12763《海洋调查规范》分为11个部分：

——第1部分：总则；

——第2部分：海洋水文观测；

——第3部分：海洋气象观测；

——第4部分：海洋化学要素调查；

——第5部分：海洋声、光要素调查；

——第6部分：海洋生物调查；

——第7部分：海洋调查资料交换；

——第8部分：海洋地质地球物理调查；

——第9部分：海洋生态调查指南；

——第10部分：海底地形地貌调查；

——第11部分：海洋工程地质调查。

其中第9部分、第10部分和第11部分对应于GB/T 12763—1991是新增部分。

本部分为GB/T 12763的第4部分。

本部分代替GB/T 12763.4—1991《海洋调查规范　第4部分：海水化学要素观测》。

本部分与GB/T 12763.4—1991相比主要变化如下：

——按照GB/T 1.1—2000《标准化工作导则　第1部分：标准的结构和编写规则》规定，修改了标准的编排格式，主要有：将“篇”改为“章”；术语和定义独立成条；将各要素“测定方法”删去，内容经补充后，划分为“技术指标”、“方法原理”、“试剂及其配制”、“仪器与设备”、“水样装取、预处理和贮存”、“测定步骤”和“计算”等7个条目；

——将原“技术设计”修改为“调查方案设计的原则要求”(1991年版的3，本版的4.1)；

——将原“出海前的准备”修改为“调查计划及其组织实施”(1991年版的6，本版的4.2)；

——将原“测定过程的质量控制”修改为“质量保证与分析质量控制”(1991年版的5，本版的4.3)；

——将原“氨的测定”改称为“铵盐测定”(1991年版的第九篇，本版的12)；

——将原“氯度测定(银量滴定法)”改为“氯化物测定(银量滴定法)”(1991年版的第十篇，本版的13)；

——重新设计了“记录表格式”(见附录E)；

——增加了“总磷测定(过硫酸钾氧化法)”和“总氮测定(过硫酸钾氧化法)”等两种分析方法(本版的14、本版的15)；

——增加了“溶解氧测定(分光光度法)”作为规范性附录编入(见附录D)；

——增加了“溶解氧测定(分光光度法)记录表”、“总磷测定记录表”、“溶解氧测定(分光光度法)K值记录表”、“总氮测定记录表”和“海水化学要素数据报表”等五种记录表格式作为资料性附录(见表E.13、表E.14、表E.15、表E.16和表E.17)。

本部分的附录A、附录B、附录C和附录D为规范性附录，附录E和附录F为资料性附录。

本部分由国家海洋局提出。

本部分由国家海洋标准计量中心归口。

本部分起草单位：国家海洋局第三海洋研究所负责起草，国家海洋局第二海洋研究所、国家海洋局海洋环境监测中心、国家海洋局南海分局、国家海洋局东海分局等参加起草。

本部分主要起草人：暨卫东、许昆灿、吴省三、邹汉阳、林建云、廖文卓、张元标。

本部分所代替标准的历次版本发布情况为：

——GB/T 12763.4—1991。

海洋调查规范
第4部分:海水化学要素调查

1 范围

GB/T 12763的本部分规定了海水化学要素调查的方案设计、调查计划的组织实施、样品采集与贮存、测定方法、分析质量保证和数据处理。

本部分适用于海洋调查的海水化学要素调查。

2 规范性引用文件

下列文件中的条款通过GB/T 12763的本部分的引用而成为本部分的条款。凡是注日期的引用文件,其随后所有的修改单(不包括勘误的内容)或修订版均不适用于本部分,然而,鼓励根据本部分达成协议的各方研究是否可使用这些文件的最新版本。凡是不注明日期的引用文件,其最新版本适用于本部分。

GB/T 8170 数值修约规则

GB/T 12763.1 海洋调查规范 第1部分:总则

GB/T 12763.2 海洋调查规范 第2部分:海洋水文观测

GB/T 12763.7 海洋调查规范 第7部分:海洋调查资料交换

3 术语和定义

下列术语和定义适用于GB/T 12763的本部分。

3.1

溶解氧 dissolved oxygen

DO

溶解在海水中的氧气。

注1:单位为微摩尔每立方分米($\mu mol/dm^3$)氧原子。

注2:改写GB/T 15925,定义1.2.20。

3.2

溶解氧饱和浓度 saturation concentration of dissolved oxygen

在任何给定的水温和盐度条件下,氧在海水中溶解至饱和时的特定浓度。

3.3

溶解氧饱和度 saturability of dissolved oxygen

测得的溶解氧浓度与水样现场水温、盐度条件下的溶解氧饱和浓度之百分比。

注:改写GB/T 15925,定义1.2.22。

3.4

pH

海水中氢离子活度的负对数,即$pH=-lg[\alpha_{H^+}]$。

3.5

总碱度 alkalinity

A

中和单位体积海水中弱酸阴离子所需氢离子的量。

注1:单位为毫摩尔每立方分米($mmol/dm^3$)。

注2:改写GB/T 15925,定义1.2.9。

3.6

活性硅酸盐　reactive silicate

SiO_3^{2-}-Si

能被硅质生物摄取的溶解态正硅酸盐和它的二聚物。

注1：单位为微摩尔每立方分米(μmol/dm³)硅原子。

注2：改写GB/T 15925，定义1.2.28。

3.7

活性磷酸盐　reactive phosphate

PO_4^{3-}-P

能被浮游植物摄取的正磷酸盐。

注1：单位为微摩尔每立方分米(μmol/dm³)磷原子。

注2：改写GB/T 15925，定义1.2.29。

3.8

亚硝酸盐　nitrite

NO_2^--N

能被浮游植物摄取的亚硝酸盐。

注：单位为微摩尔每立方分米(μmol/dm³)氮原子。

3.9

硝酸盐　nitrate

NO_3^--N

能被浮游植物摄取的硝酸盐。

注：单位为微摩尔每立方分米(μmol/dm³)氮原子。

3.10

铵　ammonium

NH_4^+-N

能被浮游植物摄取的铵盐。

注：单位为微摩尔每立方分米(μmol/dm³)氮原子。

3.11

氯化物　chloride

Cl^-

溶解于海水中的无机氯化物。

注：单位为克每立方分米(g/dm³)氯离子。

3.12

总磷　total phosphorus

TP-P

海水中溶解态和颗粒态的有机磷和无机磷化合物的总和。

注：单位为微摩尔每立方分米(μmol/dm³)磷原子。

3.13

总氮　total nitrogen

TN-N

海水中溶解态和颗粒态的有机氮和无机氮化合物的总和。

注：单位为微摩尔每立方分米(μmol/dm³)氮原子。

4 一般规定

4.1 调查方案设计的原则要求

4.1.1 设计原则

调查工作开始之前，应进行技术方案设计。

根据任务书或合同书要求，遵循有限目标，经济效能，技术先进性与现实条件可能性相结合，并能与历史上调查计划相衔接的原则。

4.1.2 前期准备工作

收集与分析调查海区已有的水文气象、地质地貌、生物和海水化学资料。

4.1.3 目标与任务

4.1.3.1 确定的调查目标与任务应是明确的、具体的和可以衡量的。

4.1.3.2 应说明实现目标的途径与关键技术。

4.1.4 采样设计

4.1.4.1 站位布设

站位布设应考虑以下因素：调查目的、调查海区的地理位置、地形、水动力条件、物质来源、人力物力资源和采样的可能条件。调查站位一般可采用网格式布站，并选定若干横向和纵向断面布站。沿岸与近海区也可采用沿流系轴向和穿越流系、水团方向布站。穿越流系、水团断面，应与陆岸垂直，或是近似发散型的。在水文或水化学条件变化剧烈的区域，应适当加密站位。每一调查区，应选取若干个有代表性站位作为定点观测站。在保证获取所需信息的前提下，尽量减少站位数。

4.1.4.2 调查层次

4.1.4.2.1 河口、港湾、近海和洋区调查，一般可分别按表1设置采样层次。表层、底层位置和钢丝绳倾角订正按 GB/T 12763.2 的规定执行。

表1 采样层次

单位为米

水深范围	层次
≤50	表层、5、10、20、30、底层
＞50	表层、10、20、30、50、75、100、150、200、300、400、500、600、800、1 000、1 200、1 500、2 000、2 500、3 000、……以下 每 1 000 m 加一层、底层。

4.1.4.2.2 断面观察站应采集全部层次水样；非断面观察站，则可根据需要只采集水面至某一深度水样。

4.1.4.2.3 对水文、水化学等条件剧烈变化的水层，必要时，可加密采样层次。

4.1.4.3 调查时间与次数

调查时间和次数应根据水环境条件和特定调查目的确定：

a) 对水体相对稳定的洋区，一年中应在环境特征典型的季节调查一次。

b) 对受气象、流系季节影响显著的近海、边缘海，在一年中，至少应在环境特征显著差异的冬、夏两个季节，各调查一次；在人力、物力许可时，也可在春、秋两季，各增加一次调查。

c) 对沿岸、河口等受气候、水文和物质来源影响的海区，一般情况应每季度调查一次，且采样时间应充分考虑潮汐影响。若欲获取更详实的资料，则应每月调查一次。

d) 当需要进行周日观测时，一般每 2 h 观测一次，一周日共 13 次。至少应每 3 h 观测一次，一周日共九次。

4.1.5 调查项目与分析方法

4.1.5.1 根据海洋调查的具体需要确定调查项目。常规调查要素一般包括 pH、溶解氧及其饱和度、总碱度、活性硅酸盐、活性磷酸盐、硝酸盐、亚硝酸盐、铵盐。

4.1.5.2 海水化学调查项目可按两类选定，一类为基本调查要素，即所有采集样品必须测定的要素；另一类为辅助要素，即仅测定某些航次、站位或层次样品的要素。

4.1.5.3 营养盐测定可采用营养盐自动分析方法，溶解氧测定可采用溶解氧探头测定法。

4.1.6 成果

根据调查目的提出预期调查成果。调查成果最基本的内容应包括数据汇总报表和调查报告，较深入的海洋调查还应包括图集和研究报告。

4.1.7 风险分析

对较大规模的海水化学要素调查，应进行风险分析，指出可能遇到的困难，和拟采用的应对措施。

4.2 调查计划及其组织实施

4.2.1 调查计划

调查计划包括的主要内容：

a) 目的与任务；

b) 调查项目与分析方法；

c) 站点布设(附站位图及经纬度)，采样计划(包括各站位采样项目、层次和各项目的样品数)；

d) 航次时间安排、航次顺序和补给地点；

e) 调查人员组织、分工与协调；

f) 质量计划；

g) 计划执行期限与进度安排；

h) 经费预算；

i) 预期成果及其提供形式；

j) 风险预测与防范措施。

4.2.2 调查计划报批

由任务承担单位将调查计划呈报任务委托方。经委托方批复核准并下达任务书。调查计划执行过程中，若遇特殊情况须改变计划时，应及时呈报委托方批准。

4.2.3 组建调查队

按 GB/T 12763.1 的有关规定组建调查队，并填写《海洋调查人员登记表》(见 GB/T 12763.1 的附录 B)，报任务委托方核准备案。

4.2.4 航前准备

4.2.4.1 按照调查计划列出海上作业所需器材、物资的清单(包括船上分析的仪器、采样设备、样品瓶、水样预处理和贮存器皿、相关试剂与标准溶液及分析记录表等相关物资名称与数量)。

4.2.4.2 按规范要求清洗采样设备、样品瓶和器皿。

4.2.4.3 对各调查项目的样品瓶进行编号；溶解氧水样品瓶还应附上相应瓶号的容积数据表。

4.2.4.4 按船上分析项目需要，制备纯水、配制试剂溶液和标准溶液，并按分析样品数量备足。

4.2.4.5 准备采样记录表、船上分析的标准曲线记录表和测定记录表。

4.2.4.6 安装船上采水设备并调试；安装、固定、调试和校准船用分析仪；安装、固定其他调查物品。

4.2.4.7 将备航的器材、试剂及其他物资分类清点装箱，并附上装箱单。

4.2.4.8 出海前，应对备航工作进行一次全面检查。

4.2.5 海上作业

4.2.5.1 海上作业由项目负责人或首席科学家指挥，并与调查船船长协调船舶航行。

4.2.5.2 船舶到站前，应停止排污、清洗甲板，关闭洗手间，直至该站采样作业结束。

4.2.5.3 按调查计划和分样程序采集水样，严防水样沾污。按记录书写要求，填写采样记录。

4.2.5.4 站位采样结束时，应进行一次检查，确认采样无遗漏时方可启航。

4.2.5.5 在规定时间内，完成水样过滤和现场测定项目的测定工作，并按要求填写分析记录表。

4.2.5.6 航行结束时，应将运回陆地实验室水样贮存装箱；清洗、整理调查设备与仪器并装箱，附上装箱单，并提交航次调查报告。

4.3 质量保证与分析质量控制

4.3.1 建立质量监督管理体系

根据调查项目的具体情况，建立质量监督管理体系，确定负责人，明确其权限与职责。

4.3.2 确定质量保证的目标

根据调查计划的目的，确定每一要素分析结果的准确度要求，以此作为该要素的质量目标。

4.3.3 明确质量保证的任务和内容

4.3.3.1 质量保证的任务是根据各要素的质量目标和误差来源，采取相适应的质量控制措施，将各要素调查数据的误差减少到所需水平。

4.3.3.2 质量保证的内容主要包括：仪器设备检定和调查技术人员的业务培训；现场与陆地实验室的科学管理；采样与分析全过程（包括从取样至分析结果计算）的质量控制与质量评价；数据、资料和成果的质量控制。

4.3.4 采样与样品预处理的质量控制

4.3.4.1 采样时，应严禁船舶排污；采样位置应远离船舶排污口。

4.3.4.2 恶劣天气（如热带风暴等）可能危及作业人员安全时，应停止采样。

4.3.4.3 严格按规定程序和操作要求进行采样、分样和样品预处理（见4.4）。

4.3.4.4 分样与样品预处理的工作台应远离洗手间。

4.3.4.5 水样过滤膜不能重复使用。

4.3.4.6 应按样品规定的贮存条件贮存样品。

4.3.5 化学试剂

4.3.5.1 用于海洋调查的化学试剂，应符合GB/T 12763.1的有关规定。

4.3.5.2 化学试剂应按规定条件配制成溶液，并应在规定条件下保存、在规定期限内使用。

4.3.5.3 自配的标准溶液，应用具有保证值的国家标准溶液校准合格后，方可使用。

4.3.5.4 试剂空白值应低至与分析方法检出限同一水平，若明显超过此量值，应检查原因，并对产生高试剂空白值的主要试剂再作纯化处理，或选用新批号或其他厂家生产的试剂。若试剂空白值确实难于降低的，则加入的试剂量应准确。在分析过程中，应平行测定分析空白，以监视其空白值变化。

4.3.6 器皿

4.3.6.1 用于海洋调查的器皿，应符合GB/T 12763.1的有关规定。

4.3.6.2 按照各要素分析对所使用器皿材质的要求，合理选择分析过程所需各种器皿的材质。

4.3.6.3 器皿洗涤应采用恰当的洗涤方法。洗涤剂不应含有被测成分。

4.3.7 实验室环境

船上或陆地的实验室均应符合GB/T 12763.1的有关规定。

4.3.8 仪器

用于海洋调查的分析仪器，包括天平与砝码、容量仪器、pH计和分光光度计，均应符合GB/T 12763.1的有关规定。

4.3.9 原始记录与样品采集记录

4.3.9.1 原始调查数据的记录与保存应按GB/T 12763.1的有关规定执行，原始记录表的格式规定参见附录E。

4.3.9.2 样品采集记录按GB/T 12763.1的有关规定执行。样品采集记录表格式参见表E.1。

4.3.10 实验室内质量评价

4.3.10.1 初次参加海洋调查的分析人员，应对其应用的分析方法进行验证，熟练掌握分析测定步骤。

验证内容包括工作曲线的线性范围、斜率，方法的精密度、准确度以及分析空白值的稳定性。其验证结果应与规范要求一致。

4.3.10.2 每一航次或每隔一定时间，应采用人工配制水样或天然水样，进行平行测定，以控制偶然误差。

4.3.10.3 每一航次或每隔一定时间，应采用标准物质配制水样检查测定结果是否存在系统误差。若确实存在系统误差，应寻找原因并加以改进。

4.3.10.4 对多个实验室合作的海洋调查，在调查计划执行前，应进行实验室间分析比测，判断实验室间分析结果的一致性。

4.4 样品采集与贮存

4.4.1 采水器材质的要求

根据各调查要素分析所需水样量和对采水器材质的要求，选择合适容积和材质的采水器，并洗净。

4.4.2 分装水样

水样采上船甲板后，先填好水样登记表(参见表 E.1)，并核对瓶号。然后，立即按以下分样顺序分装水样：溶解氧、pH、总碱度与氯化物、五项营养盐、总磷与总氮。

4.4.3 样品分装与贮存

4.4.3.1 溶解氧

a) 碘量滴定法：

水样瓶容积约为 120 cm^3(事先测定容积准确至 0.1 cm^3)的棕色磨口硬质玻璃瓶，瓶塞应为斜平底。

装取方法与贮存：将乳胶管的一端接上玻璃管，另一端套在采水器的出水口，放出少量水样洗涤水样瓶二次。然后，将玻璃管插到水样瓶底部，慢慢注入水样，并使玻璃管口始终处于水面下，待水样装满并溢出水样瓶体积的 1/2 时，将玻璃管慢慢抽出，瓶内不可有气泡。每一水样装取 2 瓶。立即用自动加液器(管尖在紧靠液面下)依次注入 1.0 cm^3 氯化锰溶液(见 5.3.1)和 1.0 cm^3 碱性碘化钾溶液(见 5.3.2)，应注意此加液管外壁不可沾有碘试剂。加液后立刻塞紧瓶盖并用手压住瓶塞和瓶底，将水样瓶缓慢地上下翻转 20 次。将水样瓶浸泡于水中，有效保存时间为 24 h(对于受有机物污染严重的水样，则应立即滴定)。

b) 分光光度法：

将乳胶管的一端接上玻璃管，另一端套在采水器的出口，放出少量水样荡洗水样瓶(水样瓶为 60 cm^3 棕色磨口玻璃瓶)二次。将玻璃管插到水样瓶底部，慢慢注入水样，待水样装满并溢出约为瓶子体积的 1/2 时，将玻璃管慢慢抽出，立即用自动加液器(注入口埋入液面下)依次注入 0.50 cm^3 氯化锰溶液(见 D.3.1)和 0.5 cm^3 碱性碘化钠/叠氮化钠溶液(见 D.3.2)。塞紧瓶塞，将瓶子缓慢上下颠倒 20 次，将水样瓶浸泡于水中，有效保存时间为 24 h。

4.4.3.2 pH

a) 水样瓶为容积约 50 cm^3 具有双层盖的广口聚乙烯瓶。

b) 装取方法与贮存：用少量水样洗涤样品瓶二次，慢慢地将瓶子注满水样，立即旋紧瓶盖，存于阴暗处，放置时间不得超过 2 h。对于不能在 2 h 内测定的水样，应加入 1 滴氯化汞溶液(见 6.3.4)固定，旋紧瓶盖，混合均匀。有效保存时间为 24 h。

4.4.3.3 总碱度与氯化物

a) 水样瓶为容积约 250 cm^3 具塞、平底硬质玻璃瓶，或 200 cm^3 具有螺旋盖的广口聚乙烯瓶。使用前应用体积分数 1% 的盐酸浸泡 7 d，然后用蒸馏水彻底洗净，晾干。

b) 装取方法与贮存：用少量水样洗涤样品瓶二次，然后，装取水样约 100 cm^3(若欲测定氯化物，则应装取 200 cm^3 水样)，立即盖紧瓶塞。有效保存时间为 3 d。

4.4.3.4 五项营养盐

a) 硅酸盐、磷酸盐、硝酸盐、亚硝酸盐和铵盐水样合并装于同一个水样瓶中(铵的靛酚蓝测定法,样品单独分装于 200 cm^3 的具有两层盖的高密度聚乙烯瓶中,无须过滤处理)。

b) 水样瓶为容积约 500 cm^3 具有双层盖的高密度聚乙烯瓶。初次使用前,应用体积分数为 1% 的盐酸浸泡 7 d,然后洗涤干净,备用。

c) 滤膜:海水过滤滤膜为孔径 0.45 μm 的混合纤维素酯微孔滤膜。使用前应用体积分数为 1% 的盐酸浸泡 12 h,然后用蒸馏水洗至中性,浸泡于蒸馏水中,备用。每批滤膜经处理后,应对各要素作膜空白试验,确认滤膜符合要求后,空白值应低于各要素的检测下限方可使用。若任一要素的膜空白超过其检测下限时,应更换新批号滤膜。

d) 装取方法与贮存:用少量水样荡洗水样瓶二次,然后,装取约 500 cm^3 水样。立即用处理过的滤膜过滤于另一个 500 cm^3 水样瓶中。若需保存,应加入占水样体积千分之二的三氯甲烷(警告—剧毒,小心操作!),盖好瓶塞,剧烈振摇 1 min,放在冰箱或冰桶内于 4℃～6℃低温保存,有效保存时间为 24 h。未经三氯甲烷固定和冷藏的水样,应在采样后 2 h 内测定。

4.4.3.5 总磷、总氮

取 500 cm^3 海水水样于聚乙烯瓶中,加入 1.0 cm^3 体积分数为 50%的硫酸溶液,混匀,旋紧瓶盖贮存,有效保存时间为一个月。

50%硫酸溶液的配制:在水浴冷却和不断搅拌下,将 250 cm^3 浓硫酸(H_2SO_4,ρ= 1.84 g/cm^3)缓慢加入 250 cm^3 蒸馏水中配制。

4.5 资料处理的一般要求

4.5.1 数据报表

按船、航次汇总数据,填写数据报表(参见表 E.17)。

4.5.2 数据处理

数据处理应符合 GB/T 12763.1 的有关规定。数据处理的计算用表参见附录 F。

4.5.3 有效数字

4.5.3.1 数据的有效数字位数应真实反映其可达到的精度,既不可增加位数,也不要减少位数。

4.5.3.2 一组数据运算结果的有效数字位数应严格按照有效数字运算规则确定。

4.5.3.3 数值修约按 GB/T 8170 的规定执行。

4.5.4 数据检验

4.5.4.1 数据统计之前,首先应检查调查数据是否存在计算、记录或誊写的失误,若属这类失误数据则应改正或直接剔除。

4.5.4.2 数据的检验、异常值判别与处理按 GB/T 12763.7 的有关规定执行。

4.5.5 资料格式

数据文档、图件和声像资料格式应符合 GB/T 12763.7 的有关规定。

4.6 调查报告编写

调查资料获取后,应按合同任务书要求和 GB/T 12763.1 的有关规定编写调查报告。

4.7 资料归档

资料归档按 GB/T 12763.1 和 GB/T 12763.7 的有关规定执行。

5 溶解氧测定(碘量滴定法)

5.1 技术指标

测定范围:5.3 $\mu mol/dm^3$～1.0×10^3 $\mu mol/dm^3$。

检测下限:5.3 $\mu mol/dm^3$。

精密度:含量低于 160 $\mu mol/dm^3$ 时,标准偏差为±2.8 $\mu mol/dm^3$;含量大于或等于 550 $\mu mol/dm^3$

时，标准偏差为±4.0 μmol/dm³。

5.2 方法原理

当水样加入氯化锰和碱性碘化钾试剂后，生成的氢氧化锰被水中溶解氧氧化生成 $MnO(OH)_2$ 褐色沉淀。加硫酸酸化后，沉淀溶解。用硫代硫酸钠标准溶液滴定析出的碘，换算溶解氧含量。

5.3 试剂及其配制

除另有说明外，所用试剂均为分析纯，水为蒸馏水或等效纯水。

5.3.1 氯化锰溶液：$c\,(MnCl_2) = 2.4\ mol/dm^3$

称取 480 g 氯化锰（$MnCl_2 \cdot 4H_2O$）溶于水中，并稀释至 1 000 cm^3。

5.3.2 碱性碘化钾溶液：$c\,(NaOH) = 6.4\ mol/dm^3$，$c(KI) = 1.8\ mol/dm^3$

称取 256 g 氢氧化钠（NaOH）溶解于 300 cm^3 水中，另称取 300 g 碘化钾（KI）溶解于 300 cm^3 水中，然后将上述二溶液混合，并稀释至 1 000 cm^3。

5.3.3 硫酸溶液：体积分数为 25%

在搅拌和水浴的冷却下，将 1 体积的浓硫酸（H_2SO_4，$\rho = 1.84\ g/cm^3$）缓慢地加入于 3 体积的水中。

5.3.4 硫代硫酸钠溶液：$c\,(Na_2S_2O_3) = 1\times10^4\ \mu mol/dm^3$

称取 25.0 g 硫代硫酸钠（$Na_2S_2O_3 \cdot 5H_2O$），用少量水溶解后，稀释至 1 000 cm^3，加入 1.0 g 无水碳酸钠（Na_2CO_3），混匀。贮于棕色试剂瓶中，此溶液浓度为 0.1 mol/dm^3。放置 15 d 后，用刚煮沸冷却的水稀释成 0.01 mol/dm^3 的溶液。保存于棕色瓶中，使用前标定。

5.3.5 碘酸钾标准溶液：$c\,(1/6\ KIO_3) = 1.000\times10^4\ \mu mol/dm^3$

称取 3.567 g 碘酸钾（KIO_3，优级纯，预先在 120℃烘 2 h，置于硅胶干燥器中冷却至室温），溶于刚煮沸并冷却至室温水中，转移入 1 000 cm^3 量瓶中，稀释至标线，混匀，贮于棕色试剂瓶中。在 5℃～6℃低温保存，有效期三个月。使用时移取 10.00 cm^3，用水稀释至 100 cm^3，此溶液浓度为 $1.000\times10^4\ \mu mol/dm^3$。

5.3.6 淀粉-丙三醇（甘油）指示剂

称取 3.0 g 可溶性淀粉[$(C_6H_{10}O_5)_n$]，加入 100 cm^3 丙三醇[$C_3H_5(OH)_3$]，搅拌并加热至 190℃至淀粉完全溶解。此溶液在常温下可保存一年，出现浑浊不影响指示剂的功效。

5.4 仪器与设备

5.4.1 水样瓶：容积约 120 cm^3 棕色磨口玻璃瓶，瓶塞为锥形或斜平底形，磨口要严密，每个水样瓶应按下述程序测定容积准确至 0.1 cm^3：将水样瓶装满蒸馏水，塞上瓶塞、擦干，称重。减去干燥的空瓶重量，除以该水温时蒸馏水的密度（参见表 F.8），测得水样瓶容积。将瓶号及相应的水样瓶容积测量结果记录，备查。

5.4.2 溶解氧滴定管：25 cm^3，分刻度值为 0.05 cm^3。

5.4.3 电磁搅拌器：转速可调至 150 r/min～400 r/min。

5.4.4 磁转子（玻璃或聚四氟乙烯包裹）：直径约 3 mm～5 mm，长 25 mm。

5.4.5 定量加液器：1.0 cm^3，5.0 cm^3。

5.4.6 移液吸管：15.00 cm^3。

5.5 水样装取、预处理和贮存

水样装取、预处理和贮存的操作和要求见 4.4.3.1。

5.6 测定步骤

5.6.1 硫代硫酸钠溶液的标定

用移液吸管吸取 15.00 cm^3 碘酸钾标准溶液（见 5.3.5），沿壁注入 250 cm^3 碘量瓶中，用少量水冲洗瓶内壁，加入 0.6 g 碘化钾，混匀。再加入 1.0 cm^3 硫酸溶液（见 5.3.3），再混匀，盖好瓶塞，在暗处放置 2 min。取下瓶塞，沿壁加入 110 cm^3 水，放入磁转子，置于电磁搅拌器上，立即开始搅拌并用硫代硫酸钠溶液（见 5.3.4）进行滴定，待试液呈淡黄色时加入三滴至四滴淀粉指示剂（见 5.3.6），继续滴至溶液蓝色刚消失。

重复标定至两次滴定管读数相差不超过 0.03 cm^3 为止。将滴定管读数记入溶解氧测定记录表(参见表 E.2)中,每隔 24 h 标定一次。

5.6.2 水样测定

水样固定(见 4.4.3.1)后,待沉淀物沉降聚集至瓶的下部,便可进行滴定。

将水样瓶上层清液倒出一部分于 250 cm^3 锥形烧瓶中,立即向沉淀中加入 1.0 cm^3 硫酸溶液(见 5.3.3),塞紧瓶塞,振荡水样瓶至沉淀全部溶解。

将水样瓶内溶液沿壁倾倒入上述锥形烧瓶中,将其置于电磁搅拌器上,立即搅拌,并滴定,待试液呈淡黄色时,加入三滴至四滴淀粉指示剂(见 5.3.6),继续滴定至呈淡蓝色。

用锥形烧瓶中的少量试液荡洗原水样瓶,再将其倒回锥形烧瓶中,继续滴定至无色。待 20 s 后,如试液不呈淡蓝色,即为终点。将滴定所消耗的硫代硫酸钠溶液体积记录于溶解氧测定记录表(参见表 E.2)中。

5.6.3 试剂空白试验

取 100 cm^3 海水,加入 1.0 cm^3 硫酸溶液(见 5.3.3),1.0 cm^3 碱性碘化钾溶液(见 5.3.2),混匀,加入 1.0 cm^3 氯化锰溶液(见 5.3.1),混合均匀,放置 10 min,加入三滴至四滴淀粉指示剂(见 5.3.6),混匀。此时,若溶液呈现淡蓝色,继续用硫代硫酸钠溶液(见 5.3.4)滴定。如硫代硫酸钠用量超出 0.1 cm^3,则应核查碘化钾和氯化锰试剂的可靠性并重新配制试剂。如果硫代硫酸钠用量小于或等于 0.1 cm^3,或加入淀粉指示剂后溶液不呈现淡蓝色,且加入一滴碘酸钾溶液(见 5.3.5)后,溶液立即呈现蓝色,则试剂空白可以忽略不计。

每批新配制试剂应进行一次空白试验。

5.7 计算

5.7.1 海水中溶解氧浓度计算见式(1)。

$$c(\mathrm{O}) = \frac{c \times V}{(V_1 - V_2) \times 2} \qquad \cdots\cdots(1)$$

式中:

$c(\mathrm{O})$——海水中溶解氧浓度,单位为微摩尔每立方分米($\mu mol/dm^3$);

V——滴定样品时消耗的硫代硫酸钠溶液体积,单位为立方厘米(cm^3);

c——硫代硫酸钠溶液标定浓度,单位为微摩尔每立方分米($\mu mol/dm^3$);

$V_1 - V_2$——实际水样的体积,单位为立方厘米(cm^3)。其中,V_1 为水样瓶的容积,单位为立方厘米(cm^3),V_2 为固定水样的固定剂体积,单位为立方厘米(cm^3)。

5.7.2 氧饱和度 $r(\mathrm{O})$ 的计算公式为式(2)。

$$r(\mathrm{O}) = \frac{c(\mathrm{O})}{c(\mathrm{O'})} \times 100\% \qquad \cdots\cdots(2)$$

式中:

$c(\mathrm{O})$——测得水样的氧浓度,单位为微摩尔每立方分米($\mu mol/dm^3$);

$c(\mathrm{O'})$——在现场水温、盐度下,氧在海水中的饱和浓度,单位为微摩尔每立方分米($\mu mol/dm^3$)(由表 F.1 查得或由 5.7.3 的公式(3)求得)。

5.7.3 氧在不同水温、盐度的海水中的饱和浓度计算公式为式(3)。

$$\ln c(\mathrm{O'}) = A_1 + A_2(100/T) + A_3 \ln(T/100) + A_4(T/100) + S[B_1 + B_2(T/100) + B_3(T/100)^2] + 0.491\,2 \qquad \cdots\cdots(3)$$

式中:

$c(\mathrm{O'})$——氧在海水中的饱和浓度,单位为微摩尔每立方分米($\mu mol/dm^3$);

T——现场的海水热力学温度,单位为开(K);

S——现场的海水盐度;

A、B——常数，其量值分别为：

$A_1=-173.4292$；

$A_2=249.6339$；

$A_3=143.3483$；

$A_4=-21.8492$；

$B_1=-0.033096$；

$B_2=0.014259$；

$B_3=-0.001700$。

5.8 仲裁方法

溶解氧测定（碘量滴定法）为仲裁方法。除本方法外，另有分光光度法（见附录D）。

6 pH测定（pH计法）

6.1 技术指标

准确度：±0.02 pH。

精密度：±0.01 pH。

6.2 方法原理

海水的pH值是根据测定玻璃-甘汞电极对的电动势而得。将海水水样的pH与标准溶液的pH和该电池电动势的关系定义为：

$$pH_x=pH_s+(E_s-E_x)/(2.3026\,RT/F)$$

当玻璃-甘汞电极对插入标准缓冲溶液时：

令：

$$A=pH_s+\frac{E_s}{2.3026\,RT/F} \qquad \cdots\cdots(4)$$

当玻璃-甘汞电极对插入水样时，则：

$$pH_x=A-\frac{E_x}{2.3026\,RT/F} \qquad \cdots\cdots(5)$$

在同一温度下，分别测定同一电极对在标准缓冲溶液和水样中的电动势，则水样的pH值为：

$$pH_x=pH_s+\frac{E_s-E_x}{2.3026\,RT/F} \qquad \cdots\cdots(6)$$

式中：

pH_x——水样的pH值；

pH_s——标准缓冲溶液的pH值；

E_x——玻璃-甘汞电极对插入水样中的电动势，单位为毫伏（mV）；

E_s——玻璃-甘汞电极对插入标准缓冲溶液中的电动势，单位为毫伏（mV）；

R——气体常数；

F——法拉第常数；

T——热力学温度，单位为开（K）。

6.3 试剂及其配制

除另有说明外，所用试剂均为分析纯，水为蒸馏水或等效纯水。

6.3.1 磷酸二氢钾（KH_2PO_4）

置于115℃±5℃烘箱中烘2 h，于干燥器中冷却至室温。

6.3.2 磷酸氢二钠（Na_2HPO_4）

置于115℃±5℃烘箱中烘2 h，于干燥器中冷却至室温。

6.3.3 十水四硼酸钠($Na_2B_4O_7 \cdot 10H_2O$)

置于盛有蔗糖饱和溶液的干燥器中 48 h,并继续存于此干燥器中备用。

6.3.4 pH 标准缓冲溶液

6.3.4.1 0.025 mol/dm^3 磷酸二氢钾和 0.025 mol/dm^3 磷酸氢二钠混合标准缓冲溶液(25℃时,pH_s = 6.864)

称取 3.39 g 磷酸二氢钾(见 6.3.1.1)和 3.55 g 磷酸氢二钠(见 6.3.1.2)溶于水中并稀释至 1 000 cm^3,加 1.0 cm^3 三氯甲烷,混匀,保存于聚乙烯瓶中。使用期三个月。使用标准缓冲溶液时,应采用测定溶液温度下的标准 pH 值(参见表 F.2)。

6.3.4.2 四硼酸钠标准缓冲溶液:$c(Na_2B_4O_7 \cdot 10H_2O)$ = 0.010 mol/dm^3(25℃时,pH_s = 9.182)

称取 3.80 g 十水四硼酸钠(见 6.3.1.3)溶于刚煮沸冷却的蒸馏水,并稀释至 1 000 cm^3,加 1.0 cm^3 三氯甲烷,混匀,保存于聚乙烯瓶中,瓶口用石蜡熔封。可稳定三个月。开瓶后,使用期不得超过一星期。使用标准缓冲溶液时,应采用测定溶液温度下的标准 pH 值(参见表 F.2)。

6.3.5 饱和氯化钾溶液

称取 40 g 氯化钾(KCl),加 100 cm^3 水,充分搅拌后,将该溶液连同未溶解氯化钾全部转移入试剂瓶中(此溶液应与固体氯化钾共存)。

6.3.6 氯化汞溶液:ρ=25 g/dm^3

称取 2.5 g 氯化汞($HgCl_2$)溶于水并稀释至 100 cm^3,混匀,盛于棕色试剂瓶中。

警告——氯化汞剧毒,小心操作!

6.4 仪器与设备

pH 计:精度为 0.01pH 单位。

6.5 水样装取、预处理和贮存

水样装取、预处理和贮存的操作和要求见 4.4.3.2。

6.6 测定步骤

6.6.1 pH 计校准

在室温下用混合磷酸盐标准缓冲溶液(见 6.3.2.1)和四硼酸钠标准缓冲溶液(见 6.3.2.2)校准 pH 计。将 pH 计上温度补偿器刻度调至与溶液温度一致(若 pH 计有自动温度补偿此步骤省略)。按 pH 计说明书操作步骤分别用上述二种标准缓冲溶液的液温对应的标准 pH 值反复对 pH 计进行校准,至电极电位平衡稳定。每次更换标准缓冲溶液时,应用蒸馏水冲洗电极,然后用滤纸吸干。

6.6.2 水样测定

pH 计校准后将电极对提起,移开标准缓冲溶液,用蒸馏水淋洗电极,然后用滤纸将水吸干。将电极对浸入待测水样中,使电极电位充分平衡,待仪器读数稳定后,记下水样温度和 pH 值读数,填入 pH 测定记录表(参见表 E.3)中。

6.7 计算

将测得的 pH 值按式(7)进行温度和压力校正,求得现场 pH 值。

$$pH_w = pH_m + \alpha(t_m - t_w) - \beta d \qquad \cdots\cdots(7)$$

式中:

pH_w,pH_m——分别为现场和测定时的 pH 值;

t_w,t_m——分别为现场和测定时的水温,单位为摄氏度(℃);

d——水样深度,单位为米(m);

α,β——分别为温度和压力校正系数,$\alpha(t_m - t_w)$和 βd 分别由表 F.3 和表 F.4 查得。

如果水样深度在 500 m 以内,不必作压力校正,公式(7)可简化为式(8)。

$$pH_w = pH_m + \alpha(t_m - t_w) \qquad \cdots\cdots(8)$$

按 pH 测定记录表(参见表 E.3)的要求,将数据逐项计算并填写。

7 总碱度测定(pH 法)

7.1 技术指标

准确度:总碱度为 1.5 mmol/dm^3 时,相对误差为±3.5%;总碱度为 2.2 mmol/dm^3 时,相对误差为±2.5%。

精密度:相对标准偏差为±1.5%。

7.2 方法原理

向水样中加入过量已知浓度盐酸溶液以中和水样中的碱,然后用 pH 计测定此混合溶液的 pH 值,由测得值计算混合溶液中剩余的酸量,再从加入的酸总量中减去剩余的酸量即得到水样中碱的量。根据公式(10)计算水样总碱度。

7.3 试剂及其配制

除另有说明外,所用试剂均为分析纯,水为蒸馏水或等效纯水。

7.3.1 邻苯二甲酸氢钾标准缓冲溶液:$c(KHC_8H_4O_4)=0.050$ mol/dm^3(25℃时,pH=4.003)

称取 10.21 g 邻苯二甲酸氢钾($KHC_8H_4O_4$,预先在 115℃±5℃下烘干 2 h,于干燥器中冷却)用少量水溶解后,稀释至 1 000 cm^3,加 1.0 cm^3 三氯甲烷,混匀,保存于聚乙烯瓶中,可稳定三个月。

7.3.2 盐酸溶液:$c(HCl)=0.006$ mol/dm^3

7.3.2.1 量取 8.4 cm^3 盐酸(HCl,$\rho=1.18$ g/cm^3,优级纯)于 1 000 cm^3 量瓶中,用煮沸 15 min 冷至室温的水稀释至标线,混匀。

7.3.2.2 量取 60 cm^3 上述盐酸溶液,用水稀释至 1 000 cm^3。即得浓度为 0.006 mol/dm^3 盐酸溶液。

7.3.3 碳酸钠标准溶液:$c(1/2\ Na_2CO_3)=0.010\ 0$ mol/dm^3

称取 0.530 0 g 无水碳酸钠(Na_2CO_3,优级纯,预先在 220℃恒温 2 h,置干燥器中冷却至室温),用少量水溶解后,稀释至 1 000 cm^3。

7.3.4 甲基红-次甲基蓝混合指示剂

甲基红乙醇溶液:称取 0.032 g 甲基红($C_{15}H_{15}N_3O_2$)溶于 80 cm^3 95%乙醇中。

次甲基蓝乙醇溶液:称取 0.01 g 次甲基蓝($C_{16}H_{18}ClN_3S\cdot 3H_2O$)溶于 100 cm^3 95%乙醇中。

氢氧化钠溶液($\rho=40.0$ g/dm^3):称取 4.0 g 氢氧化钠(NaOH)溶于 100 cm^3 水中。

混合指示剂:将上述已配好的 80 cm^3 甲基红乙醇溶液,加入 6.0 cm^3 次甲基蓝乙醇溶液,混合均匀后,加入 1.2 cm^3 氢氧化钠溶液,溶液呈暗色,贮于棕色瓶中。

7.3.5 盐酸溶液的标定

移取 15.00 cm^3 碳酸钠标准溶液(见 7.3.3)于锥形烧瓶中,加 6 滴甲基红-次甲基蓝混合指示剂(见 7.3.4),用盐酸溶液(见 7.3.2)滴定。当溶液由橙黄色转变为稳定浅紫红色时,即为终点。按式(9)计算盐酸溶液标定浓度。

$$c(HCl)=\frac{c(1/2Na_2CO_3)\times V_{Na_2CO_3}}{V_{HCl}} \qquad \cdots\cdots(9)$$

式中:

$c(HCl)$——盐酸溶液标定浓度,单位为摩尔每立方分米(mol/dm^3);

$c(1/2Na_2CO_3)$——碳酸钠标准溶液浓度,单位为摩尔每立方分米(mol/dm^3);

V_{HCl}——盐酸溶液体积,单位为立方厘米(cm^3);

$V_{Na_2CO_3}$——碳酸钠标准溶液体积,单位为立方厘米(cm^3)。

7.4 仪器与设备

7.4.1 pH 计:精度为 0.01 pH 单位。

7.4.2 具有内塞的聚乙烯广口瓶:50 cm^3。

7.4.3 具塞滴定管。

7.5 水样装取、预处理与贮存

水样装取、预处理与贮存的操作和要求见4.4.3.3。

7.6 测定步骤

pH计定位：用邻苯二甲酸氢钾标准缓冲溶液（见7.3.1）进行定位。

移取25.00 cm^3 水样于50 cm^3 具塞聚乙烯广口瓶中（取双份平行样测定），加入10.00 cm^3 经标定的盐酸溶液（见7.3.2），加盖旋紧，充分摇匀。

测定酸化水样的pH值，其测定值应在3.40～3.90范围内。如pH大于3.90时，应取出电极对，另外加入1.00 cm^3 盐酸溶液（见7.3.2），重新测定pH值；如pH小于3.40，则应另加入5.0 cm^3 水样，重新测定pH值。将加入的盐酸溶液或水样的体积记录于总碱度测定记录表（参见表E.4）中。

7.7 计算

按总碱度测定记录表的要求将数据逐项填写并按式(10)计算总碱度。

$$A=\frac{V_{HCl}\times c(HCl)}{V_W}\times 1\,000-\frac{\alpha_{H^+}\times(V_W+V_{HCl})}{V_W\times f_{H^+}}\times 1\,000 \quad\cdots\cdots\cdots\cdots(10)$$

式中：

A——水样总碱度，单位为毫摩尔每立方分米（$mmol/dm^3$）；

$c(HCl)$——盐酸溶液标定浓度，单位为摩尔每立方分米（mol/dm^3）；

V_W——水样体积，单位为立方厘米（cm^3）；

V_{CHl}——盐酸溶液体积，单位为立方厘米（cm^3）；

α_{H^+}——与测定溶液pH对应的氢离子活度（由表F.5查得）；

f_{H^+}——与测定溶液pH和实际盐度对应的氢离子活度系数（由表F.6查得）。

8 活性硅酸盐测定（硅钼蓝法）

8.1 技术指标

测定范围：0.10 $\mu mol/dm^3$～25.0 $\mu mol/dm^3$。

检测下限：0.10 $\mu mol/dm^3$。

准确度：浓度为4.5 $\mu mol/dm^3$ 时，相对误差为±5.0%。

精密度：浓度为4.5 $\mu mol/dm^3$ 时，相对标准偏差为±4.0%。

8.2 方法原理

水样中的活性硅酸盐在弱酸性条件下与钼酸铵生成黄色的硅钼黄络合物后，用对甲替氨基酚硫酸盐（米吐尔）-亚硫酸钠将硅钼黄络合物还原为硅钼蓝络合物，于812 nm波长处进行分光光度测定。

8.3 试剂及其配制

除非另有说明，本法中所用试剂均为分析纯；水为无硅去离子水或等效纯水。试剂及纯水应贮于聚乙烯瓶中。

8.3.1 无硅去离子水

自来水经二个串联的阴、阳离子交换树脂纯水器纯化的水。

8.3.2 酸性钼酸铵溶液：ρ=8.0 g/dm^3

称取8.0 g钼酸铵[$(NH_4)_6Mo_7O_{24}\cdot 4H_2O$]，溶于600 cm^3 水中，加24.0 cm^3 盐酸（HCl，ρ=1.18 g/cm^3），稀释至1 000 cm^3，置于聚乙烯瓶中，避光存放。若容器壁出现大量沉积物，应弃之不用。

8.3.3 草酸溶液：ρ= 100 g/dm^3

称取10 g草酸（$H_2C_2O_4\cdot 2H_2O$），溶于水，稀释至100 cm^3，贮于聚乙烯瓶中。

8.3.4 硫酸溶液：体积分数为25%

在搅拌和水浴冷却下，将100 cm^3 硫酸（H_2SO_4，ρ= 1.84 g/cm^3）缓慢地加入300 cm^3 水中，冷却后贮于聚乙烯瓶中。

8.3.5 对甲替氨基酚硫酸盐-亚硫酸钠溶液

称取 5.0 g 对甲替氨基酚硫酸盐(米吐尔)[$(CH_3NHC_6H_4OH)_2 \cdot H_2SO_4$],溶于 240 cm³ 水,加 3.0 g无水亚硫酸钠(Na_2SO_3),溶解后稀释至 250 cm³,过滤,存于棕色瓶中,盖紧。此溶液不稳定,易变质,最长可存放一个月。

8.3.6 混合还原剂

将 100 cm³ 对甲替氨基酚硫酸盐-亚硫酸钠溶液(见 8.3.5)和 60 cm³ 草酸溶液(见 8.3.3)混合,加 120 cm³ 硫酸溶液(见 8.3.4),混匀,冷却后稀释至 300 cm³,贮于聚乙烯瓶中。此溶液应使用前配制。

8.3.7 人工海水

盐度为 28 的人工海水:称取 25.0 g 氯化钠(NaCl,优级纯)和 8.0 g 硫酸镁($MgSO_4 \cdot 7H_2O$,优级纯),溶于无硅去离子水中,稀释至 1 000 cm³,贮于聚乙烯瓶中。

盐度为 35 的人工海水:称取 31.0 g 氯化钠(NaCl,优级纯)和 10.0 g 硫酸镁($MgSO_4 \cdot 7H_2O$,优级纯),溶于无硅去离子水中,稀释至 1 000 cm³,贮于聚乙烯瓶中。其他盐度的人工海水可按上述比例配制。

8.3.8 硅酸盐标准溶液

8.3.8.1 硅酸盐标准贮备溶液:$c(SiO_3^{2-}\text{-Si}) = 25.0\ \mu mol/cm^3$

将氟硅酸钠(Na_2SiF_6,优级纯)在 105℃下烘干 1 h,取出置于干燥器中冷却至室温。称取 4.702 g 于聚乙烯瓶中,加入约 300 cm³ 无硅水,搅拌至完全溶解,全量转移至 1 000 cm³ 容量瓶中,加水至标线。立刻移入聚乙烯瓶中贮存,加 1 cm³ 三氯甲烷,有效保存期一年。

8.3.8.2 硅酸盐标准使用溶液:$c(SiO_3^{2-}\text{-Si}) = 0.500\ \mu mol/cm^3$

在 100 cm³ 容量瓶中加入 10 cm³ 相应的人工海水,然后移入 2.00 cm³ 硅酸盐标准贮备液(见 8.3.8.1),用水稀释至标线,混匀。使用前配制,不得存放。

8.4 仪器与设备

8.4.1 分光光度计。

8.4.2 容量瓶:100 cm³。

8.4.3 反应瓶:50 cm³。

8.5 水样装取、预处理和贮存

水样装取、预处理和贮存的操作和要求见 4.4.3.4。

8.6 测定步骤

8.6.1 标准工作曲线绘制(0 mol/dm³～25.0 μmol/dm³)

8.6.1.1 取六个 100 cm³ 容量瓶(见 8.4.2),分别移入硅酸盐标准使用溶液(见 8.3.8.2)0 cm³,1.00 cm³,2.00 cm³,3.00 cm³,4.00 cm³,5.00 cm³,用与水样盐度接近的人工海水(盐度 28 或 35)稀释至标线,混匀,即得硅酸盐浓度依次为 0 μmol/dm³,5.0 μmol/dm³,10.0 μmol/dm³,15.0 μmol/dm³,20.0 μmol/dm³,25.0 μmol/dm³ 的标准系列。

8.6.1.2 在两组各六个 50 cm³ 反应瓶中,各加入 10.0 cm³ 酸性钼酸铵溶液(见 8.3.2)。分别依次移入 25.0 cm³ 上述硅标准系列,立即混匀,放置 10 min(但不得超过 30 min)后,各加入 15 cm³ 混合还原剂(见 8.3.6),混匀。

8.6.1.3 30 min 至 40 min 后,在分光光度计上,用 2 cm 比色池,以无硅离子水为参照液,于 812 nm 波长处测定吸光值 A_s。

8.6.1.4 将测定数据记录于标准曲线数据表(参见表 E.5)中。以扣除空白吸光值后的吸光值 A_n 为纵坐标,相应的硅酸盐-硅浓度 C_s 为横坐标绘制标准工作曲线,用线性回归法求得标准工作曲线的截距 a 和斜率 b。

8.6.2 水样测定

加入 10.0 cm³ 酸性钼酸铵溶液(见 8.3.2)于 50 cm³ 反应瓶中,然后移入 25.0 cm³ 水样(每份水样取双样测定),立即混匀,以下按8.6.1.2～8.6.1.3测定水样吸光值A_w。

将测定数据记录于活性硅酸盐测定记录表(参见表E.6)中。

8.6.3 批量样品质量检验

测定每一批样品时,至少必需测定一个标准样品和一个试剂空白样品。根据其吸光值A_s和A_b,按公式(11)求得C_g,再按公式(12)计算误差S_b,本方法误差S_b不可大于±5.0%。

$$C_g = \frac{(A_s - A_b) - a}{b} \qquad \cdots\cdots(11)$$

$$S_b = \frac{C_s - C_g}{C_s} \times 100\% \qquad \cdots\cdots(12)$$

式中:

C_g——标准样测得的浓度,单位为微摩尔每立方分米(μmol/dm³);

A_s——标准样吸光值;

A_b——试剂空白吸光值;

S_b——检验误差;

C_s——标准样浓度,单位为微摩尔每立方分米(μmol/dm³);

a——标准工作曲线截距;

b——标准工作曲线斜率。

8.7 计算

计算数据记录在活性硅酸盐测定记录表(参见表E.6)中。

按式(13)计算水样中活性硅酸盐-硅的浓度。

$$c(SiO_3^{2-}\text{-}Si) = \frac{(\overline{A}_w - A_b) - a}{b} \qquad \cdots\cdots(13)$$

式中:

$c(SiO_3^{2-}\text{-}Si)$——水样中活性硅酸盐-硅的浓度,单位为微摩尔每立方分米(μmol/dm³);

$\overline{A}_w$——水样测得的平均吸光值;

A_b——空白吸光值;

a——标准工作曲线截距;

b——标准工作曲线斜率。

对于盐度变化很大的河口水活性硅酸盐的高精确度测定,需用蒸馏水代替人工海水绘制标准工作曲线,并按式(14)计算水样中活性硅酸盐浓度。

$$c(SiO_3^{2-}\text{-}Si) = \frac{(\overline{A}_w - A_b)(1 + 0.004\ S) - a}{b} \qquad \cdots\cdots(14)$$

式中:

$c(SiO_3^{2-}\text{-}Si)$——水样中活性硅酸盐-硅的浓度,单位为微摩尔每立方分米(μmol/dm³);

$\overline{A}_w$——水样的平均吸光值;

A_b——空白吸光值;

S——水样盐度;

a——标准工作曲线截距;

b——标准工作曲线斜率。

8.8 仲裁方法

活性硅酸盐测定(硅钼蓝法)为仲裁方法。除本方法外,另有硅钼黄法(见附录A)。

9 活性磷酸盐测定(抗坏血酸还原磷钼蓝法)

9.1 技术指标

测定范围:0.02 μmol/dm^3～4.80 μmol/dm^3。

检测下限:0.02 μmol/dm^3。

准确度:浓度为 0.20 μmol/dm^3 时,相对误差为±10%;浓度为 2.0 μmol/dm^3 时,相对误差为±3.5%。

精密度:浓度为 0.20 μmol/dm^3 时,相对标准偏差为±10%;浓度为 2.0 μmol/dm^3 时,相对标准偏差为±3.0%。

9.2 方法原理

在酸性介质中,活性磷酸盐与钼酸铵反应生成磷钼黄络合物,在酒石酸氧锑钾存在下,磷钼黄络合物被抗坏血酸还原为磷钼蓝络合物,于 882 nm 波长处进行分光光度测定。

9.3 试剂及其配制

除另有说明外,所用试剂均为分析纯,水为蒸馏水或等效纯水。

9.3.1 三氯甲烷(**警告——试剂剧毒,小心操作!**)

9.3.2 硫酸溶液:体积分数为 17%

在水浴冷却和不断搅拌下,将 60 cm^3 硫酸(H_2SO_4,ρ= 1.84 g/cm^3)缓慢加入 300 cm^3 水中,贮存于玻璃瓶中。

9.3.3 钼酸铵溶液:ρ= 30.0 g/dm^3

称取 15.0 g 钼酸铵[$(NH_4)_6Mo_7O_{24}\cdot 4H_2O$]溶于水中并稀释至 500 cm^3,贮于聚乙烯瓶中,避光保存。

9.3.4 抗坏血酸溶液:ρ= 54.0 g/dm^3

称取 5.40 g 抗坏血酸($C_6H_8O_6$)溶于水中并稀释至 100 cm^3。此液贮于聚乙烯瓶中,避免阳光直射。有效期为一星期。在 5℃～6℃下低温保存,可稳定一个月。

9.3.5 酒石酸氧锑钾溶液:ρ= 1.4 g/dm^3

称取 1.4 g 酒石酸氧锑钾($KSbO\cdot C_4H_4O_6\cdot 1/2H_2O$)溶于水中并稀释至 1 000 cm^3,贮于聚乙烯瓶中,有效期为六个月。

9.3.6 硫酸-钼酸铵-酒石酸氧锑钾混合溶液

依次量取 100 cm^3 硫酸溶液(见 9.3.2),40 cm^3 钼酸铵溶液(见 9.3.3),20 cm^3 酒石酸氧锑钾溶液(见 9.3.5),混合均匀。临用时配制。

9.3.7 磷酸盐标准溶液

9.3.7.1 磷酸盐标准贮备溶液:$c(PO_4^{3-}\text{-P})$ = 8.00 μmol/cm^3

称取 1.088 g 磷酸二氢钾(KH_2PO_4,优级纯,在 110℃～115℃烘干 2 h,置于干燥器中冷却至室温),用少量水溶解后,全量转移至 1 000 cm^3 容量瓶中,用水稀释至标线,加 1.0 cm^3 三氯甲烷,混匀。暗处存放,有效期六个月。

9.3.7.2 磷酸盐标准使用溶液:$c(PO_4^{3-}\text{-P})$ = 0.080 μmol/cm^3

移取 1.00 cm^3 磷酸盐标准贮备溶液(见 9.3.7.1)于 100 cm^3 容量瓶中,用水稀释至标线。加 3 滴三氯甲烷,混匀,贮存于棕色玻璃瓶中,有效期为 24 h。

9.4 仪器与设备

9.4.1 分光光度计。

9.4.2 可调定量加液器:1.0 cm^3,5.0 cm^3。

9.4.3 容量瓶:100 cm^3。

9.4.4 反应瓶:50 cm^3。

9.5 **水样装取、预处理和贮存**

水样装取、预处理和贮存的操作和要求见 4.4.3.4。

9.6 **测定步骤**

9.6.1 标准工作曲线绘制(0 μmol/dm³～4.80 μmol/dm³)

9.6.1.1 取六个 100 cm³ 容量瓶(见 9.4.3),分别移入磷酸盐标准使用溶液(见 9.3.7.2)0 cm³,0.50 cm³,1.00 cm³,2.00 cm³,4.00 cm³,6.00 cm³,用水稀释至标线,混匀,即得磷酸盐-磷的浓度依次为 0 μmol/dm³,0.40 μmol/dm³,0.80 μmol/dm³,1.60 μmol/dm³,3.20 μmol/dm³,4.80 μmol/dm³ 的标准溶液系列。

9.6.1.2 取两组各六个 50 cm³ 反应瓶(见 9.4.4),分别依次移入 25.0 cm³ 上述标准系列溶液(见 9.6.1.1),各加入 2.0 cm³ 硫酸-钼酸铵-酒石酸氧锑钾混合溶液(见 9.3.6)和 0.5 cm³ 抗坏血酸溶液(见 9.3.4),混匀。

9.6.1.3 显色 10 min 后,在分光光度计上,用 10 cm 比色池,以蒸馏水作参照液,于 882 nm 波长处测量吸光值 A_s,其中空白吸光值为 A_b。

9.6.1.4 将测得的数据记录于标准工作曲线记录表(参见表 E.5)中。以扣除空白吸光值后的吸光值 A_n 为纵坐标,相应的磷酸盐-磷浓度 C_s 为横坐标,绘制标准工作曲线。以用线性回归法求得工作曲线截距 a 和斜率 b。

9.6.2 水样测定

量取 25.0 cm³ 水样于 50 cm³ 反应瓶中(每份水样取双样测定),以下按 9.6.1.2～9.6.1.3 测定水样吸光值 A_w。

将测得的数据记录于活性磷酸盐测定记录表(参见表 E.7)中。

9.6.3 批量样品质量检验

检验方法同 8.6.3。本方法误差 S_b 不可大于±5.0%。

9.7 **计算**

计算数据记录在活性磷酸盐测定记录表(参见表 E.7)中。

按下式计算水样的磷酸盐-磷的浓度:

$$c(PO_4^{3-}\text{-P})=\frac{(\overline{A}_w-A_b)-a}{b} \qquad (15)$$

式中:

$c(PO_4^{3-}\text{-P})$——水样中活性磷酸盐-磷的浓度,单位为微摩尔每立方分米(μmol/dm³);

$\overline{A}_w$——水样的平均吸光值;

A_b——空白吸光值;

a——标准工作曲线截距;

b——标准工作曲线斜率。

10 亚硝酸盐测定(重氮-偶氮法)

10.1 技术指标

测定范围:0.02 μmol/dm³～4.00 μmol/dm³。

检测下限:0.02 μmol/dm³。

准确度:浓度为 0.5 μmol/dm³ 时,相对误差为±5.0%;浓度为 1.00 μmol/dm³ 时,相对误差为±3.0%。

精密度:浓度为 0.3 μmol/dm³ 时,相对标准偏差为±5.0%;浓度为 1.00 μmol/dm³ 时,相对标准偏差为±2.0%。

10.2 方法原理

在酸性(pH＝2)条件下,水样中的亚硝酸盐与对氨基苯磺酰胺进行重氮化反应,反应产物与1-萘替乙二胺二盐酸盐作用,生成深红色偶氮染料,于543 nm波长处进行分光光度测定。

10.3 试剂及其配制

除另有说明外,所用试剂均为分析纯,水为蒸馏水或等效纯水。

10.3.1 盐酸溶液:体积分数为14%

量取100 mL盐酸($HCl, \rho = 1.18\ g/cm^3$)与600 cm^3 水混匀。

10.3.2 对氨基苯磺酰胺溶液:$\rho = 10\ g/dm^3$

称取5.0 g对氨基苯磺酰胺($NH_2SO_2C_6H_4NH_2$)溶于350 cm^3 盐酸溶液(见10.3.1)中,用水稀释至500 cm^3,混匀。贮于棕色玻璃瓶中,有效期二个月。

10.3.3 1-萘替乙二胺二盐酸盐溶液:$\rho = 1.0\ g/dm^3$

称取0.5 g 1-萘替乙二胺二盐酸盐($C_{10}H_7NHCH_2CH_2NH_2 \cdot 2HCl$),用少量水溶解后,稀释至500 cm^3,混匀。贮于棕色玻璃瓶中,低温保存。(如出现棕色时应重配)

警告——试剂具有毒性,小心操作!

10.3.4 亚硝酸盐标准贮备溶液:$c(NO_2^- \text{-N}) = 5.00\ \mu mol/cm^3$

称取0.345 0 g亚硝酸钠($NaNO_2$,优级纯,预先在110℃下烘干1 h,置于干燥器中冷却至室温),用少量水溶解后,全量转移至1 000 cm^3 容量瓶中,用水稀释至标线,加1.0 cm^3 三氯甲烷,混匀。避光低温保存,有效期二个月。

10.3.5 亚硝酸盐标准使用溶液:$c(NO_2^- \text{-N}) = 0.050\ \mu mol/cm^3$

吸取1.00 cm^3 亚硝酸盐标准贮备溶液(见10.3.4)于100 cm^3 容量瓶中,用水稀释至标线,混匀。使用前配制,可稳定4 h。

10.4 仪器与设备

10.4.1 分光光度计。

10.4.2 容量瓶:100 cm^3。

10.4.3 反应瓶:50 cm^3。

10.5 水样装取、预处理和贮存

水样装取、预处理和贮存的操作和要求见4.4.3.4。

10.6 测定步骤

10.6.1 标准工作曲线绘制(0 $\mu mol/dm^3$～4.00 $\mu mol/dm^3$)

10.6.1.1 在两组各六个100 cm^3 容量瓶中依次分别加入亚硝酸盐标准使用溶液(见10.3.5)0 cm^3,0.50 cm^3,1.00 cm^3,2.00 cm^3,4.00 cm^3,8.00 cm^3,用水稀释至标线,混匀。此标准溶液系列的亚硝酸盐-氮的浓度依次为0 $\mu mol/dm^3$,0.25 $\mu mol/dm^3$,0.50 $\mu mol/dm^3$,1.00 $\mu mol/dm^3$,2.00 $\mu mol/dm^3$,4.00 $\mu mol/dm^3$。

10.6.1.2 分别量取25.0 cm^3 上述系列标准溶液,依次放入两组各六个50 cm^3 反应瓶中。各加入0.5 cm^3 对氨基苯磺酰胺溶液(见10.3.2),混匀。放置5 min,然后,加入0.5 cm^3 1-萘替乙二胺二盐酸盐溶液(见10.3.3),混匀。放置15 min。

10.6.1.3 在分光光度计上,用5 cm比色池,以蒸馏水为参比,于543 nm波长处测量吸光值 A_s,其中,空白吸光值为 A_b。吸光值测定应在4 h内完成。测定数据记录于标准曲线数据记录表(参见表E.5)中。

10.6.1.4 以扣除空白吸光值 A_b 后的吸光值 A_n 为纵坐标,相应的亚硝酸盐-氮浓度 C_s 为横坐标,绘制标准工作曲线。用线性回归方法求得标准曲线的截距 a 和斜率 b。

10.6.2 水样测定

量取25.0 cm^3 水样于50 cm^3 反应瓶中(取双样)。以下按10.6.1.2～10.6.1.3测定水样吸光

值 A_w。

将测定数据记录于亚硝酸盐测定记录表(参见表 E.8)中。

10.6.3 批量样品质量检验

检验方法同 8.6.3。本方法误差 S_b 不可大于±5.0%。

10.7 计算

按式(16)计算求得水样中亚硝酸盐-氮的浓度：

$$c(NO_2^- \text{-N}) = \frac{(\overline{A}_w - A_b) - a}{b} \quad \cdots\cdots(16)$$

式中：

$c(NO_2^-\text{-N})$——水样中亚硝酸盐-氮的浓度,单位为微摩尔每立方分米(μmol/dm³)；

$\overline{A}_w$——水样的平均吸光值；

A_b——空白吸光值；

a——标准工作曲线截距；

b——标准工作曲线斜率。

11 硝酸盐测定(锌镉还原法)

11.1 技术指标

测定范围:0.05 μmol/dm³～16.0 μmol/dm³。

检测下限:0.05 μmol/dm³。

准确度:浓度为 2.0 μmol/dm³ 时,相对误差为±7.0%;浓度为 10.0 μmol/dm³ 时,相对误差为±4.0%。

精密度:浓度为 5.0 μmol/dm³ 时,相对标准偏差为±4.0%;浓度为 10.0 μmol/dm³ 时,相对标准偏差为±3.0%。

11.2 方法原理

用镀镉的锌片将水样中的硝酸盐定量地还原为亚硝酸盐,水样中的总亚硝酸盐再用重氮-偶氮法测定,然后对原有的亚硝酸盐进行校正,计算硝酸盐含量。

11.3 试剂及其配制

除另有说明外,本法中所用试剂均为分析纯,水为蒸馏水或等效纯水。

11.3.1 三氯甲烷($CHCl_3$)

11.3.2 锌卷

将锌片(纯度 99.99%,厚度 0.1 mm),裁成 5.0 cm×3.0 cm 小片,卷成内径约 1.5 cm 的锌卷。

11.3.2.1 锌片表面应光洁明亮,无边角毛刺、残缺,无腐蚀斑点。

11.3.2.2 锌片剪裁前应用纱布仔细擦净表面。

11.3.3 人工海水:盐度为 35

称取 31.0 g 氯化钠(NaCl,优级纯)、10.0 g 硫酸镁($MgSO_4 \cdot 7H_2O$,优级纯)和 0.5 g 碳酸氢钠($NaHCO_3$,优级纯)溶于水中,稀释至 1 dm³。

11.3.4 无氮海水

取低氮海水过滤后放置陈化半年,用孔径 0.45 μm 微孔滤膜过滤即得。

11.3.5 氯化镉溶液:ρ= 20.0 g/dm³

称取 20.0 g 氯化镉($CdCl_2 \cdot 5/2H_2O$)溶于水中,并用水稀释至 1 000 cm³,混匀。

警告——试剂剧毒,小心操作!

11.3.6 对氨基苯磺酰胺溶液:ρ=10 g/dm³

对氨基苯磺酰胺溶液的配制方法同 10.3.2。

11.3.7 1-萘替乙二胺二盐酸盐溶液:ρ= 1.0 g/dm^3

1-萘替乙二胺二盐酸盐溶液的配制方法同10.3.3。

11.3.8 硝酸盐标准贮备溶液:$c(NO_3^- \text{-N})$ = 10.0 μmol/cm^3

称取1.011 g硝酸钾(KNO_3,优级纯,预先在110℃烘1 h,置于干燥器中冷却至室温)用少量水溶解后,全量转移至1 000 cm^3 容量瓶中,用水稀释至标线,加1.0 cm^3 三氯甲烷,混匀。有效期为半年。

11.3.9 硝酸盐标准使用溶液:$c(NO_3^- \text{-N})$ = 0.100 μmol/cm^3

移取1.00 cm^3 硝酸盐标准贮备溶液(见11.3.8)于100 cm^3 容量瓶中,用水稀释至标线,混匀。使用前配制。

11.4 仪器与设备

11.4.1 分光光度计。

11.4.2 往返式电动振荡器:频率150 r/min ～250 r/min。

11.4.3 具塞广口玻璃瓶:30 cm^3。

11.4.4 定量加液器:1.0 cm^3。

11.4.5 秒表。

11.5 水样装取、预处理和贮存

水样装取、预处理和贮存的操作和要求见4.4.3.4。

11.6 测定步骤

11.6.1 标准工作曲线的绘制(0 μmol/dm^3～16.0 μmol/dm^3)

11.6.1.1 在两组各六个25 cm^3 容量瓶中,分别依次移入硝酸盐标准使用溶液(见11.3.9)0 cm^3,0.50 cm^3,1.00 cm^3,1.50 cm^3,2.50 cm^3,4.00 cm^3,用盐度为35的人工海水稀释至标线,混匀。此标准溶液系列硝酸盐-氮浓度依次为0 μmol/dm^3,2.00 μmol/dm^3,4.00 μmol/dm^3,6.00 μmol/dm^3,10.0 μmol/dm^3,16.0 μmol/dm^3。

11.6.1.2 将上述标准溶液系列(见11.6.1.1)分别全量转移到一组干燥的30 cm^3 具塞广口瓶中,向每个瓶中放入一个锌卷(见11.3.2),加入0.50 cm^3 氯化镉溶液(见11.3.5),迅速放在振荡器上振荡10 min。振荡后迅速将瓶中的锌卷取出。

11.6.1.3 加入0.50 cm^3 对氨基苯磺酰胺溶液(见11.3.6),混匀,放置5 min,再加入0.50 cm^3 1-萘替乙二胺二盐酸盐溶液(见11.3.7),混匀,放置15 min。颜色可稳定4 h。

11.6.1.4 颜色稳定后,在分光光度计上,用2 cm比色池,以水为参比,于543 nm波长处测定吸光值A_s,其中空白吸光值为A_b。测定结果记录于标准工作曲线记录表(参见附录E.5)中。

11.6.1.5 以扣除空白吸光值A_b后的吸光值A_n为纵坐标,硝酸盐-氮的浓度C_s为横坐标绘制标准工作曲线,并用线性回归法求出标准工作曲线截距a和斜率b。

11.6.2 水样测定

量取25.0 cm^3 水样(双样)于30 cm^{3}干燥的具塞广口瓶中,以下按11.6.1.2～11.6.1.4步骤测定水样的吸光值A_w,并记录于硝酸盐测定记录表(参见表E.9)中。

如果水样盐度低于25,测定时每份水样应加入0.5 g优级纯氯化钠。

将海水样品中原有亚硝酸盐在"亚硝酸盐测定"测得的净平均吸光值$\overline{A}_{NO_2^- \text{-N}}$(已扣除试剂空白),和"硝酸盐测定"与"亚硝酸盐测定"的比色池长度的比值X,记录于硝酸盐测定记录表(参见表E.9)中。

11.6.3 批量样品质量检验

检验方法同8.6.3。本方法误差S_b不可大于±8.0%。

11.6.4 锌镉还原率测定

11.6.4.1 各量取25.0 cm^3 人工海水和含10.0 μmol/dm^3 硝酸盐人工海水分别放于30 cm^3 具塞广口瓶中,按11.6.1.2～11.6.1.4步骤测定其吸光值A_{b1}和$A_{NO_3^- \text{-N}}$。

11.6.4.2 各量取25.0 cm^3 人工海水和含10.0 μmol/dm^3 亚硝酸盐人工海水分别放于30 cm^3 具塞广

口瓶中,按 11.6.1.2～11.6.1.4 步骤测定其吸光值 A_{b2} 和 $A_{NO_2^- -N}$。

11.6.4.3 还原率计算

按下式计算镀镉锌卷的还原率 R:

$$R=\frac{A_{NO_3^- -N}-A_{b1}}{A_{NO_2^- -N}-A_{b2}}\times 100\% \quad \cdots\cdots(17)$$

每批样品测定用的锌卷还原率应大于 75%,且其还原率偏差应小于 5%。

11.7 计算

水样中硝酸盐-氮浓度按下式计算:

$$c(NO_3^- -N)=\frac{(\overline{A}_w-A_b)-X\cdot\overline{A}_{NO_2^- -N}-a}{b} \quad \cdots\cdots(18)$$

式中:

$c(NO_3^- -N)$——水样中硝酸盐-氮的浓度,单位为微摩尔每立方分米(μmol/dm³);

$\overline{A}_w$——水样测得的平均吸光值;

A_b——空白吸光值;

$\overline{A}_{NO_2^- -N}$——该水样在"亚硝酸盐测定"时测得的平均吸光值(已扣除试剂空白);

X——"硝酸盐测定"和"亚硝酸盐测定"所用比色池的长度比,按本规范条件为 0.4;

a——标准工作曲线截距;

b——标准工作曲线斜率。

11.8 仲裁方法

硝酸盐测定(锌镉还原法)为仲裁方法。除本方法外,另有铜镉柱还原法(见附录 B)。

12 铵盐测定(次溴酸钠氧化法)

12.1 技术指标

测定范围:0.03 μmol/dm³～8.00 μmol/dm³。

检测下限:0.03 μmol/dm³。

准确度:浓度为 1.00 μmol/dm³ 时,相对误差为±7.0%;浓度为 7.0 μmol/dm³ 时,相对误差为±4.0%。

精密度:浓度为 1.00 μmol/dm³ 时,相对标准偏差为±7.0%;浓度为 7.0 μmol/dm³ 时,相对标准偏差为±3.0%。

12.2 方法原理

在碱性条件下,次溴酸钠将海水中的铵定量氧化为亚硝酸盐,用重氮-偶氮法测定生成亚硝酸盐和水样中原有的亚硝酸盐,然后,对水样中原有的亚硝酸盐进行校正,计算铵氮的浓度。

12.3 试剂及其配制

12.3.1 无铵水

无铵水可采用下述两种制备方法中的任何一种制得。

a) 方法 1:将蒸馏水通过一个长 30 cm,直径为 1 cm～2 cm 的阳离子交换树脂柱(使用前转为氢型树脂),收集于玻璃瓶中,塞紧瓶盖。

b) 方法 2:将 1.0 dm³ 蒸馏水放入蒸馏水器中,加入 15 cm³ 0.5 mol/dm³ 氢氧化钠溶液和 2.0 g 过硫酸钾($K_2S_2O_8$)。先敞口煮沸 10 min,然后接好冷凝器,收集馏出液于聚乙烯瓶中,直至蒸馏器中的水剩下 150 cm³ 左右,所收集的蒸馏水即为无铵蒸馏水,盖紧瓶塞,待用。

12.3.2 氢氧化钠溶液:ρ= 400 g/dm³

称取 400 g 氢氧化钠(NaOH,优级纯),溶于 2 000 cm³ 无铵蒸馏水中,蒸煮浓缩至 1 000 cm³,冷去后,贮于聚乙烯瓶中。盖紧瓶塞。

12.3.3 盐酸溶液:体积分数为50%

量取500 cm³ 盐酸(HCl,ρ=1.18 g/cm³,应保证浓度符合要求)和500 cm³ 水混合,贮于试剂瓶中。

12.3.4 溴酸钾-溴化钾溶液

称取2.8 g溴酸钾($KBrO_3$)和20.0 g溴化钾(KBr)溶于1 000 cm³ 无铵水中,低温保存,此溶液有效期一年。

12.3.5 次溴酸钠氧化剂溶液

吸取1.0 cm³ 溴酸钾-溴化钾溶液(见12.3.4)于棕色试剂瓶中,加入49 cm³ 水,加入3.0 cm³ 盐酸溶液(见12.3.3),迅速盖上瓶盖,混匀,置于暗处5 min,加入50 cm³ 氢氧化钠溶液(见12.3.2),混匀。使用前配制,此溶液在35℃以下可稳定8 h。

12.3.6 对氨基苯磺酰胺溶液:ρ=2.0 g/dm³

称取1.0 g对氨基苯磺酰胺($NH_2SO_2C_6H_4NH_2$)溶于500 cm³ 盐酸溶液(见12.3.3)中,贮于棕色试剂瓶中。

12.3.7 1-萘替乙二胺二盐酸盐溶液:ρ=1.0 g/dm³

配制方法同10.3.3。

12.3.8 铵标准贮备溶液:$c(NH_4^+\text{-}N)$ = 10.0 μmol/cm³

称取0.534 9 g氯化铵(NH_4Cl,预先在100℃烘1 h,置于干燥器中冷却至室温),用少量水溶解后,全量转移至1 000 cm³ 容量瓶中,用水稀释至标线,加1.0 cm³ 三氯甲烷,混匀。低温冷藏,有效期六个月。

12.3.9 铵标准使用溶液:$c(NH_4^+\text{-}N)$ = 0.050 μmol/cm³

移取1.00 cm³ 铵标准贮备溶液(见12.3.8)于200 cm³ 容量瓶中,用水稀释至标线,混匀。有效期1 d。

12.3.10 说明

除另有说明外,本法所用试剂均为优级纯,水为无铵蒸馏水,或新制备的去离子水。

12.4 仪器与设备

12.4.1 分光光度计。

12.4.2 玻璃蒸馏器或阳离子交换纯水器。

12.5 水样装取、预处理和贮存

水样装取、预处理和贮存的操作和要求见4.4.3.4。

12.6 测定步骤

12.6.1 标准工作曲线的绘制(0 μmol/dm³～8.00 μmol/dm³)

12.6.1.1 在两组各六个50 cm³ 容量瓶中分别移入铵标准使用溶液(见12.3.9)0 cm³,0.50 cm³,1.00 cm³,2.50 cm³,5.00 cm³,8.00 cm³,用无铵水稀释至标线,混匀。此标准溶液系列铵氮浓度依次为0 μmol/dm³,0.50 μmol/dm³,1.00 μmol/dm³,2.50 μmol/dm³,5.00 μmol/dm³,8.00 μmol/dm³。

12.6.1.2 将标准溶液系列分别移取25.0 cm³ 到50 cm³ 反应瓶中,加入2.5 cm³ 次溴酸钠氧化剂溶液(见12.3.5),混匀,放置30 min。

12.6.1.3 加入2.5 cm³ 对氨基苯磺酰胺溶液(见12.3.6),混匀,放置5 min。然后加入0.5 cm³ 1-萘替乙二胺二盐酸盐溶液(见12.3.7),充分混匀,放置15 min。颜色可稳定4 h。

12.6.1.4 颜色稳定后,在分光光度计上,用5 cm比色池,以无铵蒸馏水为参比,于543 nm波长处测定吸光值A_s,其中,空白吸光值为A_b。记录于标准工作曲线数据记录表(参见表E.5)中。

12.6.1.5 以扣除空白吸光值A_b后的吸光值A_n为纵坐标,铵氮浓度C_s为横坐标绘制标准工作曲线,并用线性回归法求出标准工作曲线的截距a和斜率b。

12.6.2 水样测定

量取25.0 cm³ 水样(双样)于50 cm³ 反应瓶中,按照12.6.1.2～12.6.1.4步骤测定水样的吸光值

A_w，记录于铵盐测定记录表(参见表 E.10)中。

将该水样在“亚硝酸盐测定”时，亚硝酸盐扣除试剂空白后的吸光值$\overline{A}_{NO_2^--N}$，填入铵盐测定记录表(参见表 E.10)中。

12.6.3 批量样品质量检验

检验方法同 8.6.3。本方法误差 S_b 不可大于±8.0%。

12.7 计算

水样中铵氮浓度按式(19)计算。

$$c(NH_4^+\text{-}N)=\frac{(\overline{A}_w-A_b)-k\cdot\overline{A}_{NO_2^--N}-a}{b} \quad\cdots\cdots(19)$$

式中：

$c(NH_4^+\text{-}N)$——水样中铵氮的浓度，单位为微摩尔每立方分米(μmol/dm³)；

$\overline{A}_w$——水样测得的平均吸光值；

A_b——空白吸光值；

$\overline{A}_{NO_2^--N}$——水样在“亚硝酸盐测定”时，扣除试剂空白后的平均吸光值；

a——铵标准工作曲线截距；

b——铵标准工作曲线斜率；

k——测定亚硝酸盐和测定铵的试液体积(水样体积与试剂体积之和)比值，按本规范条件为 0.85。

12.8 仲裁方法

铵盐测定(次溴酸钠氧化法)为仲裁方法。除本方法外，另有靛酚蓝法(见附录 C)。

13 氯化物测定(银量滴定法)

13.1 技术指标

测定范围：0.2 g/dm³～20.0 g/dm³。

检测下限：0.2 g/dm³。

准确度：浓度为 2.0 g/dm³ 时，相对误差为±1.0%；浓度为 18.0 g/dm³ 时，相对误差为±0.15%。

精密度：浓度为 18.0 g/dm³ 时，相对标准偏差为±0.10%。

13.2 方法原理

海水中的氯离子在中性或弱碱性条件下，用硝酸银溶液滴定形成氯化银沉淀，以荧光黄钠盐为指示剂判断滴定终点。当溶液由黄绿色刚转变为浅玫瑰红色时，即为滴定终点。用相同方法滴定氯化钠标准溶液，从而计算海水样品氯离子浓度。

13.3 试剂及其配制

除另有说明外，所用试剂均为分析纯，水为蒸馏水或等效纯水。

13.3.1 氢氧化钠溶液：ρ= 4.0 g/dm³

称取 4.0 g 氢氧化钠(NaOH)溶于水中，并用水稀释至 1 000 cm³。

13.3.2 硝酸溶液：$c(HNO_3)$= 0.1 mol/dm³

移取 1.0 cm³ 硝酸(HNO_3，ρ= 1.42 g/cm³)，用水稀释至 140 cm³。

13.3.3 硝酸银溶液：ρ= 60 g/dm³

称取 60.0 g 硝酸银($AgNO_3$)溶于水中，并用水稀释至 1 000 cm³。贮于棕色瓶中，置于暗处备用，使用前标定。如果硝酸银不纯或溶液久置后产生沉淀，可以把上层清液倾出或滤去沉淀，标定后仍可使用。

13.3.4　氯化钠标准溶液：$\rho_{NaCl-Cl}$ = 19.86 g/dm³

称取 32.74 g 氯化钠（NaCl，优级纯，预先在 450℃～500℃灼烧 1 h，在干燥器中冷却至室温），溶解于适量水中，全量转移至 1 000 cm³ 容量瓶中，用水稀释至标线，混匀。贮于具塞玻璃瓶中，盖紧。

13.3.5　荧光黄钠盐溶液：ρ= 1.0 g/dm³

称取 0.1 g 荧光黄（$C_{20}H_{22}O_5$）溶于 10 cm³ 氢氧化钠溶液（见 13.3.1）中，用 pH 试纸指示，以硝酸溶液（见 13.3.2）中和至中性，用水稀释至 100 cm³，贮于棕色试剂瓶中。

13.3.6　淀粉溶液

称取可溶性淀粉 2.5 g，用少量水调成糊状，加入 250 cm³ 沸水中，再煮至沸，冷却，贮于试剂瓶中。

13.3.7　荧光黄钠盐指示剂

量取 12.5 cm³ 荧光黄钠盐溶液（见 13.3.5）加于 250 cm³ 淀粉溶液（见 13.3.6），再加入 0.25 g 苯甲酸钠（C_6H_5COONa），混合均匀，贮于棕色试剂瓶中。此溶液可稳定一个月，如有絮状物析出应弃去重配。

13.4　仪器与设备

13.4.1　海水吸量管：10 cm³。

13.4.2　滴定管：25 cm³ 溶解氧滴定管。

13.4.3　电磁搅拌器及包裹聚乙烯或玻璃的磁搅拌转子。

13.5　水样装取、预处理和贮存

水样装取、预处理和贮存的操作和要求见 4.4.3.3。

13.6　测定步骤

13.6.1　硝酸银溶液的标定

13.6.1.1　用氯化钠标准溶液（见 13.3.4）洗涤海水吸量管二次，然后，在三个 100 cm³ 烧杯中，分别移入三份 10.00 cm³ 氯化钠标准溶液（见 13.3.4），各加入 1.5 cm³ 荧光黄钠盐指示剂（见 13.3.7），放入磁转子。

13.6.1.2　用硝酸银溶液（见 13.3.3）洗涤滴定管二次，然后注入硝酸银溶液至满标。

13.6.1.3　在电磁搅拌下进行滴定。当溶液变为玫瑰红色时，即为终点。读取滴定管体积读数 V_s（读准至 0.01 cm³），将滴定管体积读数 V_s 填入氯化物测定记录表（参见表 E.11）。

注：每批样品测定前，均应进行硝酸银溶液标定。如长时间连续测定，一般每隔 4 h 标定一次。若室温较稳定，可每隔 8 h 标定一次。

13.6.2　水样测定

样品应放置至其温度接近室温时测定。用少量水样洗涤海水吸量管二次，然后吸取 10.00 cm³ 水样于 100 cm³ 烧杯中，加入 1.5 cm³ 荧光黄钠盐指示剂（见 13.3.7），放入磁转子，按 13.6.1.3 进行滴定。每个水样应取双样平行测定。将滴定管体积读数 V_w 记录于氯化物测定记录表（参见表 E.11）中。

13.7　计算

水样中氯化物的氯离子浓度 ρ_{Cl} 按式（20）计算。

$$\rho_{Cl} = \frac{\rho_{NaCl-Cl} \times V_1 \times \overline{V}_w}{V_2 \times \overline{V}_s} \qquad (20)$$

式中：

ρ_{Cl}——水样的氯离子浓度，单位为克每立方分米（g/dm³）；

$\rho_{NaCl-Cl}$——氯化钠标准溶液中氯离子的浓度，单位为克每立方分米（g/dm³）；

V_1——标定硝酸银溶液时，使用的氯化钠标准溶液体积，单位为立方厘米（cm³）；

$\overline{V}_w$——水样滴定时，消耗的硝酸银溶液体积平均值，单位为立方厘米（cm³）；

V_2——水样体积，单位为立方厘米（cm³）；

$\overline{V}_s$——标定硝酸银标准溶液时，消耗的硝酸银溶液体积的平均值，单位为立方厘米（cm³）。

14 总磷测定(过硫酸钾氧化法)

14.1 技术指标

测定范围:0.09 μmol/dm^3～6.4 μmol/dm^3。

检测下限:0.09 μmol/dm^3。

准确度:以甘油磷酸钠($C_3H_7NaO_6P \cdot 5\ 1/2H_2O$)为标准加入物,其方法回收率为98%～100%;以六偏磷酸钠[$(NaPO_3)_6$]为标准加入物,其方法回收率为93%～98%。

精密度:总磷浓度为1 μmol/dm^3～6.4 μmol/dm^3 时,相对标准偏差为±5%。

14.2 方法原理

海水样品在酸性和110℃～120℃条件下,用过硫酸钾氧化,有机磷化合物被转化为无机磷酸盐,无机聚合态磷水解为正磷酸盐。消化过程产生的游离氯,以抗坏血酸还原。消化后水样中的正磷酸盐与钼酸铵形成磷钼黄。在酒石酸氧锑钾存在下,磷钼黄被抗坏血酸还原为磷钼蓝,于882 nm波长处进行分光光度测定。

14.3 试剂及其配制

除另有说明外,所用试剂均为分析纯,实验用水为二次蒸馏水或等效纯水。

14.3.1 硫酸溶液:体积分数为17%

硫酸溶液的配制方法同9.3.2。

14.3.2 过硫酸钾溶液:ρ= 50 g/dm^3

称取5.0 g过硫酸钾($K_2S_2O_8$)溶于水中,并用水稀释至100 cm^3,混匀。此溶液室温避光保存可稳定10 d;4℃～6℃避光保存可稳定30 d。

过硫酸钾的试剂空白若达不到要求时,可用多次重结晶方法提纯。

14.3.3 钼酸铵溶液:ρ= 30.0 g/dm^3

钼酸铵溶液的配制方法同9.3.3。

14.3.4 抗坏血酸溶液:ρ= 54.0 g/dm^3

抗坏血酸溶液的配制方法同9.3.4。

14.3.5 酒石酸氧锑钾溶液:ρ= 1.4 g/dm^3

酒石酸氧锑钾溶液的配制方法同9.3.5。

14.3.6 硫酸-钼酸铵-酒石酸氧锑钾混合溶液

硫酸-钼酸铵-酒石酸氧锑钾混合溶液的配制方法同9.3.6。

14.3.7 磷酸盐标准溶液

14.3.7.1 磷酸盐标准贮备溶液:$c(PO_4^{3-}\text{-P})$= 8.00 μmol/cm^3

磷酸盐标准贮备溶液的配制方法同9.3.7.1。

14.3.7.2 磷酸盐标准使用溶液:$c(PO_4^{3-}\text{-P})$= 0.080 μmol/cm^3

磷酸盐标准使用溶液的配制方法同9.3.7.2。

14.4 仪器与设备

14.4.1 仪器与设备包括:

a) 医用手提式蒸气灭菌器或家用压力锅,压力可达到1.1 kPa～1.4 kPa,温度可达120℃～124℃。

b) 分光光度计。

c) 消煮瓶:60 cm^3～100 cm^3,带螺旋盖的聚四氟乙烯瓶或聚丙烯瓶。

14.4.2 实验所用的器皿均应用体积分数为10%盐酸溶液浸泡24 h后,再用水冲洗干净。

14.5 水样装取、预处理和贮存

水样装取、预处理和贮存的操作和要求见4.4.3.5。

14.6 测定步骤

14.6.1 标准工作曲线绘制(0 μmol/dm³～6.4 μmol/dm³)

14.6.1.1 在六个 100 cm³ 容量瓶中,分别移入磷酸盐标准使用溶液(见 14.3.7.2)0 cm³,0.5 cm³,1.00 cm³,2.00 cm³,4.00 cm³,8.00 cm³,用水稀释至标线,混匀。此标准溶液系列的浓度依次为 0 μmol/dm³,0.40 μmol/dm³,0.80 μmol/dm³,1.6 μmol/dm³,3.2 μmol/dm³,6.4 μmol/dm³。

14.6.1.2 在两组各六个消煮瓶(见 14.4.3)中,分别依次移入 25.0 cm³ 上述标准溶液系列,各加入 2.5 cm³过硫酸钾溶液(见 14.3.2),混匀,旋紧瓶盖。

14.6.1.3 把上述消煮瓶置于不锈钢丝筐中,放入高压蒸汽消煮器(见 14.4.1)中加热消煮,待压力升至 1.1 kPa(温度为 120℃)时,控制压力在 1.1 kPa～1.4 kPa(温度 120℃～124℃)保持 30 min。然后,停止加热,自然冷却至压力为"0"时,方可打开锅盖,取出消煮瓶。

14.6.1.4 消煮后的水样冷却至室温后,加入 0.50 cm³ 抗坏血酸溶液(见 14.3.4),摇匀,加入 2.0 cm³ 硫酸-钼酸铵-酒石酸氧锑钾混合溶液(见 14.3.6)和 0.50 cm³ 抗坏血酸溶液(见 14.3.4),混匀,显色 10 min后,在分光光度计上,用 5 cm 比色池,以水作参比,于 882 nm 波长处测定溶液的吸光值 A_s,其中,空白吸光值为 A_b。记录于标准工作曲线数据记录表(参见表 E.5)中。

14.6.1.5 以扣除空白吸光值 A_b 后的吸光值 A_n 为纵坐标,标准溶液系列的浓度 C_s 为横坐标,绘制标准工作曲线,并用线性回归法求出标准工作曲线的截距 a 和斜率 b。

14.6.2 水样测定

14.6.2.1 量取 25.0 cm³ 海水水样(双样)于消煮瓶(见 14.4.3)中,加入 2.5 cm³ 过硫酸钾溶液(见 14.3.2),混匀,旋紧瓶盖。

14.6.2.2 以下按 14.6.1.3～14.6.1.4 步骤测定水样吸光值 A_w,记录于总磷测定记录表(参见表 E.15)中。

14.6.3 批量样品质量检验

检验方法同 8.6.3。本方法校正误差 S_b 不可大于±5.0%。

14.6.4 浑浊度测定

如果水样的浊度对吸光值有影响,应进行浊度校正:取 25.0 cm³ 水样按 14.6.1.2～ 14.6.1.3 步骤,于相同的波长(882 nm)处测定水样浊度的吸光值 A_t。

14.7 计算

水样中总磷浓度可按式(21)计算。

$$c(\text{TP-P})=\frac{(\overline{A}_w-A_t-A_b)-a}{b} \qquad \cdots\cdots (21)$$

式中:

c(TP-P)——水样中总磷的浓度,单位为微摩尔每立方分米(μmol/dm³);

$\overline{A}_w$——水样中总磷的平均吸光值;

A_t——水样中浊度的吸光值,如果无需浊度校正时,该项为 0;

A_b——空白吸光值;

a——标准工作曲线截距;

b——标准工作曲线斜率。

15 总氮测定(过硫酸钾氧化法)

15.1 技术指标

测定范围:3.78 μmol/dm³～32.0 μmol/dm³。

检测下限:3.78 μmol/dm³。

准确度:以标准有机氮物(日本化学会制)、甘氨酸为有机氮标准加入物进行回收实验,其方法回收率为 94%～101%。

精密度：浓度为 20 μmol/dm^3 时，相对标准偏差为±5%。

15.2 方法原理

海水样品在碱性和 110℃～120℃条件下，用过硫酸钾氧化，有机氮化合物被转化为硝酸氮。同时，水中的亚硝酸氮、铵态氮也定量地被氧化为硝酸氮。硝酸氮经还原为亚硝酸盐后与对氨基苯磺酰胺进行重氮化反应，反应产物再与 1-萘替乙二胺二盐酸盐作用，生成深红色偶氮染料，于 543 nm 波长处进行分光光度测定。

15.3 试剂及其配制

除另有说明外，所用试剂均为分析纯，实验用水为二次蒸馏水或等效纯水。

15.3.1 二次蒸馏水

在 1 000 cm^3 蒸馏水中加入 0.5 g 过硫酸钾($K_2S_2O_8$)和 20 cm^3 氢氧化钠溶液(见 15.3.2)，于全玻璃蒸馏器中重蒸馏，敞口煮沸 3 min 后接冷凝管，弃前 50 cm^3 馏出水，然后将馏出水收集于具塞玻璃瓶中，蒸馏至母液剩下约 150 cm^3 时，停止蒸馏，弃去母液。

15.3.2 氢氧化钠溶液：c (NaOH)＝ 1.0 mol/dm^3

称取 20.0 g 氢氧化钠(NaOH)于 1 000 cm^3 烧杯中，加入 500 cm^3 水(见 15.3.1)，煮沸 5 min，冷却后用水补充至 500 cm^3，贮于聚乙烯瓶中。

所使用的氢氧化钠应经总氮试剂空白值检验合格方可使用。

15.3.3 过硫酸钾溶液：ρ＝ 50.0 g/dm^3

称取 5.0 g 过硫酸钾($K_2S_2O_8$)溶解于 50 cm^3 氢氧化钠溶液(见 15.3.2)中，用水(见 15.3.1)稀释至 100 cm^3，存放于聚乙烯瓶中。此溶液于室温避光保存可稳定 7 d；在 4℃～6℃避光保存可稳定 30 d。

所使用过硫酸钾应进行试剂空白值检验，总氮空白值若达不到要求时，可用多次重结晶方法提纯。

15.3.4 盐酸溶液：c (HCl)＝ 1.5 mol/dm^3

量取 12.5 cm^3 浓盐酸(HCl，ρ＝ 1.19 g/cm^3)加入到 87.5 cm^3 水中，混匀。

15.3.5 氯化钠溶液：ρ＝ 35.0 g/dm^3

称取 35.0 g 氯化钠(NaCl)溶于水中，并用水稀释至 1 000 cm^3，混匀，贮于试剂瓶中。

15.3.6 四硼酸钠溶液：ρ＝ 38.1 g/dm^3

称取 19.05 g 四硼酸钠($Na_2B_4O_7 \cdot 10H_2O$)溶于水中，并用水稀释至 500 cm^3，混匀，贮于试剂瓶中。

15.3.7 锌卷

锌卷的配制方法同 11.3.2。

15.3.8 氯化镉溶液：ρ＝ 20.0 g/dm^3

氯化镉溶液的配制方法同 11.3.5。

15.3.9 对氨基苯磺酰胺溶液：ρ＝ 10 g/dm^3

对氨基苯磺酰胺溶液的配制方法同 10.3.2。

15.3.10 1-萘替乙二胺二盐酸盐溶液：ρ＝ 1.0 g/dm^3

1-萘替乙二胺二盐酸盐溶液的配制方法同 10.3.3。

15.3.11 硝酸盐标准贮备溶液：c (NO_3-N)＝ 10.0 μmol/cm^3

硝酸盐标准贮备溶液的配制方法同 11.3.8。

15.3.12 硝酸盐标准使用溶液：c (NO_3-N)＝ 0.100 μmol/cm^3

硝酸盐标准使用溶液的配制方法同 11.3.9。

15.4 仪器与设备

15.4.1 医用手提式蒸气灭菌器或家用压力锅

压力可达到 1.1 kPa～1.4 kPa，温度可达 120℃～124℃。

15.4.2 分光光度计

15.4.3 消煮瓶：60 cm^3～100 cm^3

带螺旋盖的聚四氟乙烯瓶或聚丙烯瓶。

注：实验所用的器皿均用体积分数为10% 盐酸溶液浸泡 24 h 后，再用水冲洗干净。

15.5 水样装取、预处理和贮存

水样装取、预处理和贮存的操作和要求见 4.4.3.5。

15.6 测定步骤

15.6.1 标准工作曲线的绘制(0 μmol/dm^3～32.0 μmol/dm^3)

15.6.1.1 在两组各六个 25 cm^3 容量瓶中，分别移入 0 cm^3，1.00 cm^3，2.00 cm^3，4.00 cm^3，6.00 cm^3，8.00 cm^3 硝酸盐标准使用溶液(见 15.3.12)，用氯化钠溶液(见 15.3.5)稀释至标线，混匀。此标准溶液系列的硝酸盐氮浓度依次为 0 μmol/dm^3，4.00 μmol/dm^3，8.00 μmol/dm^3，16.00 μmol/dm^3，24.0 μmol/dm^3，32.0 μmol/dm^3。

15.6.1.2 将上述标准溶液系列分别全量转移到消煮瓶中，每个容量瓶用 10 cm^3 氯化钠溶液(见 15.3.5)分二次洗涤，洗涤液一并转入对应的消煮瓶中。

15.6.1.3 各加入 4.0 cm^3 过硫酸钾溶液(见 15.3.3)旋紧瓶盖。

15.6.1.4 把装上水样的消煮瓶置于不锈钢筐中，放入高压蒸汽消煮器(见 15.4.1)中加热消煮，待压力升至 1.1 kPa(温度 120℃)时，控制压力在 1.1 kPa～1.4 kPa(温度 120℃～124℃)并保持 30 min。然后，放置使之自然冷却，待压力降至"0"后方可打开锅盖，取出样品。

15.6.1.5 样品冷却后，加入 0.5 cm^3 盐酸溶液(见 15.3.4)，振摇使沉淀物溶解。

15.6.1.6 水样转移到 100 cm^3 容量瓶中，用氯化钠溶液(见 15.3.5)洗涤消煮瓶 3 次，洗涤液一并转入容量瓶中，加入 2.0 cm^3 四硼酸钠溶液(见 15.3.6)，用氯化钠溶液(见 15.3.5)稀释至标线，混匀。

15.6.1.7 量取 25.0 cm^3 经消煮定容后的样品，于 50 cm^3 具塞广口瓶中，放入一个锌卷(见 15.3.7)，加入 0.50 cm^3 氯化镉溶液(见 15.3.8)，迅速放在振荡器上，振荡 10 min，振荡后迅速取出瓶中的锌卷。

15.6.1.8 加入 0.50 cm^3 对氨基苯磺酰胺溶液(见 15.3.9)，混匀，放置 5 min，再加入 0.50 cm^3 1-萘替乙二胺二盐酸盐溶液(见 15.3.10)，混匀，放置 15 min。颜色可稳定 8 h。

15.6.1.9 颜色稳定后，在分光光度计上，用 2 cm 比色池，以水作为参比，于 543 nm 波长处，测定溶液的吸光值 A_s，其中，空白吸光值为 A_b。记录于标准工作曲线数据记录表(参见表 E.5)中。

15.6.1.10 以扣除空白吸光值 A_b 后的吸光值 A_n 为纵坐标，标准溶液系列的硝酸盐氮浓度 C_s 为横坐标，绘制标准工作曲线，并用线性回归法求出标准工作曲线的截距 a 和斜率 b。

15.6.2 水样测定

15.6.2.1 量取 25.0 cm^3 水样于消煮瓶中，加入 10 cm^3 氯化钠溶液(见 15.3.5)，再加 4.0 cm^3 过硫酸钾溶液(见 15.3.3)，旋紧瓶盖。以下按照 15.6.1.4～15.6.1.6 步骤进行消煮、调节酸度和定容。

15.6.2.2 量取 25.0 cm^3 经消煮定容(见 15.6.2.1)后的样品于 50 cm^3 具塞广口玻璃中，以下按照 15.6.1.7～15.6.1.9 步骤测定水样的吸光值 A_w，记录于总氮测定记录表(参见表 E.16)中。

15.6.3 批量样品质量检验

检验方法同 8.6.3。本方法误差 S_b 不可大于±10.0%。

15.6.4 浑浊度测定

如果水样较为浑浊时，有必要进行浊度影响校正：量取 25.0 cm^3 经消煮定容后的水样(见 15.6.2.1)，加 0.50 cm^3 对氨基苯磺酰胺溶液(见 15.3.9)和 1.50 cm^3 水，混匀后，用相同的比色池于 543 nm 波长处测定浊度吸光值 A_t。

15.7 计算

水样中总氮浓度可按式(22)计算。

$$c(\mathrm{TN\text{-}N}) = \frac{(A_{\mathrm{w}} - A_{\mathrm{t}} - A_{\mathrm{b}}) - a}{b} \quad \cdots\cdots\cdots\cdots (22)$$

式中：

$c(\mathrm{TN\text{-}N})$——水样中总氮的浓度，单位为微摩尔每立方分米（$\mu mol/dm^3$）；

A_{w}——水样中总氮的吸光值；

A_{t}——水样中浊度的吸光值，如果无需浊度校正时，该项为0；

A_{b}——空白吸光值；

a——标准工作曲线截距；

b——标准工作曲线斜率。

附 录 A
（规范性附录）
活性硅酸盐测定（硅钼黄法）

A.1 技术指标

测定范围：0.45 μmol/dm³～160 μmol/dm³。

检测下限：0.45 μmol/dm³。

准确度：浓度为 20 μmol/dm³ 时，相对误差为±5.0%；浓度为 100 μmol/dm³ 时，相对误差为±3.0%。

精密度：浓度为 20 μmol/dm³ 时，相对标准偏差为±6.0%；浓度为 100 μmol/dm³ 时，相对标准偏差为±4.0%。

A.2 方法原理

在弱酸性条件下，水样中的活性硅酸盐与钼酸铵反应生成黄色硅钼酸盐络合物，于 380 nm 波长处进行分光光度测定。

A.3 试剂及其配制

除另有说明外，所用试剂均为分析纯，所用的水均为无硅蒸馏水（见 8.3.1）。

A.3.1 钼酸铵溶液：ρ= 100 g/dm³

称取 20 g 钼酸铵[$(NH_4)_6Mo_7O_{24}\cdot 4H_2O$]，溶于水中，并用水稀释至 200 cm³，混匀。（如混浊应过滤），贮于聚乙烯瓶中。

A.3.2 硫酸溶液：体积分数为 20%

在搅拌和水浴冷却下，将 50 cm³ 硫酸（H_2SO_4，ρ= 1.84 g/cm³），缓慢加入到 200 cm³ 水中。

A.3.3 钼酸铵-硫酸显色试剂

将 100 cm³ 硫酸溶液（见 A.3.2）和 200 cm³ 钼酸铵溶液（见 A.3.1）混匀，贮于聚乙烯瓶中，有效期 7 d。

A.3.4 硅酸盐标准溶液

A.3.4.1 硅酸盐标准贮备溶液：$c(SiO_3^{2-}\text{-}Si)$ = 25.0 μmol/cm³

硅酸盐标准贮备溶液的配制方法同 8.3.8.1。

A.3.4.2 硅酸盐标准使用溶液：$c(SiO_3^{2-}\text{-}Si)$ = 0.500 μmol/cm³

硅酸盐标准使用溶液的配制方法同 8.3.8.2。

A.4 仪器与设备

A.4.1 分光光度计。

A.4.2 容量瓶：25 cm³。

A.5 水样装取、预处理和贮存

水样装取、预处理和贮存的操作和要求见 4.4.3.4。

A.6 测定步骤

A.6.1 标准工作曲线绘制（0 μmol/dm³～160 μmol/dm³）

A.6.1.1　在两组各六个 25 cm^3 容量瓶中分别移入浓度为 0.500 $\mu mol/dm^3$ 的硅酸盐标准使用溶液(见 A.3.4.2)0 cm^3,1.00 cm^3,2.00 cm^3,4.00 cm^3,6.00 cm^3,8.00 cm^3,用无硅去离子水(见 8.3.1)稀释至标线,混匀。此溶液系列的硅酸盐-硅浓度依次为 0 $\mu mol/dm^3$,20.0 $\mu mol/dm^3$,40.0 $\mu mol/dm^3$,80.0 $\mu mol/dm^3$,120.0 $\mu mol/dm^3$,160.0 $\mu mol/dm^3$。

A.6.1.2　对上述溶液系列,全量移入 50 cm^3 反应瓶中,各加入 1.5 cm^3 钼酸铵-硫酸显色试剂(见 A.3.3),混匀。在 5℃～10℃时,显色 20 min～30 min;在 10℃～20℃时,显色 15 min;在 20℃以上时,显色 10 min。

A.6.1.3　颜色稳定后(可稳定 45 min),在分光光度计上用 2 cm 比色池,以无硅蒸馏水为参比,于 380 nm波长处测定溶液的吸光值 A_s,其中,空白吸光值为 A_b。将测定数据记录于标准工作曲线数据记录表(参见表 E.5)中。

A.6.1.4　以扣除空白吸光值 A_b 后的吸光值 A_n 为纵坐标,相应的硅酸盐-硅浓度 C_s 为横坐标绘制标准工作曲线,并用线性回归法求出硅酸盐标准工作曲线的截距 a 和斜率 b。

A.6.2　水样测定

量取 25.0 cm^3 水样(每份水样取双样)于 50 cm^3 的反应瓶中,按 A.6.1.2～A.6.1.3 步骤测定水样吸光值 A_w,将测定数据记录于活性硅酸盐测定记录表(参见表 E.6)中。

A.6.3　批量样品质量检验

检验方法同 8.6.3。本方法误差 S_b 不可大于±5.0%。

A.7　计算

不同盐度水样的硅酸盐硅的浓度,分别按式(A.1)和式(A.2)计算:

当盐度(S)＞ 7 时:

$$c(SiO_3^{2-}\text{-}Si) = \frac{(\overline{A}_w - A_b)(1.05 + 0.001\ S) - a}{b} \qquad \cdots\cdots\cdots\cdots (A.1)$$

当盐度(S)≤ 7 时:

$$c(SiO_3^{2-}\text{-}Si) = \frac{(\overline{A}_w - A_b)(1.0 + 0.008\ S) - a}{b} \qquad \cdots\cdots\cdots\cdots (A.2)$$

式中:

$c(SiO_3^{2-}\text{-}Si)$——水样中活性硅酸盐-硅的浓度,单位为微摩尔每立方分米($\mu mol/dm^3$);

$\overline{A}_w$——水样的平均吸光值;

S——盐度;

A_b——空白吸光值;

a——标准工作曲线截距;

b——标准工作曲线斜率。

附 录 B
（规范性附录）
硝酸盐测定（镉铜柱还原法）

B.1 技术指标

测定范围：0.04 μmol/dm³～14.0 μmol/dm³。

检测下限：0.04 μmol/dm³。

准确度：浓度为 6.00 μmol/dm³ 时，相对误差为±4.0%；浓度为 10.0 μmol/dm³ 时，相对误差为±2.0%。

精密度：浓度为 4.00 μmol/dm³ 时，相对标准偏差为±3.0%；浓度为 9.00 μmol/dm³ 时，相对标准偏差为±2.0%。

B.2 方法原理

水样通过填有镀铜镉屑（或镉粒）还原柱时，水中的硝酸盐几乎定量地被还原为亚硝酸盐，然后用重氮-偶氮法测定总亚硝酸盐吸光值，扣除水样中原有亚硝酸盐的吸光值后，计算硝酸盐含量。

B.3 试剂及其配制

除另有说明外，所用试剂均为分析纯，水为二次去离子水或等效纯水。

B.3.1 镉粒：Cd，纯度为 99.99%，粒度：过 40 目（0.25 mm）～60 目（0.45 mm）。

注：剧毒，小心操作！

B.3.2 人工海水：盐度为 35

人工海水的配制方法同 8.3.7.2。

B.3.3 无氮海水

无氮海水的配制方法同 11.3.4。

B.3.4 对氨基苯磺酰胺溶液：ρ= 10 g/dm³

对氨基苯磺酰胺溶液的配制方法同 10.3.2。

B.3.5 1-萘替乙二胺二盐酸盐溶液：ρ= 1.0 g/dm³

1-萘替乙二胺二盐酸盐溶液的配制方法同 10.3.3。

B.3.6 氯化铵溶液 A：ρ= 250 g/dm³

称取 250 g 氯化铵（NH_4Cl）溶于水中，加入 25 cm³ 浓氨水（NH_4OH），并稀释至 1 000 cm³。

B.3.7 氯化铵溶液 B：ρ= 6.25 g/dm³

量取 25 cm³ 氯化铵溶液 A（B3.6），用水稀释至 1 000 cm³。

B.3.8 硫酸铜溶液：ρ= 20.0 g/dm³

称取 20.0 g 硫酸铜（$CuSO_4 \cdot 5H_2O$）溶于水中并稀释至 1 000 cm³。

B.3.9 碳酸钠溶液：ρ= 40.0 g/dm³

称取 40.0 g 碳酸钠（Na_2CO_3）溶于水中并稀释至 1 000 cm³。

B.3.10 再生液

称取 38 g 乙二胺四乙酸二钠（$C_{10}N_{14}N_2O_8Na_2 \cdot 2H_2O$）和 12.5 g 硫酸铜溶于水中并稀释至 1 000 cm³，然后用碳酸钠溶液（见 B.3.9）调节 pH 为 7。

B.3.11 硝酸盐标准贮备溶液：$c(NO_3^- \text{-N})$ = 10.0 μmol/cm³

硝酸盐标准贮备溶液的配制方法同 11.3.8。

B.3.12 硝酸盐标准使用溶液：$c(NO_3^- \text{-N}) = 0.400\ \mu mol/cm^3$

移取 4.00 cm^3 硝酸盐标准贮备溶液(见 B.3.11)于 100 cm^3 容量瓶中，用水稀释至标线，混匀。临用时配制。

B.3.13 还原柱淋洗液：$c(NO_3^- \text{-N}) = 100\ \mu mol/dm^3$

移取 10.0 cm^3 硝酸盐标准贮备溶液(见 B.3.11)于 1 000 cm^3 容量瓶中，用水稀释至标线，混匀。

B.4 仪器与设备

B.4.1 分光光度计。

B.4.2 反应瓶：50 cm^3。

B.4.3 玻璃样品瓶：100 cm^3。

B.4.4 还原装置

还原装置的主要部分是 U 型玻璃管，全长约为 40 cm，内径 4 mm～6 mm，两端用弯曲的毛细管(内径约 2 mm 聚乙烯管)分别与 100 cm^3 样品瓶，50 cm^3 锥形瓶连接起来。

B.4.5 还原柱的制备

取约 70 g 镉粒(见 B.3.1)于 150 cm^3 锥形瓶中，用 50 cm^3 浓度为 2.0 mol/dm^3 的盐酸洗涤二次。用水洗涤 2 遍。加入 150 cm^3 硫酸铜溶液(见 B.3.8)，用力摇动约 3 min，然后用水彻底洗去含胶体态铜和分散的细铜粒，即为镀铜镉粒。

先将 U 型管注满水，再将镀铜镉粒缓慢倒入 U 型管中(装柱时镉粒不得接触空气)，装柱时轻轻敲打柱子，U 型管的两端应留下一些空间填充玻璃纤维。

用氯化铵溶液 B(见 B.3.7)，以 8 cm^3/min ～12 cm^3/min 流量淋洗 10 min，然后注入氯化铵溶液 B(见 B.3.7)，放置 24 h～48 h。

使用前，取 3.0 dm^3 无氨海水或人工海水，加入 15.0 cm^3 硝酸盐标准贮备溶液(见 B.3.11)，加 15 cm^3 氯化铵溶液 A(见 B.3.6)，混匀后流过还原柱，以稳定其还原率，然后注满氯化铵溶液 B(见 B.3.7)保存。

B.5 水样装取、预处理和贮存

水样装取、预处理和贮存的操作和要求见 4.4.3.4。

B.6 测定步骤

B.6.1 标准工作曲线的绘制(0 $\mu mol/dm^3$～14.0 $\mu mol/dm^3$)

B.6.1.1 取 100 cm^3 还原柱淋洗液(见 B.3.13)，加 2.0 cm^3 氯化铵溶液 A(见 B.3.6)混匀，以 8 cm^3/min～12 cm^3/min 流量通过还原柱，然后以 100 cm^3 氯化铵溶液 B(见 B.3.7)洗柱。

B.6.1.2 在六个 100 cm^3 容量瓶中，分别加入 0 cm^3，0.50 cm^3，1.00 cm^3，1.50 cm^3，2.50 cm^3，3.50 cm^3 硝酸盐标准使用溶液(见 B.3.12)，用盐度约为 35 的人工海水(见 B.3.2)稀释至标线，混匀。此标准溶液系列硝酸盐-氮浓度依次为 0 $\mu mol/dm^3$，2.00 $\mu mol/dm^3$，4.00 $\mu mol/dm^3$，6.00 $\mu mol/dm^3$，10.0 $\mu mol/dm^3$，14.0 $\mu mol/dm^3$。

B.6.1.3 将上述溶液分别全量倒入 100 cm^3 样品瓶中，各加入 2.0 cm^3 氯化铵溶液 A(见 B.3.6)，混匀。

B.6.1.4 以 8 cm^3/min ～12 cm^3/min 流量通过还原柱，弃去最初流出液约 25 cm^3，然后各收集两份 25.0 cm^3 分别置于 50 cm^3 反应瓶中。

B.6.1.5 向收集的溶液中加入 0.5 cm^3 对氨基苯磺酰胺溶液(见 B.3.4)，混匀，5 min 后，加入 0.5 cm^3 1-萘替乙二胺二盐酸盐溶液(见 B.3.5)，混匀，放置 15 min，颜色可稳定 4 h。

B.6.1.6 颜色稳定后，用 2 cm 比色池，以人工海水为参比，在 543 nm 波长处，测定标准溶液系列的吸

光值 A_s，其中，空白吸光值为 A_b。记录于标准工作曲线记录表(参见表 E.5)中。

B.6.1.7 以扣除空白吸光值 A_b 后的吸光值 A_n 为纵坐标，标准溶液系列硝酸盐-氮的浓度 C_s 为横坐标，绘制标准工作曲线，并用线性回归法求出标准工作曲线的截距 a 和斜率 b。

B.6.2 水样测定

用 100 cm³ 氯化铵溶液 B(见 B.3.7)洗涤还原柱。

取 100 cm³ 水样于 100 cm³ 样品瓶中，加 2.0 cm³ 氯化铵溶液 A(见 B.3.6)，混匀，按 B.6.1.4～B.6.1.6步骤测定水样吸光值 A_w，记录于硝酸盐测定记录表(参见表 E.9)中。

B.6.3 批量样品质量检验

检验方法同 8.6.3。本方法误差 S_b 不可大于±5.0%。

B.6.4 还原柱还原率的测定

B.6.4.1 各量取 100 cm³ 人工海水和 100 cm³ 含 10.0 μmol/dm³ 的硝酸盐人工海水分别放于 100 cm³ 样品瓶中，各加入 2.0 cm³ 氯化铵溶液 A(见 B.3.6)，混匀，然后按 B.6.13～B.6.15 的步骤分别测定其吸光值 A_{b1}，A_{NO_3}。

B.6.4.2 各量取 50.0 cm³ 人工海水和 50.0 cm³ 含 10.0 μmol/dm³ 的亚硝酸盐人工海水分别放于 50 cm³反应瓶中，加入 0.5 cm³ 氯化铵溶液 A(见 B.3.6)，混匀，加入 0.5 cm³ 对氨基苯磺酰胺溶液(见 B.3.4)，混匀，5 min 后，加入 0.5 cm³ 1-萘替乙二胺二盐酸盐溶液(见 B.3.5)，混匀，放置 15 min 后，分别测定其吸光值 A_{b2}，A_{NO_2}。

B.6.4.3 硝酸盐还原率 R 的计算

计算方法同 11.6.4.3 的公式(17)。当 $R < 95\%$时，还原柱应再生或重新装柱。

B.6.5 还原柱的活化、保养及再生方法

B.6.5.1 若还原柱数天不用，则按 B.6.1.1 重新淋洗活化。

B.6.5.2 若还原柱数小时不用，需用 50 cm³ 还原柱淋洗液(见 B.3.13)，加 1.0 cm³ 氯化铵溶液 A(见 B.3.6)淋洗活化，再以 100 cm³ 氯化铵溶液 B(见 B.3.7)淋洗。

B.6.5.3 实验结束，还原柱均需注满氯化铵溶液 B(见 B.3.7)或密封保存。

B.6.5.4 若还原柱的还原率低于 95%时，用 200 cm³ 再生液(见 B.3.10)流过还原柱，然后分别用水和氯化铵溶液 B(见 B.3.7)淋洗。最后按 B.6.1.1 的操作步骤活化。

B.7 计算

水样中硝酸盐-氮浓度按下式计算：

$$c(NO_3^- \text{-N}) = \frac{(\overline{A}_w - A_b) - X \cdot \overline{A}_{NO_2^- \text{-N}} - a}{b} \quad \cdots\cdots\cdots\cdots\cdots\cdots (B.1)$$

式中：

$c(NO_3^-\text{-N})$——水样中硝酸盐-氮浓度，单位为微摩尔每立方分米(μmol/dm³)；

$\overline{A}_w$——水样的平均吸光值；

A_b——空白吸光值；

$\overline{A}_{NO_2^-\text{-N}}$——该水样在“亚硝酸盐测定”时，扣除空白后亚硝酸盐的平均吸光值；

X——“硝酸盐测定”和“亚硝酸盐测定”时，所用比色池的长度比，按本规范条件为 0.4；

a——标准工作曲线截距；

b——标准工作曲线斜率。

附 录 C
（规范性附录）
铵盐测定（靛酚蓝法）

C.1 技术指标

测定范围：0.05 μmol/dm³～8.00 μmol/dm³。

检测下限：0.05 μmol/dm³。

准确度：浓度为 0.70 μmol/dm³ 时，相对误差为±5.0%；浓度为 3.20 μmol/dm³ 时，相对误差为±3.0%。

精密度：浓度为 0.70 μmol/dm³ 时，相对标准偏差为±4.0%；浓度为 3.20 μmol/dm³ 时，相对标准偏差为±2.5%。

C.2 方法原理

铵在弱碱介质中先与次氯酸钠反应生成氯胺，后者在适量催化剂亚硝基铁氰化钠（硝普钠）和过量次氯酸钠存在下与苯酚反应形成靛酚蓝，于 630 nm 波长处进行分光光度测定。海水中碱土金属离子在弱酸性溶液中生成氢氧化物并与溶液中颗粒物质和腐殖质一起沉淀于反应瓶底部。用上部显色清液进行测定，可消除浊度对测定的干扰。

C.3 试剂及其配制

除另有说明外，所用试剂均为优级纯，所用水为无铵蒸馏水或新制备的去离子水。

C.3.1 无铵水

无铵水的配制方法同 12.3.1。

C.3.2 无铵海水

取浮游植物刚刚大量繁殖后的表层海水或外海的表层无铵海水，置于具塞的容器中密封储藏备用。

C.3.3 苯酚-亚硝基铁氰化钠混合试剂

称取 38 g 苯酚（C_6H_5OH）和 0.4 g 亚硝基铁氰化钠［$Na_2Fe(CN)_5NO \cdot 2H_2O$］，在热水浴中用少量水溶解后，再用水稀释至 1 000 cm³。贮于棕色玻璃瓶中。低温保存，若溶液呈淡绿色，应重配（一般稳定约一个月）。

C.3.4 次氯酸钠碱性溶液

取 1 000 cm³ 0.5 mol/dm³ 氢氧化钠溶液加入 31 cm³ 含 5%有效氯的次氯酸钠溶液，混匀，贮于聚乙烯瓶中，低温保存，有效期二星期。若次氯酸钠溶液所含有效氯低于 5%时，应按配得的溶液中应含 0.15%有效氯来计算次氯酸钠的用量。

有效氯的测定方法：取 0.5 g 碘化钾溶于 50 cm³ 硫酸溶液［H_2SO_4，$c(H_2SO_4)$ = 0.5 mol/dm³］中。加入 0.10 cm³ 次氯酸钠溶液，用已准确标定过的硫代硫酸钠溶液［$Na_2S_2O_3$，$c(Na_2S_2O_3)$ = 0.01 mol/dm³］按溶解氧滴定方法测定游离碘。消耗 1.00 cm³ 0.01 mol/dm³ 硫代硫酸钠溶液相当 0.354 mg有效氯。

C.3.5 铵标准贮备溶液：$c(NH_4^+\text{-N})$ = 10.0 μmol/cm³

铵标准贮备溶液的配制方法同 12.3.8。

C.3.6 铵标准使用溶液：$c(NH_4^+\text{-N})$ = 0.050 μmol/cm³

铵标准使用溶液的配制方法同 12.3.9。

C.4 仪器与设备

C.4.1 分光光度计。

C.4.2 螺口玻璃瓶：50 cm^3。

C.4.3 容量瓶：50 cm^3。

C.5 水样装取、预处理和贮存

水样装取、预处理和贮存的操作和要求见 4.4.3.4。

C.6 测定步骤

C.6.1 标准工作曲线的绘制：0 $\mu mol/dm^3$～8.00 $\mu mol/dm^3$

C.6.1.1 在 6 个 50 cm^3 容量瓶中，分别移入铵标准使用溶液(见 12.3.9)0 cm^3，0.50 cm^3，1.00 cm^3，2.50 cm^3，5.00 cm^3，8.00 cm^3，用无铵蒸馏水(或天然无氨海水)稀释至标线，混匀。此标准溶液系列铵-氮浓度依次为 0 $\mu mol/dm^3$，0.50 $\mu mol/dm^3$，1.00 $\mu mol/dm^3$，2.50 $\mu mol/dm^3$，5.00 $\mu mol/dm^3$，8.00 $\mu mol/dm^3$。

C.6.1.2 将上述标准溶液系列分别全量转移入六个 50 cm^3 螺口玻璃瓶中后，加入 1.5 cm^3 苯酚-亚硝基铁氰化钠混合试剂(见 C.3.3)，立即混匀，再加入 1.5 cm^3 次氯酸钠碱性溶液(见 C.3.4)，旋紧瓶盖，混匀，放置 6 h(室温 15℃以上放置 6 h；10℃以下放置 10 h。如室温太低，可在温水浴中升温，以缩短显色时间)。颜色可稳定 4 d。

C.6.1.3 将上部清液小心移入 5 cm 比色池内，以无铵蒸馏水为参比，于 630 nm 波长处测定其吸光值 A_s，其中，空白吸光值为 A_b。记录于标准工作曲线记录表(参见表 E.5)中。

C.6.1.4 以扣除空白吸光值 A_b 后的吸光值 A_n 为纵坐标，标准溶液系列铵-氮浓度 C_s 为横坐标绘制标准工作曲线，并用线性回归法求出该工作曲线的截距 a 和斜率 b。

C.6.2 水样测定

准确移取 50 cm^3 水样置于螺口玻璃瓶中。按 C.6.1.2～C.6.1.3 步骤测定水样吸光值 A_w，记录于铵盐测定记录表(参见表 E.12)中。

C.6.3 批量样品质量检验

检验方法同 8.6.3。本方法误差 S_b 不可大于±5.0%。

C.7 计算

水样中的铵氮浓度按下式计算：

$$c(NH_4^+\text{-}N) = \frac{(\overline{A}_w - A_b) - a}{b} \quad \cdots\cdots\cdots\cdots (C.1)$$

式中：

$c(NH_4^+\text{-N})$——水样中铵-氮浓度，单位为微摩尔每立方分米($\mu mol/dm^3$)；

$\overline{A}_w$——水样的平均吸光值；

A_b——空白吸光值；

a——标准工作曲线截距；

b——标准工作曲线斜率。

注：若以与水样盐度相近的无铵海水制备铵氮标准系列溶液，则水样测定的吸光值应进行盐度校正；若以无铵蒸馏水配制标准系列溶液，则应将 $\overline{A}_w$ 乘于盐度校正系数 F_s。

F_s 的校正值见表 C.1。

表 C.1 F_s 的校正值

S	0-8	11	14	17	20	23	27	30	33	36
F_s	1.00	1.01	1.02	1.03	1.04	1.05	1.06	1.07	1.08	1.09

附 录 D
（规范性附录）
溶解氧测定（分光光度法）

D.1 技术指标

测定范围：1.0 μmol/dm³～600 μmol/dm³。

检测下限：1.0 μmol/dm³。

精密度：浓度为 340 μmol/dm³ 时，相对标准偏差为±0.5%，浓度为 540 μmol/dm³ 时，相对标准偏差为±0.5%。

D.2 方法原理

水样中加入适量氯化锰和碘化钾/叠氮化钠溶液后，生成的氢氧化锰被水中的溶解氧氧化为高价氢氧化锰沉淀。叠氮化钠使水中亚硝酸盐分解而消除干扰。加酸酸化后，沉淀溶解，同时释出与溶解氧等当量的游离碘。然后，试液经虹吸流入具流动式比色池的分光光度计，在 456 nm 波长下进行分光测定。

D.3 试剂及其配制

D.3.1 氯化锰溶液：$c(MnCl_2) = 3.0$ mol/dm³

称取 600 g 氯化锰（$MnCl_2 \cdot 4H_2O$）溶于水中，并用水稀释至 1 000 cm³。

D.3.2 碱性碘化钠/叠氮化钠溶液：

称取 600 g 碘化钠（NaI），在不断搅拌下，逐次加入到 700 cm³ 水中，待完全溶解后，置于水浴冷却并不断搅拌下，将 320 g 氢氧化钠（NaOH）慢慢加入到碘化钠溶液中，直到完全溶解。另外称取 10 g 叠氮化钠（NaN_3）溶于 40 cm³ 水中。将上述两溶液混合，并用水稀释至 1 000 cm³。

D.3.3 硫酸溶液：体积分数为 29%

在水浴冷却和不断搅拌下，将 100 cm³ 浓硫酸（H_2SO_4，$\rho = 1.84$ g/cm³）缓慢地加入到 250 cm³ 水中。

D.3.4 硫代硫酸钠溶液：$c(Na_2S_2O_3) = 0.2$ mol/dm³

称取 24.82 g 硫代硫酸钠（$Na_2S_2O_3 \cdot 5H_2O$）溶于 500 cm³ 水中，贮于棕色试剂瓶。

D.3.5 碘酸钾标准溶液：$c(KIO_3) = 5.00 \times 10^3$ μmol/dm³

称取 1.070 g 碘酸钾（KIO_3，优级纯，预先在 120℃烘 2 h，置于干燥器中冷却至室温）溶于少量水中，转移至 1 000 cm³ 容量瓶中，用水稀释至标线，混匀，贮于棕色试剂瓶。

D.4 仪器与设备

D.4.1 分光光度计。

D.4.2 带三通阀的流动式比色池：1 cm，进样系统，如图 D.1 所示。

D.4.3 水样瓶：60 cm³ 棕色磨口玻璃瓶。

D.4.4 电磁搅拌器：可调速。

D.4.5 可调定量加液器：1 cm³，5 cm³。

D.4.6 容量瓶：1 000 cm³。

D.4.7 移液管：1 cm³，5 cm³。

D.5 水样装取、预处理和贮存

水样装取、预处理和贮存的操作和要求见 4.4.3.5。

D.6 测定步骤

D.6.1 分光光度测定装置调试

装有吸样器的分光光度计其光室外侧加挂一个吸样三通阀，三端用 $\phi 2$ mm 聚四氟乙烯管分别与高位槽(装蒸馏水)、流动式比色池和水样瓶连接(见图 D.1 所示)。将波长调至 456 nm，转动三通阀与蒸馏水桶联通，使蒸馏水充满管路(流量约 30 cm^3/min～40 cm^3/min)，再转动三通阀与盛有染色蒸馏水的水样瓶联通，染色水样被虹吸流经比色池(吸样流量控制在 20 cm^3/min～30 cm^3/min)，吸光值升高，待染色水样充满比色池，吸光值稳定后，再转动三通阀与蒸馏水桶联通，使蒸馏水冲洗比色池，至吸光值降至趋于零，并稳定，即可进行仪器调零。

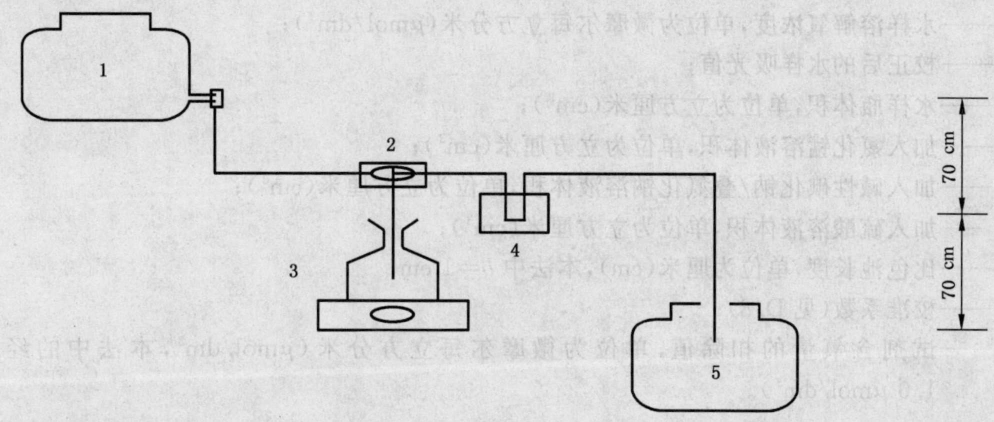

1——蒸馏水桶；

2——三通阀；

3——水样瓶与搅拌器；

4——流动比色池；

5——废液桶。

图 D.1 测定装置示意图

D.6.2 水样测定

水样固氧(见 4.4.3.1 b)后，待沉淀降至瓶的下部便可进行测定。

D.6.2.1 小心打开水样瓶塞，投入一颗搅拌子。

D.6.2.2 加入 0.5 cm^3 硫酸溶液(见 D.3.3)，将水样瓶置于电磁搅拌器上，缓缓搅拌使沉淀完全溶解。

D.6.2.3 转动三通阀与水样瓶联通，以 20 cm^3/min～30 cm^3/min 的流量吸入比色池，在波长 456 nm 下进行分光测定。20 秒～30 秒后吸光值稳定时，记录吸光值 A_w(参见表 E.13)。

D.6.3 浊度校正

在按 D.6.2.3 测得水样的吸光值后，转动三通阀与蒸馏水桶联通，继续搅拌水样，并加入 0.5 cm^3 硫代硫酸钠溶液(见 D.3.4)，使碘分子颜色消失，再转动三通阀与水样瓶联通，将水样吸入比色池进行光度测定，稳定后记录水样浊度吸光值 A_t(参见表 E.13)。

D.6.4 试剂空白测定

由试剂反加法的分光测定求得试剂空白值：

水样瓶注满水，依次加入 0.5 cm^3 硫酸溶液(见 D.3.3)，0.5 cm^3 碱性碘化钠/叠氮化钠溶液(见 D.3.2)，混匀后，加入一颗搅拌子，置于电磁搅拌器上，加入 0.5 cm^3 氯化锰溶液(见 D.3.1)，搅拌均匀后，吸入比色池进行光度测定。吸光值稳定后记录试剂空白吸光值 A_b(参见表 E.13)。

D.7 计算

溶解氧吸光值按式(D.1)校正：

$$A_c = A_w - A_t - A_b \qquad \cdots\cdots(D.1)$$

式中：

A_c——校正后的水样溶解氧吸光值；

A_w——水样测得的吸光值；

A_t——水样浊度吸光值；

A_b——试剂空白吸光值。

溶解氧浓度按式(D.2)计算：

$$c(O) = A_c \times \frac{V_b + V_3}{K \times b \times (V_b - V_1 - V_2)} - [O]_T \qquad \cdots\cdots(D.2)$$

式中：

$c(O)$——水样溶解氧浓度，单位为微摩尔每立方分米($\mu mol/dm^3$)；

A_c——校正后的水样吸光值；

V_b——水样瓶体积，单位为立方厘米(cm^3)；

V_1——加入氯化锰溶液体积，单位为立方厘米(cm^3)；

V_2——加入碱性碘化钠/叠氮化钠溶液体积，单位为立方厘米(cm^3)；

V_3——加入硫酸溶液体积，单位为立方厘米(cm^3)；

b——比色池长度，单位为厘米(cm)，本法中 $b=1$ cm；

K——校准系数(见 D.8)；

$[O]_T$——试剂含氧量的扣除值，单位为微摩尔每立方分米($\mu mol/dm^3$，本法中的经验值为 1.0 $\mu mol/dm^3$)。

D.8 求校准 *K* 值的方法

标准系数 K 值，采用碘酸根添加法进行校正，其操作步骤如下：

将 12 个水样瓶(每瓶均标有体积 V_b)分为四组，每组 3 个。按 4.4.3.16 的取样方法用饱和蒸馏水装满水样瓶，分别加入 0.5 cm^3 硫酸溶液(见 D.3.3)、0.5 cm^3 碱性碘化钾/叠氮化钠溶液(见 D.3.2)，盖上瓶盖，颠倒数次混合，打开瓶盖，各放入一颗搅拌子，置于电磁搅拌器上缓慢搅拌，均匀后加入 0.5 cm^3 氯化锰溶液(见 D.3.1)，再搅拌均匀。每组水样瓶分别加入 0.00 cm^3，1.00 cm^3，2.00 cm^3，3.00 cm^3 碘酸钾标准溶液(见 D.3.5)，混合后吸入比色池测定添加吸光值 A_s，其中，零浓度为空白吸光值 A_b。将数据记录于溶解氧测定(分光光度法)K 值记录表(参见表 E.14)中。

K 值可按式(D.3)计算：

$$K = \frac{A_s \times (V_b + V_1 + V_a)/(V_b + V_1) - A_b}{3 \times b \times c(KIO_3) \times V_a/(V_b + V_1)} \qquad \cdots\cdots(D.3)$$

式中：

K——校准系数；

A_s——添加碘酸钾(KIO_3)后的吸光值；

A_b——空白吸光值；

$c(KIO_3)$——碘酸钾浓度，单位为微摩尔每立方分米($\mu mol/dm^3$)；

V_b——水样瓶体积，单位为立方厘米(cm^3)；

V_1——加入氯化锰溶液体积，单位为立方厘米(cm^3)；

V_a——加入碘酸钾标准溶液体积，单位为立方厘米(cm^3)；

b——比色池长度，单位为厘米(cm，本法中 $b=1$ cm)。

求出的平均 K 值记录于溶解氧测定(分光光度法)记录表(参见表 E.13)中。

附　录　E
（资料性附录）
记 录 表 格 式

表 E.1～表 E.17 中给出了采集样品的登记表、测定记录表和数据报表的格式。

表 E.1　水样登记表

编号__________________　　　　　　　　　　　　　　　　　　　　　　　　　　　　第____页，共____页

调查项目名称__________________________________　　　　　　　　　　　　代码____________

航次______________________　调查海区______________________　海况说明__________________

调查船____________________________　采样日期______年___月___日　至______年___月___日

序号	站号	经度	纬度	采样时间	站位水深 m	采样深度 m	水温	水样瓶号						
								溶解氧		pH	营养盐			
1														
2														
3														
4														
5														
6														
7														
8														
9														
10														
11														
12														
13														
14														
15														
16														
17														
18														
19														
20														
21														
22														

记录者__________　校对者__________

表 E.2 溶解氧测定(碘量滴定法)记录表

水样登记表编号____至____,采样日期________年____月____日至________年____月____日　　　编号____________

水样接收人________,接收日期______年____月____日,分析日期________年____月____日　　　共____页,第____页

序号	站号	采样时间 时、分	采样深度 m	样品 1				样品 2				c(O) 平均值 μmol/dm³	水温 ℃	盐度	饱和浓度 μmol/dm³	饱和度 %
				瓶号	容积 cm³	消耗 $Na_2S_2O_3$ 体积,cm³	c(O) μmol/dm³	瓶号	容积 cm³	消耗 $Na_2S_2O_3$ 体积,cm³	c(O) μmol/dm³					
1																
2																
3																
4																
5																
6																
7																
8																
9																
10																
11																
12																

硫代硫酸钠溶液标定

$$c(Na_2S_2O_3)=\frac{V_1}{V_2}\times c(KIO_3)$$

KIO_3 标准溶液

$c(KIO_3)=1.000\times10^4$ μmol/dm³

体积(V_1)=________(cm³)

标定消耗 $Na_2S_2O_3$ 体积(V_2)

(1)________(cm³)

(2)________(cm³)

平均________(cm³)

硫代硫酸钠浓度 $c(Na_2S_2O_3)$

(1)________(μmol/dm³)

(2)________(μmol/dm³)

平均________(μmol/dm³)

备注:标定日期________

有效使用期________

分析者________　校对者________

表 E.3 pH 测定记录表

水样登记表编号________至________ 编号________

采样日期____年____月____日至____年____月____日 共____页，第____页

水样接收人________ 接收日期____年____月____日 分析日期____年____月____日

序号	站号	采样时间 时、分	采样深度 m	瓶号	现场水温 ℃	测定时水温 ℃	pH_m			t_m-t_w ℃	α (t_m-t_w)	β	β_d	pH_w
							1	2	平均					
1														
2														
3														
4														
5														
6														
7														
8														
9														
10														
11														
12														
13														
14														
15														
16														
17														
18														
19														
20														
pH 计校准	时间____室温 t_m ____℃ pHs:(1)____ (2)____ 序号____至____									注：pH_m 一栏记录双样测定 pH 值及其平均值。				

分析者________ 校对者________

表 E.4 总碱度测定记录表

水样登记表编号__________至__________ 编号__________

采样日期______年____月____日至______年____月____日 共____页,第____页

水样接收人__________ 接收日期______年____月____日 分析日期______年____月____日

序号	站号	采样时间 时、分	水样 深度 m	瓶号	pH 值			补加的酸或 海水体积 cm^3		α_{H^+}	S	f_{H^+}	A $mmol/dm^3$
					1	2	平均	酸	海水				
1													
2													
3													
4													
5													
6													
7													
8													
9													
10													
11													
12													
13													
14													
15													
16													
17													
18													

说明:pH_m 一栏记录双样测定值及其平均值。

盐酸标准溶液:c(HCl)=

分析者__________ 校对者__________

表 E.5 （ ）标准曲线数据记录表

标准曲线绘制日期＿＿＿＿年＿＿月＿＿日　　　　编号＿＿＿＿＿＿

序　号	1		2		3		4		5		6	
添加标准使用溶液体积　cm^3												
标准系列浓度　c_s,$\mu mol/dm^3$												
吸光值　A_s												
平均吸光值　$\overline{A}_s$												
$A_n=\overline{A}_s-A_b$												

备注：

标准使用溶液浓度：＿＿＿＿＿＿

仪器型号：＿＿＿＿＿＿

测定波长：＿＿＿＿＿＿nm

比色皿：＿＿＿＿＿＿cm

附标准曲线图

A_n 为扣除空白吸光值 A_b 后，各标准溶液吸光值，即

$A_n=\overline{A}_s-A_b$；

标准曲线回归方程：

1）截距 $a=$

2）斜率 $b=$

相关系数：

绘制者＿＿＿＿＿　校对者＿＿＿＿＿

表 E.6 活性硅酸盐测定记录表

水样登记表编号________至________ 编号________

采样日期____年____月____日至____年____月____日 共____页，第____页

水样接收人________ 接收日期____年____月____日 分析日期____年____月____日

序号	站号	采样时间 时、分	采样 深度 m	瓶号	吸光值			盐度	$c(SiO_3^{2-}-Si)$ $\mu mol/dm^3$	备　注
					A_w		$\overline{A}_w$			
					(1)	(2)				
1										1）标准曲线数据记录表 编号： 标准曲线斜率 b： 标准曲线截距 a： 2）试剂空白检验 A_b： 3）标准曲线校正 标准样浓度： C_s： 标准样吸光值 A_s： 4）A_w 及 $\overline{A}_w$ 分别为双样吸光值及其平均值。
2										
3										
4										
5										
6										
7										
8										
9										
10										
11										
12										
13										
14										
15										
16										
17										
18										
19										
20										
21										

分析者________ 校对者________

表 E.7 活性磷酸盐测定记录表

水样登记表编号________至________ 编号________

采样日期____年____月____日至____年____月____日 共____页，第____页

水样接收人________ 接收日期____年____月____日 分析日期____年____月____日

序号	站号	采样时间 时、分	采样 深度 m	瓶号	吸光值 A_w (1)	吸光值 A_w (2)	$\overline{A}_w$	$c(PO_4^{3-}\text{-}P)$ $\mu mol/dm^3$	备注
1									1）标准曲线数据记录表 编号： 标准曲线斜率 b： 标准曲线截距 a： 2）试剂空白检验 A_b： 3）标准曲线校正 标准样浓度： C_s： 标准样吸光值 A_s： 4）A_w 及 $\overline{A}_w$ 分别为双样测定吸光值及其平均值。
2									
3									
4									
5									
6									
7									
8									
9									
10									
11									
12									
13									
14									
15									
16									
17									
18									
19									
20									
21									

分析者________ 校对者________

表 E.8 亚硝酸盐测定记录表

水样登记表编号________至________　　编号________
采样日期____年____月____日至____年____月____日　　共____页，第____页
水样接收人________　接收日期____年____月____日　　分析日期____年____月____日

序号	站号	采样时间 时、分	水样 深度 m	瓶号	吸光值			$c(NO_2^--N)$ μmol/dm³	备注
					A_w		$\overline{A}_w$		
					(1)	(2)			
1									1) 标准曲线数据记录表 编号： 标准曲线斜率 b： 标准曲线截距 a： 2) 试剂空白检验 A_b： 3) 标准曲线校正 标准样浓度： C_s： 标准样吸光值 A_s： 4) A_w 及 $\overline{A}_w$ 分别为双样测定吸光值及其平均值。
2									
3									
4									
5									
6									
7									
8									
9									
10									
11									
12									
13									
14									
15									
16									
17									
18									
19									
20									
21									

分析者________　校对者________

表 E.9 硝酸盐测定记录表

水样登记表编号________至________ 编号________

采样日期____年____月____日至____年____月____日 共____页，第____页

水样接收人________ 接收日期____年____月____日 分析日期____年____月____日

序号	站号	采样时间 时、分	水样 深度 m	瓶号	吸光值 A_w (1)	吸光值 A_w (2)	吸光值 $\overline{A}_w$	$\overline{A}_{NO_2^- \text{-N}}$	$X \cdot \overline{A}_{NO_2^- \text{-N}}$	$c(NO_3^- \text{-N})$ μmol/dm³	备注
1											1）标准曲线数据记录表 编号：______ 标准曲线斜率 b： 标准曲线截距 a： 2）硝酸盐和亚硝酸盐比色池长度比 X______ 3）试剂空白检验 A_b： 4）标准曲线校正 标准样浓度： C_s： 标准样吸光值 A_s： 5）A_w 及 $\overline{A}_w$ 分别为双样测定吸光值及其平均值。
2											
3											
4											
5											
6											
7											
8											
9											
10											
11											
12											
13											
14											
15											
16											
17											
18											
19											
20											

分析者________ 校对者________

表 E.10　铵盐测定(次溴酸钠氧化法)记录表

水样登记表编号＿＿＿＿＿至＿＿＿＿＿　　编号＿＿＿＿＿
采样日期＿＿年＿＿月＿＿日至＿＿年＿＿月＿＿日　　共＿＿页,第＿＿页
水样接收人＿＿＿＿　接收日期＿＿年＿＿月＿＿日　　分析日期＿＿年＿＿月＿＿日

序号	站号	采样时间 时、分	水样 深度 m	瓶号	吸光值			$\overline{A}_{NO_2^--N}$	$c(NH_4^+-N)$ $\mu mol/dm^3$	备注
					A_w		$\overline{A}_w$			
					(1)	(2)				
1										1) 标准曲线数据记录表编号: 标准曲线斜率 b: 标准曲线截距 a: 2) 试剂空白检验 A_b: 3) 标准曲线校正 标准样浓度: C_s: 标准样吸光值 A_s: 4) A_w 及 $\overline{A}_w$ 分别为双样测定吸光值及其平均值。
2										
3										
4										
5										
6										
7										
8										
9										
10										
11										
12										
13										
14										
15										
16										
17										
18										
19										
20										
21										

分析者＿＿＿＿　校对者＿＿＿＿

表 E.11 氯化物测定记录表

水样登记表编号＿＿＿＿至＿＿＿＿　　编号＿＿＿＿

采样日期＿＿年＿＿月＿＿日至＿＿年＿＿月＿＿日　　共＿＿页，第＿＿页

水样接收人＿＿＿＿　接收日期＿＿年＿＿月＿＿日　　分析日期＿＿年＿＿月＿＿日

序号	站号	采样时间 时、分	水样深度 m	瓶号	测定样体积 cm^3	消耗氯化银体积 cm^3			ρ_{Cl} g/dm^3	备注
						V_w		$\overline{V}_w$		
						(1)	(2)			
1										硝酸溶液标定： 氯化钠标准溶液氯离子浓度 ρ=＿＿＿＿ g/dm^3； 氯化钠标准溶液体积 V_1＝＿＿＿＿ cm^3 消耗硝酸银体积 V_S (1)＝＿＿＿＿ cm^3 (2)＝＿＿＿＿ cm^3 (3)＝＿＿＿＿ cm^3 $\overline{V}_s$＝＿＿＿＿ cm^3 注：V_w 与 $\overline{V}_w$ 分别为双样测定消耗硝酸银体积及其平均值
2										
3										
4										
5										
6										
7										
8										
9										
10										
11										
12										
13										
14										
15										
16										
17										
18										
19										
20										
21										
22										

分析者＿＿＿＿　校对者＿＿＿＿

表 E.12　铵盐测定(靛酚蓝法)记录表

水样登记表编号________至________　　编号________
采样日期____年____月____日至____年____月____日　　共____页，第____页
水样接收人________　接收日期____年____月____日　　分析日期____年____月____日

序号	站号	采样时间 时、分	水样 深度 m	瓶号	吸光值			$c(NH_4^+\text{-}N)$ $\mu mol/dm^3$	备　注
					A_w		$\overline{A}_w$		
					(1)	(2)			
1									1) 标准曲线数据记录表编号： 标准曲线斜率 b： 标准曲线截距 a： 2) 试剂空白检验 A_b： 3) 标准曲线校正 标准样浓度 C_s： 标准样吸光值 A_s： 4) A_w 及 $\overline{A}_w$ 分别为双样测定吸光值及其平均值。
2									
3									
4									
5									
6									
7									
8									
9									
10									
11									
12									
13									
14									
15									
16									
17									
18									
19									
20									
21									
22									
23									

分析者________　校对者________

表 E.13 溶解氧测定(分光光度法)记录表

水样登记表编号________至________ 编号________

采样日期____年__月__日至____年__月__日 共___页,第___页

水样接收人______ 接收日期____年__月__日 分析日期____年__月__日

序号	站号	采样时间 时、分	水样深度 m	瓶号	容积 cm^3	总吸光值 A_w	试剂空白吸光值 A_b	浊度吸光值 A_t	校正后吸光值 A_c	溶解氧 $c(O)$ $\mu mol/dm^3$	备 注
1											K 值记录表 编号______ $K=$
2											
3											
4											
5											
6											
7											
8											
9											
10											
11											
12											
13											
14											
15											
16											
17											
18											
19											
20											

分析者______ 校对者______

表 E.14 溶解氧测定(分光光度法)K 值记录表

K 值测定日期______年___月___日											编号________		
		1			2			3			4		
水样瓶体积 V_b cm³													
添加 $MnCl_2$ 体积 V_1 cm³													
添加 KIO_3 体积 V_a cm³		—											
V_b+V_1 cm³		—											
$V_b+V_1+V_a$ cm³		—											
吸光值	A_b				—	—	—	—	—	—	—	—	—
	A_s												
K 值		—											
平均 *K* 值		—											
总平均 *K* 值		—											
备　注		标准碘酸钾浓度 $c(KIO_3)$ =__________											

测定者________　校对者________

表 E.15 总磷测定记录表

水样登记表编号________至________ 编号________
采样日期____年____月____日至____年____月____日 共____页，第____页
水样接收人________ 接收日期____年____月____日 分析日期____年____月____日

序号	站号	采样时间 时、分	水样 深度 m	瓶号	吸光值			浊度 A_t	总磷浓度 c(TP-P) μmol/dm³	备注
					A_w		$\overline{A}_w$			
					(1)	(2)				
1										1）标准曲线数据记录表编号： 标准曲线斜率 b： 标准曲线截距 a： 2）试剂空白检验 A_b： 3）标准曲线校正 标准样浓度 C_s： 标准样吸光值 A_s： 4）A_w 及 $\overline{A}_w$ 分别为双样测定吸光值及其平均值。
2										
3										
4										
5										
6										
7										
8										
9										
10										
11										
12										
13										
14										
15										
16										
17										
18										
19										
20										

分析者________ 校对者________

表 E.16　总氮测定记录表

水样登记表编号__________至__________　　编号__________

采样日期____年____月____日至____年____月____日　　共____页，第____页

水样接收人________　接收日期____年____月____日　分析日期____年____月____日

序号	站号	采样时间 时、分	水样 深度 m	瓶号	吸　光　值			浊度 A_t	总氮浓度 c(TN-N) μmol/dm³	备　注
					A_w		$\overline{A}_w$			
					(1)	(2)				
1										1）标准曲线数据记录表编号： 标准曲线斜率 b： 标准曲线截距 a： 2）试剂空白检验 A_b： 3）标准曲线校正 标准样浓度： C_s： 标准样吸光值 A_s： 4）A_w 及 $\overline{A}_w$ 分别为双样测定吸光值及其平均值。
2										
3										
4										
5										
6										
7										
8										
9										
10										
11										
12										
13										
14										
15										
16										
17										
18										
19										
20										
21										

分析者________　校对者________

表 E.17　海水化学观测数据报表

调查项目名称＿＿＿＿＿＿　代码＿＿＿＿＿＿　编码＿＿＿＿＿＿

调查海区＿＿＿＿＿＿航次＿＿＿＿＿＿,采样日期＿＿年＿＿月＿＿日至＿＿年＿＿月＿＿日　共＿＿页,第＿＿页

数据来源 1):DO ＿＿＿,pH ＿＿＿,A ＿＿＿,SiO_3^{2-}-Si ＿＿＿,PO_4^{3-}-P ＿＿＿,NO_2^--N ＿＿＿ NO_3^--N ＿＿＿,NH_4^+-N ＿＿＿,Cl ＿＿＿,TP ＿＿＿,TN ＿＿＿

序号	站位号	水深 m	采样深度 m	DO μmol/dm³	pH	A mmol/dm³	SiO_3^{2-}-Si μmol/dm³	PO_4^{3-}-P μmol/dm³	NO_2^--N μmol/dm³	NO_3^--N μmol/dm³	NH_4^+-N μmol/dm³	Cl g/dm³	TP μmol/dm³	TN μmol/dm³	备　注
1															1）填写测定记录表编号
2															
3															
4															
5															
6															
7															
8															
9															
10															
11															
12															

抄录者＿＿＿＿＿　校对者＿＿＿＿＿

附 录 F
（资料性附录）
测定结果计算用表

表 F.1～表 F.8 给出了海水溶解氧、pH 值测定中有关参数和换算用表，元素的相对原子质量表，容积校正表。

表 F.1 空气中氧在不同温度和盐度海水中的饱和浓度 单位为微摩尔每立方分米

t/℃	S									
	0.0	1.0	2.0	3.0	4.0	5.0	6.0	7.0	8.0	9.0
0.0	912	906	899	893	887	881	875	869	863	857
1.0	887	881	875	869	863	857	851	845	840	834
2.0	863	857	851	845	840	834	828	823	817	812
3.0	840	834	828	823	817	812	807	801	796	791
4.0	818	812	807	801	796	791	786	780	775	770
5.0	797	791	786	781	776	771	766	761	756	751
6.0	776	771	766	761	756	752	747	742	737	732
7.0	757	752	747	743	738	733	728	724	719	714
8.0	739	734	729	725	720	715	711	706	702	697
9.0	721	717	712	707	703	698	694	690	685	681
10.0	704	700	695	691	686	682	678	674	669	665
11.0	688	684	679	675	671	667	662	658	654	650
12.0	672	668	664	660	656	652	647	643	639	635
13.0	657	653	649	645	641	637	633	629	625	621
14.0	643	639	635	631	627	623	619	616	612	608
15.0	629	625	621	617	614	610	606	602	599	595
16.0	616	612	608	604	601	597	593	590	586	583
17.0	603	599	595	592	588	585	581	578	574	571
18.0	590	587	583	580	576	573	569	566	563	559
19.0	578	575	571	568	565	561	558	555	551	548
20.0	567	563	560	557	554	550	547	544	541	537
21.0	556	552	549	546	543	540	536	533	530	527
22.0	545	542	539	535	532	529	526	523	520	517
23.0	534	531	528	525	522	519	516	513	510	507
24.0	524	521	518	516	513	510	507	504	501	498
25.0	515	512	509	506	503	500	497	495	492	489
26.0	505	503	500	497	494	491	489	486	483	480
27.0	496	494	491	488	485	483	480	477	475	472
28.0	488	485	482	479	477	474	471	469	466	464
29.0	479	476	474	471	469	466	463	461	458	456
30.0	471	468	466	463	461	458	455	453	451	448
31.0	463	460	458	455	453	450	448	445	443	441
32.0	455	453	450	448	445	443	440	438	436	433
33.0	447	445	443	440	438	436	433	431	429	426
34.0	440	438	435	433	431	429	426	424	422	419
35.0	433	431	428	426	424	422	419	417	415	413

表 F.1（续）

单位为微摩尔每立方分米

t/℃	S									
	10.0	11.0	12.0	13.0	14.0	15.0	16.0	17.0	18.0	19.0
0.0	852	846	840	834	829	823	817	812	806	801
1.0	828	823	817	812	806	801	795	790	785	779
2.0	806	801	796	790	785	780	774	769	764	759
3.0	785	780	775	770	765	759	754	749	744	739
4.0	765	760	755	750	745	740	735	730	726	721
5.0	746	741	736	731	726	722	717	712	708	703
6.0	727	723	718	713	709	704	699	695	690	686
7.0	710	705	700	696	691	687	683	678	674	669
8.0	693	688	684	679	675	671	666	662	658	654
9.0	676	672	668	664	659	655	651	647	643	639
10.0	661	657	652	648	644	640	636	632	628	624
11.0	646	642	638	634	630	626	622	618	614	610
12.0	631	628	624	620	616	612	608	604	601	597
13.0	618	614	610	606	602	599	595	591	588	584
14.0	604	601	597	593	590	586	582	579	575	572
15.0	592	588	584	581	577	574	570	567	563	560
16.0	579	576	572	569	565	562	558	555	552	548
17.0	567	564	561	557	554	550	547	544	541	537
18.0	556	553	549	546	543	539	536	533	530	527
19.0	545	542	538	535	532	529	526	523	520	516
20.0	534	531	528	525	522	519	516	513	510	507
21.0	524	521	518	515	512	500	506	503	500	497
22.0	514	511	508	505	502	499	496	494	491	488
23.0	504	502	499	496	493	490	487	484	482	479
24.0	495	492	490	487	484	481	478	476	473	470
25.0	486	484	481	478	475	473	470	467	465	462
26.0	478	475	472	470	467	464	462	459	456	454
27.0	469	467	464	461	459	456	454	451	449	446
28.0	461	459	456	453	451	448	446	443	441	439
29.0	453	451	448	446	443	441	438	436	434	431
30.0	446	443	441	438	436	434	431	429	426	424
31.0	438	436	433	431	429	426	424	422	419	417
32.0	431	429	426	424	422	419	417	415	413	411
33.0	424	422	419	417	415	413	411	408	406	404
34.0	417	415	413	411	408	406	404	402	400	398
35.0	411	408	406	404	402	400	398	396	394	392

表 F.1（续） 单位为微摩尔每立方分米

t/℃	S									
	20.0	21.0	22.0	23.0	24.0	25.0	26.0	27.0	28.0	29.0
0.0	795	790	785	779	774	769	763	758	753	748
1.0	774	769	764	759	753	748	743	738	733	728
2.0	754	749	744	739	734	729	724	719	714	710
3.0	735	730	725	720	715	710	706	701	696	692
4.0	716	711	707	702	697	693	688	683	679	674
5.0	698	694	689	685	680	676	671	667	662	658
6.0	681	677	672	668	664	659	655	651	647	642
7.0	665	661	656	652	648	644	640	635	631	627
8.0	649	645	641	637	633	629	625	621	617	613
9.0	635	630	626	622	618	615	611	607	603	599
10.0	620	616	612	608	605	601	597	593	589	586
11.0	606	603	599	595	591	588	584	580	577	573
12.0	593	589	586	582	578	575	571	568	564	561
13.0	580	577	573	570	566	563	559	556	552	549
14.0	568	565	561	558	554	551	548	544	541	537
15.0	556	553	550	546	543	540	536	533	530	527
16.0	545	542	538	535	532	529	526	522	519	516
17.0	534	531	528	525	521	518	515	512	509	506
18.0	524	520	517	514	511	508	505	502	499	496
19.0	513	510	507	504	501	498	495	492	490	487
20.0	504	501	498	495	492	489	486	483	480	478
21.0	494	491	488	486	483	480	477	474	472	469
22.0	485	482	479	477	474	471	468	466	463	460
23.0	476	473	471	468	465	463	460	457	455	452
24.0	468	465	462	460	457	454	452	449	447	444
25.0	459	457	454	452	449	446	444	441	439	436
26.0	451	449	446	444	441	439	436	434	431	429
27.0	444	441	439	436	434	431	429	427	424	422
28.0	436	434	431	429	426	424	422	419	417	415
29.0	429	426	424	422	419	417	415	413	410	408
30.0	422	419	417	415	413	410	408	406	404	401
31.0	415	413	410	408	406	404	402	399	397	395
32.0	408	406	404	402	400	397	395	393	391	389
33.0	402	400	398	395	393	391	389	387	385	383
34.0	396	393	391	389	387	385	383	381	379	377
35.0	389	387	385	383	381	379	377	375	373	371

表 F.1(续)　　　　单位为微摩尔每立方分米

t/℃	S									
	30.0	31.0	32.0	33.0	34.0	35.0	36.0	37.0	38.0	39.0
0.0	743	738	733	728	723	718	713	708	703	699
1.0	723	718	714	709	704	699	695	690	685	681
2.0	705	700	695	691	686	681	677	672	668	663
3.0	687	682	678	673	669	664	660	656	651	647
4.0	670	666	661	657	652	648	644	640	635	631
5.0	654	649	645	641	637	633	628	624	620	616
6.0	638	634	630	626	622	618	614	610	606	602
7.0	623	619	615	611	607	603	599	596	592	588
8.0	609	605	601	597	593	590	586	582	578	575
9.0	595	591	588	584	580	576	573	569	565	562
10.0	582	578	575	571	567	564	560	557	553	550
11.0	569	566	562	559	555	552	548	545	541	538
12.0	557	554	550	547	543	540	537	533	530	527
13.0	545	542	539	535	532	529	525	522	519	516
14.0	534	531	528	524	521	518	515	512	508	505
15.0	523	520	517	514	511	508	504	501	498	495
16.0	513	510	507	504	501	498	495	492	489	486
17.0	503	500	497	494	491	488	485	482	479	476
18.0	493	490	487	484	481	479	476	473	470	467
19.0	484	481	478	475	472	470	467	464	461	459
20.0	475	472	469	466	464	461	458	456	453	450
21.0	466	463	461	458	455	453	450	447	445	442
22.0	458	455	452	450	447	444	442	439	437	434
23.0	449	447	444	442	439	437	434	432	429	427
24.0	442	439	437	434	432	429	427	424	422	419
25.0	434	431	429	427	424	422	419	417	415	412
26.0	427	424	422	419	417	415	412	410	408	405
27.0	419	417	415	412	410	408	406	403	401	399
28.0	412	410	408	406	403	401	399	397	394	392
29.0	406	404	401	399	397	395	393	390	388	386
30.0	399	397	395	393	391	388	386	384	382	380
31.0	393	391	389	387	384	382	380	378	376	374
32.0	387	385	383	381	378	376	374	372	370	368
33.0	381	379	377	375	373	371	369	367	365	363
34.0	375	373	371	369	367	365	363	361	359	357
35.0	369	367	365	364	362	360	358	356	354	352

注:本表由 5.7.3 的公式(3)求得。

表 F.2 标准缓冲溶液的 pH 值

水温/℃	邻苯二甲酸氢钾 0.050 0 mol/dm³	混合磷酸盐(1∶1) KH_2PO_4,0.025 0 mol/dm³ Na_2HPO_4,0.025 0 mol/dm³	十水四硼酸钠 0.010 0 mol/dm³
0	4.006	6.981	9.458
5	3.999	6.949	9.391
10	3.999	6.921	9.330
15	3.996	6.898	9.276
20	3.998	6.879	9.220
25	4.003	6.864	9.182
30	4.010	6.852	9.142
35	4.019	6.844	9.105
40	4.029	6.838	9.072
45	4.042	6.834	9.042

表 F.3 pH 测定的温度校正值 $\alpha(t_m - t_w)$ 表

$(t_m - t_w)$	pH											
℃	7.5	7.6	7.7	7.8	7.9	8.0	8.1	8.2	8.3	8.4	8.5	8.6
1	0.01	0.01	0.01	0.01	0.01	0.01	0.01	0.01	0.01	0.01	0.01	0.01
2	0.02	0.02	0.02	0.02	0.02	0.02	0.02	0.02	0.02	0.02	0.02	0.02
3	0.03	0.03	0.03	0.03	0.03	0.03	0.03	0.03	0.03	0.03	0.03	0.04
4	0.03	0.03	0.04	0.04	0.04	0.04	0.04	0.04	0.04	0.05	0.05	0.05
5	0.04	0.04	0.04	0.05	0.05	0.05	0.05	0.05	0.06	0.06	0.06	0.06
6	0.05	0.05	0.05	0.06	0.06	0.06	0.06	0.06	0.07	0.07	0.07	0.07
7	0.06	0.06	0.06	0.07	0.07	0.07	0.07	0.07	0.08	0.08	0.08	0.08
8	0.07	0.07	0.07	0.07	0.08	0.08	0.08	0.08	0.09	0.09	0.09	0.10
9	0.07	0.08	0.08	0.08	0.09	0.09	0.09	0.10	0.10	0.10	0.10	0.11
10	0.08	0.09	0.09	0.09	0.10	0.10	0.10	0.11	0.11	0.11	0.12	0.12
11	0.09	0.09	0.10	0.10	0.11	0.11	0.11	0.12	0.12	0.12	0.13	0.13
12	0.10	0.10	0.11	0.11	0.12	0.12	0.12	0.13	0.13	0.14	0.14	0.14
13	0.11	0.11	0.12	0.12	0.12	0.13	0.13	0.14	0.14	0.15	0.15	0.16
14	0.12	0.12	0.13	0.13	0.13	0.14	0.14	0.15	0.15	0.16	0.16	0.17
15	0.13	0.13	0.14	0.14	0.14	0.15	0.15	0.16	0.16	0.17	0.17	0.18
16	0.13	0.14	0.14	0.15	0.15	0.16	0.16	0.17	0.18	0.18	0.19	0.19
17	0.14	0.15	0.15	0.16	0.16	0.17	0.18	0.18	0.19	0.19	0.20	0.20
18	0.14	0.15	0.16	0.17	0.17	0.18	0.19	0.19	0.20	0.20	0.21	0.22
19	0.15	0.16	0.17	0.18	0.18	0.19	0.20	0.20	0.21	0.21	0.22	0.23
20	0.16	0.17	0.18	0.19	0.19	0.20	0.21	0.21	0.22	0.23	0.23	0.24
21	0.17	0.18	0.19	0.20	0.20	0.21	0.22	0.22	0.23	0.24	0.24	0.25
22	0.18	0.19	0.20	0.20	0.21	0.22	0.23	0.23	0.24	0.25	0.26	0.26
23	0.19	0.20	0.21	0.21	0.22	0.23	0.24	0.24	0.25	0.26	0.27	0.28
24	0.20	0.21	0.22	0.22	0.23	0.24	0.25	0.25	0.26	0.27	0.28	0.29
25	0.21	0.22	0.22	0.23	0.24	0.25	0.26	0.26	0.28	0.28	0.29	0.30

表 F.4 pH 测定的压力校正系数 β 表

pH_m	7.5	7.6	7.7	7.8	7.9	8.0	8.1	8.2	8.3	8.4
$\beta\times10^6$	35	31	28	25	23	22	21	20	20	20

表 F.5 pH—α_{H^+} 换算表

V	N	V	N	V	N	V	N
0.00	1.000	0.25	0.562	0.50	0.316	0.75	0.178
0.01	0.977	0.26	0.549	0.51	0.309	0.76	0.174
0.02	0.955	0.27	0.537	0.52	0.302	0.77	0.170
0.03	0.933	0.28	0.525	0.53	0.295	0.78	0.166
0.04	0.912	0.29	0.513	0.54	0.288	0.79	0.162
0.05	0.891	0.30	0.501	0.55	0.282	0.80	0.158
0.06	0.871	0.31	0.490	0.56	0.275	0.81	0.155
0.07	0.851	0.32	0.479	0.57	0.269	0.82	0.151
0.08	0.832	0.33	0.468	0.58	0.263	0.83	0.148
0.09	0.813	0.34	0.457	0.59	0.257	0.84	0.144
0.10	0.794	0.35	0.447	0.60	0.251	0.85	0.141
0.11	0.776	0.36	0.437	0.61	0.245	0.86	0.138
0.12	0.759	0.37	0.427	0.62	0.240	0.87	0.135
0.13	0.741	0.38	0.417	0.63	0.234	0.88	0.132
0.14	0.725	0.39	0.407	0.64	0.229	0.89	0.129
0.15	0.709	0.40	0.398	0.65	0.224	0.90	0.126
0.16	0.692	0.41	0.389	0.66	0.219	0.91	0.123
0.17	0.676	0.42	0.380	0.67	0.214	0.92	0.120
0.18	0.661	0.43	0.372	0.68	0.209	0.93	0.117
0.19	0.645	0.44	0.363	0.69	0.204	0.94	0.115
0.20	0.631	0.45	0.355	0.70	0.200	0.95	0.112
0.21	0.617	0.46	0.347	0.71	0.195	0.96	0.110
0.22	0.603	0.47	0.339	0.72	0.191	0.97	0.107
0.23	0.589	0.48	0.331	0.73	0.186	0.98	0.105
0.24	0.575	0.49	0.324	0.74	0.182	0.99	0.102

注：Q 为 pH 的整数部分。表中 V 为 pH 值的小数部分，由 V 值查表得相应的 N 值，代入 $a_{H^+}=N\times10^Q$，即得氢离子活度。

表 F.6 海水氢离子活度系数 f_{H^+} 随盐度和 pH 变化

pH	S						
	3.5	7	11	14.8	18	21～33	36
2.8～2.9	0.865	0.800	0.785	0.775	0.770	0.768	0.773
3.0～3.9	0.845	0.782	0.770	0.760	0.755	0.753	0.758
4.0	0.890	0.822	0.810	0.800	0.795	0.793	0.798

表 F.7 元素的相对原子质量表(1997)

1	氢	H	1.000 79	36	氪	Kr	83.80	71	镥	Lu	174.97
2	氦	He	4.002 6	37	铷	Rb	85.468	72	铪	Hf	178.49
3	锂	Li	6.941	38	锶	Sr	87.62	73	钽	Ta	180.95
4	铍	Be	9.012 2	39	钇	Y	88.906	74	钨	W	183.84
5	硼	B	10.811	40	锆	Zr	91.224	75	铼	Re	186.21
6	碳	C	12.011	41	铌	Nb	92.906	76	锇	Os	190.23
7	氮	N	14.007	42	钼	Mo	95.94	77	铱	Ir	192.22
8	氧	O	15.999	43	锝	Tc	97.907	78	铂	Pt	195.06
9	氟	F	18.998	44	钌	Ru	101.07	79	金	Au	196.97
10	氖	Ne	20.179	45	铑	Rh	102.91	80	汞	Hg	200.59
11	钠	Na	22.990	46	钯	Pd	106.42	81	铊	Tl	204.38
12	镁	Mg	24.305	47	银	Ag	107.87	82	铅	Pb	207.2
13	铝	Al	26.982	48	镉	Cd	112.41	83	铋	Bi	208.98
14	硅	Si	28.086	49	铟	In	114.82	84	钋	Po	208.98
15	磷	P	30.974	50	锡	Sn	118.71	85	砹	At	209.99
16	硫	S	32.066	51	锑	Sb	121.76	86	氡	Rn	222.02
17	氯	Cl	35.453	52	碲	Te	127.60	87	钫	Fr	223.02
18	氩	Ar	39.948	53	碘	I	126.90	88	镭	Ra	226.03
19	钾	K	39.098	54	氙	Xe	131.29	89	锕	Ac	227.03
20	钙	Ca	40.078	55	铯	Cs	132.91	90	钍	Th	232.04
21	钪	Sc	44.956	56	钡	Ba	137.33	91	镤	Pa	231.04
22	钛	Ti	47.867	57	镧	La	138.91	92	铀	U	238.03
23	钒	V	50.942	58	铈	Ce	140.12	93	镎	Np	237.05
24	铬	Cr	51.996	59	镨	Pr	140.91	94	钚	Pu	244.06
25	锰	Mn	54.938	60	钕	Nd	144.24	95	镅	Am	243.06
26	铁	Fe	55.847	61	钷	Pm	145.91	96	锔	Cm	247.07
27	钴	Co	58.933	62	钐	Sm	150.36	97	锫	Bk	247.07
28	镍	Ni	58.693	63	铕	Eu	151.96	98	锎	Cf	251.08
29	铜	Cu	63.546	64	钆	Gd	157.25	99	锿	Es	252.08
30	锌	Zn	65.39	65	铽	Tb	158.93	100	镄	Fm	257.10
31	镓	Ga	69.723	66	镝	Dy	162.50	101	钔	Md	258.10
32	锗	Ge	72.59	67	钬	Ho	164.93	102	锘	No	259.10
33	砷	As	74.922	68	铒	Er	167.26	103	铹	Lr	260.11
34	硒	Se	78.96	69	铥	Tm	168.93				
35	溴	Br	79.904	70	镱	Yb	173.04				

注:Pm、Po、At、Rn、Fr、Ra、Ac、Np、Pu、Am、Cm、Bk、Cf、Es、Fm、Md、No、Lr 为半衰期最长同位素的相对原子质量。

表 F.8　20℃时容积为 1.000 0 dm^3 玻璃容器中的蒸馏水在不同温度时的质量(m_{20})

单位为克每立方分米

t/℃	m_{20}	t/℃	m_{20}	t/℃	m_{20}	t/℃	m_{20}	t/℃	m_{20}	t/℃	m_{20}
0	998.30	15.2	997.92	19.2	997.30	23.2	996.54	27.2	995.60	31.2	994.52
1	998.40	15.4	997.89	19.4	997.28	23.4	996.50	27.4	995.55	31.4	994.47
2	998.46	15.6	997.87	19.6	997.24	23.6	996.45	27.6	995.50	31.6	994.41
3	998.51	15.8	997.84	19.8	997.21	23.8	996.41	27.8	995.45	31.8	994.35
4	998.54	16.0	997.81	20.0	997.17	24.0	996.36	28.0	995.40	32.0	994.29
5	998.56	16.2	997.78	20.2	997.14	24.2	996.32	28.2	995.35	32.2	994.23
6	998.56	16.4	997.76	20.4	997.10	24.4	996.27	28.4	995.29	32.4	994.17
7	998.55	16.6	997.73	20.6	997.06	24.6	996.23	28.6	995.24	32.6	994.11
8	998.52	16.8	997.70	20.8	997.02	24.8	996.18	28.8	995.19	32.8	994.05
9	998.48	17.0	997.67	21.0	996.99	25.0	996.14	29.0	995.14	33.0	993.99
10	998.42	17.2	997.64	21.2	996.95	25.2	996.09	29.2	995.08	33.2	993.93
11	998.35	17.4	997.61	21.4	996.91	25.4	996.04	29.4	995.03	33.4	993.87
12	998.27	17.6	997.58	21.6	996.87	25.6	996.00	29.6	994.97	33.6	993.81
13	998.17	17.8	997.55	21.8	996.83	25.8	995.95	29.8	994.92	33.8	993.75
14	998.06	18.0	997.51	22.0	996.79	26.0	995.90	30.0	994.86	34.0	993.68
14.2	998.04	18.2	997.48	22.2	996.75	26.2	995.85	30.2	994.81	34.2	993.62
14.4	998.02	18.4	997.45	22.4	996.71	26.4	995.80	30.4	994.75	34.4	993.56
14.6	997.99	18.6	997.42	22.6	996.66	26.6	995.75	30.6	994.69	34.6	993.50
14.8	997.97	18.8	997.38	22.8	996.62	26.8	995.70	30.8	994.64	34.8	993.43
15.0	997.94	19.0	997.35	23.0	996.58	27.0	995.65	31.0	994.58	35.0	993.37

ICS 07.060
A 45

中华人民共和国国家标准

GB/T 12763.5—2007
代替 GB/T 12763.5—1991

海洋调查规范 第5部分:海洋声、光要素调查

Specifications for oceanographic survey—
Part 5:Survey of acoustical and optical parameters in the sea

2007-08-13 发布 2008-02-01 实施

中华人民共和国国家质量监督检验检疫总局
中国国家标准化管理委员会
发布

前言

GB/T 12763《海洋调查规范》分为11个部分：

——第1部分：总则；

——第2部分：海洋水文观测；

——第3部分：海洋气象观测；

——第4部分：海洋化学要素调查；

——第5部分：海洋声、光要素调查；

——第6部分：海洋生物调查；

——第7部分：海洋调查资料交换；

——第8部分：海洋地质地球物理调查；

——第9部分：海洋生态调查指南；

——第10部分：海底地形地貌调查；

——第11部分：海洋工程地质调查。

其中第9部分、第10部分和第11部分对应于GB/T 12763—1991是新增部分。

本部分为GB/T 12763的第5部分，代替GB/T 12763.5—1991《海洋调查规范　海洋声、光要素调查》。

本部分与GB/T 12763的第1部分和GB/T 12763的第7部分配套使用。

本部分与GB/T 12763.5—1991相比，主要变化如下：

——光学要素部分借鉴了美国航空航天局(NASA)2002年版的《海洋光学规范　用于卫星海洋水色传感器检验(Ocean Optics Protocols for Satellite Ocean Colour Sensor Validation，2002)》，并结合我国二类水体的具体情况作了全面的修订。除了保留原有的海面照度观测外，其余重新编写。

在光学要素中增加了辐亮度的观测量。以"表观光学量观测"统称辐照度和辐亮度测量。依据这二个观测量的获取，在数据处理中导出离水辐亮度、遥感反射比、辐照度反射比、漫射衰减系数等重要的海洋光学参数。

将原规范中的"海水可见光透射率观测"，改为"固有光学量观测"。

光学部分的观测要素在测量的量、技术指标、测量方法、仪器设备的要求和数据处理等方面都有重大改变，在相应的章节都作了详细的规定和要求。

——声学要素方面结合当前的水声观测仪器的发展，对参数的技术要求和测量方法及资料整理作了修改。

本部分附录A、附录B、附录C、附录D和附录E为资料性附录。

本部分由国家海洋局提出。

本部分由国家海洋标准计量中心归口。

本部分由国家海洋局第一海洋研究所负责起草，国家卫星海洋应用中心、国家海洋局第三海洋研究所、国家海洋技术中心参加起草。

本部分主要起草人：丁永耀、唐军武、宋庆军、杨燕明、王岩峰、马毅、王项南、于连生。

本部分所代替标准的历次版本情况为：

——GB/T 12763.5—1991。

海洋调查规范
第5部分:海洋声、光要素调查

1 范围

GB/T 12763的本部分规定了海洋声、光要素调查的技术指标、测量方法、数据记录和整理。

本部分适用于海洋声、光要素调查,也可适用于江河、湖泊的声、光要素测量。

2 规范性引用文件

下列文件中的条款通过GB/T 12763的本部分的引用而成为本部分的条款。凡是注日期的引用文件,其随后所有的修改单(不包括勘误的内容)或修订版均不适用于本标准。然而,鼓励根据本标准达成协议的各方,研究是否可使用这些文件的最新版本。凡是不注日期的引用文件,其最新版本适用于本标准。

GB 3102.6—1993 光及有关电磁辐射的量和单位

GB/T 3241 倍频程和分数倍频程滤波器

GB/T 3785 声级计的电、声性能及测试方法

GB/T 4128 声学 标准水听器

GB/T 12763.1 海洋调查规范 第1部分:总则

GB/T 12763.2 海洋调查规范 第2部分:海洋水文观测

GB/T 12763.3 海洋调查规范 第3部分:海洋气象观测

GB/T 12763.6 海洋调查规范 第6部分:海洋生物调查

GB/T 12763.7 海洋调查规范 第7部分:海洋调查资料交换

GB/T 12763.8 海洋调查规范 第8部分:海洋地质地球物理调查

3 术语和定义

下列术语和定义适用于GB/T 12763的本部分。

3.1

海水声速 sound velocity in the sea

c

声波在海水中的传播速度。

注:海水声速单位用m/s表示。

3.2

声速梯度 sound velocity gradient

G_c

海水中声速随深度或水平方向的变化率。

注:声速梯度单位用s^{-1}表示。

3.3

声速跃层 transition layer of sound velocity

声速随深度急剧变化的水层。

3.4

声速均匀层 homogeneous layer of sound velocity

声速不随深度变化的水层。

3.5

水下声道 underwater sound channel

在海洋中声速随深度变化存在极小值时，若将声源置于极小值附近水层，声线将被约束在一定厚度水层内传播，传播过程声能损失极小，此水层称为水下声道。

注：声速极小值所处的水平面称为声道轴。声道轴下侧若是深海等温层，此水下声道又称为深海声道（SOFAR channel）。

3.6

海洋环境噪声 marine environmental noise

由存在于海洋中多种噪声源所辐射的并在其中传播的噪声。

3.7

噪声频带声压级 noise band sound pressure level

L_{pf}

一定频带内的海洋环境噪声声压与基准声压之比的常用对数乘以 20。

注：噪声频带声压级单位用 dB 表示。

3.8

噪声声压谱级 sound pressure spectrum level of noise

L_{ps}

某一频率的噪声声压谱密度与基准谱密度之比的常用对数乘以 20。

注：噪声声压谱级单位用 dB 表示。

3.9

背景干扰噪声 background interference noise

测量时由于各种原因产生的，对测量构成干扰的等效干扰噪声。

3.10

水听器等效噪声声压谱级 equivalent noise pressure spectrum level of hydrophone

水听器等效噪声声压谱密度与基准声压谱密度之比的常用对数乘以 20。

3.11

Wenz 噪声谱级低限 minimum spectrum level of Wenz noise

Wenz 谱级图中绘出的海洋环境噪声的最低谱级。

3.12

沉积物声速 sound velocity of sediments

声波通过沉积物时的速度。

3.13

沉积物声衰减系数 sound attenuation coefficient of sediments

α

平面声波在沉积物中传播时，声能在单位距离上衰减的分贝数。

注：沉积物声衰减系数的单位用 dB/m 表示。

3.14

能流密度 energy flux density

$E(r)$

在离声源距离为 r 处测得的瞬时声强对时间的积分。

注：能流密度的单位用 J/m^2 表示。

3.15

传播损失　transmission loss

TL

离声源 1 m 处的能流密度 E 与离声源距离为 r 处的能流密度 $E(r)$ 之比的常用对数乘以 10。

注：传播损失的单位用 dB 表示。

3.16

幅度谱密度　amplitude spectrum density

$A(\omega)$

声压信号 $p(t)$ 付立叶变换的幅值。

注：幅度谱密度的单位用 $Pa \cdot Hz^{-1}$ 表示。

3.17

照度　luminance

E_V

照射到表面一点处的面元上的光通量除以该面元的面积。

注：照度的单位用 lx 表示。

3.18

表观光学量　apparent optic properties

随光照条件变化而变化的水体光学参数。

3.19

固有光学量　inherent optic properties

不随光照条件变化而变化的水体光学参数。

3.20

一类水体　case-Ⅰ water

光学特性主要由浮游植物决定的水体，一般指清洁的大洋水体。

3.21

二类水体　case-Ⅱ water

光学特性由浮游植物、无机悬浮颗粒和溶解有机物质等共同决定的水体。一般指近岸水体或浑浊水体。

3.22

辐照度　irradiance

E

照射到表面一点处单位面积上的辐射通量。

注：辐照度的单位用 $\mu W/cm^2$ 表示。

3.23

辐亮度　radiance

L

单位面积单位立体角的辐射通量。

注：辐亮度的单位用 $\mu W/(cm^2 \cdot sr)$ 表示。

3.24

辐照度反射比　irradiance reflectance

R

水面下向上辐照度和向下辐照度的比值。

3.25

漫衰减系数　diffuse attenuation coefficient

K

水下的辐照度衰减系数或辐亮度衰减系数，统称漫衰减系数。

注：漫衰减系数的单位用 m^{-1} 表示。

3.26

光束透射率　beam transmittance

T

准直光束透射辐射通量与入射辐射通量的比值。

3.27

光束衰减系数　beam attenuation coefficient

c

垂直通过无限薄海水层的准直光束，其辐射通量的相对减弱除以海水层的厚度。

注：光束衰减系数的单位用 m^{-1} 表示。

4　一般规定

4.1　调查任务的技术设计

4.1.1　调查任务的项目负责人应组织任务技术设计的编写。

4.1.2　技术设计的内容如下：

a)　调查项目；

b)　提交的资料、成果和对成果的要求；

c)　测区、测站的布设；

d)　调查方式、方法和质量控制要求；

e)　调查仪器设备及器材；

f)　调查船的要求，航次；

g)　调查时间安排；

h)　调查人员的组织和专业配备。

4.1.3　调查计划编写原则见 GB/T 12763.1 中的有关规定。

4.2　站位布设和标准层次

4.2.1　根据调查目的和要求确定站位点。

4.2.2　声学要素的调查站位应视要素水平变化梯度而定，或以海洋声学应用需求而定。综合调查时，海水声速调查站位与温、盐、深调查站位一致。对于具有中尺度现象的海域调查，应同时进行海流剖面测量。

4.2.3　光学要素的调查站位可根据专项调查需要和测量海区光学要素的水平变化梯度确定，一般的大面调查，近海区可相隔 20 n mile，远海区可相隔 60 n mile。

4.2.4　声学要素调查除海水声速外一般不设标准层次。海水声速调查的标准层次应与GB/T 12763.2 中规定的温、盐调查的标准层次相一致。

4.2.5　光学要素测量的标准层次为：

表层、4 m、6 m、8 m、10 m、12 m、14 m、16 m、18 m、20 m、25 m、30 m、35 m、40 m、45 m、50 m、60 m、70 m、80 m、90 m、100 m、120 m、140 m、160 m、180 m、200 m。特殊要求另加。对于连续测量方式，根据需要另作要求。

表层、底层定义应符合 GB/T 12763.2 中的有关规定。

4.3 相关规定

有关调查船实验条件的要求、仪器设备及其使用要求、原始观测资料记录和验收、海洋调查报告编写等内容见 GB/T 12763.1 的有关规定。

有关调查资料交换的要求见 GB/T 12763.7 的有关规定。

5 海水声速测量

5.1 技术指标

5.1.1 测量的量

测量的量有以下二种：

a） 各个站位的海水声速-深度剖面；

b） 各个站位的海水温度-深度剖面。

5.1.2 测量范围

海水声速和深度测量范围的规定如下：

a） 海水声速测量：一般范围取 1 430 m/s～1 550 m/s，极限范围 1 400 m/s～1 600 m/s；

b） 深度测量：指从海面到海底的深度测量。大洋中允许只测海面到深海声道轴位置的深度。

5.1.3 测量准确度

海水声速和深度测量的测量准确度分别为：

a） 海水声速测量：一级标准为绝对误差不超过 ±0.20 m/s，二级标准为绝对误差不超过 ±0.75 m/s；

b） 深度测量：准确度应符合 GB/T 12763.2 的规定。

5.2 测量方法

测量方法分为直接测量法和间接测量法二种。以前者为主，并作为仲裁测量方法，后者为辅。

5.2.1 直接测量法

5.2.1.1 测量原理

采用声速仪直接测出声波通过水中固定两点所需的时间，换算出对应的声速值。

吊挂式声速仪配置深度传感器，测出水下声学探头的深度。抛弃式声速仪采用以极限下沉速度的消耗性探头，测量探头落水后的时间，对应给出每个时刻探头到达的深度。

5.2.1.2 仪器设备

海水声速仪及其终端记录设备。

5.2.1.3 测量基本规定

5.2.1.3.1 吊挂式声速仪的测量要求：

a） 连续垂直测量时，应控制绞车的速度，保证每下放 1 m 至少能取得一个声速数据；

b） 逐点定深测量时，应取得各标准水层的声速数据；

c） 观测过程中，如发现有声速跃层或水下声道存在，探头提升时，应在跃层或声道内连续垂直测量一次，并根据跃层厚度和声速仪的探头响应速度适当降低其提升速度；

d） 观测时，调查船应抛锚或漂泊。

5.2.1.3.2 抛弃式声速仪的测量要求：

a） 出航前应查明探头内的电池不得超过有效期；

b） 出航前要先调试好探头到船上处理机的信号传输系统；

c） 海上观测时，仪器开机，待船上处理机工作正常，才能投放探头。若用漆包线传输信号，应使水上线圈抽线顺畅，防止线被船舷钩断。投放方式应严格按产品说明书的要求；

d） 观测时，如发现仪器记录的声速垂直分布曲线有较大的异常现象，应再重测；

e） 观测时，调查船应在声速仪允许的航速内或漂泊情况下。

5.2.2 间接测量法

根据海水声速与水温、盐度、压力(或深度)的关系所建立的海水声速经验公式,通过这些水文参数的测量数据可换算出各水层的深度和海水声速值。本方法只适用于已有海水声速经验公式的海域。大洋中海水的声速公式和数据处理按 GB/T 12763.7 的规定,水温和盐度数据都应达到二级准确度。

5.3 数据记录和整理

5.3.1 记录资料的整理和报表

海水声速观测记录参见表 A.1。所有观测资料按时间顺序汇编成册,并保存原始数据。按 GB/T 12763.7规定的格式,以站号顺序编制报表。

5.3.2 声速分布图绘制

根据声速观测数据绘制声速垂直剖面分布图、声速断面分布图、声速平面分布图和声速周日变化图。

5.3.2.1 声速跃层特征分布图绘制

声速跃层特征分布图的绘制按如下规定和要求:

a) 在声速跃层中,平均声速梯度的绝对值在水深大于 200 m 的海区不小于 0.2 s^{-1},或在水深不大于 200 m 的海区不小于 0.5 s^{-1},并且层顶与层底的声速差不小于 1.0 m/s 为声速跃层。跃层中的平均声速梯度即为声速跃层强度。

声速梯度 G_c 如式(1)所示:

$$G_c = \mathrm{d}c/\mathrm{d}z, G_c = \mathrm{d}c/\mathrm{d}r \quad \cdots\cdots(1)$$

式中:

G_c——声速梯度,单位为每秒(s^{-1});

c——声速,单位为米每秒(m/s);

z——海水深度,单位为米(m);

r——海中水平距离,单位为米(m)。

以海面为 z 的原点,向下为正,水平距离 r 约定自声源指向接收方向为正。G_c 为正值时称为正声速梯度,为负值时称为负声速梯度。

b) 跃层特征分布图包括跃层强度、跃层厚度和跃层顶界深度分布图。各特征量的量取和绘图方法按 GB/T 12763.7 的有关规定。

5.3.2.2 声道特征分布图绘制

声道特征分布图包括声道轴上的声速、声道轴深度、声道上界和下界深度分布图。

5.3.2.2.1 在声速垂直分布图上,各特征量的量取:

a) 声速极小值,即为声道轴上的声速;

b) 声速极小值所在深度,即为声道轴深度;

c) 声道轴上侧负梯度层的顶界与下侧正梯度层的底界,两者中取声速值较小者为一个边界,在另一侧则取与已定边界的声速值相等之处为声道的另一边界,两边界中浅者称为上界、深者称为下界,所在深度即为声道上界和下界深度。

5.3.2.2.2 绘图方法:在海区底图添上各站位声道特征值,用内插法画出等值线,线中间标注量值,等值线间隔视具体情况而定。用外侧影线画出声道区的范围,范围外注明“无声道区”。出现双声道时,上、下声道分别绘图,并用虚线画出双声道区的范围,注明“双声道区”。

5.3.2.3 声速垂直分布类型区图的绘制

5.3.2.3.1 图的绘制按如下规定:

a) 水层中,声速梯度的绝对值不大于 0.01/s,即可视为声速均匀层;

b) 几种常见声速垂直分布类型的代号:

Ⅰ型:垂直均匀结构;

Ⅱ型:上均匀层-正梯度层-下均匀层结构;

Ⅲ型:上均匀层-负梯度层-正梯度层-下均匀层结构;

Ⅳ型:上均匀层-负梯度层-下均匀层结构;

Ⅴ型:上均匀层-正梯度层-负梯度层-下均匀层结构;

Ⅱ型～Ⅴ型中的上均匀层、下均匀层可有可无。

c) 其他声速垂直分布类型的代号用Ⅴ以上罗马数字或罗马数字下标阿拉伯数字自行命名。

d) 均方差保证率:指统计 m 个数据,平均值为 x,均方差值为 σ,如有 n 个数据的数值在 $(x-\sigma)$～$(x+\sigma)$ 范围内,则均方差保证率为:n/m。

5.3.2.3.2 制图方法如下:

a) 综观海区各测站的声速垂直分布曲线,归纳为几种类型;

b) 用折线按拟定的类型逼近各测站的声速垂直分布曲线,找出各线段连接点的深度值(Z_1)和声速值(c_1),并算出各线段的梯度值(G_{ci});

c) 在海区底图上,把各站声速垂直分布要素值:

$Z_1,Z_2,Z_3\cdots\cdots Z_i$
$G_{c1},G_{c2}\cdots\cdots G_{ci}$

,标在站位右下方;

d) 把类型相同的测站用折线划出类型区,区内用罗马数字标注类型的代号;

e) 分别算出每个类型区内 $Z_1,G_{c1},Z_2,G_{c2}\cdots\cdots G_{ci}$、$Z_i$ 各自的统计平均值、均方差和均方差保证率,并列表附图。

5.3.3 声速垂直分布的数学拟合

将声场计算需用的实测声速垂直分布曲线描述为合适的函数式,容许数学拟合误差不超过±0.2 m/s。

可采用三次样条函数拟合实测分布曲线。

5.3.4 调查报告

调查报告应包括如下内容:

a) 调查海区、日期、任务实施的简介;

b) 测量方法、测量误差评价;

c) 概述海区声速分布状况及其变化;

d) 能为该海区海洋技术开发、海上军事活动和海洋科学研究提供服务的主要调查结果。

6 海洋环境噪声测量

6.1 技术指标

6.1.1 测量的量

6.1.1.1 主要量

主要测量的量有二个:

a) 噪声频带声压级 L_{pf};

$$L_{pf}=20\log(P_f/P_V) \qquad \cdots\cdots(2)$$

式中:

L_{pf}——噪声频带声压级,单位为分贝(dB);

P_f——用一定带宽的滤波器(或计权网络)测得的噪声声压,单位为微帕斯卡(μPa);

P_V——基准声压等于 1 μPa。

线性宽带声压级计为 L_p;A 计权宽带声压级记为 L_{pa}。

b) 噪声声压谱级 L_{ps}。

在海洋中基准声压的谱密度为 1 μPa/$\sqrt{H_z}$当声能在 Δf 中均匀分布时:

$$L_{ps} = L_{pf} - 10\log(\Delta f) \quad\cdots\cdots\cdots\cdots\cdots\cdots\cdots(3)$$

式中：

L_{ps}——噪声声压谱级，又称为等效谱级，单位为分贝(dB)；

L_{pf}——用中心频率为 f 的带通滤波器测得的频带声压级，单位为分贝(dB)；

Δf——带通滤波器的有效带宽。

6.1.1.2 辅助量

在噪声测量中应同时测量海区的气象、水文、地质和环境参数：

a) 风速、风向、降雨；

b) 海况、波浪、海流；

c) 水温垂直分布；

d) 海底底质；

e) 测量站位附近有无航船和其他发声生物。

6.1.2 测量范围

频率范围 20 Hz～20 kHz。

6.1.3 测量准确度

噪声频带声压级和声压谱级的准确度在±2 dB之内。

6.2 测量方法

6.2.1 仪器设备

6.2.1.1 测声换能系统

6.2.1.1.1 测量水听器(带前置放大器)的技术要求：

a) 自由场灵敏度不低于－184 dB,参考 1 V/μPa；

b) 水听器等效噪声和前置放大器的噪声叠加接近 Wenz 噪声的低限；

c) 在测量频率范围内，自由场灵敏度不均匀性在±2 dB之内；

d) 水平指向性在频率范围 20 kHz 以内，其指向性图与理想无指向性图的偏差在±2 dB之内；

e) 垂直指向性在频率范围 20 kHz 以内，－3 dB 波束宽度大于 60°。其他电声性能应符合国家标准 GB 4128 的有关规定。

6.2.1.1.2 测声系统结构和布设的要求：

测声系统结构和布设，为防止支架结构在水流中引起共振和减小自噪声干扰，可参考附录 B 的防振导流结构。

6.2.1.2 测量放大器

准确度：±0.2 dB；

频率范围：20 Hz～20 kHz；

增益：60 dB，步进可调。

6.2.1.3 磁带记录仪或数字式记录仪

频率范围：20 Hz～20 kHz；

频响不均匀性：±1 dB；

信噪比：≥60 dB。

根据噪声测量的要求不同，在该频率范围内可分段记录。

6.2.1.4 频谱分析系统

6.2.1.4.1 频谱分析使用的带通滤波器应符合国家标准 GB 3241 的规定，也可使用其他类似的频谱分析方式(如 FFT)。

6.2.1.4.2 显示和记录的方式有二种：模拟信号或数字信号。显示和记录的量应是被测噪声时间过程的均方根值，单位为 dB：

a) 模拟方式

用声级记录仪或电表指示读数时，仪器指示部分的性能应满足国家标准 GB 3785《声级计》的要求，仪器具有 1 s～100 s 的时间常数。

b) 数字方式

用数字记录仪时，线性和指数平均均可采用。对于数字滤波器，线性平均模式时间为 0.1 s～100 s 按需选择；指数平均模式应以均方差小于 1 dB，68%置信度作为指标。

c) FFT 分析

取大于 100 个样本进行平均。

6.2.2 测量基本规定

带前置放大器的测量水听器把海洋环境噪声变成电信号，经测量放大器送入磁带记录仪，存储原始数据样本，以供实验室进行频谱分析时使用。

6.2.2.1 站位的布设和测量环境的要求

6.2.2.1.1 根据测量的目的和要求，布设观测站位。

6.2.2.1.2 在海上使用调查船或其他船只进行海洋环境噪声测量时，测站位置应离岸 1 km 以上，并要避开海底凹坑和障碍物，避开航道、平台、锚地等海区。

6.2.2.2 测量要求

6.2.2.2.1 调查船进入站位后抛锚，按以下要求布放测声换能系统：

a) 测声换能系统需离船 50 m 以上；

b) 水听器离海面 5 m～10 m，垂直阵一般应布设到海底。

6.2.2.2.2 检查观测仪器是否正常工作。

6.2.2.2.3 在测量期间，不能开动主机和辅机，避开人为活动对测量造成的影响。

6.2.2.2.4 测量仪器采用低噪声电源供电。

6.2.2.2.5 调节测量放大器的增益，防止测量系统过载。

6.2.2.2.6 在测量海洋环境噪声的同时，观测风速、风向、降雨，见 GB/T 12763.3。在关闭辅机之前，观测海况、波浪、海流、水温垂直分布，见 GB/T 12763.2。观测海底底质，见 GB/T 12763.8。

6.2.2.2.7 在测量过程中注意监听是否有奇异的声音(如生物噪声等)，见 GB/T 12763.6。监视周围环境有无航船。

6.2.2.3 观测时间

6.2.2.3.1 每个测站至少观测 25 h。

6.2.2.3.2 每隔 1 h～2 h 观测一次，每次观测时间为 2 min～3 min。

6.2.2.4 频谱分析

海上现场记录的磁带在实验室重放，送入模拟频谱仪或数字频谱仪可测海洋环境噪声的频带声压级。

6.2.2.4.1 分析时间按如下要求：

a) 宽带噪声的观测

分析时间应大于测量仪器的时间常数 10 倍以上。

b) 1/3 倍频程滤波器的观测

当中心频率小于 160 Hz 时，分析时间至少 30 s；当中心频率大于 200 Hz 时分析时间至少 10 s。

c) 数字滤波器多道自动观测

分析时间的选取应与分析带宽相适应，即应满足分析时间和带宽的乘积不小于 100。当分析时间大于 16 s 时，数字量与模拟量的分析结果相一致。

6.2.2.4.2 检验和判别海洋环境噪声的类型和形式有二种方法：

a) 可以用时间常数“慢档”测量值与用“脉冲”测量值相比较，如果两者之差大于 5 dB，即认为噪声是脉冲性的。

b) 可以用时间常数大于 100 s 对观测数据分段进行观测。若测量指示摆动偏移超过±2 dB,即认为噪声过程有较明显的非平稳性。

6.3 数据记录和整理

6.3.1 数据记录

在海洋环境噪声测量中,同时观测记录各环境参数,记录表格式参见 A.2。

6.3.2 数据处理

6.3.2.1 根据测量系统的频响不均匀性对实测数据进行如下的修正和换算:

a) 模拟量换算公式:

$$L_{pf} = A_j - 40 - G_{1j} - G_{2j} - G_3 - G_4 - M_j \quad \cdots\cdots\cdots\cdots(4)$$

b) 数字多道频谱仪的换算公式:

$$L_{pf} = A_j - 120 - G_{2j} - G_3 - G_4 - M_j \quad \cdots\cdots\cdots\cdots(5)$$

式(4)、式(5)中:

A_j——为声级记录仪的读数或数字多通道频谱仪的读数之平均值,单位为分贝(dB);

G_{1j}——频谱仪的增益,单位为分贝(dB);

G_{2j}——磁带记录仪录放增益,单位为分贝(dB);

G_3——测量放大器的增益,单位为分贝(dB);

G_4——前置放大器的增益,单位为分贝(dB);

M_j——水听器的灵敏度的增益,单位为分贝(dB);

脚注 j 表示第 j 通道的中心频率。

6.3.2.2 为减少干扰噪声对测量的影响,应按式(6)进行修正:

$$L_{pf} = L_{pfo} - k \quad \cdots\cdots\cdots\cdots(6)$$

式中:

L_{pf}——修正后的频带声压级,单位为分贝(dB);

L_{pfo}——实测频带声压级,单位为分贝(dB);

k——修正值,单位为分贝(dB)。

干扰噪声级修正值见表 1 所示,表中 ΔL 由式(7)给出

$$\Delta L = L_{pfo} - L_{pfB} \quad \cdots\cdots\cdots\cdots(7)$$

式中:

L_{pfB}——测量系统干扰噪声级,单位为分贝(dB)。

表 1 干扰噪声级修正表

单位为分贝

ΔL	<3	3	4	5	6	7	8	9	10	11	12
k	测量无效	3	2	2	1	1	1	0.5	0.5	0	0

6.3.2.3 计算所需的噪声声压谱级 L_{ps}。

6.3.2.4 根据噪声声压谱级与频率的关系作出噪声声压谱级的图表,并标明有关的环境要素。

6.3.2.5 数据处理时,记录的内容按 GB/T 12763.7 的规定。

6.3.3 调查报告

调查报告应包括如下内容:

a) 测量的日期、时间和海区位置(经纬度)、水听器的深度;

b) 测量水听器及其系统结构和性能的简述;

c) 测得噪声声压级的图表以及测量时相应的环境条件和要素的说明;

d) 若按相同环境参数要素(如风速)作线性回归处理时,需标明样本数和离散度;

e） 对测量结果进行分析和讨论。

7 海底声特性测量

7.1 技术指标

7.1.1 测量的量

7.1.1.1 主要量

主要测量的量有二个：

a） 沉积物声速的垂直分布；

b） 沉积物声衰减系数。

7.1.1.2 辅助量

辅助量包括海底沉积物特性、水深和海况等参数：

a） 沉积物密度的垂直分布；

b） 海水声速的垂直分布；

c） 沉积物颗粒中值粒径；

d） 沉积物颗粒密度；

e） 沉积物孔隙度；

f） 沉积物类型；

g） 水深、海况；

h） 海底分层结构(浅层剖面)。

7.1.2 测量范围

沉积物声速测量范围 1 400 m/s～1 900 m/s；

沉积物切变波声速测量范围 200 m/s～800 m/s。

7.1.3 测量准确度

沉积物声速测量准确度±3%；

沉积物切变波声速测量准确度±3%。

7.2 测量方法

测量方法有如下三种：

——直接法；

——反射法和折射法；

——经验法。

上列三种测量方法的适用范围不同，直接法精确、直观，但是测量深度较浅，现场测量深度小于 2 m，样品实验室测量也只有数米；反射法和折射法测量深度可达数十米，测的是各层平均声速，但观测和处理数据工作量大；经验法虽较简单，最大测 20 m 层深，但仅适用于具有经验公式的测量对象，且数据准确度较差，供参考使用。测量者可根据需要选用一种或多种方法结合适用。

7.2.1 直接法

7.2.1.1 测量原理

直接法是测量声波通过一固定距离的沉积物的传播时间以确定其声速，并测量该距离上声能的衰减，确定其衰减系数。直接法分为现场测量法和实验室样品测量法。

7.2.1.2 仪器设备

7.2.1.2.1 现场测量法采用的仪器有：

a） 沉积物声特性现场测量仪器，声速测量准确度优于±15 m/s；

b） 沉积物样品取样设备，取样深度大于 0.5 m；

c） 海水声速仪或温深仪。

7.2.1.2.2 实验室测量法采用的仪器有：

a) 沉积物柱状取样设备，样品长度大于0.5 m，样品结构不受破坏；

b) 样品的分样设备；

c) 实验室测量样品声学参数设备，声速测量准确度优于±5 m/s；

d) 海水声速仪或温深仪。

7.2.1.3 **测量基本规定**

7.2.1.3.1 站位布设与环境要求：

a) 取样站位的沉积结构应具有代表性；

b) 海上工作海况以三级以下为宜。

7.2.1.3.2 海上测量要求：

a) 现场测量仪器在声速测量之前，应作声程校正，声程校正准确度优于0.1%；

b) 实验室样品声学参数测量，应保证取样、分样、运输过程样品原始状态不受破坏；

c) 现场测量，应在船上对沉积物样品作现场沉积物类型描述和沉积物密度的测定，而实验室测量，这两项工作应在样品声速测定后进行。

7.2.1.4 **观测记录**

观测记录的内容如下：

a) 现场观测记录内容参见表A.3；

b) 柱状样现场描述。

7.2.2 **反射法和折射法**

7.2.2.1 **测量原理**

测定不同水平距离上的直达波、反射波和首波的传播时间，根据折射定律，计算沉积物中各层的声速和厚度。由直达波和反射波的传播路径及声能之差可决定各层沉积层的衰减系数。

7.2.2.2 **仪器设备**

测量仪器设备的技术要求如下：

a) 水听器频率范围200 Hz～10 kHz，不均匀性在±3 dB之内；

b) 声源：爆炸声源或其他人工声源；

c) 测量放大器频响200 Hz～10 kHz，不均匀性±2 dB；

d) 磁带式或纸带式记录器，带速误差小于0.2%，或数字记录仪；

e) 示波器、记忆示波器或长余辉示波器；

f) 曲线电信号发生器，时延小于2 μs；

g) 海水声速仪或温深仪；

h) 浅地层剖面仪。

7.2.2.3 **测量基本规定**

7.2.2.3.1 站位布设与环境要求：见7.2.1.3.1。

7.2.2.3.2 观测要求如下：

a) 在离接受船1.5～15倍水深（浅海）的水平距离内，应至少在10个不同的距离上测定直达波、反射波和首波的传播时间，传播时间的测量误差小于0.5%；

b) 随着发射点不同，要调整放大器的增益，避免记录反射波的通道过载信号太弱；

c) 对每一个声源发射点，应至少有一个完整的回波记录；

d) 为使首波的起始点易于分辨，记录首波的通道应比记录反射波的通道多放大10倍左右；

e) 海水声速测量准确度应达二级标准。

7.2.2.4 **观测记录**

除了将接收信号录入磁带记录仪或数字记录仪外，现场记录的数据参见表A.4。

7.2.3 经验法

7.2.3.1 测量原理

由样品分析而得的沉积物孔隙度、中值粒径的数据按经验公式计算声速。

7.2.3.2 仪器设备

仪器包括海洋现场测量设备和实验室分析仪器：

a) 沉积物取样设备 见 7.2.1.2.2 a)；

b) 样品分样设备；

c) 粒度参数、孔隙度、密度等分析设备；

d) 海水声速仪或温深仪。

7.3 数据记录和整理

7.3.1 直接法

7.3.1.1 由现场或实验室测量所获取数据经微机程序运算可直接给出沉积物声速随深度的垂直分布曲线。

7.3.1.2 由仪器测得的两个不同固定距离上声信号振幅推算出声衰减系数 α 公式为

$$\alpha = 20\log(A_2/A_1)/(L_2-L_1) \qquad \cdots\cdots(8)$$

式中：

A_1——在固定距离 L_1(m)上测得的声压振幅，单位为微帕斯卡(μPa)；

A_2——在固定距离 L_2(m)上测得的声压振幅，单位为微帕斯卡(μPa)。

7.3.2 反射法和折射法

7.3.2.1 反射法和折射法的计算声速方法有多种，对于沉积物声速是深度的非减函数时，可参考使用附录C的计算方法。

数据处理时需要注意到：

a) 应根据海水的声速垂直分布由直达声和海底、海面反射声的传播时间解算出声源至水听器的水平距离 R、水听器的深度 H_0 和声源的深度 H_1，R 的误差应小于 0.5%，H_0、H_1 的误差应小于 1 m(浅海)；

b) 同一站位的反射法和折射法数据应校准到 H_0、H_1 分别为常数。

7.3.2.2 声衰减系数可按下述步骤求出：

a) 由解算的海底声速垂直分布，确定反射波在海底中的传播路径；

b) 根据海水和海底的声速垂直分布，计算直达波和反射波在不同的传播路径上由于折射和反射造成的传播衰减之差。在直达声和反射声声能的观测值中，扣除这部分传播衰减之差；

c) 修正后的声能衰减的分贝数除以距离即是声衰减系数。

7.3.3 经验法

根据测量样品的孔隙度 η 和中值粒径 $Md(\phi)$，可参考使用附录 D 的经验公式计算声速。

7.3.4 报表

按 GB/T 12763.7 规定的格式。

7.3.5 图件绘制

分布图按以下要求绘制：

a) 纵坐标为深度，横坐标为声速或声衰减系数；

b) 按图件大小要求选取一定比例尺。

7.3.6 调查报告

调查报告应包括如下内容：

a) 测量的日期、时刻、海区的地理坐标(经纬度)、站位；

b) 测量工作过程的描述；

c) 测量方法及测量系统的概述；

d) 测量数据，曲线图表；

e) 资料分析的结果；

f) 对结果的讨论。

8 海洋中声能传播损失测量

8.1 技术指标

8.1.1 测量的量

8.1.1.1 主要量

在不同距离和在 20 Hz～10 kHz 范围内不同中心频率下的幅度谱密度。

8.1.1.2 辅助量

辅助量包括声速、海底底质和水文气象参数：

a) 沿发射航线测深，并在近、中、远三个站位上测量海水声速垂直分布；

b) 如需估算海水声吸收系数，应测量有代表性的深度上的温度、盐度、pH 值；

c) 流速、流向，风速、风向，波高、海况；

d) 海底底质及分层结构。

8.1.2 测量准确度

传播损失值的测量误差在±3.0 dB之内。

8.2 测量方法

8.2.1 仪器设备

8.2.1.1 声源

采用定深爆炸信号弹或其他人工声源。

8.2.1.2 水听器

水听器的技术要求如下：

a) 自由场接收灵敏度大于－200 dB，参考 1 V/μPa；

b) 在 20 Hz 至 10 kHz 频率范围内接收频响较平，不均匀性不超过±3.0 dB；

c) 水听器的水平指向性不均匀性应在±1.0 dB 之内，在 10 kHz 时，垂直指向性的－3 dB 开角不小于 60°。

8.2.1.3 测量放大器

测量放大器的技术要求如下：

a) 准确度±0.2 dB；

b) 频响 20 Hz～10 kHz，±3.0 dB；

c) 增益－40 dB～60 dB，步进可调；

d) 输入端短路噪声不大于 10 μV。

8.2.1.4 多通道录音机或数字记录仪

频率范围 20 Hz～10 kHz，±3.0 dB，动态范围不小于 40 dB。

8.2.1.5 分析系统

FFT 频谱分析仪和带通滤波器。

8.2.2 测量基本规定

8.2.2.1 测量系统要求

8.2.2.1.1 水听器的布设要求：

a) 浅海，至少在浅层与深层各悬挂一个水听器；

b) 深海，在跃层上下及声道轴各悬挂一个水听器；

c） 水听器的悬挂方式应注意降低噪声，为防止电缆抖动噪声，宜将电缆下端固定于重块上。

8.2.2.1.2 接收系统包括：

a） 接收系统由水听器、宽带放大器和录音机为主要组成部分，此外可配备监听、监视装置；

b） 接收船应配蓄电池和变流器。

8.2.2.1.3 测距系统要求：

a） 在 TL 测量中，应测出声源与水听器之间的距离，测距误差小于 5%；

b） 准确测定发射船和接收船之间的距离。

8.2.2.2 测量条件

8.2.2.2.1 接收船应关闭主、辅机。

8.2.2.2.2 发射船、接收船应及时记录现场参数，发射船记录参见表 A.5，接收船记录参见表 A.6。

8.2.2.2.3 接收记录时应注意信号的幅度变化，调节接收增益，避免信号过载或太小。

8.2.2.2.4 每次出海实验应测量声源级，测量时应满足：

a） 测量海域应有相当的水深（大于 70 m），海流较缓；

b） 水听器位于声源的球面扩展区内；

c） 在使用爆炸声源时，应保证爆炸冲击波，气泡一次脉动和界面反射信号在时间上相互分离，以便求出冲击波和一次脉动的总声能，对于其他人工短脉冲声源，亦应参照这一要求；

d） 发射点与接收点之间的距离测量误差应小于 3%。

8.2.2.3 声信号分析

可采用下列方法之一求出不同距离 r 处在不同中心频率 f_n 下的声能流密度 $E(r,f_n)$，从而得出传播损失值。

能流密度 $E(r)$ 如式(9)所示：

$$E(r)=\int_0^\infty I(t)\mathrm{d}t=\frac{1}{\rho c}\int_0^\infty p^2(t)\mathrm{d}t \qquad (9)$$

式中：

$E(r)$——能流密度，单位为焦每平方米($\mathrm{J/m^2}$)；

$I(t)$——瞬时声强，单位为瓦每平方米($\mathrm{W/m^2}$)；

$p(t)$——瞬时声压，单位为帕斯卡(Pa)；

ρ——海水密度，单位为千克每立方米($\mathrm{kg/m^3}$)；

c——海水声速，单位为米每秒(m/s)。

传播损失如式(10)、式(11)所示：

$$TL=10\log[E_0/E(r)]=10\log E_0-10\log E(r) \qquad (10)$$

E_0 由球面波场距离 r_0 处测得的 $E(r_0)$ 计算，则有

$$TL=10\log[E_0/E(r)]=10\log E(r_0)-10\log E(r)+20\log r_0 \qquad (11)$$

辐度谱密度如式(12)所示：

$$A(\omega)=\int_0^\infty p(t)\mathrm{e}^{-i\omega t}\mathrm{d}t \qquad (12)$$

8.2.2.3.1 快速傅立叶谱分析法

基于时域信号的能量积分等于频域信号的能量积分定理，即：

$$\begin{aligned}E_{(r,f)}&=\frac{1}{\rho c}\int|p_\omega(t,r)|^2\mathrm{d}t\\&=\frac{1}{2\pi}\int|A(\omega,r)|^2\mathrm{d}\omega\end{aligned} \qquad (13)$$

$p_{\omega}(t,r)$——在中心频率为 $f=(f=\omega/2\pi)$ 的声压信号，利用具有 FFT 功能的频谱分析仪或计算机的频谱分析软件实现上述变换，将给出的 $A(\omega,r)$ 值的平方在规定的中心频率附近适当带宽内求平均，即得 $E(r,f_n)$。

8.2.2.3.2　平方积分法

声信号通过带通滤波器(如 1/3 倍频程)后，经 A/D 变换后进行平方积分运算，得出能流密度值。

8.2.2.3.3　分析频率的规定：

a)　在 20 Hz 至 10 kHz 频率范围内 20 Hz 至 10 kHz 频率段内以间隔为 1/3 倍频程带通滤波器的中心频率为分析频率；

b)　在数据处理中，以 1 kHz 为界分别使用高通和低通滤波器。

8.3　数据记录和整理

8.3.1　数据处理

可分别使用下列两种方法计算传播损失值。

8.3.1.1　FFT 谱分析法

在带通中心频率 f_n 附近适当带宽 $\Delta f=(m_2-m_1)\delta f$ 内求平均，$\Delta f\geqslant 1/T$(建议取 $\Delta f=3/T$)，m_2，m_1 为 FFT 窄带谱线序号，δf 为窄带带宽，T 为发射信号有效长度(对于爆炸声源，T 为爆炸声一次气泡脉动周期)信号分析窗选用矩形时间窗，其宽度应包括一次气泡脉动的能量。

$$TL = 10\log\left(\sum_{m_1}^{m_2} |A(f_{n,m}\cdot r_0)|^2\right) - 10\log\left(\sum_{m_1}^{m_2} |A(f_{n,m}\cdot r)|^2\right) + 20\log r_0 \quad \cdots\cdots(14)$$

8.3.1.2　平方积分法

$$TL = 10\log\left(\int_0^{\infty} p^2(f_n,r_0)\mathrm{d}t\right) - 10\log\left(\int_0^{\infty} p^2(f_n,r)\mathrm{d}t\right) + 20\log r_0 \quad \cdots\cdots\cdots\cdots\cdots(15)$$

式(14)和式(15)只有 r_0 点在声源辐射场的球面波扩展区内时成立。

8.3.2　图件形式

8.3.2.1　传播损失——距离曲线

应在间隔为 1/3 倍频程的中心频率 f_n 下绘出能流密度传播损失(纵轴、dB)随距离(横轴、对数尺度、km)变化的曲线，同时绘出实验海区的声速垂直分布曲线和航线上的海深曲线。

8.3.2.2　传播损失等值线图

以频率为纵坐标(对数尺度、Hz)，距离为横坐标(线性尺度、km)绘出 60 dB，65 dB，70 dB，……传播损失等值线图。

8.3.2.3　数据报表

按 GB/T 12763.7 的规定。

8.3.3　调查报告内容

8.3.3.1　测量日期、时间和海区经纬度

8.3.3.2　测量系统性能描述

8.3.3.3　数据汇编

将获得的实验结果与曲线集中汇编，并说明测量时的环境条件及其参考数据。

8.3.3.4　分析与讨论

对实验结果的特征与规律作分析与讨论。

9　海面照度观测

9.1　技术指标

照度的测量范围、准确度和分辨率的测量要求见表 2。

表 2 照度的测量要求

单位为 lx

测量范围	20～200 000			
分档测量范围	20～200	200～2 000	2 000～20 000	20 000～200 000
准确度	±15	±150	±1 500	±15 000
分辨率	±2	±20	±200	±2 000

照度 E_V 如式(16)和式(17)所示：

$$E_V = \frac{d\Phi_V}{dA} \quad \cdots\cdots\cdots\cdots(16)$$

$$\Phi_V = K_m \int V(\lambda) \Phi_\lambda d\lambda \quad \cdots\cdots\cdots\cdots(17)$$

式中：

Φ_V——光通量，单位为流明(lm)；

Φ_λ——光谱辐通量，单位为瓦每纳米(W/nm)；

K_m——最大光谱光视效能，单位为流每瓦(lm/W)；

$V(\lambda)$——视见函数，无量纲。其规定见 GB 3102.6—1993 附录 A；

A——面积，单位为平方米(m^2)。

9.2 测量方法

9.2.1 仪器设备

照度计或走航式海面照度计。

9.2.2 测量基本规定

9.2.2.1 观测位置的要求：

a) 离海面高度在 2 m～20 m 范围内；

b) 仪器进光窗口上方周围空间不受船上物体遮蔽，不能有其他光源或反射光线照射到光窗口；

c) 光接收部件在船上固定安装时，应便于观测者操作。

9.2.2.2 观测时间的环境和气象条件：

a) 调查过程中，船只处于航行、漂泊或抛锚状态均可进行测量，但下雨、下雪或浓雾天气例外；

b) 每天观测的开始时间不晚于太阳升出水天线后 1 h，结束时间不早于太阳没入水天线前 1 h。

9.2.2.3 照度计的进光窗口应保持干净。

9.2.2.4 走航式海面照度计的观测要求：

a) 开机工作后，至少每 5 min 记录和存储一组照度、时间和位置的数据；

b) 通过调查船上的卫星导航定位仪自动取得实时定位信号。

9.2.2.5 照度计的观测要求：

a) 在甲板的空旷处手持光接收器测量，当光接收器处于水平时记录读数；

b) 每小时测量一次，在整点前后 10 min 内进行。若预定时间内有雨、雪、浓雾、太阳被浮云遮挡或其他原因而不能测量时，可以推迟进行。推迟时间大于 40 min 时取消该次测量。

9.3 数据记录和整理

9.3.1 走航式海面照度计的测量数据，用实测数据通过线性内插求出各整点时刻的位置和照度值。观测结果应保存记录载体，存储载体索引表格式参见表 A.7。

9.3.2 光照度计的测量数据，先求出三次读数的平均值，再通过线性内插求出各整点时刻的位置和照度值，观测记录表格式参见表 A.8。

9.3.3 每航次的测量结果整理成海面照度测量报表，有条件的应同时存储于磁盘等载体中。测量报表和数据格式按 GB/T 12763.7 的有关规定。

10 表观光学量观测

在本部分中表观光学量主要指辐照度、辐亮度。

10.1 技术指标

10.1.1 测量的量

测量的量有四个：

a) 海面入射辐照度 E_s；

b) 水下向上辐照度 E_u；

c) 水下向下辐照度 E_d；

d) 水下向上辐亮度 L_u。

10.1.2 测量范围

光谱范围：380 nm～900 nm。

辐射量范围：

E_s：0.01 μW/(cm^2 · nm)～400 μW/(cm^2 · nm)；

E_u：0.005 μW/(cm^2 · nm)～120 μW/(cm^2 · nm)；

E_d：0.005 μW/(cm^2 · nm)～300 μW/(cm^2 · nm)；

L_u：0.000 5 μW/(cm^2 · nm · sr)～35 μW/(cm^2 · nm · sr)。

10.1.3 测量准确度

分立波段的中心波长±2 nm，半能幅宽度(FWHM)≤10 nm；

高光谱的中心波长±1 nm；

辐射量测量精度±5%。

10.1.4 辐照度和辐亮度及其相关的光学量

10.1.4.1 辐照度

$$E=\frac{\mathrm{d}F}{\mathrm{d}A} \qquad \cdots\cdots(18)$$

式中：

E——辐照度，单位为微瓦每平方厘米(μW/cm^2)；

F——辐射通量，单位为微瓦(μW)；

A——面积，单位为平方厘米(cm^2)。

光谱辐照度定义为：$E_{(\lambda)}=\frac{\mathrm{d}E}{\mathrm{d}\lambda}$，单位为 μW/(cm^2 · nm)，λ 为波长。

有以下辐照度参数：

a) 大气层外太阳辐照度

符号 F_0，表示大气层外垂直入射的太阳辐照度。平均日地距离处的 F_0，记为 $\overline{F}_0$。

b) 海面入射辐照度

符号 E_s 或 $E_d(0^+)$，0^+ 表示刚好处于水面以上。

c) 刚好处于水表面以下(just beneath water surface)的辐照度

符号 $E_d(0^-)$，表示刚好处于水表面以下的向下(downwelling)辐照度；

符号 $E_u(0^-)$，表示刚好处于水表面以下的向上(upwelling)辐照度；

0^- 含义为刚好处于水表面以下。

d) 水体剖面向下/向上辐照度

符号 $E_d(z)$，表示水下 z 深度处的向下辐照度；

符号 $E_u(z)$，表示水下 z 深度处的向上辐照度；

深度 z 的单位为米(m)。

e) 天空漫射辐照度

符号 E_{dif},表示总辐照度减掉太阳直射辐照度;

f) 太阳直射辐照度

符号 E_{dir},表示总辐照度减掉天空漫射辐照度。

10.1.4.2 辐亮度

$$L_{(\theta,\phi)}=\frac{d^2F}{dA\cos\theta d\Omega}=\frac{dE}{\cos\theta d\Omega} \qquad (19)$$

式中:

$L_{(\theta,\phi)}$——方向为(θ,ϕ)的辐亮度,单位为微瓦每球面度平方厘米[$\mu W/(cm^2 \cdot sr)$];

A——面积,单位为平方厘米(cm^2);

Ω——立体角,单位为球面度(sr);

F——辐射通量,单位为微瓦(μW);

E——辐照度,单位为微瓦每平方厘米($\mu W/cm^2$)。

辐亮度具有方向性,因此也是方位角 ϕ 和观测角 θ 的函数,角度的参考坐标系为右手螺旋法则,Z 轴向上。

有以下辐亮度参数:

a) 刚好处于水表面以下的辐亮度

符号 $L_u(0^-)$表示刚好处于水表面以下的向上辐亮度。

b) 水体剖面向上辐亮度

符号 $L_u(z)$,表示水下 z 深度处的向上辐亮度;

深度 z 的单位为米(m)。

c) 离水辐亮度(water-leaving radiance)

符号 L_w,表示经水-气界面反射和透射后的 $L_u(0^-)$。

$$L_w=\frac{(1-\rho_{wa})}{n^2}L_u(0^-) \qquad (20)$$

式中:

n——水体折射系数;

ρ_{wa}——水-气界面的反射率。

一般情况下,取 $\rho_{wa}=0.02$,于是 $L_w=0.55\ L_u(0^-)$。

d) 归一化离水辐亮度 L_{wn}

$$L_{wn}=\frac{\overline{F}_0}{E_s}L_w \qquad (21)$$

式中:

$\overline{F}_0$——平均大气层外太阳辐照度。

10.1.4.3 相关的光学量

根据测量的量可以计算出:

a) 遥感反射比 R_{rs}

$$R_{rs}=\frac{L_w}{E_s}=\frac{L_{wn}}{\overline{F}_0} \qquad (22)$$

b) 辐照度反射比 R,也称漫反射比(diffuse reflectance)

$$R=\frac{E_u(0^-)}{E_d(0^-)}=\frac{QL_u(0^-)}{E_d(0^-)} \qquad (23)$$

其中:Q 为光场分布参数,随水体成分、太阳入射角度、大气状况、海面粗糙度等条件不同而不同。

根据 Monte-Carlo 模拟的结果，Q 值在 2～7 之间变化，正确的取值应根据上述条件模拟计算。

10.2 测量方法

测量方法有两种：水下剖面测量法和水面以上测量法。

10.2.1 仪器设备

10.2.1.1 水下剖面测量法的测量仪器

10.2.1.1.1 光谱特性的要求：

a) 分立波段的仪器，可以参考下列波段：412 nm、443 nm、490 nm、510(520)nm、555(565)nm、600 nm、640 nm、670 nm、680(685)nm、700 nm、750(765)nm、780 nm、865 nm 等。半能幅宽度 10 nm。

b) 高光谱仪器

光谱范围：380 nm～750/900 nm；

光谱分辨率：优于 5 nm；

波长准确度：1 nm；

波长稳定性：0.5 nm。

10.2.1.1.2 信噪比(S/N)的要求：

$E_s \geqslant 0.1\ \mu W/(cm^2 \cdot nm)$，$S/N \geqslant 100$；

$E_d \geqslant 1\ \mu W/(cm^2 \cdot nm)$，$S/N \geqslant 100$；

$E_u = 0.01\ \mu W/(cm^2 \cdot nm)$，$S/N \geqslant 100$；

$L_u \geqslant 0.001\ \mu W/(cm^2 \cdot nm \cdot sr)$，$S/N \geqslant 100$。

10.2.1.1.3 响应的线性度和稳定性优于 1%。

10.2.1.1.4 采样间隔要根据数据采样率控制剖面测量的下降速度，保证每米大于 5 个样；E_d 和 L_u 的所有通道应在 0.05 s 内同时测量。

10.2.1.1.5 传感器角度响应的要求：

a) 辐照度余弦响应，在 0°～65°范围内，与余弦的差异应＜2%；在 65°～85°范围内，应＜10%；

b) 向上辐亮度的水中视场角≤10°。

10.2.1.1.6 最大布放深度应能达到 200 m。深度测量准确度 0.5 m，可重复性 0.2 m。

10.2.1.1.7 布放姿态与姿态测量的要求：

应控制仪器倾斜在±10°以内。在 0°～30°范围内，倾角测量准确度±1°；倾角数据应与光学数据同时记录。

10.2.1.1.8 仪器的辅助测量参数：

在剖面测量法中，辐亮度剖面测量和辐照度剖面测量应同时进行。并且要同步测量水温、压力(深度)、姿态(倾斜)、仪器内部温度等参数。

10.2.1.2 水面以上测量法的仪器

水面以上测量法，可采用高光谱仪器，也可采用分立波段仪器。

10.2.1.2.1 水面以上测量参数的要求：

a) 水面以上测量要求同时测量以下三个参数：海面入射辐照度、海面辐亮度、天空光；

b) 测量仪器可采用双通道形式，一个通道监视光照，一个通道进行不同目标的测量。

在光照稳定的情况下，也可采用单通道仪器，结合标准反射率板，分时进行水体光谱的测量。

10.2.1.2.2 光谱特性的要求：

a) 对于分立波段，可以参考下列波段：412 nm、443 nm、490 nm、510(520)nm、555(565)nm、600 nm、640 nm、670 nm、680(685)nm、700 nm、750(765)nm、865 nm 中进行选择，半能幅宽度 10 nm；

b) 对于高光谱仪器

光谱范围:380 nm～800 nm(一类水体),380 nm ～900 nm(二类水体);

光谱分辨率:优于 5 nm;

波长准确度:±1 nm;

波长稳定性:±0.5 nm。

10.2.1.2.3　信噪比的要求见 10.2.1.1.2。

10.2.1.2.4　响应的线性度和稳定性优于 1%。

10.2.1.2.5　采样时间和仪器积分时间:

对于分立波段仪器,每秒采样应在 10 个以上。

对于高光谱仪器,每条光谱的积分时间控制在 60 ms～300 ms 之间,仪器应能快速连续测量多条曲线,且采样时间间隔可以改变,以便后期数据处理时具有足够的数据,舍弃因太阳直射反射导致数值较高的那些曲线,利用较低的曲线进行计算。

10.2.1.2.6　传感器的角度响应:

a)　辐照度余弦响应,在 0°～65°范围内,与理想余弦的差异应当＜2%;在 65°～85°范围内,应当＜10%。

b)　辐亮度视场角,视场角≤5°。

10.2.1.2.7　标准板反射率要求在 10%～30%之间,并具有双向反射率标定参数。

10.2.1.3　辐射量的测量要求

对典型波长 412 nm,490 nm,670 nm 的辐射量测量中,测量仪器的灵敏度和动态范围的要求见表 3 所示。

表 3　仪器灵敏度和动态范围要求

光学参数	变量	412 nm	490 nm	670 nm	注　释
$E_d(z,\lambda)$ 向下辐照度	$E_d(0)_{max}$	300	300	300	饱和辐照度[$\mu W/(cm^2 \cdot nm)$]
	$E_d(3/K_d)$	1	1	1	最小辐照度
	dE/dN	0.005	0.005	0.005	剖面仪器数字分辨率
	dE/dN	0.05	0.05	0.05	水面以上仪器数字分辨率
$E_u(z,\lambda)$ 向上辐照度	$E_u(0)_{max}$	120	120	60	饱和辐照度[$\mu W/(cm^2 \cdot nm)$]
	$E_u(3/K_d)$	0.01	0.02	0.001 5	最小辐照度
	dE/dN	5×10^{-5}	5×10^{-5}	5×10^{-6}	剖面仪器数字分辨率
	dE/dN	5×10^{-4}	5×10^{-4}	5×10^{-5}	水面以上仪器数字分辨率
$L_u(z,\lambda)$ 向上辐亮度	$L_u(0)_{max}$	38	38	13	饱和辐亮度[$\mu W/(cm^2 \cdot nm \cdot sr)$]
	$L_u(3/K_d)$	2×10^{-3}	4×10^{-3}	2.25×10^{-4}	最小辐亮度
	dL/dN	5×10^{-5}	5×10^{-5}	1×10^{-5}	剖面仪器数字分辨率
	dL/dN	5×10^{-4}	5×10^{-4}	5×10^{-5}	水面以上仪器数字分辨率

10.2.1.4　仪器定标要求

所有辐照度和辐亮度测量仪器应在每次现场测量的前后进行定标:

a)　定标的标准光源及与光源控制相关的设备,应在规定的时间内,通过国家标准计量部门的定期检验,包括电流源、标准电阻、标准板反射率、积分球亮度等级和均匀性等;

b)　仪器应经过严格的绝对辐射定标;如果仪器有增益变化功能,要对增益指示值进行定标;

c)　对于波段式仪器,要确定其光谱响应曲线,对于连续光谱的仪器,对波长进行定标;

d)　水下余弦响应应进行水下定标;

e)　对水下辐照度测量仪器进行浸没系数定标:浸没系数应每台仪器分别进行定标,不能对同批仪器选用同一个系数的方法。水下辐亮度测量仪器的浸没系数可通过计算得到。

10.2.1.5 **辅助测量**

在水面以上测量法中同时进行下列参数的观测:CTD 剖面、波浪周期、水色、赛克板深度、风速和风向(见 GB/T 12763.3)、云量和太阳周围的云移动和变化(目测记录)。

10.2.2 **测量基本规定**

10.2.2.1 **水下剖面测量法**

10.2.2.1.1 原理和方法:

以向上辐亮度为例,向上/下辐照度与此类同。

刚好处于水面下的向上光谱辐亮度为 $L_u(\lambda,0^-)$,水体任意深度 z 的向上辐亮度为 $L_u(\lambda,z)$。其关系如下:

$$L_u(\lambda,z) = L_u(\lambda,0^-)\exp[-\int_0^z K_l(\lambda,z')\mathrm{d}z'] \qquad (24)$$

式中:

$K_l(\lambda,z')$——表示 λ 波长的向上辐亮度在 z' 深度时的漫衰减系数。

$$K_l(\lambda,z) = -\left.\frac{\mathrm{d}[\ln(L_u(\lambda,z))]}{\mathrm{d}z}\right|_z \qquad (25)$$

差分运算为:

$$K_l(\lambda,z) = -[\ln(L_u(\lambda,z_2)) - \ln(L_u(\lambda,z_1))]/(z_2 - z_1) \qquad (26)$$

在海洋的近表面均匀混合层内,或在均匀水体的水层内,$K_l(\lambda,z)$ 可认为是常数。假设均匀水体的深度范围为 $z_1 \sim z_2$,则有

$$L_u(\lambda,z_2) = L_u(\lambda,z_1)\exp[-K_l(\lambda)(z_2 - z_1)] \qquad (27)$$

式(25)的表达式也适用于辐照度的漫衰减系数。

刚好处于水面以下的值是很难准确测量得到的,因此应依据近表面水体的多个深度上的 $L_u(\lambda,z)$ 测量值,确定 K_l,并外推得到 $L_u(\lambda,0^-)$。

对公式(27)两边取对数,可以得到:

$$\ln[L_u(\lambda,z_2)] = \ln[L_u(\lambda,z_1)] - K_l(z_2 - z_1) \qquad (28)$$

即在一定的深度范围内,对数变换后的数值具有线性关系。因此,$z \pm \Delta z$ 深度范围内的 n 组测量数据在对数变换后进行线性回归,线性方程的斜率就是 $K_l(\lambda,z)$;如在靠近水面的 $z_1 \sim z_2$ 深度范围、且 $\ln(L_u(\lambda,z))$ 随深度接近直线变化的条件下,则可以得到线性回归直线方程的截矩 $\ln(L_u(\lambda,0^-))$,进而可以得到 $L_u(\lambda,0^-)$ 的值。

Δz 的大小应与波段、水体层化有关。在大洋一类水体,在 4 m~8 m 之间,近岸二类水体在 0.5 m~4 m 之间。

得到 $L_u(\lambda,0^-)$ 的值,便可求得离水辐亮度;再结合海面入射辐照度数据,便可算出归一化离水辐亮度、遥感反射比、辐照度反射比等参数。

10.2.2.1.2 布放距离与深度:

仪器布放位置与船舶的距离是影响结果的重要因素之一,对于 E_d 的测量,要求仪器距船的距离 D_{si} 为:

$$D_{si} = \sin(48.4°)/K_d(\lambda) \qquad (29)$$

对于 E_u 和 L_u 的测量,仪器布放应距船的距离分别为 $3/K_u$ 和 $1.5/K_l$,其中,K_d,K_u,K_l 分别为 E_d,E_u,L_u 的漫衰减系数。

对于布放深度需要根据水体的不同,遵循以下原则:

a) 布放深度范围内应包含叶绿素最大值;

b) 在 400 nm～700 nm 的波长范围内，布放深度应达到使 E_d 相对于水面以下(0^-)值衰减了三个数量级。

10.2.2.1.3 仪器、船与太阳的最佳相对方位是：

太阳在船尾方向、船头顶流、仪器在船尾布放。

10.2.2.1.4 剖面仪器布放的要求：

a) 在每次布放前，记录压力偏差；

b) 仪器入水后，在仪器与海水的温度相对平衡后开始数据采集；

c) 仪器不得放在太阳直射光下。

10.2.2.2 水面以上测量法

10.2.2.2.1 原理和方法：

离水辐亮度 L_w 在天顶角 0°～40°范围内变化不大，为避开太阳直射反射，观测几何按图 1 确定。

仪器观测平面与太阳入射平面的夹角 ϕ_v～135°，仪器与海面法线方向的夹角 θ_v～40°，以避免绝大部分的太阳直射反射，并减少船舶阴影的影响。

在仪器面向水体进行测量的同时，进行天空光测量。也可在仪器面向水体进行测量后，将仪器在观测平面内向上旋转一个角度，使得观测方向的天顶角与 θ_v 相同，测量天空光的辐亮度 L_{sky}。

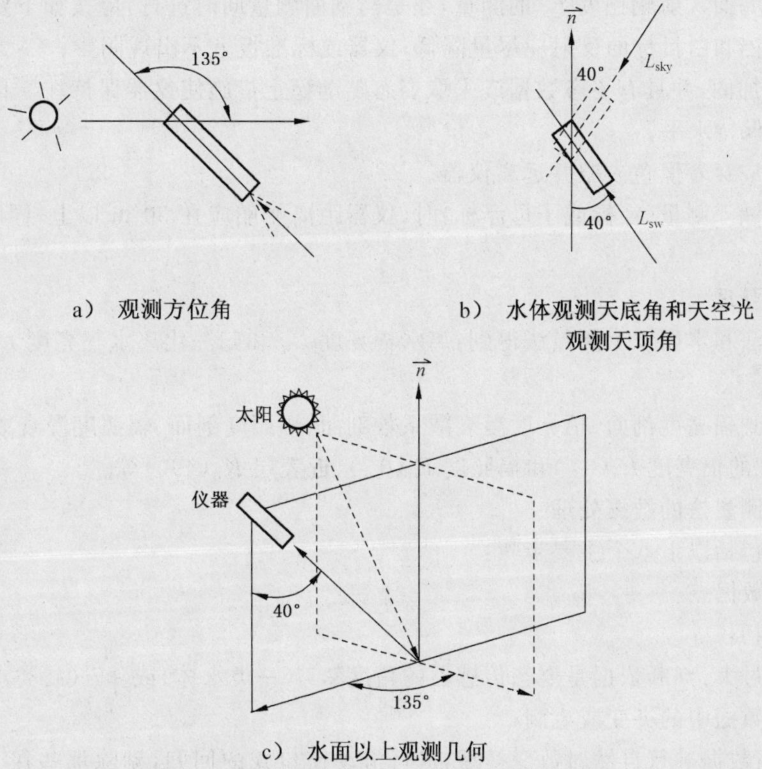

图 1 光谱仪水面以上观测几何示意图

10.2.2.2.2 水面以上测量法应遵循以下步骤：

a) 仪器提前预热；

b) 在每组目标测量前进行暗电流测量；

c) 标准板测量曲线不得少于 10 条，时间至少跨越一个波浪周期；

d) 目标测量曲线不得少于 10 条，时间至少跨越一个波浪周期；

e) 天空光测量曲线不得少于 10 条，时间至少跨越一个波浪周期，以修正天空光的不均匀性；

f) 标准板测量；

g) 遮挡直射阳光的标准板测量。

以上步骤在每个试验站点应当多次进行或同时测量。在上述测量周期内，当天空中云的变化较快时，应停止测量。

步骤 d)和 e)要同步或准同步进行。

步骤 c)是测量海面入射辐照度 E_s。在测量过程中，要避免船只上层白色构筑物的反射和测量人员的影响。

步骤 f)是获取海洋光学和遥感信息反演中的重要参数：直射太阳光辐照度 E_{dir}、天空光漫射辐照度 E_{dzf}。在测得 E_s(见 10.2.2.3)后，用一个带长竿的黑板挡住直射太阳光，使黑板的阴影正好挡住标准板，由此测到的辐亮度为 L_{pdif}，根据 $E_{dif}=L_{pdif}\pi/\rho_p$($\rho_p$ 标准板反射率)可得到天空光漫射辐照度 E_{dif}。结合步骤 c)，可以得到太阳直射辐照度 $E_{dir}=E_s-E_{dif}$。

标准板的双向反射率特性和随波长变化的反射率应在测量前进行定标。

在进行与标准板有关的测量时，标准板需要保持水平，周围没有遮挡和船舶上层构筑物的强反射，操作人员应穿着黑色衣服，并远离标准板 2 m 以上。

10.2.2.3 海面入射辐照度 E_s 的测量

可以在船甲板测量或水面浮标上测量。

10.2.2.3.1 甲板测量采用专用辐照度测量仪器，或辐射计加标准板的方法。

不论单独进行海面入射辐照度 E_s 的测量，还是与剖面测量同时进行，应按如下要求：

a) 周围的遮挡和白目标的反射应尽量降低；仪器或标准板上不出现阴影；

b) 仪器垂直加固，并具有姿态数据或采取姿态随动稳定措施使仪器保持在 5°以内；

c) 标准板应保持水平；

d) 操作人员应穿着黑色衣服并远离仪器。

10.2.2.3.2 水面漂浮测量(浮标或子母浮标)时，仪器距离船舶应在 30 m 以上，同时仪器应具备姿态传感器。

10.3 数据记录和整理

水下剖面测量法和水面以上测量法得到：离水辐亮度 L_w 和归一化离水辐亮度 L_{wn}、遥感反射比 R_{rs} 和辐照度反射比 R。

水下剖面法得到辐亮度剖面、辐亮度漫衰减系数剖面、辐照度剖面、辐照度漫衰减系数剖面、刚好处于水面以下 0^- 深度的辐亮度 $L_u(0^-)$和辐照度 $E_d(0^-)$、近表层 $K_d(490)$等。

10.3.1 水下剖面测量法的数据处理

剖面数据处理包括以下八个主要步骤：

a) 剔除异常数据点

异常数据点包括：

——倾斜角度过大，判断依据是姿态传感器的角度≥5°(一类水体)或≥7°(二类水体)；

——原始辐射数据中的突变或毛刺；

采用的方法是：数据进行自然对数变换后，进行滑动窗口式的回归，剔除那些在 3σ 之外的点，将这些点的值用其前后两点的平均值或回归值代替，然后再将数据进行 e 指数变换。

——水面以上和水下剖面数据出现的不合理数据，如负值等。

b) 水面以上数据和水下剖面数据匹配及同步处理方法：

——光照同步处理

在数据采集中，由于海面入射辐照度的测量位置与剖面仪器的布放位置有一定的差别，在云变化较快的情况下，可能发生海面辐照度测量与剖面测量的光照不一致的情形。为了在后续处理中正确地进行光照归一化，需要利用图形界面工具对海面和剖面测量数据进行人工判读。

——数据点匹配处理

剖面数据一般是与海面入射辐照度同时测量的，但可能不在同一数据采集通道，而每个数据传输通道可能因不同的原因发生数据传输故障或干扰，使得水上和水下数据不能很好地匹配，可以通过数据包的帧记数或校验标识来传输识别。对丢失的数据进行内插法填充。

c） 消除光照变化的影响，即进行光照归一化：

$$L'_u(\lambda,z)=L_u(\lambda,z)\times E_s(t_0,\lambda)/E_s(t_z,\lambda) \quad\cdots\cdots(30)$$

其中 $E_s(t_0,\lambda)$ 和 $E_s(t_z,\lambda)$ 分别为水下仪器在深度 z_0 和 z 时的海面辐照度的测量值。由于 $E_s(t_0,\lambda)$ 也可能存在随海浪波动的误差，特别是安装于浮标上的海面以上辐照度测量仪器。因此需对 E_s 进行异常点删除和平滑，且根据天空云覆盖的状况，决定采用 E_s 的最大值还是平均值来作为 $E_s(t_0,\lambda)$。观察数据的波动周期，取完整的 1～2 个波动周期数据进行平均。

在实际的处理中，需要根据此次剖面的光照变化情况，确定 $E_s(t_0,\lambda)$ 是采用海面入射辐照度平滑后的均值还是最大值。

同理需要用 $E_s(0^+)$ 对剖面的向下辐照度 $E_d(z)$ 进行光照变化修正，得到 $E'_d(z)$。

需要特别注意在进行光照归一化前，应当判断该次测量的数据是否可以应用光照归一化，并依此判断本次测量数据质量。可能有以下异常情况出现：

——晴天，测量过程中光照基本不变化，但测量中船舶的移动导致上层建筑影响了海面入射辐照度的测量。

可以通过选取一段有效的海面入射辐照度数据的方法进行后续的处理，但不进行光照归一化。

——太阳周围有云变化，且在海面以上数据和剖面数据上能明显看出相同的变化趋势。可以在进行光照同步处理之后，进行光照归一化。但数据应标记为低可靠性数据。

当海面以上的光照变化与水下剖面的近表层变化趋势不一致时，这类的测量数据作废，不予处理。

d） 数据平滑：

对光照归一化之后的 $L'_u(z)$ 数据的平滑，应当在进行了异常点剔除，并作自然对数变换后进行。对每一深度 z 点的数据，在 $z\pm\Delta z$ 的深度范围内采用均值滤波。

e） 计算漫衰减系数剖面 $K_d(z,\lambda)$，$K_l(z,\lambda)$：

用平滑后的 $E'_d(z,\lambda)$、$L'_u(z,\lambda)$ 数据分别计算漫衰减系数 $K_d(z,\lambda)$，$K_l(z,\lambda)$。

由公式(26)，对于任意深度 z_x 处的 K_l，$\ln L_u(z)=\ln L_u(z_x)-K_l(z-z_x)$。

K_l 是 $L'_u(z,\lambda)$ 数据取自然对数之后在 $z_x\pm\Delta z$ 附近曲线的回归直线的斜率。

f） 外推得到 0^- m 深度的值 $L_u(0^-)$：

由 $E_d(z)$ 和 $K_d(z)$、$L_u(z)$ 和 $K_l(z)$，分别利用公式 $E_d(0^-)=E_d(z)\exp(+K_d z)$ 和 $L_u(0^-)=L_u(z)\exp(+K_l z)$ 可以得到 0^- 深度的值 $E_d(0^-)$ 和 $L_u(0^-)$。

在实际处理中，对 E_d 和 L_u 取自然对数之后，选最靠近水面的均匀混合层内 $z_1\sim z_2$ 深度范围进行线性回归，回归直线于 0 m 处的截距便是 0^- 深度的值。

在大洋一类水体，一个原则是 z_2 不大于 Z_{90}，即 $L_u(z)$ 或 $E_d(z)$ 衰减到其 0^- m 深度值的 $1/e$ 时的深度；在二类水体，z_2 不大于 $L_u(z)$ 或 $E_d(z)$ 衰减到其 0^- m 深度值的 10% 时的深度，否则不能进行有效的外推。

g） 根据公式(20)～公式(23)分别得到离水辐亮度 L_w、归一化离水辐亮度 L_{wn}、遥感反射比 R_{rs}、辐照度反射比 R。

h） 剖面数据校正：

——仪器自阴影校正

当同时测量水体总吸收系数 $\alpha(\lambda)$，太阳直射辐照度 E_{dir}、漫射辐照度 E_{dif}，可进行仪器自阴影校正。

——拉曼散射校正

在 500 nm～700 nm 范围内，对表观光学参数的拉曼散射影响进行校准。

10.3.2 水面以上测量法的数据处理

10.3.2.1 气-水表面反射率的确定

在实际数据处理时，由于影响气水界面的反射率的因素很多，可采用表4的形式，通过实验得到在不同风速和太阳天顶角条件下的气-水表面反射率。一般情况下可取0.028，平静海面时取0.026。

表4 气-水表面反射率与风速、太阳天顶角的关系

气-水表面反射率	风　速	太阳天顶角

10.3.2.2 异常数据剔除

面向水体的测量信号 L_{sw} 受波浪的影响较大，尤其是海面毛细波和毛细重力波的太阳直射反射。应对受到太阳直射反射影响的曲线加以剔除。方法是：剔除所有数值偏高的曲线，保留数值较低的曲线，然后进行平均。每一测点的曲线至少有10条以上，以降低高光谱仪器的蓝波段和近红外波段的数据噪声。

对于两通道以上的仪器，可由一个通道监视太阳光照变化的情况，并依据此通道的数值对数据进行评价，决定是否进行离水辐亮度计算时的光照归一化处理、或舍弃此次测量数据。

10.3.2.3 数据处理

10.3.2.3.1 离水辐亮度 L_w 的计算：

在避开太阳直射反射和视场中没有波浪白冠的情况下，光谱仪测量的水体光谱数据为：

$$L_{sw} = L_w + rL_{sky} \qquad (31)$$

式中：

L_w——离水辐亮度；

L_{sky}——天空漫散射光；

r——气-水界面对天空漫散射光的反射率。

r 与太阳位置、观测几何、风速和风向（海面粗糙度）等因素有关。

由此可得离水辐亮度为：

$$L_w = L_{sw} - rL_{sky} \qquad (32)$$

10.3.2.3.2 归一化离水辐亮度 L_{wn} 和遥感反射比 R_{rs} 的计算

现场测量的归一化离水辐亮度定义为 $L_{wn}=\frac{\overline{F}_0}{E_s}L_w$，其中 $\overline{F}_0$ 为平均大气层外太阳辐照度；E_s 是海面总入射辐照度。L_w 的测量参见式(31)，而 E_s 可由测量标准反射率板的反射信号而得：

$$L_p = \rho_p E_s/\pi \qquad (33)$$

$$E_s = L_p \pi/\rho_p \qquad (34)$$

式中：

ρ_p 为标准板的反射率。通常采用 $10\% \leqslant \rho_p \leqslant 30\%$ 的标准板，以便使得仪器在观测水体和标准板时工作在同一状态。标准板反射率应具有角度修正系数。

按照公式(21)和公式(22)可以分别得到归一化离水辐亮度 L_{wn} 和遥感反射比 R_{rs}。

10.3.3 观测记录表

辐照度和辐亮度存储载体索引表格式参见表A.9，辐照度和辐亮度水下剖面测量法记录表参见表A.10，辐照度和辐亮度水面以上测量法记录表参见表A.11。水下剖面测量法和水面以上测量法应根据所用仪器的不同，分别在表中的备注项中予以列出。

10.3.4 数据文件格式

本部分的调查资料交换格式应符合GB/T 12763.7的规定，并采用附录表A.14中规定的元数据文件头格式。表A.14与国际上海洋光学SeaBASS（生物—光学的存档和存贮系统）数据文件头的格式

相同。

11 固有光学量观测

在本标准中固有光学量仅指光束透射率和光束衰减系数。

11.1 技术指标

11.1.1 测量的量

光束衰减系数 c 或光束透射率 T。

11.1.2 测量范围

光束衰减系数的测量范围：0.001 m^{-1}～10 m^{-1}。

波长范围：400 nm～900 nm，分立波段或连续光谱。

对分立波段，中心波长可参考下列波段：412 nm、443 nm、490 nm、510 nm、555 nm、670 nm。

可根据需要增设 600 nm、620 nm、640 nm、680(685)nm、750 nm、780 nm 和 865 nm。

11.1.3 测量准确度

光束衰减系数准确度：±0.01 m^{-1}。

11.1.4 光束衰减系数 *c* 和光束透射率 *T*

光束透射率 T：

$$T = \frac{F_t}{F_0} \qquad \cdots\cdots(35)$$

式中：

F_t——透射辐射通量，单位为瓦(W)；

F_0——入射辐射通量，单位为瓦(W)。

光束衰减系数 c：

$$c = \frac{-\Delta F_c}{F_0}\frac{1}{\Delta r} \qquad \cdots\cdots(36)$$

$$\Delta F_c = F_t - F_0 \qquad \cdots\cdots(37)$$

式中：

ΔF_c——因光束衰减而损失的辐射通量，单位为瓦(W)；

Δr——水层厚度，单位为米(m)。

光束衰减系数也称为体积衰减系数(volume attenuation coefficient)。

水层 r_1～r_2 之间，光束衰减系数随路径的变化为 $c(r)$，该水层的透射率 T 为：

$$T = \exp\left(-\int_{r_1}^{r_2} c(r)\mathrm{d}r\right) \qquad \cdots\cdots(38)$$

如果厚度为 r 的水层是均匀的(或对于光程为 r 的透射率计)，则可简化为：

$$T = \exp(-cr) \qquad \cdots\cdots(39)$$

根据公式(39)光束衰减系数 c 和光束透射率 T 是因一测量的不同参数表达，两者之间是一个换算关系，因此它们的技术指标和测量要求也是等同的。

11.2 测量方法

11.2.1 仪器设备

光束透射率和光束衰减系数的测量仪器其原理基本相同，差别在于对测量信号的运算处理不同。仪器有自容式和电缆传输式两种。测量水体可以是开放式或带水泵的流体腔式。并且仪器应具有温度和深度传感器。水温和水深值将用于对光束透射率或光束衰减系数的测量值进行校正。仪器的基本技术要求如表 5。

表 5　分立波段的光束透射率或光束衰减系数测量的基本技术要求

中心波长	412 nm,443 nm,490 nm,510 nm,555 nm,670 nm,750 nm,780 nm,865 nm
光谱带宽	10 nm
准确度	0.01 m^{-1}
动态范围	0.001～10 m^{-1}
采样间隔	≥5 个/m
光源准直角度	≤5 mrad
可布放深度	200 m
工作水温	0℃～35℃
温度测量误差	≤1℃
光程	≥10 cm,一般 25 cm 或更长
深度误差	满量程的 0.5%

11.2.1.1　**仪器的定标**

仪器应配置相应的定标文件,包括空气定标文件和纯水定标文件,其中包括温度响应修正系数。定标时的仪器姿态应与布放姿态一致。定标还包括仪器的辅助测量参数温度和压力。

11.2.1.1.1　仪器温度系数:

在纯水条件下,利用温度调控系统,使仪器环境温度在 1℃～35℃范围内变化。给出每个温度点相对于定标时的温度校正系数。

11.2.1.1.2　空气读数跟踪:

在仪器进行了纯水定标之后,应进行空气读数跟踪。新仪器的空气读数或是生产厂家提供的空气读数应长期保存,作为光学窗口的洁净度和仪器光电系统漂移的检验依据。

仪器在按 11.2.1.2 的要求进行清洗后,在干燥环境中(防止光学表面或流体腔壁的凝水)记录空气读数,并观测其稳定性。应严格按照具体的仪器使用手册进行操作。

11.2.1.1.3　纯水定标:

采用的纯水,应达到 18 MΩ/cm 以上的超纯水,且应与环境条件达到平衡状态。定标时,仪器和纯水的温度应与环境温度接近一致。测量时要避免产生气泡。

仪器清洗满足要求后,按仪器规定时间进行预热。将纯水引入,并注意完全排除气泡。记录水体温度,以便进行测量值的温度校正。

测量纯水定标数据的过程中,如果信号出现大的毛刺,表明有气泡;如果数据有一定的倾斜表明仪器清洗没有达到要求。

纯水定标需要在试验前后各进行一次,如果试验时间较长,应在试验过程中多次进行纯水定标,以保证数据的可靠性。

纯水定标数据,应没有毛刺和数据倾斜。

衰减系数测量仪器是以纯水定标为基准的,不同型号和不同结构的仪器虽原理相同,但纯水定标的方法也随之有所不同。因此,纯水定标数据的应用要按照仪器手册的说明。

11.2.1.2　**仪器清洗**

固有光学参数测量仪器的清洗是影响测量数据准确度的重要因素。需要具备纯水、专用或仪器生产厂推荐的清洗剂、专用镜头纸等工具。清洗的具体方法,应遵照仪器使用说明书的规定进行。

11.2.2　**测量基本规定**

11.2.2.1　**仪器布放**

仪器布放时应按如下规定:

a) 船载仪器用绞车布放,匀速下降且速度控制在 1 m/s 以内。当带有水泵时,下降速度应与水泵的速率匹配。对高精度测量仪器,可采用自由落体式布放,以减小船舶摇摆对测量数据的影响;

b) 对于流体腔式仪器,在正式记录前,应将仪器先放到水下 20 m 以深的水层进行气泡排除;

c) 仪器回收后应立即用淡水冲洗,特别对光学表面应仔细用淡水冲洗干净。光学窗口在入水前、后都应保持湿润状态。

11.2.2.2 测量时的环境条件

测量时对环境条件的要求如下:

a) 仪器通常以定点工作的方式,船只处于抛锚状态;

b) 海况在 4 级以下;

c) 仪器下放处应远离船的排污口和冷却水排放口。周围海水不得有油膜或其他可见的污染物;

d) 仪器的密封舱内应保持高度的干燥,在测量环境中,仪器光学窗口的内表面不得出现水珠;

e) 始终保持仪器光学窗口外表面和流体腔壁不受环境污染和不接触硬物。

11.2.2.3 最深测量水层

最深测量水层的规定如下:

a) 实际水深小于仪器最大可测水深时,以底层为最深测量水层;

b) 实际水深大于仪器最大可测深度时,以仪器最大可测水层为最深测量水层。

11.3 数据记录和整理

数据记录间隔应当与布放速率相匹配,以便保证具有足够的时间与空间分辨率。每米的采样个数应当在 5 个以上,以便保证深度间隔≤20 cm。

对于自容式仪器,仪器回收后,应立即回放数据;对于电缆传输式仪器,布放过程中要监视数据的变化,并随时存储。

11.3.1 数据处理

11.3.1.1 仪器测量信号的处理

仪器接收端的信号为 C_{sig},光源参考信号为 C_{ref},根据式(39),可得

$$T=\exp(-cr)=(C_{sig}/C_{ref})/N \quad \cdots\cdots(40)$$

式中:

N——实验室获得的仪器纯水定标系数;

r——水体中光束路径长度。

将式(40)取自然对数变换后,可得光束衰减系数 c:

$$c=\ln(N)/r-\ln(C_{sig}/C_{ref})/r \quad \cdots\cdots(41)$$

式中 $\ln(N)/r$ 即是仪器定标文件中的纯水偏移。进一步考虑仪器测量系统的温度影响:

$$c=\ln(N)/r-\ln(C_{sig}/C_{ref})/r+(T-T_0)K_t \quad \cdots\cdots(42)$$

式中:

T——数据测量时的仪器内部温度;

T_0——仪器定标时的温度;

K_t——仪器测量系统的温度系数。

11.3.1.2 纯水吸收系数的温度校正

水体的衰减系数等于散射系数与吸收系数之和,而水体的散射系数随温度变化很小,可忽略不计。因此可以仅考虑水体吸收系数随温度的变化,特别是 510 nm～530 nm 和>650 nm 的波段。

以实验室特定温度 T_0 下的纯水光束衰减系数 c_{wr} 为基准,假设水体中仅由水体成分(颗粒物和溶解有机质等)导致的光束衰减系数为 c_m:

$$c_m=c_p+c_g=c_t-c_{wr}-(c_w-c_{wr})=c_t-c_{wr}-(a_w-a_{wr}) \quad \cdots\cdots(43)$$

式中：

c_t——测量水体总光束衰减系数；

c_p——颗粒物的光束衰减系数；

c_g——其他成分的光束衰减系数；

c_w——测量温度下的纯水的光束衰减系数；

c_{wr}——定标温度下的纯水的光束衰减系数；

a_w——测量温度下的纯水的吸收系数；

a_{wr}——定标温度下的纯水的吸收系数。

在海中实际测量时，仪器只给出经温度校正后的值 $c_{m1}=c_t-c_{wr}$，因此与实际差异为(a_w-a_{wr})，这个差异应当予以校正，特别对于相对清洁的水体和在光谱的长波波段。

校正公式为：

$$c_m = c_{m1} - f_{at}(T - T_0) \quad \cdots\cdots\cdots\cdots(44)$$

式中：

f_{at}——随波长变化的纯水吸收系数的单位温度校正系数。

11.3.2 水体总衰减系数的计算

经过 11.3.1 的数据处理得到了水体成分的光束衰减系数，要得到总的衰减系数 c_t，需要加上纯水的光束衰减系数，即：

$$c_t = c_{m1} + c_{wr} \quad \cdots\cdots\cdots\cdots(45)$$

纯水的定标测量，不仅要求严格的纯水制备和测量的环境控制，并需要高准确度和高分辨率的测量仪器。附录 E 提供了纯水的吸收系数和光束衰减系数及纯水吸收系数的单位温度校正系数(T_0=22℃)，供使用参考。表中，波长自 340 nm～900 nm。

11.3.3 异常数据的剔除

由于现场实测数据中有很大的毛刺，应进行滤波。滤波方法是：滑动窗口滤波，将所有与均值差异大于 3σ 的值剔除，并重新计算均值。滑动窗口的大小须根据水体成分的垂直分布情况而定。

11.3.4 观测记录表

海水光束透射率/光束衰减系数存储载体索引表参见表 A.12，观测记录表参见表 A.13。

11.3.5 数据文件格式

本部分的调查资料交换格式应符合 GB/T 12763.7 的规定，并采用附录表 A.14 中规定的元数据文件头格式。表 A.14 与国际上海洋光学 SeaBASS(生物—光学的存档和存贮系统)数据文件头的格式相同。

附　录　A
（资料性附录）
记录表格式

A.1　海水声速观测记录表格式，见表 A.1。

A.2　海洋环境噪声测量记录表格式，见表 A.2。

A.3　海底声特性测量—直接法现场记录表格式，见表 A.3。

A.4　海底声特性测量—反射法现场记录表格式，见表 A.4。

A.5　声能传播损失测量—发射船测量记录表格式，见表 A.5。

A.6　声能传播损失测量—接收船测量记录表格式，见表 A.6。

A.7　走航式海面照度存储载体索引表格式，见表 A.7。

A.8　海面照度观测记录表格式，见表 A.8。

A.9　辐照度/辐亮度存储载体索引表格式，见表 A.9。

A.10　辐照度/辐亮度水下剖面测量法记录表格式，见表 A.10。

A.11　辐照度/辐亮度水面以上测量法记录表格式，见表 A.11。

A.12　海水光束透射率/光束衰减系数存储载体索引表格式，见表 A.12。

A.13　海水光束透射率/光束衰减系数观测记录表格式，见表 A.13。

A.14　海洋光学数据文件格式规定，元数据文件头见表 A.14。

表 A.1　海水声速观测记录表

海声表 1

海区________　站号________站位　纬度________经度________水深________

调查船________站型________观测时间________年__月__日__时__分

第__页　共__页

深度 m	温度 ℃	盐度	计算声速 m/s	实测声速 m/s	备　注

观测者　　　　校对者　　　　复校者

注：备注栏内应填写内容包括：

a）温、盐数据来源和声速计算公式。

b）声速仪型号，现场记录文件及存放处。

c）其他。

表 A.2　海洋环境噪声测量记录表

海声表 2

海区________站位:经度________水深________降雨________

纬度________底质________

调查船________

日　期________年______月______日______时______分

第____页共____页

<table>
<tr><td colspan="2" rowspan="3">海洋环境
参数</td><td rowspan="2">风速
m/s</td><td rowspan="2">风向
(°)</td><td rowspan="2">海况
(级)</td><td rowspan="2">流速
cm/s</td><td rowspan="2">流向
(°)</td><td rowspan="2">波高
m</td><td rowspan="2">水温
剖面</td><td colspan="2">航船</td></tr>
<tr><td>无</td><td>有
方位、时间</td></tr>
<tr><td></td><td></td><td></td><td></td><td></td><td></td><td></td><td></td><td></td></tr>
<tr><td rowspan="4">海洋环境
噪声测量
记录</td><td>磁带盒号、
地址记号</td><td colspan="9"></td></tr>
<tr><td>噪声特征</td><td colspan="9"></td></tr>
<tr><td>测放增益(dB)</td><td colspan="9"></td></tr>
<tr><td>备　注</td><td colspan="9"></td></tr>
</table>

观测者　　　　校对者　　　　复校者

表 A.3　海底声特性测量——直接法现场记录表

海声表 3

自______年______月______日

至______年______月______日

第____页　共____页

站号	站位		测量时间 (时分)	水深 m	海况 (级)	风速 m/s	比测的海水声速 m/s	实际取样深度 m	备注
	经度	纬度							

记录者　　　　校对者　　　　复校者

表 A.4 海底声特性测量——反射法现场记录表

海声表 4

海区________站号________站位________经度________纬度________

自________年________月________日 风速________海况________

第____页 共____页

序号	磁带位置记号	水听器 1 深度 m	水听器 2 深度 m	声源标称距离 m	声源深度	备注

记录者 校对者 复校者

表 A.5 声能传播损失测量——发射船测量记录表

海声表 5

日 期________年________月________日

站 号___________站位 经度____________纬度____________

航 向________________

第___页 共___页

距离 m	声源组号	时间(时分)	声源序号	声源类型	航线水深 m	备注

记录者 校对者 复校者

表 A.6 声能传播损失测量——接收船测量记录表

海声表 6

日期______年______月______日，　站位______水深______（m）

水听器型号 1______ 2______ 3______ 4______

水听器深度 1______ 2______ 3______ 4______

第__页　共__页

标称距离 m	声源组号	时间 （时分）	声源序号	弹型号	声源深度 m	接收水平距离 m	测放增益				备注
							一道	二道	三道	四道	

记录者　　　　　校对者　　　　　复校者

表 A.7 走航式海面照度存储载体索引表

海光表 1

海区：________ 数据载体：________

调查船：________ 仪器型号和编号：________

第____页 共____页

日期	载体编号	记录编号	备　注

操作者　　校对者　　复校者

表 A.8 海面照度观测记录表

海光表 2

海　区：__________观测日期：____年____月____日

调查船：__________仪器型号和编号：__________

第____页 共____页

观测时间 (时分)	船位		读数 lx			平均值 lx	备注
	经度	纬度					

记录者　　　　校对者　　　　复校者

表 A.9 辐照度/辐亮度存储载体索引表

海光表 3

海　区：＿＿＿＿＿＿＿＿＿＿调查船：＿＿＿＿＿＿

仪器型号与编号：＿＿＿＿＿＿　数据载体：＿＿＿＿＿＿

第＿＿页 共＿＿页

站号	站　位		观测日期	观测开始时间（时分）	观测结束时间（时分）	水深 m	仪器下降速度 m/s	数据载体编号	备注
	经度	纬度							

记录者　　　　校对者　　　　复校者

表 A.10 辐照度/辐亮度水下剖面测量法记录表

海光表 4

航次代码：________________ 仪　器：________________

站 点 号：________________ 日　期：________________

操 作 者：________________ 水　深：________________

仪器定标文件：________________

当地时间：________________ UTC时间：________________

纬　　度：________________ 经　度：________________

云量/云类：________________

海　况：________________ 波浪周期：________________

气温、气压：________________ 风速风向：________________

其他剖面和水样数据：________________

仪器配置情况：________________

备　注：________________

第1次布放：________________

第2次布放：________________

第3次布放：________________

第4次布放：________________

第5次布放：________________

记录者　　校对者　　复校者

表 A.11 辐照度/辐亮度水面以上测量法记录表

海光表 5

航次代码：________________ 仪　器：________________

站 点 号：________________ 日　期：________________

操 作 者：________________ 水　深：________________

仪器定标文件：________________________________

当地时间：________________ UTC 时间：________________

纬　　度：________________ 经　度：________________

云量/云类：________________________________

海　况：________________ 波浪周期：________________

气温、气压：________________ 风速风向：________________

其他剖面和水样数据：________________________________

仪器配置情况：________________________________

备　注：________________________________

暗电流测量文件：________________________________

总辐照度第 1 次测量文件：________________________________

目标测量文件：________________________________

天空光测量文件：________________________________

总辐照度第 2 次测量文件：________________________________

漫射辐照度测量文件：________________________________

【文件命名应按序号进行】

记录者　　　校对者　　　复校者

表 A.12 海水光束透射率/光束衰减系数存储载体索引表

海光表 6

海区：__________ 调查船：__________

仪器型号与编号：__________ 数据载体：__________

第____页 共____页

站号	站位		观测日期	观测开始时间（时分）	观测结束时间（时分）	水深 m	仪器下降速度 m/s	数据载体编号	备注
	经度	纬度							

记录 校对者 复校者

表 A.13 海水光束透射率/光束衰减系数观测记录表

海光表 7

航次代码：________________ 仪 器：________________

站 点 号：________________ 日 期：________________

操 作 者：________________ 水 深：________________

仪器定标文件：________________

当地时间：________________ UTC 时间：________________

纬 度：________________ 经 度：________________

海 况：________________

其他剖面和水样数据：________________

仪器配置情况：________________

备 注：________________

第 1 次布放：________________

第 2 次布放：________________

记录者 校对者 复校者

表 A.14 海洋光学数据文件格式规定

海光表 8

文件头内容	说明
/beging_header	文件头起始标志
/investigators=	调查者
/affiliations=	所在单位
/contact=	联系方式
/experiment=	试验代号
/cruise=	航次代号
/station=	站点号
/data_file_name=	数据文件名
/documents=	数据说明文件,一般用 README. txt
/calibration_files=	定标文件名
/data_type=	数据类型(如剖面或水面以上的表现光学量等)
/data_status=	数据处理状态,有三种:Preliminary/update/final
/start date=	开始日期,格式 YYYYMMDD
/end_date=	结束日期
/start_time=	开始时间,格式:HH:MM:SS[GMT]或 HH:MM:SS[BJ]
/end_time=	
/north_latitude=[DEG]	北纬,单位:度
/south_latitude=	南纬
/east_longitude=[DEG]	东经
/west_longitude=	西经
/cloud_percent=	百分云量
/measurement_depth=	测量深度,单位:m
/secchi_depth=	赛克深度,单位:m
/water_depth=	水深
/wave_height=	波高,单位:m
/wind_speed=	风速,单位:m/s
! COMMENTS	备注,行数不限
/missing=-999	丢失数据标志,用-999 表示
/delimiter=	数据域之间的分隔符:space/tab
/fields=	数据域名称
/units=	数据域对应单位列表
/end_header@	文件头结束标志

附　录　B
（资料性附录）
测声换能系统的结构和布设

B.1　结构见图 B.1。

B.2　布设见图 B.2。

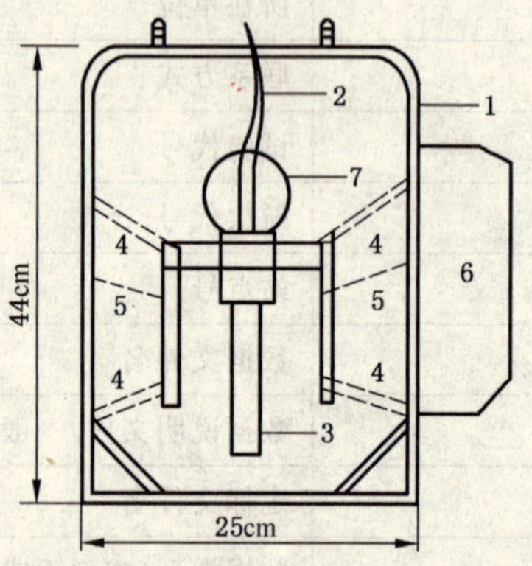

1——铜框；
2——软线；
3——水听器；
4——橡皮条；
5——尼龙绳；
6——舵；
7——浮子；
8——导流罩(未画出)。

图 B.1　水听器减震系统

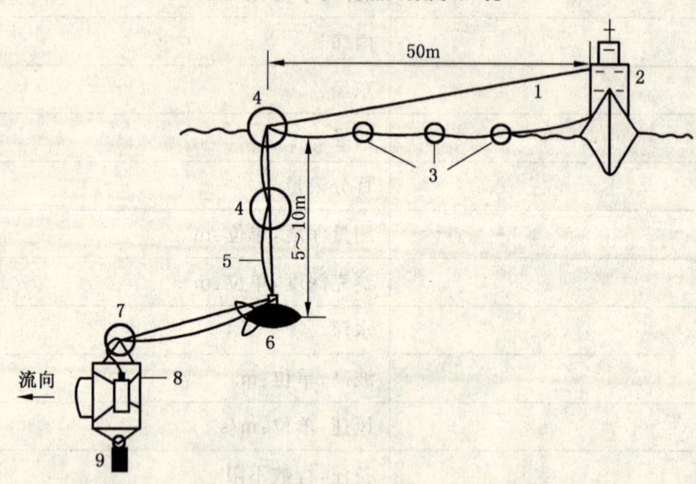

1——尼龙绳；
2——船；
3——小浮球；
4——大浮球(6.5 kg 浮力)；
5——电缆；
6——铅鱼；
7——中浮球(2.5 kg 浮力)；
8——水听器减震系统；
9——重锤(3 kg)。

图 B.2　海上布设示意图

测试条件和效果

该系统试验条件为海况 4 级以下，流速 2.4 kn 以下，其效果可降低低频段(200 Hz 之内)的自噪声 20 dB～25 dB 左右。

附 录 C
（资料性附录）
反射法的平均声速计算

C.1 计算方法

回放磁带，示波器出现波形为：

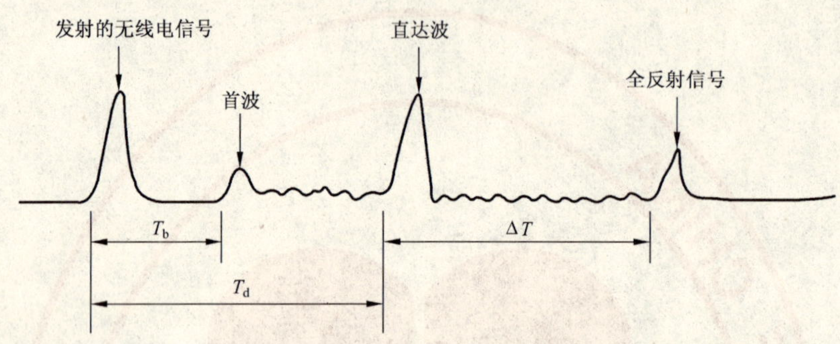

图 C.1 示波器出现的波形

在每一个爆炸记录上，量度 T_d——直达声的传播时间，T_n——首波的传播时间，ΔT——海底的反射射线与直达射线的传播时差。根据测量的海水中声速垂直分布和 T_d，可以确定从声源到位于海底上的接收水听器之间的水平距离 R，然后由 $R—\Delta T$ 关系给出平均声速计算。

C.2 计算条件

a） 声速剖面用阶梯函数近似描述；

b） $R_i—\Delta T_i$ 关系的 R_i 按如下顺序排列 $R_1>R_2>\cdots R_1>R_1+1\cdots R_N$，$R_n$ 是存在全反射的最小水平距离。

c） 沉积物浅表层声速 c_0。已知。

C.3 计算

C.3.1 根据 $R_1—\Delta T$ 关系确定第一层厚度 D_1：

$$D_1=\frac{R_1-R_\omega}{2}\tan\left[\arccos\left(\frac{c_0}{c_s}\cos\theta_1\right)\right] \qquad \cdots\cdots(\text{C.1})$$

式中：

R_1——水听器声源的水平距离；

R_ω——反射点离声源的水平距离；

θ_1——在海底表面形成全反射的特定射线在声源处的掠射角。

$\cos\theta_1$ 可由式(C.2)求出：

$$T_d+\Delta T_1-T_\omega=\frac{c_s(R_1-R_\omega)}{c_0^2\cos\theta_1} \qquad \cdots\cdots(\text{C.2})$$

式中：

c_s——声源处的声速；

T_d——直达波的传播时间；

T_ω——掠射角为 θ_1 的特定射线从声源到海底表面的传播时间。

C.3.2 “第一层”的声速 c_1 由式(C.3)确定：

$$c_1 = c_s/\cos\theta_1 \qquad \cdots\cdots\cdots\cdots\cdots\cdots\cdots\cdots(\text{C.3})$$

C.3.3 "第二层"的厚度 D_2-D_1 由 $R_2-\Delta T_2$ 求出：

$$D_2 - D_1 = \frac{R_2 - R'_\omega}{2}\tan\left[\arccos\left(\frac{c_1}{c_2}\cos\theta_2\right)\right] \qquad \cdots\cdots\cdots\cdots\cdots\cdots\cdots\cdots(\text{C.4})$$

其中 $\cos\theta_2$ 由式(C.5)求出

$$T_d + \Delta T_2 - T'_\omega = \frac{c_s(R_2 - R'_\omega)}{c_1^2\cos\theta_2} \qquad \cdots\cdots\cdots\cdots\cdots\cdots\cdots\cdots(\text{C.5})$$

式中 T'_ω,R'_ω 是在 D_1 界面上形成全反射的特定射线在界面 D_1 之上的水平行程和传播时间。

如此进行下去则可以由 R—ΔT 关系求出 C—D 关系，即海底声速剖面。

C.3.4 c_0 的确定：

c_0 可用底质声速仪测量，亦可由样品孔隙度、中值粒径或密度来估算。还可由前数组 R—ΔT 值联立解算。

附　录　D
（资料性附录）
沉积物声速计算的经验公式

D.1　对于高声速比海区（常见小于 200 m 的陆架区）

$$C_p —— 2\,502 - 23.45\eta + 0.14\eta^2 \quad \text{(D.1)}$$

$$C_p —— 1\,619 - 13.0Md(\phi) \quad \text{(D.2)}$$

D.2　对于低声速比海区（常见于水深大于 200 m 海区）

$$C_p —— 2\,506 - 27.58\eta + 0.186\,8\eta^2 \quad \text{(D.3)}$$

$$C_p —— 1\,989.26 - 138.38Md(\phi) + 10.29Md^2(\phi) \quad \text{(D.4)}$$

式中：

C_p——沉积物声速，单位为米每秒（m/s）；

η——沉积物孔隙度，%；

$Md(\phi)$——沉积物中值粒径 φ。

附 录 E
（资料性附录）
纯水固有光学参数和温度校正系数

表 E.1 纯水固有光学参数和温度校正系数表（T_0＝22℃）

λ	a	c	f_{at}	λ	a	c	f_{at}	λ	a	c	f_{at}
340	0.032 5	0.044 2	0.000 0	530	0.043 4	0.045 1	0.000 1	720	1.169 0	1.169 5	0.004 5
345	0.026 5	0.037 5	0.000 0	535	0.045 2	0.046 9	0.000 1	725	1.484 0	1.484 4	0.006 5
350	0.020 4	0.030 8	0.000 0	540	0.047 4	0.049 0	0.000 1	730	1.799 0	1.799 4	0.008 7
355	0.018 0	0.027 7	0.000 0	545	0.051 1	0.052 6	0.000 1	735	2.089 5	2.089 9	0.010 8
360	0.015 6	0.024 8	0.000 0	550	0.056 5	0.058 0	0.000 1	740	2.380 0	2.380 4	0.012 2
365	0.013 5	0.022 1	0.000 0	555	0.059 6	0.061 0	0.000 1	745	2.425 0	2.425 4	0.011 9
370	0.011 4	0.019 6	0.000 0	560	0.061 9	0.063 3	0.000 1	750	2.470 0	2.470 4	0.010 6
375	0.010 7	0.018 4	0.000 0	565	0.064 2	0.065 5	0.000 1	755	2.510 0	2.510 4	
380	0.010 0	0.017 3	0.000 0	570	0.069 5	0.070 8	0.000 1	760	2.550 0	2.550 4	
385	0.009 4	0.016 3	0.000 0	575	0.077 2	0.078 4	0.000 2	765	2.530 0	2.530 4	
390	0.008 5	0.015 0	0.000 0	580	0.089 6	0.090 8	0.0003	770	2.510 0	2.510 3	
395	0.008 1	0.014 2	0.000 0	585	0.110 0	0.111 1	0.0005	775	2.435 0	2.435 3	
400	0.006 6	0.012 4	0.000 0	590	0.135 1	0.136 2	0.0006	780	2.360 0	2.360 3	
405	0.005 3	0.010 8	0.000 0	595	0.167 2	0.168 2	0.0008	785	2.260 0	2.260 3	
410	0.004 7	0.009 9	0.000 0	600	0.222 4	0.223 4	0.0010	790	2.160 0	2.160 3	
415	0.004 4	0.009 4	0.000 0	605	0.257 7	0.258 7	0.0011	795	2.115 0	2.115 3	
420	0.004 5	0.009 2	0.000 0	610	0.264 4	0.265 3	0.0011	800	2.070 0	2.070 3	
425	0.004 8	0.009 3	0.000 0	615	0.267 8	0.268 7	0.0010	805	1.970 0	1.970 3	
430	0.004 9	0.009 2	0.000 0	620	0.275 5	0.276 4	0.0008	810	1.927 1	1.927 4	
435	0.005 3	0.009 4	0.000 0	625	0.283 4	0.284 2	0.0005	815	1.932 9	1.933 2	
440	0.006 3	0.010 2	0.000 0	630	0.291 6	0.292 4	0.000 2	820	1.990 0	1.990 3	
445	0.007 5	0.011 2	0.000 0	635	0.301 2	0.302 0	0.000 0	825	2.409 2	2.409 5	
450	0.009 2	0.012 7	0.000 0	640	0.310 8	0.311 6	−0.000 1	830	2.828 5	2.828 7	
455	0.009 6	0.012 9	0.000 0	645	0.325 0	0.325 7	0.000 0	835	3.192 9	3.193 1	
460	0.009 8	0.013 0	0.000 0	650	0.340 0	0.340 7	0.000 1	840	3.475 0	3.475 2	
465	0.010 1	0.013 1	0.000 0	655	0.371 0	0.371 7	0.000 2	845	3.757 1	3.757 3	
470	0.010 6	0.013 5	0.000 0	660	0.410 0	0.410 7	0.000 2	850	3.952 0	3.952 2	
475	0.011 4	0.014 2	0.000 0	665	0.429 0	0.429 6	0.000 2	855	4.088 7	4.088 9	
480	0.012 7	0.015 3	0.000 0	670	0.439 0	0.439 6	0.000 2	860	4.225 3	4.225 5	
485	0.013 6	0.016 1	0.000 0	675	0.448 0	0.448 6	0.000 1	865	4.290 0	4.290 2	
490	0.015 0	0.017 4	0.000 0	680	0.465 0	0.465 6	0.000 0	870	4.610 8	4.611 0	
495	0.017 3	0.019 6	0.000 1	685	0.486 0	0.486 6	−0.000 1	875	4.931 7	4.931 9	
500	0.020 4	0.022 6	0.000 1	690	0.516 0	0.516 6	−0.000 2	880	5.253 1	5.253 3	
505	0.025 6	0.027 7	0.000 1	695	0.559 0	0.559 5	−0.000 1	885	5.575 0	5.575 2	
510	0.032 5	0.034 5	0.000 2	700	0.637 0	0.637 5	0.000 2	890	5.896 9	5.897 1	
515	0.039 6	0.041 6	0.000 2	705	0.738 0	0.738 5	0.0007	895	6.266 3	6.266 3	
520	0.040 9	0.042 8	0.000 2	710	0.839 0	0.839 5	0.001 6	900	6.706 9	6.706 9	
525	0.041 7	0.043 5	0.000 2	715	1.004 0	1.004 5	0.002 9				

参 考 文 献

[1] Fargion G S,J L Mueller. Ocean Optics Protocols for Satellite Ocean Color Sensor Validation,Revision 2. NASA/TM-2000-209966. 2000.

[2] Mobley C D. Estimate of the remote sensing reflectance from above-surface measurements. Applied Optics,1999:Vol. 38,No. 36,7442-7455.

[3] Morel A,B Gentili. Diffuse reflectance of oceanic waters:its dependence on sun angle as influenced by molecular scattering contribution. Applied Optics,1991:Vol. 30,4427-4438.

[4] Morel A,B Gentili. Diffuse reflectance of ocean waters. II. Bidirectional aspects. Applied Optics,1993:Vol. 32,No. 33,6864-6879.

[5] Morel A,B Gentili. Diffuse reflectance of oceanic waters. III. Implication of bidirectionality for the remote-sensing problem. Applied Optics,1996:Vol. 35,No. 24,4850-4862.

[6] Pop R M,E S Fry. Absorption spectrum (380～700 nm)of pure water. II. Integrating cavity measurements. Applied Optics,1997:Vol. 36,8710-8723.

[7] Smith R C,K S Baker. Optical properties of the clearest natural waters (200～800 nm). Applied Optics,1981:Vol. 20,177-184.

[8] Sogandares F M,E S Fry. Absorption spectrum(380-640nm)of pure water. I. Photothermal measurements. Applied Optics,1997:Vol. 36,8699-8799.

ICS 07.060
A 45

中华人民共和国国家标准

GB/T 12763.6—2007
代替 GB/T 12763.6—1991

海洋调查规范 第6部分:海洋生物调查

Specifications for oceanographic survey— Part 6: Marine biological survey

2007-08-13 发布　　2008-02-01 实施

中华人民共和国国家质量监督检验检疫总局
中国国家标准化管理委员会　发布

前　言

GB/T 12763《海洋调查规范》分为11个部分：

——第1部分：总则；

——第2部分：海洋水文观测；

——第3部分：海洋气象观测；

——第4部分：海洋化学要素调查；

——第5部分：海洋声、光要素调查；

——第6部分：海洋生物调查；

——第7部分：海洋调查资料交换；

——第8部分：海洋地质地球物理调查；

——第9部分：海洋生态调查指南；

——第10部分：海底地形地貌调查；

——第11部分：海洋工程地质调查。

其中第9部分、第10部分和第11部分对应于GB/T 12763—1991是新增部分。

本部分为GB/T 12763的第6部分，并代替GB/T 12763.6—1991《海洋调查规范　海洋生物调查》。

本部分与GB/T 12763.6—1991相比主要变化如下：

——调整了本部分的总体框架，增加了“12　潮间带生物调查”、规范性附录“潮间带生物调查中潮位测量法和几种设备图”(见附录E)和资料性附录“渔业资源声学调查与评估”(见附录G)；将1991年版的规范性附录“海水中叶绿素a、b、c的(分光光度法)测定”移至修改后的“5　叶绿素、初级生产力和新生产力的测定”中(1991年版的附录A；本版的5.2.2)；将原版的“第四篇浮游生物调查”修改后细分为“7　微微型、微型和小型浮游生物调查”、“8　大、中型浮游生物调查”和“9　鱼类浮游生物调查”三章，其中“7　微微型、微型和小型浮游生物调查”为新增的调查项目；

——在“2　规范性引用文件”中，增加了GB 17378.7海洋监测规范第7部分：近海污染生态调查和生物监测；

——在“3　术语和定义”中，增加和修改了有关术语(1991年版的3.4和3.7；本版的3.2、3.3、3.4、3.5、3.8、3.9、3.10和3.11)；同时每个术语都增补了对应的英语名称；

——在“4　一般规定”中，调查项目和主要仪器设备两条分别增补了新的测项和新的仪器设备(1991年版的5.1和6；本版的4.2.1和4.3)；在本版的“表1采水层次”中增加了200 m以深的采水层次(见4.2.4.1)；进一步规定了调查次数，细化了调查季度的时间(1991年版的5.5.2；本版的4.2.5)；修改和扩展了实验室的使用范围(1991年版的6.2.1，本版的4.3.2)；根据本次修订后的《海洋调查规范　第1部分：总则》GB/T 12763.1—2007的规定，航次报告和调查成果报告由原来的技术负责人编写修订为分别由首席科学家和项目负责人主持编写(1991年版的9.2.1和9.2.2，本版的4.6.1.4和4.6.1.5)等；

——在“5　叶绿素、初级生产力和新生产力测定”中，增加了“高效液相色谱(HPLC)法”、“叶绿素a和初级生产力的粒度分级测定”和“海洋新生产力(^{15}N示踪法)测定”(见5.2.3、5.4和5.5)；

——在“6　微生物调查”中，增加了“SYBR Green I直接计数法”、“DAPI直接计数法”、“细菌体积测定”、“^{3}H-亮氨酸示踪法”测定细菌生产量、“生态呼吸率测定”、“细菌比生长率、倍增时间和世代时间的计算”和“微生物分类鉴定”(见 6.3.4.1.1.1、6.3.4.1.1.3、6.3.4.1.1.4、6.3.4.2.1.2、6.3.4.2.2.2、6.3.4.3 和 6.3.5);

——“7　微微型、微型和小型浮游生物调查”为新增的章;

——在“8　大、中型浮游生物调查”中,增加了网具类型,修改了连续观测频率、样品处理、样品编号和制图取值标准(1991 年版的 20.1.2、19.6、20.3.4、21.1 和 22.6;本版的 8.2.1.1、8.1.1.3、8.2.3.2、8.3.1 和 8.4.4);

——在“9　鱼类浮游生物调查”中,修改了采集网具和丰度计算公式(1991 年版的 20.1.2 和 22.4;本版的 9.2.1.1 和 9.4.1);

——在“10　大型底栖生物调查”中,增加了“深拖光学系统和深海底栖生物拖网”和“大型底栖生物海底照相、录像与潜水采样”(见 10.2.1.2.5 和附录 C.4);

——在“11　小型底栖生物调查”中,增加了“潜水取样”、“潮间带采芯样”、“硅溶胶 Ludox—TM 离心漂浮法”和群落结构与生物多样性多元统计分析(见 11.2.1.6 和 11.2.2.2、11.2.2.1、11.3.4和附录 D.4);修改了采样设备(1991 年版的 28.1;本版的 11.2.1);

——“12　潮间带生物调查” 为新增的章;

——在“13　污损生物调查”中,修改了技术要求内容(1991 年版的 31;本版的 13.1.1),增加了调查要素和水泥试板用于海岸港工建设的污损生物调查(13.1.2 和 13.2.1.1.1c));

——在“14　游泳动物调查”中,将“性腺成熟系数”和“摄食饱满系数”纳入“资料整理”(1991 年版的 37.3.1.5 和 37.3.1.6;本版的 14.4.2.4 和 14.4.2.5)。修改和增加了一些重要渔获物的性腺成熟度和鱼类含脂量的划分标准(见本版的附录 F.1.2、附录 F.1.3、附录 F.1.4、附录 F.1.6、附录 F.1.7、附录 F.1.8 和附录 F.3);修改了游泳生物拖网网型(1991 年版的附录 F7;本版的附录 F.4);

——修改和增加了资料性附录“海洋生物调查、分析记录表格式”(1991 年版的附录 G;本版的附录 H)。

——本部分应与 GB/T 12763.1 和 GB/T 12763.7 配套使用。

本部分的附录 A、附录 B、附录 C、附录 D、附录 E 和附录 F 为规范性附录,附录 G 和附录 H 为资料性附录。

本部分由国家海洋局提出。

本部分由国家海洋标准计量中心归口。

本部分由国家海洋局第三海洋研究所负责修订,国家海洋局第一海洋研究所、国家海洋局第二海洋研究所、中国海洋大学、中国水产科学研究院东海水产研究所、中国水产科学研究院黄海水产研究所等参加修订。

本部分的主要起草和修订人:张玉生、杨清良、陈瑞祥、朱明远、叶德赞、宁修仁、林景宏、戴燕玉、江锦祥、张志南、李荣冠、黄宗国、郑成兴、郑元甲、赵宪勇、吕瑞华、陆斗定、史君贤、蔡昱明、林茂和周红。

本部分所代替标准的发布情况为:

——GB/T 12763.6—1991。

海洋调查规范
第6部分:海洋生物调查

1 范围

GB/T 12763的本部分规定了海洋生物调查的一般规定、技术要求和调查(测定)要素、采样、样品分析及资料整理的基本要求和方法。

本部分适用于海洋环境基本要素调查中的海洋生物调查。

2 规范性引用文件

下列文件中的条款通过GB/T 12763的本部分的引用而成为本部分的条款。凡是注日期的引用文件,其随后所有的修改单(不包括勘误的内容)或修订版均不适用于本部分,然而,鼓励根据本部分达成协议的各方研究是否可使用这些文件的最新版本。凡是不注日期的引用文件,其最新版本适用于本部分。

GB/T 14014 蚕丝、合成纤维筛网

GB/T 12763.1 海洋调查规范 第1部分:总则

GB/T 12763.7 海洋调查规范 第7部分:海洋调查资料处理

GB 17378.7 海洋监测规范 第7部分:近海污染生态调查和生物监测

3 术语和定义

GB/T 15919确立的以及下列术语和定义适用于GB/T 12763的本部分。

3.1

叶绿素 chlorophyll

自养植物细胞中一类很重要的色素,是植物进行光合作用时吸收和传递光能的主要物质。叶绿素a(Chl a)是其中的主要色素。

3.2

初级生产力 primary productivity

自养生物通过光合作用生产有机物的能力。通常以单位时间(年或天)内单位面积(或体积)中所产生的有机物(一般以有机碳表示)的质量计算,相当于该时间内相同面积(或体积)中的初级生产量。

[GB/T 15919—1995,定义2.210]

3.3

碳同化数 carbon assimilation number

指植物光合色素的光合作用效率。在CO_2与光照度充足的条件下,单位质量叶绿素与每小时所同化的碳量之比[常用“碳(毫克)/叶绿素(毫克)/小时”表示]。

[GB/T 15919—1995,定义2.217]

3.4

新生产力 new productivity

在真光层中再循环的氮为再生氮,由真光层之外提供的氮为新生氮。由再生氮源支持的那部分初级生产力称为再生生产力,由新生氮源支持的那部分初级生产力称为新生产力。

3.5

微生物　microbe

一群个体微小、结构简单、生理类型多样的单细胞或多细胞的低等生物，包括属于原核生物类的细菌、放线菌、支原体、立克次体、衣原体和蓝细菌，属于真核生物类的真菌（酵母菌和霉菌）、原生动物和显微藻类，以及属于非细胞生物类的病毒、类病毒和朊病毒。

3.6

细菌异养生长速率　bacterial heterotrophic growth rate

异养细菌利用有机物进行生长繁殖的速率。

3.7

细菌异养活性　bacterial heterotrophic activity

异养细菌进行生理代谢活动的能力。

3.8

细菌生产力　bacterial productivity

单位时间内、单位水体所产生的细菌生物量。

3.9

浮游生物　plankton

缺乏发达的运动器官，没有或仅有微弱的运动能力，悬浮在水层中，常随水流移动的生物。包括浮游植物和浮游动物两大类。

[GB/T 15919—1995，定义 2.126]

依个体的大小浮游生物可分为以下几种类型：粒径小于 2 μm 的称微微型浮游生物（picoplankton）；粒径为 2 μm～20 μm 的称微型浮游生物（nanoplankton）；粒径为 20 μm～200 μm 的称小型浮游生物（microplankton 或 netplankton）；粒径为 200 μm～2 000 μm 的称中型浮游生物（mesoplankton）；粒径为 2 000 μm～20 mm 的称大型浮游生物（macroplankton）；粒径大于 20 mm 的称巨型浮游生物（megaplankton）。

此外，鱼类浮游生物（ichthyoplankton）即为鱼卵和仔稚鱼。

3.10

底栖生物　benthos

栖息在水域基底表面或底内的生物。在海洋中，这类生物自潮间带至水深大于万米以上的超深渊带（深海沟底部）都有分布，是海洋生物中种类最多的一个生态类型，包括了大多数海洋动物门类，大型和微型定生海藻类和海洋种子植物。

[GB/T 15919—1995，定义 2.150]

依个体的大小，凡被孔径为 0.5 mm 套筛网目所截留的生物，称为大型底栖生物（macrobenthos）。凡能通过孔径为 0.5 mm 套筛网目，而被孔径为 0.042 mm 所截留的生物，称为小型底栖生物（meiobenthos）。

3.11

潮间带生物　intertidal benthos

生活在潮间带底表的植物和底表与底内的动物。

3.12

污损生物　fouling organism

生长在船底、浮标、平台和海中一切其他设施表面或内部的生物。这类生物一般是有害的。

[GB/T 15919—1995，定义 2.281]

3.13

游泳动物 nekton

具有发达的运动器官,在水层中能克服水流阻力自由游动的动物。如鱼类、大型虾、蟹类、头足类及海洋哺乳动物等。

[GB/T 15919—1995,定义 2.146]

4 一般规定

4.1 技术设计

根据调查任务进行技术设计,其内容包括调查断面、站位、项目、内容(含要素)、方法、时间、次数、专业配置、人员素质、船只、器材设备、预期成果等和调查计划编制。应特别注重海上采样和室内分析的技术要求和措施保障。调查计划编制的要求见 GB/T 12763.1 中的相关章节。

4.2 调查要求

4.2.1 调查项目

海洋生物调查项目包括:叶绿素、初级生产力和新生产力,微生物,微微型、微型和小型浮游生物,大、中型浮游生物,鱼类浮游生物,大型底栖生物,小型底栖生物,潮间带生物,污损生物和游泳动物。必要时,应包括渔业资源声学调查与评估。

4.2.2 辅助参数

海洋生物调查时,应视需要确定与其有关的辅助参数,并同步进行观测。

4.2.3 调查方式

海洋生物调查方式包括:大面观测、断面观测和连续观测。

4.2.4 采样方法、采样种类

4.2.4.1 采水样

适用于叶绿素浓度、初级生产力和新生产力,微生物,微微型、微型和小型浮游生物等调查项目的水样采集。应按规定水层采样(见表 1)。

表 1 采水层次

单位为米

测站水深范围	标准层次	底层与相邻标准层的最小距离
<15	表层、5、10、底层	2
15~50	表层、5、10、30、底层	2
50~100	表层、5、10、30、50、75、底层	5
100~200	表层、5、10、30、50、75、100、150、底层	10
>200	表层、5、10、30、50、75、100、150、200	

注 1:表层指海面下 0.5 m 深度以内的水层。
注 2:水深小于 50 m 时,底层为离底 2 m 的水层。
注 3:水深在 50~200 m 时,底层为离底 5 m 的水层。
注 4:可根据调查的特殊需要,酌情增加 200 m 以深的采水层次。
注 5:条件许可时,应充分考虑跃层和采集叶绿素次表层最大值所处的水层。

4.2.4.2 拖网采样

适用于大、中型浮游生物、鱼类浮游生物、大型底栖生物、游泳动物调查和渔业资源声学调查与评估等项目的采样。

4.2.4.3 底质采样

适用于微生物、潮间带生物和大、小型底栖生物调查项目的采样。

4.2.4.4 **挂板和水面或水中设施上采样**

适用于污损生物调查的采样。

4.2.5 **调查时间、调查次数和季节划分**

调查时间和调查次数应根据调查水域环境条件和调查目的确定。

a) 河口、港湾、沿岸海区和边缘海(marginal seas)调查

——受气象、流系的季节性影响显著的边缘海应每季度调查一次;受气候、水文的季节性影响明显且物质来源复杂的河口、港湾和沿岸海区,通常应每月(至少每季度)调查一次(潮间带生物每年调查2次~4次);如有特殊需要可酌情调整调查次数。若进行逐季或逐月调查,各季或各月调查的时间间隔应基本相等。进行河口、港湾调查时,应充分考虑潮汐的影响;

——一般以3月~5月为春季,6月~8月为夏季,9月~11月为秋季,12月~翌年2月为冬季,并分别以5月、8月、11月和2月代表春季、夏季、秋季和冬季。但热带海域应根据具体的海洋环境条件和调查目的酌情调整调查时间和调查次数。

b) 大洋和极地海域调查

应根据调查目的,选择调查时间,确定调查次数。

4.2.6 **定位**

按GB/T 12763.1的有关规定进行。

4.2.7 **出海准备**

海上所需物品,均应计算实用量和备用量;安装仪器设备,存放工具器皿,以安全方便为原则。

4.3 **调查和分析仪器设备**

4.3.1 **主要仪器设备**

调查和分析的主要仪器设备有采水器、网口流量计、各种网具及附件、底质采样器、漩涡分选装置、(水下)照相与摄影设备、探鱼仪(回声探测-积分系统);生物分类鉴定、计数、测定和称量的器械(如光学显微镜、倒置显微镜、落射荧光显微镜、分析天平等);离心、干燥、冷藏和烘干的设备;分光光度计、荧光计、液闪计数仪、质谱仪和高效液相色谱仪(HPLC)等仪器。

仪器设备、标准物质和试剂配备按GB/T 12763.1和本部分的有关规定进行。

4.3.2 **调查船实验室**

4.3.2.1 **一般实验室**

一般实验室应适用于叶绿素、浮游生物、底栖生物、潮间带生物、污损生物和游泳动物等样品处理和分析。

4.3.2.2 **放射性实验室**

放射性实验室应适用于初级生产力、新生产力和微生物样品应用^{14}C、^{15}N和^{3}H进行的分析测定,要求具有通风和放射性防护设施。放射性实验室与接触^{14}C、^{15}N和^{3}H的仪器设备都应具有明显标志,并定期检测放射性强度。

4.3.2.3 **微生物实验室**

微生物实验室应适用于微生物样品的处理,并应具备无菌操作设施。

4.3.3 **调查船其他设施**

a) 绞缆机,钢丝绳,起网吊杆,双拖网或单拖网(含网板)及探鱼仪等,均需适应大型底栖生物和游泳动物拖网的要求;

b) 动力绞车、钢丝绳、吊杆、海(淡)水源、工作电源、甲板工作空间和场所等条件,均需满足海洋生物各调查项目的采样要求。

4.4 **采样**

4.4.1 **采样要求**

4.4.1.1 **采样位置**

海洋生物调查现场采样时,应避开调查船的排污口。

4.4.1.2 采水样

使用调查项目规定的采水器采水，入水前应检查采水器的球盖是否打开，出水嘴是否关闭，准确放至预定水层，严守停滞时间。按要求取样、处理。

4.4.1.3 拖网采样

使用专业规定的网具采样，严格起、落网速度，准确判断网具到达预定水层。拖网时注意工作状态是否正常，遇异常情况应立即采取有效措施。起网后认真冲洗网具，收集样品，特别是粘附在网衣和网底管套筛绢上的生物样品严禁标本挟带。

4.4.1.4 采泥样

使用调查项目规定的采样器采样，严守操作程序，注意采样器的工作状态。按要求取样和处理。发现异常应重新采样。

4.4.1.5 挂板和水中设施上采样

按项目要求制板，正确选定挂板地点、挂板方式和采样设施。严格执行采样时间、取板程序和样品处理方法。

4.4.2 记录

各调查项目应按 GB/T 12763.1 和本部分的有关规定记录。样品采集、分析、鉴定和测定记录表的格式规定见本部分附录 H。

遇异常现象或新发现，除记录外还应现场拍照或录像。

4.4.3 采样工具、设备的要求

应满足 GB/T 12763.1 和本部分的有关规定。

4.5 样品分析

4.5.1 样品处理

各调查项目采得的样品应按 GB/T 12763.1 和本部分有关规定的具体要求处理。

4.5.2 样品测定

需要测定的样品，应按本部分相应调查项目的要求进行。

4.5.3 鉴定、计数

主要生物种类，一般应鉴定到种，并按本部分相应专业的要求计数。

4.5.4 样品保存

分析、测量、鉴定后的样品，可依资料分析、应用程度和学术价值高低，确定全部或部分保留。保留样品应按各专业的要求保管。

4.6 资料整理及报告编写

4.6.1 资料整理

4.6.1.1 计算、统计

鉴定、计数及测定结果按本部分各调查要素所规定的公式和格式进行计算、统计。

4.6.1.2 填写报表

按 GB/T 12763.1 和本部分的有关规定，并参考 GB/T 12763.7 的有关要求，填写各类报表。

4.6.1.3 绘制图表

有关数据资料形成后，根据本部分各调查要素的要求绘制各式图表。

4.6.1.4 编写航次报告

每航次海上调查完成后，首席科学家应按 GB/T 12763.1 有关规定主持编写航次报告。

4.6.1.5 编写调查报告

调查任务完成后，项目负责人应按 GB/T 12763.1 的有关规定和本部分各项目的调查结果主持编写调查成果报告。

4.6.2　资料归档、验收及成果鉴定

按 GB/T 12763.1 有关规定进行资料归档、验收和成果鉴定。

5　叶绿素、初级生产力和新生产力的测定

5.1　技术要求和测定要素

5.1.1　技术要求

5.1.1.1　叶绿素 a 测定

5.1.1.1.1　采样层次

见 4.2.4.1 表 1；条件许可时，应加采跃层上、跃层中、跃层下三层。

5.1.1.1.2　精密度

叶绿素 a 浓度在 0.5 mg/m^3 水平时，重复样品的相对误差为±10％。

5.1.1.2　初级生产力测定

5.1.1.2.1　采样层次

按光学深度，在光强为表层的 100％、50％、30％、10％、5％和 1％的深度上采水样，特殊情况可视要求而定。

5.1.1.2.2　测定范围

测定范围为 0.05 $mg/(m^3 \cdot h)$～100 $mg/(m^3 \cdot h)$。

5.1.1.2.3　精密度

初级生产力测定的精密度，当初级生产力在 30 $mg/(m^3 \cdot h)$水平时，重复样品的相对误差为±10％。（培养 3h，加强度为 185 kBq 的放射性^{14}C）。

5.1.1.3　新生产力测定

条件允许或有特殊需要时，应进行新生产力测定，其技术要求为：

a）培养瓶及采样器皿须酸洗以除去或尽量减少金属沾污；从采样到培养之间的时间间隔要尽量短，这期间要尽量避免阳光直射以减少光休克效应；在样品处理、过滤及同位素分析中，应避免外源氮的污染；

b）当采用气体质谱时，无法测得$^{15}NH_4$-N 的^{15}N 的丰度和浓度，应注意由$^{15}NH_4$-N 再生同位素稀释效应导致的负误差。在无其他选择时可缩短培养时间至 2 h；

c）实验过程中颗粒有机氮的增加会导致氮的吸收速率的低估；如果水体的生物量和生产率很高，可缩短培养时间以减少上述误差。

5.1.2　测定要素

测定要素为叶绿素、初级生产力和新生产力。

5.2　海水浮游植物色素测定

5.2.1　萃取荧光法（叶绿素 a）

5.2.1.1　方法原理

叶绿素 a 的丙酮萃取液受蓝光激发产生红色荧光，过滤一定体积海水所得的浮游植物用 90％丙酮提取其色素，使用荧光计测定提取液酸化前后的荧光值，计算出海水中叶绿素 a 的浓度。

5.2.1.2　主要仪器设备

a）荧光计：激发光波长 450 nm，发射光波长 685 nm；

b）抽滤装置：包括滤器、支架、抽滤瓶和真空泵；

c）玻璃纤维滤膜：其截留效率相当于 0.65 μm 孔径的聚碳酸酯微孔滤膜；

d）冰箱。

5.2.1.3　试剂

体积分数为 90％的丙酮、体积分数为 10％的盐酸、碳酸镁溶液 $\rho(MgCO_3)=10\ g/dm^3$。

5.2.1.4 **测定步骤**

5.2.1.4.1 **荧光计校准**

5.2.1.4.1.1 **校准频率**

至少每半年一次。

5.2.1.4.1.2 **标准叶绿素 a 溶液(ρ=1 mg/dm^3)制备**

过滤一定量的生长良好、处于指数生长前期的培养硅藻，用 90% 丙酮提取其叶绿素 a，或者用 90% 丙酮溶解一定量的市售叶绿素 a 结晶，浓度大约为 ρ=1 mg/dm^3。

5.2.1.4.1.3 **标准叶绿素 a 溶液浓度标定**

使用分光光度计正确测定标准叶绿素 a 溶液的浓度。

5.2.1.4.1.4 **叶绿素 a 标准工作溶液配制**

用上述标准叶绿素 a 溶液配制浓度不同的标准工作溶液，供各量程档校准用。

5.2.1.4.1.5 **换算系数 F_d 的测定**

上述不同浓度的标准工作溶液，在不同量程档上进行酸化前后荧光值的测定。各量程档的换算系数 F_d 的计算公式：

$$F_d = \frac{\rho(\mathrm{Chl\ a})}{R_1 - R_2} \qquad \cdots\cdots(1)$$

式中：

F_d——量程档"d"的换算系数，单位为毫克每立方米(mg/m^3)；

ρ(Chl a)——叶绿素 a 的标准工作溶液的浓度，单位为毫克每立方米(mg/m^3)；

R_1——酸化前的荧光值；

R_2——酸化后的荧光值。

5.2.1.4.2 **水样测定**

5.2.1.4.2.1 **采样**

按 4.2.4.1 表 1 规定的深度采水样，并记录于表 H.1。

5.2.1.4.2.2 **过滤**

采样后，应尽快过滤。过滤海水的体积视调查海区而定，富营养海区一般可过滤 50 cm^3～100 cm^3；中营养海区过滤 200 cm^3～500 cm^3；寡营养海区可过滤 500 cm^3～1 000 cm^3。过滤时抽气负压应小于 50 kPa，记录于表 H.1。

5.2.1.4.2.3 **滤膜保存**

过滤后的滤膜应在 1 h 内提取，若无条件提取测量，可将滤膜对折，用铝箔包好，存放于低温冰箱(−20℃)，保存期可为 60 d 或放入液氮中保存期可为一年。

5.2.1.4.2.4 **提取**

将载有浮游植物的滤膜放入加有 10 cm^3 体积分数为 90% 丙酮的提取瓶内，盖紧，摇荡，立即放于低温(0℃)冰箱内，提取 12 h～24 h。

5.2.1.4.2.5 **荧光测定**

测定步骤如下：

a) 取出样品放在室温、黑暗处约 0.5 h，使样品温度与室温一致；

b) 每批样品测定前后，以体积分数为 90% 丙酮作对比液，测出各量程档的空白荧光值 F_{01} 和 F_{02}；

c) 将提取瓶内上清液倒入测定池中，选择适当量程档，测定样品的荧光值 R_b；

d) 加 1 滴体积分数为 10% 盐酸于测定池中，30 s 后测定其荧光值 R_a；

e) 将结果记录于表 H.2。

5.2.2 **分光光度法(包括叶绿素 a、b 和 c)**

5.2.2.1 **方法原理**

叶绿素 a、b、c 的丙酮萃取液在红光波段各有一吸收峰。一定体积海水中的浮游植物经滤膜滤出，用90%丙酮提取其叶绿素，应用分光光度计测定，根据三色分光光度法方程，计算海水中叶绿素a、b、c的浓度。

5.2.2.2 试剂

碳酸镁溶液：$\rho(MgCO_3)=10\ mg/dm^3$；体积分数为90%的丙酮。

5.2.2.3 主要仪器设备

主要仪器设备有以下几种：

a) 分光光度计：波长必须准确，波带宽度≤2 nm，消光值可读到0.001；
b) 抽滤装置：见5.2.1.2 b)；
c) 滤膜：截留效率相当于0.65 μm孔径的聚碳酸酯核孔滤膜或玻璃纤维滤膜、纤维素酯微孔滤膜或其他滤膜；
d) 贮样干燥器、研磨器、离心机、具塞离心管和冰箱。

5.2.2.4 测定步骤

5.2.2.4.1 采样

见5.2.1.4.2.1。

5.2.2.4.2 过滤

采样后应尽快过滤。将滤膜置于滤器上，加5 cm^3 碳酸镁溶液，接着过滤海水样，过滤时负压应小于50 kPa。过滤海水体积视调查水域而定，近岸水取0.5 dm^3～2 dm^3，外海水取5 dm^3～10 dm^3。

5.2.2.4.3 保存

过滤后的样品应立即研磨提取。若条件不允许，可将滤膜对折两次，置于贮样干燥器内低温(＜－20℃)黑暗保存，期限最长两个月。

5.2.2.4.4 研磨

将载有浮游植物的滤膜放入研磨器，加2 cm^3 或3cm^3体积分数为90%的丙酮，研磨，后将样品移入具塞离心管中，研磨器用体积分数为90%丙酮洗涤2次或3次，洗涤液一并倒入离心管中，但总体积不能超过10 cm^3。

5.2.2.4.5 提取

将具塞离心管置于低温黑暗处提取30 min。

5.2.2.4.6 离心

提取液于4 000 r/min条件下离心10 min，上清液倒入刻度试管中，并定容为10 cm^3 或15 cm^3。

5.2.2.4.7 测定

将提取液注入光程为1 cm～10 cm的比色槽中，以体积分数为90%丙酮作空白对照，用分光光度计测定波长为750 nm、664 nm、647 nm、630 nm处的溶液消光值。测定结果记录于表H.3。

5.2.2.5 消光值选择

作浊度校正的750 nm处消光值不超过每厘米光程0.005，664 nm处消光值最好在0.1～0.8之间。

5.2.3 高效液相色谱(HPLC)法

5.2.3.1 方法原理

浮游植物所含各种光合色素经提取后，在一定溶剂系统中，可经高效液相色谱柱进行分离，再由检测器检测并获得色谱图。根据与标准色素比较保留时间及色谱图可鉴别色素种类，根据色谱峰的面积可计算含量。

5.2.3.2 主要仪器设备

a) 高效液相色谱仪：包括溶剂流动相系统、高压泵、进样器、色谱柱、检测器、计算机等；
b) 抽滤装置、玻璃纤维滤膜、液氮罐、超声波粉碎器和离心机等。

5.2.3.3 试剂

丙酮、水、甲醇、乙腈和乙酸乙酯(均为色谱纯);醋酸铵;BHT(2,6-二叔丁基对甲酚)、角黄素。

5.2.3.4 测定步骤

5.2.3.4.1 采样

同5.2.1.4.2.1。

5.2.3.4.2 过滤

采样后,应尽快过滤,视海水中浮游植物数量,过滤 0.5 dm^3～4 dm^3 海水(贫营养海区 3 dm^3～4 dm^3,中等营养海区 1 dm^3～2 dm^3,富营养海区 0.5 dm^3～1 dm^3),过滤时使用孔径为 0.65 μm、直径为 25 mm 的玻璃纤维滤膜,抽滤负压不超过 50 kPa,并注意避光。

5.2.3.4.3 保存

过滤后,如不能立即提取,滤膜应保存在液氮罐中。在放入液氮或超低温冷冻之前,冷冻保存(－20℃)不能超过 20 h。滤膜可用预先标记好的铝箔包裹保存。

5.2.3.4.4 萃取

将滤膜从液氮中取出,解冻约 1 min,放入玻璃离心管中,加入 3$cm^3$90%丙酮,再加入 50 mm^3 角黄素作内标准物(角黄素亦可预先加在提取溶剂丙酮中)。用体积分数为 90%丙酮提取一张玻璃纤维滤膜作空白样。混合物用超声波粉碎(50 W, 30 s),然后在 0℃条件下提取 24 h。分析前将提取物混匀后离心去除细胞残屑,并用载有聚四氯乙烯滤膜(直径 13mm,孔径 0.2 μm)的注射式滤器过滤。

5.2.3.4.5 高效液相色谱测定

5.2.3.4.5.1 HPLC 系统准备

a) 高压进样阀(带有 200 mm^3 样品环);
b) C-18 保护柱(50 mm×4.6 mm);
c) 反相 C-18 色谱分析柱(250 mm×4.6 mm);
d) 紫外-可见吸收检测器(测定波长为 436 nm 和 450 nm);
e) 配有数据处理系统软件的计算机;
f) HPLC 溶剂:
——溶剂 A:甲醇∶0.5 mol 醋酸铵(80∶20), 0.01%BHT;
——溶剂 B:乙腈∶水(87.5∶12.5), 0.01%BHT;
——溶剂 C:乙酸乙酯。

以上溶剂均用色谱纯,使用前以 0.45 μm 滤膜过滤。

5.2.3.4.5.2 操作步骤

a) 用溶剂 A 建立并平衡 HPLC 系统 1 h,流量为 1 cm^3/min;
b) 根据所测样品的浓度范围,每种色素准备至少 5 个浓度的工作标准液,并以该标准液校正 HPLC 系统;
c) 取每种工作标准液 1 000 mm^3,以 300 mm^3 蒸馏水稀释,混匀并平衡 5 min,润洗样品注射器两次,进样 500 mm^3(样品环体积的 2.5 倍);
d) 色素样品和空白样的准备及进样方法同标准液。注意进样时应避免有气泡,样品间的进样间隔应保持均匀。预先混有蒸馏水或其他溶剂的样品不能滞留在自动进样器中,以免疏水性的色素从溶液中析出;
e) 进样后通过梯度洗脱程序(见表 2)对叶绿素和类胡萝卜素进行最佳分离,分析过程中通过氮气或在线脱气机对流动相溶液进行脱气;
f) 根据比较色素样品与标准的色谱峰的保留时间来鉴定样品的色素种类,收集各洗脱峰可进一步进行分光确定;
g) 填写表 H.4。

5.2.4 以上三种方法以萃取荧光法优先

5.3 海洋初级生产力(^{14}C示踪法)测定

5.3.1 方法原理

一定数量的放射性碳酸氢盐 $H^{14}CO_3^-$ 或碳酸盐 $^{14}CO_3^{2-}$ 加入到已知二氧化碳总浓度的海水样品中，经一段时间培养，测定浮游植物细胞内有机^{14}C的量，即可计算浮游植物通过光合作用合成有机碳的量。

5.3.2 主要仪器设备

a) 水下光量子仪、水下照度计或透明度盘；

b) 样品培养箱或培养瓶罩：用中性衰光材料，将光衰减为100%，50%，30%，10%，5%和1%；

c) 抽滤装置：见5.2.1.2 b)；

d) 滤膜：孔径为0.65 μm的纤维素酯微孔滤膜；

e) 液体闪烁计数仪、通风橱和振荡器。

5.3.3 试剂

a) 过滤海水

用调查海区的海水，经玻璃纤维或纤维素酯微孔滤膜过滤，盛于干净的试剂瓶中备用。

b) ^{14}C工作溶液

用过滤海水稀释^{14}C贮备液，使放射性强度约为1 850 kBq/cm³，或视要求而定。

c) 闪烁液

d) 测总计数闪烁液

每10 cm³闪烁液中加0.2 cm³的苯乙胺。

e) 0.1 mol/dm³ 盐酸。

表2 HPLC梯度洗脱程序

时间/min	流量/(cm³·min⁻¹)	A%	B%	C%	状态
A. 分析步骤					
0.0	1.0	100	0	0	进样
2.0	1.0	0	100	0	梯度洗脱
2.6	1.0	0	90	10	梯度洗脱
13.6	1.0	0	65	35	梯度洗脱
18.0	1.0	0	31	69	梯度洗脱
23.0	1.0	0	31	69	保持
25.0	1.0	0	100	0	梯度洗脱
26.0	1.0	100	0	0	梯度洗脱
34.0	1.0	100	0	0	保持
B. 结束步骤					
0	1.0	100	0	0	分析完成
3.0	1.0	0	100	0	梯度洗脱
6.0	1.0	0	0	100	梯度洗脱
16.0	1.0	0	0	100	冲洗
17.0	1.0	0	0	100	结束

5.3.4 测定步骤

5.3.4.1 萃灭校正方程的确定

用一系列(一般不少于6个)^{14}C萃灭标准瓶,在液闪计数仪上测定。用直线回归法得出比求效率的方程。

5.3.4.2 采样深度的确定

使用水下光量子仪或照度计,测定水柱中不同深度的光辐射强度,或者用透明度盘测定海水的透明度,确定采样的光学深度。

5.3.4.3 水样测定

5.3.4.3.1 采样

按预定深度采样,并记录于表H.5。采样时应使用不透光和没有铜制部件的采水器,水样避免阳光直接照射。

5.3.4.3.2 水样分装

采样后,尽快在弱光下,将水样经孔径为200 μm左右的筛绢过滤,分装至培养瓶。培养瓶必须清洗干净,并经体积分数为2%的稀盐酸浸泡24 h以上。每层样品应包括两个白瓶和一个黑瓶,第一层和第四层样品还应各分装一个零时间培养瓶(或根据现场调查情况选定),零时间培养瓶中水样体积必须准确。剩余水样按5.2.1的规定,测定各层次水样的叶绿素a浓度。

5.3.4.3.3 加^{14}C工作液

取相同体积的^{14}C工作溶液加至每个培养瓶。所加数量视样品中浮游植物多少和培养时间而定。一般在水深小于200 m海区,培养24 h,加37 kBq～370 kBq,水深大于200 m海区加370 kBq～740 kBq。

5.3.4.3.4 取总计数样

用微量吸液器从每一零时间培养瓶中吸取一定体积水样两份,分别移入2个总计数闪烁瓶中,加20 cm^3闪烁液,盖紧,混匀,供作放射性活度测定。

5.3.4.3.5 培养

将已加有^{14}C的培养瓶(零时间培养瓶除外),放入各相应的培养箱内,或罩上各相应的培养罩,再放入透明的培养箱内。记下开始培养时间,培养箱应置于阳光不受遮蔽处,并用流动的表层海水保持培养期间的温度恒定,培养时间一般在2 h～24 h之间,并尽量接近当地中午时间。

5.3.4.3.6 零时间样品的过滤

培养开始后,立即过滤两个零时间样品,所得载有浮游植物的滤膜,放入闪烁瓶,在通风橱中,加入1 cm^3 0.1 mol/dm^3盐酸,15 min后加盖。或在通风橱中以浓盐酸蒸气熏滤膜15 min,放入闪烁瓶。

5.3.4.3.7 过滤

样品培养后,过滤水样步骤见5.3.4.3.6。

5.3.4.3.8 放射性活度测定

向装有带浮游植物的滤膜的闪烁瓶加入10 cm^3闪烁液,在振荡器上缓慢振荡至少20 min后,把闪烁瓶置于液体闪烁计数仪内使样品暗适应12 h后测定,并记录于表H.5。

5.3.4.4 水样二氧化碳总浓度测定

测定海水样品的盐度,计算海水中二氧化碳总浓度:

$$\rho(C) = (0.067S - 0.05) \times 12\,000 \qquad (2)$$

式中:

$\rho(C)$——海水中二氧化碳的总浓度(以C计),单位为毫克每立方米(mg/m^3);

S——海水实用盐度(无量纲)。

5.4 叶绿素a和初级生产力的粒度分级测定

5.4.1 叶绿素a

5.4.1.1 方法原理

通过不同孔径的滤膜可以把不同粒径的浮游植物分别截留下来,从而达到对不同粒度的浮游植物进行分级测量的目的。粒级划分按国际通用标准，一般分为 20 μm～200 μm(小型)、2 μm～20 μm(微型)和<2 μm(微微型)三个粒级。分级后测量方法原理同 5.2.1.1。

5.4.1.2 主要仪器设备

a) 荧光计：同 5.2.1.2 a)；

b) 抽滤装置：同 5.2.1.2 b)；

c) 滤膜：200 μm 筛绢(用以除去较大型浮游生物)；20 μm 筛绢、2 μm 核孔滤膜、0.65 μm 玻璃纤维滤膜；

d) 冰箱。

5.4.1.3 试剂

同 5.2.1.3。

5.4.1.4 测定步骤

5.4.1.4.1 荧光计校准

同 5.2.1.4.1。

5.4.1.4.2 水样测定

5.4.1.4.2.1 过滤

采样后，先经 200 μm 筛绢过滤一遍，然后将充分混合均匀的水样一式两份，一份直接用玻璃纤维滤膜过滤；另一份则依次通过 20 μm 筛绢(在无抽滤负压条件下)、2 μm 核孔滤膜和 0.65 μm 玻璃纤维滤膜三种规格滤膜过滤，分别记为 $Micro^-$(或 Net^-)、$Nano^-$ 和 $Pico^-$。

5.4.1.4.2.2 样品保存和提取

分别同 5.2.1.4.2.3 和 5.2.1.4.2.4。

5.4.1.4.2.3 荧光测定

同 5.2.1.4.2.5。

5.4.2 初级生产力

5.4.2.1 方法原理

同 5.4.1.1 和 5.3.1。

5.4.2.2 主要仪器设备

a) 水下光量子仪、水下照度计或透明度盘；

b) 样品培养箱或培养瓶罩：同 5.3.2b)；

c) 抽滤装置：同 5.3.2c)；

d) 滤膜：20 μm 筛绢、2 μm 核孔滤膜、0.65 μm 的微孔玻璃纤维滤膜；

e) 液体闪烁计数仪、通风橱和振荡器。

5.4.2.3 试剂

同 5.3.3。

5.4.2.4 测定步骤

除过滤时将每层培养的两个白瓶(平行样)中的一个直接用 0.65 μm 的微孔玻璃纤维滤膜，而另一个则依次用 20 μm 筛绢、2 μm 的核孔滤膜、0.65 μm 的微孔滤膜分级过滤外，其余步骤同 5.3.4。

5.5 海洋新生产力(^{15}N 示踪法)测定

5.5.1 方法原理

海洋真光层(即光合作用层)生态系统中的氮营养盐可根据其来源划分为内源(如 NH_4-N、Urea-N)和外源(如 NO_3-N、N_2-N)两部分，由外源氮构成的初级生产力为新生产力，内源氮构成的初级生产力为再生生产力。因此通过 ^{15}N 同位素标记外源氮和内源氮，并测定它们的吸收率即可测算新生产力和再生生产力。由于 NO_3-N 和 NH_4-N 分别是最主要的外源氮和内源氮，通常只测 NO_3-N 和 NH_4-N 的吸收率。(注意新生产力概念在近海的局限性：当有 NH_4-N 等还原态氮来自系统外部时，由该法测得的新生产力有负误差)。

5.5.2 主要仪器设备

质谱仪、消解设备——常规消煮炉。

5.5.3 试剂

a) 示踪剂:丰度为95%~99%原子的$K^{15}NO_3$、$^{15}NH_4Cl$或$(^{15}NH_4)_2SO_4$;

b) 氧化剂:AR级浓H_2SO_4;

c) 增温剂:AR级K_2SO_4;

d) 催化剂:AR级$CuSO_4$,Se;

e) 加速剂:按K_2SO_4:$CuSO_4$:Se=200:20:1比例配成;

f) 扩散剂:AR级NaOH(10 mol/dm^3);

g) 吸收剂:GR级HCl(0.6mol/dm^3)。

5.5.4 现场实验

5.5.4.1 采样与培养

a) 采样方法、水层深度与"^{14}C法测定初级生产力"相一致。若考虑大型浮游动物的干扰,可将现场水样用200 μm筛绢过滤以除之;

b) 实验采用酸洗的聚碳酸酯(polycarbonate)瓶。酸洗可采用无金属硝酸清洗法,使用该方法应非常小心,需多次的蒸馏水冲洗,确保无滞留的NO_3-N污染。为避免氮污染,也可用稀盐酸来代替硝酸。

c) 取500 cm^3~1 000 cm^3海水用于现场培养实验(在条件允许的情况下培养体积尽量大一些以减少误差)。如果采取甲板流水控温模拟现场培养,应用不同透光率的遮光物来模拟各采样深度的现场光强度。对于深层样品,特别是温跃层内或温跃层下方水样的培养,另外采用控温处理是必要的。

5.5.4.2 示踪添加剂

$^{15}NO_3$-N和$^{15}NH_4$-N的添加量应不多于所测现场氮浓度的10%,对于现场氮浓度低于检测限的情况,视营养盐分析方法的检测下限添加。

5.5.4.3 培养时间

培养时间一般为4 h。实验最少一天进行两次,白天一次,夜里一次。因为浮游植物氮吸收并非完全依赖于光,且浮游细菌也能利用一部分NH_4-N和NO_3-N。

5.5.4.4 样品过滤与保存

培育完毕后,水样在负压<0.03 MPa条件下过滤到经450℃~500℃下灼烧5 h~6 h的玻璃纤维滤膜上,并用过滤海水清洗滤膜,除去滤膜孔隙中滞留的溶解态^{15}N。待海水刚刚滤完时立即停止负压,小心取下滤膜立即进行干燥或于-20℃下密闭贮存。

5.5.5 同位素分析

5.5.5.1 离子质谱法

样品经以下步骤处理:

a) 消解:采用Kjeldahl法消解膜样品,将有机氮转化为NH_4^+态氮;

b) NH_4^+的扩散吸收:将消解液定容,取适量于小型Conway皿之外槽,将盛有300 mm^3~400 mm^3的吸收剂的小表面皿置于Conway皿之中心。在消解液中加入8 cm^3~10 cm^3扩散剂,混匀后在40℃下扩散吸收12 h;

c) ^{15}N丰度测定:经扩散吸收提纯的样品,再经低温风干浓缩至15 mm^3~25 mm^3,取1 mm^3~2 mm^3于样品靶上,低温风干后进样测定^{15}N丰度;

d) 实验水样中的$^{15}NH_4$-N丰度,可直接经扩散吸收后测定,NH_4-N浓度、颗粒有机氮(PON)浓度可由同位素稀释法同时测得。

5.5.5.2　气体质谱法

将膜样品直接经 Dumas 法燃烧，将 PON 全部转变为 N_2，测定 N_2 中 ^{15}N 同位素丰度。

5.5.5.3　填写表 H.6。

5.6　资料整理

5.6.1　海水浮游植物色素的测定

5.6.1.1　萃取荧光法(叶绿素 a)的资料整理

5.6.1.1.1　数据计算

5.6.1.1.1.1　计算海水中叶绿素 a 浓度

$$\rho_v(\mathrm{Chl\ a}) = \frac{F_d \cdot (R_b - R_a) \cdot V_1}{V_2} \quad \cdots\cdots(3)$$

式中：

$\rho_v(\mathrm{Chl\ a})$——海水中叶绿素 a 质量浓度，单位为毫克每立方米(mg/m^3)；

F_d——量程档"d"的换算系数，单位为毫克每立方米(mg/m^3)；

R_b——酸化前荧光值；

R_a——酸化后荧光值；

V_1——提取液的体积，单位为毫升(cm^3)；

V_2——过滤海水的体积，单位为毫升(cm^3)。

5.6.1.1.1.2　计算水柱叶绿素 a 含量

$$\rho_s(\mathrm{Chl\ a}) = \sum_{i=1}^{n-1} \frac{\rho_{vi}(\mathrm{Chl\ a}) + \rho_{vi+1}(\mathrm{Chl\ a})}{2} \cdot (D_{i+1} - D_i) \quad \cdots\cdots(4)$$

式中：

$\rho_s(\mathrm{Chl\ a})$——水柱叶绿素 a 含量，单位为毫克每平方米(mg/m^2)；

$\rho_{vi}(\mathrm{Chl\ a})$——第 i 层叶绿素 a 质量浓度，单位为毫克每立方米(mg/m^3)；

D_i——第 i 层的深度，单位为米(m)；

n——取样层次数；

$1 \leqslant i \leqslant n-1$。

5.6.1.1.1.3　计算水柱叶绿素 a 平均浓度值

$$\rho_v(\mathrm{Chl\ a}) = \frac{\rho_s(\mathrm{Chl\ a})}{D} \quad \cdots\cdots(5)$$

式中：

$\rho_v(\mathrm{Chl\ a})$——水柱叶绿素 a 平均质量浓度值，单位为毫克每立方米(mg/m^3)；

$\rho_s(\mathrm{Chl\ a})$——水柱叶绿素 a 含量，单位为毫克每平方米(mg/m^2)；

D——最大取样深度，单位为米(m)。

5.6.1.1.2　填写表 H.2

5.6.1.1.3　绘制分布图

5.6.1.1.3.1　平面分布图

a)　各层次分布图

等值线取值标准(单位为 mg/m^3)：0.10，0.20，0.30，0.50，0.75，1.00，1.50，2.00，3.00，5.00，10.00；

b)　含量分布图

等值线取值标准(单位为 mg/m^2)：1.00，1.50，2.00，3.00，5.00，10.00，20.00，30.00，50.00，100.00，200.00，300.00，500.00。

5.6.1.1.3.2　断面分布图

等值线取值标准(单位为 mg/m^3)：0.10，0.20，0.30，0.50，0.75，1.00，1.50，2.00，3.00，

5.00，10.00。

上述平面和断面分布图取值标准，可视具体情况增减。

5.6.1.2 分光光度法的资料整理

5.6.1.2.1 数据计算

5.6.1.2.1.1 计算提取液中叶绿素 a、b、c 的质量浓度

$$\rho_n(\text{Chl a}) = 11.85E_{664} - 1.54E_{647} - 0.08E_{630} \quad \cdots\cdots(6)$$

$$\rho_n(\text{Chl b}) = 21.03E_{647} - 5.43E_{664} - 2.66E_{630} \quad \cdots\cdots(7)$$

$$\rho_n(\text{Chl c}) = 24.52E_{630} - 1.67E_{664} - 7.60E_{647} \quad \cdots\cdots(8)$$

式中：

$\rho_n(\text{Chl a})$——提取液中叶绿素 a 的质量浓度，单位为微克每立方厘米（$\mu g/cm^3$）；

$\rho_n(\text{Chl b})$——提取液中叶绿素 b 的质量浓度，单位为微克每立方厘米（$\mu g/cm^3$）；

$\rho_n(\text{Chl c})$——提取液中叶绿素 c 的质量浓度，单位为微克每立方厘米（$\mu g/cm^3$）；

E_{664}——波长为 664 nm 处 1 cm 光程经浊度校正的消光值；

E_{647}——波长为 647 nm 处 1 cm 光程经浊度校正的消光值；

E_{630}——波长为 630 nm 处 1 cm 光程经浊度校正的消光值。

5.6.1.2.1.2 计算海水中叶绿素 a、b、c 的浓度

$$\rho(\text{Chl a}) = \frac{\rho_n(\text{Chl a}) \cdot V_1}{V_2} \quad \cdots\cdots(9)$$

$$\rho(\text{Chl b}) = \frac{\rho_n(\text{Chl b}) \cdot V_1}{V_2} \quad \cdots\cdots(10)$$

$$\rho(\text{Chl c}) = \frac{\rho_n(\text{Chl c}) \cdot V_1}{V_2} \quad \cdots\cdots(11)$$

式中：

$\rho(\text{Chl a})$——海水中叶绿素 a 的质量浓度，单位为毫克每立方米（mg/m^3）；

$\rho(\text{Chl b})$——海水中叶绿素 b 的质量浓度，单位为毫克每立方米（mg/m^3）；

$\rho(\text{Chl c})$——海水中叶绿素 c 的质量浓度，单位为毫克每立方米（mg/m^3）；

$\rho_n(\text{Chl a})$——提取液中叶绿素 a 的质量浓度，单位为微克每立方厘米（$\mu g/cm^3$）；

$\rho_n(\text{Chl b})$——提取液中叶绿素 b 的质量浓度，单位为微克每立方厘米（$\mu g/cm^3$）；

$\rho_n(\text{Chl c})$——提取液中叶绿素 c 的质量浓度，单位为微克每立方厘米（$\mu g/cm^3$）；

V_1——提取液的体积，单位为毫升（cm^3）；

V_2——过滤海水的体积，单位为升（dm^3）。

5.6.1.2.1.3 计算海水中叶绿素总质量浓度

$$\rho(\text{Chl}) = \rho(\text{Chl a}) + \rho(\text{Chl b}) + \rho(\text{Chl c}) \quad \cdots\cdots(12)$$

式中：

$\rho(\text{Chl})$——海水中叶绿素总质量浓度，单位为毫克每立方米（mg/m^3）；

$\rho(\text{Chl a})$——海水中叶绿素 a 的质量浓度，单位为毫克每立方米（mg/m^3）；

$\rho(\text{Chl b})$——海水中叶绿素 b 的质量浓度，单位为毫克每立方米（mg/m^3）；

$\rho(\text{Chl c})$——海水中叶绿素 c 的质量浓度，单位为毫克每立方米（mg/m^3）。

5.6.1.2.2 计算水柱叶绿素 a 含量

见 5.6.1.1.1.2。

5.6.1.2.3 计算水柱叶绿素 a 平均质量浓度

见 5.6.1.1.1.3。

5.6.1.2.4 填写表 H.3

5.6.1.2.5 绘制分布图

见 5.6.1.1.3。

5.6.1.3 高效液相色谱法的资料整理

5.6.1.3.1 色谱图检验

在获取色谱图后应立即进行检验，如果发现问题，应重新进样测定。一般情况下计算机软件会自动对每一个峰进行积分。但应对基线，峰的开始点和结束点进行核对。

5.6.1.3.2 色谱峰鉴别

每一个峰所代表的色素种类通常根据保留时间或色谱图来确定，如果在测试样品前测定了色素组成已知的培养藻类的样品或根据标准色素鉴别工作就较简单。

5.6.1.3.3 色素含量计算

色素含量是根据进样量和峰面积积分来计算的。

a) 计算色素响应系数

对每种色素，做出其吸收峰面积对进样色素质量的关系曲线，该色素的 HPLC 响应系数 F(area/10^{-6} g)通过色素峰面积与标准液进样量(μg)的回归斜率计算。

$$F=\frac{A}{M} \qquad \cdots\cdots(13)$$

式中：

F——色素响应系数；

A——色素的峰面积；

M——注射色素标准的质量(色素质量浓度与进样体积的乘积)。

b) 计算色素含量

$$C=\frac{A\cdot V_{\text{ext}}\cdot A_{\text{Blk}}^{\text{Ca}}}{F\cdot V_{\text{inj}}\cdot V_{\text{flt}}\cdot A_{\text{Smp}}^{\text{Ca}}} \qquad \cdots\cdots(14)$$

式中：

C——色素含量，单位为微克每升(μg/L)；

A——样品色素峰面积；

V_{ext}——提取体积，单位为毫升(mL)；

V_{inj}——注射体积，单位为毫升(mL)；

V_{flt}——样品过滤体积，单位为升(L)；

$A_{\text{Blk}}^{\text{Ca}}$——丙酮中内标准物的峰面积；

$A_{\text{Smp}}^{\text{Ca}}$——样品中内标准物的峰面积。

5.6.1.3.4 填写表 H.4

5.6.2 初级生产力的资料整理

5.6.2.1 数据计算

5.6.2.1.1 计算加入^{14}C 的量

$$R=\frac{R_{\text{t}}\cdot V_1\times 1\,000}{V_2} \qquad \cdots\cdots(15)$$

式中：

R——加入^{14}C 的量，单位为千贝可(kBq)；

R_{t}——各总计数闪烁瓶测得^{14}C 数量的平均值，单位为千贝可(kBq)；

V_1——培养水样的体积，单位为毫升(mL)；

V_2——取测总计数水样的体积，单位为毫升(mL)。

5.6.2.1.2 计算海洋初级生产力

$$P_{\mathrm{v}}=\frac{(R_{\mathrm{s}}-R_{\mathrm{b}})\cdot\rho(\mathrm{C})}{R\cdot T} \qquad \cdots\cdots(16)$$

式中：

P_{v}——海洋初级生产力(以C计)，单位为毫克每立方米小时[$\mathrm{mg/(m^3\cdot h)}$]；

R——加入^{14}C的量，单位为千贝可(kBq)；

R_{s}——白瓶样品中^{14}C的放射性活度的平均值，单位为千贝可(kBq)；

R_{b}——零时间样品中^{14}C的放射性活度，单位为千贝可(kBq)；

$\rho(\mathrm{C})$——海水中二氧化碳的总浓度，单位为毫克每立方米($\mathrm{mg/m^3}$)；

T——培养时间，单位为小时(h)。

5.6.2.1.3 计算碳同化数

$$I=\frac{P_{\mathrm{v}}}{\rho_{\mathrm{v}}(\mathrm{Chl\ a})} \qquad \cdots\cdots(17)$$

式中：

I——碳同化数，单位为每小时($\mathrm{h^{-1}}$)；

P_{v}——水体初级生产力，单位为毫克每立方米小时[$\mathrm{mg/(m^3\cdot h)}$]；

$\rho_{\mathrm{v}}(\mathrm{Chl\ a})$——水体中叶绿素a的浓度，单位为毫克每立方米($\mathrm{mg/m^3}$)。

5.6.2.1.4 计算水柱初级生产力

$$P_{\mathrm{s}}=\sum_{i=1}^{n-1}\frac{P_{\mathrm{v}i}+P_{\mathrm{v}i+1}}{2}\cdot(D_{i+1}-D_i) \qquad \cdots\cdots(18)$$

式中：

P_{s}——水柱初级生产力，单位为毫克每平方米小时[$\mathrm{mg/(m^2\cdot h)}$]；

$P_{\mathrm{v}i}$——第i层初级生产力，单位为毫克每立方米小时[$\mathrm{mg/(m^3\cdot h)}$]；

n——采样层次数；

D_i——第i层深度，单位为米(m)；

$1\leqslant i\leqslant n-1$。

5.6.2.2 填写表H.5

5.6.2.3 绘制分布图

5.6.2.3.1 平面分布图

等值线取值标准[单位为 $\mathrm{mg/(m^2\cdot h)}$]：1.0，5.0，10.0，20.0，30.0，50.0，100.0，150.0，200.0。

5.6.2.3.2 断面分布图

等值线取值标准[单位为 $\mathrm{mg/(m^3\cdot h)}$]：0.1，0.3，0.5，1.0，3.0，5.0，10.0，30.0，50.0，100.0。

上述平面和断面分布图等值线取值标准，可视具体情况增减。

5.6.3 叶绿素a和初级生产力的粒度分级测定的资料整理

5.6.3.1 叶绿素a的粒度分级测定的资料整理

a) 分别计算出不同粒级(Micro$^-$、Nano$^-$和Pico$^-$)浮游植物叶绿素a的含量和直接用玻璃纤维滤膜过滤的浮游植物叶绿素a的总量计算公式同5.6.1.1.1.1。

b) 水体中叶绿素a含量应为三个粒级叶绿素a之和：即Chl a＝Micro$^-$＋Nano$^-$＋Pico$^-$，这一计算结果与直接用玻璃纤维滤膜抽滤的结果应十分接近，若二者相差较大，水体中叶绿素a的含量则取二者的平均值。

c) 各不同粒级叶绿素a所占百分比的计算可根据各粒级叶绿素a的含量与各粒级叶绿素a之和

的比，即为该粒级叶绿素 a 与叶绿素 a 总量的百分比。

5.6.3.2 初级生产力粒度分级测定的资料整理

5.6.3.2.1 不同光学深度上初级生产力总值的获取

a) 三种粒级浮游植物的初级生产力之和；

b) 直接用 0.65 μm 滤膜抽滤的测量结果；

a)和 b)所获得量值应该十分接近，若二者差异较大，初级生产力的总值取二者的平均值。

5.6.3.2.2 不同粒级浮游植物的初级生产力占总生产力的百分比

每一种滤膜上的初级生产力的测定值与三种滤膜的测定值之和的比值。即为该粒级浮游植物初级生产力与总生产力的比值。

5.6.4 新生产力的资料整理

5.6.4.1 氮的比吸收率(specific uptake rate)计算

$$V = \frac{(a_p - a_o)}{(a_d - a_o)/t} \quad \cdots\cdots (19)$$

式中：

V——比吸收率，单位为每小时(h^{-1})；

a_o——^{15}N 的天然丰度 0.366 %原子；

a_d——介质(培养液)^{15}N 丰度；

a_p——PON 的^{15}N 丰度；

t——培育时间，单位为小时(h)。

5.6.4.2 氮的吸收率或转运率(transport rate)计算

$$\rho = V \cdot PON \quad \cdots\cdots (20)$$

式中：

ρ——吸收率或转运率，单位为微摩尔每升小时或纳摩尔每升小时[μmol/(L·h)或 nmol/(L·h)]；

V——周日氮吸收速率，单位为微摩尔每升小时或纳摩尔每升小时[μmol/(L·h)或 nmol/(L·h)]，约等于白天的氮吸收速率与时间的积加上夜里的速率与时间的积；

PON 以及其他 N(NH_4-N、NO_3-N 等)的浓度单位根据测定精度可为 μmol/(L·h)或 nmol/(L·h)。

5.6.4.3 新生产力的计算

分别测得新生氮源(NO_3^--N)和再生氮源(NH_4^+-N)的比吸收率 $V_{新生}$ 和 $V_{再生}$，$V_{新生}$ 与($V_{新生}+V_{再生}$)之比即为 f 比，f 比与初级生产力之积即为新生产力，新生产力与初级生产力的单位相同。

5.6.4.4 填写表 H.6

5.6.5 填写报表

按本部分的有关规定填写报表。

6 微生物调查

6.1 技术要求和调查要素

6.1.1 技术要求

6.1.1.1 采样站位和层次

a) 站位布设应尽量和其他调查项目一致；

b) 采样水层见 4.2.4.1 表 1，但可去除 5 m 水层；大洋调查可增加 500 m、1 000 m、2 000 m……等水层的采样；

c) 海洋沉积物中微生物取样层次，大面调查取表层；断面调查时，将岩芯管以 3cm 间隔分层；对于特殊调查项目,可根据实际需要确定采样层次。

6.1.1.2 无菌操作

a) 采水器上的采样瓶、袋应预先灭菌;

b) 实验室内水、泥样分样和分离培养鉴定过程中,均按无菌操作要求进行;

c) 其他凡属海上调查所需物品,如水样贮存瓶(棕色)、移液管(1 cm^3、5 cm^3、10 cm^3)、培养皿等均需洗净,包封灭菌、足量备用。

6.1.1.3 样品保存

样品应在采样后 2 h 内处理、分析。若暂放冰箱保存,不得超过 24 h。

6.1.2 调查要素

海洋微生物调查要素为:海洋微生物现存量,即病毒、细菌总数与微生物其他类群(放线菌、酵母、霉菌等)的丰度和海洋微生物的活性,即细菌生产力、微生物异养活性、生态呼吸率的测定。

6.2 采样

6.2.1 主要仪器设备

6.2.1.1 采水器

根据采样深度,选用尼斯金采水器或击开式采水器。

6.2.1.2 采泥器

箱式采样器、多管采样器或弹簧采泥器,见小型底栖生物调查的采样器(见 11.2.1.1)。

6.2.2 采水样

a) 见 4.4.1.2,并按实际情况选用采水器;

b) 采水器开启后,应停留片刻,待水样装满;

c) 按测定项目计算采水量,若同一水层分几次采样,样品应混匀,再按各测定项目要求分装、处理。

6.2.3 采泥样

用无菌工具从预定层次中取 10 g~20 g 样品,置于无菌容器。

6.3 样品分析

6.3.1 主要仪器设备

6.3.1.1 荧光显微镜

具备蓝光道和紫外光道供观察吖啶橙和 DAPI 染色,配置照相机或高分辨率并适用于弱光场的数码相机。

6.3.1.2 液体闪烁计数仪

具有测定 ^{14}C 和 ^{3}H 的功能。

6.3.1.3 恒温培养箱

控温范围:5℃~50℃。

6.3.1.4 抽滤装置

进口成品滤器组或自行装配 25 mm 和 47 mm 滤器和负压抽滤设备。放射性同位素示踪测试的抽滤设备必须专用,不能与微生物计数混用。

6.3.1.5 移液枪

置备不同功用的移液枪。

6.3.1.6 微生物自动鉴定仪

现有的微生物鉴定仪器主要应用于医学微生物鉴定,有条件的单位选用较适用于环境微生物鉴定的仪器产品。

6.3.1.7 消耗性材料

6.3.1.7.1 滤膜

a) 微孔滤膜(材料:醋酸纤维或硝化纤维):直径 25 mm 和 47 mm,孔径 0.2 μm、0.45 μm 和 0.8 μm;

b) 黑色核孔滤膜(材料:聚碳酸酯):直径 25 mm,孔径 0.2 μm;

c) 氧化铝滤膜:直径 25 mm,孔径 0.02 μm。

6.3.1.7.2 注射器和滤器

一次性无菌注射器和 0.2 μm 无菌滤器。

6.3.1.7.3 荧光显微镜计数用的装样瓶

a) 50 cm^3 螺盖聚丙烯瓶:用前用 5%HCl 溶液浸泡 1 d 以上,并经 0.02 μm 滤膜过滤的蒸馏水漱洗并高压灭菌;

b) 50 cm^3 螺盖塑料瓶:用前用 5%HCl 溶液浸泡 1 d 以上,并经 0.2 μm 滤膜过滤的蒸馏水漱洗并高压灭菌。

6.3.1.7.4 同位素示踪培养瓶和闪烁计数瓶

a) 50 cm^3 螺盖培养管;

b) 125 cm^3 螺盖培养瓶;

c) 20 cm^3 或 7 cm^3 与闪烁仪匹配的玻璃或塑料闪烁瓶。

6.3.1.7.5 玻璃器皿

培养皿、BOD 培养瓶和常用玻璃器皿。

6.3.2 培养基、试剂和工作溶液

6.3.2.1 培养计数用的培养基、试剂

6.3.2.1.1 陈海水

取天然海水避光保存 3 个月以上,使用时取其清液或经 0.45 μm 滤膜过滤的滤液。

6.3.2.1.2 表面活性剂

将吐温-80(Tween-80)按体积分数为 1:2 000 比例配成水溶液(工作液)高压灭菌备用。

6.3.2.1.3 细菌培养基

进口 Marine 2216 琼脂成品培养基或自制 2216 E 培养基。优先选择进口成品培养基。

a) 进口 Marine 2216 琼脂成品培养基

——成分:见培养基瓶上标示;

——制备:照培养基瓶上标示进行。

b) 自制 2216 E 培养基

——成分:

蛋白胨	5.0 g
酵母膏	1.0 g
$FePO_4$	0.01 g
琼脂	20.0 g
陈海水	1 000 cm^3
pH	7.4~7.8

——制备:将各成分加热溶化,趁热分装,经 121℃(98.1 kPa)高压灭菌 20 min 后,制成平板。

6.3.2.1.4 放线菌培养基:高氏 1 号合成培养基

a) 成分:

可溶性淀粉	20.0 g
K_2HPO_4	0.5 g

KNO_3	1.0 g
$MgSO_4 \cdot 7H_2O$	0.5 g
$FeSO_4$	0.01 g
5%$K_2Cr_2O_7$	1.0 cm^3
琼脂	20.0 g
陈海水	1 000 cm^3
pH	7.2～7.4

b) 制备：称 5.0g $K_2Cr_2O_7$ 溶于 100 cm^3 蒸馏水中，装瓶；将其余各成分加热溶化，趁热定量分装。两者经 121℃(98.1 kPa)高压灭菌 20 min 按比例加入重铬酸钾溶液，摇匀，制成平板。

6.3.2.1.5 真菌培养基

庆大霉素马铃薯葡萄糖琼脂(PDA)(选国产成品或自制)。优先选择国产成品培养基。

a) 国产成品 PDA 庆大霉素培养基

——成分：

按培养基瓶上标示称重	
庆大霉素	50.0 mg
陈海水	1 000 cm^3
pH	自然

——制备：将成品培养基加热溶化，趁热定量分装。经 121℃(98.1 kPa)高压灭菌 20 min，按比例加入庆大霉素，制成平板。

b) 自制 PDA 庆大霉素培养基

——成分：

马铃薯(去皮切块)	200 g
葡萄糖	20.0 g
庆大霉素	50.0 mg
琼脂	20.0 g
陈海水	1 000 cm^3
pH	自然

——制备：将去皮切块的马铃薯放入 1 000 cm^3 陈海水煮沸 30 min，用纱布过滤，补加海水至 1 000 cm^3，加入葡萄糖和琼脂溶化定量分装，121℃(98.1 kPa)高压灭菌 20 min，按比例加入庆大霉素混匀，制成平板。

6.3.2.2 荧光显微镜直接计数用的试剂和工作溶液

6.3.2.2.1 甲醛溶液

a) 经 0.02 μm 滤膜过滤的体积分数为 37%～40%甲醛溶液。

b) 经 0.2 μm 滤膜过滤的体积分数为 37%～40%甲醛溶液。

6.3.2.2.2 病毒直接计数溶液

a) SYBR Green I(DNA 特异性荧光染色剂)染色剂储备液市售，－20℃暗保存。

b) 荧光保护剂

——PBS(Phosphate Buffered Saline)甘油储备液

将 50%PBS(0.05 mol/L Na_2HPO_4，质量分数为 0.85%NaCl，pH7.5)和体积分数为 50%甘油混合并置冰箱保存。

——10% p-苯二胺(p-Phenylenediamine)储备液

市售，冷冻(结冰)暗保存。

6.3.2.2.3 质量分数为0.1%的吖啶橙(acridine orange)工作溶液

称0.2 g吖啶橙,溶于200 cm^3 经0.2 μm过滤的蒸馏水中,再用0.2 μm无菌滤器把吖啶橙溶液滤于棕色瓶中,并加入12 cm^3 经0.2 μm滤膜过滤的甲醛溶液,该溶液置冰箱保存期可达数月。

6.3.2.2.4 DAPI(4',6-diamidino-2-phenylindole,即4',6-二脒基-2-苯基吲哚)储备液和工作溶液

取10 mg DAPI溶于50 cm^3 蒸馏水中(200 $\mu g/cm^3$),用0.2 μm一次性滤器过滤,按1 cm^3～2 cm^3 量分装于1.5 cm^3～2 cm^3 小离心管中,在-20℃冷冻保存、备用,保存期可达一年。临用前取一小管储备液解冻后稀释成10 $\mu g/cm^3$,并用0.2 μm一次性滤器过滤,配制成工作溶液。

6.3.2.3 同位素示踪用的试剂和工作溶液。

6.3.2.3.1 [甲基-^{3}H]胸腺嘧啶核苷作溶液([methyl-^{3}H]-thymidine)储备液。

取市售放射性比活度高于1.85×10^{12} Bq/mmol的[甲基-^{3}H]胸腺嘧啶核苷储备液,使用前用经高压灭菌的蒸馏水稀释成5 nmol/cm^3 的工作液。

6.3.2.3.2 ^{3}H-亮氨酸(^{3}H-Leucine)工作溶液

取市售放射性比活≥2.22×10^{12} Bq/mmol的[4,5-^{3}H]亮氨酸,使用前用经高压灭菌的蒸馏水稀释成20 nmol/cm^3 亮氨酸工作液。

6.3.2.3.3 D-[UL-^{14}C]葡萄糖(D-[UL-^{14}C]glucose)工作液

取市售的放射性比活高于7.4×10^{10} Bq/mol的D-[UL-^{14}C]葡萄糖储备液,用氯化钠溶液p(NaCl)=35 g/dm^3 稀释成1.85×10^5 Bq/cm^3 的工作液,并按10 $\mu g/cm^3$ 量加入非放射性葡萄糖,然后定量分装于安瓿瓶中,封熔后高压(68.95 kPa)灭菌15 min备用。

6.3.2.3.4 三氯乙酸(TCA)淋洗液

配制质量分数为5%的三氯乙酸溶液。

6.3.2.3.5 80%乙醇溶液

用蒸馏水将无水乙醇稀释成体积分数为80%溶液。

6.3.2.3.6 闪烁液

市售成品闪烁液。

6.3.3 样品处理

6.3.3.1 水样处理

6.3.3.1.1 外荧光直接计数的水样

a) 病毒计数:取水样50 cm^3 于预先处理的采样瓶(见6.3.1.7.3a))中,加甲醛溶液(见6.3.2.2.1a))2.5 cm^3(甲醛在样品中的质量浓度为2%)固定样品,样品应立即分析,否则应在4℃避光保存,但只能保存一周。

b) 细菌计数:取水样50 cm^3 于预先处理的采样瓶(见6.3.1.7.3b))中,加甲醛溶液(见6.3.2.2.1b))2.5 cm^3(甲醛在样品中的质量浓度为2%)固定样品,样品于2℃～8℃低温保存。

6.3.3.1.2 滤膜萌发、平板计数的水样

按10 cm^3/dm^3 量加灭菌的吐温-80工作溶液。

6.3.3.1.3 细菌生产力水样

a) [甲基-^{3}H]胸腺嘧啶核苷示踪水样

取3支50 cm^3 带螺盖培养管,各加入20 cm^3 水样,其中一管加1 cm^3 甲醛混匀为对照,再向各管加入[甲基-^{3}H]胸腺嘧啶核苷工作溶液,使其终浓度为250 nmol/dm^3(即加入1 cm^3 该示踪剂的工作溶液),混匀,置现场温度培养1 h,再加入1 cm^3 甲醛于测样瓶中摇均,以终止培养并保存于冰箱。对活性较低的水体,应适当延长培养时间。

b) [^{3}H]亮氨酸示踪水样

用[4,5-^{3}H]亮氨酸代替[甲基-^{3}H]胸腺嘧啶核苷,使其在样品中的最终浓度为20 nmol/dm^3(即加20 mm^3 示踪剂于20 cm^3 样品中),其余步骤同上。

6.3.3.1.4　微生物异养活性测定的水样

取 3 个 125 cm^3 带螺盖三角瓶，各加入 100 cm^3 水样，其中 1 瓶加入 5 cm^3 甲醛溶液作对照，再向各瓶加入 D-[UL-^{14}C]葡萄糖工作溶液 1 cm^3，盖紧混匀，置现场水温暗培养 1 h 后，加入 5 cm^3 甲醛于测样中，摇匀以终止培养。

6.3.3.1.5　生态呼吸率测定水样

将水样按溶解氧测定要求注入 4 个 250 cm^3 BOD 培养瓶中，其中 2 瓶立即固定，另 2 瓶置暗处于现场水温条件下培养 1 d 后，取出固定。对寡营养水体的样品应适当延长培养时间。

6.3.3.2　泥样处理

6.3.3.2.1　微生物计数泥样

取约 2 g 泥样，精确称重后，置于装有含吐温－80(10 cm^3/dm^3)的 18 cm^3 海水并加玻璃珠的无菌三角瓶中，充分摇荡，制成悬浮液。

6.3.3.2.2　测定干重泥样

保存余下的泥样供测干重。

6.3.3.3　记录

将以上结果分别记录于表 H.7、表 H.10、表 H.11 和表 H.12。

6.3.4　样品分析

6.3.4.1　水样微生物计数

微生物计数包括针对总菌数的"直接计数"和针对可培养微生物的"培养计数"。"直接计数"采用落射荧光显微镜，有条件的应采用流式细胞仪。

6.3.4.1.1　荧光显微镜直接计数

6.3.4.1.1.1　**SYBR Green I 直接计数法**

适用于测定病毒总数。也可同时测定细菌总数，但在病毒颗粒最佳分布的视野中，细菌数偏少，且制片操作步骤繁琐、氧化铝滤膜价格目前是核孔滤膜的 4 倍。其工作程序如下：

a)　滤器装配：长期未用的滤器应先装好滤器和抽滤装置，用经 0.02 μm 过滤的高压灭菌蒸馏水加满滤筒并抽滤清洗 2 次或 3 次，(当天使用的滤器，在各个样品测定前用同样方法清洗一次，清洗时不必取下衬垫滤膜)，再卸下滤筒在滤板上先放置孔径为 0.45 μm 或 0.8 μm 的 25 mm 微孔滤膜作衬底(衬底可多次使用)；然后将孔径为 0.02 μm 氧化铝滤膜放于衬垫上，再装配好滤筒；

b)　配制染色剂：临用前，取出 SYBR Green I 储备液(6.3.2.2.2 a))，用经 0.02 μm 过滤的无菌去离子水按 1∶10 稀释(如加 5 mm^3 储备液到 45 mm^3 稀释水中)，操作必须在弱光环境中进行，未用完的储备液应立即放回－20℃冰箱避光保存；

c)　配制荧光保护剂工作液：临用前取 10% p-苯二胺储备液(6.3.2.2.2 b))、化霜、摇匀后，吸取 10 mm^3 与 990 mm^3 PBS 甘油储备液(6.3.2.2.2 b))混合，制成工作液，该工作液应避光、置冰浴，未用完的 10% p-苯二胺储备液应立即再行冷冻，但该储备液管累计冻、融 3 次后，便须丢弃；如果 p-苯二胺储备液或荧光保护剂工作液呈棕色，弃之不用并重新配制；

d)　加样：加入适量样品(1 cm^3～10 cm^3，即视野病毒数控制在 50 个左右)，若样品量少于 1 cm^3 则应先加入 2 cm^3 经 0.02 μm 过滤的无菌海水，再加样，以便病毒、细菌均匀分布于滤膜上；

e)　抽滤：在负压(15 kPa～20 kPa)条件下，把样品抽滤至干，卸下滤筒；

f)　染色：吸取 97.5 mm^3 经 0.02 μm 过滤的无菌去离子水，滴入干净的无菌塑料培养皿，再向该水滴加入 2.5 μL 10% SYBR Green I 染色剂工作液(此时，染色剂浓度为 0.25%)，培养皿及染色剂需置于冰浴、避光处；用扁平头镊子在负压状态下，取下载有样品的氧化铝滤膜，将膜的背面(非载样面)放在培养皿的染色液滴上冰浴、避光染色 15 min；

g)　制片：染色后，取出滤膜，吸干贴上滤膜背面及边缘的液滴，把滤膜紧贴于载玻片上(载样面朝上),并在盖玻片上加 30 mm^3 荧光保护剂工作液,具液面朝下盖紧滤膜(滤膜上下两面均不能有气泡),用指甲油密封盖玻片四周,制片在−20℃条件下可保存 2 周~3 周,但以立即计数为宜;

h) 计数:在荧光显微镜蓝色激发光道、油镜条件下,病毒颗粒呈针扎(pinprick)状、亮绿色,细菌细胞亦呈亮绿色,但其亮度强于病毒颗粒,且菌体比病毒颗粒大得多。随机取 10 个~20 个视野,计算病毒颗粒数(如果要同时计算细菌数的话,还需计算具有细菌形态的细胞数),每个样品至少计数 200 个病毒(或细菌);

i) 每次(不同测定日期)测定时,应加测不加样品的空白对照,对于空白制片,每个视野不得出现 1 个以上病毒(或细菌)。

j) 计算样品含病毒颗粒数

$$VN = \frac{N_a \cdot S}{S_f \cdot (1-0.05) \cdot V} \quad \cdots\cdots\cdots\cdots (21)$$

式中:

VN——样品含病毒数,单位为个每升(particles/L);

N_a——各视野平均病毒数,单位为个(particles);

S——滤膜实际过滤面积,单位为平方毫米(mm^2);

S_f——显微镜视野面积,单位为平方毫米(mm^2);

V——过滤样品量(式中 0.05 为加入 37%~40% 甲醛占固定样品总体积的比例),单位为升(L)。

k) 将分析结果记录于表 H.8。

6.3.4.1.1.2 吖啶橙直接计数法

适用于测定细菌总数,工作程序如下:

a) 滤器装配:长期未用的滤器应先装好滤器和抽滤装置,用经 0.2 μm 过滤的高压灭菌蒸馏水加满滤筒并抽滤清洗 2 次或 3 次,(当天使用的滤器,在各个样品测定前用同样方法清洗一次,清洗时不必取下衬垫滤膜),再卸下滤筒在滤板上先放置孔径为 0.8 μm 或 0.45 μm 的 25 mm 微孔滤膜作衬底(衬底可多次使用);然后将黑色核孔滤膜(光滑面朝上)放于衬垫上,再装配好滤筒;

b) 加样:加入适量样品(控制在视野出现菌体 50 个左右),若样品量少于 1 cm^3 则应先加入 2 cm^3 经 0.2 μm 过滤的无菌海水,再加样,以便细菌均匀分布于滤膜上;

c) 抽滤:在负压(50 kPa)条件下,把样品抽滤至滤膜刚好呈湿润状态,并释放真空;

d) 染色:用无菌注射器吸取吖啶橙工作液,套上 0.2 μm 无菌滤器,沿滤筒壁加入约 1 cm^3 染色液,使其盖满滤膜并染色 5 min~10 min。而后在同样负压下抽滤至干;

e) 制片:在载玻片上加一小滴无荧光镜油,贴上滤膜(载菌一面朝上),并在盖玻片上加一小滴同样镜油,具油面朝下盖紧滤膜(滤膜上下两面均不能有气泡),用指甲油密封盖玻片四周,制片在−20℃条件下可保存数月,但以立即计数为宜;

f) 计数:在荧光显微镜蓝光道,油镜条件下,随机取 10 个视野,计算具有细菌形态呈亮绿色的细胞数;每个样品至少计数 300 个菌体;每次(不同测定日期)测定时,应加测不加样品的空白对照,空白制片,每个视野不得出现 1 个以上细菌;

g) 计算样品含菌数

$$BN = \frac{N_a \cdot S}{S_f \cdot (1-0.05) \cdot V} \quad \cdots\cdots\cdots\cdots (22)$$

式中:

BN——样品含菌数,单位为个每升(cells/L);

N_a——各视野平均菌数，单位为个(cells)；

S——滤膜实际过滤面积，单位为平方毫米(mm^2)；

S_f——显微镜视野面积，单位为平方毫米(mm^2)；

V——过滤样品量(式中 0.05 为加入 37～40% 甲醛占固定样品总体积的比例)，单位为升(L)。

h) 将分析结果记录于表 H.8。

6.3.4.1.1.3 DAPI 直接计数法

适用于测定细菌总数，和吖啶橙染色法相比，背景更清晰，荧光色素干扰较少，菌体着色不易衰减但需要用紫外光激发滤光系统(即：G 365 激发滤光片，FT 395 分射滤光片，LP 420 吸收滤光片)的显微镜观察。其工作程序除了用 DAPI 工作溶液(即：10 $\mu g/cm^3$)代替吖啶橙染色液外，其余步骤均相同。当本计数法与吖啶直接计数法的计数结果有异议时，以本计数法为仲裁计数法。

6.3.4.1.1.4 细菌体积测定——显微摄影、幻灯测量法

细菌生物量(以 C 计)与细菌个体大小相关。通过测定细菌体积并借助于经验转换系数，把细菌转化为细菌生物量。已有许多方法应用于测量细菌体积，数码摄像并带影像自动分析软件系统属较先进的技术，需要大资金的设备投入，而显微摄影——幻灯测量法系普及型技术，具体工作程序如下：

a) 胶卷安装和系统测试：选用 ASA 400 彩色反转片胶卷，按显微摄影要求操作，并通过测试比较，选择适当的曝光组合；

b) 样品拍照：在荧光计数时，选择 5 个～10 个菌数较多的视野，进行拍照，以便在照片上获得足够多的菌体。同时记录照片序号和相对应的样品号；

c) 标尺拍照：在与细菌直接计数相同放大倍数条件下，利用显微镜普通光系统，清晰地拍照台围尺标度；

d) 制备幻灯投影：冲洗拍照的胶卷，制成幻灯片，装入幻灯机，投影于贴白纸的墙壁上；

e) 菌体测量：用游标卡尺测量幻灯投影台微尺的长度，注意测量不同部位的长度，以便获得统计平均值。选择轮廓清晰的菌体，测量其长度和宽度，并作记录。每测完一个菌体，应立即作标记，以防重复测量；

f) 细菌体积计算：先根据台微尺刻度实际长度和幻灯投影上测量长度的放大比例，计算出被测细菌实际长度和宽度，然后按下述公式，计算细菌体积；

$$V = \frac{\pi}{4} \cdot W^2 \cdot (L - \frac{W}{3}) \qquad \cdots\cdots(23)$$

式中：

V——细菌体积，单位为立方微米(μm^3)；

L——细菌长度，单位为微米(μm)；

W——细菌宽度(直径)，单位为微米(μm)。

g) 如果荧光显微镜配置高分辨率、适合于弱光场摄影的数码相机，则可不用胶卷，完成本项测定；

h) 将测定结果记录于表 H.9，然后把数据输入计算机，计算细菌体积。

6.3.4.1.1.5 细菌生物量(以 C 计)计算

根据下述经验公式，把样品的细菌细胞数，通过细胞平均体积，换算为样品的细菌生物量。

$$BB = 8.99 \cdot 10^{-8} \cdot V_m^{0.59} \cdot BN \qquad \cdots\cdots(24)$$

式中：

BB——样品的细菌生物量，单位为微克每升($\mu g/L$)；

V_m——菌细胞平均体积，单位为立方微米每个($\mu m^3/cell$)；

BN——直接计数的细菌数量，单位为个每升(cells/L)。

6.3.4.1.2 培养计数法

6.3.4.1.2.1 滤膜萌发计数法

适用于测定微生物活菌数，多用于水深大于 200 m 的海区。工作程序如下：

a) 滤膜处理:使用前,微孔滤膜(孔径 0.2 μm,直径 47 mm)用铝箔纸包好,高压灭菌;

b) 滤器装配:见 6.3.4.1.1.1 a),但不用加衬垫;

c) 加样:加适量样品(以每片滤膜出现 30 个~50 个左右的菌落为宜),若加样量少,应添加适量高压灭菌海水稀释;用于放线菌、酵母、霉菌计数的样品,加样量应略大;每个样品一般取两种过滤量,每种过滤量重复三片滤膜;

d) 抽滤:见 6.3.4.1.1.1 e);

e) 培养:将滤膜粗糙面(即:没有载滤物的一面)紧贴于备好的平板培养基上(滤膜和培养基间不得有气泡),将平板倒置于接近样品现场温度的恒温箱培养 4 d~15 d;

f) 计数:在放大镜下或用菌落计数器,按菌落形态,分别计算各种培养基中四大菌类的菌落数(必要时,用显微镜观察确证);

g) 计算样品含菌数

$$N = \frac{N_a}{(1-0.01) \cdot V} \qquad (25)$$

式中:

N——样品含菌落数,单位为个每升(CFU/L);

N_a——三片滤膜上的平均菌落数,单位为个(CFU);

V——过滤样品量(式中 0.01 为加入吐温-80 占样品体积的比例),单位为升(L)。

h) 将分析结果记录于表 H.10。

6.3.4.1.2.2 **平板计数法**

适用于测定水深小于 200 m 海区的微生物活菌数。工作程序如下:

a) 稀释:用高压灭菌海水制成梯度稀释液;

b) 接种:根据不同计数对象,取适当稀释度样品 0.1 cm^3(以平板上出现 30 个~300 个菌落为宜),接种于相应的平板培养基上,并涂布均匀;一般每个样品取两个稀释度,每个稀释度重复三个平板;

c) 培养:将平板倒置于接近现场温度恒温箱,培养 4 d~15 d;

d) 计数:见 6.3.4.1.2.1 f);

e) 计算样品含菌数

$$N = \frac{N_a \cdot D}{(1-0.01) \cdot V} \qquad (26)$$

式中:

N——样品含菌落数,单位为个每升(CFU/L);

N_a——三个平板平均菌落数,单位为个(CFU);

D——样品稀释倍数;

V——接种量,单位为升(L)。

f) 将分析结果记录于表 H.10。

6.3.4.1.2.3 **最可能数(MPN)计数法**

见附录 A。

6.3.4.2 **水样微生物活性测定**

6.3.4.2.1 **细菌生产力测定**

6.3.4.2.1.1 **[甲基-^{3}H]胸腺嘧啶核苷酸示踪法**

a) 采用孔径 0.2 μm 直径 25 mm 微孔滤膜,并装配好滤器和抽滤装置;

b) 抽滤:从冰箱拿出样品,倒入滤器,负压(30 kPa)条件下抽滤,并用 2 cm^3 冰浴的质量浓度为 5% 三氯乙酸漱洗培养瓶加入滤器,抽滤至干;

c) 淋洗:用1 cm^3 冰浴的质量浓度为5% 三氯乙酸淋洗滤筒内壁和滤膜,重复8次;

d) 制样:取出滤膜用两把无齿镊子,使其载滤物面朝内,对折两次,置闪烁瓶底部;加乙酸乙酯至装有滤膜的闪烁瓶,使其淹没滤膜(一般用0.5 cm^3～1.0 cm^3),待滤膜完全溶解后,再加入5 cm^3闪烁液,并混匀,静置2 d,使放射性物质均匀分布于闪烁液中;

e) 测定:将测样放入液体闪烁仪中测定放射性活度值;

f) 计算胸腺嘧啶核苷吸收率

$$R_i = \frac{U_s - U_b}{S_a \cdot T \cdot V} \quad \cdots\cdots (27)$$

式中:

R_i——胸腺嘧啶核苷吸收率,单位为毫摩尔每升小时[mmol/(L·h)];

U_s——测样放射性活度值,单位为贝可(Bq);

U_b——空白样放射性活度值,单位为贝可(Bq);

S_a——^{3}H在甲基-胸腺嘧啶核苷中的放射性比活度,单位为贝可每毫摩尔(Bq/mmol);

T——样品培养时间,单位为小时(h);

V——样品加入量,单位为升(L)。

g) 计算细菌细胞生产

$$BP = 1.4 \times 10^{15} \cdot R_i \quad \cdots\cdots (28)$$

式中:

BP——细菌生产力,单位为个每升小时[cells/(L·h)];

1.4×10^{15}——吸收1 mmol胸腺嘧啶核苷所生产的细菌个数,单位为个每毫摩尔(cells/mmol);

R_i——胸腺嘧啶核苷吸收率,单位为毫摩尔每升小时[mmol/(L·h)]。

h) 将分析结果记录于表H.11。

6.3.4.2.1.2 **^{3}H-亮氨酸示踪法**

工作程序除"淋洗"和"计算细菌细胞生产"以外,其余步骤同6.3.4.2.1.1。

——淋洗:用冰浴的质量浓度为5% 三氯乙酸淋洗滤筒内壁、滤器和滤膜2次,每次3 cm^3;最后在抽滤状态下,取上滤筒,用少量冰浴的体积分数为80%乙醇漱洗滤筒底部压盖部分的滤膜,抽滤至干;停止抽滤,取下滤膜,置于吸水纸上,待乙醇完全挥发。

——计算细菌生物量生产

$$BP = 1.55 \times 10^{6} \cdot R_i \quad \cdots\cdots (29)$$

式中:

BP——细菌生产力(以C计),单位为微克每升小时[μg/(L·h)];

R_i——亮氨酸吸收率,单位为毫摩尔每升小时[mmol/(L·h)];

1.55×10^{6}——细菌吸收1 mmol亮氨酸转换为C生产量(以μg为单位)的换算系数。

注1:菌体亮氨酸=0.073菌体蛋白质,菌体碳=0.86菌体蛋白质,亮氨酸分子量为131.2。

注2:当本示踪法与[甲基-^{3}H]胸腺嘧啶核苷酸示踪法的测定结果有异议时,以本示踪法为仲裁示踪法。

6.3.4.2.2 **微生物异养活性测定**

6.3.4.2.2.1 **^{14}C葡萄糖示踪法**

工作程序如下:

a) 抽滤:使用微孔滤膜(孔径0.2 μm,直径25 mm)负压(30 kPa)抽滤样品至干,用5 cm^3 无菌蒸馏水淋洗滤筒和滤膜,重复3次;

b) 制样:将滤膜迭成4折放入闪烁瓶底部,加乙酸乙酯使其淹没滤膜,待滤膜完全溶解后,再加入5 cm^3 闪烁液,盖紧瓶口,并于暗处静置24 h;

c) 测定:将制样放入闪烁仪,测定放射性活度值;

d) 标定:测定每批葡萄糖工作母液的^{14}C放射性活度值;

e) 计算葡萄糖吸收率

$$R_a = \frac{(R_s - R_b) \cdot A}{C \cdot T} \quad \cdots\cdots(30)$$

式中:

R_a——葡萄糖吸收率,单位为微克每升小时[$\mu g/(L \cdot h)$];

R_s——样品放射性活度值,单位为贝可(Bq);

R_b——空白样放射性活度值,单位为贝可(Bq);

A——样品含添加的非放射性葡萄糖浓度,单位为微克每升($\mu g/L$);

C——添加^{14}C放射性活度,单位为贝可(Bq);

T——样品培养时间,单位为小时(h)。

f) 将分析结果记录于表H.12。

6.3.4.2.2.2 生态呼吸率测定——溶解氧滴定法

a) 测定:按GB/T 12763.4中的“溶解氧测定”方法进行。本测定推荐使用进口的高精度溶解氧自动测定仪。

b) 计算

$$R_e = \frac{DO_0 - DO_t}{t} \quad \cdots\cdots(31)$$

式中:

R_e——生态呼吸率,单位为微摩尔每升天[$\mu mol/(L \cdot d)$];

DO_0——样品培养前溶解氧浓度,单位为微摩尔每升($\mu mol/L$);

DO_t——样品培养后溶解氧浓度,单位为微摩尔每升($\mu mol/L$);

t——样品培养时间,单位为天(d)。

6.3.4.3 细菌比生长率(specific growth rate)、倍增时间(doubling time)、世代时间(generation time)的计算

a) 细菌比生长率

$$\mu = \frac{24BP}{BB} \quad \cdots\cdots(32)$$

式中:

μ——细菌比生长率,单位为每天(d^{-1});

BP——细菌生产力,单位为个每升小时[cells/(L·h)]或微克每升小时[$\mu g/(L \cdot h)$];

BB——细菌现存量,单位为个每升(cells/L)或微克每升($\mu g/L$);

24——细菌生产力的单位由“h”转化为“d”的计算系数。

b) 世代时间

$$G = \frac{\ln 2}{\mu} = \frac{0.693}{\mu} \quad \cdots\cdots(33)$$

式中:

G——世代时间,单位为天(d);

μ——细菌比生长速率,单位为每天(d^{-1})。

c) 倍增时间

$$DT = \frac{1}{g} = \frac{\mu}{0.693} \quad \cdots\cdots(34)$$

式中:

DT——倍增时间,单位为每天(d^{-1});

μ——细菌比生长速率，单位为每天(d^{-1})；

g——世代时间，单位为天(d)。

6.3.4.4 泥样微生物计数

6.3.4.4.1 微生物计数

见6.3.4.1.2.2。

6.3.4.4.2 计算泥样含菌数

$$N = \frac{N_a \cdot V_s \cdot D}{V \cdot W} \quad \cdots\cdots(35)$$

式中：

N——菌数，单位为个每克(CFU/g)；

N_a——三个平板的平均菌落数，单位为个(CFU)；

V_s——悬浮液体积，单位为毫升(mL)；

D——悬浮液的再稀释倍数；

V——接种量，单位为毫升(mL)；

W——制悬浮液泥样的干重，单位为克(g)。

将分析结果记录于表H.10。

6.3.5 微生物分类鉴定

条件许可时应进行微生物分类鉴定。

6.3.5.1 菌种分离、纯化和保存

用接种针从微生物培养计数的平板或滤膜上挑取全部菌落或部分区域的所有菌落，挑取时注意选择形态特征不同的菌落，挑取的菌落在新平板上反复划线分离，培养数天，选取新形成的单菌落，直至纯种，再接于斜面培养，长成后置冰箱保存待鉴定；如果不是纯种，应继续纯化。

6.3.5.2 种类鉴定

种类鉴定方法包括传统鉴定法、仪器自动鉴定法和分子生物学鉴定法。

6.3.5.3 菌种保藏

对一些有代表性或有保存价值的菌种，按菌种保藏法的要求，登记入库，长期保存。

6.4 资料整理

利用计算机保存分析、计算数据、制作报表、绘制分布图。

6.4.1 填写报表

按本部分的有关规定填写。

分别将病毒、细菌、放线菌、酵母菌和霉菌的数量(包括细菌生物量)以及细菌生产力和细菌异养活性的测定结果。

6.4.2 绘制分布图

6.4.2.1 断面分布图

一般以等值线表示，取值标准视具体情况而定。

a) 微生物数量和细菌生物量断面分布图；

b) 细菌生产力断面分布图；

c) 微生物异养活性断面分布图；

d) 生态呼吸率断面分布图。

6.4.2.2 大面分布图

一般以等值线表示，取值标准视具体情况而定。

a) 微生物数量和细菌生物量大面分布图；

b) 细菌生产力大面分布图；

c) 微生物异养活性大面分布图;

d) 生态呼吸率大面分布图。

7 微微型、微型和小型浮游生物调查

7.1 技术要求和调查要素

7.1.1 技术要求

7.1.1.1 采水层次

见4.2.4.1表1,具体层次视不同调查项目的要求确定。

7.1.1.2 采水量

7.1.1.2.1 浮游植物

水深大于200 m的海区,每次采水不少于1 000 cm^3;水深小于200 m的海区不少于500 cm^3;发生富营养化或赤潮海区视具体情况而定,一般每次采水100 cm^3。

7.1.1.2.2 浮游动物

采水量依动物的密度而定,一般调查控制在1 dm^3~50 dm^3之间。在浮游动物丰富的内湾和发生动物性赤潮的水域,采水量为100 cm^3。

7.1.1.3 垂直拖网深度

水深大于200 m的海区拖网深度为200 m,水深小于200 m的海区拖网深度从底至表。

7.1.1.4 垂直分段拖网水层

根据测站深度规定采样水层如表3(有些专项调查可视项目要求根据现场温度、盐度、叶绿素等跃层分段采样)。

表3 微微型、微型和小型浮游生物垂直分段采样水层

单位为米

测站水深范围	采样水层
<20	10~0,底~10
20~30	10~0,20~10,底~20
30~50	10~0,20~10,30~20,底~30
50~100	10~0,20~10,30~20,50~30,底~50
100~200	10~0,20~10,30~20,50~30,100~50,底~100
>200	10~0,20~10,30~20,50~30,100~50,200~100

7.1.1.5 连续观测时间与次数

水深小于50 m的海区每3 h采样一次,共采9次;水深大于50 m的海区每4 h采样一次,共采7次。

7.1.1.6 种类鉴定与计数

除需作特殊处理的微微型、微型浮游生物种类以及培养观察的特殊类群之外,原则上鉴定到种的标本比例应在80%以上;鉴定到属的比例应在90%以上。水采样品每次实际标本镜检数不少于100个~200个;网采样品每次实际标本镜检数不少于500个。

7.1.2 调查要素

调查要素包括微微型、微型和小型浮游生物的种类组成和丰度分布(时间、空间分布)。

7.2 采样

7.2.1 采样设备

7.2.1.1 采水器

采水器容积可为2.5 dm^3、5 dm^3或10 dm^3。

7.2.1.2 采泥器

根据条件采用箱式采样器、多管采样器或弹簧采泥器采集甲藻等孢囊样品。

7.2.1.3 网具

根据调查海区情况和采样对象选用,见表 4。

表 4 微型和小型浮游生物网具的规格及适用对象

序号	网具名称	网长/cm	网口内径/cm	网口面积/m^2	筛绢规格(孔径近似值 mm)	适用范围及采集对象
1	小型浮游生物网	280	37	0.1	JF 62(0.077) JP 80(0.077)	适用于 30 m 以深垂直或分段采集小型浮游生物
2	浅水 Ⅲ 型浮游生物网	140	37	0.1	JF 62(0.077) JP 80(0.077)	适用于 30 m 以浅垂直或分段采集小型浮游生物
3	手拖定性浮游植物网	60	22	0.038	NY20HC(0.020) NY10HC(0.010)	用于小型和微型浮游植物的种类组成分析以及藻种的分离
注:筛绢规格见 GB/T 14014。						

7.2.1.4 网底管

网底管套的筛绢必须与网衣筛绢的规格相同。

7.2.1.5 网口流量计

使用前必须经过标定,每航次标定一次。

7.2.1.6 量角器

角弧形量角器。

7.2.1.7 沉锤

根据水流速度和风浪大小,使用质量为 10 kg~40 kg 的铅制沉锤。

7.2.1.8 绞车及钢丝绳

绞车变速范围为 0.3 m/s~1 m/s,并附有排缆装置和钢丝绳计数器,钢丝绳直径为 3.6 mm~5.0 mm。

7.2.1.9 吊杆

高度为 5 m~6 m(深水拖网须大于 6 m),负荷为 500 kg~1 000 kg;吊杆的舷间距 1 m 左右,并能调节位置。

7.2.1.10 冲水设备

水泵、水管、水桶和吸水球等,用于冲喷收集粘贴在网衣或网底管套筛绢上的标本。

7.2.2 采样前的准备

a) 根据调查要素、站数、层次计算采样数量,配以足量的样品瓶、相应的固定剂及其他器材。

b) 固定液:

——鲁哥氏液(Lugol's solution):100 g 碘化钾溶于 1 dm^3 蒸馏水,加入 50 g 碘使其溶解,再加入 100 cm^3 冰醋酸;

——缓冲甲醛溶液:商用甲醛(体积分数约为 40%)加入同量蒸馏水,1 dm^3 约 20%的甲醛溶液加 100 g 六次甲基四胺;

——多聚甲醛溶液(体积分数为 25%)。

7.2.3 海上采样与样品保存

7.2.3.1 微微型(光合)浮游生物

a) 主要采集特定水层个体小于 2.0 μm 的生物;

b) 微微型浮游生物包括异养细菌和自养型生物。对于微微型光合浮游生物(photosynthetic picoplankton),在此只表述使用落射荧光显微镜,根据其所含色素的荧光特性可区分为单细胞的蓝细菌(cyanobacteria)和微微型光合真核生物(photosynthetic pico-eukaryote),前者又通常以聚球藻(Synechococcus sp)占优势;

c) 采水样使用进口多瓶采水器或国产有机玻璃制成的 2.5 dm^3 采水器;

d) 采集 50 cm^3～200 cm^3 水样,加多聚甲醛溶液固定(1%终浓度),用液氮保存。采样情况记录于表 H.14。

7.2.3.2 微型浮游生物

a) 主要采集特定水层个体小于 20 μm 的微型金藻、微型甲藻、微型硅藻、无壳纤毛虫和领鞭虫等样品;

b) 按预定水层和规定量采集水样。如需去除大于 20.0 μm 的生物,可先用孔径 20 μm 的筛绢预过滤。样品用鲁哥氏液固定,每 1 L 水样加入 10 cm^3～15 cm^3,根据样品的实际浓度可作适当增减。如需要对样品做电镜观察分析,则选用戊二醛固定,根据样品浓度可加入样品体积的 2%～5%。采样情况记录于表 H.14。

7.2.3.3 小型浮游生物

a) 主要采集水柱中个体小于 200 μm 的绝大部分浮游植物、无壳纤毛虫、砂壳纤毛虫、轮虫、桡足类幼体、放射虫和有孔虫等样品;

b) 按不同水深选用小型浮游生物网或浅水Ⅲ型网进行垂直拖网,拖网速度:落网为 0.5 m/s;起网为 0.5 m/s～0.8 m/s,样品用缓冲甲醛溶液固定,加入量为样品体积的 5%,根据样品的实际浓度可作适当增减,并记录于表 H.14;

c) 用手拖定性浮游植物网进行水平(可在网口三根网绳的接合点加一个使锤)或垂直拖网,样品用鲁哥氏液或缓冲甲醛溶液固定;

d) 如需要对样品做电镜观察分析,则选用戊二醛固定,根据样品浓度可加入样品体积的2%～5%。

7.2.3.4 孢囊

a) 选择在软质沉积环境如海底凹处和内湾等处采集孢囊沉积物样品;

b) 根据条件采用箱式采样器、多管采样器或弹簧采泥器采样,取沉积物上部 10 cm 软泥,分别用孔径 0.12 mm、0.038 mm 和 0.022 mm 筛网过筛,再对已过筛的样品进行超声波处理以去除杂质;

c) 一般对样品进行低温避光保存,固定剂会使孢囊失去部分诊断特征,如需要长期保存,可选用缓冲甲醛溶液固定。

7.3 样品分析

7.3.1 主要仪器和设备

落射荧光显微镜、光学显微镜、倒置显微镜、沉降器、滤器、支架、抽滤瓶、手持泵或真空泵。

7.3.2 样品编号

各类样品须有总编号。总编号由代表采样海区、采样方式、使用网型、采样年份和样品序号等内容的代号依次组成,每份贮存样品的瓶外须贴有总编号的外标签,瓶内须放有总编号、站号和采样日期等内容的内标签(见附录 B.1),填写表 H.16。

7.3.3 样品分类鉴定与丰度测定

标本鉴定在有条件情况下采用活体与固定样品相结合、网采与水采样品相结合的方法,尽可能获取水体中浮游生物群落的真实信息;定量计数一般以采水样品为准,水柱的定量计数以网采样品为准,网采样品可作为种类组成分析的补充和某些个体大于拖网筛绢孔径的种类的定量计数。

7.3.3.1 **微微型光合浮游生物**

a) 按照预定层次量取 10 cm^3～50 cm^3 水样；

b) 通过直径为 25 mm、孔径为 0.2 μm 的黑色核孔滤膜，抽滤负压不超过 50 kPa；

c) 取下滤筒，将滤膜放在载玻片上，在滤膜上加一滴水样，盖上盖玻片（滤膜两面均不能有气泡）；

d) 在落射荧光显微镜下使用绿光或蓝光激发，一般使用 40 倍物镜观察，随机取至少 20 个视野，分别计数具有光亮的桔黄色荧光的含藻红蛋白的聚球藻细胞和呈砖红色荧光的含叶绿素的微微型光合真核生物细胞。计数结果记录于表 H.17。

7.3.3.2 **微型和小型浮游生物鉴定与计数**

7.3.3.2.1 **沉降计数法**

用于采水样品浮游生物计数，见附录 B.2.1，计数结果记录于表 H.19。

7.3.3.2.2 **浓缩计数法**

用于网采或采水样品浮游生物计数，见附录 B.2.2，计数结果记录于表 H.18。

7.3.3.3 **甲藻孢囊鉴定与计数**

浓缩或直接显微计数，计数结果记录于表 H.20。

7.4 **资料整理**

7.4.1 **丰度计算**

7.4.1.1 **落射荧光显微镜计数**

$$N=\frac{N_a\cdot S}{S_1\cdot V} \qquad \cdots\cdots(36)$$

式中：

N——样品中细胞数，单位为个每毫升(cells/mL)；

N_a——各视野平均细胞数，单位为个(cells)；

S——滤膜滤水面积，单位为平方厘米(cm^2)；

S_1——视野面积，单位为平方厘米(cm^2)；

V——过滤样品量，单位为毫升(mL)。

7.4.1.2 **光学显微镜计数**

7.4.1.2.1 **沉降计数**

$$C=\frac{N_i}{V_i} \qquad \cdots\cdots(37)$$

式中：

C——单位体积海水中标本总量，单位为个每毫升(cells/mL)；

N_i——三个分样计数的标本总个数，单位为个(cells)；

V_i——三个分样的总体积，单位为毫升(mL)。

7.4.1.2.2 **浓缩计数**

7.4.1.2.2.1 **网采样品**

$$C=\frac{n\cdot V_1}{V_2\cdot V_n} \qquad \cdots\cdots(38)$$

式中：

C——单位体积海水中标本总量，单位为个每立方米(cells/m^3)；

n——取样计数个数，单位为个(cells)；

V_1——水样浓缩后的体积，单位为毫升(mL)；

V_2——滤水量，单位为立方米(m^3)；

V_n——取样计数的体积,单位为毫升(mL)。

7.4.1.2.2.2　采水样品

$$C = \frac{n' \cdot V'_1}{V'_2 \cdot V'_n} \quad \cdots\cdots(39)$$

式中:

C——单位体积海水中标本总量,单位为个每升(cells/L);

n'——取样计数个数,单位为个(cells);

V'_1——水样浓缩后的体积,单位为毫升(mL);

V'_2——原采水量,单位为升(L);

V'_n——取样计数的体积,单位为毫升(mL)。

7.4.1.3　甲藻孢囊细胞浓度

孢囊细胞浓度以 $cells/cm^3$ 沉积物或 cells/g 沉积物干重计算。

7.4.2　填写报表

按本部分的要求和规定填写各种报表。

7.4.3　绘制分布图

平面分布图一般用等值线表示,取值标准如下:

a) 浮游植物细胞总数(网采样品单位为 $10^4 cells/m^3$,采水样品单位为 $10^2 cells/dm^3$):5,10,50,100,500,1 000,5 000,10 000;

b) 浮游植物优势种细胞丰度(网采样品单位为 $10^4 cells/m^3$,采水样品单位为 $10^2 cells/dm^3$):1,5,10,50,100,500,1 000,5 000;

c) 孢囊细胞丰度(单位为 $cells/cm^3$):1,10,100;

d) 浮游动物个体丰度(网采样品单位为 $10^2 ind/m^3$,采水样品单位为 $10^2 ind/dm^3$):1,5,10,50,100。

8　大、中型浮游生物调查

8.1　技术要求和调查要素

8.1.1　技术要求

8.1.1.1　大面观测垂直拖网深度

水深大于 200 m 的海区拖网深度为 200 m。水深不足 200 m 的海区从底至表拖曳。

8.1.1.2　断面观测垂直分段拖网水层

根据测站或采集深度规定采样水层如表 5(有些专项调查可视研究对象或已知的现场温、盐等跃层分布状况酌情调整)。

表 5　大中型浮游生物垂直分段采样水层　　单位为米

测站水深范围	采样水层
<20	10~0,底~10
20~30	10~0,20~10,底~20
30~50	10~0,20~10,30~20,底~30
50~100	10~0,20~10,50~20,底~50
100~200	20~0,50~20,100~50,底~100
200~300	20~0,50~20,100~50,200~100,底~200
300~500	20~0,50~20,100~50,200~100,300~200,底~300
500~1 000	50~0,100~50,200~100,300~200,500~300,底~500
注:1 000 m 以深采样水层视调查对象而定。	

8.1.1.3 连续观测时间与次数

水深小于 50 m 的每 3 h 采样一次，共采 9 次；水深大于 50 m 而采样深度在 500 m 以浅的每 4 h 采样一次，共采 7 次，亦可视研究对象酌情缩短采集的间隔时间，并相应增加采样次数。采集深度大于 500 m 的采集间隔时间与相应的采集次数视具体情况而定。

8.1.1.4 垂直拖网

现场调查时，垂直拖网（尤其是起网过程中）不得停顿，钢丝绳倾角不得大于 45°，如果遇到大于 45°时，只能作为定性样品，同时，应重新采样一次。冲网时应保持较大的水压，确保网中样品全部收入标本瓶。

8.1.1.5 生物量测定精密度

a) 体积分数测定±0.1 cm^3；

b) 湿重生物量测定±1 mg；

c) 干重生物量测定±0.1 mg。

8.1.1.6 样品分析

样品分析要求 90% 以上的物种鉴定到种（幼体除外），并按种计数。

8.1.2 调查要素

调查要素包括大、中型浮游生物种类组成和数量分布（时间、空间分布）。

8.2 采样

8.2.1 采样设备

8.2.1.1 网具

30 m 以浅海域应采用浅水Ⅰ型或Ⅱ型浮游生物网、30 m 以深海域应采用大型或中型浮游生物网作垂直或分段取样，如有特殊要求，可选择其他网具，见表 6。一些特殊研究对象可参照渔业资源声学调查方法（见附录 G）。

表 6 大中型浮游生物网具的规格及适用对象

序号	网具名称	网长/cm	网口内径/cm	网口面积/m^2	筛绢规格（孔径近似值 mm）	适用范围及采集对象
1	大型浮游生物网	280	80	0.5	CQ 14(0.505) JP 12(0.507)	适用于 30 m 以深垂直或分段采集大、中型浮游动物、鱼卵和仔、稚鱼。
2	中型浮游生物网	280	50	0.2	CB 36(0.160) JP 36(0.169)	适用于 30 m 以深垂直或分段采集中、小型浮游动物和夜光藻。
3	浅水Ⅰ型浮游生物网	145	50	0.2	CQ 14(0.505) JP 12(0.507)	适用于 30 m 以浅垂直或分段采集大、中型浮游动物、鱼卵和仔、稚鱼。
4	浅水Ⅱ型浮游生物网	140	31.6	0.08	CB 36(0.160) JP 36(0.169)	适用于 30 m 以浅垂直或分段采集中、小型浮游动物和夜光藻。
5	深水浮游生物网	510	113	1.0	CQ 20(0.336) JQ 20(0.322)	适用于生物高密度区长距离拖曳采集大、中型浮游动物。
6	WP2 型浮游生物网	271	57	0.25	CB 30(0.198) JP 32(0.202)	适用于采集中型浮游动物（国外较常用）。
7	北太平洋浮游生物标准网	180	45	0.16	CQ 20(0.336) JQ 20(0.322)	适用于采集大、中型浮游动物（国外较常用）。
8	WP3 型浮游生物网	279	113	1.0	JP7(1.025)	适用于采集活动能力较大的浮游动物和大型水母等。

8.2.1.2 网底管

网底管套的筛绢必须与网衣筛绢的规格相同。

8.2.1.3 网口流量计

使用前必须经过标定,每航次标定一次。

8.2.1.4 量角器

角弧形量角器(垂直采样过程中钢丝绳倾角>45°的不可作为定量样品)。

8.2.1.5 沉锤

根据水流速度和风浪大小,使用质量为 10 kg～40 kg 的铅制沉锤。

8.2.1.6 绞车及钢丝绳

绞车变速范围为 0.3 m/s～1 m/s,并附有排缆装置和钢丝绳计数器,钢丝绳直径为 3.6 mm～5.0 mm。

8.2.1.7 吊杆

高度为 5 m～6 m(深水拖网需大于 6 m),负荷为 500 kg～1 000 kg;吊杆的舷间距 1 m 左右,并能调节位置。

8.2.1.8 冲水设备

水泵、水管、水桶和吸水球等。供收集非活体样品时使用,前二者用于起网出水面至一定高度时从凌空的网外侧冲洗,使粘网的标本集中于网底管;后二者用于喷冲网底管筛绢套上的样品。

8.2.2 采样前的准备

根据调查要素、站数,层次计算采样数量,配以足量的样品瓶、固定剂及其他器材。

8.2.3 海上采样

一般只采单样,供湿重生物量测定后进行种类鉴定与个体计数,若同时要求体积分数或干重生物量测定,则应同时采双样或三样,并记录于表 H.14 或表 H.15。

8.2.3.1 拖网速度

落网为 0.5 m/s;起网为 0.5 m/s～0.8 m/s。

8.2.3.2 样品处理

样品用中性甲醛溶液固定,加入量为样品体积的 5%。需进行电镜观察的样品,用戊二醛固定,加入量为样品体积的 2%～5%。

8.3 样品分析

8.3.1 样品编号

各类样品需有总编号。总编号由代表采样海区、采样方式、使用网型、采样年份和样品序号等内容的代号依次组成(见附录 B.1),填写表 H.16。

8.3.2 填写标签

每份贮存样品的瓶外需贴有总编号的外标签,瓶内需放有总编号、海区、站号和采集日期等内容的内标签。

8.3.3 浮游动物生物量测定

以大型或浅水Ⅰ型浮游生物网的样品为准。特殊研究对象或特殊海区可视具体情况而定。

8.3.3.1 体积分数测定

见附录 B.3.1,测定结果记录于表 H.21。

8.3.3.2 湿重生物量测定

见附录 B.3.2,测定结果记录于表 H.22。

8.3.3.3 干重生物量测定

见附录 B.3.3,测定结果记录于表 H.23。

8.3.4 浮游动物种类鉴定与个体计数

以大型或浅水Ⅰ型浮游生物网的样品为准，特殊研究对象或特殊海区可视具体情况而定，见附录B.3.4，鉴定与计数结果记录于表H.24。

8.3.5 夜光藻的计数

夜光藻以中型或浅水Ⅱ型网为准，但在其个体较小(<200 μm)的季节(如南方的秋、冬季)应参考小型网或浅水Ⅲ型网的采集结果。见附录B.3.4，结果记录于表H.25。

8.4 资料整理

8.4.1 计算浮游动物生物量

8.4.1.1 体积分数

$$\gamma_{\mathrm{B}} = \frac{V_{\mathrm{B}}}{V} \qquad \cdots\cdots(40)$$

式中：

γ_{B}——单位体积海水中浮游动物的体积分数，数值以10^{-6}表示；

V_{B}——样品体积，单位为毫升(mL)；

V——滤水量，单位为立方米(m^3)。

8.4.1.2 湿重生物量

$$P_{\mathrm{B}} = \frac{m_{\mathrm{B}}}{V} \qquad \cdots\cdots(41)$$

式中：

P_{B}——单位体积海水中浮游动物的湿重含量，单位为毫克每立方米(mg/m^3)；

m_{B}——样品湿重含量，单位为毫克(mg)；

V——滤水量，单位为立方米(m^3)。

8.4.1.3 干重生物量

$$P'_{\mathrm{B}} = \frac{m'_{\mathrm{B}}}{V} \qquad \cdots\cdots(42)$$

式中：

P'_{B}——单位体积海水中浮游动物的干重含量，单位为毫克每立方米(mg/m^3)；

m'_{B}——样品干重，单位为毫克(mg)；

V——滤水量，单位为立方米(m^3)。

8.4.2 计算浮游动物或夜光藻的个体密度

$$C_{\mathrm{B}} = \frac{N_{\mathrm{B}}}{V} \qquad \cdots\cdots(43)$$

式中：

C_{B}——单位体积海水中浮游动物或夜光藻的个体密度，单位为个每立方米(ind/m^3 或 $cells/m^3$)；

N_{B}——全网个数，单位为个(ind 或 cells)；

V——滤水量，单位为立方米(m^3)。

8.4.3 填写报表

按本部分的有关规定填写报表。

8.4.4 绘制分布图

平面分布图一般用等值线表示。在特殊情况下(如测站稀少或测站不连续时)也可用不同等级的圆圈或符号表示。

8.4.4.1 等值线取值标准如下：

a) 夜光藻个体密度(单位为$10^2 cells/m^3$)：5,10,50,100,500,1 000,5 000；

b) 浮游动物湿重生物量(单位为mg/m^3)：5,10,25,50,100,250,500,1 000,5 000；

c) 浮游动物干重生物量(单位为 mg/m³):1,2.5,5,10,25,50,100;

d) 浮游动物体积分数(单位为 10^{-6}):0.2,0.5,1,2.5,5,10;

e) 浮游动物总个体密度(单位为 ind/m³):5,10,25,50,100,250,500,1 000,5 000;

f) 浮游动物主要种或主要类别的个体密度(单位为 ind/m³):1,5,10,25,50,100,250,500,1 000,5 000。

g) 以上取值标准,可视具体情况酌情增减。

8.4.4.2 圆圈或符号取值标准如下:

a) 夜光藻个体密度(单位为 10^2 cells/m³):>0~5,>5~10,>10~50,>50~100,>100~500,>500~1 000,>1 000~5 000,>5 000;

b) 浮游动物湿重生物量(单位为 mg/m³):>0~5,>5~10,>10~25,>25~50,>50~100,>100~250,>250~500,>500~1 000,>1 000~5 000,>5 000;

c) 浮游动物干重生物量(单位为 mg/m³):>0~1,>1~2.5,>2.5~5,>5~10,>10~25,>25~50,>50~100,>100;

d) 浮游动物体积分数(单位为 10^{-6}):>0~0.2,>0.2~0.5,>0.5~1,>1~2.5,>2.5~5,>5~10,>10;

e) 浮游动物总个体密度(单位为 ind/m³):>0~5,>5~10,>10~25,>25~50,>50~100,>100~250,>250~500,>500~1 000,>1 000~5 000,>5 000;

f) 浮游动物主要种或主要类别的个体密度(单位为 ind/m³):>0~1,>1~5,>5~10,>10~25,>25~50,>50~100,>100~250,>250~500,>500~1 000,>1 000~5 000,>5 000。

g) 以上取值标准,可视具体情况酌情增减。

9 鱼类浮游生物调查

9.1 技术要求和调查要素

9.1.1 技术要求

9.1.1.1 垂直或倾斜拖网深度

水深大于 200 m 的海区拖网深度为 200 m 至表垂直拖网或斜拖,水深小于 200 m 的则由底至表垂直拖网或斜拖。

9.1.1.2 水平拖网深度

水平拖网深度为 0 m~3m 层。

9.1.1.3 垂直或倾斜分段拖网水层

根据测站深度、调查性质和目的来确定。

9.1.1.4 种类鉴定

主要鱼类浮游生物应鉴定到属或科。

9.1.2 调查要素

调查要素包括鱼卵和仔、稚鱼的种类组成和数量分布(时间和空间的分布)。

9.2 采样

9.2.1 采样设备

9.2.1.1 网具

30 m 以浅海域应采用浅水Ⅰ型浮游生物网垂直取样,30 m 以深海区应采用大型浮游生物网垂直取样或用双鼓网(即:Bongo 网)倾斜取样。此外可根据海区位置或深度、调查目的和采样对象选用不同的网具,见表 7。

9.2.1.2 网底管

网底管套的筛绢与网衣筛绢的规格必须相同。

9.2.1.3 网口流量计

使用前必须经过标定，每航次标定一次。

9.2.1.4 量角器

角弧形量角器。

9.2.1.5 沉锤

根据水流速度和风浪大小，使用质量为 10 kg～40 kg。

9.2.1.6 绞车及钢丝绳

绞车变速范围为 0.31 m/s～1 m/s，并附有排缆装置和钢丝绳计数器，钢丝绳直径为 3.6 mm～5.0 mm。

9.2.1.7 吊杆

高度为 5 m～6 m(深水拖网大于 6 m)。负荷为 500 kg～1 000 kg；吊杆的舷间距 1 m 左右，并能调节位置。

9.2.1.8 冲水设备

水泵、水管、水桶和吸水球等。

9.2.2 样品采集

9.2.2.1 定性采样

一般在海水表层(0 m～3 m)或其他水层进行水平拖网 10 min～15 min，船速为 1 kn～2 kn。所用网具，水层及拖网时间应分别根据调查的目的和调查区鱼卵和仔、稚鱼密度来决定。并记录于表 H.26。

表 7 鱼类浮游生物网具的规格及适用对象

序号	网具名称	网长/cm	网口内径/cm	网口面积/m^2	筛绢规格(孔径近似值 mm)	适用范围、采集方法和对象
1	大型浮游生物网	280	80	0.5	CQ14(0.505) JP12(0.507)	我国最常用的网具，适用于表层水平拖曳及 30 m 以深、200 m以浅垂直采集鱼卵和仔、稚鱼。
2	浅水Ⅰ型浮游生物网	145	50	0.2	CQ14(0.505) JP12(0.507)	适用于 30 m 以浅垂直采集鱼卵和仔、稚鱼。
3	双鼓网 (Bongo 网)	360 360	60 60	0.28 0.28	CQ14(0.505) JP12(0.507) CQ20(0.336) JQ20(0.322)	这是联合国粮农组织推荐的国际上通用的双联网。适用于定量垂直或倾斜采集鱼卵和仔、稚鱼。网口需系流量计。
4	北太平洋浮游生物标准网	180	45	0.16	CQ20(0.336) JQ20(0.322)	国际上常用的网具；适用于定量垂直或平拖采集鱼卵和仔、稚鱼。
5	WP3 网	279	113	1.0	JP7(1.025)	适用于采集个体较大、活动力强的仔、稚鱼。

注：采用序号 1～4 的网型垂直或斜拖取样时，应结合大型浮游生物网表层平拖取样作为定性样品。

9.2.2.2 定量采样

由海底至海面垂直或倾斜拖网。落网速度为0.5 m/s,起网速度为0.5 m/s~0.8 m/s。也可采用定性采样方法进行,但网口需系流量计。所用网具见9.2.1.1,并记录于表H.26。

9.2.2.3 样品处理

样品用中性甲醛溶液固定,加入量为样品体积的5%。

9.3 样品分析

9.3.1 样品编号

各类样品的总编号应根据采样海区,采样方式,采用网型,采样年份和样品序号等内容的代号依次编写(见附录B.1),填写在表H.27。

9.3.2 填写标签

每份保存样品除在瓶外贴有总编号的外标签外,瓶内还需放有总编号、站号和采样日期等内容的内标签。

9.3.3 鱼卵和仔、稚鱼个体数

以定量样品为准,定性样品为参考,结果记录于表H.28和表H.29。

9.4 资料整理

9.4.1 丰度的计算

9.4.1.1 垂直采集的样品

$$G=\frac{N}{V} \qquad \cdots\cdots(44)$$

式中:

G——单位体积海水中鱼卵或仔、稚鱼个体数,单位为粒每立方米或尾每立方米(ind/m^3);

N——全网鱼卵或仔、稚鱼个体数,单位为粒或尾(ind);

V——滤水量,单位为立方米(m^3)。

9.4.1.2 平拖、斜拖或垂直取样

$$G_a=\frac{N_a}{S\cdot L\cdot C} \qquad \cdots\cdots(45)$$

式中:

G_a——单位体积海水中鱼卵或仔、稚鱼个体数,单位为粒每立方米或尾每立方米(ind/m^3);

N_a——全网鱼卵或仔、稚鱼个体数,单位为粒(ind)或尾(ind);

S——网口面积,单位为平方米(m^2);

L——流量计转数;

C——流量计校正值。

9.4.1.3 水平拖曳样品(定性)

以粒/网(ind/net)或尾/网(ind/net)计算。

9.4.2 填写报表

按本部分的有关规定填写报表。

9.4.3 绘制分布图

平面分布图一般用等值线或不同量级的圆圈符号表示。

9.4.3.1 等值线的取值标准如下:

a) 鱼卵和仔、稚鱼总量(单位为 ind/m^3 或 $ind/100\ m^3$):1,5,10,25,50,100,250,500,1 000,5 000;

b) 鱼卵和仔、稚鱼主要科、属或种(单位为 ind/m^3 或 $ind/100\ m^3$):1,5,10,25,50,100,200,300,400,500,1 000;

c) 数量小于上述等级时,可用"+"标在测站上,以示出现;

d) 上述取值标准,可视具体情况酌情增减。

9.4.3.2 圆圈的取值标准如下:

a) 鱼卵和仔、稚鱼总量(ind/m³ 或 ind/100 m³)为>0~1,>1~5,>5~10,>10~25,>25~50,>50~100,>100~250,>250~500,>500~1 000,>1 000~5 000,>5 000;

b) 鱼卵和仔、稚鱼主要科、属或种(ind/m³ 或 ind/100 m³)为>0~1,>1~5,>5~10,>10~25,>25~50,>50~100,>100~200,>200~300,>400~500,>500~1 000,>1 000;

c) 数量小于上述等级时,可用"+"标在测站上,以示出现;

d) 上述取值标准,可根据具体情况酌情增减。

10 大型底栖生物调查

10.1 技术要求和调查要素

10.1.1 技术要求

10.1.1.1 采泥样面积

每站不小于 0.2 m²。

10.1.1.2 套筛孔径

上层 2.0 mm~5.0 mm,中层 1.0 mm,底层 0.5 mm。

10.1.1.3 生物量测定精密度

湿重生物量±0.01 g,干重±0.1 mg;烘干温度 70℃~100℃。

10.1.1.4 拖网采样船速

必须在 2 kn 左右。

10.1.1.5 种类鉴定计数

常见种必须给出种名,按种计数。

10.1.2 调查要素

包括测定生物量、栖息密度、种类组成、数量分布及其群落结构。

10.2 采样

10.2.1 采样设备

10.2.1.1 采泥器

10.2.1.1.1 抓斗式采泥器

水深小于 200 m 的海区一般使用采样面积为 0.1 m² 的采泥器,水深大于 200 m 的海区使用采样面积为 0.25 m² 的采泥器;港湾调查可酌用 0.05 m² 的采泥器。

10.2.1.1.2 弹簧采泥器

采泥样面积为 0.1 m²。

10.2.1.1.3 箱式采样器

采样体积为 500 mm×500 mm×500 mm(面积为 0.25 m²)。另一种小型箱式采样器采样体积为 250 mm×250 mm×250 mm(面积为 0.063 m²)。深海取样或取分层泥样时,应使用箱式采样器。

10.2.1.2 拖网

10.2.1.2.1 阿氏拖网

水深小于 200 m 的海区一般使用网口宽度为 1.5 m~2.0 m;港湾调查可用网口宽度为 0.7 m~1.0 m;大洋深海调查一般采用网口宽度为 2.5 m~3.0 m。

10.2.1.2.2 三角形拖网

网口大小及网衣结构同阿氏拖网。适合于沿岸水域和底质较复杂的海区采样。

10.2.1.2.3 桁拖网

一般适用于水深 100 m 以内的海区,特别是底质松软的海区。

10.2.1.2.4 双刃拖网

适于底质为岩礁、碎石或砂砾的海区。

10.2.1.2.5 深拖光学系统和深海底栖生物拖网

用深拖光学系统获得深海底栖生物录像和照相底片;用深海底栖生物拖网采集底栖生物标本。

10.2.1.3 绞车和吊杆

水深小于 200 m 的海区,一般用负荷 2 000 kg 的绞车和吊杆。绞车速度以 0.2 m/s～1 m/s 为宜。吊杆应高出船舷 5 m,舷间距 1 m。专用于采泥样的绞车及吊杆负荷为 1 000 kg。大洋深海采样,使用大型网具应按实际需要,配备液压绞车及龙门吊杆。

10.2.1.4 钢丝绳

一般拖网使用直径为 8 mm～10 mm 的软钢丝绳。采泥专用绞车,一般使用直径为 6 mm～8 mm 的软钢丝绳。大洋深海调查使用万米钢丝绳。

10.2.1.5 底栖动物漩涡分选装置

由筒体、漩涡发生器、分流器、支架和余渣收集盘组成,专供淘洗泥样及分选标本。

10.2.1.6 套筛

由三层不同孔径的筛子和支架组成,上层筛的孔径为 2.0 mm～5.0 mm,中层为 1.0 mm,下层为 0.5 mm。必须与漩涡分选装置配合使用。

10.2.2 海上采样

10.2.2.1 采泥

10.2.2.1.1 采泥器选择

采用面积为 0.05 m^2 的采泥器,每站采 5 个平行样品;采用 0.1 m^2 的采泥器,每站采 2 个～4 个平行样品;采用 0.25 m^2 的采泥器,每站采 1 个或 2 个(平行)样品。

10.2.2.1.2 泥样淘洗

采用漩涡分选装置淘洗时,泥样分批倒入筒体,应注意调节分流龙头开关至较大颗粒沉积物不致搅起溢出筒体。

10.2.2.2 拖网

10.2.2.2.1 投网

调查船航速在 2 kn 左右,航向稳定后投网。拖网绳长一般为水深的 3 倍,近岸浅水区应为水深3 倍以上,拖网时间为 15 min;水深 1 000 m 以上的深海,拖网绳长为水深的 1.5 倍～2.0 倍,拖网时间 30 min～1 h。

10.2.2.3 样品处理

10.2.2.3.1 采泥和拖网样品

应按类别、个体大小、柔软脆弱和坚硬带刺者分别装瓶。

10.2.2.3.2 定量采泥样品

应全部取回(包括余渣)。

10.2.2.3.3 定性拖网所获得的样品

数量过大时,可取总质量的一小部分称重,计算每个种的个体数,经换算得到总个体数。对于数量大且定名准确的种类,可保留一定数量供生物学等测定,其余计数和称重后可倾弃。称重和计数结果记录于表 H.30。

10.2.2.3.4 典型生态意义的标本

应拍照、观察并记录。

10.2.2.3.5 保存

a) 固定液

中性甲醛溶液、丙三醇乙醇溶液、甲醛乙醇混合液、布因(Bouinn)固定液、四氯四碘荧光素染色剂固定液(见附录 C);

b) 固定和保存

——采泥和拖网样品,应按类别使用不同的固定液。暂时性保存使用体积分数为 5%~7%中性甲醛溶液,永久性保存应用体积分数为 75%丙三醇乙醇溶液或体积分数为 75%乙醇;

——大型藻类一般用体积分数为 6%甲醛溶液保存;

——海绵动物先用体积分数为 85%乙醇固定,后换以体积分数为 75%乙醇加体积分数为 5%丙三醇保存;

——腔肠动物、纽形动物、环节动物以及部分甲壳动物先以薄荷脑或硫酸镁麻醉,后换体积分数为 5%中性甲醛溶液固定。纽形动物应用布因固定溶液固定 12 h~24 h 后,按顺序分别用体积分数为 30%、50%、70%的乙醇浸洗至无色时止,最后用体积分数为 70%的乙醇保存,供切片用;

——星虫类、虫盁 虫类、腕足动物、软体动物、部分甲壳动物、棘皮动物和鱼类直接用体积分数为 5%中性甲醛溶液固定。个体数较大的鱼类和头足类样品(0.25kg 以上),应将体积分数为 10%甲醛溶液注射入腹腔。棘皮动物的海胆,固定前应先刺破围口膜;

——余渣固定时,用四氯四碘荧光素染色剂固定液,便于室内标本挑拣;

c) 按上述固定的样品,超过两个月未能进行分离鉴定,应更换一次固定液。

10.2.2.3.6 记录

每站采样结束,应即填写表 H.30,表中采泥和拖网样品总数,系指每站采得各类别生物分离后的瓶数和包数。记事栏记录该站工作情况。

10.2.2.3.7 填写标签

已装瓶的每号样品需投入标签。放入样品桶的样品,应先用纱布包装,并另加一个竹签。

10.3 样品分析

10.3.1 样品核对

每航次结束,应认真核对样品和采样记录是否相符。

10.3.2 样品编号

一般按调查采样站位先后,采泥和拖网序号等先后以代号编排(见附录 C.2)。称重结果记录于表 H.31。

10.3.3 样品登记

调查船返航后,必须及时处理采泥和拖网样品。按分类系统排列编号,并分别记录于表 H.31 和表 H.32。每瓶样品(包括样品桶内的样品)应换以新编号的标签,并同时核对。

10.3.4 鉴定、计数

a) 鉴定时发现某号样品中出现两种以上,应即分开,另编新号,并及时填写相应记录表,同时投放鉴定标签;

b) 易断的纽虫、环节动物按头部计数;软体动物的死壳不计数;数量大时,可取其中一部分称重计数、换算。

10.3.5 测定生物量

a) 湿重生物量;

b) 管栖动物应剥去管子(小管可保留);寄居蟹应去螺壳称重;软体动物一般不去贝壳,但需吸尽壳表水分;

c) 个体大、数量多的软体动物的壳和肉分别称干、湿重;

d) 有孔虫、石珊瑚和部分钙质苔藓虫可不计重。

10.4 资料整理

10.4.1 定量泥样资料

10.4.1.1 计算

种类个体数和生物量分别换算为 ind/m^2 和 g/m^2。

10.4.1.2 数据汇总

各站所得种类或类群的个体密度和生物量列表统计。

10.4.1.3 栖息密度和生物量

按各类群生物所占密度和生物量百分数，用圆形图或柱状图或矩形图表示。

10.4.1.4 栖息密度和生物量分布图

a) 绘制总密度和总生物量分布图。绘制无脊椎动物重要门类（环节动物、软体动物、甲壳动物和棘皮动物四大类）的密度和生物量分布图；

b) 密度分布图一般以等值线或不同大小的圆圈表示，密度（ind/m^2）的取值标准：<5，10，25，50，100，250，500，1 000，>1 000；

c) 生物量分布图，一般以等值线或不同大小的圆圈表示，生物量（g/m^2）取值标准：1，5，10，25，50，100，250，500，1 000，>1 000。

10.4.1.5 种类分布表

鉴定后的定量样品，按分类系统记录于表 H.33。

10.4.1.6 主要种类分布图

选择对总密度和总生物量，或对各类群密度和生物量起决定作用和分布普遍的种类，绘制分布图。

10.4.2 拖网资料

10.4.2.1 种类分布表

鉴定后的定性样品，记录于表 H.34。

10.4.2.2 主要种类分布图

定性拖网主要种类分布图，绘制方法见 10.4.1.6。

10.4.3 种类名录

采泥和拖网的样品鉴定之后，按分类系统顺序，列出调查海区大型底栖生物种类名录。

10.4.4 填写报表

按本部分的有关规定填写报表。

11 小型底栖生物调查

11.1 技术要求和调查要素

11.1.1 技术要求

a) 从取样器取芯样，必须是未受扰动的采泥样品、未受扰动的标志是沉积物表面有一定深度的上覆水及取样器闭合严紧无任何撒漏；

b) 每站随机取芯样（或多管取样器样品 2 个，用于多元统计分析的重点站位取芯样应不少于 4 个）；

c) 栖息密度以 ind/10 cm^2 或 10^{6}ind/m^2 表示；

d) 生物量以（μg · dwt）/10 cm^2 或（g · dwt）/m^2 表示。

e) 干重生物量精密度±0.01 mg，当使用超微量分析天平（感量 0.1 μg）称重时应使用配套的水分 测定仪；

f) 条件许可时，应在近岸硬底、水深 40 m 以内且透明度较好的浅水区内，携带 SCUBA（配套的水下呼吸器）等装置进行潜水取样。

11.1.2 调查要素

小型底栖生物调查要素包括测定主要类群组成、栖息密度、生物量和优势类群的种类组成、群落结构和生物多样性。

11.2 采样

11.2.1 采样设备

11.2.1.1 采样器

见大型底栖生物调查。应依次选择各类箱式采样器和弹簧采泥器。条件允许时可采用多管采样器或潜水采样。

11.2.1.2 有机玻璃管

内径 2.2 cm(=3.8 cm^2)、2.6 cm(=5.3cm^2)、3.6 cm(=10 cm^2)和 4.4 cm(=15 cm^2),前两种适用于泥质和砂泥质,后两者适用于泥砂质和砂质。后一种还适用于轻潜水手持取样。

11.2.1.3 套筛网目

上层孔径为 0.5 mm,中层为 0.2 mm,下层为 0.042 mm。

11.2.1.4 橇式小型生物拖网

网衣孔径为 0.35 mm～0.45 mm,主要用于定性分析。

11.2.1.5 船上设备

同大型底栖动物调查。

11.2.1.6 潜水员和设备

有证潜水员至少 2 名。设备包括:面罩、呼吸管、调节器、浮力调节装置、潜水衣、潜水仪表、气瓶、压铅皮带、靴子和蛙鞋等(见附录 D 图 D.5)。配套船只:带舷外发动机,可承载 3 人～5 人。

11.2.2 海上采样

11.2.2.1 采芯样

潮间带取样应尽可能与大型底栖生物调查同步,即在选定的潮滩区,代表性断面,代表性站位(高潮、中潮和低潮)取样,每站按工作需要取芯样 2 个～4 个。泥质滩取芯样长度 8 cm～10 cm,划分为 0 cm～2 cm,2 cm～5 cm,>5 cm;泥砂质滩取芯样 12 cm～16 cm,划分为 0 cm～4 cm,4 cm～8 cm,8 cm～12 cm,12 cm～16 cm;砂质滩取芯样 24 cm～28 cm,每 4 cm 一层,砂质滩需借助橡皮锤敲击取样管顶部,以达到所需取样深度。取样管拔出之前,均需在管顶部加堵橡皮塞,一旦取样管离底,即用手封住下端。拔出时若发现芯样扰动应重新取样。

用有机玻璃管从箱式取样器中采芯样(再采样),芯样长度为 10 cm。采样位置必须离开取样器边缘至少 2 cm,随机采芯样两个,重点站位可分别在两个取样器中分别取 2 个或 3 个芯样。

11.2.2.2 潜水取样

条件许可时可进行潜水采样。由潜水员手持有机玻璃管直接取样,顶端和底端应分别加堵橡皮塞,方法同潮间带取样,样品用密封塑料袋盛装后提上水面。

11.2.2.3 小型生物拖网采样

操作程序与大型底栖生物拖网基本相同,拖网速度(可利用停机后的余速)应保持在 1 kn,拖网时间 5 min。

11.2.2.4 环境因子的测定

应至少包括沉积物粒度,含水量(%),总有机碳(%),Chl a 和 Phl a,用于粒度分析和有机碳分析的沉积物量不应少于 50 g,Chl a 和 Phl a 用 2.6 cm 内径的有机玻璃管取芯样 2 个,装入塑料袋后立即放入−20℃冰柜内保存。回到实验室应尽快测定。

11.2.3 样品处理

11.2.3.1 试剂

包括麻醉剂、固定剂和染色剂。

11.2.3.2 芯样

观察芯样颜色，记录“RPD”层(氧化还原电位不连续层)深度，将样品装于125 cm^3 或200 cm^3 广口塑料瓶中。

11.2.3.3 样品分层

现场取样时，取芯管一旦取样，立即按5 cm～10 cm，2 cm～5 cm和0 cm～2 cm，将样品分别推置于样品瓶内。

11.2.3.4 样品分装

拖网样品吊上甲板后，搅匀，取2个100 cm^3 的样品(沉积物、碎屑等)分别装入500 cm^3 的广口样品瓶中。

11.2.3.5 麻醉

定量采泥和拖网样品，均加入与样品等体积的麻醉剂，摇动静置10 min。

11.2.3.6 固定

麻醉后的采泥和拖网样品，均加入与样品等体积的固定剂固定。

11.2.3.7 填写标签

已装瓶的每号样品，需投入已填写好的标签(见附录D)。

11.2.3.8 记录

每站结束，应填写表H.35；记录的表格、标签和样品瓶号应严格核对。

11.2.3.9 活体样品

供活体观察的样品，不加麻醉剂和固定剂，装瓶后即放入冰箱冷藏保存。

11.3 样品分析

11.3.1 仪器设备

11.3.1.1 分离装置

分两层套筛，套筛直径为10 cm，搁放在相应直径稍大的800 cm^3 或1 000 cm^3 量杯上，上层网筛孔径为0.5 mm，下层为0.042 mm，若细砂颗粒过多，两层套筛的中间加一中层网筛，孔径为0.2 mm。

11.3.1.2 分离淘洗装置

用于砂质样品的分离(见附录D中的图D.2)。淘洗时应使用过滤海水。

11.3.1.3 台式离心机

转速5 000 r/min。

11.3.1.4 分样器

见附录D中的图D.1。

11.3.1.5 微量分析天平

感量为0.01 mg和0.000 1 mg两种。

11.3.2 砂质沉积物的分离(倾上浮液淘洗法)

a) 样品分离前加入四氯四碘荧光素染色剂，染色24 h以上。每100 cm^3 样品加入5 cm^3 染色剂溶液；

b) 移样品至1 dm^3 容量的广口杯内，加过滤海水至800 cm^3，加盖，颠倒摇动数次，静置1 min～3 min(视颗粒组成而定)；

c) 上浮液通过由两层套筛组成的分离网筛，以上重复淘洗三次；

d) 用洗瓶分别冲洗两层网筛上残留物至备好的计数培养皿中(见附录D)，供计数；

e) 砂质样品的连续淘洗法，见附录D。

11.3.3 泥质沉积物的分离(分层分离法)

a) 染色见11.3.2a)；

b) 倾样品至由三层套筛组成的分离装置上，用洗瓶冲洗至绝大部分较细粒级的颗粒被冲尽；

c) 用洗瓶分别冲洗三层网筛上的残留物至计数培养皿中供计数；

d) 动物数量过大时，应采用分样器取分样分选；

e) 分选用套筛，特别是最底层的网筛应定期在体视显微镜下检查，发现锈蚀或网孔堵塞或变形应立即更换网筛。

11.3.4 泥质沉积物分离的硅溶胶(Ludox-TM)离心漂浮法

a) 硅溶胶溶液的制备，取 2 份 Ludox-TM 加 3 份蒸馏水用比重计测试，将相对密度调至 1.15，备用；

b) 取 15 cm^3 的沉积物样品，置于 100 cm^3 的离心管中加 45 cm^3～60 cm^3 预先制备的硅溶胶溶液，加盖摇动充分混合；

c) 将离心管静置 5 min 以便较重的颗粒沉降；

d) 将成对离心管对称放置离心机中，关闭离心机盖，3 min 内加速至 1 800 r/min 维持 3 min；

e) 将含有生物的上悬液通过 0.042 mm 网筛，用蒸馏水彻底清洗将样品冲至计数皿中；

f) 余渣加同样份量的硅胶溶液，重复以上程序 2 次或 3 次。

11.3.5 取分样

a) 与沉积物分离后的样品，若动物数量太多（超过 500 个体）时，可随机取分样鉴定计数；

b) 将样品移入分样器，注入蒸馏水至 2 dm^3，加顶盖，颠倒摇动，静置 1 h，取分样 2 个或 3 个。

11.3.6 计数

a) 在高倍体视显微镜下(≥40×)观察，鉴定和计数，将不同类群的个体数分别记录于表 H.36、定性样品记录于表 H.38；

b) 对“软型”小型动物如腹毛虫、涡虫、颚咽动物等，应尽量活体观察、鉴定和记数，对“硬型”小型动物如线虫、桡足类、介形类、动吻类等可制成临时性或永久性封片观察、鉴定和计数。

11.3.7 生物量测定

11.3.7.1 体积换算法

该法适用于小型动物各主要类群。取显微镜描图仪测量结果，换算体积：

$$V = L \cdot W^2 \cdot C \qquad (46)$$

式中：

V——体积，单位为 10 的负三次方立方毫米(10^{-3} mm^3)；

L——体长(长尾种类至锥状部，具丝状尾种类至肛门)，单位为毫米(mm)；

W——身体最大体宽，单位为毫米(mm)；

C——换算系数(不同类群的换算系数，见附录 D 和图 D.4)。

干重换算法：

$$d_w = V \cdot K \cdot D \qquad (47)$$

式中：

d_w——个体平均干重生物量，单位为微克(μg)；

V——个体体积，单位为 10 的负三次方立方毫米(10^{-3} mm^3)；

K——假定平均相对密度为 1.13；

D——假定干湿比为 0.25。

11.3.7.2 直接称重法

a) 随机取称样 2 份或 3 份，用重蒸水小心地冲洗，然后用吸管将样品置于微型铝箔（或微型秤皿)内。每份样品所需动物数量依类群而异，线虫 100 条～200 条，底栖桡足类 30 个～50 个，介形类 10 个～20 个，多毛类 10 条～20 条；

b) 将样品置于标准水分测定仪(红外加热或卤素加热)；

c) 线虫和桡足类样品分别置于感量 0.1 μg 超微量分析天平中称重 3 次，介形类和多毛类分别置于感量 0.01 mg 微量分析天平中称重 3 次，记录于表 H.37。

每次称重应相应地称皿 3 次，将结果记录于表 H.37。

11.4 资料整理

11.4.1 精密度

a) 小型动物样品计数的精密度，以标准误差或置信度(95% C.L)表示；

b) 群落结构差异的统计检验，若取样前已存在某种零假设，则可根据几种试验设计类型做出检验。3 个重复样时，成对比较的显著水平最小不过 10%，4 个为 3%，5 个为 1%，若要在 5% 的水平获得显著差异，一般至少需要 4 个重复样。

11.4.2 密度

11.4.2.1 密度计算

$$D = \frac{T}{\pi d^2} \times 10^4 \qquad (48)$$

式中：

D——个体密度，单位为个每平方米(ind/m^2)或 10 的六次方个每平方米($10^6 ind/m^2$)；

T——重复芯样的个体平均数，单位为个(ind)；

d——取样管内径，单位为厘米(cm)。

11.4.2.2 密度空间分布

按表 H.36 要求，计算各站总密度，调查海区平均密度和年平均密度，并绘制密度等值线图。

11.4.2.3 密度垂直分布

按表 H.36 要求(0 cm～2 cm，2 cm～5 cm，5 cm～10 cm，>10 cm)计算各分层所占百分比，并相应计算各类群的百分比组成。

11.4.3 生物量

a) 生物量计算

$$B = \sum_{i=1}^{N} \overline{d}_w \cdot \overline{D}_i \qquad (49)$$

式中：

B——小型动物的总生物量单位为克每平方米或 10 的六次方微克每平方米(g/m^2 或 $10^6 \mu g/m^2$)；

$\overline{d}_w$—— 第 i 个种群的个体平均体重，单位为微克(μg)；

$\overline{D}_i$——第 i 个种群的个体平均密度，单位为个每平方米或 10 的六次方个每平方米(ind/m^2 或 $10^6 ind/m^2$)；

N——动物的类群数。

b) 根据以上分别计算各站总生物量，填写表 H.37。

11.4.4 填写报表

按本部分的有关规定填写报表。

11.4.5 绘图

a) 各类群密度百分组成图，密度平面分布和垂直分布图；

b) 主要类群生物量百分组成图，平面分布图和垂直分布图；

c) 有条件时可作多变量分析有关图，如聚类图，标序图等。

12 潮间带生物调查

12.1 技术要求和调查要素

12.1.1 技术要求

12.1.1.1 调查地点和断面的选择

a) 调查地点和断面选择必须根据调查目的而定。通常应选择具有代表性的、滩面底质类型相对均匀、潮带较完整、无人为破坏或人为扰动较小且相对较稳定的地点或断面；

b) 在调查海区，选择不同生境（如泥滩、泥沙滩、沙滩和岩石岸）的潮间带断面（不少于3条断面），每条断面不少于5个站，岩石岸每个站不少于2个定量样方，泥滩、泥沙滩不少于4个定量样方，沙滩不少于8个样方。断面位置应有GPS定位或陆上标志，走向应与海岸垂直。

12.1.1.2 潮间带的划分

根据当地的潮汐水位参数或岸滩生物的垂直分布，将潮间带划分为高潮区、中潮区和低潮区，或高潮区：上层，下层；中潮区：上层，中层，下层；低潮区：上层，下层。（详见附录E）。

12.1.1.3 取样站布设

通常在高潮区布设2个站、中潮区布设3个站、低潮区1个站或2个站。在滩面较短的潮间带，在高潮区布设1个站、中潮区布设3个站、低潮区1个站。

12.1.1.4 调查时间

a) 潮间带生物采样必须在大潮期间进行；或在大潮期间进行低潮区取样，小潮期间再进行高、中潮区的取样；

b) 对于基础（背景）调查，通常按春季、夏季、秋季和冬季进行一年四个季度月调查。对于一些专项调查，根据要求可选择春、秋季两个季度月进行调查。

12.1.1.5 采样面积

硬相（岩石岸）生物取样，用25 cm×25 cm的定量框取2个样方；在生物密集区取样，采用10 cm×10 cm定量框取样。软相（泥滩、泥沙滩、沙滩）生物取样，用25 cm×25 cm×30 cm的定量框取4个样方～8个样方。同时进行定性取样与观察。定性取样在高潮区、中潮区和低潮区至少分别取1个样品。

12.1.2 调查要素

潮间带生物调查要素包括不同生境的种类组成、数量（栖息密度、生物量或现存量）及其水平分布和垂直分布。

12.2 采样

12.2.1 采样设备

12.2.1.1 采样器和定量框

泥、沙等底质类型的生物取样，采用滩涂定量采样框（见图E.4）。其结构包括框架和挡板两部分，均用1.5 mm～2.0 mm厚度的不锈钢板弯制而成，规格为25 cm×25 cm×30 cm。配套工具是平头铁锨。岩岸生物取样采用25 cm×25 cm的定量框。若在高密度生物量的潮区取样，可采用10 cm×10 cm定量框取样。计算覆盖面积，则用相应的计数框（见图E.3）。其框架可用镀锌铁皮或3 mm厚的塑料板制成。配套工具有小铁铲（或木工凿子）、刮刀和捞网。

12.2.1.2 漩涡分选装置和过筛器

a) 漩涡分选装置：该装置参见图E.5。用于潮间带滩涂调查的生物样品淘洗时，应配备有3.88 kW～7.35 kW的抽水机；

b) 过筛器：当漩涡分选装置无法使用时，或遇某些不宜采用该装置淘洗的样品，可直接采用过筛器（见图E.6）。筛网孔目1.0 mm。

12.2.2 样品采集

12.2.2.1 生物样品采集

a) 滩涂定量取样用定量框，样方数每站通常取4个～8个（合计0.25 m^2～0.5 m^2）。样方位置的确定可用标志绳索（每隔5 m或10 m有一标志）于站位两侧水平拉直，各样方位置要求严格取在标志绳索所标位置，无论该位置上生物多寡，均不能移位。取样时，先将取样器挡板插入框架凹槽，用臂力或脚力将其插入滩涂内；继而观察记录框内表面可见的生物及数量；然后，用铁锨清除挡板外侧的泥沙再拔去挡板，以便铲取框内样品。铲取样品时，若发现底层仍有生物存在，应将取样器再往下压，直至采不到生物为止，一般深度达30 cm。若需分层取样，可视底质分层情况确定。

b） 岩石岸取样用 25 cm×25 cm 的定量框，每站取 2 个样方。若生物栖息密度很高，且分布较均匀，可采用 10 cm×10 cm 的定量框。确定样方位置应在宏观观察基础上选取能代表该潮区生物分布的特点。取样时，先将框内的易碎生物（如：牡蛎、藤壶等）计数，并观察记录优势种的覆盖面积。然后用小铁铲、凿子或刮刀将框内所有生物刮取净。

对某些栖息密度很低的潮间带生物，可采用 25 m^2 的大面积计数（个数或洞穴数），并采集其中的部分个体，求平均个体重，再换算成单位面积的数量。

为全面反映各断面的种类组成和分布，在每站定量取样的同时，应尽可能将该站附近出现的动植物种类收集齐全，以作分析时参考，定性样品务必与定量样品分装，切勿混淆。

取样时，测量各潮区优势种的垂直分布高度和滩面宽度，描述生物分布带的特征。

12.2.2.2 水质和沉积物样品采集

12.2.2.2.1 水样采集

应在各断面调查的同时，于高平潮和低平潮时各采一次水样。河口区在两次采水期间内增加一次。岩沼和滩涂水洼内积水应另行采样。必要时，酌情对生物定量取样站穴内积水或底质间隙水采样分析。

12.2.2.2.2 沉积物取样

应与生物定量取样同步进行，取样站数依滩涂底质变化酌情而定。遇表、底层沉积类型有明显差异时，应分层取样，并记录其层、色、嗅味。其样品编号必须与该站生物定量样品编号一致。

12.2.3 样品的处理与保存

12.2.3.1 生物样品的淘洗

12.2.3.1.1 漩涡分选装置淘洗法

本法在小船上随着潮水上涨或退落进行操作，以减少样品搬运困难。若无船只可直接在滩涂上进行淘洗，分选装置和抽水机应附设防沉底板，并需考虑水源的充分供给。分选操作步骤如下：

a） 将该装置牢靠固定在小船（或滩涂）上，用消防水管连结装置和抽水机；

b） 启动抽水机，待装置的筒体内约注有 1/2 海水时，调节分流器水压使涡流适中，并及时倒入待淘洗样品；

c） 约经 10 min 涡动，大多数体轻、柔软的生物从出水口分选流出，截留于套筛（收集器）上。

d） 当进出筒体的水色相近时，即可打开装置的分流阀、关闭进水阀，并取一网筛（孔径 2 mm）置于筒体下，打开排渣阀排出余渣；

e） 将各套筛截留的余渣中生物挑拣干净。

12.2.3.1.2 过筛器淘洗法

当不具备使用漩涡分选装置时，可采用过筛器直接淘洗法。

12.2.3.2 生物样品的处理与保存

a） 采得的所有定量和定性标本，经洗净，按类别分开装瓶（或用封口塑料袋装），或按大小及个体软硬分装，以防标本损坏；

b） 滩涂定量调查，未能及时处理的余渣，可只拣出肉眼可见的标本后把余渣另行装瓶（袋），回实验室在双筒解剖镜下挑拣；

c） 谨防不同站或同一站的定量和定性标本混杂，务必按站或样方装瓶（袋）后，将写好的相应标签（见附录 E.4）分别投入各瓶（袋）中；

d） 按序加入体积分数为 5%左右的中性甲醛固定液。余渣固定时，用四氯四碘荧光素染色剂固定液，便于室内标本挑拣。固定液配制方法见附录 C.1；

e） 为便于标本鉴定，对一些受刺激易引起收缩或自切的种类（如：腔肠动物、纽形动物），先用水合氯醛或乌来糖少许进行麻醉后再行固定；某些多毛类（如沙蚕科、吻沙蚕科），先用淡水麻醉，再加固定液固定。藻类标本除用 5% 中性甲醛固定的外，最好带回一些完整的新鲜藻体，制作腊叶标本,以保持原色和长久保存。

12.3 样品分析

12.3.1 室内分析

12.3.1.1 标本整理

12.3.1.1.1 核对

a) 按调查地点、断面、站号,将定量和定性标本分开;

b) 依野外记录,核对各站取得的标本瓶(袋)数。

12.3.1.1.2 分离、登记

a) 标本分离按断面或站进行,以免不同站(或不同样方)的标本混入。若有余渣带回,切勿遗忘将其中标本拣出归入;

b) 分离的标本经初步鉴定,以种为单位分装,并及时加入固定液。除海绵、苔藓虫等含钙质动物改用体积分数为75%酒精固定外,其余用体积分数为5%左右的中性甲醛保存;

c) 按分类系统依次排列、编号,用绘图墨水写好标签,标签上填写的除标本号和种名因分离可能改变外,其余各项均应与野外投放的标签一致。待墨汁干后,分投各标本瓶中;

d) 按新编序号分别将定量和定性标本登记于表H.40和表H.41中。

12.3.1.1.3 称重、计算

a) 定量标本须固定3 d以上方可称重,若标本分离时已有3d以上的固定时间,称重可与标本分离、登记同时进行;

b) 称重时,标本应先置吸水纸上吸干体表水分。称重软体动物和甲壳动物保留其外壳(必要时,对某些经济种或优势种可分别称其壳和肉重)。大型管栖多毛类的栖息管子、寄居蟹的栖息外壳以及其他生物体上的伪装物、附着物,称重时应予剔除;

c) 称重采用感量为0.01 g的药物天平、扭力天平或电子天平等。在称重前后计算各种生物的个体数(岩岸采集的易碎生物个体数由野外记录查得。群体仅用质量表示);

d) 将称重、计数结果填入表H.40各相应栏目,并注明湿重(甲醛湿重或酒精湿重)、干重(烘或晒)。必要时可称取灰分重;

e) 依据取样面积,将记录表中各种数据换算为单位面积的栖息密度(ind/m^2)和生物量(g/m^2)。

12.3.1.2 标本鉴定

a) 优势种和主要类群的种类应力求鉴定到种,疑难者可请有关专家鉴定或先进行必要的特征描述,暂以SP_1、SP_2、SP_3……表示,然后再行分析、鉴定;

b) 鉴定时若发现一瓶中有两种以上生物,应将其分出另编新号,注明标本原出处,并及时更改标签和表格中有关数据;

c) 种类鉴定结果若与原标签初定种名不符,亦应立即更改标签。

12.3.1.3 标本保存

经鉴定、登记后的标本,应按调查项目编号归类,妥善保存,以备检查和进一步研究。且须建立制度,定期检查、添加或更换固定液,以防标本干涸和霉变。

12.4 资料整理

12.4.1 野外采集记录表

a) 野外记录应有专人负责,填写表H.39;绘制站位分布图;记录环境基本特征、生物分布、生物异常等现象;负责填写标签;

b) 各断面的生物带以及出现的生物异常、死亡、群落演替等现象,应用录像机或照相机拍录下来;

c) 野外记录是第一手资料,应用铅笔(或碳素墨水)填记,字迹须清晰,记录后妥善收存,严防受潮或丢失。

12.4.2 种类名录

根据表 H.40 和表 H.41 将每次采得的所有种类按分类系统依次列出,各物种标明中文名和拉丁名、采集时间、地点、断面、站号及分布潮区。

12.4.3 种类分析记录表

为了便于统计每个测站的种类及其数量,以站点为单位将每个种类的栖息密度和生物量汇总登记于表 H.40 和表 H.41 中。

12.4.4 种类分布表

为便于分析各种类时空分布特点,可依据表 H.40 记录,以种为单位,将其在各断面、各站位、各不同季节的栖息密度和生物量汇总登记于表 H.42 中。

12.4.5 主要种和优势种垂直分布表

为便于绘制主要种和优势种垂直分布图,将有代表性的、数量较大的种类的栖息密度和生物量按潮区、站位汇总于表 H.43。

12.4.6 主要类群统计表

根据本部分的有关规定,将种类名录,以断面或取样站为统计单位,计算各生物类群的种数和比率,填入表 H.44 中,表内类群名称可依不同底质类型增减。

12.4.7 填写报表

按本部分的有关规定填写报表。

13 污损生物调查

13.1 技术要求和调查要素

13.1.1 技术要求

a) 现场调查时,大型和微型污损生物试板回收力争完整齐全,且应保持试板生物标本完好;

b) 对船舶和其他海上设施进行污损生物调查时,要求代表性强且取样准确;

c) 大型污损生物样品分析时,要求优势种鉴定到种,湿重生物量的精确度为±0.01g。微型污损生物的优势种应鉴定到种。

13.1.2 调查要素

污损生物的调查主要为大型污损生物调查,调查要素包括种类、数量、附着期和季节变化、水平分布和垂直分布等。如有特殊需要时,应进行微型污损生物调查。

13.1.2.1 大型污损生物调查

应以试板调查为主,辅以船舶及其他海上设施调查。调查要素包括大型污损生物的种类、数量、附着期和季节变化。

13.1.2.2 微型污损生物调查

应采用载玻片进行,调查主要的微型污损生物的种类及数量。

13.2 采样

13.2.1 大型污损生物调查

13.2.1.1 港湾挂板调查

13.2.1.1.1 试板

a) 分月板、季板、半年板和年板。一律用 3 mm 厚的环氧酚醛玻璃布层压板,每片试板正中钻两个相距 50 mm,孔径 7 mm 的串板孔;

b) 每个挂板点放 1、2 两组板,每组两个水层,周年共需挂放和回收 76 片试板,具体数量和规格见表 8;

表 8　试板种类、规格及数量

板　别	月　板	季　板	半年板	年　板
规格/mm	3×80×140	3×80×145	3×80×150	3×80×150
数量/片	2×2×12=48	2×2×4=16	2×2×2=8	2×1×2=4

c)　对于海岸港工建设的污损生物挂板调查则采用水泥试版，试板规格一律为150 mm×150 mm×20 mm，每片水泥试板正中钻两个相距 50 mm，孔径 7 mm 的串板孔。

13.2.1.1.2　挂板点选择

a)　首先了解挂板海区的水深、透明度、水温、盐度和海流等情况。挂板期间还必须有周年的月平均水温、盐度资料；

b)　确定站位的原则是：有浮码头、浮筏、浮标或水产业的吊养绳缆等可供挂板；便于管理；水流畅通，水域开阔；

c)　在一个港湾或一段近岸水域，通常只需设一个挂板点。河口区等环境变化大的水域，可增设一个或几个点，且必须兼顾不同盐度梯度或水流畅通程序不同的点。

13.2.1.1.3　挂板周期、时间及层次

a)　周期和时间：每点挂板一周年。分月板、季板、半年板和年板，从 3 月 1 日开始，同时挂放，并按时回收和更换新板。3 月～5 月，6 月～8 月，9 月～11 月和 12 月～翌年 2 月分别代表春、夏、秋、冬四个季度。3 月～8 月和 9 月～翌年 2 月分别代表上半年和下半年；

b)　层次：每组板都分表层和中层两个水层。表层板的上缘正好露出水面，中层板离水面 2.0 m。大潮期间低潮时的水深仍大于 5 m 的水域，可在近海底 0.5 m 处增挂底层板。

13.2.1.1.4　放板和取板

在每月的头三天取、放试板。挂放在水中的试板表面应与水面垂直。从水中取出的试板应在现场包于纱布中，并系以标签，然后固定在体积分数为 5%～8%的中性甲醛溶液中。

13.2.1.2　港湾以外海区挂板调查

13.2.1.2.1　站位

根据离岸远近布站。

13.2.1.2.2　水层

分表层(离海面 2 m)，10 m，25 m，50 m，100 m，150 m，200 m……和底层(离海底 5 m)。

13.2.1.2.3　挂板时间和周期

6 月上旬挂板，历时一周年取板。视需要可酌情增加季板。

13.2.1.2.4　试板

试板材料为环氧酚醛玻璃布层压板，规格 3 mm×200 mm×300 mm。

13.2.1.2.5　挂板和取板

挂于特制浮标或潜标上的试板，每个水层挂两片。取板时，必须在现场将试板装入纱布袋并浸于固定液中。

13.2.1.3　船舶及其他海中设施调查

13.2.1.3.1　取样要求

取样前必须现场拍照或录像，现场测量厚度和覆盖面积率。根据不同对象，填写调查记录表。取样面积根据生物的多少酌定，一般是 20 cm×20 cm 和 30 cm×30 cm。

13.2.1.3.2　取样位置

按下列规定实施：

a)　船舶：取样位置包括水线、船首侧面、船体底部、船尾底部、舵和螺旋桨等六个位置，并记录于表 H.46；

b) 浮标：取样位置包括浮筒的水线、侧面、底部、尾部、尾内和沉块，并记录于表 H.47；

c) 浮筏及浮码头：取样位置包括水线、侧面和底部；

d) 码头桩柱：取样位置包括潮间带的高、中、低三个潮区和大潮低潮线下 1 m 的潮下区，必须测量污损生物群落的垂直分布和分带；观察和测量优势种的垂直分布上界和下界，并记录于附录表 H.48；

e) 海中平台：根据石油平台的类型和所在海区，酌情取样；在条件许可时，选择有代表性的桩腿表面，每隔 5 cm 潜水取一样品，直至海底，取样前先进行水下录像；

f) 遥测浮标、潜标及水下仪器仪表：取样位置必须注意不同水层和不同部位的代表性；

g) 海底的声纳外壳、沉船及海底电缆：必须同时在顶部和近海底部位、暴露部位和隐蔽部位取样；

h) 冷却水管道系统：取样位置包括管道口外的过滤栅、过滤鼓、及离管道口不同距离的管道内壁；

i) 渔业设施：包括定置网具、养殖网箱和网笼、浮筏和浮球、人工鱼礁等。

13.2.2 微型污损生物调查

13.2.2.1 试板

用体积分数为 70%乙醇浸泡的载玻片(25 mm×75 mm)。

13.2.2.2 挂板

13.2.2.2.1 方式和层次

垂直悬挂在浮体上。分三层，表层距水面 0.5 m～1.0 m；底层离海底 1 m；中层在表、底层的中间。

13.2.2.2.2 时间和周期

每季度一次。分别在 2 月、5 月、8 月和 11 月上旬挂放。挂放周期，分别为 1 h、4 h、8 h、16 h 和 1 d、3 d、7 d、14 d、21 d、28 d。

13.2.2.3 取板

每次取三片。在海水中操作。经现场海水轻漂洗后装入盛有无菌海水的容器内。用于宏观检查、硅藻鉴定和计数的试板，以体积分数为 3%的戊二醛固定；用于细菌分离和鉴定的试板，则及时送实验室。

13.3 样品分析

13.3.1 大型污损生物

13.3.1.1 分析要素

大型污损生物的样品分析包括以下五种要素，其中前三者为必测要素，后二者可酌定。

13.3.1.1.1 种类

含种类数和种名，优势种鉴定到种。

13.3.1.1.2 数量

数量包含五个指标，按下列规定实施：

a) 厚度：测量试板的四个角落和中央五个点的平均厚度；某些藻类、水螅和草苔虫应拉直测量；群落中厚度相差悬殊者，加测最大厚度；

b) 覆盖面积率：整个群落覆盖附着基的百分比率；

c) 附着面积率：每种污损生物附着基底总面积与最底层附着基面积的百分比率；草苔虫、水螅和藻类以在水中实际覆盖面积计算；

d) 密度：逐种记录单位面积的个体数；海藻、海绵、水螅、苔藓虫和复海鞘等以片、块或丛计；

e) 湿重：吸去外表水分后的质量，精密度为±0.01 g。

13.3.1.1.3 附着期和季节变化

根据试板上的种类和数量，确定主要种类的附着期、附着强度及其季度变化。

13.3.1.1.4 水平分布

应注意离岸距离、盐度梯度、流系及水流畅通程度等生态因子与污损生物分布的关系。

13.3.1.1.5 垂直分布

必须有表层和接近海底的数据。

13.3.1.2 试板分析

分析前先拍照。港湾试板和港湾外试板的分析面积，分别为 200 cm^2 和 500 cm^2。依次测量群落的平均厚度、最大厚度和覆盖面积率。逐种计量密度、附着面积率和湿重。然后把标本刮下，按种分装，填写标签，将结果记录于表 H.49。

13.3.1.3 船舶及其他海中设施样品分析

逐种分别计量个数和湿重。将结果记录于表 H.49。

13.3.1.4 种类鉴定

种类定名后，按标本号记录于表 H.49。

13.3.2 微型污损生物

13.3.2.1 观察

肉眼观察、显微镜观察和进一步作扫描电镜观察。

13.3.2.2 测定干重

在温度为 105℃的烘箱中烘干至恒重，称重。

13.3.2.3 硅藻计数和鉴定

将试板置于显微镜下直接计数或将硅藻刮下后计数。经制片后进行种类鉴定，优势种鉴定到种。

13.3.2.4 四大菌类计数

13.3.2.4.1 预处理

取板后必须立即进行预处理，并于 24 h 内完成。制成菌悬浮液供计数。

13.3.2.4.2 计数

按下列步骤实施：

a) 平板计数

将菌悬浮液分别涂布于细菌、真菌、酵母和放线菌的培养基上（培养基见 6 微生物调查），经 25℃恒温培养 4～7 d，计算菌落数并记录于表 H.45，同时挑取不同菌落特征的纯菌落至相应的培养基上，经 25℃培养见 4～7 d 后，供菌株鉴定。方法详见 6.3.4.1.2.2；

b) 附着细菌的荧光显微计数

见 6.3.4.1.1，必须经分散均匀后，方可计数。

13.3.2.5 其他微型生物计数和鉴定

包括微型海藻、原生动物和线虫等。

13.4 资料整理

13.4.1 大型污损生物

13.4.1.1 种类

按表 H.50 逐种填写，并编制种类名录及其出现频率，确定优势种。

13.4.1.2 数量

整理逐月、逐季、半年和年度的附着厚度、覆盖面积率、附着面积率和湿重及各大类湿重的百分比。

13.4.1.3 附着期

绘制主要种类的附着期、附着强度和季节变化图。

13.4.1.4 水平分布

在有港湾和外海资料的情况下，可根据离岸距离、盐度梯度、流速及水流通畅程度，总结出污损生物的水平分布及其与环境因子的相关性。

13.4.2 **微型污损生物**

a) 分析对比各附着期内不同类型群落的宏观特征；

b) 编制各附着期内种属名录及其优势种类名录；

c) 绘制细菌、硅藻的消长曲线；

d) 绘制干重变化曲线。

13.4.3 **填写报表**

按本部分的有关规定填写报表。

14 游泳动物调查

14.1 技术要求和调查要素

14.1.1 技术要求

14.1.1.1 调查类型

根据调查目的，游泳生物调查可划分为以下调查类型：

a) 专题性大面定点调查

为某一特定目的而进行的调查。

b) 资源监测性调查

为对某一种或多种渔业资源进行定期性或非定期性的定点调查和非定点性的调查和探捕。

c) 渔业资源声学调查与评估(选做。见附录G)

在前两类调查中，如果调查船具备声学调查与评估的功能，也可采用声学调查和试捕取样相结合的方法进行。渔业资源声学调查与评估技术见附录G。

14.1.1.2 调查时间和调查范围

应根据调查对象群体的不同生活阶段(产卵、索饵、越冬)确定调查时间和调查范围，并以此作为调查计划设计的依据。根据调查目的、鱼类洄游规律和海底地形地貌等环境条件确定调查断面和站位。

14.1.1.2.1 **调查计划的设计**

通常包括调查的目的意义，调查时间(含航次安排)，调查海区和范围，调查船只(含网具的类型和规格)，调查要素和方法以及注意事项等。站位设计、航线设计和调查计划设计应按以下规定进行。

a) 定点调查站位的设计

——调查水深小于200 m的大陆架海区

通常应采用网格状均匀定点法，可根据不同的调查目的按经度、纬度各15′～60′的距离布站。也可选择通过不同的主要渔场、不同的资源密度分布区、或不同的等深线分布区设置断面定点站位。但遇到有障碍物或海底严重凹凸不平的地方，应适当移动站位位置。

——调查水深大于200 m的大陆架斜坡、深海或大洋洋区

设站的方法同水深小于200 m的大陆架海区所用方法，但站位的距离可适当放大。

b) 航线设计

在保证达到调查目的的前提下，航线应遵循安全和经济两个原则，在保证安全的条件下要选取顺风、顺流航距最短的经济航线。

c) 定期性或非定期性资源监测调查计划的设计

根据监测对象的洄游规律，划定监测调查的海区范围(一个至数个区域)，确定每块区域探捕调查的天数，由监测船船长决定放网和起网的地点和时间，每网按发给的表格做好渔获物的登记，测定海水表温，同时按要求留取生物学测定样品，并在航次的最后一网随机留取样品鱼，连同其他生物学测定样品带给研究单位分析测定，研究单位定期(1个月至3个月)把监测调查的结果撰写成简报发送有关单位参考。

14.1.1.2.2 拖网时间和拖网速度

定点站位每站拖网时间为 1 h，拖速应根椐调查对象游泳能力的强弱和调查船的性能综合考虑，调查中小型底层鱼类以 2 kn～3 kn 为宜，调查游泳能力强的大型底层鱼类(鳕鱼等)和中上层鱼类以 3 kn～4 kn 左右为宜。

14.1.1.2.3 调查时间

对于白天贴底的鱼类如带鱼、鲳鱼等应安排在白天调查，对于夜里贴底的鱼类如马面鲀和虾类等应安排在夜间调查。如果日、夜均调查，应做昼、夜间渔获率的对照试验，求算出昼、夜网的修正系数。

14.1.1.3 调查网具

应选取选择性能小的网具作为调查网具。

14.1.1.4 渔获物分析

分析渔获物的组成和生物学测定样品一定要按随机取样的原则进行。

14.1.2 调查要素

调查要素包括游泳动物的种类组成、数量分布、群体组成，生物学和生态学特征及其时空变化等。

14.2 采样

14.2.1 主要工具与设备

14.2.1.1 调查船

14.2.1.1.1 调查船性能

调查船应由专业调查船承担，或选择适于在调查海区(沿海、近海、外海和远洋)作业且设备条件良好的渔船承担。

在同一个项目的专项调查或同种对象的资源监测调查中，如果由一对(艘)以上的调查船承担时，调查船的功率和性能要相同或基本相同，如果有明显差异，要作对照试验，求出不同单位调查船之间的修正系数。

14.2.1.1.2 调查船的主要仪器和设备

应具备能在调查海区中定位的卫星定位仪、能在调查海区与陆地基地联络的通讯设备，性能良好的探鱼仪和雷达，能随时观察曳网情况的网位仪，与调查水深和调查网具相匹配的起网机和起吊设备，具备渔获物样品冷藏库、冷冻库或超低温冷冻库(金枪鱼)等。专业调查船应具备生物学和生态学实验室，如进行声学调查，应具备声学仪器室。

14.2.1.2 调查取样网具

调查网具包括调查专用底层拖网(见附录 G，图 G.1)、调查专用变水层拖网(见附录 G，图 G.2)、双船底层有翼单囊 A 型拖网和 B 型拖网(见附录 F，图 F.1 和图 F.2)、以及单船有翼单囊拖网(见附录 F，图 F.3)。如同时需要了解渔获物幼鱼数量时，双船底层有翼单囊 A 型拖网、B 型拖网和单船有翼单囊拖网的囊网需加目大 20 mm 左右的套网。在特殊海域或对特定调查对象调查时，应因地制宜地选择最适网具，并保持相对稳定。

调查船必须备有备用网具和充足的渔具属具。

14.2.1.3 调查主要工具和设备的可比性

在同一项目调查和资源监测性调查中，应注意保持调查船性能和调查网具的性能和规格的一致性，如果有明显的变动，应做对照实验，求出差异系数，以确保调查资料有良好的可比性。

14.2.2 操作程序

14.2.2.1 拖网采样

14.2.2.1.1 放网

放网的位置要综合拖速、拖向、流向、流速、风向和风速等多种因素，在距标准站位位置 2 n mile～4 n mile时放网，经 1 h 拖网后正好到达标准站位位置或附近。

临放网前要准确测定船位，放网时间以停止曳纲投放，曳纲着底开始受力时为准。

14.2.2.1.2 拖网

拖网中要尽可能保持拖网方向朝着标准站位，记录鱼群映象出现的水层、经、纬度和拖网速度的改变情况，要注意周围船只动态和调查船的拖网是否正常等，若出现不正常拖网时，应视其情况改变拖向或立即起网。

14.2.2.1.3 起网

临起网前必须准确测定船位，起网过程中两船的卷网速度要一致，起网时间以起网机开始卷收曳纲的时间为准。如遇严重破网等重大渔捞事故导致渔获物大量减少时，应重新拖网。

14.2.2.1.4 记录各项渔捞要素

必须把每站渔捞要素记录在表 H.51。

14.2.3 样品处理

14.2.3.1 渔获物样品处理

14.2.3.1.1 估计站位渔获物总质量

把囊网里的全部渔获物倒在甲板上，记录估计的网次总质量(kg)，如果囊网外有加套网的，套网里的渔获物要另行保存和分析测定。

14.2.3.1.2 留取渔获物分析样品

渔获物总质量在 30 kg～40 kg 以下时，全部取样分析，大于 40 kg 时，从中挑出大型的和稀有的标本后，从渔获物中随机取出渔获物分析样品 20 kg 左右，然后把余下的渔获物按品种和不同规格装箱，记录该站次准确渔获总质量(kg)，并从其中再留取特殊需要的样品，如不同体长组的年龄、胃含物和怀卵量的样品等。

样品如不在现场分析，应装箱(袋)扎好标签，做好记录，核对无误后及时冰鲜或速冻或浸制。如是小型标本要装好瓶子放好标签，用体积分数 5%的甲醛或工业酒精固定。

14.3 样品分析

14.3.1 主要仪器设备

解剖镜(体视显微镜)、显微镜、电子秤、提秤、台秤、天平(感量 0.1 g，0.01 g 和 0.001 g)各一台(杆)、量鱼板(长度 500 mm，每格 1 mm)、解剖刀和卷尺，并具备用品件。

14.3.2 核对样品

每航次调查结束时要认真核对保存的样品和记录是否相符。

14.3.3 渔获物样品分析

渔获物样品分析必须鉴定到种，记录各种类的名称、样品质量、尾数，样品中最小、最大体长(肛长、胴长或全长等，mm)和最小、最大体重(g)。把样品分析的结果记录在表 H.51。对调查目标鱼种、主要经济鱼种和渔获物优势种随机留出生物学测定样品 35 ind～110 ind，少于 30 ind 的全测。

14.3.4 生物学测定

生物学测定按种类进行，测定前将样品洗净、沥干，逐尾排列、编号，依次进行各项测定，少于30 ind 的全部测定，长度以 mm 为单位、质量以 g 为单位，测定数据记录于表 H.52～表 H.55。

14.3.4.1 鱼类

14.3.4.1.1 长度

按鱼种选测：

a) 全长

自吻端至尾鳍末端的长度。鳎类和犀鳕类等以全长代表鱼体长度，其他鱼类以全长为辅助观测项目，测定数据记录于表 H.52；

b) 体长

自吻端至尾椎骨末端的长度。尾椎骨末端易于观察的石首鱼科、鲷科、鲆科、鲽科等以体长代表鱼体长度；

c) 叉长

自吻端至尾叉的长度。马鲛鱼、鲳鱼、鲐鱼(Scomber japonicus)、鲹鱼和鳓鱼、黄鲫等鲱科鱼类及其他尾叉明显的鱼类以叉长代表鱼体长度；

d) 肛长

自吻端至肛门前缘的长度。尾鳍、尾椎骨不易测量的海鳗、带鱼和鲨鱼等以肛长代表鱼体长度；

e) 体盘长

自吻端至胸鳍后基的长度。胸鳍扩大与头相连构成体盘的鳐属、魟属等以体盘长代表鱼体长度。

以上长度资料也可用腊纸刺孔保存，把样品按雌雄和性腺成熟度分堆放好，在腊纸上依次(分不同行)刺孔。腊纸上要记录种名，捕捞时间、地点，腊纸起点长度和刺孔样品总质量或各性腺成熟期的样品质量等。

14.3.4.1.2 体重

a) 体重：鱼体的总质量；

b) 纯体重：除去性腺、胃、肠、心、肝、鳔等内脏及体腔内脂肪层的鱼体质量。

14.3.4.1.3 年龄样品

a) 对于尚未掌握年轮形成时间的鱼种，必需周年(每月一次)采集样品，每月样品应有从小至大不同体长组的样品，每个体长组要有10ind～30ind样品。对于只为了解渔获物的年龄组成的应从网次渔获物中随机取样；

b) 测定不同鱼类的年龄，往往使用不同的年龄介质，经常采用的年龄介质有鳞片、耳石、鳍条硬棘、脊椎骨和匙骨等数种。

——鳞片：以鳞片为主测定年龄的鱼种有鳓鱼、黄鲫、蓝圆鲹等。采鳞片前应除去浮鳞，取鱼体第1背鳍前部下方至侧线上方或鱼体中部一定部位的鳞片10枚～20枚，若该处鳞片脱落，可取胸鳍覆盖处的鳞片，洗净后放入该鱼种编号袋中保存；

——耳石：以耳石为主测定年龄的鱼类有小黄鱼、大黄鱼、白姑鱼、带鱼、鲐鱼、马鲛鱼等。切开颅顶骨或翻开鳃盖，切开听囊，取出一对耳石，洗净后放入该鱼种编号袋中保存；

——脊椎骨：以脊椎骨为主测定年龄的鱼种有绿鳍马面鲀、黄鳍马面鲀等。取基枕骨后的脊椎骨10节左右，除去附骨和肌肉，写上标签按测定的编号顺序以细绳栓好，阴干保存。

14.3.4.1.4 性腺成熟度与怀卵量样品

工作程序如下：

a) 区分性别，剖开鱼体胸、腹腔，按性腺鉴别雌(♀)与雄(♂)，不能分辨雌雄者，记为雌雄不分(⚥)；

b) 性腺成熟度，一般采用目测法，根据性腺不同发育阶段的外部形态特征，将性腺成熟度划分为六期(见附录F.1.1)，将目测结果记录于表H.52；称重法，即性腺成熟系数，它是性腺质量占纯体重的千分数。称量卵巢和精巢质量的最大误差不得大于±0.2 g；

c) 怀卵量，它是雌性成熟个体卵巢中持有的卵粒数量。每次按不同鱼体长度组收集4期的卵巢标本10个，放入具有种名、编号、采样时间和站号标签的瓶中，用体积分数为5%甲醛溶液固定。

14.3.4.1.5 摄食强度和消化道样品

工作程序如下：

a) 摄食强度，目测法：根据胃内食物充满情况，摄食强度划分为五级(见附录F.2.1)；称重法：称消化道内食物质量，供计算其占鱼体纯体重的千分数——饱满系数；

b) 消化道样品，每次取胃肠样品50个，放入具有种名、编号、采样时间和站号标签的瓶中，用体积分数为5%甲醛溶液固定。

14.3.4.1.6 含脂量

a) 含脂量的测定主要用于中上层鱼类;

b) 含脂量以目测法观测,分为4级(见附录F.3)。测定结果记录于表H.52。

14.3.4.2 虾类

14.3.4.2.1 性别和性比

对虾类根据交接器、真虾类根据生殖孔的位置分辨雌与雄,记录于表H.53,并统计其比例。

14.3.4.2.2 长度、质量

a) 头胸甲长:眼窝后缘至头胸甲后缘的长度;

b) 体长:眼窝后缘至尾节末端的长度;

c) 体重:虾体总质量。

14.3.4.2.3 交配率

在虾类交配季节,计算已交配雌虾所占的百分比:

a) 对虾类:已交配的雌虾,交接器内充满乳白色精液;

b) 真虾类:抱卵的雌虾即为已交配。

14.3.4.2.4 性腺成熟度

剪开雌虾头胸甲,对虾类和毛虾的性腺成熟度均分为5期(见附录F.1.2和附录F.1.3)。

14.3.4.2.5 摄食强度和胃含物样品

a) 摄食强度:按胃含物的多少,分为4级(见附录F.2.2);

b) 胃含物样品:每次取虾类头胸部或胃50个,放入注有种名、编号、采样时间和站号的标签,用体积分数为5%的甲醛溶液固定。

14.3.4.3 蟹类

14.3.4.3.1 性别和性比

按腹部形状区分雌、雄,记录于表H.54,并计算其百分比。

14.3.4.3.2 头胸甲长度和宽度

a) 头胸甲长:从头胸甲的中央刺前端至头胸甲后缘的垂直距离;

b) 头胸甲宽:头胸甲两侧刺之间的距离(必测要素);

c) 腹部长:腹部弯折处至尾节末端的垂直距离;

d) 腹部宽:第五、第六腹节间缝的长度。

14.3.4.3.3 体重

蟹体总质量。测定数据记录于表H.54。

14.3.4.3.4 性腺成熟度

以梭子蟹为例,性腺成熟度分为6期(见附录F.1.4)。

14.3.4.3.5 交配率

雌性幼蟹首次交配后,腹部由三角形变为椭圆形,体内的两个储精囊内各有一个精荚。

14.3.4.3.6 摄食强度和胃含物样品

同虾类(见14.3.4.2.5)。

14.3.4.4 头足类

14.3.4.4.1 性别和性比

a) 头足类的雄性个体具有茎化腕,其功能是在交配期把精荚传递给雌体。不同种类茎化腕的形态不一样:乌贼类的茎化部分为吸盘骤然变小或消失;柔鱼和枪乌贼类的茎化部分为吸盘变为肉突状;蛸类的茎化部分为在茎化腕的顶部形成端器,端器由交接基、精沟和舌叶组成;

b) 乌贼类的茎化腕为左侧第4腕；柔鱼类的茎化腕多数种类为右侧第4腕，少数种为左侧第4腕或第4对腕，其中北太平洋产的柔鱼(巴特柔鱼)，幼体时茎化腕的茎化部分很短，随着个体的增大才逐步增长；枪乌贼类为左侧第4腕；蛸类为右侧第3腕。观察结果记录于表H.55，并计算其百分比。

14.3.4.4.2 胴体长度

a) 以胴体背部中线的长度为胴体长度；
b) 无针乌贼，自胴体前端至后缘凹陷处；
c) 有针乌贼，自胴体的前端至螵蛸的后端；
d) 柔鱼和枪乌贼，自胴体的前端至胴体末端；
e) 蛸类，不测胴体长度。

14.3.4.4.3 体重和纯体重

a) 体重：头足类个体总质量；
b) 纯体重：除去性腺、胃、肠、心、肝、鳃、墨囊、盲囊等内脏的个体质量。

14.3.4.4.4 性腺成熟度

乌贼、枪乌贼和柔鱼类的性腺成熟度均分为6期(见附录F.1.5、附录F.1.6)，茎柔鱼的性腺成熟度分为5期(见附录F.1.7)，真蛸的性腺成熟度分为3期(见附录F.1.8)。

14.3.4.4.5 摄食强度和胃含物样品

同鱼类(见14.3.4.1.5)。

14.4 资料整理

14.4.1 拖网卡片

14.4.1.1 计算各站次和各航次渔获物种类组成

首先把留取部份样品的种类(含非游泳动物种类)质量和尾数换算成该站次总渔获量的质量和尾数，然后计算各站次渔获物种类每小时的质量(kg/h)和尾数(ind/h)及其百分比，把计算结果记录于表H.51中。把鱼、虾、蟹类和头足类按其分类系统的顺序列出种名(学名)，分别记录于表H.56，统计该航次(月份或季度或全年)的种类组成，如表H.56所示。

14.4.1.2 绘制各站总渔获量和主要种类数量分布图

一般以不同大小的实心圆、或含有不同图案的圆圈表示。取值标准可由电脑自动分级，也可根据数值的分布状况人为分级。图示的单位一般有kg/h和ind/h两类。

14.4.1.3 绘制各航次(月份或季度或年份)调查的游泳动物种类组成和数量的百分比图

一般以圆圈图案或柱形图表示，图示单位为百分比(%)。

14.4.2 生物学测定资料

按雌、雄分别整理，测定尾数不多时，可合并整理。

14.4.2.1 长度组成

14.4.2.1.1 各站次长度组成

将每次测定的个体长度资料按长度组整理，统计其分布频数、频率，最小和最大体长，优势体长组的范围和比例，求算平均长度。鱼类的体长组一般均以10 mm为一组距。幼鱼、虾类等个体小的，可以5 mm或2 mm为一组距。若遇正好落在体长组端点上时归为上一组。

14.4.2.1.2 不同渔场、海区、时间的体长组成

按不同的渔场、海区、月份、季度等统计其长度组成，统计要素同14.4.2.1.1。

14.4.2.2 质量组成

要素和方法与长度组成相同。体重组的组距视体重分布的范围具体确定。

14.4.2.3 年龄鉴定和统计

a) 根据所采的各鱼种鳞片、或耳石、或脊椎骨、或硬棘鳍条鉴定年龄，记录于表H.52；

b) 年龄归组，在年轮形成后到同年12月底，以年轮数代表年龄，记为0、1、2、3、4……n。从下年1月开始到新轮出现前则以年轮数加“+”号表示年龄，记为0^+、1^+、2^+、3^+、4^+……n^+。归组时将0^+和1、1^+和2、……n^+和$n+1$归入同年龄组；

c) 统计每次样品中各龄鱼在各体长组和体重组中的分布及其占总尾数的比例，其结果记录于表H.52和表H.57、表H.58。计算各年龄组的平均长度和平均质量。

14.4.2.4 性腺资料分析

a) 分别统计雌、雄鱼尾数，计算其百分比；

b) 统计雌、雄鱼性腺成熟度各期尾数，计算其所占的百分比；

计算性腺成熟系数，计算公式：

$$K_m = \frac{W_s}{W_p} \times 1\,000 \quad \cdots\cdots\cdots\cdots (50)$$

式中：

K_m——性腺成熟系数，数值以10^{-3}表示；

W_s——性腺质量，单位为克(g)；

W_p——鱼体纯体重，单位为克(g)。

性腺性成熟系数的计算结果记录于表H.52。

虾、蟹及头足类等用以上方法统计计算，其结果记录于表H.53至表H.55。

c) 计数怀卵量，将保存的卵巢样品吸干外表的水分，用感量0.01 g的天平称总质量，然后将卵巢中的卵粒充分混合后，用感量0.001 g的天平称出0.2 g～1 g的卵子(视卵粒大小而定)，取双样计数，误差为±5%。计算卵子总数量(怀卵量)，并记录于表H.59。

14.4.2.5 摄食强度和胃含物分析

a) 按雌、雄分别统计各摄食等级的尾数，计算其百分比；

按雌、雄鱼分别计算每尾鱼的饱满系数，计算公式：

$$K_f = \frac{W_e}{W_p} \times 1\,000 \quad \cdots\cdots\cdots\cdots (51)$$

式中：

K_f——饱满系数，单位为10的负三次方(10^{-3})；

W_e——消化道内食物质量，单位为克(g)；

W_p——鱼体纯体重，单位为克(g)。

饱满系数的计算结果记录于表H.52至表H.55。

b) 分析胃含物，将胃含物样品吸去水分，用感量0.01的天平称总质量。计数胃含物中各种饵料生物的个数，并分别称重。对鉴别出的各种饵料生物，按个数和各种成分的质量计算其百分比；

c) 绘制饵料生物个数和质量的组成图。

14.4.3 撰写调查航次小结或监测调查报告

a) 调查航次小结的主要内容为：调查目的意义；调查时间；调查海区范围；调查船只；调查网具类型和规格；参加调查的主要科研人员和船长等；调查执行情况；调查取得的主要结果；存在的主要问题和建议等。附实际调查站位和航线图、总渔获量和主要渔获种类渔获量分布图等；

b) 撰写调查总结报告。

14.4.4 填写报表

按本部分的有关规定填写报表。

附 录 A
（规范性附录）
微生物最可能数（MPN）计数及其检索表

A.1 微生物最可能数（MPN）计数法

适用于测定特殊生理种群的微生物数量，如大肠菌群、粪链球菌、弧菌、硝化细菌等。

A.1.1 培养液

根据对象菌的生理特征，采用相应选择性培养基，定量分装于试管。

A.1.2 样品

将样品制成10倍浓度关系的梯度系列。

A.1.3 接种

选择三个适当的连续梯度浓度，如样品中菌数少时，可选取 1 cm^3，10 cm^3，100 cm^3 原液（后两种原液必须经孔径 0.2 μm 滤膜浓缩）。然后移入装有培养基的各试管，每个浓度必须加5管。加样量不得过度稀释培养液。

A.1.4 培养

根据对象菌的特征，确定培养温度和时间。

A.1.5 计数

与对照管比较，准确判别和记录各浓度梯度出现阳性的管数，从表 A.1 最可能数（MPN）计数法（15管）菌数检索表中查出菌数近似值。若15管全部出现阳性或阴性反应，即选择的样品浓度梯度过高或过低。

A.1.6 计算样品含菌数

$$N=\frac{N_a}{10V} \qquad (A.1)$$

式中：

N——样品含菌数，单位为个每升（cells/L）；

N_a——表 A.1 中的最可能数，单位为个（cells）；

V——接种最高浓度管所含样品原液的体积，单位为升（L）。

A.1.7 记录

将分析结果记录于表 H.13。

表 A.1 最可能数（MPN）计数法（15管）菌数检索表

阳性管数			每100 cm^3 水样的菌数最近似值	95%可信限值		阳性管数			每100 cm^3 水样的菌数最近似值	95%可信限值	
5个10 cm^3 管	5个1 cm^3 管	5个0.1 cm^3 管		下限	上限	5个10 cm^3 管	5个1 cm^3 管	5个0.1 cm^3 管		下限	上限
0	0	0	<2			0	2	0	4	<0.5	11
0	0	1	2	<0.5	7	0	2	1	6	<0.5	15
0	0	2	4	<0.5	11	0	3	0	6	<0.5	15
0	1	0	2	<0.5	7	1	0	0	2	<0.5	7
0	1	1	4	<0.5	11	1	0	1	4	<0.5	11
0	1	2	6	<0.5	15	1	0	2	6	<0.5	15

表 A.1(续)

阳性管数			每 100 cm^3 水样的菌数最近似值	95%可信限值		阳性管数			每 100 cm^3 水样的菌数最近似值	95%可信限值	
5个 10 cm^3 管	5个 1 cm^3 管	5个 0.1 cm^3 管		下限	上限	5个 10 cm^3 管	5个 1 cm^3 管	5个 0.1 cm^3 管		下限	上限
1	0	3	8	1	19	3	2	2	20	6	60
1	1	0	4	<0.5	11	3	3	0	17	5	46
1	1	1	6	<0.5	15	3	3	1	21	7	63
1	1	2	8	1	19	3	4	0	21	7	63
1	2	0	6	<0.5	15	3	4	1	24	8	72
1	2	1	8	1	19	3	5	0	25	8	75
1	2	2	10	2	23	4	0	0	13	3	31
1	3	0	8	1	19	4	0	1	17	5	46
1	3	1	10	2	23	4	0	2	21	7	63
1	4	0	11	2	25	4	0	3	25	8	75
2	0	0	5	<0.5	13	4	1	0	17	5	46
2	0	1	7	1	17	4	1	1	21	7	63
2	0	2	9	2	21	4	1	2	26	9	78
2	0	3	12	3	28	4	2	0	22	7	67
2	1	0	7	1	17	4	2	1	26	9	78
2	1	1	9	2	21	4	2	2	32	11	91
2	1	2	12	3	28	4	3	0	27	9	80
2	2	0	9	2	21	4	3	1	33	11	93
2	2	1	12	3	28	4	3	2	39	13	106
2	2	2	14	4	34	4	4	0	34	12	96
2	3	0	12	3	28	4	4	1	40	14	108
2	3	1	14	4	34	4	5	0	41	14	110
2	4	0	15	4	37	4	5	1	48	16	124
3	0	0	8	1	19	5	0	0	23	7	70
3	0	1	11	2	25	5	0	1	31	11	89
3	0	2	13	3	31	5	0	2	43	15	114
3	1	0	11	2	25	5	0	3	58	19	144
3	1	1	14	4	34	5	0	4	76	24	180
3	1	2	17	5	46	5	1	0	33	11	93
3	1	3	20	6	60	5	1	1	46	16	120
3	2	0	14	4	34	5	1	2	63	21	154
3	2	1	17	5	46	5	1	3	84	26	197

表 A.1(续)

阳性管数			每 100 cm³ 水样的菌数最近似值	95%可信限值		阳性管数			每 100 cm³ 水样的菌数最近似值	95%可信限值	
5 个 10 cm³ 管	5 个 1 cm³ 管	5 个 0.1 cm³ 管		下限	上限	5 个 10 cm³ 管	5 个 1 cm³ 管	5 个 0.1 cm³ 管		下限	上限
5	2	0	49	17	126	5	4	0	130	35	302
5	2	1	70	23	168	5	4	1	172	43	486
5	2	2	94	28	219	5	4	2	221	57	698
5	2	3	120	33	281	5	4	3	278	90	849
5	2	4	148	38	366	5	4	4	345	117	117
5	2	5	177	44	515	5	4	5	426	145	1 161
5	3	0	79	25	187	5	5	0	240	68	754
5	3	1	109	31	253	5	5	1	348	118	1 005
5	3	2	141	37	344	5	5	2	542	180	1 405
5	3	3	175	44	503	5	5	3	920	300	3 200
5	3	4	212	53	669	5	5	4	1 600	640	5 800
5	3	5	253	77	788	5	5	5	≥2 400		

附 录 B
（规范性附录）
浮游生物样品编号、生物量测定、计数和鱼类浮游生物网具

B.1 浮游生物样品编号

根据海上采样记录，各类样品依次排列编号。编号由代表采样海区、采样方式、使用网型、采样年份和样品序号等内容的代号依次组成。

B.1.1 采样海区表示

采样海区可用汉语拼音的第一个字母表示。

B.1.2 调查方式和网具

D——大型浮游生物网自海底至海面垂直采样；

Z——中型浮游生物网自海底至海面垂直采样；

X——小型浮游生物网自海底至海面垂直采样；

Ⅰ——浅水Ⅰ型浮游生物网自海底至海面垂直采样；

Ⅱ——浅水Ⅱ浮游生物网自海底至海面垂直采样；

Ⅲ——浅水Ⅲ型浮游生物网自海底至海面垂直采样；

SH——深水浮游生物网自海底至海面垂直采样；

W_2——Wp_2 型浮游生物网自海底至海面垂直采样；

W_3——WP_3 型浮游生物网自海底至海面垂直采样；

N——北太平洋浮游生物标准网自海底至海面垂直采样；

B——双鼓网（即：Bongo 网）自海底至海面垂直采样；

F——垂直分段采样；

L——连续观测采样；

S——采水；

Sdy——大型浮游生物网表层水平拖曳采样。

B.1.3 采样年份表示

采样年份以阿拉伯数字表示。

B.2 微微型、微型和小型浮游生物丰度和细胞特性测定

B.2.1 沉降计数法

B.2.1.1 主要工具

倒置显微镜、沉降器等。

B.2.1.2 鉴定与计数

将水样或混合样（根据调查性质及不同要求，由 50 cm^3 或 100 cm^3 等量的数层水样混合而成）每份取 3 个分样，分别装满 3 个等体积的沉降器（10 cm^3～20 cm^3），加盖玻片静置 24 h 后，使用倒置显微镜鉴定，计数。取样体积应视样品浊度和浮游植物密度而定。

B.2.2 浓缩计数法

B.2.2.1 主要仪器设备

显微镜、取样管、浮游植物计数框等。

B.2.2.2 鉴定与计数

视样品中浮游植物数量多少，浓缩或稀释至适当体积，用取样管搅拌均匀，迅速将取样管直立于样

品中,准确地一次吸取所需体积并移入浮游植物计数框,加盖玻片后进行鉴定与计数;浮游植物的计数视其数量多少确定计数全部、1/2 或 1/4,每个样品重复计数 3 次。浮游动物每次的计数值应在 100 个以上。

B.2.3 不易计数类别的处理

在鉴定和计数过程中,凡遇失去色素的浮游植物细胞和细胞不到一半的残体均不计数。未完成细胞分裂者作为一个细胞计数。成团的大群体和束状群体等不易计数的种类时,可用等级符号表示其出现量的多少。对成大群体的近底层种类或底栖种类应单独计数,并单项列入浮游植物总量中。

B.2.4 流式细胞测定技术(FCM)

B.2.4.1 使用范围

用于海洋微微型光合浮游生物 (Photosynthetic picoplankton,≤2 μm,主要包括聚球藻-Synechococcus,原绿球藻-Prochlorococcus 和微微型真核藻-Picoeukaryotes)丰度和细胞特性的测定。流式细胞测定技术可对那些因表面无光泽而无法被落射荧光显微术辨别的浮游植物细胞进行分析,并对个体进行快速和精确测量,能够分辨自养和异养类群,也可区分碎屑或沉积物。

B.2.4.2 主要仪器设备

流式细胞测定仪、液氮罐等。

B.2.4.3 试剂和溶液

10 cm^3 经 0.2 μm 滤膜预过滤的 10% 多聚甲醛、200 mm^3 经 0.2 μm 滤膜预过滤的 25% 戊二醛、10 mmol 磷酸缓冲液、0.95 μm 荧光微珠悬浊液(每毫升经 0.2 μm 滤膜过滤海水中有 10^6 个左右)、鞘液——经 0.2 μm 滤膜过滤的海水。

B.2.4.4 测定步骤

B.2.4.4.1 技术要求

微微型光合浮游生物的流式细胞测定最好在船上进行,使用现场采集的新鲜样品;当无法现场测定时,用聚甲醛和戊二醛溶液固定,再经液氮速冻保存,可最大限度地保持浮游植物的细胞特性。

测定注意事项:应小心保存样品;很好地区分生物细胞和噪声;正确鉴别不同类群;精细测量样品在仪器中的流速等。

B.2.4.4.2 样品采集和保存

将 1 毫升样品放入预先贴好标签的冷冻小管中,加入 100 mm^3 体积分数为 10% 多聚甲醛和 0.5% 戊二醛的混合液,在室温下放置 15 min 后,将样品置于液氮中速冻,然后转移到 −80℃ 条件下保存直至分析。

B.2.4.4.3 流式细胞分析

将样品置于 37℃ 水浴中迅速解冻,将 10 mm^3 的荧光微珠悬浊液和 1 cm^3 的样品加入贴好标签的流式细胞测定管中,在仪器上进行分析。

B.2.4.4.4 数据获取

使用列表模式(Listmode)提取数据。

B.2.4.4.5 数据处理

B.2.4.4.5.1 不同类群的区分

通过对各细胞光散射参数(前角光散射—FSC 和侧角光散射—SSC,表征细胞大小)和荧光参数(叶绿素—FL3、藻胆蛋白—FL2,表征细胞所含光合色素类别与含量)的测定所获反映细胞特性的信号进行多项组合的双参数分布图的综合分析,来实现不同类群微微型光合浮游生物的区分。例如,聚球藻含藻红蛋白,原绿球藻和微微型真核藻不含或极少含(FL2 高度差异);细胞大小:微微型真核藻≫聚球藻>原绿球藻(SSC 高度差异);叶绿素含量:微微型真核藻≫聚球藻>原绿球藻(FL3 高度差异)。

B.2.4.4.5.2 各类群细胞丰度的计算

在给定样品中每个类群的绝对细胞丰度可用下式计算：

$$C_{pop}=N_{pop}/(R\cdot T)\cdot(V_{total}/V_{sample}) \qquad \text{(B.1)}$$

式中：

C_{pop}——类群丰度，单位为个每立方毫米（cells/mm^3）；

N_{pop}——获取细胞数，单位为个（cells）；

R——样品流速，单位为立方毫米每分钟（mm^3/min）；

T——样品测定时间，单位为分钟（min）；

V_{total}——样品体积加添加物（固定剂，荧光微珠等）体积，单位为立方毫米（mm^3）；

V_{sample}——样品体积，单位为立方毫米（mm^3）。

B.3 大、中型浮游生物生物量测定、种类鉴定与个体计数

B.3.1 浮游动物体积分数测定

B.3.1.1 主要仪器设备

浮游动物体积测量器、滴定管（50 cm^3）和真空泵（30 dm^3/min）等。

B.3.1.2 测定

去除样品中的杂物，标定体积测量器的体积为 50 cm^3，将样品倾入体积测量器内进行抽滤，样品中的水分滤出后，拧上底盖，再用装满 50 cm^3 海水的滴定管从测量器的加水孔注入海水至液面与指针尖端相接触为止。此时留在滴定管中的水量即代表浮游动物的体积，换算浮游动物体积分数（10^{-6}）。

B.3.2 浮游动物湿重生物量测定

B.3.2.1 主要仪器设备

电子天平（感量 0.001 g）、真空泵（30 dm^3/min）、布氏漏斗和抽滤瓶等。

B.3.2.2 测定

去除样品中的杂物。取网孔略小于采样网孔的筛绢，剪成与漏斗内径相同的圆块，用水浸湿后沥干称重，并作标定质量的标记，可多次使用。测定时，将标定质量的筛绢平铺于漏斗中，倾入样品抽滤片刻，移出载有样品的筛绢至吸水纸上吸去筛绢底表多余水分，最后使用电子天平称重。从总质量减去筛绢质量即得样品湿重，换算浮游动物湿重生物量（mg/m^3）。称重完毕，将样品倒回原样品瓶、供种类鉴定和个体计数用。

B.3.3 浮游动物干重生物量测定

B.3.3.1 主要仪器设备

分析天平（感量 0.01 mg）、烘箱（±1℃）、真空泵（30 dm^3/min）。

B.3.3.2 测定

用已知质量的筛绢过滤样品，烘干（60℃）24 h 后称重。总质量减去筛绢质量为浮游动物干重含量。换算浮游动物的干重生物量（mg/m^3）。

B.3.4 浮游生物种类鉴定与个体计数

B.3.4.1 主要仪器设备

体视显微镜、普通显微镜、浮游生物计数框和浮游生物取样管等。

B.3.4.2 鉴定与计数

将样品倒入浮游生物计数框中，于体视显微镜下鉴定计数。若样品数量大，浮游动物样品可先挑出个体较大的大型甲壳类、箭虫等全部计数，其余样品用浮游生物取样管取样（1/10 或 1/20）鉴定、计数，换算浮游动物个体数（ind/m^3）；夜光藻样品可直接用浮游生物取样管取样（1/10 或 1/20）计数，换算夜光藻个体数（ind/m^3）。

B.3.4.3 残体的计数

浮游动物残缺个体按头部或尾部(管水母按上泳钟或下泳钟、保护叶或生殖泳钟)计数,同一种类(或同一态)的残体二者只能取一,并以数量较多者为准。

B.4 鱼类浮游生物个体计数

B.4.1 主要仪器设备

体视显微镜,普通显微镜,鱼卵和仔、稚鱼计数框和取样框。

B.4.2 计数

将采集样品倒入计数框中先挑出鱼卵和仔、稚鱼于体视显微镜下按种类及其不同的发育阶段分别鉴定计数。卵不分发育期;仔稚鱼分为仔鱼期和稚鱼期。

B.4.3 不易记数种类的处理

在鉴定计数过程中,遇到发育不好的坏卵均要计入总量。

B.5 鱼类浮游生物网图

B.5.1 双鼓网

双鼓网网图见图 B.1,其构造与规格见表 B.1。

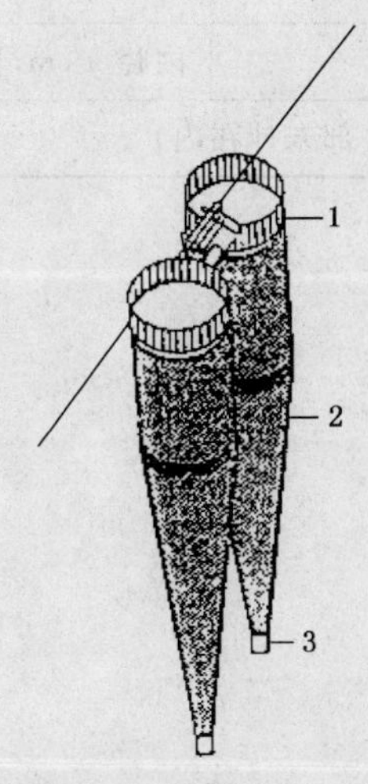

图 B.1 双鼓网图

表 B.1 双鼓网构造与规格

部位	尺寸与材料	
网口	内径 60 cm,面积 0.28 m^2,网圈由直径 1 cm 的不锈钢管或圆铁制成	
过滤部	1	长 10 cm,细帆布制成
	2	长 350 cm,型号和规格分别为 JP12(孔径 0.507 mm)或 CQ14(孔径 0.505 mm)及 CQ20(孔径 0.336 mm)或 JQ20(孔径 0.322 mm)筛绢制成
网底部	3	内径 9 cm,长 5 cm,细帆布制成
全长		360 cm(网底部未计在内)

B.5.2 北太平洋网

北太平洋网网图见图 B.2,北太平洋网构造与规格见表 B.2。

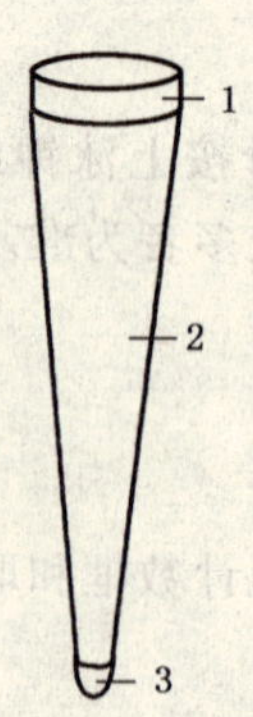

图 B.2　北太平洋网图

表 B.2　北太平洋网构造与规格

部　　位		尺 寸 与 材 料
网口	内径 45 cm,面积 0.16 m^2,网圈用直径 1 cm 的不锈钢管或圆铁制成	
过滤部	1	长 10 cm,细帆布制成
	2	长 170 cm, CQ20 (孔径 0.336 mm) 或 JQ20 (孔径 0.322 mm) 筛绢制成
网底部	3	内径 9 cm,长 5 cm,细帆布制成
全长	180 cm(网底部未计在内)	

附 录 C
（规范性附录）
大型底栖生物固定液配制、样品编号和海底照相与录像

C.1 固定液配置

C.1.1 中性甲醛溶液

体积分数为5%甲醛溶液加十水合四硼酸钠或六亚甲基四胺。

C.1.2 丙三醇乙醇溶液

体积分数为75%乙醇加体积分数为5%丙三醇。

C.1.3 甲醛乙醇混合液

体积分数为2%甲醛溶液与体积分数为体积分数为50%乙醇等量混合。

C.1.4 布因(Bouinn)固定液

三硝基苯酚(苦味酸)饱和溶液75 cm^3、甲醛溶液25 cm^3、冰乙酸5 cm^3。

C.1.5 四氯四碘荧光素染色剂固定液

1 g四氯四碘荧光素溶于1 dm^3体积分数为10%的甲醛溶液中。

C.2 大型底栖生物样品编号

C.2.1 采泥样品编号MXAY

M——调查船代号(代号可随船名而改变)

X——采样站先后序号(X=1、2、3……)

A——采泥样品代号(代号固定不变)

Y——采泥样品序号(Y=1、2、3……)

举例:第1站第1个样品号为M1A1,第1站第2个样品号为M1A2,依次类推。

C.2.2 拖网样品编号MXBZ

M、X见C.2.1;

B——拖网样品代号(代号固定不变);

Z——拖网样品序号(Z=1、2、3……)。

C.3 标签格式

站号__________	海区__________	
样品号__________	深度__________	m
底质__________	采泥器__________	m^2
日期______年______月______日		
种名______________________		

采泥样品标签(5 cm×3.5 cm)

站号__________	海区__________	
样品号__________	深度__________	m
底质__________	网型__________	
日期______年______月______日		
种名______________________		

拖网样品标签(5 cm×3.5 cm)

C.4 海底照相、录像与潜水取样

如有特殊需要,应进行海底照相、录像和潜水取样。

为了准确掌握调查海区底栖生物资源分布、数量等情况,应置备潜水设备和配有潜水员,采用国际

上通用的水下图像观察记录和潜水取样方法，采用定点照相与区域范围摄像相结合的方式，对调查区域海底生物资源情况利用水下摄像机进行观察记录，并刻制成光盘长期保存。在采样区首先利用水下照相机对采样区底质表面状况进行水下照相，然后潜水采样(尤其适合于无法采泥或拖网的硬底区)。

C.4.1 仪器设备

C.4.1.1 定位设备

定位使用 GPS 定位仪，定位精度±5 m。

C.4.1.2 水下照相机

采用水下照相机，工作水深 30 m。图像传感器为 500 万以上像素的影像感应器，影像达 2048×1536 像素。光学取景器，6 倍数码变焦，3 倍光学变焦，设有 USB 界面，方便地将数码影像传至电脑。内置记忆棒(memory stick)插槽。采用记忆棒存储高分辨率数字图像。同时设有闪光灯。

C.4.1.3 水下摄像机

水下彩色摄像机，工作水深为 50 m，水平解像度为 500 线，光学变焦 25 倍，数字变焦 50 倍，具有超级红外夜摄功能。安装 0.7X 鱼眼镜头后，视场角超过 110°。

C.4.2 观测记录方法

首先在需要进行水中观测和记录的海区利用 GPS 定位仪进行定位，然后潜水员手持照相机或摄像机在水下进行图像观察记录，其中水下照相采用定点方式；水下摄像采用区域范围方式，一般一个区域摄像时间为 1 h 左右。

附　录　D
（规范性附录）
小型底栖生物样品分离、计算和几种仪器设备图

D.1　样品分离

D.1.1　标签格式

站号＿＿＿＿＿＿ 海区＿＿＿＿＿＿
样品号＿＿＿＿＿ 采泥器＿＿＿＿＿
底质＿＿＿＿＿＿ 芯样序号＿＿＿＿
分层号＿＿＿＿＿ 瓶号＿＿＿＿＿＿
日期＿＿＿＿年＿＿＿月＿＿＿日

采泥取芯样样品标签（5 cm×3 cm）

站号＿＿＿＿＿＿ 海区＿＿＿＿＿＿
样品号＿＿＿＿＿ 网型＿＿＿＿＿＿
底质＿＿＿＿＿＿ 样品号＿＿＿＿＿
瓶号＿＿＿＿＿＿ 放绳长度＿＿＿＿
日期＿＿＿＿年＿＿＿月＿＿＿日＿＿＿时

拖网取泥样样品标签（5 cm×3 cm）

样品编号见附录 C.2。

D.1.2　分样器

见图 D.1，有机玻璃筒底由隔片等分为 8 个分室，各室底部均配有可插入橡皮塞的小孔，筒旁有一侧孔，恰好位于分室之上，为沉降后分室上部水的排水口，筒顶配有密封盖。

D.1.3　计数皿和计数板

D.1.3.1　计数皿

直径 8 cm～10 cm 的有机玻璃培养皿，皿底部刻划一定间隔的横线（或横竖线组成的方格）用于小型生物不同类群的计数。

D.1.3.2　计数板

仿浮游动物计数板，长、宽、高分别为 8 cm×14 cm×1.5 cm。具体大小应视体视显微镜的底盘大小而定。

D.1.4　小型底栖生物的分离

D.1.4.1　封闭连续淘洗法（图 D.2）

a)　按图 D.2 接水泵或自来水龙头，调节水压至沉积物充分淘洗而又不致使砂粒冲出管 A。
b)　淘洗时间依分样品的量而异，一般定量分层样品应淘洗 10 min。
c)　淘洗完成后，淘洗水通过网筛（孔径 0.042 mm 至 0.050 mm）至水槽。
d)　冲洗网筛上的残留物（小型底栖生物）至已备好的计数皿或计数板内，供计数。若不能立即计数，应保存在盛有 5% 甲醛的小玻璃管内（或盘尼西林小瓶中）。

D.1.4.2　海冰法（图 D.3）

a)　取适量海水（最好来自采样生境的海水），过滤、冰冻、破碎备用；
b)　将一定长度的有机玻璃管（4.4 cm～6.0 cm 内径），固定于滴定管架上，管底粘附一定孔径的尼龙网片（孔径大小以底质及要观察的动物类群而异）；
c)　将砂样移入有机玻璃管，依次放置脱脂棉，碎海冰，并调整管底网筛正好浸入结晶皿内的过滤海水为宜；
d)　随海冰的融化，小型动物被收集于结晶皿内，结晶皿内的海水以一定孔径（0.042 mm～0.050 mm）网筛过滤，残渣冲至计数皿内，供镜检；
e)　本法适应于小型动物和微型动物的定性分离，有助于初学者对小型底栖动物类群的鉴别。

D.1.4.3 快速离心分离

a) 硅溶胶(Ludox-TM)离心分选,适用于泥质样品;

b) 离心管中每次添加的硅溶胶溶液一定要与沉积物样品充分搅匀,否则会降低分选效率;

c) 硅溶胶液与样品的比例(3～4∶1)、离心速度(1 800 r/min)、离心时间(约 5 min)和离心重复次数(3 次左右),按以上程序可达到至少 95%以上的分离效率,但不同的海域不同的沉积类型可能会有所差异,建议在初试时可对以上参数作一些对比和检验;

d) 硅溶胶,具腐蚀性,应在通风橱内操作,操作人员应带塑料手套,硅溶胶应存放在有色容器并保存在低温暗处。

D.2 小型底栖生物不同类群的换算系数

表 D.1 小型底栖生物的换算系数表

类　群	换算系数 C
线虫	530
介形类	450
动吻类	295
涡虫	550
腹毛虫	550
缓步动物	614
多毛类	530
寡毛类	530
等足类	230
注:桡足类的换算系数 C 依形状而不同,见图 D.4。	

D.3 药剂的配制

a) 麻醉剂:氯化镁溶液 $\rho(MgCl_2)=750\ g/dm^3$。

b) 固定剂:体积分数为 10%甲醛、海水、过滤。

c) 染色剂:1 g 四氯四碘荧光素溶于 1 dm^3 体积分数为 10%的甲醛溶液中。

d) 硅溶胶溶液(Ludox-TM):应加蒸馏水调至相对密度 1.15。

D.4 小型底栖生物群落结构与生物多样性(应用于群落生态学研究。选做)

该项要素视工作需要和条件状况确定是否进行或部分进行。

D.4.1 多变量分析

多变量分析包括一系列以等级相似性为基础的非参数技术方法:等级聚类(cluster)、非度量多维标度(MDS)、主分量分析(PCA)、ANOSIM 检验、SIMPER 分析、BIOENV/BVSTEP 分析和 RELATE 检验。

a) 原始生物资料矩阵和环境资料矩阵的建立;

b) 样品间(非)相似性测定和(非)相似性矩阵的建立第 j 与第 K 个样品间的 Bray-Curtis 相似性 S_{jk} 由以下公式计算:

$$S_{jk}=100\times\left\{1-\frac{\sum_{i=1}^{p}|y_{ij}-y_{ik}|}{\sum_{i=1}^{p}(y_{ij}+y_{ik})}\right\} \quad\cdots\cdots\cdots\cdots(D.1)$$

式中：

y_{ij}——原始矩阵第 i 行和第 j 列的输入值。

注：即第 j 个样品中第 i 种的丰度(或生物量)($i=1,2,\cdots p$；$j=1,2,\cdots\cdots n$)，y_{ik} 由此类推。

c) 计算原始环境矩阵中每对样品间环境组成非相似性，产生一个三角形非相似性矩阵。第 j 与第 k 个样品间的欧氏距离非相似性 d_{jk} 为：

$$d_{jk}=\sqrt{\sum_{i=1}^{p}(y_{ij}-y_{ik})^2} \quad \cdots\cdots\cdots\cdots (\text{D.2})$$

d) 通过样品的聚类和标序展示群落结构格局，参见附录 D；

e) 群落结构差异的统计检验，ANOSIM 检验，BIOENV/BVSTEP 分析和 RELATE 检验；

f) 群落结构与环境变量的多元相关分析，采用主分量分析(PCA)及相关检验。

D.4.2 单变量分析和生物多样性的测定

a) 香农-威纳信息指数(Shannon-Wiener information index)

$$H'=-\sum(P_i\cdot\log P_i) \quad \cdots\cdots\cdots\cdots (\text{D.3})$$

式中：

P_i——样品中第 i 种的个体数占该样品总个体数之比。

注：log 默认以 e 为底，2 和 10 为可选。

b) 种丰富度指数(Margalef's species richness)

$$d=\frac{S-1}{\ln N} \quad \cdots\cdots\cdots\cdots (\text{D.4})$$

式中：

S——样品包含的种数；

N——总个体数。

c) 均匀度指数(Pielou's evenness)

$$J'=\frac{H'}{\ln S} \quad \cdots\cdots\cdots\cdots (\text{D.5})$$

式中：

H'——为香农-威纳信息指数；

S——为样品包含的种数。

d) 辛普森优势度指数(Simpson's dominance)

$$1-\lambda'=1-\frac{\sum N_i(N_i-1)}{N(N-1)} \quad \cdots\cdots\cdots\cdots (\text{D.6})$$

式中：

N_i——是样品中第 i 种的个体数，单位为个(ind)；

N——为该样品的总个体数，单位为个(ind)。

D.5 取样大小 95%置信度的计算

$$95\%\text{ 置信度界限}=\log^{-1}\left[\bar{y}\pm t_{0.05}(n-1)\times\sqrt{\frac{s}{n}}\right] \quad \cdots\cdots\cdots\cdots (\text{D.7})$$

式中：

$\bar{y}$——几何平均数；

s——方差。

D.6 潜水装置

潜水员的潜水装置见图 D.5。

单位为毫米

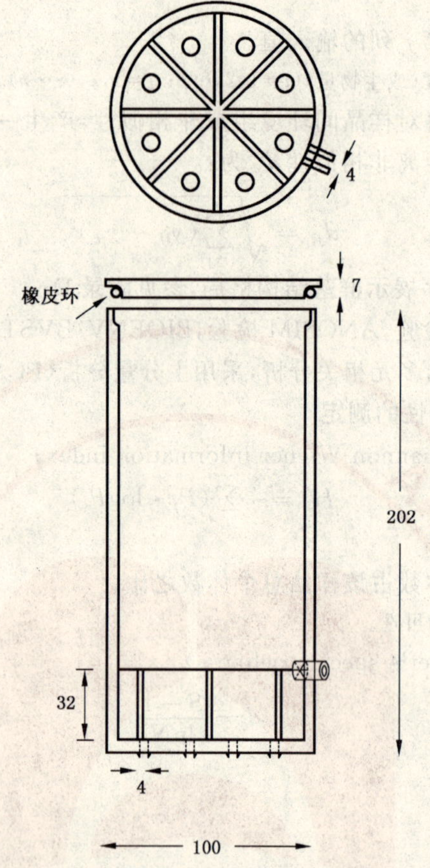

图 D.1 小型底栖生物分样器结构底面观和侧面观示意图

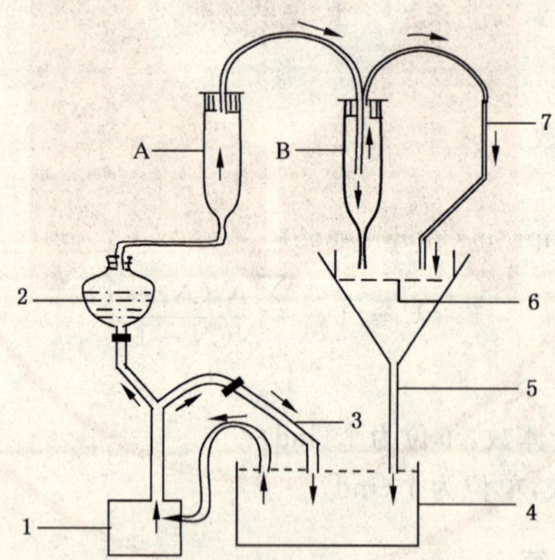

1——水泵；

2——沉积物样品；

3——旁路回水管；

4——水槽；

5——回水管；

6——蓄留小型生物的网筛；

7——溢水管。

图 D.2 砂质样品封闭淘洗装置示意图

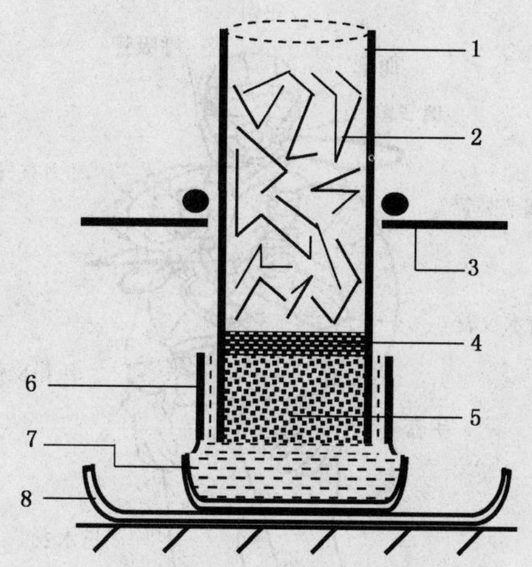

1——有机玻璃管；
2——海冰；
3——支撑架；
4——脱脂绵；
5——沉积物；
6——网筛；
7——内盛海水结晶皿；
8——大培养皿。

图 D.3　海冰法分选小型生物示意图

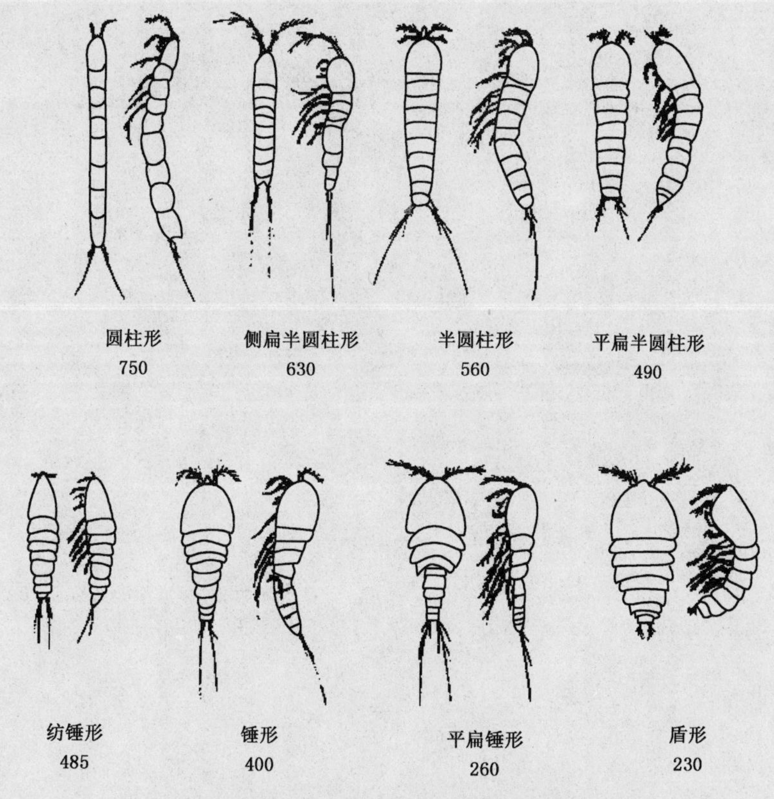

图 D.4　不同体型桡足类的转换系数

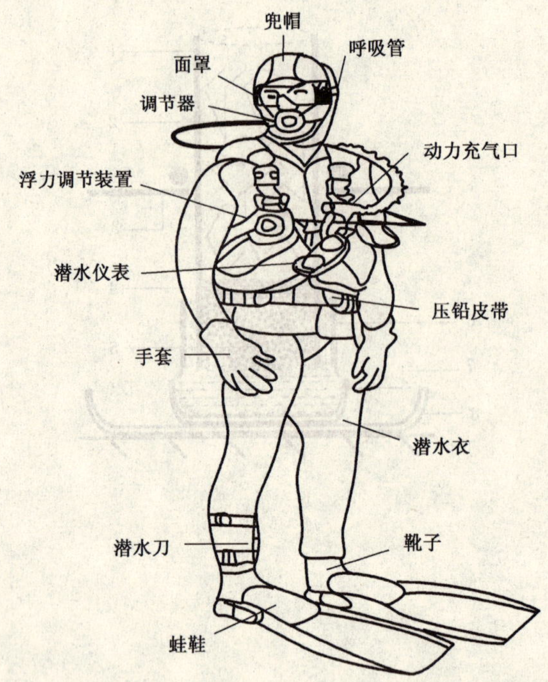

图 D.5　携带配套的水下呼吸器(SCUBA)等装置的潜水员示意图

附　录　E
（规范性附录）
潮间带生物调查中潮位测量法和几种设备图

E.1　潮间带的划分

调查地点选定后，应根据当地的潮汐水位参数或岸滩生物的垂直分布，将潮间带划分为若干区（带）、层（亚带），划分方法如下：

E.1.1　潮汐水位参数划分法

E.1.1.1　半日潮类型

a)　高潮区（带）：最高高潮线至小潮高潮线之间的地带；
b)　中潮区（带）：小潮高潮线至小潮低潮线之间的地带；
c)　低潮区（带）：小潮低潮线至最低低潮线之间的地带。

E.1.1.2　日潮类型

a)　高潮区（带）：回归潮高潮线至分点潮高潮线之间的地带；
b)　中潮区（带）：分点潮高潮线至分点潮低潮线之间的地带；
c)　低潮区（带）：分点潮低潮线至回归潮低潮线之间的地带。

E.1.1.3　混合潮类型

a)　高潮区（带）：高高潮线至低高潮线之间的地带；
b)　中潮区（带）：低高潮线至高低潮线之间的地带；
c)　低潮区（带）：高低潮线至低低潮线之间的地带。

E.1.2　生物垂直分布带划分法

根据生物群落在潮间带的垂直分布来划分，由于生物群落可随纬度高低、底质类型、外海内湾、盐度梯度、向浪背浪、背阴向阳等复杂环境因素的不同而改变，因此，要提供一个统一模式是困难的。一般而言，岩石岸大体分为：滨螺带；藤壶-牡蛎带；藻类带。各地在调查时可根据各区、层的群落优势种给予更确切的命名。

在外侧沿岸和岛屿，因受浪击的影响，生物种类的分布超过高潮区时，应测量生物带的高度，也应在生物带相应的部位进行样品的采集。

E.2　站点潮位的计算方法

E.2.1　潮汐水位曲线图解法（见图 E.1）

该法是记录调查断面各站被潮水淹没或露出时间，把它标于从调查地点附近验潮站抄录的当日每时实测潮位绘制的图 E.1 上，则知其潮高基准面上高度，如：站 1 于 8 时 15 分淹没，其高度是 1.95 m；又如：站 2 于 14 时 07 分露出，其高度应是 3.5 m。

此外，根据各站淹没或露出时间，还可应用“等腰梯形图卡”法（见潮汐表后介绍），求得各站的潮高基准面上高度。

E.2.2　直接测量法（见图 E.2）

本法较适于坡度大、范围窄的岸滩，无需等待潮水淹没或退离，就可测得其潮高基准面上高度。方法如图 E.2 所示，由当日最低潮位逐渐向上测量。设：站 1 是当日最低潮位（可从验潮站查得其潮高基准面上高度，设为 0.6 m），若测站 2 高度，则只需在站 1、2 分别立标杆甲、乙，并于两标杆间拉一绳索，使之与海面平行或同时垂直两标杆，记下两标杆高度，经简单计算，便知其潮高基准面上高度。例如：标杆甲、乙高度分别为 2.1 m 和 0.8 m，则站 2 高度为 1.9（0.6 m+2.1 m−0.8 m）。依次同样可测量上面各站。

若调查地点远离验潮站，可依本法实际测得数据，与两侧验潮站观测的潮时和潮差作比较，用内插法求得各站的高度。须注意的是，当风浪较大时，此法误差较大，应慎用。

E.2.3 水准仪测量法

本法精度高，在已有大地高程测量的地方，只需在欲测的潮间带附近找得水准点（埋设的水准标石），依站序向下测量。若无大地测量作依据，则应从当日最低潮位（其潮高基准面上高度可由验潮站查得）逐站向上测量。

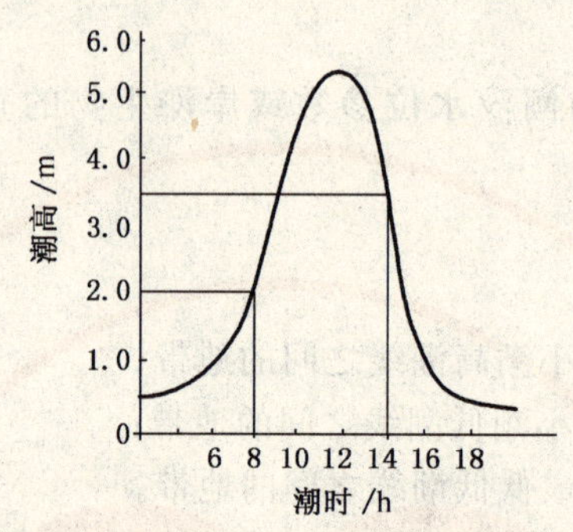

图 E.1 潮汐水位曲线图解法曲线

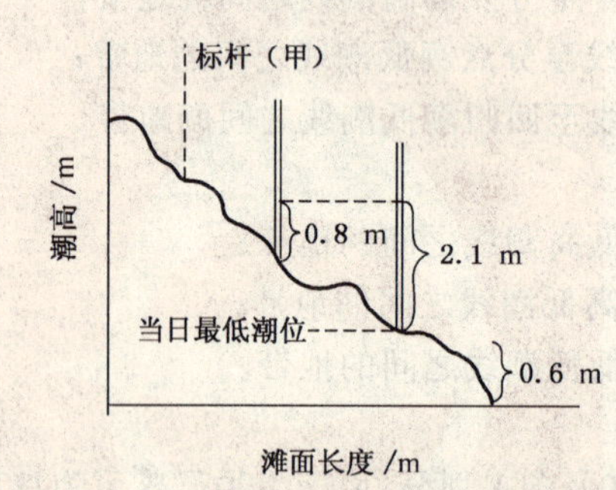

图 E.2 直接测量法曲线

E.3 几种仪器设备图

E.3.1 覆盖面积计数框图和岩石定量采样框图

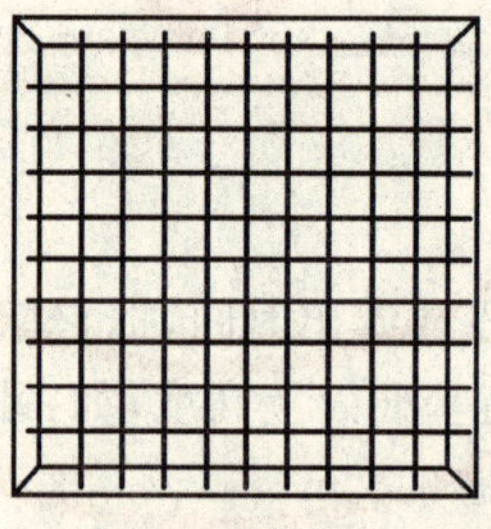

图 E.3 a) 覆盖面积计数框

图 E.3 b) 岩石定量采样框

E.3.2 滩涂定量采样框图

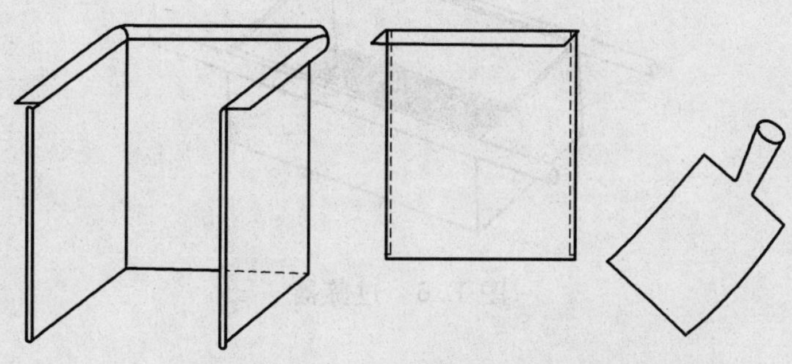

图 E.4 滩涂定量采样框

E.3.3 漩涡分选装置

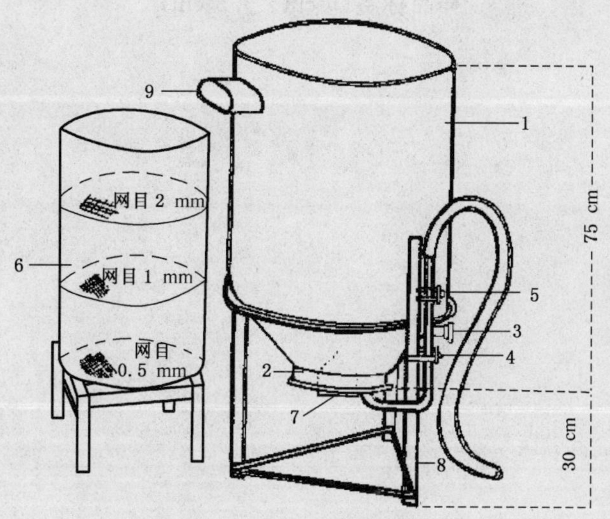

1——筒体；
2——漩涡发生器；
3——进水管；
4——进水阀；
5——分流阀；
6——生物收集器；
7——排渣阀；
8——支架；
9——出水口。

图 E.5 漩涡分选装置

E.3.4　过筛器

图 E.6　过筛器

E.4　标签

海区________	断面________	站位________
样方________	潮区________	底质________
取样时间________		
种名________		

样品标签(5 cm×3.5 cm)

附 录 F
（规范性附录）
游泳动物性腺成熟度、摄食强度、含脂量及拖网网型

F.1 游泳动物性腺成熟度

F.1.1 鱼类性腺成熟度分为6期

a) 1期——性腺未发育的个体。性腺不发达，紧附于体壁内侧，呈细线状或细带状，肉眼不能识别雌雄。

b) 2期——性腺开始发育或产卵后重新恢复的个体。卵巢呈细管状或扁带状，半透明呈浅红肉色，肉眼能辨明性别，但看不出卵粒。精巢扁平稍透明，呈灰白色或灰褐色。

c) 3期——性腺正在成熟的个体。性腺已较发达，卵巢体积增大，占腹腔1/3～1/2，呈白色或浅黄色，肉眼可看出卵粒。卵粒互相粘连成团块状，难分离。精巢表面呈灰白色或稍具浅红色，压挤精巢，无精液流出。

d) 4期——性腺即将成熟的个体。卵巢体积较大，占腹腔2/3左右，卵粒明显，圆形，呈桔红色或桔黄色，容易使其彼此分离，有时能看到半透明卵，轻压鱼腹无成熟卵流出。精巢显著增大，呈白色，轻压鱼腹能有少量精液流出。

e) 5期——性腺完全成熟，即将或正在产卵的个体。卵巢饱满，充满体腔，卵粒大而透明，且各自分离，对鱼腹稍加压力，透明卵粒即行流出。精巢充满精液，呈乳白色，稍加压力，精液即行流出。

f) 6期——产卵、排精后的个体。性腺萎缩，松弛，充血，呈暗红色。其体积显著缩小，卵巢套膜增厚。性腺内部常残留少量卵粒或精液。

以上6期为一般的划分标准，可根据不同鱼类的情况和需要，对某一期再划分A期、B期，如：5_A期、5_B期等。

若性腺成熟状况处于相邻两期之间，可写出两期的数字，中间加一破折号，如3期－4期、4期－3期等。比较接近那一期，将该期的数字写在前面，如：4期－3期，表明性腺成熟度比较接近于第4期。

如性细胞属于分次成熟，每一生殖季节进行多次产卵的鱼类，可根据已产过和余下的性细胞发育情况记录，如6期～3期或6期～4期，表明产卵后卵巢内还有一部分卵粒处于3期或4期，但卵巢外观上具有部分6期的特征。

F.1.2 对虾类性腺成熟度分为5期

a) 1期——未发育期。卵巢小，无色，轮廓不清，肉眼不能辨别卵粒。

b) 2期——发育早期。已交配，卵巢开始发育，呈乳白色或淡黄色，卵粒肉眼能辨别，但不能分离。

c) 3期——发育后期。卵巢已大，前叶及中叶已成熟，通过甲壳可见，后叶增宽。肉眼易于辨别卵粒，卵巢表面龟裂，黄色或灰绿色。

d) 4期——成熟期。卵巢膨大，卵粒极为明显，前叶、中叶充分成熟，轮廓清楚，通过甲壳可见，表面龟裂突起，呈褐绿色或灰绿色。

e) 5期——产后恢复期。卵巢萎缩，卵已排空，外观近似1期，呈灰白色、淡红色或淡黄色。

F.1.3 毛虾的性腺成熟度要用显微镜辨别，分为5期

a) 1期——未成熟期。卵巢内以小型卵为主，大小卵粒(0.0230 mm～0.082 8 mm)混杂，卵巢边

缘部分卵粒较大。雌虾交接器内没有精荚。

b) 2期——成熟期。卵巢内卵粒大部分达D型及C型(D、C型的卵径约0.084 mm～0.161 mm),这时卵巢显著增大,边缘呈纹状突起,突起与突起重叠,在第一腹节背部的卵巢向两侧扩张,第二节腹节处则向上隆起,大部分雌虾交接器内已有精荚。

c) 3期——临产卵期。卵巢内卵粒均达A、B型(卵径0.082 8 mm～0.207 0 mm)。卵粒排列整齐,位于第一腹节背部的卵巢已穿过上部肌肉与甲壳接触,并扩展到身体两侧。第二腹节背部的卵巢已挤开上部肌肉向上突出。卵巢呈绿色或棕色。

d) 4期——产卵期。卵巢边缘突起部分已无卵粒,但在卵巢中部血管附近仍有大量小型卵粒,卵巢内部空虚,或仅存极少数卵粒,卵巢外形极不一致,且左右不对称,只剩极薄的一层贴附在其上部的肌肉上。

e) 5期——产后恢复期。卵母细胞已排空,卵原细胞在发育过程中。

F.1.4 梭子蟹性腺成熟度分为6期

a) 1期——尚未交配,腹部呈三角形,性腺未发育呈乳白色,肉眼很难分辨雌雄。

b) 2期——已交配,雌体腹部由三角形变为椭圆形,体内的两个储精囊内各有一个精荚,性腺开始发育,卵巢呈乳白色或粉红色,细带状,肉眼可辨雌雄。

c) 3期——卵巢呈淡黄色或黄红色,带状,肉眼可见细小的卵粒,但不能分离。

d) 4期——卵巢发达,桔红色或红色,扩展到头胸甲的两侧,卵粒明显可见。

e) 5期——卵巢发达且柔软,红色,腹部抱卵,卵粒大小均匀。

f) 6期——已排过卵,卵巢退化,腹部抱卵。

F.1.5 乌贼性腺成熟度分为6期

a) 1期——卵巢很小,卵粒大小相近,卵粒全不透明。

b) 2期——卵巢较大,卵粒大小不一,小型的不透明卵占优势,有少数透明卵或半透明卵,并有花纹卵粒。输卵管内没有卵粒,缠卵腺较小。

c) 3期——卵巢大,约占外套腔的1/4,卵粒大小不一,小型不透明卵很多,约占卵巢的1/2。输卵管中有卵粒,卵粒彼此相连,大约占全部卵数的1/3,有些卵粒还未成熟,缠卵腺较大。

d) 4期——卵巢很大,约占外套腔的1/3,卵粒大小显著不同,小型不透明卵仍占多数,约占卵巢的1/3。输卵管中卵粒很多,约占全部卵数的1/2,缠卵腺很大,约占外套腔的2/5。

e) 5期——卵巢十分膨大,约占外套腔的1/2,小型不透明卵很少,其卵径也小。输卵管中卵粒多而大,约占全部卵数的3/5,透明卵一般分离,呈草绿色。缠卵腺十分肥大,呈白色,其中充满粘液体,表面光滑发亮,约占外套腔的1/2。

f) 6期——已产过卵,卵巢萎缩,其中有少量卵粒稍呈灰褐色。输卵管松弛、呈黄色、尚有少数透明卵存在。缠卵腺干瘪略呈黄色,表面皱纹很多,约占外套腔的1/3。

F.1.6 枪乌贼和太平洋褶柔鱼类的性腺成熟度分为6期

a) 1期——性腺未发育,很小,肉眼可从茎化腕尾部区分雌雄。

b) 2期——发育期。雌体卵巢很小,成带状,卵粒大小不一、全不透明,输卵管很小、管内没有卵粒,输卵管腺小,缠卵腺和副缠卵腺已形成,但还很小,副缠卵腺呈淡黄色;雄性个精巢条状,前列腺肉眼略可见。

c) 3期——未成熟期。卵巢约占外套腔的1/4,卵粒大小不一,小型白色不透明卵约占卵巢的1/2,输卵管中已有少数彼此相连的卵粒,输卵管腺增大呈乳白色,副缠卵腺已出现朱红色的斑点,缠卵腺增大;雄性个体前列腺增大,贮精囊明显,输精管末端膨大成精荚囊,并有少量精荚。

d) 4期——成熟(交尾)期。卵巢大,约占外套腔的1/3,卵粒大小显著不同,白色小型的不透明卵占卵巢的 1/3,输卵管中卵粒很多,约占卵数的 1/2,输卵管腺出现微黄色的小点。副缠卵腺有黄豆大,朱红色的斑点多,缠卵腺肥大,呈乳白色。已交尾,受精囊中有精子;雄性个体精巢很大,贮精囊和精荚囊均饱满,轻压阴茎,精荚能排出,轻触精荚,能弹出精子。

e) 5 期——完全成熟(产卵)期。卵巢十分膨大,约占外套腔的 1/2,小型不透明的卵很少,输卵管中的卵粒多而大、透明分离,约占全部卵数的 3/5。输卵管腺呈黄褐色,生殖孔大、松弛。整个副缠卵腺均呈朱红色,缠卵腺十分肥大,色白,表面光滑,可占外套腔的 1/3;雄性个体的精巢缩小,比精荚囊还小,精荚囊中精荚饱满,挤到阴茎附近。

f) 6 期——产后期。雌性个体已产过卵,卵巢萎缩,尚存的少量卵粒稍呈灰色。输卵管松弛,呈黄色,仅存少量透明卵。副缠卵腺暗红色,缠卵腺干瘪呈淡黄色,表面有皱纹,约占外套腔的 1/4。生殖孔松弛破裂,呈雨伞状;雄性个体已完成交尾行为,精巢和前列腺萎缩,呈淡灰色,精荚囊至阴茎存有少量精荚,有的精荚膜已破裂,精子溢出;产后的个体消瘦尖细,胴体肌肉很薄,雄体的眼睛浑浊。

F.1.7 茎柔鱼的性腺成熟度分为 5 期

a) 1 期——未成熟期。雌性,缠卵腺细小而透明,输卵管尚未形成,卵粒未出现。雄性,精巢白色,纤维质,精荚器官细小,透明至半透明,精荚囊空瘪无物。

b) 2 期——成熟中。雌性,卵巢具颗粒状表面,缠卵腺呈灰白色和奶油色,输卵管不很明显。雄性,精巢呈奶油色,精荚囊内有少数白色微片。

c) 3 期——成熟期。雌性,整个输卵管约占外套腔的 1/3,卵呈浓桔黄色,缠卵腺呈白色,与输卵管大小相近。雄性,精荚囊内充满精荚,精巢呈白色,体积增大。

d) 4 期——产卵期。雌性,输卵管缩小,内有少数卵子,缠卵腺缩小以至于瘦瘪,呈白蔷薇色。雄性,精荚囊软,半透明,大小均等,内有残余精荚。性器官萎缩期开始。

e) 5 期——产后期。产完卵,性器官处于明显的萎缩期。缠卵腺几乎空瘪并明显缩小。

F.1.8 真蛸性成熟度分为 3 期

a) 1 期——未成熟期。雌性,卵巢乳白色。雄性,精荚囊中无精荚。

b) 2 期——半成熟期。雌性,卵巢略呈黄色,不透明。雄性,精荚囊中有精荚。

c) 3 期——成熟期。雌性,卵巢黄色,透明。雄性,精荚囊中充满精荚。

F.2 游泳动物摄食强度

F.2.1 鱼类摄食强度分为 5 级

a) 0 级——空胃。

b) 1 级——胃内有少量食物,其体积不超过胃腔的 1/2。

c) 2 级——胃内食物较多,其体积超过胃腔的 1/2。

d) 3 级——胃内充满食物,但胃壁不膨胀。

e) 4 级——胃内食物饱满,胃壁膨胀变薄。

F.2.2 虾类摄食强度分为 4 级

a) 0 级——空胃。

b) 1 级——胃内仅有少量食物(少胃)。

c) 2 级——胃内食物饱满,但胃壁不膨胀(半胃)。

d) 3 级——胃内食物饱满,且胃壁膨胀(饱胃)。

F.3 鱼类含脂量分为 4 级

a) 0 级——内脏表面及体腔壁均无脂肪层。

b) 1级——胃表面有薄的脂肪层,其覆盖面积不超过胃表面的1/2。

c) 2级——胃肠表面1/2以上的面积被脂肪层覆盖。

d) 3级——整个胃肠表面被脂肪层覆盖,脂肪充满体腔。

F.4 拖网网型

F.4.1 双船底层有翼单囊A型拖网网型

双船底层有翼单囊A型拖网网图(见图F.1);

F.4.2 双船底层有翼单囊B型拖网网型

a) 双船底层有翼单囊B型拖网网图(见图F.2);

b) 双船底层有翼单囊B型拖网网具第7段~第24段编结规格(见表F.1)。

F.4.3 单船有翼单囊拖网网型

单船有翼单囊拖网网图(见图F.3)。

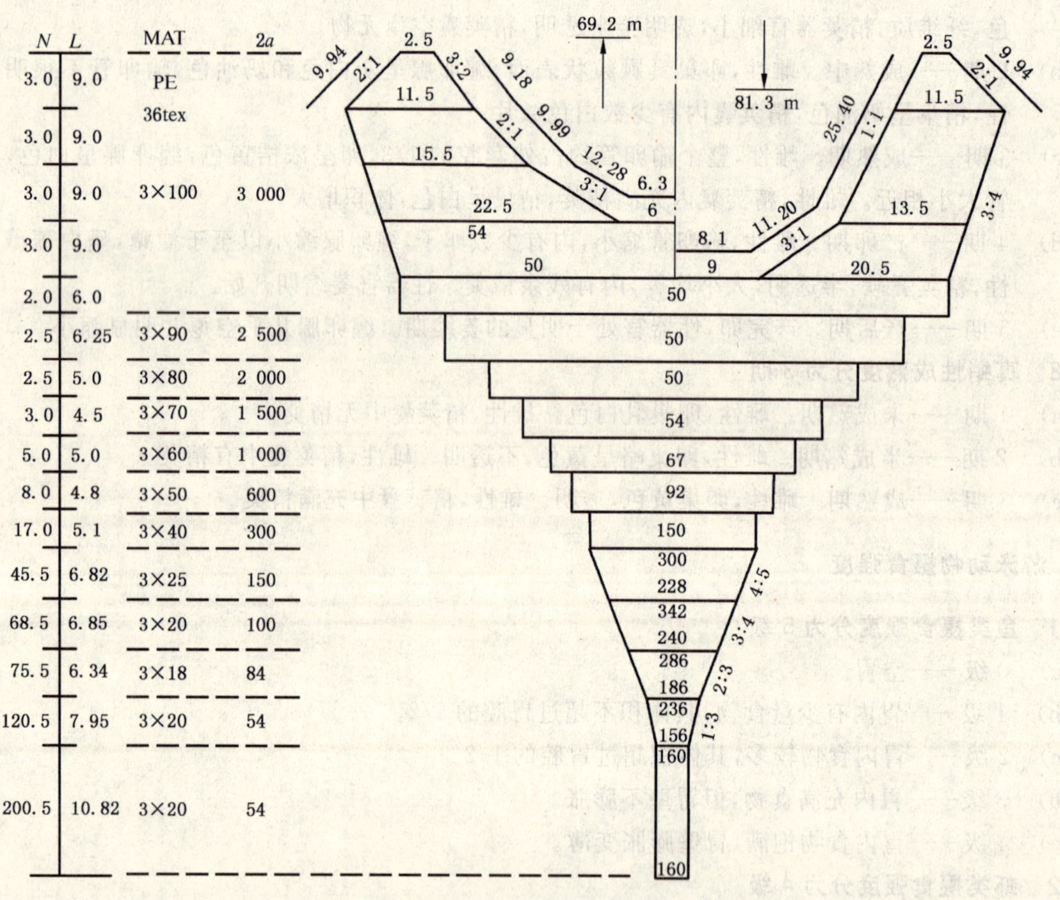

图F.1 双船底层有翼单囊A型拖网网图

(规格300 m×111.43 m/69.2 m)

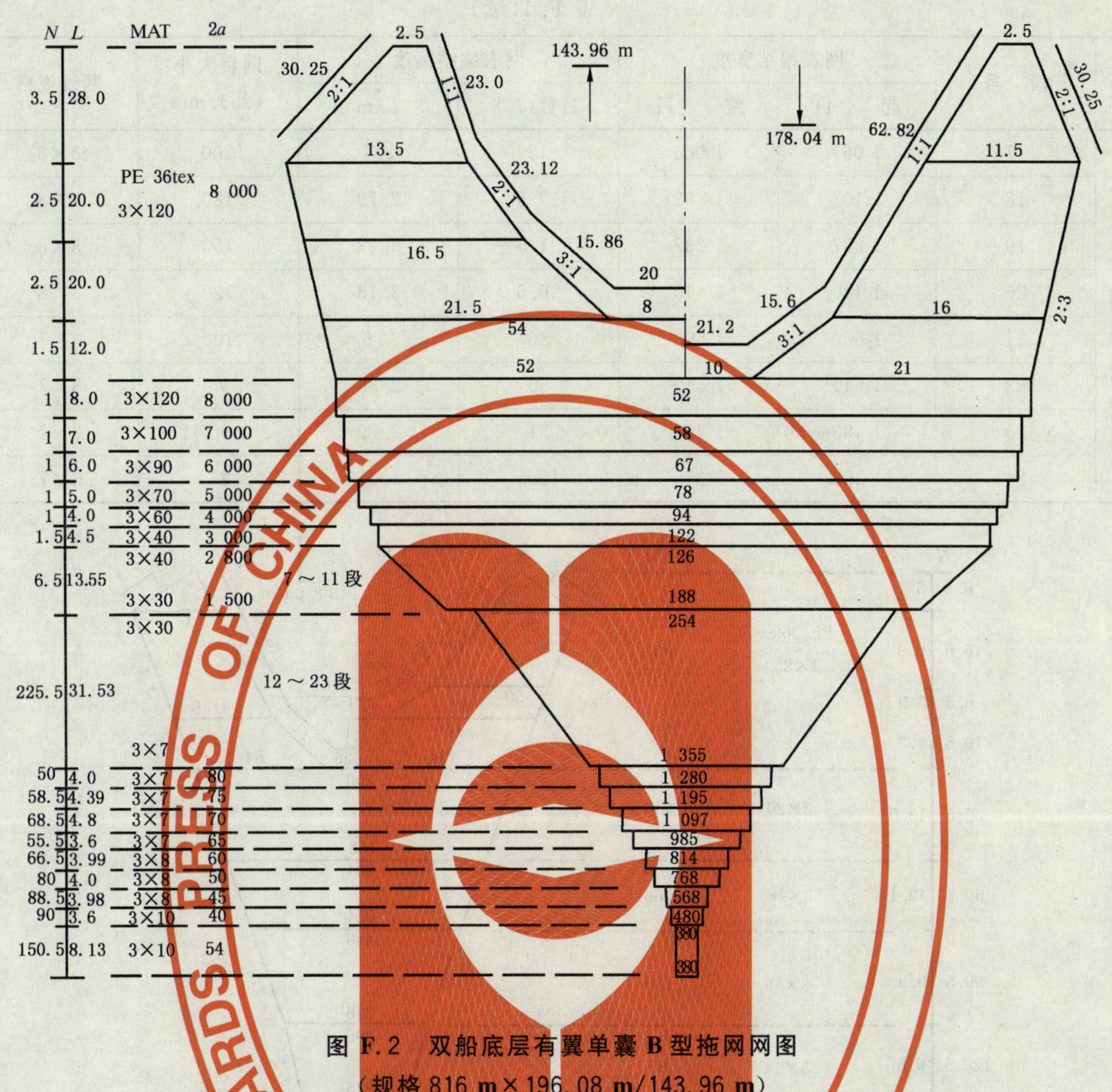

图 F.2 双船底层有翼单囊 B 型拖网网图
（规格 816 m×196.08 m/143.96 m）

表 F.1 双船底层有翼单囊 B 型拖网网具第 7 段～第 24 段编结规格

名称	段号	网衣编结宽度		网衣编结高度		网目大小(2a)/mm	网线规格
		起目	终目	目数(N)	L/m		
部分网身网衣	7	126	126	1	2.8	2800	3×40
	8	136	136	1	2.5	2500	3×40
	9	146	146	1	2.2	2200	3×40
	10	154	154	1	2.0	2000	3×40
	11	164	164	1	1.8	1800	3×30
	12	188	188	1.5	2.25	1500	3×30
	13	254	254	1.5	1.5	1000	3×30
	14	304	304	2.5	2.0	800	3×30
	15	384	384	3.5	2.1	600	3×20
	16	746	746	6.5	1.95	300	3×15

表 F.1(续)

名称	段号	网衣编结宽度		网衣编结高度		网目大小 (2a)/mm	网线规格
		起目	终目	目数(N)	L/m		
部分网身网衣	17	1 064	1 064	12	2.4	200	3×8
	18	1 102	1 102	15.5	2.79	180	3×8
	19	1 237	1 237	21.5	3.23	150	3×8
	20	1 440	1 440	26.5	3.18	120	3×8
	21	1 600	1 600	36	3.6	100	3×7
	22	1 540	1 540	50	2.38	95	3×7
	23	1 493	1 493	31	2.79	90	3×7
	24	1 355	1 355	42.5	3.61	85	3×7

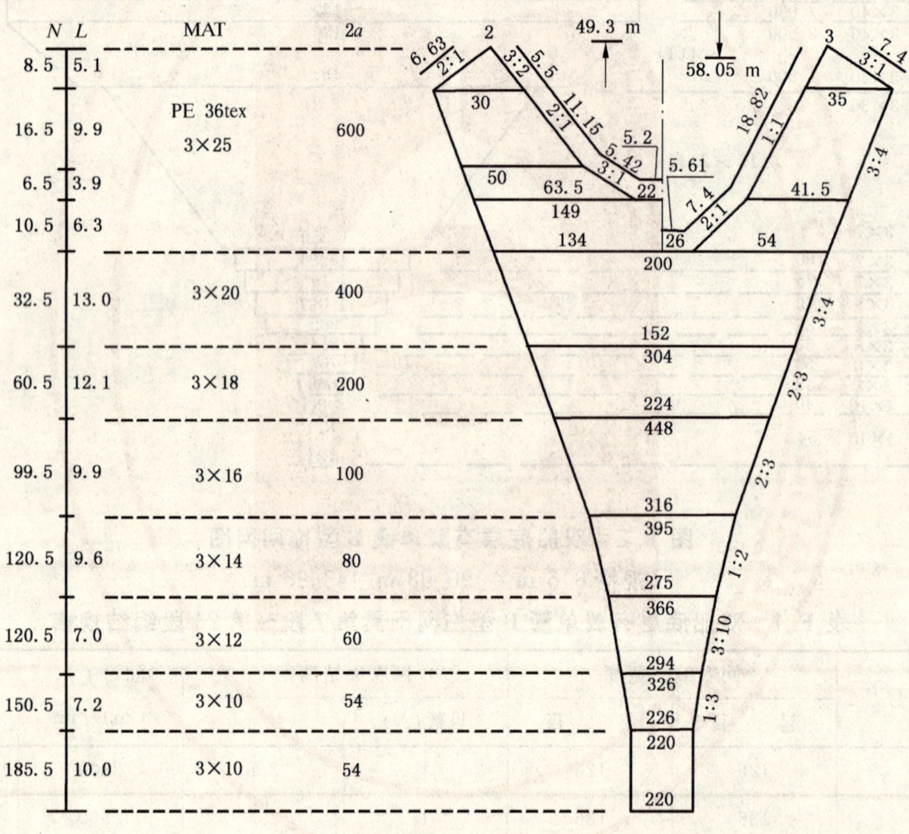

图 F.3 单船有翼单囊拖网网图

(规格 240 m×94 m/49.3 m)

附　录　G
（资料性附录）
渔业资源声学调查与评估（选做）

G.1　技术要求和调查要素

G.1.1　技术要求

a）在调查开始及航次结束时，应严格按照本部分的要求对回声探测-积分系统各进行一次声学校正，以确保原始声学数据的准确性；

b）深入了解调查对象的生态习性和声学映像特征；准确测定和统计现场拖网渔获物组成比例及各渔获种类（包括非调查对象种类）的体长和体重分布，以便进行映像分析和积分值分配；

c）准确查明或现场测定调查对象和各主要渔获种类的目标强度，以对调查对象进行定量声学评估；

d）调查的实施、样品分析和生物学测定以及数据的处理等均应严格按照本部分的有关规定执行；

此外，对调查设计和鱼类的目标强度作以下规定和定义。

G.1.1.1　调查设计

G.1.1.1.1　调查时间

调查时间应根据调查的主要目的而定。以资源量评估为主的调查航次，一般选择调查对象分布较为集中、分布格局较为稳定的时期进行。另外，调查时间的选择还应考虑调查对象的分布特点及环境、海况因素。

G.1.1.1.2　调查范围

尽可能涵盖调查对象的整个分布区域。

G.1.1.1.3　调查航线

G.1.1.1.3.1　航线类型

根据调查区域的地理形状，调查航线一般分为平行断面型和"之"字型两种。"之"字型航线主要用于沿岸线呈狭长带状分布或环岛屿分布的生物资源调查。平行断面则适用于除调查区域特别复杂外的绝大部分海域，是航线设计的首选。平行断面又可分为等距平行断面、分区等距平行断面和分区随机平行断面三种形式。

G.1.1.1.3.2　等距平行断面

调查范围内所有调查断面均等间距布设。声学调查与环境调查同步进行时，一般选择等距平行断面。

G.1.1.1.3.3　分区等距平行断面

根据调查对象的密度分布特征，将整个调查范围划为若干分区；按调查对象的分布密度分配各分区内的断面数。各分区断面间距可以不同，但同分区内断面应等间距布设。

G.1.1.1.3.4　分区随机平行断面

将整个调查范围划为若干分区，各分区断面数预先设定，但同一分区内断面的起始位置则随机布设，一般由随机数字产生器（随机函数程序）确定。

G.1.1.1.4　断面间距

a）断面间距一般为10′～1°经度、10′～1°纬度（约10 n mile～60 n mile）；

b）间距的选择取决于调查期限和调查精度的要求。当调查期限是主要限制因素时，应根据船速计算总允许航程来确定可能完成的断面数及相应的断面间距，同时为往返于港口与调查区域及生物学拖网取样和其他作业预留足够时间；

c) 当调查精度为首要考虑因素时，可利用下式初步估算所需调查断面的总长度(D，n mile)：

$$D = \frac{\sqrt{A}}{4 \cdot (CV)^2} \qquad \cdots\cdots\cdots(G.1)$$

式中：

A——调查范围的面积，单位为平方海里($n\ mile^2$)；

CV——调查要求可接受的资源评估结果的变异系数(标准差与平均值的比值，精度的一种表示形式)。

G.1.1.1.5 断面走向

a) 如果鱼类的分布在某一方向上存在明显的密度梯度，则调查断面应沿鱼类的密度梯度方向布设；

b) 如果调查区域呈狭长带分布，则调查断面应平行于调查区域的短边；

c) 如果调查期间鱼类存在定向洄游现象，则调查断面应平行于鱼类的洄游方向；

d) 调查航线的起、止位置最好落于离陆基港较近的一侧。

G.1.1.1.6 站位布设

G.1.1.1.6.1 定点布站与机动加站相结合

在预设站位的基础上，根据映像的分布水层适量增设底层或变水层拖网取样站位。这种布站策略适用于群落结构和主要调查种类并重的调查。

G.1.1.1.6.2 完全机动取样

不预设取样站位，在调查过程中完全根据实时观测的声学映像进行生物学拖网取样。用于针对调查种类设计的调查。

G.1.1.1.7 调查航速

以 10 kn±2 kn 为宜。

G.1.1.2 鱼类的目标强度

目标强度是描述探测目标对声波的反射能力的一个物理量。它的基本表达形式为：

$$TS = 20\log\frac{\sigma}{4\pi} \qquad \cdots\cdots\cdots(G.2)$$

式中：

TS——探测目标的目标强度，单位为分贝(dB)；

σ——探测目标的声学截面，单位为平方米(m^2)。

鱼类(或其他渔业生物)的目标强度是将回声积分值转换为绝对资源量的关键参数。因此在调查前应了解调查海域生物种类的目标强度；对未知目标强度的种类应力求在调查过程中对其进行现场测定或参考相似种类的目标强度。

G.1.2 调查要素

调查要素包括渔业资源的数量分布、洄游路线、种类组成、群体结构以及生物学特征等，进行资源量评估。

G.2 采样

G.2.1 主要工具与仪器设备

G.2.1.1 调查船

装有回声探测—积分系统、能进行底拖网和变水层拖网取样、自噪声较低的生物资源调查船。

G.2.1.2 取样网具

应使用选择性较低的专用调查网具，包括底层拖网和变水层拖网。

a) 底层拖网：单拖网，四片式结构，网口 836 目×120 mm，囊网网目 24 mm(见图 G.1)。

b) 变水层拖网:单拖网,四片式结构,网口 1 000 目×400 mm,囊网网目 22 mm(见图 G.2)。

G.2.1.3 主要仪器设备

科研用回声探测-积分系统,视调查对象的不同,工作频率可选 18 kHz、38 kHz、70 kHz、120 kHz、200 kHz;声学仪器校正的成套工具,包括小型绞车、0.6 mm 的单丝尼龙线及标准校正球等;声学数据下载、存储及后处理系统;计算机、数据光盘刻录机或其他大容量数据存储媒介;彩色映像打印机;网具监测系统;导航定位仪、航速仪(计程仪)等。

G.2.1.4 声学仪器校正

在调查开始前及航次结束后采用标准球方法对回声探测-积分系统各进行一次声学校正。标准球的悬挂如图 G.3 所示,悬垂深度 10 m～30 m。单波束系统的校正内容主要为系统的积分增益,分裂波束系统的校正还包括目标强度增益与波束参数测定。

G.2.1.4.1 积分增益的测定

对稳定于声轴上的标准球进行积分,并将其测定值 $s_{A,m}$ 与理论值进行比较。标准球理论积分值的计算公式为:

$$s_{A,t} = \frac{4\pi \cdot \sigma_{st} \cdot 1\,852^2}{\psi \cdot R_{st}^2} \qquad \cdots\cdots(G.3)$$

式中:

$s_{A,t}$——标准球的理论积分值,单位为平方米每平方海里($m^2/n\ mile^2$);

σ_{st}——标准球的声学截面,单位为平方米(m^2);

ψ——换能器波束的等效立体角,以球面度表示(sr);

R_{st}——标准球与换能器表面的距离,单位为米(m);

$1\,852^2$——面积单位 m^2 与 $n\ mile^2$ 之间的转换系数。

如果 $s_{A,m}$ 与 $s_{A,t}$ 不同,则需对系统的积分增益进行修正,公式为:

$$G_n = G_o + \frac{10\log(s_{A,m}/s_{A,t})}{2} \qquad \cdots\cdots(G.4)$$

式中:

G_n——校正后的新增益,单位为分贝(dB);

G_o——校正前的旧增益,单位为分贝(dB)。

G.2.1.4.2 SIMRAD 分裂波束式换能器目标强度增益与波束参数测定

通过调整三条悬挂尼龙线的长度,使标准球历经波束的每一位置。使用专业的 Lobe 程序计算目标强度增益及相关波束参数。

G.2.2 目标强度的测定

G.2.2.1 目标强度与体长关系式

对多数鱼类而言,其目标强度与体长关系可以下式表述:

$$TS = a\log l + b \qquad \cdots\cdots(G.5)$$

式中:

TS——鱼的目标强度,单位为分贝(dB);

l——鱼体的长度,单位为厘米(cm);

a、b——回归系数。

公式 G.5 需通过对不同体长鱼的目标强度进行测定后经回归分析确定。对多数梭型鱼类而言,a 一般在 20 左右,G.5 式可简化为:

$$TS = 20\log l + b_{20} \qquad \cdots\cdots(G.6)$$

式中:

b_{20}——G.5 式中斜率 a 预设为 20 时的截距 b 值。

G.2.2.2 目标强度的现场测定

G.2.2.2.1 测定条件与要求

鱼类离散分布且组成单一。需同时拖网取样以确认鱼种并进行各项生物学测定。

G.2.2.2.2 直接测定法

SIMRAD 分裂波束式回声探测-积分系统具有单体鱼目标强度测定功能，可利用其串行口输出的单体目标回波数据对渔业生物的目标强度进行现场直接测定。

G.2.2.2.3 间接测定法

利用计数-积分法或其他统计方法对可分辨为单体目标的种类的平均目标强度进行现场测定。

G.2.3 声学数据的采集

G.2.3.1 积分起始水层

起始积分水层至少应为换能器近场距离的两倍。换能器近场与远场分界面的距离 R_b(m)大约为：

$$R_b = \frac{a^2}{\lambda} \qquad \cdots\cdots\cdots\cdots\cdots\cdots\cdots\cdots\cdots\cdots (G.7)$$

式中：

a——换能器的直径或长边，单位为米(m)；

λ——波长，单位为米(m)。

常用工作频率 38 kHz 和 120 kHz 回声探测-积分系统的积分起始水层一般为 3 m～5 m。

G.2.3.2 积分终止水层

当水深＜1 000 m 时，积分至海底之上 0.5 m～1 m；

当水深＞1 000 m 时，积分至 1 000 m。

G.2.3.3 积分水层厚度

基本等间距设置。根据水深可选 5 m、10 m、20 m、50 m、100 m 或 200 m。

G.2.3.4 基本积分航程单元

当调查范围的尺度较小时选 1 n mile；当调查尺度是 5 n mile 的多倍时选 5 n mile。

G.2.4 生物学数据的采集

在预设站位及映像密集区投放底层或变水层拖网采集产生回波映像的生物样品。进行变水层拖网时应使用网具监测系统进行瞄准捕捞。根据映像密度情况作 10 min～60 min 有效拖曳，获取适量样品进行生物种类组成与各渔获种类的体长、体重组成分析。

G.2.5 观测记录

调查过程中值守人员应填写观测记录，记录表格如表 H.60 所示。表中基本积分航程单元为 5 n mile，每页记录对应的航程为 100 n mile，在航程栏第一空格处填写本页的起始航程(×××00)。表中时间、水深和经纬度等记录内容均指每一基本积分航程单元结束时刻的数据；调查信息栏则据情填写包括船舶行程信息、拖网信息、站位、海况、气象、现场渔业生产船动态以及其他可供映像分析参考的相关信息等。

G.3 数据处理

G.3.1 声学数据的预处理

排除偶尔出现的非生物来源回波信号，如气泡、不规则海底及本底噪声等，对原始积分值进行必要的修正。

G.3.2 生物学数据的预处理

统计、计算各网次渔获物中除底栖虾蟹类和鲆鲽类等非常贴底鱼种之外的所有鱼种和头足类的尾数、体长分布、平均体长、均方根体长、平均体重等数据，供积分值分配和生物量密度计算之用。

G.3.3 映像分析和积分值分配

以基本积分航程单元为单位进行映像分析和积分值判读。根据生物学取样资料和映像特征来鉴别

产生回波映像的目标生物种类,并将预处理后的总积分值(s_A)分配给对回声积分作出贡献的每一生物种类,计算公式如下:

$$s_{Ai}=\frac{s_A\cdot n_i\cdot\bar{\sigma}_i}{\sum_{i=1}^{k}n_i\cdot\bar{\sigma}_i} \qquad \cdots\cdots(G.8)$$

式中:

s_{Ai}——第 i 种生物分配的积分值,单位为平方米每平方海里($m^2/n\ mile^2$);

n_i——渔获物中第 i 种生物的尾数,单位为个(ind);

$\bar{\sigma}_i$——第 i 种生物的平均声学截面,单位为平方米(m^2);

k——渔获中参与积分值分配的生物种类的种数。

每种鱼类和头足类的平均声学截面由公式 G.2 和公式 G.5 或公式 G.6 算得。鱼类和头足类的目标强度与体长关系见表 G.1。

G.4 资源量评估

G.4.1 断面法

以断面观测值代表断面两侧各半个断面间距海域内的平均值。各断面所代表海域资源量之和即为调查范围内的总资源量。

某一给定断面所代表海域内评估种类的资源尾数(N,ind)和生物量(B,g)分别为:

$$N=\frac{\bar{s}_A\cdot D\cdot S}{\bar{\sigma}} \qquad \cdots\cdots(G.9)$$

$$B=N\cdot\bar{w} \qquad \cdots\cdots(G.10)$$

式中:

$\bar{s}_A$——断面内评估种类的平均积分值,单位为平方米每平方海里($m^2/n\ mile^2$);

D——断面长度,单位为海里(n mile);由断面起止经纬度算得;当纬度为 θ 时,一个经度的里程为 $60\cdot\cos\theta$ n mile;

S——断面间距,单位为海里(n mile);

$\bar{\sigma}$——断面内评估种类的平均声学截面,单位为平方米(m^2);

$\bar{w}$——断面所代表海域内评估种类的平均体重,单位为克(g)。

G.4.2 方区法

将整个调查范围划分为若干小方区,以方区为单元进行计算,各方区内资源量之和即为调查范围内的总资源量。

某一给定方区内评估种类的资源尾数(N,ind)和生物量(B,g)分别为:

$$N=\frac{\bar{s}_A\cdot A}{\bar{\sigma}} \qquad \cdots\cdots(G.11)$$

$$B=N\cdot\bar{w} \qquad \cdots\cdots(G.12)$$

式中:

$\bar{s}_A$——方区内评估种类的平均积分值,单位为平方米每平方海里($m^2/n\ mile^2$);

A——方区面积,单位为平方海里($n\ mile^2$);

$\bar{\sigma}$——方区内评估种类的平均声学截面,单位为平方米(m^2);

$\bar{w}$——方区内评估种类的平均体重,单位为克(g)。

采用分区法进行资源评估,当航线恰巧落在分区边界时,应预先约定航线上的观测值所代表的方区;同一观测值不能在不同方区内重复使用。

表 G.1 鱼类目标强度与体长关系参考值

种类	关系式	备注
鳀	$TS=20\log l-72.5$	l 为叉长
带鱼	$TS=20\log l-68.3$	l 为肛长
闭鳔鱼类	$TS=20\log l-68.0$	l 为体长
喉鳔鱼类	$TS=20\log l-72.5$	l 为体长
无鳔鱼类	$TS=20\log l-80.0$	l 为体长
枪乌贼	$TS=20\log l-80.0$	l 为胴长
注：TS 单位为分贝(dB)；l 单位为厘米(cm)。		

图 G.1 调查专用底层拖网网图

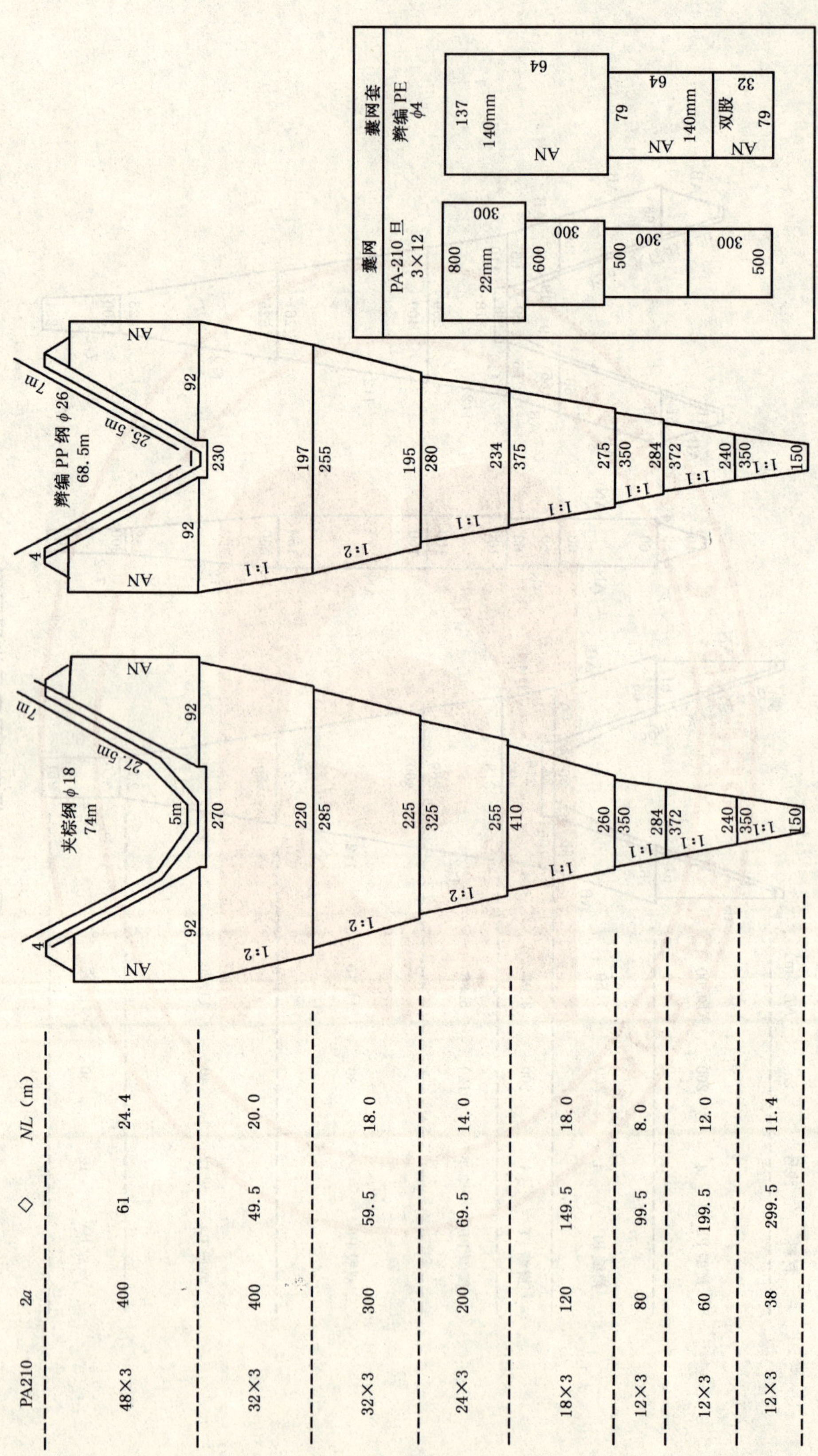

图 G.2 调查专用变水层拖网网图

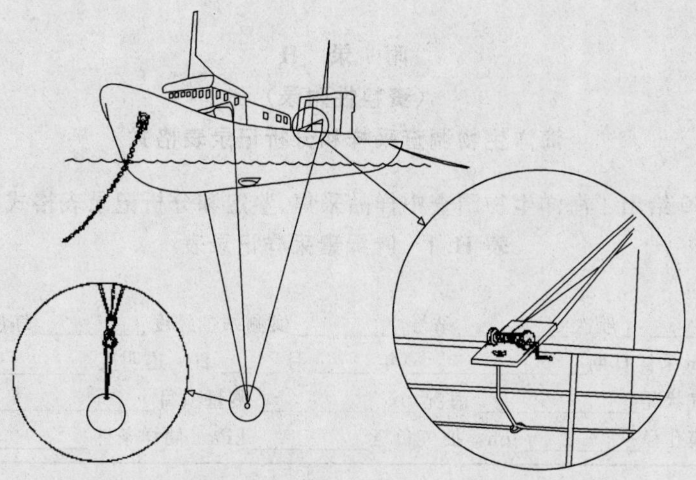

图 G.3 声学仪器校正标准目标的悬挂示意图

附 录 H
（资料性附录）
海洋生物调查采样和分析记录表格式

表 H.1～表 H.60 给出了海洋生物调查中样品采集、鉴定和分析记录表格式。

表 H.1 叶绿素采样记录表

共____页第____页

海区________船名________航次________站号________实测站位经度________纬度________

水深________m 采样日期________年____月____日 透明度________m

水色________天气状况________海况________测量项目________测量方法________

滤膜类型________滤膜孔径________μm 抽气负压________kPa 储样条件________干燥器型号________

序号	预测深度 m	实测深度 m	采水时间 时：分	水样号	过滤时间 时：分	过滤水样量 dm^3	滤膜贮存号	备　注
1								
2								
3								
4								
5								
6								
7								
8								
9								
10								
11								
12								
13								
14								
15								
16								
17								
18								
19								
20								
21								
22								
23								
24								

采样________记录________过滤________校对________

表 H.2 叶绿素(萃取荧光法)测定记录表

共____页第____页

海区____________ 船名________________________________ 航次__________ 站号______________________________

实测站位经度______________________________ 纬度________________________ 水深______________________m

采样日期____________年__________月__________日 荧光计型号__________________ 滤膜型号__________________________

提取液体积______________________cm³ 测定日期________________年____________月____________日

空白测定	量程档										
	F01										
	F02										
	F0										
序号	实测深度 m	采样时间	过滤水样量 dm³	提取瓶号	量程档	换算系数 Fd	酸化前荧光读数 Rb	酸化后荧光读数 Ra	叶绿素 *a* 浓度 mg/m³	脱镁叶绿素 *a* 浓度 mg/m³	备注
1											
2											
3											
4											
5											
6											
7											
8											
9											
10											
11											
12											
13											
14											
15											
16											
17											
18											
19											
20											

测定________________________ 计算________________________ 校对________________________

表 H.3 叶绿素(分光光度法)测定记录表

共____页 第____页

海区____________ 船名____________ 航次____________ 站号____________

实测站位经度____________ 纬度____________ 水深____________m

采样日期______年______月______日 分光光度计型号____________ 比色皿光程____________cm

测定日期______年______月______日 提取液体积______cm^3 过滤水样体积______dm^3 提取时间______

序号	实测深度 m	滤膜贮存瓶号	离心管号	刻度试管号	光密度值				海水中叶绿素浓度 mg/m^3			备 注
					OD 750	OD 664	OD 647	OD 630	ρ(Chl a)	ρ(Chl b)	ρ(Chl c)	
1												
2												
3												
4												
5												
6												
7												
8												
9												
10												
11												
12												
13												
14												
15												
16												
17												
18												
19												
20												

测定____________ 计算____________ 校对____________

表 H.4 叶绿素(高效液相色谱法)测定记录表

共____页 第____页

高效液相色谱仪型号____________ 色谱柱类型____________ 流动相速度($cm^3 \cdot min^{-1}$)________

检测器类型__________ 型号__________ 测定波长__________ 测定日期______ 年______ 月______ 日

序号	样品号	滤膜号	提取液体积 V_{ext} cm^3	进样体积 V_{inj} mm^3	色谱峰面积 A	色素响应系数 F (area/10^{-6}g)	过滤水体积 V_{flt} cm^3	内标峰面积 A^{ca}	叶绿素 a 浓度 mg/m^3	备注
1										
2										
3										
4										
5										
6										
7										
8										
9										
10										
11										
12										
13										
14										
15										
16										

测定____________ 计算____________ 校对____________

表 H.5 初级生产力采样、过滤、测定记录表

共____页 第____页

海区________________ 船号________________ 航次________________ 站号________________

实测站位经度__________ 纬度__________ 水深__________ m 水色__________ 透明度__________ m

表面辐照度__________ W/m² 盐度__________ 温度__________ 采样日期__________ 年________ 月________ 日

天气状况__________ 海况__________ 培养时间______日______时______分至______日______时______分

加入 ^{14}C 量________________ 测定日期________ 年________ 月________ 日

序号	相对光强 %	预定深度 m	实测深度 m	采样时分	水样筒号	培养瓶号		过滤体积	贮存瓶号	初级生产力 mg/(m³·h)	叶绿素 a 浓度 mg/m³	生产力指数	备注
1						白瓶							
						黑瓶							
						零时							
2						白瓶							
						黑瓶							
						零时							
3						白瓶							
						黑瓶							
						零时							
4						白瓶							
						黑瓶							
						零时							
5						白瓶							
						黑瓶							
						零时							
6						白瓶							
						黑瓶							
						零时							

采样________________ 记录________________ 过滤________________ 校对________________

表 H.6 新生产力采样、过滤、测定记录表

共____页 第____页

海区________船号________航次________站号________实测站位经度________纬度________

水深________m 水色________透明度________m 温度________盐度________日期________年________月________日 天气状况________海况________

序号	采样水层 m	采样深度 m	采样深度温度 ℃	$[NO_3]$ μM	$[NH_4]$ μM	培养温度 ℃	培养开始时间	培养结束时间	培养瓶号	过滤体积	保存样品编号	a_d	a_p	$V_{[NO_3]}$ h^{-1}	$V_{[NH_4]}$ h^{-1}	f	初级生产力 $mg/(m^3 \cdot h)$	新生产力 $mg/(m^3 \cdot h)$	备注
1									白瓶										
									黑瓶										
									零时										
2									白瓶										
									黑瓶										
									零时										
3									白瓶										
									黑瓶										
									零时										
4									白瓶										
									黑瓶										
									零时										
5									白瓶										
									黑瓶										
									零时										
6									白瓶										
									黑瓶										
									零时										

采样________记录________过滤________校对________

表 H.7 微生物现场采样记录表

共___页第___页

海区__________ 船名__________ 航次__________ 采样器__________

站号__________ 经度__________ 纬度__________ 水深__________m

采样时间______年______月______日______时______分至______日______时______分

序号	样品类型	层次	样号	直接计数分样	培养计数分样	示踪测定分样	生态呼吸率分样	
				分样号	分样号	分样号	对照瓶号	测样瓶号
1								
2								
3								
4								
5								
6								
7								
8								
9								
10								
11								
12								
13								
14								
15								
16								
17								
18								
19								
20								
21								
22								
23								
24								

记事：

采样__________ 记录__________ 校对__________

表 H.8 海洋水体病毒、细菌数量直接计数记录表

共____页 第____页

海区________ 船名________ 航次________ 采样器________ 计数方法________

站号	样号	最大水深 m	水层 m	采样时间	计数时间	加样量 cm^3	各视野病毒数(particles)或细菌数(cells)								平均 particles 或 cells	总病毒数 ($particles/dm^3$) 或总菌数 ($cells/dm^3$)	备 注

记事：

分析________ 记录________ 校对________

表 H.9 细菌菌体大小测定记录表

共____页第____页

海区______________ 船名______________ 航次______________

站号		样号		站号		样号	
照片号	菌体序号	菌体长(*L*) mm	菌体直径(*W*) mm	照片号	菌体序号	菌体长(*L*) mm	菌体直径(*W*) mm

台微尺标定显微照片放大倍数							
	1	2	3	4	5	6	放大倍数
实值(μm)							
测值(mm)							

记事：

测量______________ 记录______________ 校对______________

表 H.10　水样、泥样微生物培养计数和菌株分离记录表

共____页 第____页

海区____________ 船名____________ 航次____________ 采样时间____________年________月________日

站号	样号	层次	样品类型	底质样		培养基	培养温度 ℃	稀释度	皿、膜号	菌落数 CFU					菌数 CFU/dm^3 或 CFU/g	分离菌株	备　注
				样量 g	稀释水 cm^3					d	d	d	d	平均			

记事：

分析____________ 记录____________ 校对____________

表 H.11　水样细菌生产力记录表

共____页 第____页

海区____________ 船名____________ 航次____________ 示踪方法____________

站号	水样号	水层 m	水温 ℃	水样量 dm^3	培养时间 自　时　分 至　时　分	培养 温度 ℃	样品 或 空白	培养 时数 h	闪烁 瓶号	Bq 值	样品 实际 Bq	加入放射 性剂量 Bq	放射性 比活度 Bq/mmol	吸收率 mmol/(dm^3·h)	细菌生产力 cells 或 μg/(dm^3·h)
闪烁计数仪型号						备注									

分析____________ 记录____________ 校对____________

表 H.12 水样细菌异养活性测定记录表

共____页 第____页

海区________ 船名________ 航次________

站号	样品号	水层 m	水温 ℃	水样量 cm^3	培养时间 自 时 分 至 时 分	培养温度 ℃	样品或空白	培养时数 h	闪烁瓶号	Bq 值	样品实际 Bq 值	加入放射性量 Bq 值	加入非放射性葡萄糖量 μg	葡萄糖吸收量 $\mu g/(dm^3 \cdot h)$	备注
闪烁计数仪型号						备注									

分析________ 记录________ 校对________

表 H.13 样品细菌最可能数(MPN)记录表

共____页 第____页

海区____________ 船名____________ 航次____________

站号	样号	层次	样品类型	底质样		对象菌（群）名称	培养基	培养温度 ℃	稀释度	各浓度阳性管数										菌数 CFU/dm^3 或 CFU/g	分离菌株
				样量 g	稀释水 cm^3					d					d						

记事：

分析____________ 记录____________ 校对____________

表 H.14 浮游生物海上采样记录表

共____页 第____页

海区__________ 船名__________ 航次__________ 站号__________ 实测站位 经度__________ 纬度__________

水深________m 采样时间__________年______月______日______时______分至______日______时______分

采样项目		瓶号	绳长 m	倾角 (°)		流量计		备注
				开始	终了	编号	转数 r	
拖网	网							
	网							
	网							
	网							
	网							
采水						采水量 cm³		
	层							
	层							
	层							
	层							
	层							
	层							
海况：								

采样____________________ 记录____________________ 校对____________________

表 H.15　浮游生物垂直分层拖网采样记录表

共____页 第____页

海区____________ 船名____________ 航次____________ 站号____________

实测站位经度____________ 纬度____________ 水深____________ m 网型____________

采样时间自________ 年________ 月________ 日________ 时________ 分至________ 日________ 时________ 分

采样层次	瓶号	绳长 m		倾角 (°)		备　注
		放出	闭锁	上升时	闭锁时	
海况：						

采样________________ 记录________________ 校对________________

表 H.16 浮游生物样品登记表

共____页 第____页

海区______________ 船名______________ 航次______________

样品编号	海上瓶号	站号	日期	时间	水深 m	层次	倾角 (°)		绳长 m	流量计		滤水量 m^3	备注
							开始	终了		转数 r	标定值 m^3/r		

编号______________ 校对______________

表 H.17 微微型光合浮游生物细胞数量记录表

共____页 第____页

海区____________ 船名____________ 航次____________ 站号____________

实测站位经度____________ 纬度____________

采样时间____年____月____日____时 至____日____时

水样号____ 水深____m 水层____m 水温____℃ 采样器____

记录要素	聚球藻（Synechococcus）						微微型光合真核生物（Euk）		
	藻红蛋白（PE）			藻蓝蛋白(PC)					
过滤面积（cm²）									
视野面积（cm²）									
过滤水样量（cm³）									
各视野细胞数									
平均值									
每毫升水样细胞数									

采样____________ 分析____________ 记录____________ 校对____________

表 H.18　微型和小型浮游生物标本个数计数记录表

共____页第____页

海区________________________ 船名________________________ 航次________________________

样品编号________________ 站号________________ 水层(或绳长)________ m 采样日期____________

浓缩体积________ cm^3 计数体积________ cm^3 计数日期________滤水(或采水)量________ m^3 ________(dm^3)

种　名	数　量	小　计	密度 cells/dm^3 或 cells/m^3	备　注
总　计				

注:本表适用于浓缩计数法的记录,网采样品单位为个/m^3,采水样品单位为个/dm^3。

计数________________________ 校对________________________

表 H.19 采水浮游生物标本个数计数记录表

共____页 第____页

海区________________ 船名________________ 航次________________ 站号________________ 水深__________ m

样品编号__________ 采样日期__________ 计数日期__________ 计数体积__________ cm^3 层次__________ m

种　　名	数　　量			小计	密度 $cells/cm^3$ 或 $cells/dm^3$	备　　注
	第一分样	第二分样	第三分样			
总　　计						

注:本表适用于沉降计数法的记录。

计数________________________ 校对________________________

表 H.20 浮游植物(孢囊)细胞记录表

共____页 第____页

海区______________________ 船名______________________ 航次______________________

站号__________ 水层__________ m 采样时间______________________ 滤水量__________ m^3

浓缩体积______________ cm^3 计数体积______________ cm^3 计数日期______________________

种 名	数 量	小 计	密度 cells/cm^3,cells/dm^3 或 cells/m^3
甲藻总计			
硅藻总计			
其他			
总计			

计数______________________ 校对______________________

表 H.21 浮游动物体积分数测定记录表

共____页第____页

海区________________ 船名________________ 航次________________

采样日期________________ 测定日期________________

样品编号	站号	海水+动物体积 cm^3	海水体积 cm^3	动物体积 cm^3	滤水量 m^3	体积分数 10^{-6}	备 注

测定________________ 计算________________ 校对________________

表 H.22 浮游动物湿重生物量测定记录表

共____页 第____页

海区________________________ 船名________________________ 航次________________________

采样日期________________________ 测定日期________________________

样品编号	站号	总重量 mg	筛绢湿重 mg	动物湿重 mg	滤水量 m^3	湿重生物量 mg/m^3	备　注

测定________________________ 计算________________________ 校对________________________

表 H.23 浮游动物干重生物量测定记录表

共____页 第____页

海区________________ 船名________________ 航次________________

采样日期________________ 测定日期________________

样品编号	站号	总重量 mg	筛绢干重 mg	动物干重 mg	滤水量 m^3	干重生物量 mg/m^3	备 注

测定________________ 计算________________ 校对________________

表 H.24　浮游动物个体计数记录表

共____页 第____页

样品编号____________ 站号____________ 水深____________ m　绳长____________ m　水层__________ m

滤水量____________ m^3　取样________________ 采样日期______________________ 计数日期________

种　　名	数　量	全网个数	密度 ind/m^3	备　　注
种数　　　　总计				

计数________________________ 统计________________________ 校对________________________

表 H.25 夜光藻个体计数记录表

共____页第____页

海区______________ 船名______________ 航次______________

采样日期______________ 测定日期______________

样品编号	站号	滤水量 m^3	取样 %	数量	全网个数	密度 $cells/m^3$	备注

计数______________ 统计______________ 校对______________

表 H.26 鱼类浮游生物海上采集记录表

共____页 第____页

海区____________ 站号____________ 水深____________m 船名____________

实测站位经度____________________ 纬度____________________

采集时间自______年______月______日______时______分至______月______日______时______分

采集项目		瓶号	绳长 m	倾角 (°)		流量计		备注
				开始	终了	编号	转数 r	
垂直或斜拖	网							
	网							
	网							
	网							
水平拖曳				拖网时间 min				
定性样品（网型、层次）								
海况								

采集____________ 记录____________ 校对____________

表 H.27 鱼类浮游生物标本登记表

共____页 第____页

调查海区________________________ 船名________________________ 日期________________________

标本编号	海上瓶号	站号	日期	时间	水深 m	层次	倾角 (°)		拖网时间	绳长 m	流量计		滤水量 m^3	流量计校对值	备注
							开始	终了			转数 r	标定值 m^3/r			

编号________________________ 计算________________________ 校对________________________

表 H.28 鱼类浮游生物计数记录表

共____页第____页

标本编号____________ 站号____________ 水深____________ m 绳长____________ m 水层____________

取样____________ 滤水量____________ m^3 采样日期____________ 计数日期____________

种 名	发育阶段	数量 ind	全网个数 ind	密度 ind/m^3	备 注
总计	鱼 卵				
	仔、稚鱼				

计数____________ 校对____________

表 H.29 鱼类浮游生物数量统计表

共____页 第____页

站 号													
采集时间	日 期												
	时 间												
拖网层次													
拖网时间 min													
种类		密度 ind/m³											
总计	鱼 卵												
	仔、稚鱼												

记录______________________ 校对______________________

表 H.30　大型底栖生物海上采样记录表

共____页 第____页

海区________ 船名________ 航次________ 站号________ 编号________

经度________ 纬度________ 水深________ m 放绳长度________ m 底质________

底温________ ℃ 底盐________ 采泥器________ m^2 采泥次数________ 样品厚度________ cm

网型________ 网宽________ m 拖网距离________

采泥时间________ 年________ 月________ 日________ 时________ 分

拖网时间________ 年________ 月________ 日________ 时________ 分 至________ 时________ 分 计________ 分

采泥样品总数		拖网样品总数		
优势种类记录				
序号	种　　名	总个数 ind	取回个数 ind	备　　注
1				
2				
3				
4				
5				
6				
7				
8				
9				
10				
11				
12				
13				
14				
15				
16				
17				
18				
记事：				

采样________ 记录________ 校对________

表 H.31 大型底栖生物定量分析记录表

共____页第____页

海区__________ 船名__________ 航次__________ 站号__________ 编号__________

水深__________m 底质__________ 采泥器__________m^2 采样次数__________

采样厚度__________ 采样时间__________年__________月__________日__________时__________分

序号	种名	个体数 ind	密度 ind/m^2	重量 g	生物量 g/m^2	
					湿重	干重
1						
2						
3						
4						
5						
6						
7						
8						
9						
10						
11						
12						
13						
14						
15						
16						
17						
18						
19						
20						
21						
22						
23						
24						

采样__________ 称重__________ 计算__________ 校对__________

表 H.32 大型底栖生物定性分析记录表

共____页 第____页

海区________________ 船名________________ 航次________________ 站号____________ 编号________

水深____________m 底质____________ 网型____________ 网宽____________m 拖网距离__________m

拖网时间________年______月______日______时______分 至______时______分 计________分

序号	种 名	个体数 ind	备 注
1			
2			
3			
4			
5			
6			
7			
8			
9			
10			
11			
12			
13			
14			
15			
16			
17			
18			
19			
20			
21			
22			
23			
24			

采样________________________ 记录________________________ 校对________________________

表 H.33 大型底栖生物定量分析种类分布记录表

共____页 第____页

海区________________ 船名________________ 航次________

科名________________ 种名________________________________

站号	标本号	采样日期	分布密度		生物量 g/m²		深度 m	底温 ℃	底盐	底质	备注
			个体数 ind	密度 ind/m²	湿重	干重					

鉴定________________ 记录________________ 校对________________

表 H.34 大型底栖生物定性分析种类分布记录表

共____页 第____页

海区________________________ 船名________________________ 航次________

科名________________________ 种名________________________

站号	标本号	采样日期	个体数 ind	深度 m	底温 ℃	底盐	底质	备　注

鉴定________________ 记录________________ 校对________________

表 H.35 小型底栖生物海上采样记录表

共____页 第____页

海区____________ 船名________________ 航次____________ 编号__________

站号____________ 实测站位经度____________ 纬度________________

水深__________ m 底质____________ 表温____________ ℃ 底温____________ ℃

表盐__________ 底盐____________ 表氧____________ % 底氧____________ %

采泥器________ m^2 类型________ 采样厚度________ cm 取样管类型____________

内径__________ cm 采样时间____________ 年________ 月________ 日________ 时________ 分

类别	芯样号	分层				
		0～2 cm	2～5 cm	5～10 cm	＞10 cm	
		瓶样号				
小型生物	01					
	02					
	03					
	04					
	05					
沉积物叶绿素和有机碳	06					
	07					
	08					
记事：						

采样________________ 记录________________ 校对________________

表 H.36　小型底栖生物定量分析记录表 1

共____页 第____页

海区________ 船名________ 航次________ 站号________ 编号________

实测站位 经度________ 纬度________ 水深________m

采泥器________m^2 类型________ 样品厚度________cm 底质________

采样时间________年________月________日________时________分

类群	芯样号	分层									备注
		0～2 cm	2～5 cm	5～10 cm	＞10 cm				个体数 ind	密度 ind/m^2	
		瓶样号									
线虫	01										
	02										
	03										
	平均										
桡足类	01										
	02										
	03										
	平均										
介形类	01										
	02										
	03										
	平均										
	01										
	02										
	03										
	平均										
	01										
	02										
	03										
	平均										
总数量											

注：各类群所占百分比为线虫　　%，桡足类　　%，介形类　　%，其他　　%

记事：

分选________ 记录________ 校对________

表 H.37 小型底栖生物定量分析记录表 2

共____页第____页

海区____________ 船名____________ 航次____________ 站号____________ 编号____________

经度________ 纬度________ 水深________m 底质________ 采泥器________m^2 类型________

样品厚度________cm 取样称重时间________年________月________日________时________分

类群	样品序号	第一次称重(μg)				第二次称重(μg)				第三次称重(μg)				个体平均 μg	生物量 μg/m²
		称重数量	总重量	称皿重	平均重	称重数量	总重量	称皿重	平均重	称重数量	总重量	称皿重	平均重		
线虫	1														
	2														
桡足类	1														
	2														
介形类	1														
	2														
	1														
	2														
	1														
	2														
其他	1														
	2														
小型动物															

分析________________ 校对________________

表 H.38 小型底栖生物定性分析记录表

共____页 第____页

海区____________ 船名____________ 航次____________ 站号____________ 编号____________

实测站位经度____________ 纬度____________ 水深____________ m 底质____________

采泥器____________ m^2 类型____________ 拖网网型____________ 拖网时间____________ 至____

采样时间____________ 年____________ 月____________ 日____________ 时____________ 分

类群	序号	种名	数量 ind	备注

分选________________ 鉴定________________

表 H.39 潮间带生物野外采集记录表

、 共____页 第____页

项目编号____________ 地点____________ 断面____________ 站号__________ 样方号____________

潮带____________ 底质____________ 取样面积____________ m^2 样品厚度__________ cm

气温____________ ℃ 水温____________ ℃ 底温____________ ℃ 气象____________

采样日期________ 年________ 月________ 日

定量标本瓶数：		定性标本瓶数：		
次序	种名或类群	个数 ind	覆盖面积 cm^2	备注
1				
2				
3				
4				
5				
6				
7				
8				
9				
10				
11				
12				
13				
14				
15				
16				
记事：				

采集____________________ 记录____________________ 校对____________________

表 H.40 潮间带生物定量分析记录表

共____页 第____页

项目编号__________ 地点__________ 断面__________ 站号__________ 样方号__________

潮区__________ 底质__________ 取样面积__________ m^2 样品厚度__________ cm

采样日期__________ 年__________ 月__________ 日

序号	种　　名	个体数 ind	密 度 ind/m^2	重量 g	生物量 g/m^2	备注
1						
2						
3						
4						
5						
6						
7						
8						
9						
10						
11						
12						
13						
14						
15						
16						
17						
18						
19						
20						
21						
22						
23						
24						
合 计						

鉴定__________ 称重__________ 计算__________ 校对__________

表 H.41 潮间带生物定性分析记录表

共____页第____页

项目编号__________ 地点__________ 断面__________ 站号__________ 样方号__________

潮区__________ 底质__________ 取样面积__________ m^2 样品厚度__________ cm

采样日期__________ 年__________ 月__________ 日

序号	种　名	个体数 ind	备　注
1			
2			
3			
4			
5			
6			
7			
8			
9			
10			
11			
12			
13			
14			
15			
16			
17			
18			
19			
20			
21			
22			
23			
24			

鉴定__________ 填表__________ 校对__________

表 H.42 潮间带生物种类分布表

共____页 第____页

科________________种名________________

地点	断面	潮区	站号	标本号	采样日期	生物量 g/m²	密度 ind/m²	定性标本状况	体长 cm	底质

鉴定________________记录________________校对________

表 H.43　潮间带生物主要种类垂直分布表

共____页第____页

海区________ 断面________ ____年____月____日

序号	站号	1		2		3		4		5		6		7		备注
	种名	生物量 g/m²	密度 ind/m²	生物量 g/m²	密度 ind/m²	生物量 g/m²	密度 ind/m²	生物量 g/m²	密度 ind/m²	生物量 g/m²	密度 ind/m²	生物量 g/m²	密度 ind/m²	生物量 g/m²	密度 ind/m²	
1																
2																
3																
4																
5																
6																
7																
8																
9																
10																
11																
12																
13																
14																
15																
16																
17																
18																

记录________ 校对________

表 H.44 潮间带生物统计表

共____页 第____页

海区________________断面________________

潮区	藻类		多毛类			软体动物			甲壳动物			棘皮动物			其他动物		
	生物量 g/m^2	种数	生物量 g/m^2	密度 ind/m^2	种数	生物量 g/m^2	密度 ind/m^2	种数	生物量 g/m^2	密度 ind/m^2	种数	生物量 g/m^2	密度 ind/m^2	种数	生物量 g/m^2	密度 ind/m^2	种数

记录________________校对________________

表 H.45 微型污损生物记录表

共____页 第____页

海区________ 挂板位置________ 水深________m 水温________℃

潮汐________ 挂板日期________ 取板日期________ 板别________

序号	试板表面粘膜特征	干重 mg/cm²	细菌附着量 ind/cm²	硅藻附着量 ind/cm²	主要种类及其附着特征	备注

采样________ 记录________ 校对________

表 H.46　船舶污损生物记录表

共____页 第____页

船名________ 吨位________ 进坞港口________ 航线________ 航速________

两次坞修间隔________ 涂层种数和道数________ 取样时间________

部位	厚度 mm	覆盖面积率 %	取样面积 cm^2	样品号	备注
水线					
前侧					
中侧					
后侧					
底					
螺旋桨					
舵					

记事：

采集________ 记录________ 校对________

表 H.47 浮标污损生物记录表

共____页 第____页

海区________ 浮标名称________ 浮标位置 经度________纬度________

下水时间________ 取样时间________ 涂层________

部位	厚度 mm	覆盖面积率 %	取样面积 cm^2	样品号	优势种
水线					
体侧					
底					
尾外					
尾内					
锚链					
沉块					
记事：					

取样________ 记录________ 校对________

表 H.48 码头、桩柱污损生物记录表

共____页 第____页

海区____________ 地址____________ 码头名称____________

码头质地________ 最大潮差________ 建成时间________ 取样时间________

潮区 m	厚度 mm	覆盖面积率 %	取样面积 cm^2	样品号	优势种
高					
中					
低					

	种名	分布范围 cm	密集范围 cm
种类垂直分布			

记事：

取样____________ 记录____________ 校对____________

表 H.49 污损生物分析记录表

共____页 第____页

海区______________ 站名______________ 取样时间______________

板别______________ 下板时间______________ 计样面积______________cm^2

样品号	类别	种名	个体数 ind	密度 ind/m^2	附着面积%			标本湿重 g	附着湿重 g/m^2	备注
					左	右	平均			
平均厚度　mm;覆盖面积率　%;合计				ind/m^2			%		g/m^2	
群落特点:										

分析______________ 统计______________ 校对______________

表 H.50 污损生物种类记录表

共____页 第____页

海区____________ 中文名____________ 拉丁名____________

序号	标本号	个体数 ind	密度 ind/m^2	附着面积率 %	标本湿重 g	附着湿重 g/m^2	备注
记事：							

记录____________ 校对____________

表 H.51 游泳动物拖网卡片

共____页第____页

海区__________ 船名__________ 航次__________ 站号__________ 拖网号次__________ 日期__________

风向__________ 风力__________ 天气__________ 气压__________ 气温__________ ℃ 表层水温________ ℃

网具类型____________________ 规格____________________ 囊网网目尺寸__________________ mm

放网:时间________ 位置________ N(S)________ E(W)渔区________ 水深________ m 拖速________ kn 拖向________

起网:时间________ 位置________ N(S)________ E(W)渔区________ 水深________ m 拖速________ kn 拖向________

曳纲长度____________________ m 拖网时间____________________ h 渔捞事故____________________

总渔获量____________________ kg(估计)________________ kg(准确) 平均____________________ kg/h

样品标本号______________________________ 样品重量______________________________ kg

探鱼仪映像____

其他记事:____

种 类 组 成

种 类	全部或部分取样样品				全 网 渔 获 量				备注
	重量 g	尾数 ind	体长范围 mm	体重范围 g	重量 g	尾数 ind	重量 kg/h	尾数 ind/h	

记录______________________________ 校对______________________________

表 H.52 鱼类生物学测定记录表

共____页 第____页

海区________船名________航次________站号________渔区________实测站位________N(S)________E(W)

种名____________水深____________m 采样时间____________网具____________渔获量____kg

编号	长度 mm		重量 g				性别			性腺成熟度（期）	性腺成熟系数 10^{-3}	摄食强度（级）	摄食饱满系数 10^{-3}	含脂量（级）	年龄	备注
	全长	体长	鱼体重	纯体重	性腺重	胃肠重	♀	♂	⚥							

测定____________记录____________校对____________测定日期________年______月______日

表 H.53　虾类生物学测定记录表

共____页 第____页

海区________________船名____________航次____________站号____________渔区____________

实测站位____________N(S)____________E(W)种名____________水深________m

采样时间____________网具____________渔获量____________kg

编号	长度 mm		重量 g		性别		性腺 成熟度 （期）	性腺 成熟系数 ‰	摄食 强度 （级）	摄食 饱满系数 ‰	已交配 （√）	备注
	体长	头胸甲长	体重	性腺重	♀	♂						

测定____________记录____________校对____________测定日期________年________月________日

表 H.54 蟹类生物学测定记录表

共____页 第____页

海区__________ 船名__________ 航次__________ 站号__________ 渔区__________

实测站位__________ N(S)__________ E(W)种名__________

水深__________m 采样时间__________ 网具__________ 渔获量__________kg

序号	头胸甲 mm		腹部 mm		重量 g		性别		性腺成熟度（期）	性腺成熟系数 ‰	摄食强度（级）	摄食饱满系数 ‰	备注
	长度	宽度	长度	宽度	体重	性腺	♀	♂					

测定__________ 记录__________ 校对__________ 测定日期__________年__________月__________日

表 H.55 头足类生物学测定记录表

共____页 第____页

海区__________ 船名__________ 航次__________ 站号__________ 渔区__________

实测站位__________ N(S)__________ E(W)种名__________

水深__________m 采样时间__________ 网具__________ 渔获量__________kg

编号	长度 mm			重量 g			性别		性腺成熟度（期）	性腺成熟系数 ‰	摄食强度（级）	摄食饱满系数 ‰	备注
	胴长			总体重	纯体重		♀	♂					

测定__________ 记录__________ 校对__________ 测定日期__________年__________月__________日

表 H.56 游泳动物数量统计表

共____页 第____页

海区________ 航次________ 船名________ 作业方式________ 网型________

调查时间________年________月________日至________年________月________日

网序	月	日	站位		时间		拖网时间	底层水温	总渔获量		主要种类渔获数量							
			纬度	经度														
			放网	放网	放网	收网	h	℃	重量	尾数	重量	尾数	重量	尾数	重量	尾数		
			起网	起网					kg/h	ind/h	kg/h	ind/h	kg/h	ind/h	kg/h	ind/h		
备注	实际操作时，应以 kg、ind、kg/h 和 ind/h 为单位各自独立列成一个表格进行统计。																	

统计________ 校对________ ________年________月________日

表 H.57 鱼类体长测定统计表

共____页第____页

海区__________ 船名__________ 航次__________ 站号__________

渔区__________ 实测站位__________ N(S)__________ E(W)水深__________m

种名__________ 采样时间__________ 网具__________ 渔获量__________kg

体长组 mm	年龄												共计			各体长组	
	♀	⚥	♂	♀	⚥	♂	♀	⚥	♂	♀	⚥	♂	♀	⚥	♂	总尾数	%
小计																	
各年龄组总尾数																	
各年龄组占总尾数 %																	

计算__________ 校对__________ __________年__________月__________日

表 H.58　鱼类体重测定统计表

共____页 第____页

海区______________ 船名________________________ 航次________________ 站号________________

渔区______________ 实测站位______________ N(S)______________ E(W)　水深________________m

种名______________ 采样时间______________ 网具______________ 渔获量______________kg

体重组 g	年　龄												共　计			各体重组	
	♀	♂	⚥	♂	♀	⚥	♀	♂	⚥	♂	♀	⚥	♀	♂	⚥	总尾数	%
小计																	
各年龄组总尾数																	
各年龄组占总尾数%																	

计算________________ 校对________________ ____________年____________月__________日

表 H.59 鱼类怀卵量记录表

共____页 第____页

海区________________ 船名________________ 航次________________ 站号____________

渔区________________ 实测站位____________ N(S)____________ E(W) 水深____________m

种名________________ 采样时间____________ 网具________________ 渔获量____________kg

编号	长度 mm	重量 g		年龄	成熟度 (期)	性腺 重量 g	取样 重量 g	绝对怀卵量 (个)		相对怀卵量 (个)		备注
		总重	纯重					取样 卵数	全部 卵数			

测定____________ 记录____________ 校对____________ 测定日期__________年______月______日

表 H.60　声学调查观测记录表

共____页 第____页

海区______________ 调查船______________ 调查代码______________ 日期______________

时间	航程	水深 m	总积分值 ($m^2/n\ mile^2$)	位　置		调查信息
				纬度	经度	
	5					
	10					
	15					
	20					
	25					
	30					
	35					
	40					
	45					
	50					
	55					
	60					
	65					
	70					
	75					
	80					
	85					
	90					
	95					

记录______________ 校对______________

参 考 文 献

[1] GB/T 1.1—2000 标准化工作导则 第1部分:标准的结构和编写规则.北京:中国标准出版社,2001.

[2] GB/T 12763.6—1991 海洋调查规范 海洋生物调查.北京:中国标准出版社,1991.

[3] GB/T 15919—1995 海洋学术语海洋生物学.北京:中国标准出版社,1996.

[4] GB/T 12763.4—1991 海洋调查规范 海水化学要素观测.北京:中国标准出版社,2004.

[5] 国家海洋局.海洋调查规范 第五分册:海洋生物调查.北京:海洋出版社,1975.

[6] 沈国英,施并章.海洋生态学(第二版).北京:科学出版社,2002.

[7] 焦念志,王荣,黄庆文.^{15}N示踪—离子质谱法测定新生产力的研究.海洋与湖沼,1993,24(1):65-69.

[8] 陈天寿.微生物培养基的制造与应用.北京:中国农业出版社,1995.

[9] 东秀珠,蔡妙英.常见细菌系统鉴定手册.北京:科学出版社,2001.

[10] 邵力平.真菌分类学.北京:中国农业出版社,1984.

[11] 宁修仁,刘子琳,史君贤,等.南极普里兹湾及其邻近海域浮游植物粒度分级生物量和初级生产力.南极研究,1993,5(4):50-62.

[12] 阎逊初.放线菌分类和鉴定.北京:科学出版社,1992.

[13] 宁修仁,蔡昱明,李国为,等.南海北部微微型光合浮游生物的分布及环境调控.海洋学报,2003, 25(3): 83-97.

[14] 郑重,李少菁,许振组.海洋浮游生物学.北京:海洋出版社,1984.

[15] 张仁斋,陆惠芬,赵传细,等.中国近海鱼卵与仔鱼.上海:上海科学技术出版社,1985.

[16] 环境厅自然保护局(日本).海域自然环境保全基础调查,重要沿岸水域生物调查报告书.1998.

[17] 张志南,李永贵,于子山.黄河口水下三角洲及其邻近水域小型底栖动物的初步研究.海洋与湖沼,1989,20(3):197-207.

[18] 夏世福,刘效瞬.海洋水产资源调查手册(第二版).上海:上海科学技术出版社,1981.

[19] 董正之.世界大洋经济头足类生物学.济南:山东科学技术出版社,1991,2-26.

[20] 郑元甲,金保好.北太平洋海区柔鱼生物学特征初步研究.远洋渔业,1997,4 :59-63.

[21] 赵宪勇,陈毓桢,李显森,等.多种类海洋渔业资源声学评估技术和方法探讨.海洋学报,2003,25(增刊1):192-202.

[22] Dugdale R C, Georing J J. Uptake of new and regenerated forms of nitrogen in primary productivity. Limnology and Oceanography,1967, 23: 196-209.

[23] Jeffrey S W, Mantoura R F C, Wright S W. Phytoplankton pigments in oceanography. UNESCO Publishing, 1997, 327-428.

[24] Ye D Z, Joiris C. Bacterial numbers and biomass in Antarctic water, Chinese Co mmittee on Antarctic Research (ed.), Proceeding of the International Symposium on Antarctic Research, China Ocean Press, 1989, 329-335.

[25] Holt J G. Bergey's Manual of Determinative Bacteriology, 9th Edn, Williams & Wilkins, 1994.

[26] Kurtzman C P, Fell J N. The Yeast, A Taxonomic Study, 4th Edn.,Elsevier, Amsterdam,1998.

[27] Parsons T R. A Manual of Chemical and Biological Methods for Seawater Analysis. Pergamon Press, 1984.

[28] Paul J H. Marine Microbiology—Methods in Microbiology. Acadmic Press, 2001.

[29] SCOR, JGOSF Protocols, UNESCO Publishing, June 1994.

[30] Ning X R, Vaulot D. Standing stock and production of phytoplankton in the estuary of the Changjiangand the adjacent East China Sea Mar. Ecol. Prog. Ser. 1988, 49:141-150.

[31] Wood A M. Discri mination between types of pigments in marine Synechococcus spp by scanning spectroscopy, epifluorescence microscopy and flow cytometry, Limnol. Oceanogr, 1985, 30:1303-1315.

[32] Sournia A. Phytoplankton Manual, Monographs on Oceanographic Methodology, UNESCO, Paris, 1978, 1-337.

[33] 中谷敏邦.鱼卵仔稚鱼わょび饵生物の采集法.海洋と生命,1987,9(2).

[34] Harris R. ICES Zooplankton Methodology Mannual. Acad Press, 2000, 1-684.

[35] Holme N A, McIntyre A D. Methods for the Study of Marine Benthos. Blackwell Scientific Publications. London, 1984, 1-387.

[36] Higgins R P, Thiel H. Introduction to the Study of Meiofauna. The Smithsonian Institution Press Washington, D. C., 1988.

[37] MacLennan D N, Simmonds E J. Fisheries Acoustics. London: Chapman & Hall. 1992.

[38] Foote K G, Knudsen H P, Vestnes G, et al. Calibration of acoustic instruments for fish density estimation: a practical guide. ICES Coop. Res. Rep. No. 144, 1987.

ICS 07.060
A 45

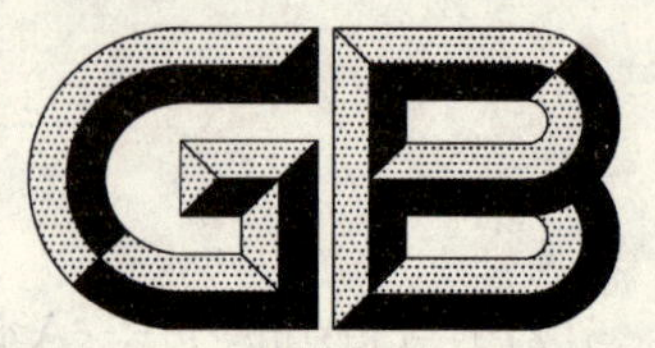

中华人民共和国国家标准

GB/T 12763.7—2007
代替 GB/T 12763.7—1991

海洋调查规范
第7部分:海洋调查资料交换

The specifications for oceanographic survey—
Part 7:Exchange of oceanographic survey data

2007-08-13 发布 2008-02-01 实施

中华人民共和国国家质量监督检验检疫总局
中国国家标准化管理委员会 发布

前　言

GB/T 12763《海洋调查规范》分为 11 个部分:

——第 1 部分:总则;

——第 2 部分:海洋水文观测;

——第 3 部分:海洋气象观测;

——第 4 部分:海水化学要素调查;

——第 5 部分:海洋声、光要素调查;

——第 6 部分:海洋生物调查;

——第 7 部分:海洋调查资料交换;

——第 8 部分:海洋地质地球物理调查;

——第 9 部分:海洋生态调查指南;

——第 10 部分:海底地形地貌调查;

——第 11 部分:海洋工程地质。

其中第 9 部分、第 10 部分和第 11 部分对应于 GB/T 12763—1991 是新增部分。

本部分为 GB/T 12763 的第 7 部分,代替 GB/T 12763.7—1991《海洋调查规范　第 7 部分:海洋调查资料处理》。

本部分与 GB/T 12763.7 — 1991 相比主要变化如下:

——将各种调查资料处理的内容归到各相应部分中,其他一些基本的资料处理在本部分的附录 A 中规定(1991 年版的第 6 篇,本版的附录 A);

——增加了海洋调查资料数据文件命名规则(见 4.4);

——增加了海洋调查资料元数据的规定(见第 5 章);

——增加了 CTD、BT、漂流浮标、走航测流、水位和水色、透明度、海发光观测资料格式的规定 (见第 6 章);

——修改了海洋气象观测资料的规定,将海面气象连续观测的两种格式合并为一种格式(1991 年版的 9.1;本版的 7.1);

——修改了海水化学要素调查资料格式,增加了溶解氧饱和度、氯化物、氨氮、总磷和总氮的信息,取消了化学要素氟(1991 年版的 8.1;本版的第 8 章);

——增加了海水辐亮度调查资料 (见 9.7);

——声、光要素观测时声波范围和光谱范围由固定设置改为可选择设置(见第 9 章);

——增加了鱼卵、仔稚鱼调查资料、潮间带生物调查资料、生物学测定资料(见第 10 章);

——修改了叶绿素与初级生产力调查资料的规定,浮游生物调查资料改为浮游植物调查资料和浮游动物调查资料两部分(1991 年版的 14.1、14.3;本版的 10.1、10.2、10.4 和 10.5);

——本版的海洋底质调查资料中将航次信息和站位信息调整为统一的航次信息表(1)、航次信息表(2)和站位信息表(1991 年版的第 12 章;本版的 11.1);

——增加了多波束水深测量资料(见 11.2.2);

——本版中的地球物理资料格式是在 MGD77 国际通用资料交换格式基础上制定的。MGD77 (MARINE GEOPHYSICAL DATA) 格式是指 1977 年在美国 NGDC(National Geophysical Data Center)由 24 个地球物理资料管理成员(包括学术界、政府、产业和国外的成员)组成的海洋地球物理资料格式工作组确立的海洋地球物理交换格式,主要包括测深、磁力、重力资料的交换格式，经过多年的应用和调整，已经被 IOC 确定为国际资料交换的通用格式。根据此格式调整了地球物理调查资料中的部分信息，将重力和地磁资料分为两种资料数据格式，重力资料中增加了“布格异常”、地磁资料中增加了“船磁改正”等数据（1991 年版的第 13 章；本版的 11.3）；

——增加了海洋浅地层调查资料（见 11.3.3）；

——增加了海洋气象基本特性计算公式（见附录 A）；

——修改了海水基本特性计算公式（见附录 A）；

——删除了 1991 年版附录中有关海浪谱估计等内容。

本部分附录 B 为规范性附录，附录 A 为资料性附录。

本部分由国家海洋局提出。

本部分由国家海洋标准计量中心归口。

本部分由国家海洋信息中心负责起草，国家海洋局北海分局参加起草。

本部分主要起草人：张义钧、范文静、骆敬新、郭丰义、周燕遐、张冬生、王斌良、王学峰、王炜阳、王智敏、邱力。

本部分所代替标准的历次版本发布情况为：

——GB/T 12763.7—1991。

海洋调查规范
第7部分:海洋调查资料交换

1 范围

GB/T 12763的本部分规定了海洋环境基本要素调查资料交换的内容和记录格式,以及水文气象的部分调查资料处理的基本方法和要求。

本部分适用于海洋调查资料的交换和与交换有关的资料处理、储存和管理。

2 规范性引用文件

下列文件中的条款通过GB/T 12763的本部分的引用而成为本部分的条款。凡是注日期的引用文件,其随后所有的修改单(不包括勘误的内容)或修订版均不适用于本部分,然而,鼓励根据本部分达成协议的各方研究是否可使用这些文件的最新版本。凡是不注日期的引用文件,其最新版本适用于本部分。

GB/T 4880.1—2005 语种名称代码 第1部分:2字母代码

GB/T 7156 文献保密等级代码与标识

GB/T 7408—2005 数据元和交换格式 信息交换 日期和时间表示法

GB/T 12460 海洋数据应用记录格式

GB/T 12763.1 海洋调查规范 第1部分:总则

GB/T 12763.2 海洋调查规范 第2部分:海洋水文观测

GB/T 12763.3 海洋调查规范 第3部分:海洋气象观测

GB/T 12763.4 海洋调查规范 第4部分:海水化学要素调查

GB/T 12763.5 海洋调查规范 第5部分:海洋声、光要素调查

GB/T 12763.6 海洋调查规范 第6部分:海洋生物调查

GB/T 12763.8 海洋调查规范 第8部分:海洋地质地球物理调查

GB/T 17826 海洋生物分类代码

HY 024 中国近海海洋调查断面代码

HY/T 042—1996 海洋仪器分类及型号命名办法

3 术语和定义

GB/T 12763其他部分确立的以及下列术语和定义适用于本部分。

3.1

数据集 dataset

采用相同数据产品规范的相关数据的集合。

3.2

数据集系列 dataset series

采用相同数据产品规范的若干数据集的集合。

3.3

元数据 metadata

关于数据的数据,即关于数据的内容、质量、状况及其他特性的信息。

3.4

元数据元素　metadata element

元数据最基本的信息单元。

3.5

元数据实体　metadata entity

说明同类数据特性的元数据元素的集合。

3.6

元数据子集　metadata section

相关元数据实体和元数据的集合。

4　一般规定

4.1　资料内容

海洋调查资料应包括如下内容：

a)　航次调查报告和资料处理报告；

b)　原始报表资料；

c)　以标准格式记录的原始资料和成果资料。

4.2　资料载体形式

海洋调查资料载体为电子载体和纸介质两种形式，电子载体按规定格式记录，非仪器自记的观测资料同时保留报表形式。

记录了资料的光盘、磁带或软盘应加贴标签，光盘或软盘内应有说明文件，说明文件应包括下述内容：

a)　盘内资料内容；

b)　文件名；

c)　资料的质量控制与检验情况；

d)　提供单位(报告单位)；

e)　制作时间；

f)　制作人。

如数据文件不是按规定格式记录，则说明文件中应包括对数据记录格式、代码等内容的详细说明。

4.3　资料的质量控制与检验

海洋调查资料应用计算机对其进行自动质量控制，并由有资质的人员对其进行审核与检验。

应对光盘或软盘资料的质量进行检查，检查资料是否可以解压、读出，检查资料中有无非法码，资料是否完整。

4.4　数据文件命名规则

海洋调查资料的数据文件按以下规则命名：

文件名以字母“D”开始，包括船代码和时间信息，扩展名为数据文件类型代码。

形式为：DYYYYMMDDXXN.CCC

D——海洋调查资料标识；

YYYY——调查观测年份；

MM——调查观测月份；

DD——调查观测开始日期；

XX——调查船代码；

N——某一日观测文件序号 1～9(不能满足时用 A～Z)；

CCC——各海洋调查资料类型代码见表 B.1。

示例：D20030801011.CTS

表示此海洋调查资料为 2003 年 8 月 1 日向阳红 05 号调查船颠倒采样器测温盐资料的第一个文件。

4.5 数据电子文件记录的一般规定

海洋调查资料数据电子文件记录应遵循如下规定：

a) 海洋调查资料采用规定的格式记录，使用时不应错位。数字型数据应对齐小数点的位置；字符型数据，当实际位数少于格式中规定的位数时，除特殊说明外，所有记录应右对齐，不足位补空格；

b) 数据文件以 ASCII 码的文本文件形式记录；

c) 缺测项目，数字项均以"9"填满位数(小数点位除外)，字符项填"—"；

d) 表头信息中无信息的项目均以空格表示；

e) 数字数据有正负值时，以空格表示正值，以"－"号表示负值；

f) 备注栏一律用文字记入；

g) 每行记录结束应有回车符；

h) 文件格式表"用法和意义"栏中，"×"表示数字型数据，"＄"表示字符型数据；

i) 没有说明记录的电子文件结尾部分用文字注明该文件的记录处理者、记录审核者、处理日期等信息。

4.6 数据文件代码转换的统一规定

需按代码记录的项目，应按相应的代码转换后再行记录。有关代码记录的项目及其记录方法和要求如下：

a) 国家：按 GB/T 12460 的有关规定记录；

b) 调查机构：按 GB/T 12460 的有关规定记录；

c) 调查海区：跨过一个以上海区的代码应连续记录，如"　　1030"；

d) 调查船：按 GB/T 12460 的有关规定记录或直接记录其名称；

e) 断面号：按 HY 024 规定的代码或自行规定的代码记录；

f) 密级：按 GB/T 7156 规定的代码记录；

g) 质量符：以 Q 表示，除海水化学要素调查资料外其他资料中均按 GB/T 12460 的有关规定记录；

h) 仪器：按 HY/T 042—1996 的有关规定或仪器型号名称记录；

i) 时区改正：以五位表示，左起第一位为符号位，西时区为正(＋)，东时区为负(－)，北京标准时为"－0800"。

凡上述代码未规定的项目内容，应按项目规定的代码原则自行记录，同时在格式说明记录中加以解释。

4.7 资料归档

归档资料的主要内容见 GB/T 12763.1 中的有关规定，特别指出应包括调查资料的元数据信息。

归档要求和方式见 GB/T 12763.1 中的有关规定。

5 海洋调查资料元数据

5.1 元数据层次结构

元数据分为三层：元数据子集、元数据实体和元数据元素。

元数据元素是元数据的最基本单元。元数据实体由一个或若干个元数据元素组成。复合实体由元数据实体、元数据元素和/或其他复合实体组成。元数据子集是由若干元素、简单的或复合的元数据实体组成的集合。

每个元数据元素、实体或复合实体均需说明其名称、定义、类型、值域、简称等特征信息。

5.2 元数据性质

元数据子集、实体和元素有如下三种性质：

——必选(Mandatory,M)：元数据的核心内容，适用于各种被描述对象，是元数据文件应包含的子集、实体或元素。

——一定条件下必选(Conditional,C)：针对不同的被描述对象特征，当满足一定条件时，元数据文件所应提供的子集、实体或元素。

——可选(Optional,O)：该子集、实体或元素是可选的，由用户决定是否将其包含在元数据文件中。

5.3 元数据特征

元数据的特征包括中文名称、英文简称、定义、性质/条件、最大出现次数、数据类型和值域。

5.3.1 中文名称

赋予元数据实体或元素的中文标记。

5.3.2 英文简称

元数据实体或元素英文名称的简写或缩写。

5.3.3 定义

对元数据实体和元素的说明。

5.3.4 性质

说明元数据实体或元素是否总是出现，或有时出现的描述符。描述符分别为：

M——必选；

C——一定条件下必选；

O——可选。

5.3.5 条件

说明何种条件下元数据子集、实体或元素是必选的。如果对所说明的条件回答是肯定的，那么该子集、实体或元素就是必选的。

5.3.6 最大出现次数

元数据实体或元素在实际使用时，可能重复出现的最大次数。只出现一次的表示为"1"，重复出现的表示为"N"。

5.3.7 数据类型

表示元数据元素的数值结构特性、特点和特征。

5.3.8 值域

每个元数据元素的取值范围。

5.4 海洋调查资料元数据内容

在海洋调查资料元数据信息生成和汇交的过程中，应以 excel 电子表格生成元数据信息。表格包括两列，一列为元数据属性信息名称，一列为元数据属性信息的内容。海洋调查元数据内容包括 4 个元数据子集，分别为标识信息、航次信息、调查项目信息和资料汇交与服务信息，具体内容见表 1、表 2、表 3、表 4。标识信息中的使用限制代码按表 5 的规定记录。

表 1 标识信息

序号	中文名称	英文简称	定义	性质/条件	出现次数	数据类型	值域
1	资料集中文名称	NameCN	调查资料集的中文名称	M	1	字符型	自由文本
2	资料集英文名称	NameEN	调查资料集的英文名称	O		字符型	自由文本
3	形成日期	Date exce	调查资料集形成的日期	M	1	日期型	CCYYMMDD（见 GB/T 7408—1994）
4	摘要	Abstract	对资料集内容的简要描述	M	1	字符型	自由文本
5	语种	Lang	资料集中使用的语种	M	N	字符型	见 GB/T 4880.1—2005 中的语种代码
6	资料集子集总数	SubNo.	观测项目数	M	1	整型	>0
7	总数据量	Amount	调查资料的总数据量	C	1	字符型	
8	记录总数	Records	记录总数	O		整型	>0
9	西边经度	WestBL	最西边的经度坐标	M	1	实型	[−180.0,180.0]
10	东边经度	EastBL	最东边的经度坐标	M	1	实型	[−180.0,180.0]
11	南边纬度	SouthBL	最南边的纬度坐标	M	1	实型	[−90.0,90.0]
12	北边纬度	NorthBL	最北边的纬度坐标	M	1	实型	[−90.0,90.0]
13	地理区域	Geo	观测的地理区域	M	1	字符型	自由文本
14	起始时间	Begin	调查的起始时间	M	1	日期型	CCYYMMDD（见 GB/T 7408—2005）
15	结束时间	End	调查的终止时间	M	1	日期型	CCYYMMDD（见 GB/T 7408—2005）
16	使用限制	UseConst	被授权访问后在资料的使用方面的限制和合法性条件	C		字符型	使用限制代码见表 5
17	资料密级	Class	资料密级描述	C		字符型	见 GB/T 7156 的有关规定

表 2 航次信息

序号	中文名称	英文简称	定义	性质/条件	出现次数	数据类型	值域
18	航次中文名称	CruCN	调查航次的中文名称	M	1	字符型	自由文本
19	航次英文名称	CruEN	调查航次的英文名称	O		字符型	自由文本
20	航次描述	Describe	航次调查情况介绍	M	1	字符型	自由文本
21	任务来源	Source	任务的来源	M	1	字符型	自由文本
22	项目名称	Item	所属项目名称	M	1	字符型	自由文本
23	主管单位	GovUnit	项目主管单位	M	1	字符型	自由文本

表 2（续）

序号	中文名称	英文简称	定　义	性质/条件	出现次数	数据类型	值　域
24	通讯地址	Address1	包括地址、邮编、电话、电子信箱等	M	1	字符型	自由文本
25	承担单位	AssumeUnit	专项、课题或专题的承担单位	M	N	字符型	自由文本
26	通讯地址	Address2	包括地址、邮编、电话、电子信箱等	M	1	字符型	自由文本
27	首席科学家	DoyenSC	本航次首席科学家姓名	M	1	字符型	自由文本
28	通讯地址	Address3	包括地址、邮编、电话、电子信箱等	M	1	字符型	自由文本

表 3　调查项目信息

序号	中文名称	英文简称	定　义	性质/条件	出现次数	数据类型	值　域
29	调查项目名称	SurvItem	调查项目的名称	M	N	字符型	自由文本
30	仪器名称	Instru	调查使用的仪器	M	N	字符型	自由文本
31	仪器型号	Model	仪器的型号、类型、规格	M	N	字符型	自由文本
32	观测描述	SurvDsc	观测过程中需要说明的情况，包括说明有无航次记录和班报等	C	N	字符型	自由文本
33	站次数	Number	观测站次数、航段数等	M	N	整型	>0
34	数据量	Amount	调查资料的数据量	C	N	字符型	
35	记录总数	Records	记录的总数	O		整型	>0
36	调查项目负责人	ItemPer	调查项目的技术负责人	M	N	字符型	自由文本
37	通讯地址	Address4	包括地址、邮编、电话、电子信箱等	M	N	字符型	自由文本
38	资料处理人	DataPro	具体资料处理人员	C		字符型	自由文本
39	通讯地址	Address5	包括地址、邮编、电话、电子信箱等	C		字符型	自由文本
40	资料处理方法描述	MethDsc	有关资料的后处理方法描述	M	N	字符型	自由文本
41	资料质量情况	Quality	对资料质量的描述	M	N	字符型	自由文本
42	西边经度	WestBL	最西边的经度坐标	M	N	实型	[－180.0,180.0]
43	东边经度	EastBL	最东边的经度坐标	M	N	实型	[－180.0,180.0]
44	南边纬度	SouthBL	最南边的纬度坐标	M	N	实型	[－90.0,90.0]

表 3（续）

序号	中文名称	英文简称	定义	性质/条件	出现次数	数据类型	值域
45	北边纬度	NorthBL	最北边的纬度坐标	M	N	实型	[−90.0,90.0]
46	起始时间	Begin	调查的起始时间	M	N	日期型	CCYYMMDD（见 GB/T 7408—2005）
47	结束时间	End	调查的终止时间	M	N	日期型	CCYYMMDD（见 GB/T 7408—2005）
48	数据格式	Format	数据格式说明	M	N	字符型	自由文本
49	存储介质	Medium	数据存储介质	M	N	字符型	自由文本
50	附带资料情况	Parenthesis	随资料一起应汇交的相关材料	M	N	字符型	自由文本
51	资料密级	Class	资料密级描述	M	N	字符型	见 GB/T 7156 的有关规定

表 4　资料汇交与服务信息

序号	中文名称	英文简称	定义	性质/条件	出现次数	数据类型	值域
52	资料归档部门	GrassRoot	分局、研究所等资料生产单位的成果归档部门	M	1	字符型	自由文本
53	通讯地址	Address6	包括地址、邮编、电话、电子信箱等	M	1	字符型	自由文本
54	资料国家汇集单位	CounUnit	国家海洋资料归口管理单位	M	1	字符型	自由文本
55	联系人	ConPer	国家海洋资料归口管理单位的联系负责人	M	1	字符型	自由文本
56	通讯地址	Address7	包括地址、邮编、电话、电子信箱等	M	1	字符型	自由文本
57	资料处理情况	ProDes	航次调查资料处理情况介绍	M	1	字符型	自由文本
58	归入的数据集和数据库	DataSet	资料归入的具体国家级资料数据集和数据库实体	M	1	字符型	自由文本
59	社会公证数据标识	Notarial	资料是否为社会公证数据的标识或说明。资料是社会公证数据填“0”，不是社会公证数据填“1”，不确定填“9”	O	1	字符型	自由文本

表 5 限制代码表

序 号	中文名称	代 码	定 义
1	无限制	000	没有限制
2	版权	001	公民在自然科学和社会科学领域内对其研究成果的科学著述和艺术创作的发表、署名、修改、专用、收回等人身权和财产权的总称。人身权部分不能转让,财产权部分可以转让
3	专利权	002	法律保障创造发明者在一定时期内由于创造发明而独自享有的利益
4	正在申请专利权	003	正在申请的专利权
5	许可证	004	国家认证认可主管部门授权的机构颁发的证明
6	知识产权	005	依据法律规定,在科学、技术、文化、艺术等领域,对人们从事脑力劳动创造的智力成果所授予的专有权利。知识产权具有专有性、地域性和时间性
7	未规定	009	尚未规定

6 海洋水文观测资料

6.1 温盐观测资料

6.1.1 颠倒采样器测温盐资料

颠倒采样器测温盐资料及其标准层资料交换格式见表 6、表 7、表 8。

表 6 表头记录 1——航次信息

项目名称	起始位置	长 度	用法和意义	单 位
本记录类型	1	1	当前记录标识,总填“1”	
下记录类型	2	1	续接本记录的下一行记录的本记录类型的标识,填“2”	
国家	3	2	按 GB/T 12460 的有关规定填写代码	
调查机构	5	2	按 GB/T 12460 的有关规定填写代码	
调查项目	7	20	填调查项目名称或按 GB/T 12460 的有关规定填写代码	
调查海区	27	16	见 4.6,按 GB/T 12460 的有关规定填写代码或用文字填写海区名称	
调查船	43	2	按 GB/T 12460 的有关规定填写代码	
航次号	45	8	调查机构规定原始航次号	
断面号	53	8	$$$$$$$$,按 HY 024 规定的代码或自行规定代码记录	
站类型	61	1	连续站填 1,大面站空格	
密级	62	1	按 GB/T 7156 规定的密级代码填写	
资料处理软件包	63	20	填写资料处理软件包名称、版本号,左对齐	

表 7 表头记录 2——站位信息

项目名称		起始位置	长 度	用法和意义	单 位
本记录类型		1	1	当前记录标识,总填“2”	
下记录类型		2	1	续接本记录的下一行记录的本记录类型的标识,填“3”	
站号		3	8	$$$$$$$$,填写调查机构规定站号	
纬度	度	11	2	00～90	(°)
	分	13	2	00～59	(′)
	秒	15	2	00～59	(″)
纬度标识		17	1	填“N”或“S”	
经度	度	18	3	000～180	(°)
	分	21	2	00～59	(′)
	秒	23	2	00～59	(″)
经度标识		25	1	填“E”或“W”	
观测时间	年	26	4	年份,填满四位	
	月	30	2	01～12	
	日	32	2	01～31	
	时	34	2	00～23	
	分	36	2	00～59	
时区改正		38	5	±×××× 北京时间填“－0800”,GMT 填“0000”	
水深		43	7	×××××.×	m
水深测量方法		50	1	$,查阅填 0,回声测深仪测量法填 1,钢丝绳测量法填 2,其他测量方法可自行编码并在说明文件中说明	
采水器型号		51	6	$$$$$$,填写采水器出厂型号,左对齐	
水温观测仪型号		57	6	$$$$$$,填写水温观测仪的出厂型号	
水温观测准确度代码		63	1	$,按±0.02℃、±0.05℃、±0.2℃的三级标准,依次填写 1、2、3	
盐度观测仪型号		64	6	$$$$$$,填写盐度观测仪的出厂型号	
盐度观测准确度代码		70	1	$,按±0.02、±0.05、±0.2 的三级标准,依次填写 1、2、3	
资料标识		71	1	实测资料填 1,标准层资料填 2	
观测层数		72	5	×××××,实测资料填写实测温、盐的层次数;标准层资料填写标准层资料层数	

表 8 数据记录——温、盐数据

项目名称	起始位置	长 度	用法和意义	单 位
本记录类型	1	1	当前记录标识,总填“3”	
下记录类型	2	1	续接本记录的下一行记录的本记录类型的标识,填“3”、“2”或“1”	
观测层深度	3	6	××××.×,实测资料按实测深度填写,标准层资料按标准层深度填写	m
Q	9	1		
水温	10	5	××.××	℃
Q	15	1		
盐度	16	6	××.×××	
Q	22	1		

6.1.2 温盐自记仪(CTD)测温盐资料

CTD(包括自容式 CTD、直读式 CTD、抛弃式 CTD)测温盐资料及其标准层资料交换格式见表 6、表 9、表 10。

表 9 表头记录 2——站位信息

项目名称		起始位置	长 度	用法和意义	单 位
本记录类型		1	1	当前记录标识,总填“2”	
下记录类型		2	1	续接本记录的下一行记录的本记录类型的标识,填“3”	
站号		3	8	$$$$$$$$,填写调查机构规定站号	
纬度	度	11	2	00～90	(°)
	分	13	2	00～59	(′)
	秒	15	2	00～59	(″)
纬度标识		17	1	填“N”或“S”	
经度	度	18	3	000～180	(°)
	分	21	2	00～59	(′)
	秒	23	2	00～59	(″)
经度标识		25	1	填“E”或“W”	
观测时间	年	26	4	年份,填满四位	
	月	30	2	01～12	
	日	32	2	01～31	
	时	34	2	00～23	
	分	36	2	00～59	
时区改正		38	5	±×××× 北京时间填“－0800”,GMT 填“0000”	
水深		43	7	×××××.×	m
水深测量方法		50	1	$,查阅填 0,回声测深仪测量法填 1,钢丝绳测量法填 2,其他测量方法可自行编码并在说明文件中说明	

表 9（续）

项目名称		起始位置	长　度	用法和意义	单　位
观测标识		51	1	＄，下降时观测填“D”，上升时观测填“U”	
资料标识		52	1	实测资料填 1，标准层资料填 2	
海况		53	1	0～9，按 GB/T 12460 的有关规定	
CTD 观测仪器型号		54	12	＄＄＄＄＄＄，仪器的出厂型号	
水温观测准确度代码		66	1	＄，按±0.02℃、±0.05℃、±0.2℃的三级标准，依次填写 1、2、3	
盐度观测准确度代码		67	1	＄，按±0.02、±0.05、±0.2 的三级标准，依次填写 1、2、3	
其他观测要素数 m		68	2	××	
其他观测要素 1	代码	70	4	见表 B.2	
	单位	74	10	见表 B.2	
其他观测要素 2～m 代码及单位		84	14(m－1)	填写方法同“其他观测要素 1”	

表 10　数据记录——CTD 数据

项目名称	起始位置	长　度	用法和意义	单　位
本记录类型	1	1	当前记录标识，总填“3	
下记录类型	2	1	续接本记录的下一行记录的本记录类型的标识，填“3”、“2”或“1”	
观测层深度	3	6	××××.×，实测资料按实测深度填写，标准层资料按标准层深度填写	m
Q	9	1		
水温	10	6	××.×××	℃
Q	16	1		
盐度	17	7	××.××××	
Q	24	1		
其他观测要素 1 观测值	25	9	×××××.×××	
Q	34	1		
其他观测要素 2～m 观测值及其 Q	35	10(m－1)		

6.1.3　深温仪(BT)测温资料

BT 测温资料及其标准层资料交换格式见表 6、表 11、表 12。

表 11　表头记录 2——站位信息

项目名称	起始位置	长　度	用法和意义	单　位
本记录类型	1	1	当前记录标识，总填“2”	
下记录类型	2	1	续接本记录的下一行记录的本记录类型的标识，填“3”	

表 11（续）

项目名称		起始位置	长　度	用法和意义	单　位
站号		3	8	$$$$$$$$，填写调查机构规定站号	
纬度	度	11	2	00～90	(°)
	分	13	2	00～59	(′)
	秒	15	2	00～59	(″)
纬度标识		17	1	填“N”或“S”	
经度	度	18	3	000～180	(°)
	分	21	2	00～59	(′)
	秒	23	2	00～59	(″)
经度标识		25	1	填“E”或“W”	
观测时间	年	26	4	年份，填满四位	
	月	30	2	01～12	
	日	32	2	01～31	
	时	34	2	00～23	
	分	36	2	00～59	
时区改正		38	5	±×××× 北京时间填“－0800”，GMT 填“0000”	
水深		43	7	×××××.×	m
水深测量方法		50	1	$，查阅填 0，回声测深仪测量法填 1，钢丝绳测量法填 2，其他测量方法可自行编码并在说明文件中说明	
海况		51	1	0～9，按 GB/T 12460 的有关规定	
观测仪器型号		52	6	$$$$$$，BT 观测仪器出厂型号	
下放速度		58	3	×.×	m/s
取样时间间隔		61	4	××.×	s
水温观测准确度代码		65	1	$，按±0.02℃、±0.05℃、±0.2℃的三级标准，依次填写 1、2、3	
BT 资料类型		66	1	XBT:1; MBT:2; NXB:3; NMB:4	
资料标识		67	1	实测资料填 1，标准层资料填 2	
观测层数		68	5	×××××，实测资料填写实测温、盐的层次数；标准层资料填写标准层资料的层次数	

表 12　数据记录——BT 数据

项目名称	起始位置	长　度	用法和意义	单　位
本记录类型	1	1	当前记录标识，总填“3”	
下记录类型	2	1	续接本记录的下一行记录的本记录类型的标识，填“3”、“2”或“1”	
观测层深度	3	6	××××.×，实测资料按实测深度填写，标准层资料按标准层深度填写。	m

表 12（续）

项目名称	起始位置	长　度	用法和意义	单　位
水温	9	6	××.×××	℃
Q	15	1		

6.2 海流观测资料

6.2.1 漂流浮标测流资料

漂流浮标测流资料交换格式见表 13、表 14。

漂流浮标测流原始观测资料和处理后资料均可采用此格式。

表 13　表头记录——漂流浮标信息

项目名称		起始位置	长　度	用法和意义	单　位
本记录类型		1	1	当前记录标识，总填“1”	
下记录类型		2	1	续接本记录的下一行记录的本记录类型的标识，填“2”	
国家		3	2	按 GB/T 12460 的有关规定填写代码	
调查机构		5	2	按 GB/T 12460 的有关规定填写代码	
调查项目		7	20	填调查项目名称或按 GB/T 12460 的有关规定填写代码	
调查海区		27	8	见 4.6，按 GB/T 12460 的有关规定填写代码	
调查船		35	2	按 GB/T 12460 的有关规定填写代码	
航次号		37	8	调查机构规定原始航次号	
浮标号		45	10	填写漂流浮标仪器号	
投放纬度	度	55	2	00～90	(°)
	分	57	2	00～59	(′)
	秒	59	2	00～59	(″)
投放纬度标识		61	1	填“N”或“S”	
投放经度	度	62	3	000～180	(°)
	分	65	2	00～59	(′)
	秒	67	2	00～59	(″)
投放经度标识		69	1	填“E”或“W”	
投放时间	年	70	4	年份，填满四位	
	月	74	2	01～12	
	日	76	2	01～31	
	时	78	2	00～23	
	分	80	2	00～59	
时区改正		82	5	±×××× 北京时间填“−0800”，GMT 填“0000”	
水温准确度代码		87	1	$，按±0.02℃、±0.05℃、±0.2℃的三级标准，依次填写 1、2、3	
流速<100 准确度代码		88	1	$，按±3 cm/s、±5 cm/s 的两级标准，依次填写 1、2	

表 13（续）

项目名称		起始位置	长　度	用法和意义	单　位
流速≥100 准确度代码		89	1	$，按±3%、±5%的两级标准，依次填写 1、2	
密级		90	1	按 GB/T 7156 规定的密级代码填写	
资料处理软件包		91	20	填资料处理软件包名称、版本号，左对齐	

表 14　数据记录——漂流浮标观测数据

项目名称		起始位置	长　度	用法和意义	单　位
本记录类型		1	1	当前记录标识，总填"2"	
下记录类型		2	1	续接本记录的下一行记录的本记录类型的标识，填"2"或"1"	
观测时间间隔		3	4	××.×	h
观测日期	年	7	4	年份，填满四位	
	月	11	2	01～12	
	日	13	2	01～31	
观测时间	时	15	2	00～23	
	分	17	2	00～59	
	秒	19	2	00～59	
时区改正		21	5	±×××× 北京时间填"－0800"，GMT 填"0000"	
纬度	度	26	2	00～90	(°)
	分	28	2	00～59	(′)
	秒	30	2	00～59	(″)
纬度标识		32	1	填"N"或"S"	
经度	度	33	3	000～180	(°)
	分	36	2	00～59	(′)
	秒	38	2	00～59	(″)
经度标识		40	1	填"E"或"W"	
水温		41	5	××.××	℃
Q		46	1		
流速		47	4	××××	cm/s
Q		51	1		
流向		52	3	×××，0～359，静稳填 361，不定填 362	(°)
Q		55	1		

6.2.2　定点测流资料

定点测流资料交换格式见表 6、表 15、表 16、表 17、表 18。

应用船载直读海流计、自记(安德拉)海流计、声学多谱勒海流剖面仪(ADCP)、下放式声学多谱勒海流剖面仪(LADCP)进行海流定点连续观测和大面观测的资料交换以及浮标(潜标)载自记(安德拉)海流计、声学多谱勒海流剖面仪及其他海流计进行海流定点连续观测的资料交换均采用此格式。其中进行船载观测时浮(潜)标号、声学释放器型号为空格。

表 15 表头记录 2——站位信息

项目名称		起始位置	长 度	用法和意义	单 位
本记录类型		1	1	当前记录标识,总填“2”	
下记录类型		2	1	续接本记录的下一行记录的本记录类型的标识,填“3”	
站号		3	8	$$$$$$$$,填写调查机构规定站号	
浮(潜)标号		11	5	$$$$$,填写调查机构原始浮(潜)标号	
纬度	度	16	2	00~90	(°)
	分	18	2	00~59	(′)
	秒	20	2	00~59	(″)
纬度标识		22	1	填“N”或“S”	
经度	度	23	3	000~180	(°)
	分	26	2	00~59	(′)
	秒	28	2	00~59	(″)
经度标识		30	1	填“E”或“W”	
观测起始时间	年	31	4	年份,填满四位	
	月	35	2	01~12	
	日	37	2	01~31	
	时	39	2	00~23	
	分	41	2	00~59	
观测结束时间	年	43	4	年份,填满四位	
	月	47	2	01~12	
	日	49	2	01~31	
	时	51	2	00~23	
	分	53	2	00~59	
时区改正		55	5	±×××× 北京时间填“-0800”,GMT 填“0000”	
观测仪器名称		60	20	填写海流观测仪器的中文名称	
观测仪器型号		80	6	$$$$$$,观测仪器的出厂型号	
声学释放器型号		86	6	$$$$$$,声学释放器的出厂型号	
流速<100 准确度代码		92	1	$,按±3 cm/s、±5 cm/s 的两级标准,依次填写 1、2	
流速≥100 准确度代码		93	1	$,按±3%、±5%的两级标准,依次填写 1、2	
观测层数		94	4	××××,实际观测层数	

表 16 数据记录 1——规定层测流数据

项目名称	起始位置	长 度	用法和意义	单 位
本记录类型	1	1	当前记录标识,总填“3”	
下记录类型	2	1	续接本记录的下一行记录的本记录类型的标识,填“3”、“4”、“6”、“2”或“1”	

表 16（续）

项目名称		起始位置	长　度	用法和意义	单　位
观测时间	年	3	4	年份，填满四位	
	月	7	2	01～12	
	日	9	2	01～31	
	时	11	2	00～23	
	分	13	2	00～59	
观测层深度		15	6	××××.×	m
相对深度标识		21	3	表层填 S、中层填 M、底层填 B，或 01H、02H 等	
流速		24	4	××××	cm/s
Q		28	1		
流向		29	3	×××，0～359，静稳填 361，不定填 362	(°)
Q		32	1		

表 17　数据记录 2——水深数据

项目名称		起始位置	长　度	用法和意义	单　位
本记录类型		1	1	当前记录标识，总填“4”	
下记录类型		2	1	续接本记录的下一行记录的本记录类型的标识，填“4”、“6”、“2”或“1”	
观测时间	年	3	4	年份，填满四位	
	月	7	2	01～12	
	日	9	2	01～31	
	时	11	2	00～23	
	分	13	2	00～59	
水深		15	7	×××××.×	m
水深测量方法		22	1	$，查阅填 0，回声测深仪测量法填 1，钢丝绳测量法填 2，其他测量方法可自行编码并在说明文件中说明	

表 18　数据记录 3——风观测数据

项目名称		起始位置	长　度	用法和意义	单　位
本记录类型		1	1	当前记录标识，总填“6”	
下记录类型		2	1	续接本记录的下一行记录的本记录类型的标识，填“6”、“2”或“1”	
观测时间	年	3	4	年份，填满四位	
	月	7	2	01～12	
	日	9	2	01～31	
	时	11	2	00～23	
	分	13	2	00～59	
风速		15	4	××.×	m/s
风向		19	3	×××，0～359，静稳填 361，不定填 362	(°)

6.2.3 走航测流资料

采用船载声学多谱勒海流剖面仪(ADCP)走航测流资料交换格式见表6、表19、表20。

表19 表头记录2——站位信息

项目名称		起始位置	长度	用法和意义	单位
本记录类型		1	1	当前记录标识,总填“2”	
下记录类型		2	1	续接本记录的下一行记录的本记录类型的标识,填“3”	
纬度	度	3	2	00~90	(°)
	分	5	2	00~59	(′)
	秒	7	5	00.00~59.99	(″)
纬度标识		12	1	填“N”或“S”	
经度	度	13	3	000~180	(°)
	分	16	2	00~59	(′)
	秒	18	5	00.00~59.99	(″)
经度标识		23	1	填“E”或“W”	
观测时间	年	24	4	年份,填满四位	
	月	28	2	01~12	
	日	30	2	01~31	
	时	32	2	00~23	
	分	34	2	00~59	
	秒	36	2	00~59	
时区改正		38	5	±×××× 北京时间填“-0800”,GMT填“0000”	
探头处水温		43	6	××.×××	℃
水深		49	7	×××××.×	m
水深测量方法		56	1	$,查阅填0,回声测深仪测量法填1,钢丝绳测量法填2,其他测量方法可自行编码并在说明文件中说明	
船速		57	6	××.×××	kn
船向		63	6	×××.××	(°)
观测仪器型号		69	6	$$$$$$,ADCP仪器的出厂型号	
采样时间间隔		75	4	××××,设定的数据采集时间间隔	s
采样层数		79	5	×××××	
导航类型		84	10	$$$$$$$$$$,填写其导航类型名称,左对齐	
流速<100准确度代码		92	1	$,按±3 cm/s、±5 cm/s的两级标准,依次填写1、2	
流速≥100准确度代码		93	1	$,按±3%、±5%的两级标准,依次填写1、2	

表 20 数据记录——海流剖面数据

项目名称	起始位置	长 度	用法和意义	单 位
本记录类型	1	1	当前记录标识，总填“3”	
下记录类型	2	1	续接本记录的下一行记录的本记录类型的标识，填“3”、“2”或“1”	
观测层深度	3	6	××××.×	m
流速	9	6	××××.×	cm/s
流向	15	6	×××.××	(°)
海流垂直分量	21	6	××××.×	cm/s
良好率	27	3	×××，观测资料的良好率	%

6.3 海浪观测资料

6.3.1 目测海浪资料

目测海浪资料交换格式见表 6、表 21。

表 21 数据记录——目测海浪观测数据

项目名称		起始位置	长 度	用法和意义	单 位
本记录类型		1	1	当前记录标识，总填“2”	
下记录类型		2	1	续接本记录的下一行记录的本记录类型的标识，填“2”	
站号		3	8	$$$$$$$$，填写调查机构规定站号	
纬度	度	11	2	00～90	(°)
	分	13	2	00～59	(′)
	秒	15	2	00～59	(″)
纬度标识		17	1	填“N”或“S”	
经度	度	18	3	000～180	(°)
	分	21	2	00～59	(′)
	秒	23	2	00～59	(″)
经度标识		25	1	填“E”或“W”	
观测时间	年	26	4	年份，填满四位	
	月	30	2	01～12	
	日	32	2	01～31	
	时	34	2	00～23	
	分	36	2	00～59	
时区改正		38	5	±×××× 北京时间填“－0800”，GMT 填“0000”	
水深		43	7	×××××.×	m
水深测量方法		50	1	$，查阅填 0，回声测深仪测量法填 1，钢丝绳测量法填 2，其他测量方法可自行编码并在说明文件中说明	
风速		51	4	××.×	m/s

表 21(续)

项目名称		起始位置	长 度	用法和意义	单 位
Q		55	1		
风向		56	3	×××,0～359,静稳填 361,不定填 362	(°)
Q		59	1		
海况		60	1	0～9,按 GB/T 12460 的有关规定填写	
波型		61	3	$$$,按 GB/T 12460 的有关规定填写	
风浪向		64	3	×××,0～359,静稳填 361,不定填 362	(°)
涌浪向		67	3	×××,0～359,静稳填 361,不定填 362	(°)
有效波高及周期	波高	70	4	××.×	m
	Q	74	1		
	周期	75	4	××.×	s
	Q	79	1		
最大波高及周期	波高	80	4	××.×	m
	Q	84	1		
	周期	85	4	××.×	s
	Q	89	1		

6.3.2 仪测海浪资料

仪测海浪资料交换格式见表 6、表 22、表 23。

表 22 表头记录 2——站位信息

项目名称		起始位置	长 度	用法和意义	单 位
本记录类型		1	1	当前记录标识,总填“2”	
下记录类型		2	1	续接本记录的下一行记录的本记录类型的标识,填“3”或“2”	
站号		3	8	$$$$$$$$,填写调查机构规定站号	
浮标号		11	5	$$$$$,填写调查机构规定浮标号	
纬度	度	16	2	00～90	(°)
	分	18	2	00～59	(′)
	秒	20	2	00～59	(″)
纬度标识		22	1	填“N”或“S”	
经度	度	23	3	000～180	(°)
	分	26	2	00～59	(′)
	秒	28	2	00～59	(″)
经度标识		30	1	填“E”或“W”	
观测开始时间	年	31	4	年份,填满四位	
	月	35	2	01～12	
	日	37	2	01～31	
	时	39	2	00～23	
	分	41	2	00～59	

表 22（续）

项目名称		起始位置	长 度	用法和意义	单 位
观测结束时间	年	43	4	年份,填满四位	
	月	47	2	01～12	
	日	49	2	01～31	
	时	51	2	00～23	
	分	53	2	00～59	
时区改正		55	5	±×××× 北京时间填“－0800”,GMT 填“0000”	
水深		60	7	×××××.×	m
水深测量方法		67	1	$,查阅填 0,回声测深仪测量法填 1,钢丝绳测量法填 2,其他测量方法可自行编码并在说明文件中说明	
波型		68	3	$$$,按 GB/T 12460 的有关规定	
风速		71	4	××.×	m/s
Q		75	1		
风向		76	3	×××,0～359,静稳填 361,不定填 362	(°)
Q		79	1		
测波仪型号		80	6	$$$$$$,填测波仪出厂型号	
测波仪状态		86	1	工作正常填“0”,出现故障填“1”	

表 23　数据记录——仪测海浪观测数据

项目名称		起始位置	长 度	用法和意义	单 位
本记录类型		1	1	当前记录标识,总填“3”	
下记录类型		2	1	续接本记录的下一行记录的本记录类型的标识,填“3”“2”或“1”	
观测时间	年	3	4	年份,填满四位	
	月	7	2	01～12	
	日	9	2	01～31	
	时	11	2	00～23	
	分	13	2	00～59	
海况		15	1	0～9,按 GB/T 12460 的有关规定	
波向		16	3	×××,0～359,静稳填 361,不定填 362	(°)
最大波高及周期	波高	19	4	××.×	m
	Q	23	1		
	周期	24	4	××.×	s
	Q	28	1		
十分之一大波波高及周期	波高	29	4	××.×	m
	Q	33	1		
	周期	34	4	××.×	s
	Q	38	1		

表 23（续）

项目名称		起始位置	长 度	用法和意义	单 位
有效波高及周期	波高	39	4	××.×	m
	Q	43	1		
	周期	44	4	××.×	s
	Q	48	1		
平均波高及周期	波高	49	4	××.×	m
	Q	53	1		
	周期	54	4	××.×	s
	Q	58	1		

6.4 水位观测资料

水位观测资料交换格式见表 6、表 24、表 25。

表 24　表头记录 2——站位信息

项目名称		起始位置	长 度	用法和意义	单 位
本记录类型		1	1	当前记录标识，总填“2”	
下记录类型		2	1	续接本记录的下一行记录的本记录类型的标识，填“3”	
站号		3	8	$$$$$$$$，填写调查机构规定站号	
纬度	度	11	2	00～90	(°)
	分	13	2	00～59	(′)
	秒	15	2	00～59	(″)
纬度标识		17	1	填“N”或“S”	
经度	度	18	3	000～180	(°)
	分	21	2	00～59	(′)
	秒	23	2	00～59	(″)
经度标识		25	1	填“E”或“W”	
观测开始时间	年	26	4	年份，填满四位	
	月	30	2	01～12	
	日	32	2	01～31	
	时	34	2	00～23	
	分	36	2	00～59	
观测结束时间	年	38	4	年份，填满四位	
	月	42	2	01～12	
	日	44	2	01～31	
	时	46	2	00～23	
	分	48	2	00～59	
时区改正		50	5	±×××× 北京时间填“－0800”，GMT 填“0000”	

表 24（续）

项目名称	起始位置	长　度	用法和意义	单　位
水深	55	7	×××××.×	m
水深测量方法	62	1	$，查阅填 0，回声测深仪测量法填 1，钢丝绳测量法填 2，其他测量方法可自行编码并在说明文件中说明	
取样时间间隔	63	2	××	min
水位观测仪型号	65	6	$$$$$$，水位观测仪出厂型号	
水位观测准确度代码	71	1	$，按±0.01 m、±0.05 m、±0.1 m 的三级标准，依次填 1、2、3	
水位观测仪器深度	72	6	××××.×	m

表 25　数据记录——水位数据

项目名称		起始位置	长　度	用法和意义	单　位
本记录类型		1	1	当前记录标识，总填“3”	
下记录类型		2	1	续接本记录的下一行记录的本记录类型的标识，填“3”、“2”或“1”	
观测时间	年	3	4	年份，填满四位	
	月	7	2	01～12	
	日	9	2	01～31	
	时	11	2	00～23	
	分	13	2	00～59	
总压强		15	8	×××××.××	kPa
Q		23	1		
水温		24	5	××.××	℃
Q		29	1		
气压		30	6	×××.××	kPa
Q		36	1		
水位		37	7	××××.××	m
Q		44	1		

6.5　水色、透明度、海发光观测资料

水色、透明度、海发光观测资料交换格式见表 6、表 26。

表 26　数据记录——水色、透明度、海发光观测数据

项目名称	起始位置	长　度	用法和意义	单　位
本记录类型	1	1	当前记录标识，总填“2”	
下记录类型	2	1	续接本记录的下一行记录的本记录类型的标识，填“2”	
站号	3	8	$$$$$$$$，填写调查机构规定站号	

表 26（续）

项目名称		起始位置	长 度	用法和意义	单 位
纬度	度	11	2	00～90	(°)
	分	13	2	00～59	(′)
	秒	15	2	00～59	(″)
纬度标识		17	1	填“N”或“S”	
经度	度	18	3	000～180	(°)
	分	21	2	00～59	(′)
	秒	23	2	00～59	(″)
经度标识		25	1	填“E”或“W”	
观测时间	年	26	4	年份，填满四位	
	月	30	2	01～12	
	日	32	2	01～31	
	时	34	2	00～23	
	分	36	2	00～59	
时区改正		38	5	±××××北京时间填“－0800”，GMT 填“0000”	
水深		43	6	×××××.×	m
水深测量方法		49	1	$，查阅填 0，回声测深仪测量法填 1，钢丝绳测量法填 2，其他测量方法可自行编码并在说明文件中说明	
透明度		50	4	××.×	m
Q		54	1		
水色		55	2	××，填写水色号	号
Q		57	1		
海光发		58	6	$×$×$×，左对齐，每两位填一种海发光的类型和等级，最多记录三种，其代码见 GB/T 12460 的有关规定	

6.6 海冰及冰山观测资料

6.6.1 海冰观测资料

海冰观测资料交换格式见表 6、表 27、表 28、表 29。

表 27 表头记录 2——站位信息

项目名称		起始位置	长 度	用法和意义	单 位
本记录类型		1	1	当前记录标识，总填“2”	
下记录类型		2	1	续接本记录的下一行记录的本记录类型的标识，填“3”或“4”	
站号		3	8	$$$$$$$$，填写调查机构规定站号	
纬度	度	11	2	00～90	(°)
	分	13	2	00～59	(′)
	秒	15	2	00～59	(″)

表 27(续)

项目名称		起始位置	长 度	用法和意义	单 位
纬度标识		17	1	填“N”或“S”	
经度	度	18	3	000～180	(°)
	分	21	2	00～59	(′)
	秒	23	2	00～59	(″)
经度标识		25	1	填“E”或“W”	
观测时间	年	26	4	年份,填满四位	
	月	30	2	01～12	
	日	32	2	01～31	
	时	34	2	00～23	
	分	36	2	00～59	
时区改正		38	5	±×××× 北京时间填“-0800”,GMT 填“0000”	
观测高度		43	4	××××	m
海面有效能见度		47	5	×××.×	km
气温		52	5	×××.×	℃
气压		57	6	××××.×	hPa
风速		63	4	××.×	m/s
风向		67	3	×××,0～359,静稳填 361,不定填 362	(°)
天气现象		70	8	$$$$$$$$,每两位为一种天气现象,最多 4 种,左对齐,天气现象代码按 GB/T 12460 的有关规定填写	

表 28 数据记录 1——浮冰数据

项目名称		起始位置	长 度	用法和意义	单 位
本记录类型		1	1	当前记录标识,总填“3”	
下记录类型		2	1	续接本记录的下一行记录的本记录类型的标识,填“4”或“2”	
浮冰冰量		3	2	××,按 GB/T 12763.2 的有关规定填写	
浮冰密集度		5	2	××,按 GB/T 12763.2 的有关规定填写	
冰型		7	10	按 GB/T 12460 的有关规定填写	
冰表面特征		17	10	按 GB/T 12460 的有关规定填写	
浮冰冰状		27	6	按 GB/T 12460 的有关规定填写	
浮冰漂移方向		33	3	×××,0～359,静稳填 361,不定填 362	(°)
浮冰漂移速度		36	4	××.×	m/s
冰厚度		40	6	××××.×	cm
冰区边缘线特征点 1	方向	46	3	×××,0～359	(°)
	距离	49	7	×××××.×	m

表 28（续）

项目名称		起始位置	长　度	用法和意义	单　位
冰区边缘线特征点 2	方向	56	3	×××,0～359	(°)
	距离	59	7	×××××.×	m
冰区边缘线特征点 3	方向	66	3	×××,0～359	(°)
	距离	69	7	×××××.×	m
冰区边缘线特征点 4	方向	76	3	×××,0～359	(°)
	距离	79	7	×××××.×	m

表 29　数据记录 2——固定冰数据

项目名称		起始位置	长　度	用法和意义	单　位
本记录类型		1	1	当前记录标识，总填“4”	
下记录类型		2	1	续接本记录的下一行记录的本记录类型的标识，填“2”或“1”	
固定冰冰型		3	2	按 GB/T 12460 的有关规定填写代码	
固定冰冰界特征点 1	方向	5	3	×××,0～359	(°)
	距离	8	7	×××××.×	m
固定冰冰界特征点 2	方向	15	3	×××,0～359	(°)
	距离	18	7	×××××.×	m
固定冰冰界特征点 3	方向	25	3	×××,0～359	(°)
	距离	28	7	×××××.×	m
固定冰冰界特征点 4	方向	35	3	×××,0～359	(°)
	距离	38	7	×××××.×	m

6.6.2　冰山观测资料

冰山观测资料交换格式见表 6、表 30、表 31。

表 30　表头记录 2——站位信息

项目名称		起始位置	长　度	用法和意义	单　位
本记录类型		1	1	当前记录标识，总填“2”	
下记录类型		2	1	续接本记录的下一行记录的本记录类型的标识，填“3”	
站号		3	8	$$$$$$$$，填写调查机构规定站号	
船位纬度	度	11	2	00～90	(°)
	分	13	2	00～59	(′)
	秒	15	2	00～59	(″)
纬度标识		17	1	填“N”或“S”	
船位经度	度	18	3	000～180	(°)
	分	21	2	00～59	(′)
	秒	23	2	00～59	(″)

表 30（续）

项目名称		起始位置	长 度	用法和意义	单 位
经度标识		25	1	填“E”或“W”	
观测时间	年	26	4	年份，填满四位	
	月	30	2	01～12	
	日	32	2	01～31	
	时	34	2	00～23	
	分	36	2	00～59	
时区改正		38	5	±×××× 北京时间填“－0800”，GMT 填“0000”	
观测高度		43	4	××××	m
海面有效能见度		47	5	×××.×	km
冰山个数 *n*		52	2	××	个

表 31 数据记录——冰山数据

项目名称			起始位置	长 度	用法和意义	单 位
本记录类型			1	1	当前记录标识，总填“3”	
下记录类型			2	1	续接本记录的下一行记录的本记录类型的标识，填“3”、“2”或“1”	
冰山序号 I			3	2	1～99	
第 I 冰山	相对船方向		5	3	×××，0～359	(°)
	相对船距离		8	5	×××.×	km
	纬度	度	13	2	00～90	(°)
		分	15	2	00～59	(′)
		秒	17	2	00～59	(″)
	纬度标识		19	1	填“N”或“S”	
	经度	度	20	3	000～180	(°)
		分	23	2	00～59	(′)
		秒	25	2	00～59	(″)
	经度标识		27	1	填“E”或“W”	
	高度		28	3	×××	m
	水平尺度		31	5	×××××	m
	冰山等级		36	1	按 GB/T 12460 的有关规定填写	
	冰山形状		37	1	按 GB/T 12460 的有关规定填写	
	漂移方向		38	3	×××，0～359	(°)
	漂移速度		41	4	××.×	m/s

7 海洋气象观测资料

7.1 海面气象观测资料

7.1.1 海面气象观测原始资料

海面气象观测原始资料交换格式见表 32、表 33、表 34。

表 32 表头记录——航次信息

项目名称		起始位置	长 度	用法和意义	单 位
本记录类型		1	1	当前记录标识，总填“1”	
下记录类型		2	1	续接本记录的下一行记录的本记录类型的标识，填“2”或“5”	
国家		3	2	按 GB/T 12460 的有关规定填写代码	
调查机构		5	2	按 GB/T 12460 的有关规定填写代码	
调查项目		7	20	填调查项目名称或按 GB/T 12460 的有关规定填写代码	
调查海区		27	8	见 4.6，按 GB/T 12460 的有关规定填写代码	
调查船		35	2	按 GB/T 12460 的有关规定填写代码	
航次号		37	8	调查机构规定原始航次号	
断面号		45	8	$ $ $ $ $ $ $ $，按 HY 024 规定的代码或自行规定的代码记录	
观测开始时间	年	53	4	年份，填满四位	
	月	57	2	01～12	
	日	59	2	01～31	
观测结束时间	年	61	4	年份，填满四位	
	月	65	2	01～12	
	日	67	2	01～31	
气压仪器代码		69	6	国内仪器按 HY/T 042—1996 的有关规定填写，国外仪器以原仪器型号填写	
气压仪器距海面距离		75	5	×××.×	m
温度仪器代码		80	6	国内仪器按 HY/T 042—1996 的有关规定填写，国外仪器以原仪器型号填写	
温度仪器距海面距离		86	5	×××.×	m
湿度仪器代码		91	6	国内仪器按 HY/T 042—1996 的有关规定填写，国外仪器以原仪器型号填写	
湿度仪器距海面距离		97	5	×××.×	m
测风仪器代码		102	6	国内仪器按 HY/T 042—1996 的有关规定填写，国外仪器以原仪器型号填写	
测风仪器距海面距离		108	5	×××.×	m
采样时间间隔		113	3	×.×	s
气压测量准确度		116	1	填写测量准确度等级	
气温测量准确度		117	1	填写测量准确度等级	
风向测量准确度		118	1	填写测量准确度等级	

表 33　数据记录——海面气象数据

<table>
<tr><th colspan="2">项目名称</th><th>起始位置</th><th>长　度</th><th>用法和意义</th><th>单　位</th></tr>
<tr><td colspan="2">本记录类型</td><td>1</td><td>1</td><td>当前记录标识,总填“2”</td><td></td></tr>
<tr><td colspan="2">下记录类型</td><td>2</td><td>1</td><td>续接本记录的下一行记录的本记录类型的标识,填“2”、“5”或“1”</td><td></td></tr>
<tr><td colspan="2">断面号</td><td>3</td><td>8</td><td>$$$$$$$$,按 HY 024 规定的代码或自行规定的代码记录</td><td></td></tr>
<tr><td colspan="2">站号</td><td>11</td><td>8</td><td>$$$$$$$$,填写调查机构规定站号</td><td></td></tr>
<tr><td rowspan="5">观测时间</td><td>年</td><td>19</td><td>4</td><td>年份,填满四位</td><td></td></tr>
<tr><td>月</td><td>23</td><td>2</td><td>01～12</td><td></td></tr>
<tr><td>日</td><td>25</td><td>2</td><td>01～31</td><td></td></tr>
<tr><td>时</td><td>27</td><td>2</td><td>00～23</td><td></td></tr>
<tr><td>分</td><td>29</td><td>2</td><td>00～59</td><td></td></tr>
<tr><td colspan="2">时区改正</td><td>31</td><td>5</td><td>±×××× 北京时间填“−0800”,GMT 填“0000”</td><td></td></tr>
<tr><td rowspan="3">纬度</td><td>度</td><td>36</td><td>2</td><td>00～90</td><td>(°)</td></tr>
<tr><td>分</td><td>38</td><td>2</td><td>00～59</td><td>(′)</td></tr>
<tr><td>秒</td><td>40</td><td>2</td><td>00～59</td><td>(″)</td></tr>
<tr><td colspan="2">纬度标识</td><td>42</td><td>1</td><td>填“N”或“S”</td><td></td></tr>
<tr><td rowspan="3">经度</td><td>度</td><td>43</td><td>3</td><td>000～180</td><td>(°)</td></tr>
<tr><td>分</td><td>46</td><td>2</td><td>00～59</td><td>(′)</td></tr>
<tr><td>秒</td><td>48</td><td>2</td><td>00～59</td><td>(″)</td></tr>
<tr><td colspan="2">经度标识</td><td>50</td><td>1</td><td>填“E”或“W”</td><td></td></tr>
<tr><td colspan="2">气压</td><td>51</td><td>6</td><td>××××.×</td><td>hPa</td></tr>
<tr><td colspan="2">Q</td><td>57</td><td>1</td><td></td><td></td></tr>
<tr><td colspan="2">气温</td><td>58</td><td>5</td><td>±××.×</td><td>℃</td></tr>
<tr><td colspan="2">Q</td><td>63</td><td>1</td><td></td><td></td></tr>
<tr><td colspan="2">相对湿度</td><td>64</td><td>3</td><td>×××</td><td>%</td></tr>
<tr><td colspan="2">Q</td><td>67</td><td>1</td><td></td><td></td></tr>
<tr><td colspan="2">降水</td><td>68</td><td>4</td><td>××.×</td><td>mm</td></tr>
<tr><td colspan="2">Q</td><td>72</td><td>1</td><td></td><td></td></tr>
<tr><td colspan="2">风向</td><td>73</td><td>3</td><td>×××,0～359,静稳填 361,不定填 362</td><td>(°)</td></tr>
<tr><td colspan="2">Q</td><td>76</td><td>1</td><td></td><td></td></tr>
<tr><td colspan="2">风速</td><td>77</td><td>4</td><td>××.×</td><td>m/s</td></tr>
<tr><td colspan="2">Q</td><td>81</td><td>1</td><td></td><td></td></tr>
</table>

表 34　说明记录

项目名称	起始位置	长　度	用法和意义	单　位
本记录类型	1	1	当前记录标识，总填"5"	
下记录类型	2	1	续接本记录的下一行记录的本记录类型的标识，填"5"或"1"	
序号	3	1	0～9，说明记录的序号，0 表示第一个说明记录	
说明	4	125	根据备注栏的实际内容，用英文或汉字记录。包括记录处理者、记录审核者等内容。	

7.1.2　海面气象目测及统计资料

海面气象目测及统计资料交换格式见表 35、表 36、表 37、表 34。

表 35　表头记录——航次信息

项目名称	起始位置	长　度	用法和意义	单　位
本记录类型	1	1	当前记录标识，总填"1"	
下记录类型	2	1	续接本记录的下一行记录的本记录类型的标识，填"2"、"3"或"5"	
国家	3	2	按 GB/T 12460 的有关规定填写代码	
调查机构	5	2	按 GB/T 12460 的有关规定填写代码	
调查项目	7	20	填调查项目名称或按 GB/T 12460 的有关规定填写代码	
调查海区	27	8	见 4.6，按 GB/T 12460 的有关规定填写代码	
调查船	35	2	按 GB/T 12460 的有关规定填写代码	
航次号	37	8	调查机构规定原始航次号	
断面号	45	8	$$$$$$$$，按 HY 024 规定的代码或自行规定的代码记录	
观测开始时间 年	53	4	年份，填满四位	
月	57	2	01～12	
日	59	2	01～31	
观测结束时间 年	61	4	年份，填满四位	
月	65	2	01～12	
日	67	2	01～31	
气压仪器代码	69	6	国内仪器按 HY/T 042—1996 的有关规定填写，国外仪器以原仪器型号填写	
气压仪器距海面距离	75	5	×××.×	m
温度仪器代码	80	6	国内仪器按 HY/T 042—1996 的有关规定填写，国外仪器以原仪器型号填写	
温度仪器距海面距离	86	5	×××.×	m
湿度仪器代码	91	6	国内仪器按 HY/T 042—1996 的有关规定填写，国外仪器以原仪器型号填写	
湿度仪器距海面距离	97	5	×××.×	m

表 35（续）

项目名称		起始位置	长 度	用法和意义	单 位
测风仪器代码		102	6	国内仪器按 HY/T 042—1996 的有关规定填写，国外仪器以原仪器型号填写	
测风仪器距海面距离		108	5	×××.×	m
采样时间间隔		113	3	×.×	s
气压测量准确度		116	1	填写测量准确度等级	
气温测量准确度		117	1	填写测量准确度等级	
风向测量准确度		118	1	填写测量准确度等级	

表 36 数据记录 1——统计项目数据

项目名称		起始位置	长 度	用法和意义	单 位
本记录类型		1	1	当前记录标识，总填“2”	
下记录类型		2	1	续接本记录的下一行记录的本记录类型的标识，填“2”、“3”、“5”或“1”	
断面号		3	8	$$$$$$$$，按 HY 024 规定的代码或自行规定的代码记录	
站号		11	8	$$$$$$$$，填写调查机构规定站号	
观测时间	年	19	4	年份，填满四位	
	月	23	2	01～12	
	日	25	2	01～31	
	时	27	2	00～23	
	分	29	2	00～59	
时区改正		31	5	±×××× 北京时间填“－0800”，GMT 填“0000”	
纬度	度	36	2	00～90	(°)
	分	38	2	00～59	(′)
	秒	40	2	00～59	(″)
纬度标识		42	1	填“N”或“S”	
经度	度	43	3	000～180	(°)
	分	46	2	00～59	(′)
	秒	48	2	00～59	(″)
经度标识		50	1	填“E”或“W”	
气压		51	6	××××.×	hPa
Q		57	1		
气压日最大值		58	6	××××.× 日最大值在每日第一条记录里出现，其他时间的记录里该项用满位 9 记录(小数点除外)	hPa
Q		64	1		
气压日最小值		65	6	××××.× 日最小值在每日第一条记录里出现，其他时间的记录该项用满位 9 记录(小数点除外)	hPa

表 36（续）

项目名称	起始位置	长度	用法和意义	单位
Q	71	1		
气温	72	5	±××.×	℃
Q	77	1		
气温日最大值	78	5	±××.×　日最大值在每日第一条记录里出现，其他时间记录该项用满位 9 表示(小数点除外)	℃
Q	83	1		
气温日最小值	84	5	±××.×　日最小值在每日第一条记录里出现，其他时间的记录该项用满位 9 表示(小数点除外)	℃
Q	89	1		
相对湿度	90	3	×××	%
Q	93	1		
相对湿度日最小值	94	3	××× 日最小值在每日第一条记录里出现，其他时间的记录该项用满位 9 表示(小数点除外)	%
Q	97	1		
降水	98	5	×××.×	mm
Q	103	1		
降水日合计值	104	7	×××××.× 日合计值在每日第一条记录里出现，其他时间的记录该项用满位 9 表示(小数点除外)	mm
Q	111	1		
风向	112	3	×××,0～359,静稳填 361,不定填 362	(°)
Q	115	1		
风速	116	4	××.×	m/s
Q	120	1		
日最大风速风向	121	3	×××,0～359 日最大风速风向在每日第一条记录里出现，其他时间的记录该项用满位 9 表示(小数点除外)	(°)
Q	124	1		
日最大风速	125	4	××.× 日最大值在每日第一条记录里出现，其他时间的记录该项用满位 9 表示(小数点除外)	m/s
Q	129	1		
日极大风速风向	130	3	×××,0～359 日极大风速风向在每日第一条记录里出现，其他时间的记录该项用满位 9 表示(小数点除外)	(°)
Q	133	1		
日极大风速	134	4	××.× 日极大值在每日第一条记录里出现，其他时间的记录该项用满位 9 表示(小数点除外)	m/s
Q	138	1		

表 37 数据记录 2——目测项目数据

<table>
<tr><th colspan="2">项目名称</th><th>起始位置</th><th>长 度</th><th>用法和意义</th><th>单 位</th></tr>
<tr><td colspan="2">本记录类型</td><td>1</td><td>1</td><td>当前记录标识，总填“3”</td><td></td></tr>
<tr><td colspan="2">下记录类型</td><td>2</td><td>1</td><td>续接本记录的下一行记录的本记录类型的标识，填“3”、“5”或“1”</td><td></td></tr>
<tr><td colspan="2">断面号</td><td>3</td><td>8</td><td>$ $ $ $ $ $ $ $，按 HY 024 规定的代码或自行规定的代码记录</td><td></td></tr>
<tr><td colspan="2">站号</td><td>11</td><td>8</td><td>$ $ $ $ $ $ $ $，填写调查机构规定站号</td><td></td></tr>
<tr><td rowspan="5">观测时间</td><td>年</td><td>19</td><td>4</td><td>年份，填满四位</td><td></td></tr>
<tr><td>月</td><td>23</td><td>2</td><td>01～12</td><td></td></tr>
<tr><td>日</td><td>25</td><td>2</td><td>01～31</td><td></td></tr>
<tr><td>时</td><td>27</td><td>2</td><td>00～23</td><td></td></tr>
<tr><td>分</td><td>29</td><td>2</td><td>00～59</td><td></td></tr>
<tr><td colspan="2">时区改正</td><td>31</td><td>5</td><td>±×××× 北京时间填“－0800”，GMT 填“0000”</td><td></td></tr>
<tr><td rowspan="3">纬度</td><td>度</td><td>36</td><td>2</td><td>00～90</td><td>(°)</td></tr>
<tr><td>分</td><td>38</td><td>2</td><td>00～59</td><td>(′)</td></tr>
<tr><td>秒</td><td>40</td><td>2</td><td>00～59</td><td>(″)</td></tr>
<tr><td colspan="2">纬度标识</td><td>42</td><td>1</td><td>填“N”或“S”</td><td></td></tr>
<tr><td rowspan="3">经度</td><td>度</td><td>43</td><td>3</td><td>000～180</td><td>(°)</td></tr>
<tr><td>分</td><td>46</td><td>2</td><td>00～59</td><td>(′)</td></tr>
<tr><td>秒</td><td>48</td><td>2</td><td>00～59</td><td>(″)</td></tr>
<tr><td colspan="2">经度标识</td><td>50</td><td>1</td><td>填“E”或“W”</td><td></td></tr>
<tr><td rowspan="4">能见度</td><td>有效能见度</td><td>51</td><td>4</td><td>××.×</td><td>km</td></tr>
<tr><td>Q</td><td>55</td><td>1</td><td></td><td></td></tr>
<tr><td>最小能见度</td><td>56</td><td>4</td><td>××.×</td><td>km</td></tr>
<tr><td>Q</td><td>60</td><td>1</td><td></td><td></td></tr>
<tr><td colspan="2">总云量</td><td>61</td><td>2</td><td>按 GB/T 12460 的有关规定</td><td></td></tr>
<tr><td colspan="2">Q</td><td>63</td><td>1</td><td></td><td></td></tr>
<tr><td colspan="2">低云量</td><td>64</td><td>2</td><td>按 GB/T 12460 的有关规定</td><td></td></tr>
<tr><td colspan="2">Q</td><td>66</td><td>1</td><td></td><td></td></tr>
<tr><td colspan="2">云状</td><td>67</td><td>20</td><td>按 GB/T 12460 的有关规定，每两位代表一种云，按顺序自左向右填写，最多记录 10 种</td><td></td></tr>
<tr><td colspan="2">C_L</td><td>87</td><td>1</td><td>按 GB/T 12460 的有关规定记录</td><td></td></tr>
<tr><td colspan="2">C_M</td><td>88</td><td>1</td><td>按 GB/T 12460 的有关规定记录</td><td></td></tr>
<tr><td colspan="2">C_H</td><td>89</td><td>1</td><td>按 GB/T 12460 的有关规定记录</td><td></td></tr>
<tr><td colspan="2">云高</td><td>90</td><td>5</td><td>×××××，按 GB/T 12763.3 的有关规定记录</td><td>m</td></tr>
<tr><td colspan="2">Q</td><td>95</td><td>1</td><td></td><td></td></tr>
<tr><td colspan="2">天气现象</td><td>96</td><td>10</td><td>按 GB/T 12460 的有关规定，最多可同时记录 5 种</td><td></td></tr>
</table>

7.2 高空气象观测资料

7.2.1 高空温度、湿度、气压观测的原始资料

高空温度、湿度、气压观测的原始资料交换格式见表38、表39、表40、表34。

表38 表头记录——航次、站位信息

项目名称		起始位置	长 度	用法和意义	单 位
本记录类型		1	1	当前记录标识,总填“1”	
下记录类型		2	1	续接本记录的下一行记录的本记录类型的标识,填“2”、“3”或“5”	
国家		3	2	按GB/T 12460的有关规定填写代码	
调查机构		5	2	按GB/T 12460的有关规定填写代码	
调查项目		7	20	填调查项目名称或按GB/T 12460的有关规定填写代码	
调查海区		27	8	见4.6,按GB/T 12460的有关规定填写代码	
调查船		35	2	按GB/T 12460的有关规定填写代码	
航次号		37	8	调查机构规定原始航次号	
断面号		45	8	$$$$$$$$,按HY 024规定的代码或自行规定的代码记录	
站号		53	8	$$$$$$$$,填写调查机构规定站号	
探空仪型号		61	6	$$$$$$	
纬度	度	67	2	00~90	(°)
	分	69	2	00~59	(′)
	秒	71	2	00~59	(″)
纬度标识		73	1	填“N”或“S”	
经度	度	74	3	000~180	(°)
	分	77	2	00~59	(′)
	秒	79	2	00~59	(″)
经度标识		81	1	填“E”或“W”	
施放日期	年	82	4	年份,填满四位	
	月	86	2	01~12	
	日	88	2	01~31	
开始时间	时	90	2	00~23	
	分	92	2	01~59	
结束时间	时	94	2	00~23	
	分	96	2	01~59	
采样时间间隔		98	3	×.×	s
气压测量准确度		101	1	填写测量准确度等级	
气温测量准确度		102	1	填写测量准确度等级	
风向测量准确度		103	1	填写测量准确度等级	

表 39 数据记录 1——海面气象数据

<table>
<tr><th colspan="2">项目名称</th><th>起始位置</th><th>长 度</th><th>用法和意义</th><th>单 位</th></tr>
<tr><td colspan="2">本记录类型</td><td>1</td><td>1</td><td>当前记录标识，总填“2”</td><td></td></tr>
<tr><td colspan="2">下记录类型</td><td>2</td><td>1</td><td>续接本记录的下一行记录的本记录类型的标识，填“2”、“3”、“5”或“1”</td><td></td></tr>
<tr><td colspan="2">海面气压</td><td>3</td><td>6</td><td>××××.×</td><td>hPa</td></tr>
<tr><td colspan="2">Q</td><td>9</td><td>1</td><td></td><td></td></tr>
<tr><td colspan="2">海面气温</td><td>10</td><td>5</td><td>±××.×</td><td>℃</td></tr>
<tr><td colspan="2">Q</td><td>15</td><td>1</td><td></td><td></td></tr>
<tr><td colspan="2">相对湿度</td><td>16</td><td>3</td><td>×××</td><td>%</td></tr>
<tr><td colspan="2">Q</td><td>19</td><td>1</td><td></td><td></td></tr>
<tr><td colspan="2">海面风向</td><td>20</td><td>3</td><td>×××，0～359，静稳填 361，不定填 362</td><td>(°)</td></tr>
<tr><td colspan="2">Q</td><td>23</td><td>1</td><td></td><td></td></tr>
<tr><td colspan="2">海面风速</td><td>24</td><td>4</td><td>××.×</td><td>m/s</td></tr>
<tr><td colspan="2">Q</td><td>28</td><td>1</td><td></td><td></td></tr>
<tr><td rowspan="4">能见度</td><td>有效能见度</td><td>29</td><td>4</td><td>××.×</td><td>km</td></tr>
<tr><td>Q</td><td>33</td><td>1</td><td></td><td></td></tr>
<tr><td>最小能见度</td><td>34</td><td>4</td><td>××.×</td><td>km</td></tr>
<tr><td>Q</td><td>38</td><td>1</td><td></td><td></td></tr>
<tr><td colspan="2">总云量</td><td>39</td><td>2</td><td>见 GB/T 12460 的有关规定</td><td></td></tr>
<tr><td colspan="2">Q</td><td>41</td><td>1</td><td></td><td></td></tr>
<tr><td colspan="2">低云量</td><td>42</td><td>2</td><td>见 GB/T 12460 的有关规定</td><td></td></tr>
<tr><td colspan="2">Q</td><td>44</td><td>1</td><td></td><td></td></tr>
<tr><td colspan="2">云状</td><td>45</td><td>20</td><td>见 GB/T 12460 的有关规定，每两位代表一种云，按顺序自左向右填写，最多记录 10 种</td><td></td></tr>
<tr><td colspan="2">C_L</td><td>65</td><td>1</td><td>按 GB/T 12460 的有关规定记录</td><td></td></tr>
<tr><td colspan="2">C_M</td><td>66</td><td>1</td><td>按 GB/T 12460 的有关规定记录</td><td></td></tr>
<tr><td colspan="2">C_H</td><td>67</td><td>1</td><td>按 GB/T 12460 的有关规定记录</td><td></td></tr>
<tr><td colspan="2">云高</td><td>68</td><td>5</td><td>×××××，按 GB/T 12763.3 的有关规定记录</td><td>m</td></tr>
<tr><td colspan="2">Q</td><td>73</td><td>1</td><td></td><td></td></tr>
<tr><td colspan="2">天气现象</td><td>74</td><td>10</td><td>见 GB/T 12460 的有关规定，最多可同时记录 5 种</td><td></td></tr>
</table>

表 40 数据记录 2——高空压温湿观测原始数据

项目名称	起始位置	长 度	用法和意义	单 位
本记录类型	1	1	当前记录标识，总填“3”	
下记录类型	2	1	续接本记录的下一行记录的本记录类型的标识，填“3”、“5”或“1”	
施放延续时间	3	5	×××××	s
气压	8	7	××××.××	hPa

表 40（续）

项目名称	起始位置	长　度	用法和意义	单　位
Q	15	1		
气温	16	6	±××.××	℃
Q	22	1		
相对湿度	23	5	×××.×	%
Q	28	1		
可靠性指示码	29	1	0～9	

7.2.2 高空温度、湿度、气压观测资料

高空温度、湿度、气压观测资料交换格式见表 41、表 42、表 43、表 44、表 34。

表 41　表头记录——航次、站位信息

项目名称		起始位置	长　度	用法和意义	单　位
本记录类型		1	1	当前记录标识，总填“1”	
下记录类型		2	1	续接本记录的下一行记录的本记录类型的标识，可填“2”、“3”、“4”或“5”	
国家		3	2	按 GB/T 12460 的有关规定填写代码	
调查机构		5	2	按 GB/T 12460 的有关规定填写代码	
调查项目		7	20	填调查项目名称或按 GB/T 12460 的有关规定填写代码	
调查海区		27	8	见 4.6，按 GB/T 12460 的有关规定填写代码	
调查船		35	2	按 GB/T 12460 的有关规定填写代码	
航次号		37	8	调查机构规定原始航次号	
断面号		45	8	$$$$$$$$，按 HY 024 规定的代码或自行规定的代码记录	
站号		53	8	$$$$$$$$，填写调查机构规定站号	
探空仪型号		61	6	$$$$$$	
纬度	度	67	2	00～90	(°)
	分	69	2	00～59	(′)
	秒	71	2	00～59	(″)
纬度标识		73	1	填“N”或“S”	
经度	度	74	3	000～180	(°)
	分	77	2	00～59	(′)
	秒	79	2	00～59	(″)
经度标识		81	1	填“E”或“W”	
施放日期	年	82	4	年份，填满四位	
	月	86	2	01～12	
	日	88	2	01～31	

表 41（续）

项目名称		起始位置	长　度	用法和意义	单　位
开始时间	时	90	2	00～23	
	分	92	2	01～59	
结束时间	时	94	2	00～23	
	分	96	2	01～59	
采样时间间隔		98	3	×.×	s
气压测量准确度		101	1	填写测量准确度等级	
气温测量准确度		102	1	填写测量准确度等级	
风向测量准确度		103	1	填写测量准确度等级	

表 42　数据记录 1——海面气象数据

项目名称		起始位置	长　度	用法和意义	单　位
本记录类型		1	1	当前记录标识，总填“2”	
下记录类型		2	1	续接本记录的下一行记录的本记录类型的标识，填“2”、“3”、“4”、“5”或“1”	
海面气压		3	6	××××.×	hPa
Q		9	1		
海面气温		10	5	±××.×	℃
Q		15	1		
相对湿度		16	3	×××	%
Q		19	1		
海面风向		20	3	×××，0～359，静稳填 361，不定填 362	(°)
Q		23	1		
海面风速		24	4	××.×	m/s
Q		28	1		
能见度	有效能见度	29	4	××.×	km
	Q	33	1		
	最小能见度	34	4	××.×	km
	Q	38	1		
总云量		39	2	见 GB/T 12460 的有关规定	
Q		41	1		
低云量		42	2	见 GB/T 12460 的有关规定	
Q		44	1		
云状		45	20	见 GB/T 12460 的有关规定，每两位代表一种云，按顺序自左向右填写，最多记录 10 种	
C_L		65	1	按 GB/T 12460 的有关规定记录	
C_M		66	1	按 GB/T 12460 的有关规定记录	

表 42（续）

项目名称	起始位置	长 度	用法和意义	单 位
C_H	67	1	按 GB/T 12460 的有关规定记录	
云高	68	5	×××××，按 GB/T 12763.3 的有关规定记录	m
Q	73	1		
天气现象	74	10	见 GB/T 12460 的有关规定，最多可同时记录 5 种	

表 43 数据记录 2——规定等压面数据

项目名称	起始位置	长 度	用法和意义	单 位
本记录类型	1	1	当前记录标识，总填“3”	
下记录类型	2	1	续接本记录的下一行记录的本记录类型的标识，填“3”、“4”、“5”或“1”	
施放延续时间	3	5	×××××	s
气压	8	6	××××.×	hPa
Q	14	1		
位势高度	15	5	×××××	m^2/s^2
Q	20	1		
气温	21	5	±××.×	℃
Q	26	1		
相对湿度	27	3	×××	%
Q	30	1		
露点	31	5	±××.×	℃
Q	36	1		
露点差	37	5	±××.×	℃
Q	42	1		
风向	43	3	×××，0～359，静稳填 361，不定填 362	(°)
Q	46	1		
风速	47	3	×××	m/s
Q	50	1		
X	51	6	××××××探空气球相对测点的 X 向距离	m
Y	57	6	××××××探空气球相对测点的 Y 向距离	m

表 44 数据记录 3——特性层数据

项目名称	起始位置	长 度	用法和意义	单 位
本记录类型	1	1	当前记录标识，总填“4”	
下记录类型	2	1	续接本记录的下一行记录的本记录类型的标识，填“4”、“5”或“1”	
特性层类型	3	3	见表 B.3	
施放延续时间	6	5	×××××	s

表 44（续）

项目名称	起始位置	长　度	用法和意义	单　位
气压	11	6	××××.×	hPa
Q	17	1		
气温	18	5	±××.×	℃
Q	23	1		
相对湿度	24	3	×××	%
Q	27	1		
露点	28	5	±××.×	℃
Q	33	1		
露点差	34	5	±××.×	℃
Q	39	1		
风向	40	3	×××,0～359,静稳填 361,不定填 362	(°)
Q	43	1		
风速	44	4	××.×	m/s
Q	48	1		
X	49	6	××××××探空气球相对测点的 *X* 向距离	m
Y	55	6	××××××探空气球相对测点的 *Y* 向距离	m
Z	61	5	×××××探空气球相对测点的垂直距离	m^2/s^2

7.2.3 高空风观测的原始资料

高空风观测的原始资料交换格式见表 38、表 39、表 45、表 34。

表 45 数据记录 2——高空风观测原始数据

项目名称	起始位置	长　度	用法和意义	单　位
本记录类型	1	1	当前记录标识，总填“3”	
下记录类型	2	1	续接本记录的下一行记录的本记录类型的标识，填“3”、“5”或“1”	
施放延续时间	3	7	×××××.×	s
经度	10	10	×××.××××××	(°)
经度标识	20	1	填“E”或“W”	
Q	21	1		
纬度	22	9	××.××××××	(°)
纬度标识	31	1	填“N”或“S”	
Q	32	1		
高度	33	5	×××××	m
Q	38	1		

7.2.4 高空风观测资料

高空风观测资料交换格式见表46、表47、表48、表49、表50、表51、表34。

表46 表头记录——航次、站位信息

项目名称		起始位置	长度	用法和意义	单位
本记录类型		1	1	当前记录标识，总填“1”	
下记录类型		2	1	续接本记录的下一行记录的本记录类型的标识，填“2”、“3”、“4”、“6”、“7”或“5”	
国家		3	2	按GB/T 12460的有关规定填写代码	
调查机构		5	2	按GB/T 12460的有关规定填写代码	
调查项目		7	20	填调查项目名称或按GB/T 12460的有关规定填写代码	
调查海区		27	8	见4.6，按GB/T 12460的有关规定填写代码	
调查船		35	2	按GB/T 12460的有关规定填写代码	
航次号		37	8	调查机构规定原始航次号	
断面号		45	8	$$$$$$$$，按HY 024规定的代码或自行规定的代码记录	
站号		53	8	$$$$$$$$，填写调查机构规定站号	
探空仪型号		61	6	$$$$$$	
纬度	度	67	2	00～90	(°)
	分	69	2	00～59	(′)
	秒	71	2	00～59	(″)
经度标识		73	1	填“N”或“S”	
经度	度	74	3	000～180	(°)
	分	77	2	00～59	(′)
	秒	79	2	00～59	(″)
经度标识		81	1	填“E”或“W”	
施放日期	年	82	4	年份，填满四位	
	月	86	2	01～12	
	日	88	2	01～31	
开始时间	时	90	2	00～23	
	分	92	2	01～59	
结束时间	时	94	2	00～23	
	分	96	2	01～59	
采样时间间隔		98	3	×.×	s
气压测量准确度		101	1	填写测量准确度等级	
气温测量准确度		102	1	填写测量准确度等级	
风向测量准确度		103	1	填写测量准确度等级	

表 47　数据记录 1——海面气象数据

项目名称		起始位置	长　度	用法和意义	单　位
本记录类型		1	1	当前记录标识，总填“2”	
下记录类型		2	1	续接本记录的下一行记录的本记录类型的标识，填“2”、“3”、“4”、“5”、“6”、“7”或“1”	
海面气压		3	6	××××.×	hPa
Q		9	1		
海面气温		10	5	±××.×	℃
Q		15	1		
相对湿度		16	3	×××	%
Q		19	1		
海面风向		20	3	×××，0～359，静稳填 361，不定填 362	(°)
Q		23	1		
海面风速		24	4	××.×	m/s
Q		28	1		
能见度	有效能见度	29	4	××.×	km
	Q	33	1		
	最小能见度	34	4	××.×	km
	Q	38	1		
总云量		39	2	见 GB/T 12460 的有关规定	
Q		41	1		
低云量		42	2	见 GB/T 12460 的有关规定	
Q		44	1		
云状		45	20	见 GB/T 12460 的有关规定，每两位代表一种云，按顺序自左向右填写，最多记录 10 种'	
C_L		65	1	按 GB/T 12460 的有关规定记录	
C_M		66	1	按 GB/T 12460 的有关规定记录	
C_H		67	1	按 GB/T 12460 的有关规定记录	
云高		68	5	×××××，按 GB/T 12763.3 的有关规定记录	m
Q		73	1		
天气现象		74	10	见 GB/T 12460 的有关规定，最多可同时记录 5 种	

表 48　数据记录 2——规定高度数据

项目名称	起始位置	长　度	用法和意义	单　位
本记录类型	1	1	当前记录标识，总填“3”	
下记录类型	2	1	续接本记录的下一行记录的本记录类型的标识，填“3”、“4”、“5”、“6”、“7”或“1”	
施放延续时间	3	7	×××××.×	s
Q	10	1		

表 48（续）

项目名称	起始位置	长 度	用法和意义	单 位
高度	11	6	××××××	m
Q	17	1		
风向	18	3	×××，0～359，静稳填 361，不定填 362	(°)
Q	21	1		
风速	22	5	×××.×	m/s
Q	27	1		

表 49 数据记录 3——规定等压面数据

项目名称	起始位置	长 度	用法和意义	单 位
本记录类型	1	1	当前记录标识，总填“4”	
下记录类型	2	1	续接本记录的下一行记录的本记录类型的标识，填“4”、“5”、“6”、“7”或“1”	
气压	3	6	××××.×	
时间	9	7	×××××.×	s
Q	16	1		
风向	17	3	×××，0～359，静稳填 361，不定填 362	(°)
Q	20	1		
风速	21	5	×××.×	m/s
Q	26	1		

表 50 数据记录 4——对流层顶数据

项目名称	起始位置	长 度	用法和意义	单 位
本记录类型	1	1	当前记录标识，总填“6”	
下记录类型	2	1	续接本记录的下一行记录的本记录类型的标识，填“5”、“6”、“7”或“1”	
层次	3	2		
海拔高度	5	5	×××××	m
Q	10	1		
气压	11	6	××××.×	hPa
Q	17	1		
风向	18	3	×××，0～359，静稳填 361，不定填 362	(°)
Q	21	1		
风速	22	5	×××.×	m/s
Q	27	1		

表 51 数据记录 5——最大风层数据

项目名称	起始位置	长 度	用法和意义	单 位
本记录类型	1	1	当前记录标识，总填“7”	
下记录类型	2	1	续接本记录的下一行记录的本记录类型的标识，填“5”、“7”或“1”	
海拔高度	3	5	×××××	m
Q	8	1		
气压	9	6	××××.×	hPa
Q	15	1		
风向	16	3	×××，0～359，静稳填 361，不定填 362	(°)
Q	19	1		
风速	20	5	×××.×	m/s
Q	25	1		

8 海水化学要素调查资料

海水化学要素调查资料交换格式见表 52、表 53、表 54 和表 55。

表 52 表头记录 1——航次信息

项目名称		起始位置	长 度	用法和意义	单 位
本记录类型		1	1	当前记录标识，总填“1”	
下记录类型		2	1	续接本记录的下一行记录的本记录类型的标识，填“2”	
国家		3	2	按 GB/T 12460 的有关规定填写代码	
调查机构		5	2	按 GB/T 12460 的有关规定填写代码	
处理号		7	4	根据航次编制的资料处理序号	
调查项目		11	20	填调查项目名称或按 GB/T 12460 的有关规定填写代码	
调查海区		31	8	见 4.6，按 GB/T 12460 的有关规定填写代码	
调查船		39	2	按 GB/T 12460 的有关规定填写代码	
航次号		41	8	调查机构规定原始航次号	
调查开始日期	年	49	4	年份，填满四位	
	月	53	2	01～12	
	日	55	2	01～31	
调查结束日期	年	57	4	年份，填满四位	
	月	61	2	01～12	
	日	63	2	01～31	
备注		65	56	有关航次的其他信息	

表 53 表头记录 2——站位信息

项目名称		起始位置	长 度	用法和意义	单 位
本记录类型		1	1	当前记录标识,总填"2"	
下记录类型		2	1	续接本记录的下一行记录的本记录类型的标识,填"3"	
站号		3	8	$$$$$$$$,调查机构原始站位号	
位置说明		11	1	大洋填 1,近岸填 2,潮间带填 3,港口填 4,河流填 5,水库等地面水填 6	
站类型		12	1	连续站填 1,大面站空格	
断面号		13	8	$$$$$$$$,按 HY 024 规定的代码或自行规定的代码记录	
纬度	度	21	2	00～90	(°)
	分	23	2	00～59	(′)
	秒	25	2	00～59	(″)
纬度标识		27	1	填"N"或"S"	
经度	度	28	3	000～180	(°)
	分	31	2	00～59	(′)
	秒	33	2	00～59	(″)
经度标识		35	1	填"E"或"W"	
水深		36	7	×××××.×	m
水色		43	2	××,填写水色号	号
透明度		45	4	××.×	m
海况		49	1	0～9,按 GB/T 12460 的有关规定填写代码	
天气现象		50	2	按 GB/T 12460 的有关规定填写代码	
气温		52	5	±××.×	℃
气压		57	6	××××.×	hPa
风速		63	4	××.×	m/s
风向		67	3	××× 0～359	(°)
备注		70	50	说明本站调查增加的其他要素名称及单位	

表 54 数据记录——海水化学要素调查数据

项目名称	起始位置	长 度	用法和意义	单 位
本记录类型	1	1	当前记录标识,总填"3"	
下记录类型	2	1	续接本记录的下一行记录的本记录类型的标识,填 "2"、"3"或"4"	
站号	3	8	$$$$$$$$,调查机构原始站位号	

表 54（续）

项目名称		起始位置	长 度	用法和意义	单 位
采样时间	年	11	4	年份，填满四位	
	月	15	2	01～12	
	日	17	2	01～31	
	时	19	2	00～23	
	分	21	2	00～59	
观测层深度		23	6	××××.×	m
水温		29	5	××.××	℃
Q		34	1	原单位怀疑填 1，归档单位怀疑填 2	
盐度		35	6	××.×××	
Q		41	1	原单位怀疑填 1，归档单位怀疑填 2	
DO		42	5	×××.×	$\mu mol/dm^3$
Q		47	1	原单位怀疑填 1，归档单位怀疑填 2	
溶解氧饱和度		48	5	×××.×	%
pH		53	4	×.××	
Q		57	1	原单位怀疑填 1，归档单位怀疑填 2	
AlK		58	6	×××.××	$mmol/dm^3$
Q		64	1	原单位怀疑填 1，归档单位怀疑填 2	
SiO_3^{2-}-Si		65	7	××××.××	$\mu mol/dm^3$
Q		72	1	原单位怀疑填 1，归档单位怀疑填 2，低于检出限填 3，痕量填 4	
PO_4^{3-}-P		73	7	××××.××	$\mu mol/dm^3$
Q		80	1	原单位怀疑填 1，归档单位怀疑填 2，低于检出限填 3，痕量填 4	
NO_2^--N		81	6	×××.××	$\mu mol/dm^3$
Q		87	1	原单位怀疑填 1，归档单位怀疑填 2，低于检出限填 3，痕量填 4	
NO_3^--N		88	6	×××.××	$\mu mol/dm^3$
Q		94	1	原单位怀疑填 1，归档单位怀疑填 2，低于检出限填 3，痕量填 4	
NH_4^+-N		95	6	×××.××	$\mu mol/dm^3$
Q		101	1	原单位怀疑填 1，归档单位怀疑填 2，低于检出限填 3，痕量填 4	
Cl		102	6	×××.××	g/dm^3
Q		108	1	原单位怀疑填 1，归档单位怀疑填 2	
TP		109	7	××××.××	$\mu mol/dm^3$

表 54（续）

项目名称	起始位置	长　度	用法和意义	单　位
Q	116	1	原单位怀疑填 1,归档单位怀疑填 2,低于检出限填 3,痕量填 4	
TN	117	7	××××.××	μmol/dm^3
Q	124	1	原单位怀疑填 1,归档单位怀疑填 2,低于检出限填 3,痕量填 4	
其他要素	125	7	××××.××,增加的其他要素的监测值	
Q	132	1	原单位怀疑填 1,归档单位怀疑填 2,低于检出限填 3,痕量填 4	

表 55　说明记录——监测方法信息

项目名称	起始位置	长　度	用法和意义	单　位
本记录类型	1	1	当前记录标识,总填“4”	
下记录类型	2	1	续接本记录的下一行记录的本记录类型的标识,填“4”或“1”	
监测要素	3	10	填监测要素名称	
监测方法	13	20	按 GB/T 12763.4 的有关规定填写	
仪器名称	33	20		
检出限	53	20		
精度指标	73	100		

9　海洋声、光要素调查资料

9.1　海水声速调查资料

海水声速调查资料交换格式见表 56、表 57、表 58。

表 56　表头记录 1——航次信息

项目名称		起始位置	长　度	用法和意义	单　位
本记录类型		1	1	当前记录标识,总填“1”	
下记录类型		2	1	续接本记录的下一行记录的本记录类型的标识,填“2”	
国家		3	2	按 GB/T 12460 的有关规定填写代码	
调查机构		5	2	按 GB/T 12460 的有关规定填写代码	
调查项目		7	20	填调查项目名称或按 GB/T 12460 的有关规定填写代码	
调查海区		27	8	见 4.6,按 GB/T 12460 的有关规定填写代码	
调查船		35	2	按 GB/T 12460 的有关规定填写代码	
航次号		37	8	调查机构规定原始航次号	
航次开始时间	年	45	4	年份,填满四位	
	月	49	2	01～12	
	日	51	2	01～31	

表 56（续）

项目名称		起始位置	长　度	用法和意义	单　位
航次结束时间	年	53	4	年份，填满四位	
	月	57	2	01～12	
	日	59	2	01～31	
时区改正		61	5	±×××× 北京时间填“－0800”，GMT 填“0000”	
密级		66	1	按 GB/T 7156 规定的密级代码填写	

表 57　表头记录 2——站位信息

项目名称		起始位置	长　度	用法和意义	单　位
本记录类型		1	1	当前记录标识，总填“2”	
下记录类型		2	1	续接本记录的下一行记录的本记录类型的标识，填“3”	
断面号		3	8	$$$$$$$$，按 HY 024 规定的代码或自行规定的代码记录	
站号		11	8	$$$$$$$$，填调查机构规定站号	
纬度	度	19	2	00～90	(°)
	分	21	2	00～59	(′)
	秒	23	2	00～59	(″)
纬度标识		25	1	填“N”或“S”	
经度	度	26	3	000～180	(°)
	分	29	2	00～59	(′)
	秒	31	2	00～59	(″)
经度标识		33	1	填“E”或“W”	
调查时间	年	34	4	年份，填满四位	
	月	38	2	01～12	
	日	40	2	01～31	
	时	42	2	00～23	
	分	44	2	00～59	
观测标识		46	1	$，下降时观测填“D”，上升时观测填“U”	
水深		47	7	×××××.×	m
水深测量方法		54	1	$，查阅填 0，回声测深仪测量法填 1，钢丝绳测量法填 2，其他测量方法可自行编码并在说明文件中说明	
声速调查方法		55	1	$，直接测量法填 1，间接测量法填 2	
调查仪器		56	30	调查仪器名称及出厂型号	
声速观测准确度代码		86	1	±0.20 m/s 填 1，±0.75 m/s 填 2	
水温观测准确度代码		87	1	$，按±0.02℃、±0.05℃、±0.2℃的三级标准，依次填写 1、2、3	

表 57（续）

项目名称	起始位置	长　度	用法和意义	单　位
盐度观测准确度代码	88	1	$，按±0.02、±0.05、±0.2 的三级标准，依次填写 1、2、3	
资料标识	89	1	实测资料填 1，标准层资料填 2	
观测层数	90	4	××××，实际观测层数或标准层资料层数	

表 58　数据记录——声速数据

项目名称	起始位置	长　度	用法和意义	单　位
本记录类型	1	1	当前记录标识，总填“3”	
下记录类型	2	1	续接本记录的下一行记录的本记录类型的标识，填“3”、“2”或“1”	
观测层深度	3	6	××××.×，标准层资料按 GB/T 12763.5 规定填写；实际观测资料按实际观测深度填写	m
直接测量声速	9	7	××××.××	m/s
Q	16	1		
水温	17	6	××.×××	℃
盐度	23	6	××.×××	
计算声速	29	7	××××.××	m/s
Q	36	1		

9.2　海洋环境噪声调查资料

海洋环境噪声调查资料交换格式见表 56、表 59、表 60、表 61、表 62。

表 59　表头记录 2——站位信息

项目名称		起始位置	长　度	用法和意义	单　位
本记录类型		1	1	当前记录标识，总填“2”	
下记录类型		2	1	续接本记录的下一行记录的本记录类型的标识，填“3”	
断面号		3	8	$$$$$$$$，按 HY 024 规定的代码或自行规定的代码记录	
站号		11	8	$$$$$$$$，填调查机构规定站号	
纬度	度	19	2	00～90	(°)
	分	21	2	00～59	(′)
	秒	23	2	00～59	(″)
纬度标识		25	1	填“N”或“S”	
经度	度	26	3	000～180	(°)
	分	29	2	00～59	(′)
	秒	31	2	00～59	(″)
经度标识		33	1	填“E”或“W”	

表 59（续）

项目名称		起始位置	长　度	用法和意义	单　位
浮标布放时间	年	34	4	年份，填满四位	
	月	38	2	01～12	
	日	40	2	01～31	
	时	42	2	00～23	
	分	44	2	00～59	
浮标回收时间	年	46	4	年份，填满四位	
	月	50	2	01～12	
	日	52	2	01～31	
	时	54	2	00～23	
	分	56	2	00～59	
水深		58	7	×××××.×	m
水深测量方法		65	1	$，查阅填 0，回声测深仪测量法填 1，钢丝绳测量法填 2，其他测量方法可自行编码并在说明文件中说明	
时区改正		66	5	±××××，北京时间填“－0800”，GMT 填“0000”	
噪声测量方式		71	1	浮标测量填 1，接收船测量填 2	
浮标布放方式		72	1	系留填 1，漂泊填 2	
浮标型号与名称		73	10	填写浮标型号与名称	
底质特征		83	14	按 GB/T 12763.8 的有关规定填写	
底质测量方法		97	1	直接采样填 1，间接查阅填 2	
数采系统名称		98	20	填写数据采集系统名称	
水听器数		118	2	××	个

表 60　表头记录 3——接收位置信息

项目名称		起始位置	长　度	用法和意义	单　位
本记录类型		1	1	当前记录标识，总填“3”	
下记录类型		2	1	续接本记录的下一行记录的本记录类型的标识，填“4”、“2”或“1”	
接收位置纬度	度	3	2	00～90	(°)
	分	5	2	00～59	(′)
	秒	7	2	00～59	(″)
纬度标识		9	1	填“N”或“S”	
接收位置经度	度	10	3	000～180	(°)
	分	13	2	00～59	(′)
	秒	15	2	00～59	(″)
经度标识		17	1	填“E”或“W”	

表 60（续）

项目名称		起始位置	长　度	用法和意义	单　位
接收站位水深		18	7	×××××.×,接收位置的站位水深	m
水深观测方式		25	1	$,查阅填 0,回声测深仪测量法填 1,钢丝绳测量法填 2,其他测量方法可自行编码并在说明文件中说明	
观测起始时间	年	26	4	年份,填满四位	
	月	30	2	01～12	
	日	32	2	01～31	
	时	34	2	00～23	
	分	36	2	00～59	
观测结束时间	年	38	4	年份,填满四位	
	月	42	2	01～12	
	日	44	2	01～31	
	时	46	2	00～23	
	分	48	2	00～59	
测站附近风向		50	3	×××,0～359,静稳填 361,不定填 362	(°)
测站附近风速		53	4	××.×	m/s
测站附近海况		57	1	0～9,见 GB/T 12460 的有关规定	
测站附近波向	风浪向	58	3	×××,0～359,静稳填 361,不定填 362	(°)
	涌浪向	61	3	×××,0～359,静稳填 361,不定填 362	(°)
测站附近波高		64	4	××.×	m
测站附近波型		68	3	$ $ $,见 GB/T 12460 的有关规定	
测站附近流速		71	4	××××	cm/s
测站附近流向		75	3	×××,0～359,静稳填 361,不定填 362	(°)
测站附近有无降雨		78	1	$,有降水填“1”,无降水为空格	
测站附近有无航船或其他发声生物		79	1	$,有航船或其他发声生物填“1”,没有为空格	
接收位置底质特征		80	14	按 GB/T 12763.8 的有关规定填写	
底质测量方法		94	1	直接采样填 1,间接查阅填 2	

表 61　数据记录 1——噪声数据

项目名称	起始位置	长　度	用法和意义	单　位
本记录类型	1	1	当前记录标识,总填“4”	
下记录类型	2	1	续接本记录的下一行记录的本记录类型的标识,填“4”、“5”、“3”、“2”或“1”	
水听器序号	3	2	××	
水听器型号	5	10	填写水听器型号	
水听器深度	15	5	×××.×	m

表 61（续）

项目名称		起始位置	长 度	用法和意义	单 位
水听器放大增益		20	3	×××	dB
通道水听器带宽		23	14	填写通道水听器带宽	
通道采样率		37	6	填写通道采样率	Hz
本行记录噪声频率数 m		43	2	×××，本行记录噪声频率数 m ，m<＝100	
噪声频率 1	噪声频率	45	7	×××××.×	Hz
	噪声声压谱级	52	6	××××××	dB
	Q	58	1		
噪声频率 2～m、声压谱级及 Q		59	14(m−2)	填法同噪声频率 1	
注：本记录类型可视水听器数、噪声频率数重复使用。					

表 62 数据记录 2——温、盐、声速剖面数据

项目名称		起始位置	长 度	用法和意义	单 位
本记录类型		1	1	当前记录标识，总填“5”	
下记录类型		2	1	续接本记录的下一行记录的本记录类型的标识，填“5”、“3”、“2”或“1”	
调查时间	年	3	4	年份，填满四位	
	月	7	2	01～12	
	日	9	2	01～31	
	时	11	2	00～23	
	分	13	2	00～59	
时区改正		15	5	±××××，北京时间填“−0800”，GMT 填“0000”	
纬度	度	20	2	00～90	(°)
	分	22	2	00～59	(′)
	秒	24	2	00～59	(″)
纬度标识		26	1	填“N”或“S”	
经度	度	27	3	000～180	(°)
	分	30	2	00～59	(′)
	秒	32	2	00～59	(″)
经度标识		34	1	填“E”或“W”	
观测层深度		35	6	××××.×，填实际观测层水深	m
Q		41	1		
水温		42	6	××.×××，观测层对应水温	℃
Q		48	1		
盐度		49	6	××.×××，观测层对应盐度	

表 62（续）

项目名称	起始位置	长 度	用法和意义	单 位
Q	55	1		
声速	56	7	××××.××	m/s
Q	63	1		

9.3 声传播损失调查资料

声传播损失调查资料交换格式见表 56、表 59、表 63、表 62。

表 63 数据记录——声传播数据

项目名称		起始位置	长 度	用法和意义	单 位
本记录类型		1	1	当前记录标识，总填“3”	
下记录类型		2	1	续接本记录的下一行记录的本记录类型的标识，填“3”、“5”、“2”或“1”	
声源型号		3	10	填写声源型号，左对齐	
观测时间	年	13	4	年份，填满四位	
	月	17	2	01～12	
	日	19	2	01～31	
	时	21	2	00～23	
	分	23	2	00～59	
发射深度		25	6	××××.×	m
发射位置纬度	度	31	2	00～90	(°)
	分	33	2	00～59	(′)
	秒	35	2	00～59	(″)
纬度标识		37	1	填“N”或“S”	
发射位置经度	度	38	3	000～180	(°)
	分	41	2	00～59	(′)
	秒	43	2	00～59	(″)
经度标识		45	1	填“E”或“W”	
发射位置	站位水深	46	7	×××××.×	m
	水深观测方式	53	1	$，查阅填 0，回声测深仪测量法填 1，钢丝绳测量法填 2，其他测量方法可自行编码并在说明文件中说明	
	底质特征	54	14	按 GB/T 12763.8 的有关规定填写	
	底质测量方式	68	1	直接采样填 1，间接查阅填 2	
水听器序号		69	2	××	
水听器型号		71	10	填写水听器型号	
水听器放大增益		81	3	×××	dB
水听器深度		84	6	××××.×	m

表 63(续)

项目名称		起始位置	长度	用法和意义	单位
接收位置纬度	度	90	2	00～90	(°)
	分	92	2	00～59	(′)
	秒	94	2	00～59	(″)
纬度标识		96	1	填"N"或"S"	
接收位置经度	度	97	3	000～180	(°)
	分	100	2	00～59	(′)
	秒	102	2	00～59	(″)
经度标识		104	1	填"E"或"W"	
接收位置	站位水深	105	7	×××××.×	m
	水深观测方式	112	1	$,查阅填0,回声测深仪测量法填1,钢丝绳测量法填2,其他测量方法可自行编码并在说明文件中说明	
	底质特征	113	14	按GB/T 12763.8的有关规定填写	
	底质测量方式	127	1	直接采样填1,间接查阅填2	
接收距离		128	8	××××××××	m
选定声波频率		136	9	××××－××××,填选择的声波波段频率范围	Hz
能流密度		145	6	××××××	dB
Q		151	1		
声能损失		152	6	××××××,与声源波段对应的声能损失	dB
Q		158	1		
发射位置海况		159	1	0～9,见GB/T 12460的有关规定	
发射位置波高		160	4	××.×	m
发射位置波向	风浪向	164	3	×××,0～359,静稳填361,不定填362	(°)
	涌浪向	167	3	×××,0～359,静稳填361,不定填362	(°)
发射位置风速		170	4	××.×	m/s
发射位置风向		174	3	×××,0～359,静稳填361,不定填362	(°)
发射位置流速		177	4	××××	cm/s
发射位置流向		181	3	×××,0～359,静稳填361,不定填362	(°)
发射位置方向		184	3	×××,0～359,发射位置相对接收位置的方向	(°)
接收位置有无降雨		187	1	$,有降水填"1",无降水为空格	
接收位置附近有无航船或其他发声生物		188	1	$,有航船或其他发声生物填"1",没有为空格	
资料分析方法		189	20	资料分析方法名称,左对齐	

9.4 海底声特性调查资料

海底声特性调查资料交换格式见表56、表64、表65、表62。

表 64　表头记录 2——站位信息

项目名称		起始位置	长　度	用法和意义	单　位
本记录类型		1	1	当前记录标识,总填“2”	
下记录类型		2	1	续接本记录的下一行记录的本记录类型的标识,填“3”	
断面号		3	8	$$$$$$$$,按 HY 024 规定的代码或自行规定的代码记录	
站号		11	8	$$$$$$$$,填调查机构规定站号	
纬度	度	19	2	00～90	(°)
	分	21	2	00～59	(′)
	秒	23	2	00～59	(″)
纬度标识		25	1	填“N”或“S”	
经度	度	26	3	000～180	(°)
	分	29	2	00～59	(′)
	秒	31	2	00～59	(″)
经度标识		33	1	填“E”或“W”	
调查时间	年	34	4	年份,填满四位	
	月	38	2	01～12	
	日	40	2	01～31	
	时	42	2	00～23	
	分	44	2	00～59	
时区改正		46	5	±×××× 北京时间填“－0800”,GMT 填“0000”	
水深		51	7	×××××.×	m
水深测量方法		58	1	$,查阅填 0,回声测深仪测量法填 1,钢丝绳测量法填 2,其他测量方法可自行编码并在说明文件中说明	
海况		59	1	0～9,见 GB/T 12460 的有关规定	
风速		60	4	××.×	m/s
海底声特性调查方法		64	1	直接现场测量法填 1,直接实验室测量法填 2,反射折射法填 3,经验法填 4,其他填 9	
底质声特性调查仪器		65	30	填写底质声特性调查仪器名称及型号	

表 65　数据记录——海底声特性数据

项目名称	起始位置	长　度	用法和意义	单　位
本记录类型	1	1	当前记录标识,总填“3”	
下记录类型	2	1	续接本记录的下一行记录的本记录类型的标识,填“3”、“2”或“1”	
观测层深度	3	5	××.××	m
声速	8	8	×××××.××	m/s

表 65（续）

项目名称	起始位置	长　度	用法和意义	单　位
Q	16	1		
衰减系数	17	6	××××××	dB/m
Q	23	1		
选定声波频率	24	9	××××－××××，填选择的声波波段频率范围	Hz
沉积物孔隙度	33	2	××，按 GB/T 12763.8 的有关规定填写	%
沉积物中值粒径	35	8	×××.××××，按 GB/T 12763.8 的有关规定填写	mm
沉积物密度	43	5	××.××，按 GB/T 12763.8 的有关规定填写	g/cm^3
沉积物类型	48	12	按 GB/T 12763.8 的有关规定填写	
计算声速	60	8	×××××.××	m/s
Q	68	1		
计算声衰减系数	69	6	××××××	dB/m
Q	75	1		

9.5 海面照度调查资料

海面照度调查资料交换格式见表 56、表 66。

表 66　数据记录——海面照度数据

项目名称		起始位置	长　度	用法和意义	单　位
本记录类型		1	1	当前记录标识，总填“2”	
下记录类型		2	1	续接本记录的下一行记录的本记录类型的标识，填“3”	
断面号		3	8	$$$$$$$$，按 HY 024 规定的代码或自行规定的代码记录	
站号		11	8	$$$$$$$$，填调查机构规定站号	
纬度	度	19	2	00～90	(°)
	分	21	2	00～59	(′)
	秒	23	2	00～59	(″)
纬度标识		25	1	填“N”或“S”	
经度	度	26	3	000～180	(°)
	分	29	2	00～59	(′)
	秒	31	2	00～59	(″)
经度标识		33	1	填“E”或“W”	
观测时间	年	34	4	年份，填满四位	
	月	38	2	01～12	
	日	40	2	01～31	
	时	42	2	00～23	
	分	44	2	00～59	

表 66（续）

项目名称	起始位置	长 度	用法和意义	单 位
时区改正	46	5	±××××，北京时间填“－0800”，GMT 填“0000”	
海面照度观测仪器	51	30	海面照度观测仪器名称及出厂型号	
海面照度	81	7	×××××××	lx
Q	88	1		

9.6 海水辐照度调查资料

海水辐照度调查资料交换格式见表 56、表 67、表 68、表 69、表 70。

表 67 表头记录 2——站位信息

项目名称		起始位置	长 度	用法和意义	单 位
本记录类型		1	1	当前记录标识，总填“2”	
下记录类型		2	1	续接本记录的下一行记录的本记录类型的标识，填“3”	
断面号		3	8	$$$$$$$$，按 HY 024 规定的代码或自行规定的代码记录	
站号		11	8	$$$$$$$$，填调查机构规定站号	
纬度	度	19	2	00～90	(°)
	分	21	2	00～59	(′)
	秒	23	2	00～59	(″)
纬度标识		25	1	填“N”或“S”	
经度	度	26	3	000～180	(°)
	分	29	2	00～59	(′)
	秒	31	2	00～59	(″)
经度标识		33	1	填“E”或“W”	
调查日期	年	34	4	年份，填满四位	
	月	38	2	01～12	
	日	40	2	01～31	
开始时间	时	42	2	00～23	
	分	44	2	00～59	
结束时间	时	46	2	00～23	
	分	48	2	00～59	
水深		50	7	×××××.×	m
水深测量方法		57	1	$，查阅填 0，回声测深仪测量法填 1，钢丝绳测量法填 2，其他测量方法可自行编码并在说明文件中说明	
时区改正		58	5	±××××，北京时间填“－0800”，GMT 填“0000”	
采样时间间隔		63	5	××.××	s

表 67（续）

项目名称	起始位置	长 度	用法和意义	单 位
仪器下放速度	68	5	××.××	m/s
水下辐照度/辐亮度观测仪器	73	30	辐照度或辐亮度观测仪名称及出厂型号，左对齐	
光谱波段数 n	103	2	××，填选用的光谱波段数	
辐照度/辐亮度剖面观测层数	105	5	×××××，实际观测层数或标准层资料层数	
资料标识	110	1	实测资料填 1，标准层资料填 2	
海况	111	1	0～9，按 GB/T 12460 的有关规定填写	
波高	112	4	××.×	m
波周期	116	4	××.×	s
水色	120	2	××	号
透明度	122	4	××.×	m
气温	126	6	×××.××	℃
气压	132	6	××××.×	hPa
云量	138	2	按 GB/T 12460 的有关规定填写	
云状	140	20	按 GB/T 12460 的有关规定，每两位代表一种云，按顺序自左向右填写，最多记录 10 种	

表 68 数据记录 2——光谱波长数据

项目名称	起始位置	长 度	用法和意义	单 位
本记录类型	1	1	当前记录标识，总填“3”	
下记录类型	2	1	续接本记录的下一行记录的本记录类型的标识，填“4”	
空格	3	21		
光谱波段 1 波长	24	8	分立光谱×××××±××或连续光谱××××—××××，选用的光谱波段 1 波长	nm
光谱波段 2～n 波长	32	8(n−1)	填法与“光谱波段 1 波长”相同	nm

表 69 数据记录 3——海面辐照度观测数据

<table>
<tr><th colspan="2">项目名称</th><th>起始位置</th><th>长 度</th><th>用法和意义</th><th>单 位</th></tr>
<tr><td colspan="2">本记录类型</td><td>1</td><td>1</td><td>当前记录标识，总填“4”</td><td></td></tr>
<tr><td colspan="2">下记录类型</td><td>2</td><td>1</td><td>续接本记录的下一行记录的本记录类型的标识，填“4”、“5”</td><td></td></tr>
<tr><td rowspan="3">调查日期</td><td>年</td><td>3</td><td>4</td><td>年份，填满四位</td><td></td></tr>
<tr><td>月</td><td>7</td><td>2</td><td>01～12</td><td></td></tr>
<tr><td>日</td><td>9</td><td>2</td><td>01～31</td><td></td></tr>
<tr><td rowspan="2">调查时间</td><td>时</td><td>11</td><td>2</td><td>00～23</td><td></td></tr>
<tr><td>分</td><td>13</td><td>2</td><td>00～59</td><td></td></tr>
</table>

表 69（续）

项目名称	起始位置	长 度	用法和意义	单 位
空格	15	2		
深度	17	6	××××.×，大气层外太阳辐照度，海面入射辐照度、漫射太阳光辐照度、直射太阳光辐照度观测深度填 0.0	m
类型标识	23	1	$，大气层外太阳辐照度填 0，海面入射总辐照度（$E_d(0^+)$）填 1，天空漫射辐照度填 2，直射太阳光辐照度填 3	
海面光谱辐照度 1	24	7	××××.××，根据类型标识中的内容，填写与光谱波段 1 对应的值	μW/(cm² · nm)
Q	31	1		
海面光谱辐照度 2～n 及其 Q	32	8(n−1)	填与光谱波段 2～n 对应的光谱辐照度及其 Q，填法与“光谱辐照度 1”及“Q”相同	

表 70 数据记录 4——海水辐照度剖面数据

项目名称		起始位置	长 度	用法和意义	单 位
本记录类型		1	1	当前记录标识，总填“5”	
下记录类型		2	1	续接本记录的下一行记录的本记录类型的标识，填“5”、“2”或“1”	
调查日期	年	3	4	年份，填满四位	
	月	7	2	01～12	
	日	9	2	01～31	
调查时间	时	11	2	00～23	
	分	13	2	00～59	
层次序号		15	2	××，填写观测层次的序号	
观测层深度		17	6	××××.×，实际观测层次深度；标准层深度按 GB/T 12763.5 的有关规定填写	m
采样标识		23	1	$，辐照度(向下)填“D”，辐照度(向上)填“U”	
光谱辐照度 1		24	7	××××.××，填写与光谱波段 1 对应的值	μW/(cm² · nm)
Q		31	1		
光谱辐照度 2～n 及其 Q		32	8(n−1)	填与光谱波段 2～n 对应的光谱辐照度及其 Q，填法与“光谱辐照度 1”及“Q”相同	
天空相对照度		32+8(n−1)	3	×××	%
水温		35+8(n−1)	6	××.×××	℃
仪器内温度		41+8(n−1)	6	××.×××，水下剖面测量法时填写	℃
仪器姿态		47+8(n−1)	4	××.×，水下剖面测量法时填写	(°)

9.7 海水辐亮度调查资料

海水辐照度和海水辐亮度调查资料交换格式见表 56、表 67、表 68、表 71。

表 71 数据记录 5——海水辐亮度剖面数据

项目名称		起始位置	长 度	用法和意义	单 位
本记录类型		1	1	当前记录标识，总填“4”	
下记录类型		2	1	续接本记录的下一行记录的本记录类型的标识，填“4”、“2”或“1”	
调查日期	年	3	4	年份，填满四位	
	月	7	2	01～12	
	日	9	2	01～31	
调查时间	时	11	2	00～23	
	分	13	2	00～59	
层次序号		15	2	××，填写观测层次的序号	
观测层深度		17	6	××××.×，实际观测层次深度；标准层深度按 GB/T 12763.7 有关规定填写	m
采样标识		23	1	$，辐亮度(向下)填“D”，辐亮度(向上)填“U”	
光谱辐亮度 1		24	7	××××.××，填写光谱波段 1 对应的海水光谱辐亮度观测值	μW/(cm^2·sr·nm)
Q		31	1		
光谱辐亮度 2～n 及其 Q		32	8(n−1)	填法与“光谱辐亮度 1”及“Q”相同	
天空相对照度		32+8(n−1)	3	×××	%
水温		35+8(n−1)	6	××.×××	℃
仪器内温度		41+8(n−1)	6	××.×××，水下剖面测量法时填写	℃
仪器姿态		47+8(n−1)	4	××.×，水下剖面测量法时填写	(°)

9.8 海水透射率和衰减系数调查资料

海水透射率和衰减系数调查资料交换格式见表 56、表 72、表 68、表 73。

表 72 表头记录 2——站位信息

项目名称		起始位置	长 度	用法和意义	单 位
本记录类型		1	1	当前记录标识，总填“2”	
下记录类型		2	1	续接本记录的下一行记录的本记录类型的标识，填“3”	
断面号		3	8	$$$$$$$$，按 HY 024 规定的代码或自行规定的代码记录	
站号		11	8	$$$$$$$$，填调查机构规定站号	
纬度	度	19	2	00～90	(°)
	分	21	2	00～59	(′)
	秒	23	2	00～59	(″)
纬度标识		25	1	填“N”或“S”	

表 72（续）

项目名称		起始位置	长　度	用法和意义	单　位
经度	度	26	3	000～180	(°)
	分	29	2	00～59	(′)
	秒	31	2	00～59	(″)
经度标识		33	1	填“E”或“W”	
调查日期	年	34	4	年份，填满四位	
	月	38	2	01～12	
	日	40	2	01～31	
开始时间	时	42	2	00～23	
	分	44	2	00～59	
结束时间	时	46	2	00～23	
	分	48	2	00～59	
水深		50	7	×××××.×	m
水深测量方法		57	1	$，查阅填 0，回声测深仪测量法填 1，钢丝绳测量法填 2，其他测量方法可自行编码并在说明文件中说明	
时区改正		58	5	±××××，北京时间填“－0800”，GMT 填“0000”	
资料标识		63	1	实测资料填 1，标准层资料填 2	
海况		64	1	0～9，按 GB/T 12460 的有关规定填写	
透明度		65	4	××.×	m
透射率或衰减系数观测仪器型号		69	30	水下透射率或衰减系数观测仪名称及出厂型号	
仪器光程		99	3	×××	cm
仪器下降速度		102	5	××.××	m/s
采样时间间隔		107	5	××.××	s
光谱波段数 n		112	2	××，填选用的光谱波段数	
观测层数		114	5	×××××，实际观测层数或标准层资料层数	

表 73　数据记录 2——透射数据

项目名称		起始位置	长　度	用法和意义	单　位
本记录类型		1	1	当前记录标识，总填“4”	
下记录类型		2	1	续接本记录的下一行记录的本记录类型的标识，填“4”、“2”或“1”	
调查日期	年	3	4	年份，填满四位	
	月	7	2	01～12	
	日	9	2	01～31	

表 73（续）

项目名称		起始位置	长 度	用法和意义	单 位
调查时间	时	11	2	00～23	
	分	13	2	00～59	
层次序号		15	2	××，填写观测层序号	
观测层深度		17	6	××××.×，实际观测数据填写实际观测深度，标准层深度按 GB/T 12763.5 的有关规定填写	m
类型标识		23	1	$，透射率填 1，光束衰减系数填 2	
透射率或光束衰减系数 1		24	7	当类型标识为 1 时填透射率，×××；当类型标识为 2 时填衰减系数，×××.×××，单位为 m^{-1}	
Q		31	1		
透射率或光束衰减系数 2～n 及其 Q		32	8(n−1)	填法与“透射率或光束衰减系数 1 及其 Q”相同	

10　海洋生物调查资料

10.1　叶绿素调查资料

叶绿素调查资料交换格式见表 74、表 75、表 76。

表 74　表头记录——航次、站位信息

项目名称		起始位置	长 度	用法和意义	单 位
本记录类型		1	1	当前记录标识，总填“1”	
下记录类型		2	1	续接本记录的下一行记录的本记录类型的标识，填“2”	
站序号		3	8	××××××××，由资料中心确定	
国家		11	2	按 GB/T 12460 的有关规定填写代码	
调查机构		13	2	按 GB/T 12460 的有关规定填写代码	
调查项目		15	20	填调查项目名称或按 GB/T 12460 的有关规定填写代码	
调查海区		35	8	见 4.6，按 GB/T 12460 的有关规定填写代码	
调查船		43	2	按 GB/T 12460 的有关规定填写代码	
航次号		45	8	调查机构规定原始航次号	
断面号		53	8	$$$$$$$$，按 HY 024 规定的代码或自行规定的代码记录	
站号		61	8	$$$$$$$$，填写调查机构规定站号	
纬度	度	69	2	00～90	(°)
	分	71	2	00～59	(′)
	秒	73	2	00～59	(″)
纬度标识		75	1	填“N”或“S”	

表 74（续）

项目名称		起始位置	长 度	用法和意义	单 位
经度	度	76	3	000～180	(°)
	分	79	2	00～59	(′)
	秒	81	2	00～59	(″)
经度标识		83	1	填“E”或“W”	
采样时间	年	84	4	年份，填满四位	
	月	88	2	01～12	
	日	90	2	01～31	
	时	92	2	00～23	
	分	94	2	01～59	
水深		96	7	×××××.×	m
天气现象		103	2	见 GB/T 12460 的有关规定	
海况		105	1	见 GB/T 12460 的有关规定	
水色		106	2	××，填写水色号	号
透明度		108	4	××.×	m
测定方法		112	1	萃取荧光法填 1，分光光度法填 2，高效液相谱(HPLC)法填 3，其他填 9 并在说明记录中详细说明	
叶绿素总量		113	7	××××.××	mg/m^2
观测层数		120	4	××××	

表 75　数据记录——叶绿素含量测定数据

项目名称	起始位置	长 度	用法和意义	单 位
本记录类型	1	1	当前记录标识，总填“2”	
下记录类型	2	1	续接本记录的下一行记录的本记录类型的标识，填“1”、“2”或“5”	
站序号	3	8	××××××××，由资料中心确定	
站号	11	8	$$$$$$$$，填写调查机构规定站号	
观测层深度	19	6	××××.×	m
叶绿素含量	25	7	××××.××	mg/m^3
观测层深度	32	6	××××.×	m
叶绿素含量	38	7	××××.××	mg/m^3
观测层深度	45	6	××××.×	m
叶绿素含量	51	7	××××.××	mg/m^3
观测层深度	58	6	××××.×	m
叶绿素含量	64	7	××××.××	mg/m^3
观测层深度	71	6	××××.×	m
叶绿素含量	77	7	××××.××	mg/m^3
续行标识	84	1	如有续行填“9”，否则为空格	

表 76　说明记录

项目名称	起始位置	长　度	用法和意义	单　位
本记录类型	1	1	当前记录标识,总填"5"	
下记录类型	2	1	续接本记录的下一行记录的本记录类型的标识,填"5"或"1"	
文字描述	3	82	填写生物类别、采样工具、测定方法等代码为其他的文字描述和需要说明的问题以及记录处理者、记录审核者等内容	

10.2　初级生产力调查资料

初级生产力调查资料交换格式见表 77、表 78、表 79、表 76。

表 77　表头记录——航次、站位信息

项目名称		起始位置	长　度	用法和意义	单　位
本记录类型		1	1	当前记录标识,总填"1"	
下记录类型		2	1	续接本记录的下一行记录的本记录类型的标识,填"2"或"3"	
站序号		3	8	××××××××,由资料中心确定	
国家		11	2	按 GB/T 12460 的有关规定填写代码	
调查机构		13	2	按 GB/T 12460 的有关规定填写代码	
调查项目		15	20	填调查项目名称或按 GB/T 12460 的有关规定填写代码	
调查海区		35	8	见 4.6,按 GB/T 12460 的有关规定填写代码	
调查船		43	2	按 GB/T 12460 的有关规定填写代码	
航次号		45	8	调查机构规定原始航次号	
断面号		53	8	$$$$$$$$,按 HY 024 规定的代码或自行规定的代码记录	
站号		61	8	$$$$$$$$,填写调查机构规定站号	
纬度	度	69	2	00～90	(°)
	分	71	2	00～59	(′)
	秒	73	2	00～59	(″)
纬度标识		75	1	填"N"或"S"	
经度	度	76	3	000～180	(°)
	分	79	2	00～59	(′)
	秒	81	2	00～59	(″)
经度标识		83	1	填"E"或"W"	
采样时间	年	84	4	年份,填满四位	
	月	88	2	01～12	
	日	90	2	01～31	
	时	92	2	00～23	
	分	94	2	01～59	

表 77（续）

项目名称	起始位置	长　度	用法和意义	单　位
水深	96	7	×××××.×	m
天气现象	103	2	见 GB/T 12460 的有关规定	
海况	105	1	见 GB/T 12460 的有关规定	
水色	106	2	××，填写水色号	号
透明度	108	4	××.×	m
有光层深度	112	6	××××.×	m
测定方法	118	1	^{14}C 示踪法填 1，其他方法代码在说明记录中说明	
初级生产力总量	119	7	××××.××	mg/(m^2·h)
观测层数	126	2	××	

表 78　数据记录——初级生产力测定数据

项目名称	起始位置	长　度	用法和意义	单　位
本记录类型	1	1	当前记录标识，总填“2”	
下记录类型	2	1	续接本记录的下一行记录的本记录类型的标识，填“2”、“3”、“5”或“1”	
站序号	3	8	××××××××，由资料中心确定	
站号	11	8	$$$$$$$$，填写调查机构规定站号	
观测深度	19	6	××××.×	m
初级生产力	25	7	××××.××	mg/(m^3·h)
观测深度	32	6	××××.×	m
初级生产力	38	7	××××.××	mg/(m^3·h)
观测深度	45	6	××××.×	m
初级生产力	51	7	××××.××	mg/(m^3·h)
观测深度	58	6	××××.×	m
初级生产力	64	7	××××.××	mg/(m^3·h)
观测深度	71	6	××××.×	m
初级生产力	77	7	××××.××	mg/(m^3·h)
观测深度	84	6	××××.×	m
初级生产力	90	7	××××.××	mg/(m^3·h)
续行标识	97	1	如有续行填“9”，否则为空格	

表 79　数据记录——光衰减深度测定数据

项目名称	起始位置	长　度	用法和意义	单　位
本记录类型	1	1	当前记录标识，总填“3”	
下记录类型	2	1	续接本记录的下一行记录的本记录类型的标识，填“1”、“2”或“5”	
站序号	3	8	××××××××，由资料中心确定	

表 79（续）

项目名称	起始位置	长　度	用法和意义	单　位
站号	11	8	$$$$$$$$,填写调查机构规定站号	
观测层数	19	2	××	
光衰减为 100%的深度	21	6	××××.×	m
光衰减为 50%的深度	27	6	××××.×	m
光衰减为 30%的深度	33	6	××××.×	m
光衰减为 10%的深度	39	6	××××.×	m
光衰减为 3%的深度	45	6	××××.×	m
光衰减为 1%的深度	51	6	××××.×	m

10.3　微生物调查资料

微生物调查资料交换格式见表 80、表 81、表 76。

表 80　表头记录——航次、站位信息

项目名称		起始位置	长　度	用法和意义	单　位
本记录类型		1	1	当前记录标识,总填“1”	
下记录类型		2	1	续接本记录的下一行记录的本记录类型的标识,填“2”	
站序号		3	8	××××××××,由资料中心确定	
国家		11	2	按 GB/T 12460 的有关规定填写代码	
调查机构		13	2	按 GB/T 12460 的有关规定填写代码	
调查项目		15	20	填调查项目名称或按 GB/T 12460 的有关规定填写代码	
调查海区		35	8	见 4.6,按 GB/T 12460 的有关规定填写代码	
调查船		43	2	按 GB/T 12460 的有关规定填写代码	
航次号		45	8	调查机构规定原始航次号	
断面号		53	8	$$$$$$$$,按 HY 024 规定的代码或自行规定的代码记录	
站号		61	8	$$$$$$$$,填写调查机构规定站号	
纬度	度	69	2	00～90	(°)
	分	71	2	00～59	(′)
	秒	73	2	00～59	(″)
纬度标识		75	1	填“N”或“S”	
经度	度	76	3	000～180	(°)
	分	79	2	00～59	(′)
	秒	81	2	00～59	(″)
经度标识		83	1	填“E”或“W”	

表 80（续）

项目名称		起始位置	长　度	用法和意义	单　位
采样时间	年	84	4	年份，填满四位	
	月	88	2	01～12	
	日	90	2	01～31	
	时	92	2	00～23	
	分	94	2	01～59	
采样器		96	1	击开式采水器填 1，弹簧采泥器填 2，多管采泥器填 3，箱式采泥器填 4，柱状底质采样器填 5，其他填 9	
水深		97	7	×××××.×	m
水温		104	5	××.××	℃
样品类型		109	1	水样填 1，泥样填 2	

表 81　数据记录——微生物数量测定数据

项目名称	起始位置	长　度	用法和意义	单　位
本记录类型	1	1	当前记录标识，总填“2”	
下记录类型	2	1	续接本记录的下一行记录的本记录类型的标识，填“5”、“2”或“1”	
站序号	3	8	××××××××，由资料中心确定	
站号	11	8	$$$$$$$$，填写调查机构规定站号	
采样深度	19	6	××××.×	m
病毒数量	25	7	×××××××	个/dm^3
细菌总数	32	7	×××××××	个/dm^3
可培养微生物数量	39	7	×××××××	cfu/dm^3 或 cfu/g
细菌生产力	46	8	×××××.××	个/(dm^3·h)或 μg/(dm^3·h)
生态呼吸率	54	8	×××××.××	μmol/(dm^3·d)

10.4 浮游植物调查资料

浮游植物调查资料交换格式见表 82、表 83、表 76。

表 82　表头记录——航次、站位信息

项目名称	起始位置	长　度	用法和意义	单　位
本记录类型	1	1	当前记录标识，总填“1”	
下记录类型	2	1	续接本记录的下一行记录的本记录类型的标识，填“2”	
站序号	3	8	××××××××，由资料中心确定	
国家	11	2	按 GB/T 12460 的有关规定填写代码	
调查机构	13	2	按 GB/T 12460 的有关规定填写代码	

表 82（续）

项目名称		起始位置	长 度	用法和意义	单 位
调查项目		15	20	填调查项目名称或按 GB/T 12460 的有关规定填写代码	
调查海区		35	8	见 4.6，按 GB/T 12460 的有关规定填写代码	
调查船		43	2	按 GB/T 12460 的有关规定填写代码	
航次号		45	8	调查机构规定原始航次号	
断面号		53	8	$$$$$$$$，按 HY 024 规定的代码或自行规定的代码记录	
站号		61	8	$$$$$$$$，填写调查机构规定站号	
纬度	度	69	2	00～90	(°)
	分	71	2	00～59	(′)
	秒	73	2	00～59	(″)
纬度标识		75	1	填“N”或“S”	
经度	度	76	3	000～180	(°)
	分	79	2	00～59	(′)
	秒	81	2	00～59	(″)
经度标识		83	1	填“E”或“W”	
采样日期	年	84	4	年份，填满四位	
	月	88	2	01～12	
	日	90	2	01～31	
采样开始时间	时	92	2	00～23	
	分	94	2	01～59	
采样结束时间	时	96	2	00～23	
	分	98	2	01～59	
网型		100	2	见表 B.5，如果代码为 99，则在说明记录中填写详细说明	
采样深度		102	6	××××.×	m
总细胞数量 1(水采)		108	9	×××××.×××	10^4 个/dm^3
总细胞数量 2(网采)		117	8	×××××.××	10^4 个/m^3

表 83 数据记录——生物量测定数据

项目名称	起始位置	长 度	用法和意义	单 位
本记录类型	1	1	当前记录标识，总填“2”	
下记录类型	2	1	续接本记录的下一行记录的本记录类型的标识，填“5”、“2”或“1”	
站序号	3	8	××××××××，由资料中心确定	
站号	11	8	$$$$$$$$，填写调查机构规定站号	
生物代码	19	18	见 GB/T 17826 的有关规定	

表 83（续）

项目名称	起始位置	长度	用法和意义	单位
生物名称(拉丁文)	37	50	用拉丁文填写	
生物名称(中文)	87	40	用中文填写	
细胞数量1(水采)	127	9	×××××.×××	10^4 个/dm^3
细胞数量2(网采)	136	8	×××××.××	10^4 个/m^3

10.5 浮游动物调查资料

浮游动物调查资料交换格式见表84、表85、表76。

表 84 表头记录——航次、站位信息

项目名称		起始位置	长度	用法和意义	单位
本记录类型		1	1	当前记录标识，总填“1”	
下记录类型		2	1	续接本记录的下一行记录的本记录类型的标识，填“2”	
站序号		3	8	××××××××，由资料中心确定	
国家		11	2	按GB/T 12460的有关规定填写代码	
调查机构		13	2	按GB/T 12460的有关规定填写代码	
调查项目		15	20	填调查项目名称或按GB/T 12460的有关规定填写代码	
调查海区		35	8	见4.6，按GB/T 12460的有关规定填写代码	
调查船		43	2	按GB/T 12460的有关规定填写代码	
航次号		45	8	调查机构规定原始航次号	
断面号		53	8	$$$$$$$$，按HY 024规定的代码或自行规定的代码记录	
站号		61	8	$$$$$$$$，填写调查机构规定站号	
纬度	度	69	2	00～90	(°)
	分	71	2	00～59	(′)
	秒	73	2	00～59	(″)
纬度标识		75	1	填“N”或“S”	
经度	度	76	3	000～180	(°)
	分	79	2	00～59	(′)
	秒	81	2	00～59	(″)
经度标识		83	1	填“E”或“W”	
采样日期	年	84	4	年份，填满四位	
	月	88	2	01～12	
	日	90	2	01～31	
采样开始时间	时	92	2	00～23	
	分	94	2	01～59	

表 84（续）

项目名称		起始位置	长 度	用法和意义	单 位
采样结束时间	时	96	2	00～23	
	分	98	2	01～59	
网型		100	2	见表 B.5，如果代码为 99，则在说明记录中填写详细说明	
采样深度		102	6	××××.×	m
总生物量 1（湿重）		108	9	×××××.×××	mg/m^3
总生物量 2（干重）		117	9	×××××.×××	mg/m^3
总体积分数		126	9	×××××.×××	10^{-6}
总个体数量		135	10	××××××.×××	个/m^3

表 85 数据记录——生物量测定数据

项目名称	起始位置	长 度	用法和意义	单 位
本记录类型	1	1	当前记录标识，总填“2”	
下记录类型	2	1	续接本记录的下一行记录的本记录类型的标识，t 填“5”、“2”或“1”	
站序号	3	8	××××××××，由资料中心确定	
站号	11	8	$$$$$$$$，填写调查机构规定站号	
生物代码	19	18	见 GB/T 17826 的有关规定	
生物名称（拉丁文）	37	50	用拉丁文填写	
生物名称（中文）	87	40	用中文填写	
湿重	127	9	×××××.×××	mg/m^3
个体数量	136	10	××××××.×××	个/m^3

10.6 鱼卵、仔稚鱼调查资料

鱼卵仔稚鱼调查资料交换格式见表 86、表 87、表 76。

表 86 表头记录——航次、站位信息

项目名称	起始位置	长 度	用法和意义	单 位
本记录类型	1	1	当前记录标识，总填“1”	
下记录类型	2	1	续接本记录的下一行记录的本记录类型的标识，填“2”	
站序号	3	8	××××××××，由资料中心确定	
国家	11	2	按 GB/T 12460 的有关规定填写代码	
调查机构	13	2	按 GB/T 12460 的有关规定填写代码	
调查项目	15	20	填调查项目名称或按 GB/T 12460 的有关规定填写代码	
调查海区	35	8	见 4.6，按 GB/T 12460 的有关规定填写代码	
调查船	43	2	按 GB/T 12460 的有关规定填写代码	
航次号	45	8	调查机构规定原始航次号	

表 86（续）

项目名称		起始位置	长　度	用法和意义	单　位
断面号		53	8	$$$$$$$$,按 HY 024 规定的代码或自行规定的代码记录	
站号		61	8	$$$$$$$$,填写调查机构规定站号	
纬度	度	69	2	00～90	(°)
	分	71	2	00～59	(′)
	秒	73	2	00～59	(″)
纬度标识		75	1	填"N"或"S"	
经度	度	76	3	000～180	(°)
	分	79	2	00～59	(′)
	秒	81	2	00～59	(″)
经度标识		83	1	填"E"或"W"	
采样日期	年	84	4	年份,填满四位	
	月	88	2	01～12	
	日	90	2	01～31	
采样开始时间	时	92	2	00～23	
	分	94	2	01～59	
采样结束时间	时	96	2	00～23	
	分	98	2	01～59	
网型		100	2	见表 B.5,如果代码为 99,则在说明记录中填写详细说明	
水深		102	7	×××××.×	m
鱼卵个体密度		109	8	×××××.××	个/m^3
仔稚鱼个体密度		117	8	×××××.××	个/m^3
鱼卵生物量		125	8	×××××.××	g/m^3
仔稚鱼生物量		133	8	×××××.××	g/m^3
采样层次深度		141	6	××××.×	m

表 87　数据记录——生物量测定数据

项目名称	起始位置	长　度	用法和意义	单　位
本记录类型	1	1	当前记录标识,总填"2"	
下记录类型	2	1	续接本记录的下一行记录的本记录类型的标识,填"5"、"2"或"1"	
站序号	3	8	××××××××,由资料中心确定	
站号	11	8	$$$$$$$$,填写调查机构规定站号	
生物代码	19	18	见 GB/T 17826 的有关规定	
生物名称(拉丁文)	37	50	用拉丁文填写	

表 87（续）

项目名称	起始位置	长 度	用法和意义	单 位
生物名称(中文)	87	40	用中文填写	
生物量	127	8	×××××.××	g/m^3
个体密度	135	8	×××××.××	个/m^3

10.7 底栖生物调查资料

底栖生物调查资料交换格式见表 88、表 89、表 76。

表 88 表头记录——航次、站位信息

项目名称		起始位置	长 度	用法和意义	单 位
本记录类型		1	1	当前记录标识，总填“1”	
下记录类型		2	1	续接本记录的下一行记录的本记录类型的标识，填“2”	
站序号		3	8	××××××××，由资料中心确定	
国家		11	2	按 GB/T 12460 的有关规定填写代码	
调查机构		13	2	按 GB/T 12460 的有关规定填写代码	
调查项目		15	20	填调查项目名称或按 GB/T 12460 的有关规定填写代码	
调查海区		35	8	见 4.6，按 GB/T 12460 的有关规定填写代码	
调查船		43	2	按 GB/T 12460 的有关规定填写代码	
航次号		45	8	调查机构规定原始航次号	
断面号		53	8	$$$$$$$$，按 HY 024 规定的代码或自行规定的代码记录	
站号		61	8	$$$$$$$$，填写调查机构规定站号	
纬度	度	69	2	00～90	(°)
	分	71	2	00～59	(′)
	秒	73	2	00～59	(″)
纬度标识		75	1	填“N”或“S”	
经度	度	76	3	000～180	(°)
	分	79	2	00～59	(′)
	秒	81	2	00～59	(″)
经度标识		83	1	填“E”或“W”	
采样日期	年	84	4	年份，填满四位	
	月	88	2	01～12	
	日	90	2	01～31	
采样开始时间	时	92	2	00～23	
	分	94	2	01～59	
采样结束时间	时	96	2	00～23	
	分	98	2	01～59	

表 88(续)

项目名称	起始位置	长 度	用法和意义	单 位
网型/采泥器	100	2	见表 B.5,如果代码为 99,则在说明记录中填写详细说明	
水深	102	7	×××××.×	m
采样深度	109	6	××××.×	m
底温度	115	6	×××.××	℃
底盐度	121	6	××.×××	
底质	127	2	见 GB/T 12460 的有关规定	
总生物量	129	9	×××××.×××	g/m^2
总个体密度	138	9	××××××.××	个/m^3

表 89 数据记录——生物量测定数据

项目名称	起始位置	长 度	用法和意义	单 位
本记录类型	1	1	当前记录标识,总填"2"	
下记录类型	2	1	续接本记录的下一行记录的本记录类型的标识,填"5"、"2"或"1"	
站序号	3	8	××××××××,由资料中心确定	
站号	11	8	$$$$$$$$,填写调查机构规定站号	
生物代码	19	18	见 GB/T 17826 的有关规定	
生物名称(拉丁文)	37	50	用拉丁文填写	
生物名称(中文)	87	40	用中文填写	
生物量	127	9	×××××.×××	g/m^2
个体密度	136	9	××××××.××	个/m^2

10.8 潮间带生物调查资料

潮间带生物调查资料交换格式见表 90、表 91、表 76。

表 90 表头记录——航次、站位信息

项目名称	起始位置	长 度	用法和意义	单 位
本记录类型	1	1	当前记录标识,总填"1"	
下记录类型	2	1	续接本记录的下一行记录的本记录类型的标识,填"2"	
站序号	3	8	××××××××,由资料中心确定	
国家	11	2	按 GB/T 12460 的有关规定填写代码	
调查机构	13	2	按 GB/T 12460 的有关规定填写代码	
调查项目	15	20	填调查项目名称或按 GB/T 12460 的有关规定填写代码	
调查海区	35	8	见 4.6,按 GB/T 12460 的有关规定填写代码	
调查船	43	2	按 GB/T 12460 的有关规定填写代码	
航次号	45	8	调查机构规定原始航次号	

表 90（续）

项目名称		起始位置	长 度	用法和意义	单 位
断面号		53	8	$$$$$$$$,按 HY 024 规定的代码或自行规定的代码记录	
站号		61	8	$$$$$$$$,填写调查机构规定站号	
纬度	度	69	2	00～90	(°)
	分	71	2	00～59	(′)
	秒	73	2	00～59	(″)
纬度标识		75	1	填“N”或“S”	
经度	度	76	3	000～180	(°)
	分	79	2	00～59	(′)
	秒	81	2	00～59	(″)
经度标识		83	1	填“E”或“W”	
采样日期	年	84	4	年份,填满四位	
	月	88	2	01～12	
	日	90	2	01～31	
底质		92	2	$,见 GB/T 12460 的有关规定	
气温		94	6	±××.××	℃
水温		100	5	××.××	℃
底温		105	5	××.××	℃
天气现象		110	2	见 GB/T 12460 的有关规定	
取样面积		112	5	××.××	m^2
样品厚度		117	4	××.×	cm
潮区		121	1	高潮区填 1,中潮区填 2,低潮区填 3	
总重量		122	7	××××.××	g/m^2
总密度		129	6	××××.×	个/m^2
总种数		135	4	××××	

表 91 数据记录——生物量信息

项目名称	起始位置	长 度	用法和意义	单 位
本记录类型	1	1	当前记录标识,总填“2”	
下记录类型	2	1	续接本记录的下一行记录的本记录类型的标识,填“5”、“2”或“1”	
站序号	3	8	××××××××,由资料中心确定	
站号	11	8	$$$$$$$$,填写调查机构规定站号	
生物类别	19	2	见表 B.4,如果代码为 09,则在说明记录中填写详细说明	
生物名称(拉丁文)	21	50	用拉丁文填写	

表 91（续）

项目名称	起始位置	长度	用法和意义	单位
生物名称(中文)	71	40	用中文填写	
生物量	111	7	××××.××	g/m^2
生物量百分比	118	5	××.××	%
密度	123	6	××××.×	个/m^2
密度百分比	129	5	××.××	%
种数	134	4	××××	个
种数百分比	138	6	×××.××	%

10.9 海洋污损生物调查资料

海洋污损生物调查资料交换格式见表 92、表 93、表 76。

表 92 表头记录——航次、站位信息

项目名称		起始位置	长度	用法和意义	单位
本记录类型		1	1	当前记录标识，总填“1”	
下记录类型		2	1	续接本记录的下一行记录的本记录类型的标识，填“2”	
站序号		3	8	××××××××，由资料中心确定	
国家		11	2	按 GB/T 12460 的有关规定填写代码	
调查机构		13	2	按 GB/T 12460 的有关规定填写代码	
调查项目		15	20	填调查项目名称或按 GB/T 12460 的有关规定填写代码	
调查海区		35	8	见 4.6，按 GB/T 12460 的有关规定填写代码	
调查船		43	2	按 GB/T 12460 的有关规定填写代码	
航次号		45	8	调查机构规定原始航次号	
断面号		53	8	$$$$$$$$，按 HY 024 规定的代码或自行规定的代码记录	
站号		61	8	$$$$$$$$，填写调查机构规定站号	
纬度	度	69	2	00～90	(°)
	分	71	2	00～59	(′)
	秒	73	2	00～59	(″)
纬度标识		75	1	填“N”或“S”	
经度	度	76	3	000～180	(°)
	分	79	2	00～59	(′)
	秒	81	2	00～59	(″)
经度标识		83	1	填“E”或“W”	
下水日期	年	84	4	年份，填满四位	
	月	88	2	01～12	
	日	90	2	01～31	

表 92（续）

项目名称		起始位置	长 度	用法和意义	单 位
下水时间	时	92	2	00～23	
	分	94	2	00～59	
取样日期	年	96	4	年份，填满四位	
	月	100	2	01～12	
	日	102	2	01～31	
取样时间	时	104	2	00～23	
	分	106	2	00～59	
计样面积		108	5	×××.×	cm^2
平均厚度		113	5	×××.×	mm
总覆盖面积率		118	6	×××.××	%
总湿重		124	7	××××.××	g/m^2
挂板水层深度		131	5	×××.×	m

表 93 数据记录——样品信息数据

项目名称	起始位置	长 度	用法和意义	单 位
本记录类型	1	1	当前记录标识，总填“2”	
下记录类型	2	1	续接本记录的下一行记录的本记录类型的标识，填“5”、“2”或“1”	
站序号	3	8	××××××××，由资料中心确定	
站号	11	8	$$$$$$$$，填写调查机构规定站号	
生物名称(拉丁文)	19	50	用拉丁文填写	
生物名称(中文)	69	40	用中文填写	
密度	109	5	×××××	个/m^2
附着面积率	114	6	×××.××	%
湿重	120	7	××××.××	g/m^2
百分比组成	127	6	×××.××	%

10.10 游泳生物调查资料

游泳生物调查资料交换格式见表 94、表 95、表 76。

表 94 表头记录——航次、站位信息

项目名称	起始位置	长 度	用法和意义	单 位
本记录类型	1	1	当前记录标识，总填“1”	
下记录类型	2	1	续接本记录的下一行记录的本记录类型的标识，填“2”	
站序号	3	8	××××××××，由资料中心确定	
国家	11	2	按 GB/T 12460 的有关规定填写代码	
调查机构	13	2	按 GB/T 12460 的有关规定填写代码	

表 94（续）

项目名称		起始位置	长 度	用法和意义	单 位
调查项目		15	20	填调查项目名称或按 GB/T 12460 的有关规定填写代码	
调查海区		35	8	见 4.6，按 GB/T 12460 的有关规定填写代码	
调查船		43	2	按 GB/T 12460 的有关规定填写代码	
航次号		45	8	调查机构规定原始航次号	
断面号		53	8	$$$$$$$$，按 HY 024 规定的代码或自行规定的代码记录	
站号		61	8	$$$$$$$$，填写调查机构规定站号	
纬度	度	69	2	00～90	(°)
	分	71	2	00～59	(′)
	秒	73	2	00～59	(″)
纬度标识		75	1	填“N”或“S”	
经度	度	76	3	000～180	(°)
	分	79	2	00～59	(′)
	秒	81	2	00～59	(″)
经度标识		83	1	填“E”或“W”	
采样日期	年	84	4	年份，填满四位	
	月	88	2	01～12	
	日	90	2	01～31	
采样开始时间	时	92	2	00～23	
	分	94	2	01～59	
采样结束时间	时	96	2	00～23	
	分	98	2	01～59	
网型		100	2	见表 B.5，如果代码为 99，则在说明记录中填写详细说明	
水深		102	7	×××××.×	m
采样深度		109	6	××××.×	m
水温		115	5	××.××	℃
盐度		120	6	××.×××	
总生物量		126	9	××××××.××	kg/h
总尾数		135	9	××××××.××	个/h

表 95 数据记录——生物量测定数据

项目名称	起始位置	长 度	用法和意义	单 位
本记录类型	1	1	当前记录标识，总填“2”	
下记录类型	2	1	续接本记录的下一行记录的本记录类型的标识，填“5”、“2”或“1”	

表 95（续）

项目名称	起始位置	长 度	用法和意义	单 位
站序号	3	8	××××××××，由资料中心确定	
站号	11	8	$$$$$$$$，填写调查机构规定站号	
生物代码	19	18	见 GB/T 17628 的有关规定	
生物名称(拉丁文)	37	50	用拉丁文填写	
生物名称(中文)	87	40	用中文填写	
生物量	127	9	××××××.××	kg/h
尾数	136	9	××××××.××	个/h

10.11 生物学测定资料

生物学测定资料交换格式见表 96、表 97、表 76。

表 96 表头记录——航次、站位信息

项目名称		起始位置	长 度	用法和意义	单 位
本记录类型		1	1	当前记录标识，总填“1”	
下记录类型		2	1	续接本记录的下一行记录的本记录类型的标识，填“2”或“5”	
站序号		3	8	××××××××，由资料中心确定	
国家		11	2	按 GB/T 12460 的有关规定填写代码	
调查机构		13	2	按 GB/T 12460 的有关规定填写代码	
调查项目		15	20	填调查项目名称或按 GB/T 12460 的有关规定填写代码	
调查海区		35	8	见 4.6，按 GB/T 12460 的有关规定填写代码	
调查船		43	2	按 GB/T 12460 的有关规定填写代码	
航次号		45	8	调查机构规定原始航次号	
断面号		53	8	$$$$$$$$，按 HY 024 规定的代码或自行规定的代码记录	
站号		61	8	$$$$$$$$，填写调查机构规定站号	
纬度	度	69	2	00～90	(°)
	分	71	2	00～59	(′)
	秒	73	2	00～59	(″)
纬度标识		75	1	填“N”或“S”	
经度	度	76	3	000～180	(°)
	分	79	2	00～59	(′)
	秒	81	2	00～59	(″)
经度标识		83	1	填“E”或“W”	
采样日期	年	84	4	年份，填满四位	
	月	88	2	01～12	
	日	90	2	01～31	

表 96（续）

项目名称		起始位置	长 度	用法和意义	单 位
采样开始时间	时	92	2	00～23	
	分	94	2	01～59	
采样结束时间	时	96	2	00～23	
	分	98	2	01～59	
网型		100	2	见表 B.5，如果代码为 99，则在说明记录中填写详细说明	
水深		102	7	×××××.×	m
采样深度		109	6	××××.×	m
水温		115	5	××.××	℃
盐度		120	6	××.×××	

表 97　数据记录——生物学测定数据

项目名称	起始位置	长 度	用法和意义	单 位
本记录类型	1	1	当前记录标识，总填“2”	
下记录类型	2	1	续接本记录的下一行记录的本记录类型的标识，填“5”、“2”或“1”	
站序号	3	8	××××××××，由资料中心确定	
站号	11	8	$$$$$$$$，填写调查机构规定站号	
生物类别	19	2	见表 B.4，如代码为 99，在说明记录中详细说明	
生物代码	21	18	见 GB/T 17628 的有关规定	
生物名称（拉丁文）	39	50	用拉丁文填写	
生物名称（中文）	89	40	用中文填写	
测定要素	129	2	见表 B.7	
量值	131	9	××××××.××	
计量单位	140	1	见表 B.8	
测定要素	141	2	见表 B.7	
量值	143	9	××××××.××	
计量单位	152	1	见表 B.8	
测定要素	153	2	见表 B.7	
量值	155	9	××××××.××	
计量单位	164	1	见表 B.8	
测定要素	165	2	见表 B.7	
量值	167	9	××××××.××	
计量单位	176	1	见表 B.8	
测定要素	177	2	见表 B.7	
量值	179	9	××××××.××	

表 97（续）

项目名称	起始位置	长　度	用法和意义	单　位
计量单位	188	1	见表 B.8	
续行标识	189	1	如有续行填“9”，否则为空格	
注：性腺成熟度划分见 GB/T 12763.6 的有关规定；性别的量值见 GB/T 12460 的有关规定，计量单位空白。				

11　海洋地质与地球物理调查资料

11.1　海洋底质调查资料

11.1.1　沉积物粒度分析资料

沉积物粒度分析资料交换格式见表 98、表 99、表 100、表 101、表 102 和表 103。

每一调查航次的资料填写一组航次信息表头记录(表 98 和表 99)。

每一调查站位的资料填写一个站位信息表头记录(表 100)。

表 98　表头记录 1——航次信息(1)

项目名称	起始位置	长　度	用法和意义	单　位
记录类型	1	3	填“G11”	
国家	4	2	按 GB/T 12460 的有关规定填写代码	
调查机构	6	2	按 GB/T 12460 的有关规定填写代码	
调查项目	8	20	填调查项目名称或按 GB/T 12460 的有关规定填写代码	
调查海区	28	8	见 4.6，按 GB/T 12460 的有关规定填写代码	
调查船	36	2	按 GB/T 12460 的有关规定填写代码	
航次号	38	8	调查机构原始航次号	
处理号	46	8	由资料中心统一编号	
密 级	54	2	按 GB/T 7156 填写密级码	
调查机构名称	56	20	用文字填写	
调查船名称	76	20	用文字填写	
首席科学家	96	20	用文字填写	

表 99　表头记录 2——航次信息(2)

项目名称		起始位置	长　度	用法和意义	单　位
记录类型		1	3	填“G12”	
经费来源		4	20	用文字填写经费来源	
分析鉴定单位		24	20	用文字填写资料分析、测试、鉴定单位	
调查计划、航次		44	20	用文字填写调查计划、航次名称	
资料提供单位		64	20	用文字填写资料提供单位	
文件形成日期	年	84	4	年份，填满四位	
	月	88	2	01～12	
	日	90	2	01～31	

表 100　表头记录 3——站位信息

项目名称		起始位置	长　度	用法和意义	单　位
记录类型		1	3	填“G13”	
站号		4	8	调查机构原始调查站号	
调查日期	年	12	4	年份，填满四位	
	月	16	2	01～12	
	日	18	2	01～31	
调查时间	时	20	2	00～23	
	分	22	2	00～59	
纬度	度	24	2	00～90	(°)
	分	26	2	00～59	(′)
	秒	28	5	00.00～59.99	(″)
纬度标识		33	1	填“N”或“S”	
经度	度	34	3	000～180	(°)
	分	37	2	00～59	(′)
	秒	39	5	00.00～59.99	(″)
经度标识		44	1	填“E”或“W”	
水深		45	7	×××××.×	m
定位方法		52	2	按表 B.9 填写代码	
样品号		54	7	填原始调查样品号	
样品类型		61	1	表层样填 1，柱状样填 2	
岩芯长度		62	7	×××××.×	cm
取样器		69	2	按表 B.6 填写代码	
样品描述		71	60	用文字填写样品现场描述内容	

表 101　表头记录 4——粒度分析样品信息

项目名称		起始位置	长　度	用法和意义	单　位
记录类型		1	3	填“G14”	
层次号或分样号		4	4	××××，柱状样层次号或表层样分样号	
层次顶部深度		8	7	×××××.×	cm
层次底部深度		15	7	×××××.×	cm
分析日期	年	22	4	年份，填满四位	
	月	26	2	01～12	
	日	28	2	01～31	
粗颗粒分析方法		30	1	按表 B.10 填写代码	
细颗粒分析方法		31	1	按表 B.10 填写代码	
粗、细粒级分界值		32	5	×.×××，粗、细粒级分界值，如粗细粒级采用同一分析方法则空格	mm

表 101（续）

项目名称	起始位置	长　度	用法和意义	单　位
粗颗粒端界值	37	5	×.×××，最大实测粒径值	mm
细颗粒端界值	42	5	×.×××，最小实测粒径值	mm
沉积物类型	47	10	按 GB/T 12763.8 中的有关规定填写	
沉积物名称	57	24	用文字填写沉积物名称，如"硅质-钙质粘土混合软泥"、"砂-粉砂-粘土"等	
粒度分析间隔	81	17	填写粒度分析间隔，用 Φ 值表示，如 2Φ，1Φ，1/2Φ，1/3Φ，1/4Φ 等	

表 102　数据记录 1——粒度分析数据

项目名称	起始位置	长　度	用法和意义	单　位
记录类型	1	3	填"G15"	
粒径范围	4	11	按 GB/T 12763.8 中有关规定填写，如 0.063～0.032等	mm
百分含量	15	5	××.××	%
粒径范围	20	11		mm
百分含量	31	5	××.××	%
粒径范围	36	11		mm
百分含量	47	5	××.××	%
粒径范围	52	11		mm
百分含量	63	5	××.××	%
粒径范围	68	11		mm
百分含量	79	5	××.××	%
注：可视粒径范围多少重复使用。				

表 103　数据记录 2——粒度分析统计数据

项目名称	起始位置	长　度	用法和意义	单　位
记录类型	1	3	填"G16"	
砾石含量	4	5	××.××	%
砂含量	9	5	××.××	%
粉砂含量	14	5	××.××	%
粘土含量	19	5	××.××	%
其他物质	24	20	用文字填写生物碎屑等其他物质	
百分含量	44	5	××.××	%
平均粒径	49	5	×.×××	mm
中值粒径	54	5	×.×××	mm
偏态符号	59	1	"+"或"－"	
偏态	60	6	××.×××	

表 103（续）

项目名称	起始位置	长　度	用法和意义	单　位
峰态符号	66	1	“＋”表示低峰态，“－”表示尖峰态	
峰态	67	6	××.×××	
分选系数	73	5	××.××	Φ
备注	78	42	用文字说明未参与分析的砾石、贝壳、珊瑚、结核等	

11.1.2　沉积物与岩石矿物鉴定资料

沉积物与岩石矿物鉴定资料交换格式见表 98、表 99、表 100、表 104、表 105、表 106 和表 107。

表 104　表头记录 4——矿物分析鉴定样品信息

项目名称		起始位置	长　度	用法和意义	单　位
记录类型		1	3	填“G17”	
层次号或分样号		4	4	××××，柱状样层次号或表层样分样号	
层次顶部深度		8	7	×××××.×	cm
层次底部深度		15	7	×××××.×	cm
分析鉴定样数		22	1	0～9	
鉴定样品重		23	5	×××××	g
鉴定总颗粒数		28	5	×××××（粘土矿物鉴定资料可不填）	枚
样品最大粒径		33	5	×.×××，填分析鉴定样品最大粒径	mm
样品最小粒径		38	5	×.×××，填分析鉴定样品最小粒径	mm
鉴定日期	年	43	4	年份，填满四位	
	月	47	2	01～12	
	日	49	2	01～31	
分析鉴定方法		51	2	按表 B.11 的有关规定填写	
鉴定样品名称		53	24	用文字填写沉积物与岩石名称，如“硅质-钙质粘土混合软泥”、“砂-粉砂-粘土”、“岩块”等	
重矿物含量		77	5	××.××	%
轻矿物含量		82	5	××.××	%
未确定物质含量		87	5	××.××	%
贝壳含量		92	5	××.××	%

表 105　数据记录 1——重矿物鉴定数据

项目名称	起始位置	长　度	用法和意义	单　位
记录类型	1	3	填“G18”	
矿物名称	4	8	填写矿物名称	
含量	12	5	××.××	%
矿物名称	17	8	填写矿物名称	
含量	25	5	××.××	%

表 105(续)

项目名称	起始位置	长 度	用法和意义	单 位
矿物名称	30	8	填写矿物名称	
含量	38	5	××.××	%
矿物名称	43	8	填写矿物名称	
含量	51	5	××.××	%
矿物名称	56	8	填写矿物名称	
含量	64	5	××.××	%
矿物名称	69	8	填写矿物名称	
含量	77	5	××.××	%
矿物名称	82	8	填写矿物名称	
含量	90	5	××.××	%
注:可视鉴定矿物多少重复使用。				

表 106 数据记录 2——轻矿物鉴定数据

项目名称	起始位置	长 度	用法和意义	单 位
记录类型	1	3	填“G19”	
石英	4	5	××.××	%
长石	9	5	××.××	%
云母	14	5	××.××	%
白云母	19	5	××.××	%
黑云母	24	5	××.××	%
方解石	29	5	××.××	%
绿泥石	34	5	××.××	%
岩屑	39	5	××.××	%
碳酸盐	44	5	××.××	%
海绿石	49	5	××.××	%
无色火山玻璃	54	5	××.××	%
有色火山玻璃	59	5	××.××	%
生物碎屑	64	5	××.××	%
宇宙尘	69	5	××.××	%
风化片状矿物	74	5	××.××	%
其他矿物名称	79	8	填写其他轻矿物名称	
含量	87	5	××.××	%
其他矿物名称	92	8	填写其他轻矿物名称	
含量	100	5	××.××	%

表 107 数据记录 3——粘土矿物鉴定数据

项目名称	起始位置	长　度	用法和意义	单　位
记录类型	1	3	填“G20”	
蒙脱石含量	4	5	××.××	%
蒙皂石含量	9	5	××.××	%
高岭石含量	14	5	××.××	%
伊利石含量	19	5	××.××	%
绿泥石含量	24	5	××.××	%
混层矿物含量	29	5	××.××	%
绿泥石＋高岭石含量	34	5	××.××	%
备注	39	60	用文字说明粘土矿物鉴定方法	

11.1.3 沉积物与岩石化学分析资料

化学分析资料交换格式见表 98、表 99、表 100、表 108、表 109 和表 110。

表 108 表头记录 4——化学分析样品信息

项目名称		起始位置	长　度	用法和意义	单　位
记录类型		1	3	填“G21”	
层次号或分样号		4	4	××××，柱状样层次号或表层样分样号	
层次顶部深度		8	7	×××××.×	cm
层次底部深度		15	7	×××××.×	cm
分析样数		22	1	0～9	
分析日期	年	23	4	年份，填满四位	
	月	27	2	01～12	
	日	29	2	01～31	
分析方法		31	2	见表 B.12	
样品名称		33	24	用文字填写沉积物与岩石名称，如“硅质-钙质粘土混合软泥”、“砂-粉砂-粘土”、“岩块”等	
备 注		57	34	用文字说明有关地球化学分析	

表 109 数据记录 1——化学成分分析数据

项目名称	起始位置	长　度	用法和意义	单　位
记录类型	1	3	填“G22”	
pH 值	4	5	××.××	
Eh 值	9	7	±×××.××	mV
Fe^{+3}/Fe^{+2} 值	16	5	××.××	
Fe_2O_3 含量	21	5	××.××	%
FeO 含量	26	5	××.××	%
总铁量	31	5	××.××	%
CaO 含量	36	5	××.××	%

表 109（续）

项目名称	起始位置	长　度	用法和意义	单　位
MgO 含量	41	5	××.××	%
P_2O_5 含量	46	5	××.××	%
MnO 含量	51	5	××.××	%
碳酸盐含量($CaCO_3$)	56	5	××.××	%
总碳量	61	5	××.××	%
有机碳含量	66	5	××.××	%
全氮含量	71	5	××.××	%
碳氮比(C/N)值	76	5	××.××	
有机磷含量	81	5	××.××	%
K_2O 含量	86	5	××.××	%
Na_2O 含量	91	5	××.××	%
SiO_2 含量	96	5	××.××	%
Al_2O_3 含量	101	5	××.××	%
TiO_2 含量	106	5	××.××	%
有机质含量	111	5	××.××	%
Cl^- 含量	116	5	××.××	%
盐含量	121	5	××.××	%
灼减量	126	5	××.××	%

表 110　数据记录 2——元素成分分析数据

项目名称	起始位置	长　度	用法和意义	单　位
记录类型	1	3	填“G23”	
元素符号	4	2	元素符号	
含量	6	7	××××.××	10^{-6}
元素符号	13	2	元素符号	
含量	15	7	××××.××	10^{-6}
元素符号	22	2	元素符号	
含量	24	7	××××.××	10^{-6}
元素符号	31	2	元素符号	
含量	33	7	××××.××	10^{-6}
元素符号	40	2	元素符号	
含量	42	7	××××.××	10^{-6}
元素符号	49	2	元素符号	
含量	51	7	××××.××	10^{-6}
元素符号	58	2	元素符号	
含量	60	7	××××.××	10^{-6}

表 110（续）

项目名称	起始位置	长 度	用法和意义	单 位
元素符号	67	2	元素符号	
含量	69	7	××××.××	10^{-6}
元素符号	76	2	元素符号	
含量	78	7	××××.××	10^{-6}
元素符号	85	2	元素符号	
含量	87	7	××××.××	10^{-6}
元素符号	94	2	元素符号	
含量	96	7	××××.××	10^{-6}
注：可视资料多少重复使用。				

11.1.4 沉积物古生物鉴定资料

沉积物古生物鉴定资料交换格式见表98、表99、表100、表111、表112、表113、表114、表115、表116、表117、表118和表119。

表 111 表头记录 4——古生物鉴定样品信息

项目名称		起始位置	长 度	用法和意义	单 位
记录类型		1	3	填“G24”	
层次号或分样号		4	4	××××，柱状样层次号或表层样分样号	
层次顶部深度		8	7	×××××.×	cm
层次底部深度		15	7	×××××.×	cm
鉴定样品数		22	1	0～9	
鉴定样品重量		23	4	×××	g
样品总个体数		27	7	×××××××，鉴定统计个数	枚
总种数		34	3	×××	
鉴定样品名称		37	24	用文字填写沉积物名称，如“硅质-钙质粘土混合软泥”、“砂-粉砂-粘土”等	
样品最大粒径		61	5	×.×××，填分析鉴定样品最大粒径	mm
样品最小粒径		66	5	×.×××，填分析鉴定样品最小粒径	mm
鉴定日期	年	71	4	年份，填满四位	
	月	75	2	01～12	
	日	77	2	01～31	
鉴定方法		79	1	生物显微镜填1，偏光显微镜填2，扫描电镜填3，双目镜填4，显微照相填5，其他方法填6，未明确填9	
备注		80	40	简要说明	

表 112　数据记录 1——有孔虫鉴定数据

项目名称	起始位置	长度	用法和意义	单位
记录类型	1	3	填"G25"	
有孔虫名称	4	43	用文字填写,以拉丁文为主	
个体数	47	4	××××	枚
含量	51	5	××.××,该种有孔虫含量,用个体分数表示	%
有孔虫名称	56	43	用文字填写,以拉丁文为主	
个体数	99	4	××××	枚
含量	103	5	××.××,该种有孔虫含量,用个体分数表示	%
注:可视鉴定种类多少重复使用。				

表 113　数据记录 2——底栖有孔虫鉴定数据

项目名称	起始位置	长度	用法和意义	单位
记录类型	1	3	填"G26"	
底栖有孔虫名称	4	43	用文字填写,以拉丁文为主	
个体数	47	4	××××	枚
含量	51	5	××.××,该种底栖有孔虫含量,用个体分数表示	%
底栖有孔虫名称	56	43	用文字填写,以拉丁文为主	
个体数	99	4	××××	枚
含量	103	5	××.××,该种底栖有孔虫含量,用个体分数表示	%
注:可视鉴定种类多少重复使用。				

表 114　数据记录 3——浮游有孔虫鉴定数据

项目名称	起始位置	长度	用法和意义	单位
记录类型	1	3	填"G27"	
浮游有孔虫名称	4	43	用文字填写,以拉丁文为主	
个体数	47	4	××××	枚
含量	51	5	××.××,该种浮游有孔虫含量,用个体分数表示	%
浮游有孔虫名称	56	43	用文字填写,以拉丁文为主	
个体数	99	4	××××	枚
含量	103	5	××.××,该种浮游有孔虫含量,用个体分数表示	%
注:可视鉴定种类多少重复使用。				

表 115　数据记录 4——放射虫鉴定数据

项目名称	起始位置	长　度	用法和意义	单　位
记录类型	1	3	填“G28”	
放射虫名称	4	43	用文字填写,以拉丁文为主	
个体数	47	4	××××	枚
含量	51	5	××.××,该种放射虫含量,用个体分数表示	%
放射虫名称	56	43	用文字填写,以拉丁文为主	
个体数	99	4	××××	枚
含量	103	5	××.××,该种放射虫孔虫含量,用个体分数表示	%
注:可视鉴定种类多少重复使用。				

表 116　数据记录 5——硅藻鉴定数据

项目名称	起始位置	长　度	用法和意义	单　位
记录类型	1	3	填“G29”	
硅藻名称	4	43	用文字填写,以拉丁文为主	
个体数	47	4	××××	枚
含量	51	5	××.××,该种硅藻含量,用个体分数表示	%
硅藻名称	56	43	用文字填写,以拉丁文为主	
个体数	99	4	××××	枚
含量	103	5	××.××,该种硅藻含量,用个体分数表示	%
注:可视鉴定种类多少重复使用。				

表 117　数据记录 6——孢粉鉴定数据

项目名称	起始位置	长　度	用法和意义	单　位
记录类型	1	3	填“G30”	
孢粉名称	4	43	用文字填写,以拉丁文为主	
个体数	47	4	××××	枚
含量	51	5	××.××,该种孢粉含量,用个体分数表示	%
孢粉名称	56	43	用文字填写,以拉丁文为主	
个体数	99	4	××××	枚
含量	103	5	××.××,该种孢粉含量,用个体分数表示	%
注:可视鉴定种类多少重复使用。				

表 118　数据记录 7——介形虫鉴定数据

项目名称	起始位置	长　度	用法和意义	单　位
记录类型	1	3	填“G31”	
介形虫名称	4	43	用文字填写,以拉丁文为主	
个体数	47	4	××××	枚
含量	51	5	××.××,该种介形虫含量,用个体分数表示	%

表 118（续）

项目名称	起始位置	长　度	用法和意义	单　位
介形虫名称	56	43	用文字填写，以拉丁文为主	
个体数	99	4	××××	枚
含量	103	5	××.××，该种介形虫含量，用个体分数表示	%
注：可视鉴定种类多少重复使用。				

表 119　数据记录 8——钙质超微化石鉴定数据

项目名称	起始位置	长　度	用法和意义	单　位
记录类型	1	3	填“G32”	
钙质超微化石名称	4	43	用文字填写，以拉丁文为主	
个体数	47	4	××××	枚
含量	51	5	××.××，该种钙质超微化石含量，用个体分数表示	%
钙质超微化石名称	56	43	用文字填写，以拉丁文为主	
个体数	99	4	××××	枚
含量	103	5	××.××，该种钙质超微化石含量，用个体分数表示	%
注：可视鉴定种类多少重复使用。				

11.1.5　沉积物与岩石放射性测年资料

沉积物与岩石放射性测年资料交换格式见表 98、表 99、表 100 和表 120。

表 120　数据记录——放射性测年数据

<table>
<tr><th colspan="2">项目名称</th><th>起始位置</th><th>长　度</th><th>用法和意义</th><th>单　位</th></tr>
<tr><td colspan="2">记录类型</td><td>1</td><td>3</td><td>填“G33”</td><td></td></tr>
<tr><td colspan="2">层次号或分样号</td><td>4</td><td>4</td><td>××××，柱状样层次号或表层样分样号</td><td></td></tr>
<tr><td colspan="2">层次顶部深度</td><td>8</td><td>7</td><td>×××××.×</td><td>cm</td></tr>
<tr><td colspan="2">层次底部深度</td><td>15</td><td>7</td><td>×××××.×</td><td>cm</td></tr>
<tr><td colspan="2">测试样品数</td><td>22</td><td>1</td><td>0～9</td><td></td></tr>
<tr><td colspan="2">测试样品名称</td><td>23</td><td>24</td><td>用文字填写沉积物与岩石名称，如“硅质-钙质粘土混合软泥”、“砂-粉砂-粘土”、“岩块”等</td><td></td></tr>
<tr><td rowspan="3">测试日期</td><td>年</td><td>47</td><td>4</td><td>年份，填满四位</td><td></td></tr>
<tr><td>月</td><td>51</td><td>2</td><td>01～12</td><td></td></tr>
<tr><td>日</td><td>53</td><td>2</td><td>01～31</td><td></td></tr>
<tr><td colspan="2">沉积速率</td><td>55</td><td>7</td><td>×××.×××</td><td>cm/ka</td></tr>
<tr><td colspan="2">绝对年龄</td><td>62</td><td>9</td><td>×××××.×××</td><td>10^4 a</td></tr>
<tr><td colspan="2">测试误差</td><td>71</td><td>5</td><td>×××.×</td><td>10 a</td></tr>
<tr><td colspan="2">测试方法</td><td>76</td><td>18</td><td>用文字简述放射性测年方法，如^{10}Be，^{234}U，^{230}Th 等</td><td></td></tr>
</table>

11.1.6 沉积物物理力学性质测试资料

沉积物物理力学性质测试资料交换格式见表 98、表 99、表 100 和表 121。

表 121 数据记录——物理力学性质测试数据

项目名称	起始位置	长 度	用法和意义	单 位
记录类型	1	3	填“G34”	
层次号或分样号	4	4	××××，柱状样层次号或表层样分样号	
层次顶部深度	8	7	×××××.×	cm
层次底部深度	15	7	×××××.×	cm
测试日期 年	22	4	年份，填满四位	
月	26	2	01～12	
日	28	2	01～31	
天然含水量(ω)	30	6	×××.××	%
天然容重(ρ)	36	5	××.××	g/cm^3
干容重(ρ_d)	41	5	××.××	g/cm^3
天然孔隙比(e_0)	46	6	××.×××	
土的相对密度(G_s)	52	5	××.××	
天然粘着力(f_0)	57	5	××.××	kPa
最大粘着力(f)	62	5	××.××	kPa
液限(W_L)	67	6	×××.××	%
塑限(W_p)	73	6	×××.××	%
液性指数(I_L)	79	5	××.××	
塑性指数(I_p)	84	5	××.××	
压缩系数(α_v)	89	5	×.×××	kPa^{-1}
压缩摸量(E_s)	94	5	×.×××	kPa
压缩指数(C_c)	99	5	××.××	
天然抗压强度(N_c)	104	5	××.××	MPa
固结系数(C_v)	109	5	××.××	cm^2/s
内凝聚力(c)	114	5	××.××	kPa
内摩擦角(Φ)	119	4	××.×	(°)
剪应力(τ_i)	123	5	××.××	kPa
抗剪强度(τ)	128	5	××.××	kPa
十字板剪切强度(C_a)	133	5	××.××	kPa
抗压强度(R)	138	5	××.××	MPa
抗拉强度(α_τ)	143	5	××.××	MPa
点荷载强度(I_S)	148	4	×.××	MPa

11.2 水深测量资料

11.2.1 单波束水深测量资料

单波束水深测量资料交换格式见表 122、表 123、表 124、表 125 和表 126。

每一调查航次的资料填写一组表头记录(表 122、表 123、表 124、表 125)。

表 122 表头记录 1——航次信息(1)

项目名称		起始位置	长 度	用法和意义	单 位
记录类型		1	3	填“G01”	
调查机构		4	2	按 GB/T 12460 的有关规定填写代码	
调查船		6	2	按 GB/T 12460 的有关规定填写代码	
航次号		8	8	调查机构原始航次号	
处理号		16	8	由资料中心统一编号	
文件形成日期	年	24	4	年份,填满四位	
	月	28	2	01～12	
	日	30	2	01～31	
资料提供单位		32	20	用文字填写资料提供单位	
国家		52	20	用文字填写调查国家	
平台名		72	20	用文字填写船只、飞机等观测平台名称	
首席科学家		92	20	用文字填写	
资料密级		112	1	按 GB/T 7156 填写密级码	
密级说明		113	12	用文字说明所定密级原因	

表 123 表头记录 2——航次信息(2)

项目名称		起始位置	长 度	用法和意义	单 位
记录类型		1	3	填“G02”	
调查计划		4	20	用文字填写调查计划或项目名称	
经费来源		24	20	用文字填写经费来源	
调查开始日期	年	44	4	年份,填满四位	
	月	48	2	01～12	
	日	50	2	01～31	
始航港		52	20	用文字注明国家、城市、港口名	
调查结束日期	年	72	4	年份,填满四位	
	月	76	2	01～12	
	日	78	2	01～31	
到达港		80	20	用文字注明国家、城市、港口名	
导航仪		100	15	用文字填写	
定位方法		115	2	按表 B.9 填写代码	
定位准确度		117	5	×××.×	m

表 124 表头记录 3——航次信息(3)

项目名称	起始位置	长 度	用法和意义	单 位
记录类型	1	3	填“G03”	
十度方区个数	4	2	××,调查区域所跨十度方区个数	
十度方区标识	6	115	调查区十度方区标识,采用 WMO 十度方区代码,1000～7817。十度方区代码标识之间用逗号隔开。用“9999”表示十度方区标识结束	

表 125　表头记录 4——水深测量信息

项目名称	起始位置	长　度	用法和意义	单　位
记录类型	1	3	填“G04”	
测深仪	4	20	用文字填写测深仪名称、频率、幅宽、记录仪扫速等	
测深的数字化速率	24	4	××.×，如每 5 分钟一个数据，则填“05.0”	min
测深的取样速率	28	20	文字表明仪器取数间隔，如“每秒 1 次”等	
声速	48	6	××××.×	m/s
测深基准面	54	2	按表 B.13 填写代码	
地理坐标系统	56	20	用文字说明测量所采用的地理坐标系统，如 WGS-84 等	
测深准确度	76	5	×××.×	m
声速剖面数	81	3	×××，调查区域所测声速剖面个数	
水深改正方法	84	20	用文字说明所用的水深改正方法	

表 126　数据记录——水深数据

项目名称		起始位置	长　度	用法和意义	单　位
记录类型		1	3	填“G05 ”	
航次号		4	8	调查机构原始航次号	
时区改正		12	5	±×××× 北京时间填“－0800”，GMT 填“0000”	
测线号		17	10	填写原始调查测线号	
调查日期	年	27	4	年份，填满四位	
	月	31	2	01～12	
	日	33	2	01～31	
调查时间	时	35	2	00～23	
	分	37	2	00～59	
纬度	度	39	2	00～90	(°)
	分	41	2	00～59	(′)
	秒	43	5	00.00～59.99	(″)
纬度标识		48	1	填“N”或“S”	
经度	度	49	3	000～180	(°)
	分	52	2	00～59	(′)
	秒	54	5	00.00～59.99	(″)
经度标识		59	1	填“E”或“W”	
测深传播时间		60	7	××.××××，订正后的测深声波往返传播时间	s
实测水深		67	8	×××××.××	m
声速改正		75	4	××.×	m
仪器误差校正		79	4	××.×	m
水位校正		83	4	××.×	m
改正后的水深		87	8	×××××.××	m

11.2.2 多波束水深测量资料

11.2.2.1 多波束水深测量资料

多波束水深测量资料交换格式见表127、表128、表129。

表127 表头记录1——航次信息

<table>
<tr><th colspan="3">项目名称</th><th>起始位置</th><th>长 度</th><th>用法和意义</th><th>单 位</th></tr>
<tr><td colspan="3">记录类型</td><td>1</td><td>3</td><td>填“G35”</td><td></td></tr>
<tr><td colspan="3">调查机构</td><td>4</td><td>2</td><td>按GB/T 12460的有关规定填写代码</td><td></td></tr>
<tr><td colspan="3">调查船</td><td>6</td><td>2</td><td>按GB/T 12460的有关规定填写代码</td><td></td></tr>
<tr><td colspan="3">航次号</td><td>8</td><td>8</td><td>调查机构原始航次号</td><td></td></tr>
<tr><td colspan="3">调查船名称</td><td>16</td><td>20</td><td>用文字填写</td><td></td></tr>
<tr><td colspan="3">调查机构名称</td><td>36</td><td>20</td><td>用文字填写</td><td></td></tr>
<tr><td colspan="2" rowspan="3">调查开始日期</td><td>年</td><td>56</td><td>4</td><td>年份，填满四位</td><td></td></tr>
<tr><td>月</td><td>60</td><td>2</td><td>01～12</td><td></td></tr>
<tr><td>日</td><td>62</td><td>2</td><td>01～31</td><td></td></tr>
<tr><td colspan="3">始航港</td><td>64</td><td>20</td><td>用文字注明国家、城市、港口名</td><td></td></tr>
<tr><td colspan="2" rowspan="3">调查结束日期</td><td>年</td><td>84</td><td>4</td><td>年份，填满四位</td><td></td></tr>
<tr><td>月</td><td>88</td><td>2</td><td>01～12</td><td></td></tr>
<tr><td>日</td><td>90</td><td>2</td><td>01～31</td><td></td></tr>
<tr><td colspan="3">到达港</td><td>92</td><td>20</td><td>用文字注明国家、城市、港口名</td><td></td></tr>
<tr><td rowspan="8">调查区域</td><td rowspan="3">北边纬度</td><td>度</td><td>112</td><td>2</td><td>00～90</td><td>(°)</td></tr>
<tr><td>分</td><td>114</td><td>2</td><td>00～59</td><td>(′)</td></tr>
<tr><td>秒</td><td>116</td><td>5</td><td>00.00～59.99</td><td>(″)</td></tr>
<tr><td colspan="2">纬度标识</td><td>121</td><td>1</td><td>填“N”或“S”</td><td></td></tr>
<tr><td rowspan="3">南边纬度</td><td>度</td><td>122</td><td>2</td><td>00～90</td><td>(°)</td></tr>
<tr><td>分</td><td>124</td><td>2</td><td>00～59</td><td>(′)</td></tr>
<tr><td>秒</td><td>126</td><td>5</td><td>00.00～59.99</td><td>(″)</td></tr>
<tr><td colspan="2">纬度标识</td><td>131</td><td>1</td><td>填“N”或“S”</td><td></td></tr>
<tr><td rowspan="8">调查区域</td><td rowspan="3">西边经度</td><td>度</td><td>132</td><td>3</td><td>000～180</td><td>(°)</td></tr>
<tr><td>分</td><td>135</td><td>2</td><td>00～59</td><td>(′)</td></tr>
<tr><td>秒</td><td>137</td><td>5</td><td>00.00～59.99</td><td>(″)</td></tr>
<tr><td colspan="2">经度标识</td><td>142</td><td>1</td><td>填“E”或“W”</td><td></td></tr>
<tr><td rowspan="3">东边经度</td><td>度</td><td>143</td><td>3</td><td>000～180</td><td>(°)</td></tr>
<tr><td>分</td><td>146</td><td>2</td><td>00～59</td><td>(′)</td></tr>
<tr><td>秒</td><td>148</td><td>5</td><td>00.00～59.99</td><td>(″)</td></tr>
<tr><td colspan="2">经度标识</td><td>153</td><td>1</td><td>填“E”或“W”</td><td></td></tr>
<tr><td colspan="3">多波束测深系统</td><td>154</td><td>20</td><td>用文字填写</td><td></td></tr>
<tr><td colspan="3">定位方法</td><td>174</td><td>2</td><td>按表B.9填写代码</td><td></td></tr>
</table>

表 127（续）

项目名称	起始位置	长　度	用法和意义	单　位
潮汐改正	176	1	填“Y”或“N”，Y 表示已改正，N 表示未改正	
测深基准面	177	2	按表 B. 13 填写代码	
地理坐标系统	179	20	用文字说明测量所采用的地理坐标系统，如 WGS-84 等	
测线数	199	3	×××	条
有效测线总长度	202	5	×××××	km
声速剖面站数	207	2	××	个
首席科学家	209	10	用文字填写	

表 128　表头记录 2——多波束测量测线信息

项目名称			起始位置	长　度	用法和意义	单　位
记录类型			1	3	填“G36”	
航次号			4	8	调查机构原始航次号	
测线号			12	10	填写原始调查测线号	
测线区域	北边纬度	度	22	2	00～90	(°)
		分	24	2	00～59	(′)
		秒	26	5	00. 00～59. 99	(″)
	纬度标识		31	1	填“N”或“S”	
	南边纬度	度	32	2	00～90	(°)
		分	34	2	00～59	(′)
		秒	36	5	00. 00～59. 99	(″)
	纬度标识		41	1	填“N”或“S”	
测线区域	西边经度	度	42	3	000～180	(°)
		分	45	2	00～59	(′)
		秒	47	5	00. 00～59. 99	(″)
	经度标识		52	1	填“E”或“W”	
	东边经度	度	53	3	000～180	(°)
		分	56	2	00～59	(′)
		秒	58	5	00. 00～59. 99	(″)
	经度标识		63	1	填“E”或“W”	

表 129　数据记录——多波束水深数据

项目名称		起始位置	长　度	用法和意义	单　位
记录类型		1	3	填“G37”	
纬度	度	4	2	00～90	(°)
	分	6	2	00～59	(′)
	秒	8	5	00. 00～59. 99	(″)

表 129（续）

项目名称		起始位置	长 度	用法和意义	单 位
纬度标识		13	1	填“N”或“S”	
经度	度	14	3	00～180	(°)
	分	17	2	00～59	(′)
	秒	19	5	00.00～59.99	(″)
经度标识		24	1	填“E”或“W”	
水深		25	8	×××××.××	m

11.2.2.2 多波束声速剖面资料

多波束声速剖面资料交换格式见表127、表130、表131。

表 130 表头记录 2——站位信息

项目名称		起始位置	长 度	用法和意义	单 位
记录类型		1	3	填“G38”	
航次号		4	8	调查机构原始航次号	
站号		12	8	调查机构原始站号	
声速剖面仪器		20	20	用文字填写名称、型号	
纬度	度	40	2	00～90	(°)
	分	42	2	00～59	(′)
	秒	44	5	00.00～59.99	(″)
纬度标识		49	1	填“N”或“S”	
经度	度	50	3	000～180	(°)
	分	53	2	00～59	(′)
	秒	55	5	00.00～59.99	(″)
经度标识		60	1	填“E”或“W”	
测试日期	年	61	4	年份，填满四位	
	月	65	2	01～12	
	日	67	2	01～31	

表 131 数据记录——多波束声速剖面数据

项目名称	起始位置	长 度	用法和意义	单 位
记录类型	1	3	填“G39”	
空格	4	1		
测声深度	5	8	×××××. ××	m
空格	13	1		
声速	14	7	××××. ××	m/s
空格	21	1		
温度	22	5	××.××	℃

11.3 海洋地球物理调查资料

海洋地球物理调查资料主要包括海洋重力、地磁和浅地层调查资料。每一调查航次的资料应填写一组航次信息表头记录。

11.3.1 海洋重力调查资料

海洋重力调查资料交换格式见表122、表123、表124、表132、表133、表134。

表132 表头记录4——重力测量信息

项目名称	起始位置	长 度	用法和意义	单 位
记录类型	1	3	填“G06”	
重力仪	4	20	用文字填写型号、名称	
重力数字化速率	24	4	××.×	min
重力仪取样速率	28	2	××,仪器取样速率,连续记录填“00”	s
理论重力公式	30	1	见表B.14	
理论重力公式名	31	40	用文字填写理论重力公式名	
参考系统	71	1	见表B.15	
参考系统名称	72	40	用文字填写重力参考系统名	
测量准确度	112	2	××,重力测量准确度	$\mu m/s^2$

表133 表头记录5——重力测量参考信息

项目名称	起始位置	长 度	用法和意义	单 位
记录类型	1	3	填“G07”	
基点重力值始点	4	7	×××××××	$\mu m/s^2$
起始基点站	11	20	用文字填写起始基点站名称和站号	
基点重力值终点	31	7	×××××××	$\mu m/s^2$
终点基点站	38	20	用文字填写到达基点站名称和站号	
仪器常数	58	3	×××	$\mu m/s^2$
调差值	61	3	×××	$\mu m/s^2$
岩石密度	64	4	×.××,测区海底岩石密度	g/m^3
改正说明	68	54	用文字说明采用的改正,如零点漂移,跳变(掉格),偏置值等	

表134 数据记录——重力测量数据

项目名称		起始位置	长 度	用法和意义	单 位
记录类型		1	3	填“G08”	
航次号		4	8	调查机构原始航次号	
时区改正		12	5	±×××× 北京时间填“-0800”,GMT填“0000”	
测线号		17	10	填写原始调查测线号	
观测调查日期	年	27	4	年份,填满四位	
	月	31	2	01~12	
	日	33	2	01~31	

表 134（续）

项目名称		起始位置	长 度	用法和意义	单 位
观测调查时间	时	35	2	00～23	
	分	37	2	00～59	
纬度	度	39	2	00～90	(°)
	分	41	2	00～59	(′)
	秒	43	5	00.00～59.99	(″)
纬度标识		48	1	填“N”或“S”	
经度	度	49	3	000～180	(°)
	分	52	2	00～59	(′)
	秒	54	5	00.00～59.99	(″)
经度标识		59	1	填“E”或“W”	
水深		60	7	×××××.×	m
绝对观测重力值		67	7	×××××××，经过改正的观测值	$\mu m/s^2$
正常重力场值		74	7	×××××××	$\mu m/s^2$
厄特渥斯改正符号		81	1	填“+”或“－”	
厄特渥斯改正值		82	5	×××××	$\mu m/s^2$
仪器高度改正值		87	6	××××××	$\mu m/s^2$
零点漂移改正值		93	6	××××××	$\mu m/s^2$
掉格改正值		99	6	××××××	$\mu m/s^2$
空间异常符号		105	1	填“+”或“－”	
空间异常值		106	5	×××××	$\mu m/s^2$
布格异常符号		111	1	填“+”或“－”	
布格异常值		112	5	×××××	$\mu m/s^2$

11.3.2 海洋地磁调查资料

海洋地磁调查资料交换格式见表 122、表 123、表 124、表 135、表 136。

表 135 表头记录 4——地磁测量信息

项目名称	起始位置	长 度	用法和意义	单 位
记录类型	1	3	填“G09”	
地磁测量仪	4	20	用文字填写型号、名称	
地磁数字化速率	24	4	××.×	min
地磁仪取样速率	28	2	××，磁测仪器取样速率，连续记录填“00”	s
传感器拖曳距离	30	3	×××，船上导航点到第一传感器之间的距离	m
传感器深度	33	5	×××.×	m
传感器的水平距离	38	3	×××，两个传感器之间的水平距离	m
地磁参考场代码	41	2	按表 B.16 填写代码	
地磁参考场名	43	40	用文字填写	
测磁异常的传感器	83	1	第一传感器填 1，第二传感器填 2，未明确填 9	
地磁异常处理方法	84	40	用文字注明地磁测量参数、公式等	

表 136 数据记录——地磁测量数据

项目名称		起始位置	长 度	用法和意义	单 位
记录类型		1	3	填“G10	
航次号		4	8	调查机构原始航次号	
时区改正		12	5	±×××× 北京时间填“－0800”,GMT 填“0000”	
测线号		17	10	填写原始调查测线号	
观测调查日期	年	27	4	年份,填满四位	
	月	31	2	01～12	
	日	33	2	01～31	
观测调查时间	时	35	2	00～23	
	分	37	2	00～59	
纬度	度	39	2	00～90	(°)
	分	41	2	00～59	(′)
	秒	43	5	00.00～59.99	(″)
纬度标识		48	1	填“N”或“S”	
经度	度	49	3	000～180	(°)
	分	52	2	00～59	(′)
	秒	54	5	00.00～59.99	(″)
经度标识		59	1	填“E”或“W”	
水深		60	7	×××××.×	m
第一传感器总磁场值		67	7	×××××.×	nT
第二传感器总磁场值		74	7	×××××.×	nT
地磁正常场值		81	7	×××××.×	nT
地磁异常符号		88	1	填“＋”或“－”	
地磁异常值(ΔT)		89	7	×××××.×	nT
日变校正符号		96	1	填“＋”或“－”	
日变校正值		97	5	×××.×	nT
船磁改正符号		102	1	填“＋”或“－”	
船磁改正值		103	5	×××.×	nT

11.3.3 海洋浅地层调查资料

海洋浅地层调查资料交换格式见表 122、表 123、表 124、表 137、表 138、表 139 和表 140。

表 137 表头记录 4——浅地层测量信息

项目名称	起始位置	长 度	用法和意义	单 位
记录类型	1	3	填“G40”	
探测仪器名称及性能和技术指标	4	60	用文字填写浅地层剖面仪名称、声源、换能器、接收记录器等性能和技术指标	
接收换能器拖距	64	3	×××	m

表 137（续）

项目名称	起始位置	长　度	用法和意义	单　位
接收换能器深度	67	5	×××.×	m
测深基准面	72	2	按表 B.13 填写代码	
地理坐标系统	74	20	用文字说明测量所采用的地理坐标系统，如 WGS-84 等	
最大航速	94	2	低速持续航行速度不大于该速度	kn
备注	96	50	用文字说明海区、海况及特殊情况处理过程等	

表 138　表头记录 5——浅地层测线信息

项目名称		起始位置	长　度	用法和意义	单　位
记录类型		1	3	填“G41”	
测线号		4	10	填写原始调查测线号	
起始点调查时间	年	14	4	年份，填满四位	
	月	18	2	01～12	
	日	20	2	01～31	
	时	22	2	00～23	
	分	24	2	00～59	
起始点纬度	度	26	2	00～90	(°)
	分	28	2	00～59	(′)
	秒	30	5	00.00～59.99	(″)
纬度标识		35	1	填“N”或“S”	
起始点经度	度	36	3	000～180	(°)
	分	39	2	00～59	(′)
	秒	41	5	00.00～59.99	(″)
经度标识		46	1	填“E”或“W”	
起始点水深		47	7	×××××.×	m
终止点调查时间	年	54	4	年份，填满四位	
	月	58	2	01～12	
	日	60	2	01～31	
	时	62	2	00～23	
	分	64	2	00～59	
终止点纬度	度	66	2	00～90	(°)
	分	68	2	00～59	(′)
	秒	70	5	00.00～59.99	(″)
纬度标识		75	1	填“N”或“S”	
终止点经度	度	76	3	000～180	(°)
	分	79	2	00～59	(′)
	秒	81	5	00.00～59.99	(″)

表 138（续）

项目名称		起始位置	长　度	用法和意义	单　位
经度标识		86	1	填“E”或“W”	
终止点水深		87	7	×××××.×	m

表 139　表头记录 6——浅地层测点信息

项目名称		起始位置	长　度	用法和意义	单　位
记录类型		1	3	填“G42 ”	
测线号		4	10	填写原始调查测线号	
测点号		14	8	填写该测线上的测点号	
探测日期	年	22	4	年份，填满四位	
	月	26	2	01～12	
	日	28	2	01～31	
探测时间	时	30	2	00～23	
	分	32	2	00～59	
纬度	度	34	2	00～90	(°)
	分	36	2	00～59	(′)
	秒	38	5	00.00～59.99	(″)
纬度标识		43	1	填“N”或“S”	
经度	度	44	3	000～180	(°)
	分	47	2	00～59	(′)
	秒	49	5	00.00～59.99	(″)
经度标识		54	1	填“E”或“W”	
水深		55	7	×××××.×	m
层次数		62	2	××，探测出的层次数	

表 140　数据记录——浅地层测量数据

项目名称	起始位置	长　度	用法和意义	单　位
记录类型	1	3	填“G43 ”	
测线号	4	10	填写原始调查测线号	
测点号	14	8	填写该测线上的测点号	
层次号	22	2	××，层次编号	
层次顶部深度	24	8	××××××.×	m
层次厚度	32	8	××××××.×	m
地层名称	40	20	用文字表示	
地层特征	60	60	用文字简要描述该地层特征	

附　录　A
（资料性附录）
海洋调查资料处理

A.1　海洋水文、气象资料处理的有关计算公式和方法

A.1.1　盛行风频率

A.1.1.1　盛行风频率公式

盛行风向频率是指在盛行风为中轴的90°范围内风向的出现频率。盛行风向及其频率采取E.C.鲁宾施晋方法计算。

计算方法1：

$$f = n_2 + n_3 + \frac{(n_3 - n_1) + (n_2 - n_4)}{2} \times \left(\frac{3}{2} - \alpha\right)^2 \qquad \cdots\cdots (\text{A.1})$$

$$\alpha = 1 + \frac{n_3 - n_1}{n_3 - n_1 + n_2 - n_4} \qquad \cdots\cdots (\text{A.2})$$

若 $f > \max(n_1 + n_2 + n_3, n_2 + n_3 + n_4)$，则取 $f = \max(n_1 + n_2 + n_3, n_2 + n_3 + n_4)$。

式中：

f——盛行风频率；

$n_i (i=1,2,3,4)$——八方位中顺序相邻的四个方位的风向频率（%），需满足条件：

a）$n_2 + n_3 \geqslant 25\%$；

b）$n_2 > n_1, n_3 > n_1, n_2 > n_4, n_3 > n_4$。

计算方法2：

$$f = n_2 + \frac{n_2^2 - n_1 n_3}{2n_2 - n_1 - n_3} \qquad \cdots\cdots (\text{A.3})$$

$$\alpha = 1 + \frac{n_3 - n_1}{2(n_2 - n_1 - n_3)} \qquad \cdots\cdots (\text{A.4})$$

若 $f > n_1 + n_2 + n_3$，则取 $f = n_1 + n_2 + n_3$

式中：

$n_i (i=1,2,3)$——八方位中顺序相邻的三个方位的风向频率（%），需满足条件：

a）$n_2 > n_1 \quad n_2 > n_3$；

b）$n_1 + n_2 \geqslant 25\%$或$n_2 + n_3 \geqslant 25\%$。

A.1.1.2　盛行风向方位角

$$\beta = \alpha \times 45° + \alpha_1 \quad (\alpha \times 45° + \alpha_1 \leqslant 360°)$$

$$\text{或}\ \beta = \alpha \times 45° + \alpha_1 - 360° \quad (\alpha \times 45° + \alpha_1 > 360°) \qquad \cdots\cdots (\text{A.5})$$

式中：

β——盛行风向方位角；

α——系数，根据盛行风频率计算方法，分别由公式（A.2）或公式（A.4）计算；

α_1——频率为 n_1 的风向方位角，单位为度（°）。

满足盛行风条件可算出的频率有时不止一个，最多只求三个。当两个盛行风向方位角的夹角小于90°时，保留其中盛行风向频率较高的一个。

A.1.2　海面比湿

$$q = 622 \frac{e}{p - 0.378\, e} \qquad \cdots\cdots (\text{A.6})$$

式中：

q——比湿，单位为克每千克(g/kg)；

e——水汽压，单位为百帕(hPa)；

p——气压，单位为百帕(hPa)。

A.1.3 风纬向分量、风经向分量

$$u = -w\sin\alpha \qquad v = -w\cos\alpha \quad \cdots\cdots(A.7)$$

式中：

u——风速的纬向分量，以东为正，单位为米每秒(m/s)；

w——风速，单位为米每秒(m/s)；

α——风向，单位为度(°)；

v——风速的经向分量，以北为正，单位为米每秒(m/s)。

A.1.4 风应力纬向参数、风应力经向参数

风应力纬向参数＝风速×风速的纬向分量＝wu，单位为米平方每秒平方(m^2/s^2)；

风应力经向参数＝风速×风速的经向分量＝wv，单位为米平方每秒平方(m^2/s^2)。

字母含义同公式(A.7)

A.1.5 纬向蒸发参数、经向蒸发参数的计算

纬向蒸发参数＝风速的纬向分量×海、气比湿差＝$u\Delta q$，单位为克米每千克秒(g·m/(kg·s))；

经向蒸发参数＝风速的经向分量×海、气比湿差＝$v\Delta q$，单位为克米每千克秒(g·m/(kg·s))。

$$\Delta q = q_s - q \quad \cdots\cdots(A.8)$$

$$q = 622\frac{e_{T_d}}{p} \quad \cdots\cdots(A.9)$$

$$e_{T_d} = e_0 \times 10^{\frac{aT_d}{b+T_d}} \quad \cdots\cdots(A.10)$$

式中：

Δq——海、气比湿差，单位为克每千克(g/kg)；

q_s——海面比湿，单位为克每千克(g/kg)；

q——比湿，单位为克每千克(g/kg)；

T_d——露点温度，单位为度(℃)。

e——水汽压，$e_0=6.1$ hPa

当海面未结冰时，$a=7.45$，$b=237$

当海面结冰时，$a=9.5$，$b=265$

A.1.6 纬向、经向显热输送参数

纬向显热输送参数＝风速的纬向分量×气温＝uT

经向显热输送参数＝风速的经向分量×气温＝vT

式中：

u——风速的纬向分量，单位为米每秒(m/s)；

T——气温，单位为度(℃)；

v——风速的经向分量，单位为米每秒(m/s)。

A.1.7 风纬向分量与海-气温差乘积、风经向分量与海-气温差乘积

风纬向分量与海－气温差乘积＝$u\Delta T$

风经向分量与海－气温差乘积＝$v\Delta T$

字母含义同 A.1.6

A.1.8 海水密度

$$\rho(S,t,p) = \frac{\rho(S,t,0)}{1-10p/K(S,t,p)} \quad \cdots\cdots\cdots\cdots(\text{A.11})$$

式中：

$\rho(S,t,p)$——海水密度，单位为千克每立方米(kg/m^3)；

$\rho(S,t,0)$——实用盐度为 S、温度为 t(℃)、海水压强为 $p=0$(即海面标准大气压 101 325 Pa)时的海水密度，由公式(A.12)确定；

p——海洋中某一点的海水压强，单位为兆帕(MPa)；

$K(S,t,p)$——实用盐度为 S、温度为 t(℃)、海水压强为 p(MPa)时的海水正割体积弹性模量，由公式(A.13)确定。

该方程的适用范围是：实用盐度 $S=0\sim42$，温度 $t=-2\sim40$(℃)，海水压强 $p=0\sim100$(MPa)。

$$\rho(S,t,0) = \rho_w + (b_0 + b_1 t + b_2 t^2 + b_3 t^3 + b_4 t^4)S + (c_0 + c_1 t + c_2 t^2)S^{3/2} + d_0 S^2 \quad \cdots\cdots\cdots\cdots(\text{A.12})$$

$$\rho_w = a_0 + a_1 t + a_2 t^2 + a_3 t^3 + a_4 t^4 + a_5 t^5$$

式中：

ρ_w——标准纯水的密度；

$a_0 = 999.842\ 594$；

$a_1 = 6.793\ 952 \times 10^{-2}$；

$a_2 = -9.095\ 290 \times 10^{-3}$；

$a_3 = 1.001\ 685 \times 10^{-4}$；

$a_4 = -1.120\ 083 \times 10^{-6}$；

$a_5 = 6.536\ 332 \times 10^{-9}$；

$b_0 = 8.244\ 93 \times 10^{-1}$；

$b_1 = -4.089\ 9 \times 10^{-3}$；

$b_2 = 7.643\ 8 \times 10^{-5}$；

$b_3 = -8.246\ 7 \times 10^{-7}$；

$b_4 = 5.387\ 5 \times 10^{-9}$；

$c_0 = -5.724\ 66 \times 10^{-3}$；

$c_1 = 1.022\ 7 \times 10^{-4}$；

$c_2 = -1.654\ 6 \times 10^{-6}$；

$d_0 = 4.831\ 4 \times 10^{-4}$。

$$K(S,t,p) = K(S,t,0) + Ap + Bp^2 \quad \cdots\cdots\cdots\cdots(\text{A.13})$$

$$K(S,t,0) = K_W + (f_0 + f_1 t + f_2 t^2 + f_3 t^3)S + (g_0 + g_1 t + g_2 t^2)S^{3/2}$$

$$K_W = e_0 + e_1 t + e_2 t^2 + e_3 t^3 + e_4 t^4$$

$e_0 = 19\ 652.21$；

$e_1 = 148.420\ 6$；

$e_2 = -2.327\ 105$；

$e_3 = 1.360\ 477 \times 10^{-2}$；

$e_4 = -5.155\ 288 \times 10^{-5}$；

$f_0 = 54.674\ 6$；

$f_1 = -0.603\ 459$；

$f_2 = 1.099\ 87 \times 10^{-2}$；

$f_3 = -6.1670 \times 10^{-5}$；

$g_0 = 7.944 \times 10^{-2}$；

$g_1 = 1.6483 \times 10^{-2}$；

$g_2 = -5.3009 \times 10^{-4}$。

$$A = A_W + (i_0 + i_1 t + i_2 t^2)S + j_0 S^{3/2} \qquad \text{(A.14)}$$

$$A_W = h_0 + h_1 t + h_2 t^2 + h_3 t^3$$

$h_0 = 32.39908$；

$h_1 = 1.43713 \times 10^{-2}$；

$h_2 = 1.16092 \times 10^{-3}$；

$h_3 = -5.77905 \times 10^{-6}$；

$i_0 = 2.2838 \times 10^{-2}$；

$i_1 = -1.0981 \times 10^{-4}$；

$i_2 = -1.6078 \times 10^{-5}$；

$j_0 = 1.91075 \times 10^{-3}$。

$$B = B_W + (m_0 + m_1 t + m_2 t^2)S \qquad \text{(A.15)}$$

$$B_W = k_0 + k_1 t + k_2 t^2$$

$k_0 = 8.50935 \times 10^{-3}$；

$k_1 = -6.12293 \times 10^{-4}$；

$k_2 = 5.2787 \times 10^{-6}$；

$m_0 = -9.9348 \times 10^{-5}$；

$m_1 = 2.0816 \times 10^{-6}$；

$m_2 = 9.1697 \times 10^{-8}$。

A.1.9 声速

海水声速用符号 C 表示，单位为米每秒(m/s)。当没有实测海水声速资料时，可按下列公式计算实用盐度为 S、温度为 t(℃)、海水压强为 P(MPa)时的海水声速：

$$C(S,t,p) = C_W(t,p) + A(t,p)S + B(t,p)S^{3/2} + D(t,p)S^2 \qquad \text{(A.16)}$$

$$\begin{aligned} C_W(t,p) = & C_{00} + C_{01}t + C_{02}t^2 + C_{03}t^3 + C_{04}t^4 + C_{05}t^5 \\ & + (C_{10} + C_{11}t + C_{12}t^2 + C_{13}t^3 + C_{14}t^4)p \\ & + (C_{20} + C_{21}t + C_{22}t^2 + C_{23}t^3 + C_{24}t^4)p^2 \\ & + (C_{30} + C_{31}t + C_{32}t^2)p^3 \end{aligned}$$

式中：

$C_{00} = 1402.388$；

$C_{01} = 5.03711$；

$C_{02} = -5.80852 \times 10^{-2}$；

$C_{03} = 3.3420 \times 10^{-4}$；

$C_{04} = -1.47800 \times 10^{-6}$；

$C_{05} = 3.1464 \times 10^{-9}$；

$C_{10} = 1.53563$；

$C_{11} = 6.8982 \times 10^{-3}$；

$C_{12} = -8.1788 \times 10^{-5}$；

$C_{13} = 1.3621 \times 10^{-6}$；

$C_{14} = -6.1185 \times 10^{-9}$；

$C_{20}=3.126\ 0\times10^{-3}$；

$C_{21}=-1.710\ 7\times10^{-4}$；

$C_{22}=2.597\ 4\times10^{-6}$；

$C_{23}=-2.533\ 5\times10^{-8}$；

$C_{24}=1.040\ 5\times10^{-10}$；

$C_{30}=-9.772\ 9\times10^{-6}$；

$C_{31}=3.850\ 4\times10^{-7}$；

$C_{32}=-2.364\ 3\times10^{-9}$。

$$\begin{aligned}A(t,p)=&A_{00}+A_{01}t+A_{02}t^2+A_{03}t^3+A_{04}t^4\\&+(A_{10}+A_{11}t+A_{12}t^2+A_{13}t^3+A_{14}t^4)p\\&+(A_{20}+A_{21}t+A_{22}t^2+A_{23}t^3)p^2\\&+(A_{30}+A_{31}t+A_{32}t^2)p^3\end{aligned}\qquad\text{(A.17)}$$

式中：

$A_{00}=1.389$；

$A_{01}=-1.262\times10^{-2}$；

$A_{02}=7.164\times10^{-5}$；

$A_{03}=2.006\times10^{-6}$；

$A_{04}=-3.21\times10^{-8}$；

$A_{10}=9.474\ 2\times10^{-4}$；

$A_{11}=-1.258\ 0\times10^{-4}$；

$A_{12}=-6.488\ 5\times10^{-7}$；

$A_{13}=1.050\ 7\times10^{-7}$；

$A_{14}=-2.012\ 2\times10^{-9}$；

$A_{20}=-3.906\ 4\times10^{-5}$；

$A_{21}=9.104\ 1\times10^{-7}$；

$A_{22}=-1.600\ 2\times10^{-8}$；

$A_{23}=7.988\times10^{-10}$；

$A_{30}=1.100\times10^{-7}$；

$A_{31}=6.649\times10^{-9}$；

$A_{32}=-3.389\times10^{-10}$。

$$B(t,p)=B_{00}+B_{01}t+(B_{10}+B_{11}t)p\qquad\text{(A.18)}$$

式中：

$B_{00}=-1.922\times10^{-2}$；

$B_{01}=-4.42\times10^{-5}$；

$B_{10}=7.363\ 7\times10^{-4}$；

$B_{11}=1.794\ 5\times10^{-6}$。

$$D(t,p)=D_{00}+D_{10}p\qquad\text{(A.19)}$$

式中：

$D_{00}=1.727\times10^{-3}$；

$D_{10}=-7.983\ 6\times10^{-5}$。

A.1.10　动力深度偏差

$$\Delta D=\int_0^p\delta\mathrm{d}p\qquad\text{(A.20)}$$

式中：

ΔD——动力深度偏差，单位为平方米每二次方秒(m^2/s^2)；

δ——海水质量体积偏差，单位为立方米每千克(m^3/kg)；

p——海水压强，单位为兆帕(MPa)。

$$\Delta D = \sum_{i=1}^{n} \Delta D_i \qquad i = 1,2,\cdots\cdots,n$$
$$\Delta D_i = 1/2(\delta_i + \delta_{i-1})\mathrm{d}p_i \qquad \cdots\cdots(A.21)$$
$$\mathrm{d}p_i = d_i - d_{i-1}$$

A.1.11 海水比容

$$\alpha = \frac{1}{\rho} \qquad \cdots\cdots(A.22)$$

式中：

α——海水质量体积，单位为立方米每千克(m^3/kg)；

ρ——海水密度，单位为千克每立方米(kg/m^3)。

A.2 跃层图的绘制

A.2.1 跃层强度、深度和厚度

跃层特性用其强度、深度和厚度表征。某要素垂直分布曲线上曲率最大的点 A,B(习惯称“拐点”)分别称为顶界和底界(图 A.1)，A 点所在深度(Z_A)为跃层的顶界深度；B 点所在深度(Z_B)为跃层的底界深度；$\Delta Z(Z_B-Z_A)$为跃层的厚度；当 A,B 两点对应的某要素差值为 ΔX(即 X_B-X_A)时，则跃层的强度为$\pm\Delta X/\Delta Z$。当水温的垂直分布自上向下递减时，强度取正号，反之取负号；当实用盐度、海水密度偏差或海水声速的垂直分布自上向下递增时取正号，反之取负号。

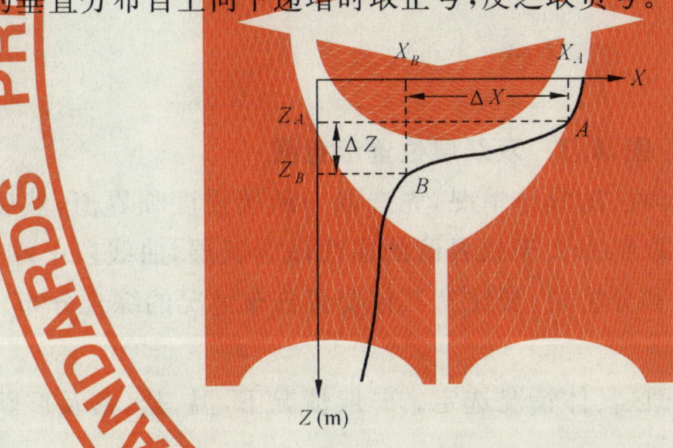

图 A.1 跃层示意图

A.2.2 跃层顶界和底界的确定

跃层顶界和底界的划定，直接关系着跃层强度、深度和厚度的量值。划定时应遵循以下原则：

a) 水文要素(温、盐、密及声)垂直分布曲线的上、下均匀层清楚、“拐点”明显，则取两个“拐点”分别作为跃层的顶界和底界(图 A.2 a))；

b) 水文要素(温、盐、密及声)垂直分布曲线上的“拐点”不明显，应“从强选取”(图 A.2b))；

c) 当水文要素(温、盐、密及声)的垂直分布曲线出现双跃层时，按以下规定划定跃层顶界和底界。

当上、下两个跃层的位置相距较大时(图 A.3 a))，应分别划定上、下两个跃层的顶界和底界；

当上、下两个跃层相距较近，但仍可区分起始点时(图 A.3 b))，除分别划定两个跃层的顶界和底界外，还应以上跃层的顶界为顶界，下跃层的底界为底界，作为全跃层；

当上、下两个跃层相距很近，难于清晰地分开时(图 A.3 c))，则只取全跃层值。

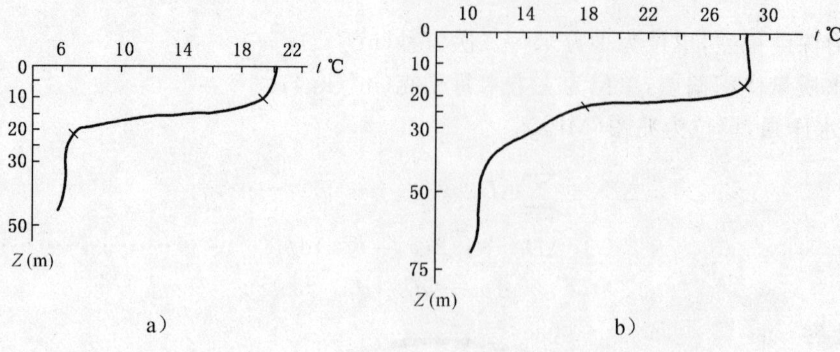

图 A.2 跃层位置示意图

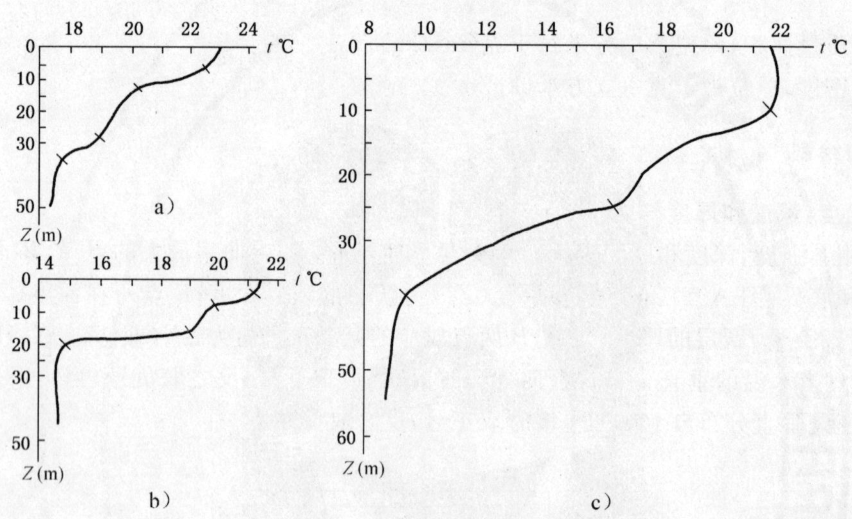

图 A.3 双跃层位置示意图

划出跃层顶界和底界，亦可根据海区的具体情况，先选取一跃层强度临界值，然后沿水文要素（温、盐、密及声）垂直分布曲线量取斜率，取斜率大于临界值的曲线段为跃层，曲线段上端为顶界，下端为底界。此外，某一要素进行跃层的选取和分析时，要注意其他要素分布情况的综合分布。

A.2.3 跃层强度最低标准的规定

跃层强度最低标准可依需要和海区具体情况选定。一般情况下，温、盐、密及声跃层强度最低标准作如下规定：

a) 水深小于 200 m 时

——温跃层强度：$\Delta T/\Delta Z=0.2$ ℃/m

——盐跃层强度：$\Delta S/\Delta Z=0.1$/m

——密跃层强度：$\Delta \gamma/\Delta Z=0.1$ kg/m^4

——声跃层强度：$\Delta c/\Delta Z=0.5$/s

b) 水深大于 200 m 时

——温跃层强度：$\Delta T/\Delta Z=0.05$℃/m

——盐跃层强度：$\Delta S/\Delta Z=0.01$/m

——密跃层强度：$\Delta \gamma/\Delta Z=0.015$ kg/m^4

——声跃层强度：$\Delta C/\Delta Z=0.20$/s

A.2.4 跃层特征图的绘制

跃层特征图包括跃层强度、跃层厚度和跃层深度分布图。绘制方法与平面图相同，即在底图上填注各站跃层特征值，然后用内插法画出等值线。

绘制跃层特征分布图时，应注意以下几点：

a） 深度小于 200 m，跃层的各特征值年变化较大，等值线间隔可视具体情况而定；

b） 深度大于 200 m，温、盐、密及声速跃层特征图的等值线间隔规定如表 A.1；

表 A.1 等值线间隔

各类跃层	强度	厚度	深度
温跃层	0.05℃/m	50 m	25 m
盐跃层	0.01/m	25 m	25 m
密跃层	0.01 kg/m^4	50 m	25 m
声跃层	0.1/s	50 m	25 m

c） 绘跃层强度分布图时，应以跃层强度最低标准的等值线作为跃层区的边界线，并在边界线外侧画影线，边界线以外为“无跃层”；

d） 出现双跃层时，应用虚线画出双跃层区的范围，并注明“双跃层区”。

A.3 潮流的分析和预报

A.3.1 流速的分解和合成

A.3.1.1 流速的分解

实测海流按下列公式分解为北、东分量：

$$\begin{cases} u = w\cos\theta \\ v = w\sin\theta \end{cases} \quad \cdots\cdots\cdots\cdots (A.23)$$

式中：

u——海流的北分量，单位为米每秒（m/s）；

v——海流的东分量，单位为米每秒（m/s）；

w——流速，单位为米每秒（m/s）；

θ——流向，单位为度（°）。

A.3.1.2 流速的合成

由海流的北、东分量按下列公式合成流速和流向：

$$\begin{cases} w = \sqrt{u^2 + v^2} \\ \theta = \begin{cases} \sin^{-1}(v/w) & 若\ u \geqslant 0 \\ \pi - \sin^{-1}(v/w) & 若\ u < 0 \end{cases} \end{cases} \quad \cdots\cdots\cdots\cdots (A.24)$$

A.3.2 短期测流资料的调和分析

A.3.2.1 计算潮流调和常数

当连续观测日数 $N<12$ 或只有数次间断的周日观测时，用短期分析方法计算潮流调和常数。

A.3.2.2 短期测流资料分析方法

短期测流资料分析方法有两种。

a） 引入差比数方法，以下简称“方法Ⅰ”；

b） 不引入差比数方法，以下简称“方法Ⅱ”。

A.3.2.3 测流资料应满足的天文条件

A.3.2.3.1 短期分析“方法Ⅰ”要求的天文条件

a） 良好天文条件：

全日潮良好天文条件公式如下：

$$270° \leqslant d_{O_1} - d_{K_1} - (g'_1 - 12°) \leqslant 90° \quad \cdots\cdots\cdots\cdots\cdots\cdots\cdots\cdots(\text{A}.25)$$

半日潮良好天文条件公式如下：

$$270° \leqslant d_{M_1} - d_{S_2} - (g'_2 - 12°) \leqslant 90° \quad \cdots\cdots\cdots\cdots\cdots\cdots\cdots\cdots(\text{A}.26)$$

式中：

d——分潮的天文相角，单位为度(°)；

g'_1——K_1 与 O_1 分潮的迟角差，单位为度(°)；

g'_2——S_2 与 M_2 分潮的迟角差，单位为度(°)。

b) 满足良好天文条件的最低次数与总观测次数的关系如表 A.2 所示。

表 A.2 满足良好天文条件的最低次数与总观测次数的关系

总观测次数	满足良好天文条件的最低次数	
	全日潮	半日潮
1	1	1
2	2	1
3	2	1
4	2	2
>5	3	2

A.3.2.3.2 短期分析“方法Ⅱ”要求的天文条件及选择方法

全日潮良好天文条件公式为：

$$\sigma_1 = \left[\sum_{i=1}^{N} D_{O_1}(i) D_{K_1}(i) \cos(d_{O_1}(i) - d_{K_1}(i))\right]^2 + \left[\sum_{i=1}^{N} D_{O_1}(i) D_{K_1}(i) \sin(d_{O_1}(i) - d_{K_1}(i))\right]^2 \approx 0 \quad \cdots\cdots\cdots\cdots\cdots(\text{A}.27)$$

半日潮良好天文条件公式为：

$$\sigma_2 = \left[\sum_{i=1}^{N} D_{M_2}(i) D_{S_2}(i) \cos(d_{M_2}(i) - d_{S_2}(i))\right]^2 + \left[\sum_{i=1}^{N} D_{M_2}(i) D_{S_2}(i) \sin(d_{M_2}(i) - d_{S_2}(i))\right]^2 \approx 0 \quad \cdots\cdots\cdots\cdots\cdots(\text{A}.28)$$

式中：

D——分潮的振幅系数；

d——分潮的天文相角；

i——周日观测序号。

公式(A.27)、公式(A.28)表示以 $d_{O_1} - d_{K_1}$（或 $d_{M_2} - d_{S_2}$）为方向，$D_{O_1} \times D_{K_1}$（或 $D_{M_2} \times D_{S_2}$）为长度构造矢量，各观测日期矢量和的模是$\sqrt{\sigma_1}$（或$\sqrt{\sigma_2}$）。满足“方法Ⅱ”的良好天文条件，就是矢量和的模越小越好，原则上应使各次观测的矢量在 0°～360°的平面上均匀分布。

A.3.2.4 分析方法对资料的要求

A.3.2.4.1 用“方法Ⅰ”计算潮流调和常数，至少应有一次周日连续观测资料，最好是三次以上的周日连续观测资料。每次周日观测的时间长度约 24 h。

A.3.2.4.2 用“方法Ⅱ”计算潮流调和常数，至少应有两次周日连续观测资料，最好是多次周日连续观测资料。

A.3.2.4.3 测流资料的取样间隔可以是不等距的，但取样间隔的平均时间长度一般不应大于 1 h。

A.3.2.4.4 如果各次周日观测的取样间隔不同，分析时应适当加权。权系数一般用下列公式确定：

$$w_i = \sqrt{24/n_i} \quad \cdots\cdots (A.29)$$

式中：

n_i——第 i 次周日观测的取样个数。

A.3.2.5 短期分析结果的误差要求

对于潮流较显著，非天文因素扰动较弱的海流资料分析结果，其自报流向平均偏差一般不应超过20°，自报流速平均偏差一般不应超过实测平均潮流流速的20%。

A.3.3 潮流预报

A.3.3.1 潮流表达式

$$\begin{cases} u = U_0 + \sum_i f_i U_i \cos[\sigma_i t + (\alpha+\beta)_i - \zeta_i] \\ v = V_0 + \sum_i f_i V_i \cos[\sigma_i t + (\alpha+\beta)_i - \eta_i] \end{cases} \quad \cdots\cdots (A.30)$$

式中：

U_0——余流北分量，单位为米每秒(m/s)；

f_i——分潮的交点因数；

U_i——分潮流北分量振幅，单位为米(m)；

σ_i——分潮的角速度，单位为度每小时(°/h)；

t——时间，单位小时(h)；

α——分潮的格林尼治天文初位相，单位为度(°)；

β——分潮的交点改正角，单位为度(°)；

ζ_i——分潮流北分量迟角，单位为度(°)；

V_0——余流东分量，单位为米每秒(m/s)；

V_i——分潮流东分量振幅，单位为米(m)；

η_i——分潮流东分量迟角，单位为度(°)。

A.3.3.2 分潮的选取

A.3.3.2.1 短期分析方法可得到6个分潮的调和常数。为了提高预报精确度，可利用调和常数之间的差比关系，计算其他较主要分潮的调和常数，在预报中适当增加分潮数目。

A.3.3.2.2 中、长期分析方法可得到数十个乃至上百个分潮的调和常数。预报时，应略去那些振幅小，误差大的分潮。

附 录 B
（规范性附录）
海洋调查资料交换代码

海洋调查资料交换代码包括17种代码，分别是海洋调查资料类型代码、CTD观测要素(除温盐)单位及代码、特性层类型代码、生物类别代码、生物采样工具代码、海洋底质采样器代码、生物学测定要素代码、生物学测定计量单位代码、导航定位方法代码、粒度分析方法代码、沉积物与岩石矿物鉴定方法代码、沉积物与岩石化学分析方法代码、测深基准面代码、理论重力公式代码、重力参考系统代码、地磁参考场代码和海洋地质与地球物理调查资料记录类型代码，如表B.1～表B.17所示。

表 B.1 海洋调查资料类型代码表

序 号	海洋调查资料类型	代码
1	采样法测温盐资料	CTS
2	采用CTD温盐观测资料	CTD
3	采用BT仪器观测资料	XBT
4	漂流浮标测流资料	DBC
5	锚定船测流资料	CCC
6	锚定浮标测流资料	CFC
7	走航ADCP测流资料	ADP
8	目测海浪资料	MWA
9	仪测海浪资料	YWA
10	水位观测资料	LEV
11	水色、透明度、海发光观测资料	STG
12	海冰观测资料	ICE
13	冰山观测资料	ICM
14	海面气象观测原始资料	HQY
15	海面气象观测资料	HQB
16	高空温度、湿度、气压观测原始资料	GQY
17	高空温度、湿度、气压观测资料	GQB
18	高空风观测原始资料	GFY
19	高空风观测资料	GFB
20	海水化学调查资料	HCH
21	海洋底质调查资料	DZH
22	水深测量资料	DBS
23	海洋地球物理调查资料	DWD
24	海水声速调查资料	SHS
25	海洋环境噪声调查资料	ZSH
26	海底声特性调查资料	STX

表 B.1(续)

序　号	海洋调查资料类型	代码
27	声传播损失调查资料	SCS
28	海面照度调查资料	HZD
29	水下辐照度调查资料	FZD
30	水下辐亮度调查资料	FLD
31	水下透射率或衰减系数观测资料	TSL
32	叶绿素调查资料	YLS
33	初级生产力调查资料	SCL
34	微生物调查资料	WSW
35	浮游植物调查资料	FZW
36	浮游动物调查资料	FDW
37	底栖生物调查资料	DSW
38	鱼卵、仔稚鱼调查资料	FIS
39	游泳生物调查资料	YSW
40	潮间带生物调查资料	CJD
41	海洋污损生物调查资料	WSS
42	生物学测定资料	SWX

表 B.2　CTD 观测要素(除温盐)单位及代码表

要素名称	代　码	单　位
电导率	Cond	s/m
现场密度	XDen	kg/m^3
条件密度	TDen	kg/m^3
声速	Song	m/s
溶解氧	DO	$\mu mol/dm^3$
pH 值	pH	
注：未包含在内的其他观测要素的名称代码及单位，可以由资料产出单位自行定义并作说明。		

表 B.3　特性层类型代码表

代　码	特性层类型
001	海面层
002	等温层
003	逆温层
004	温度突变层
005	湿度突变层
006	零度层
007	第一对流层顶
008	第二对流层顶
009	终止层
010	温度失测层

表 B.4 生物类别代码表

代码	名称	代码	名称
01	多毛类	08	藻类
02	单壳类	09	鱼类
03	双壳类	10	蟹类
04	甲壳类	11	头足类
05	腔肠类	12	虾类
06	软体类	99	其他
07	棘皮类		

表 B.5 生物采样工具代码表

代码	采样工具	代码	采样工具
01	浮游生物网	06	抓斗采泥器
02	围网	07	柱状采泥器
03	拖网	08	挖泥器
04	钓钩	09	泵抽
05	采样瓶	99	其他

表 B.6 海洋底质采样器代码表

采样器代码	采样器名称
S	抓斗采样器
BC	箱式采样器
DG	拖网
MC	多管采样器
G	重力管
PC	大型重力活塞采样器
FG	自返式采样器
WS	悬浮体采样器

表 B.7 生物学测定要素代码表

代码	要素	代码	要素
01	全长	11	摄食饱满系数
02	体长	12	含脂量
03	鱼体重	13	年龄
04	纯体重	14	头胸甲长度
05	性腺重	15	头胸甲宽度
06	性别	16	腹部长度
07	胃肠重	17	腹部宽度
08	性腺成熟度	18	体重
09	性腺成熟系数	19	胴长
10	摄食强度		

表 B.8 生物学测定计量单位代码表

代码	计量单位
1	mm
2	g
3	%
4	a
5	级
6	期

表 B.9 导航定位方法代码表

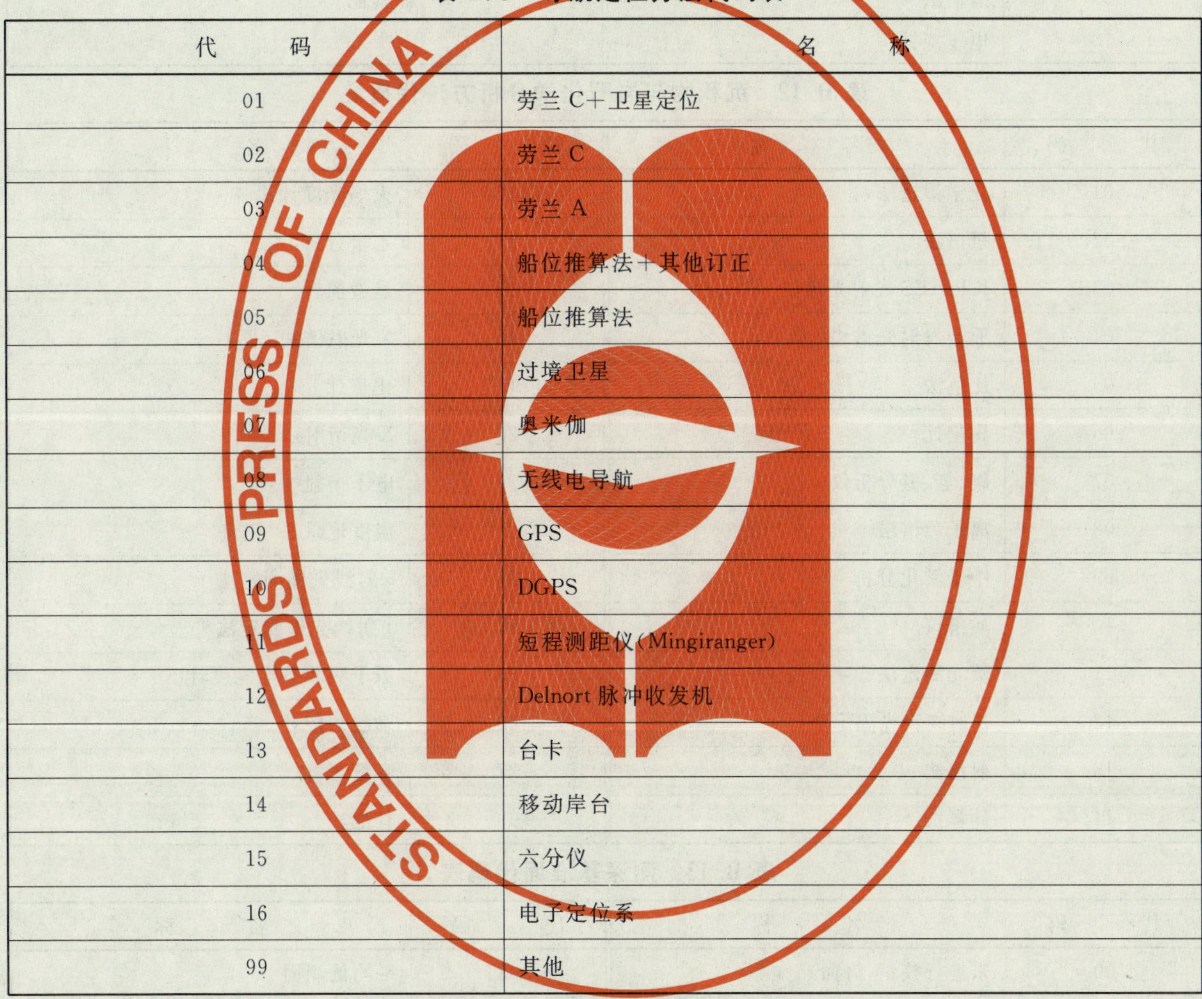

代码	名称
01	劳兰 C+卫星定位
02	劳兰 C
03	劳兰 A
04	船位推算法+其他订正
05	船位推算法
06	过境卫星
07	奥米伽
08	无线电导航
09	GPS
10	DGPS
11	短程测距仪(Mingiranger)
12	Delnort 脉冲收发机
13	台卡
14	移动岸台
15	六分仪
16	电子定位系
99	其他

表 B.10 粒度分析方法代码表

代码	名称	代码	名称
1	筛析法	6	沉积平衡法
2	沉降管法	7	水下光度计法
3	快速沉积物分析法	8	库尔特计数器法
4	吸管法	9	激光法
5	比重计法	0	综合法

表 B.11 沉积物与岩石矿物鉴定方法代码表

代　　码	名　　称	代　　码	名　　称
01	偏光镜	11	油浸法
02	双目实体镜下鉴定	12	微量矿物化学鉴定法
03	化学湿选法	13	光谱分析
04	块体鉴定	14	矿物发光分析
05	质谱测定	15	中子显微镜照相
06	X 光衍射	16	红外吸收光谱
07	电子显微镜	17	能谱
08	综合法	18	差热
09	射谱法	99	其他
10	电子探针		

表 B.12 沉积物与岩石化学分析方法代码表

代　　码	名　　称	代　　码	名　　称
01	化学湿选法	15	火焰光度计法
02	极谱法	16	定量分析
03	ICP-AES 发射光谱仪	17	显微探针
04	原子发射光谱法	18	X 光射谱法
05	比色法	19	比重计
06	库伦计	20	X 光衍射
07	碳、氢、氮分析仪	21	电子衍射
08	离子色谱法	2	温度记录法
09	中子活化分析	23	α 射线光谱测定法
10	质谱仪	24	γ 射线光谱测定法
11	荧光测定法	25	原子吸收分光光度计
12	X 射线荧光测定法	26	磺酸测定计
13	射谱法	27	容量法
14	计算法	99	其他

表 B.13 测深基准面代码表

代　　码	名　　称	代　　码	名　　称
00	未进行校正(海面)	08	平均低潮面
01	最低正常低潮面	09	赤道大潮低潮面
02	平均低低潮面	10	回归低低潮面
03	最低低潮面	11	最低天文潮
04	大潮平均低低潮面	12	大沽零点
05	印度洋大潮低潮面	13	黄海零点
06	大潮平均低潮面	14	理论深度基准面
07	平均海平面	88	其他

表 B.14 理论重力公式代码表

代码	名称
1	海斯干宁(Heiskanen)公式,1924 年 $r_o=9\ 780\ 520[1+0.005\ 285\sin^2\phi-0.000\ 007\ 0\sin^2 2\phi+0.000\ 027\cos 2\phi\cos^2(\lambda-18°)]\ \mu\ m/s^2$
2	国际正常重力公式,1930 年 $r_o=9\ 780\ 490(1+0.005\ 288\ 4\sin^2\phi-0.000\ 005\ 9\sin^2 2\phi)\ \mu\ m/s^2$
3	国际大地测量系统,1967 年 $r_o=9\ 780\ 318.5(1+0.005\ 278\ 895\sin^2\phi-0.000\ 023\ 462\sin^4\phi)\ \mu\ m/s^2$
4	赫尔默特(Helmert)公式,1901～1909 年 $r_o=9\ 780\ 300(1+0.005\ 302\sin^2\phi-0.000\ 007\sin^2 2\phi)\ \mu\ m/s^2$
5	国际正常重力公式,1971 年 $r_o=9\ 780\ 317.5(1+0.005\ 302\ 45\sin^2\phi-0.000\ 005\ 85\sin^2 2\phi)\ \mu\ m/s^2$
6	国际正常重力公式,1985 年 $r_o=9\ 780\ 327\ (1+0.005\ 302\ 4\sin^2\phi-0.000\ 005\ 80\sin^2 2\phi)\ \mu\ m/s^2$
8	其他,另有说明

表 B.15 重力参考系统代码表

代码	名称
1	地方系统
2	波茨坦系统
3	1971 年国际重力标准网系统[IGSN(1971)]
9	其他

表 B.16 地磁参考场代码表

代码	名称
00	未使用
01	美国 1970 年版世界图(AWC70)
02	美国 1975 年版世界图(AWC75)
03	1965 年国际地磁参考场(IGRF-65)
04	1975 年国际地磁参考场(IGRF-75)
05	美国戈达德空间飞行中心-1266(GSFC-1266)
06	美国戈达德空间飞行中心-0674(GSFC-0674)
07	英国 75(UK75)
08	极地轨道地球物理观测卫星 0368(POGO 0368)
09	极地轨道地球物理观测卫星 1068(POGO 1068)
10	极地轨道地球物理观测卫星 0969(POGO 0869)
11	1980 年国际地磁参考场(IGRF-80)
12	1985 年国际地磁参考场(IGRF-85)
13	1990 年国际地磁参考场(IGRF-90)
88	其他

表 B.17　海洋地质与地球物理调查资料记录类型代码表

记录类型	代　码
海洋地球物理调查资料通用航次信息(1)	G01
海洋地球物理调查资料通用航次信息(2)	G02
海洋地球物理调查资料通用航次信息(3)	G03
水深测量信息	G04
水深数据	G05
重力测量信息	G06
重力测量参考信息	G07
重力测量数据	G08
地磁测量信息	G09
地磁测量数据	G10
海洋底质调查资料通用航次信息(1)	G11
海洋底质调查资料通用航次信息(2)	G12
海洋底质调查资料通用站位信息	G13
沉积物粒度分析样品信息	G14
沉积物粒度分析数据	G15
沉积物粒度分析统计数据	G16
沉积物与岩石矿物分析鉴定样品信息	G17
重矿物鉴定数据	G18
轻矿物鉴定数据	G19
沉积物粘土矿物鉴定数据	G20
沉积物与岩石化学分析样品信息	G21
沉积物与岩石化学成分分析数据	G22
沉积物与岩石元素成分分析数据	G23
沉积物古生物鉴定样品信息	G24
有孔虫鉴定数据	G25
底栖有孔虫鉴定数据	G26
浮游有孔虫鉴定数据	G27
放射虫鉴定数据	G28
硅藻鉴定数据	G29
孢粉鉴定数据	G30
介形虫鉴定数据	G31
钙质超微化石鉴定数据	G32
沉积物与岩石放射性测年数据	G33
沉积物物理力学性质测试数据	G34
多波束水深测量航次信息	G35

表 B.17（续）

记录类型	代码
多波束测量测线信息	G36
多波束水深数据	G37
多波束声速剖面站位信息	G38
多波束声速剖面数据	G39
浅地层测量信息	G40
浅地层测线信息	G41
浅地层测点信息	G42
浅地层测量数据	G43

ICS 07.060
A 45

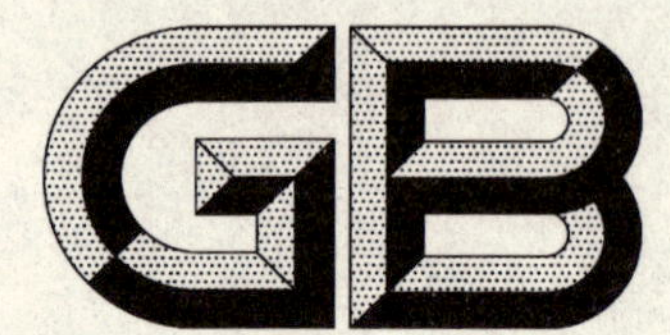

中华人民共和国国家标准

GB/T 12763.8—2007
代替 GB/T 13909—1992

海洋调查规范
第8部分:海洋地质地球物理调查

Specifications for oceanographic survey—
Part 8:Marine geology and geophysics survey

2007-08-13 发布 2008-02-01 实施

中华人民共和国国家质量监督检验检疫总局
中国国家标准化管理委员会 发布

前言

GB/T 12763《海洋调查规范》分为 11 个部分：

——第 1 部分：总则；

——第 2 部分：海洋水文观测；

——第 3 部分：海洋气象观测；

——第 4 部分：海水化学要素调查；

——第 5 部分：海洋声、光要素调查；

——第 6 部分：海洋生物调查；

——第 7 部分：海洋调查资料交换；

——第 8 部分：海洋地质地球物理调查；

——第 9 部分：海洋生态调查指南；

——第 10 部分：海底地形地貌调查；

——第 11 部分：海洋工程地质调查。

第 9 部分：海洋生态调查指南，第 10 部分：海底地形地貌调查和第 11 部分：海洋工程地质调查对应于 GB/T 12763—1991 是新增部分。

本部分为 GB/T 12763《海洋调查规范》的第 8 部分，代替 GB/T 13909—1992《海洋调查规范　海洋地质地球物理调查》。

本部分与 GB/T 12763 的第 1 部分、第 7 部分和第 10 部分配套使用。

本部分与 GB/T 13909—1992 相比主要变化如下：

GB/T 13909—1992 版本为篇、章、条、款结构，本版依据 GB/T 1.1《标准化工作导则　第 1 部分：标准的结构和编写要求》改为章、条、款结构。

本版的表 1 较 GB/T 13909—1992 版本有 4 处变动：

——删去"远海"、"近海"之分及其内容，近远海均同一要求；

——删去 $1:200\times10^4$ 比例尺调查内容，部分项目增加 $1:10\times10^4$ 和 $1:5\times10^4$ 比例尺调查内容；

——删去"以相应比例尺图幅上距离(mm)"来规定导航定位准确度，改为使用 DGPS 定位；

——海洋重力测量、海洋地磁测量等的测量准确度标准均有较大提高，其中海洋地磁测量的准确度提高幅度较大，原 $1:100\times10^4$ 和 $1:50\times10^4$ 比例尺的测量准确度由 12nT 和 8nT 提高为 4nT；原 $1:20\times10^4$ 比例尺的测量精度由 4nT 提高为 2nT。

第 5 章海底地形地貌调查因调查方法有重大变化，故而独立成为新的标准，即 GB/T 12763 的第 10 部分：海底地形地貌调查，本章改为引用该新标准。

本版第 6 章海洋底质调查相关内容有多处变动：

——6.1.3.2 b)柱状取样长度要求由原规定的深海不得少于 50 cm，浅海不得少于 100 cm 均改为不应少于 150 cm，增订采样器配重为 300 kg～600 kg；

——6.3.2.3 沉积物粒度分析方法改原采用库尔特仪为激光粒度分析仪；

——6.3.3.2 沉积物粒度分类及命名增订深海沉积物三角图分类法；

——6.3.3.3 中表 4 分选程度等级由原七等归并为五等；

——6.5 沉积物物理力学性质测试新增订贯入强度试验和富钴结壳与岩石物理力学性质测试；

——6.7 沉积物化学测定中，改 6.7.8 有机碳测定、6.7.10 全氮测定、6.7.11 碳酸盐测定的测定方法均为元素分析仪分析。

第7章标题用“海底浅层结构探测”代替原版本标题“海底浅层结构和表层沉积物声波探测”，7.1和7.2分别用“拖曳式浅地层剖面探测”和“船载式浅地层剖面探测”代替原版本“地层剖面探测”和“海底多频探测”，并删去多金属结核覆盖率和丰度计算内容；

第9章中，由“空间重力异常”一词替代原“自由空间重力异常”一词；9.4.1.1海洋重力测量原始记录验收等级标准的d款“一条测线上连续缺失记录小于测线长的10%，累计缺失小于测线长的20%，不合格测线小于测线总数的10%”，修改为“一条测线上连续缺失记录小于测线长的5%，累计缺失小于测线长的10%，不合格测线小于测线总数的5%”。

原版第10章第6条“海洋底质古地磁测量”调为6.9底质古地磁测量。

本部分的附录A、附录B、附录C、附录D、附录E、附录F、附录G和附录H均为规范性附录。

本部分由国家海洋局提出。

本部分由国家海洋标准计量中心归口。

本部分由国家海洋局第二海洋研究所负责起草(修订)，国土资源部广州海洋地质调查局、国家海洋局第一海洋研究所参加起草(修订)。

本部分主要起草人：李家彪、柯长志、康寿岭、于晓果、王小波、张富元、宋连清、华祖根、陈建芳、钱江初、钱翼鹏、吕文正、李全兴、谭帆、徐家声和丛友滋等。

本部分所代替标准的历次版本发布情况为：

——GB/T 13909—1992。

海洋调查规范
第 8 部分:海洋地质地球物理调查

1 范围

GB/T 12763 的本部分规定了海洋地质、地球物理调查的基本内容、方法、资料整理及调查成果的要求。

本部分适用于海洋地质、地球物理环境基础要素调查,一些专业、专项调查亦可参照使用。

2 规范性引用文件

下列文件中的条款通过 GB/T 12763 的本部分的引用而成为本部分的条款。凡是注日期的引用文件,其随后所有的修改单(不包括勘误的内容)或修订版均不适用于本部分,然而,鼓励根据本部分达成协议的各方研究是否可使用这些文件的最新版本。凡是不注日期的引用文件,其最新版本适用于本部分。

GB/T 12763.1 海洋调查规范 第 1 部分:总则

GB/T 12763.6 海洋调查规范 第 6 部分:海洋生物调查

GB/T 12763.7 海洋调查规范 第 7 部分:海洋调查资料交换

GB/T 12763.10 海洋调查规范 第 10 部分:海底地形地貌调查

GB/T 50123 土工试验方法标准

3 术语和定义

下列术语和定义适用于本部分。

3.1

放射性测年 radioactive dating

利用自然界中一些放射性元素按一定的半衰期衰变的规律,确定与放射性元素共存的地质体绝对年代的一种分析研究方法。

3.2

海底热流密度 submarine heat-flow density

指地球内部以热传导的方式,在单位时间内通过海底单位表面积向外散失的热量。

3.3

地温梯度 geothermal gradient

单位深度上的地温差。

3.4

冷却板块模式 cooling plate model

建立在板块运动学基础上的理论热学模式。它假设大洋新生洋壳不断地从洋中脊生成,并推动两侧的洋壳向两边扩张,高温的新生洋壳因散热而逐渐冷却,于是形成了随地壳年龄增长而热流值随之降低的趋势。根据该理论模式,可将实测热流值与理论热流值对比,推算出大洋地壳年龄。

3.5

TVG 增益曲线 TVG gain trace

声波接收机的电压增益随时间变化的规律。

4 一般规定

4.1 技术设计

技术设计的主要内容应包括：

a) 任务的目的与要求；

b) 设计的依据，除任务书要求外，还应包括调查海域前人工作概况、调查区及邻区地质、地球物理基本特征等；

c) 调查船、仪器、调查比例尺与测线、测网布设，工作量与基本方法；

d) 技术要求与措施；

e) 外、内业安排及进度计划；

f) 预期成果与调查报告内容；

g) 课题（项目）人员组成，分工与协作；

h) 经费概算。

调查计划编制的责任、报批等见 GB/T 12673.1 的相关规定。

4.2 调查的基本方法

4.2.1 调查船作业的方式

调查船作业的方式可分为停船定点观测和走航连续测量两类。

停船定点观测项目包括底质采样、海底照相、海底热流测量等。

走航连续测量项目有海底浅层结构探测、海洋重力测量、海洋地磁测量、海洋地震调查等。

4.2.2 调查作业的基本方式

根据调查的目的和任务，采用不同比例尺的面积调查或路线调查，不同比例尺的调查，布设相应的测线、测网进行调查。

4.3 调查的基本要求

调查的基本要求如下：

a) 调查中应尽量采用多项目的综合调查；

b) 同一测区的地质、地球物理调查，测线或测网布设应统一，使调查资料相互印证，进行综合解释；

c) 在调查作业的同时，应对测区内及相邻地区的岛屿、陆地做适当的实地调查；无实地调查时，则应广泛收集资料，以便由陆及海地推断、解释海区的地质构造。

4.4 调查的准确度

环境基础要素调查中，常用调查比例尺的测线或测网、导航定位及测量的准确度规定见表 1。

海底热流测量和海底浅层结构探测项目，可不按调查比例尺的测线、测网密度要求进行测量，而应根据任务要求和/或其他项目调查状况，选择适当剖面或站位进行测量。

4.5 调查资料整理的基本要求

4.5.1 原始资料的验收

原始资料的验收办法：

a) 依据各调查项目的相关技术标准，进行调查原始资料验收，一般划分为合格、不合格两级，不合格的原始资料应废弃；

b) 原始资料验收由调查任务下达单位或执行单位组织进行；

c) 原始资料验收结果应作文字评语，参加验收者签字，单位盖章作为调查成果鉴定验收和资料归档的内容之一。

4.5.2 资料的分析与处理

资料的分析与处理要求如下：

a） 资料分析、计算应有责任制度，各项分析、计算结果均应有分析（计算）者、校核者、负责人签名；

b） 分析、计算的成果报表按 GB/T 12763.7 第 11 章的规定填报；

c） 成果图件编绘应有图名、比例尺、经纬度坐标、主要地物、图例、图的编号和必要的说明、责任表等。责任表包括编图单位、编图者、清绘者、技术负责人以及资料来源、编绘和出版日期等。

4.6 调查成果

4.6.1 样品、原始记录

包括沉积物样品、岩样、生物样、水样、现场描述记录、导航定位记录、模拟记录、数字记录及各种记录表、簿等。这些调查的第一手资料，是调查的初级成果。

4.6.2 基础图件

对调查获得的样品、原始记录经室内处理、分析与计算，按成图比例尺要求，编制各要素的基础图件。海洋地质、地球物理调查的基础图件包括底质类型分布图、底质的物理与化学各要素分布图及剖面图、海底浅层结构探测剖面图、空间重力异常平面图和剖面图、地磁异常（ΔT）平面图和剖面图、地震剖面图、矿产资源评价图、区域地质构造图等。

4.6.3 调查报告

调查报告的内容包括：

a） 前言，介绍调查任务的来源、目的和任务，调查海区的范围和地理位置、调查项目内容和工作量，外、内业工作时间和分工协作情况等；

b） 海上调查及资料整理，陈述海上调查的工作方法、测线布设、仪器和设备系统的性能及各项指标、观测系统选择及工作情况、导航定位系统及其准确度、原始资料质量、资料整理方法、成果资料准确度等；

c） 资料分析和解释，包括资料分析方法及其依据、各要素的分布特征、规律和综合分析等；

d） 地质环境、地质构造分析以及矿产资源评价等；

e） 结论与建议。

表 1 调查项目的主要技术要求

调查项目	调查比例尺	主测线间距/km （联络测线间距×主测线间距）[a]	导航定位要求	测线偏离/测线间距 %	测量准确度（ε）[b]
海洋底质调查	1∶100 万	30×30	DGPS 定位	—	—
	1∶50 万	15×15			
	1∶20 万	10×10			
	1∶10 万	5×5			
	1∶5 万	1×1			
海底浅层结构探测	1∶100 万	≤40×(5)	DGPS 定位	<20	—
	1∶50 万	≤20×(5)			
	1∶20 万	≤10×(5)			
	1∶10 万	≤5×(5)			
海洋重力测量	1∶100 万	≤20×(2.5～5)	DGPS 定位	<20	≤3×10^{-5} m/s^2
	1∶50 万	≤10×(2.5～5)			≤3×10^{-5} m/s^2
	1∶20 万	≤5×(2.5～5)			≤2×10^{-5} m/s^2
	1∶10 万	≤2.5×(5)			

表 1(续)

调查项目	调查比例尺	主测线间距/km（联络测线间距×主测线间距）[a]	导航定位要求	测线偏离/测线间距 %	测量准确度(ε)[b]
海洋地磁测量	1∶100 万	≤20×(2.5～5)	DGPS 定位	＜20	≤4nT
	1∶50 万	≤10×(2.5～5)			≤4nT
	1∶20 万	≤5×(2.5～5)			≤2nT
	1∶10 万	≤2.5×(5)			≤2nT
海洋地震调查	1∶100 万	≤20×(5)	DGPS 定位		—
	1∶50 万	≤10×(5)			
	1∶20 万	≤5×(5)			
	1∶10 万				

a “×”号前为主测线间距，“×”后为联络测线间距，括号中数字表示为主测线间距的倍数。

b 测量准确度(ε)值的计算见 5.1、9.1 和 10.1。

4.7 资料归档

调查资料归档内容包括：

a) 调查任务书或合同书、委托书等；

b) 课题论证报告、技术设计、方案报告及其审批意见；

c) 课题调查实施计划、站位表、测线布设图等；

d) 调查、实验、测试分析等原始记录；

e) 计算、分析整理的成果数据报表及说明；

f) 各种图表、图件(包括底图)、照片及文字说明；

g) 航次报告、专题总结报告；

h) 调查报告及成果鉴定、审议书；

i) 课题成员及经费结算表。

上述内容应将纸介质和电子文本同时归档。

资料归档、档案质量与成果验收的相关要求见 GB/T 12763.1 的相关规定。

5 海底地形地貌调查

海底地形地貌调查主要采用多波束测深系统、单波束回声测深仪和侧扫声纳进行，辅以浅地层剖面、单道地震和地质取样。海底地形地貌调查的技术指标、仪器检测、海上测量、资料处理和地形图、地貌图编绘要求见 GB/T 12763.10 的相关规定。

6 海洋底质调查

6.1 海洋底质采样

6.1.1 一般要求

一般要求如下：

a) 底质采样应先测水深，再表层采样，之后进行柱状采样；

b) 深海采样应两次定位，调查船到站和采样器到达海底时各测定一次船位；

c) 样品采集应达到规定数量，并尽量保持原始状态；

d) 采集的样品一般应及时低温保存。

6.1.2 底质表层采样

6.1.2.1 采样方法

底质表层样品采集一般采用蚌式、箱式、多管式、自返式或拖网等采样方法。

一般情况下多选用蚌式采样器，大洋可适当选用自返式无缆采样器，对样品有特殊要求（如数量大、原状样等）的调查可选用箱式采样器，当底质为基岩、砾石或粗碎屑物质时，选用拖网。

6.1.2.2 采样要求

采取的样品应保证一定数量，沉积物样不得少于 1 000 g，达不到此数量，该站列为空样，调查区内空样站位数不得超过总站位数的 10%。拖网采样尽量增大网具的强度和绞车钢绳的负荷能力，以利获取样品。

6.1.3 底质柱状采样

6.1.3.1 采样方法

底质柱状采样常使用重力、重力活塞、振动活塞及浅钻等取样设备进行。

6.1.3.2 采样要求

采样要求如下：

a） 底质为基岩或粗碎屑沉积物，不宜柱状采样；

b） 柱状采样管配重为 300 kg～600 kg，采取的柱状样的长度不得少于 150 cm；

c） 陆架海区柱状采样站数应占表层样站数的 1/10 以上，大洋海区占表层样站数的 1/15；

d） 采取的样品应及时做好层次标记，上下次序不得颠倒；

e） 分割样品时，应注意断面和剖面上样品的完整，防止污染或损坏样品。

6.1.4 悬浮体采样和分析要求

6.1.4.1 采样方法

悬浮体采集一般使用横式采水器、颠倒采水器或南森采水器等，采水层次根据水深或调查要求确定，近海一般采集表、中、底三层。

6.1.4.2 样品分析要求

样品分析要求如下：

a） 悬浮体采水量远海 2 000 cm^3，近海不得少于 1 000 cm^3，含沙量高的河口区为 500 cm^3 左右；

b） 滤膜应事先烘干、称重和编号，称量天平感量为 0.000 1 g，分析中各步骤称量应采用同一天平；

c） 悬浮体分析要求计算出单位体积海水中泥沙的含量；

d） 泥沙的粒级组分百分比用自动化粒度分析仪分析；

e） 需进行生物或有机质测定时，取样品的一半作烧失量分析，在 500℃ 温度下灼烧 2 h，计算出烧失量。

6.2 底质样品的现场描述与处理

6.2.1 一般要求

一般要求如下：

a） 样品从海底采至船甲板，应立即进行现场描述；

b） 样品现场描述项目和内容应简单明了并表格化，描述记录一律用铅笔书写；

c） 取样和处理样品时，应注意层次、结构和代表性，所有样品应认真登记、标记，不得混乱。

6.2.2 样品现场描述内容

6.2.2.1 颜色、气味、厚度

6.2.2.1.1 颜色

观察样品表面颜色和剖面颜色的变化，进行记录，颜色名称中主导基调色在后，次要附加色及形容词在前。

6.2.2.1.2　气味

样品采上后，立即鉴别有无硫化氢或其他气味及其强弱。

6.2.2.1.3　厚度

量取样管插入海底深度和实际采取样长度以及分层厚度，记入表格。

6.2.2.2　稠度和粘性

6.2.2.2.1　稠度分类

沉积物现场描述的稠度分类可分为如下五类：

a)　流动的，沉积物能流动；

b)　半流动的，沉积物能稍微流动；

c)　软的，沉积物不能流散，但性软，手指很易插入；

d)　致密的，手指用劲才能插入；

e)　略固结的，手指很难插入，用小刀能切割开者。

6.2.2.2.2　粘性分类

沉积物现场描述的粘性分类可分为如下三类：

a)　强粘性，极易粘手，强塑；

b)　弱粘性，微粘手，可塑；

c)　无粘性，不粘手，不可塑。

6.2.2.3　物质组成

物质组成如下：

a)　按粒级标准(见附录 A 简分法栏)对沉积物粒级组成分选性进行现场粗略划分：

分选优，单一优势粒级含量达 75%以上；

分选良，单一优势粒级含量达 50%～75%；

分选差，单一优势粒级含量达 25%～50%；

分选极差，单一优势粒级含量小于 25%；

b)　依据沉积物颜色和粒级进行现场命名，名称术语为颜色在前，粒级名在后；

c)　对岩屑、砾石、结核、团块及生物组分进行特殊描述，现场要鉴别其岩石名称、形状大小、颜色、磨圆度(尖棱角状、次棱角状、磨圆状)、胶结附着物质成分，以及生物种类、数量等。

6.2.2.4　沉积物的结构构造

沉积物结构构造描述内容为：

a)　沉积物颗粒排列胶结组合特征；

b)　分层、层间变化和层理特征；

c)　生物活动痕迹和扰动状况等。

6.2.2.5　其他

典型和有特殊意义的地质现象应进行素描、照相、揭片或 X 光拍片等。

6.2.3　样品现场处理

6.2.3.1　取样分析

取样分析要求如下：

a)　样品现场描述完毕应立即取样在船上进行 pH 值、E_h 值和 Fe^{3+}/Fe^{2+} 比值，以及相对密度(比重)、容重等物性测定；

b)　粒度分析、矿物鉴定、物理力学性质测定、古生物鉴定、化学分析、古地磁测定、测年等在陆地实验室进行；

c)　柱状样分样时，岩性变化处应取样，岩性变化不大，取样间距不得大于 50 cm；

d)　拖网样品按岩性或生物种类分别取样，送实验室做岩矿或生物鉴定。

6.2.3.2 样品登记和保存

样品登记和保存要求如下：

a) 取好样品的瓶(袋)要贴标签，并将样品瓶号及样品箱号记入现场描述记录表内，在柱状样品的取样位置上放入标签，其编号与瓶(袋)号一致；
b) 取好的样品要密封。

6.3 沉积物粒度分析

6.3.1 技术指标

沉积物粒度分析的主要技术要求：

a) 粒级标准采用尤登-温德华氏等比制 φ 值粒级标准(见附录 A)；
b) 筛析法粒级间隔为 0.5φ，必要时可加密；沉析法粒级间隔为 1φ；
c) 沉积物粗端要筛分到初始粒级质量分数小于 1%(大砾石除外)；
d) 采用福克和沃德粒度参数公式(公式 1、公式 2、公式 3 和公式 4)计算粒度参数；
e) 计算粒度参数的各粒级质量分数，在概率累计曲线上读取；
f) 沉积物分类和命名采用谢帕德的沉积物粒度三角图解法(见附录 D 图 D.1)或福克-沃德分类命名法；深海沉积物分类和命名采用深海沉积物三角图解分类法(见附录 D 图 D.2)。

6.3.2 分析方法

沉积物粒度分析，通常使用筛析法加沉析法(吸管法)，即综合法。筛析法适用于粒径大于 0.063 mm沉积物，沉析法适用于粒径小于 0.063 mm 的物质。当粒径大于 0.063 mm 的物质大于 85% 或粒径小于 0.063 mm 的物质占 99%以上时，可单独采用筛析法或沉析法。用自动化粒度分析仪(如激光粒度分析仪)分析沉积物粒度，应与综合法、筛析法、沉析法对比合格后方能使用。

6.3.2.1 筛析法

筛析法如下：

a) 原样搅拌均匀，按四分法取样，取样质量按表 2 估算；
b) 分析样烘干后移入烘箱，于 105℃恒温 3 h，再置于干燥器 15 min～20min，然后在感量 0.001 g 的天平上称量；
c) 将样品移入玻璃杯后加蒸馏水，加 20 cm^3 的 0.5mol/dm^3 的六偏磷酸钠($[NaPO_3]_6$)。浸泡 12 h 使样品充分分散；
d) 将分析样倒入孔径为 0.063 mm 的小筛中，用蒸馏水反复冲洗，使小于 0.063 mm 的物质充分冲洗入量筒中，把大于 0.063 mm 的物质烘干称量后做筛析分析；
e) 用孔径间隔为 0.5φ 的筛子由粗到细振筛 15 min，将各粒级样品烘干后在感量 0.000 1 g 的天平上称量，求出各粒级的质量分数。

表 2 粒度分析取样质量估算表

最大颗粒直径/mm	取样最小量/kg	最大颗粒直径/mm	取样最小量/kg
25	10	6	0.5
19	5	5	0.25
13	2.5	3	0.1
9	1	0.07	0.01

6.3.2.2 沉析法

沉析法如下：

a) 将筛析法 d)项冲入量筒中小于 0.063 mm 的物质稀释至 1 000 cm^3，在吸液前读取悬液温度；
b) 用搅拌器匀速搅拌 1 min(60 r/min)，在最后 1 s 内轻轻提出搅拌器，沉降时间由此起算，吸液深度和时间见附录 C；
c) 吸液前 15 s，将吸管轻轻置于悬液的特定深度，吸液时应在 20 s 内匀速准确地吸取 25 cm^3

悬液；

d) 将吸取的悬液置于小烧杯烘干后称量，求出各级粒级质量分数。

6.3.2.3 **激光法**

激光法如下：

a) 取沉积物样品数克并置入玻璃杯中，加纯净水、加 0.5 mol/dm^3 的六偏磷酸钠（$[NaPO_3]_6$）5 cm^3；

b) 浸泡样品 24 h，并每隔 8 h 轻轻搅拌 1 次，使样品充分分散；

c) 将浸泡样品全部倒入激光样品槽中，加超声振动、加高速离心，使样品再次充分分散；

d) 测定粒级质量分数；

e) 要求分析结果的误差小于 3、遮光度小于 30；

f) 计算粒度参数。

6.3.2.4 **粒度分析误差检验**

沉积物粒度分析误差检验指标见表 3。

表 3 粒度分析允许误差范围

分析方法	内检数/%	校正系数	平均粒径(M_z)	分选系数(σ_i)
综合法	20～30	0.95～1.05	0.40φ	0.3φ
筛析法	10～20	0.99～1.01	0.15φ	0.1φ
沉析法	20～30	0.95～1.05	0.40φ	0.3φ
激光法	5～10	0.99～1.01	0.15φ	0.1φ

检查结果有个别样品不符合表 3 中指标时，该样品应重做。每批分析样中，有三分之二的分析样与内检数相比，结果偏高或偏低，应整批重做。

6.3.3 **资料整理**

6.3.3.1 **粒级标准**

本标准采用尤登-温德华氏等比制 φ 值粒级标准。粒径与 φ 值的互换关系见附录 B（φ 值-毫米换算表）。

6.3.3.2 **沉积物粒度分类及命名**

沉积物分类和命名一般应采用谢帕德的沉积物粒度三角图解法（见附录 D 图 D.1），也可采用福克-沃克分类命名法。对样品中少量的未参与粒度分析的砾石、贝壳、珊瑚、结核、团块等，用文字加以说明，或在编制沉积物类型图时，用相应的符号加以标记。

对于深海区沉积物分类和命名可采用三角图解分类法（见附录 D 图 D.2）。深海沉积物三角图解分类法，将深海沉积物分为 26 种，各种沉积物的粘土、钙质生物、硅质生物具体含量指标如附录 D 图 D.2所示。

6.3.3.3 **粒度参数计算**

粒度参数采用福克和沃德公式计算：

$$M_z = \frac{\varphi_{16} + \varphi_{50} + \varphi_{84}}{3} \qquad \cdots\cdots(1)$$

式中：

M_z——平均粒径，单位为 mm；

φ_{16}、φ_{50}……——概率累积曲线上第 16、第 50……百分数所对应的值粒径 φ，单位为 mm。

$$\sigma_i = \frac{\varphi_{84} - \varphi_{16}}{4} + \frac{\varphi_{95} - \varphi_5}{6.6} \qquad \cdots\cdots(2)$$

式中：

σ_i——分选系数；

φ_{16}、φ_{84}……——概率累积曲线上第16、第84……百分数所对应的值粒径φ,单位为mm。

$$S_{ki}=\frac{\varphi_{16}+\varphi_{84}-2\varphi_{50}}{2(\varphi_{84}-\varphi_{16})}+\frac{\varphi_{5}+\varphi_{95}-2\varphi_{50}}{2(\varphi_{95}-\varphi_{5})} \quad\cdots\cdots(3)$$

式中：

S_{ki}——偏态；

φ_{16}、φ_{50}……——概率累积曲线上第16、第50……百分数所对应的值粒径φ,单位为mm。

$$K_g=\frac{\varphi_{95}-\varphi_{5}}{2.44(\varphi_{75}-\varphi_{25})} \quad\cdots\cdots(4)$$

式中：

K_g——峰态；

φ_{16}、φ_{50}……——概率累积曲线上第16、第50……百分数所对应的值粒径φ,单位为mm。

根据公式(1)和公式(2)计算结果，判断沉积物粒度分选程度，按分选程度等级表（表4）划分粒度分选程度等级。

粒度分布曲线峰值位于平均值之左称正偏态，位于平均值之右为负偏态。正态分布曲线的峰态为1.00。正态分布曲线平缓，称为低峰态，反之，称尖峰态。

表4　分选程度等级表

分选等级	σ_i
分选极好	$<0.35\varphi$
分　选　好	$0.35\varphi\sim0.71\varphi$
分选中等	$0.71\varphi\sim1.00\varphi$
分　选　差	$1.00\varphi\sim4.00\varphi$
分选极差	$>4.00\varphi$

6.4　底质矿物鉴定

6.4.1　技术指标

底质矿物鉴定的主要技术要求：

a) 碎屑矿物鉴定，通常宜选择0.25 mm～0.125 mm或0.125 mm～0.063 mm粒级，做定性和定量鉴定；

b) 定量计算中统计的碎屑矿物颗粒数不得少于300颗，并求出矿物的质量分数；

c) 分析粒级中有用矿物含量达到重砂矿产工业边界品位的1/4时，应高度重视，圈出异常点；

d) 粘土矿物鉴定粒级小于0.004 mm，一般选用0.002 mm粒级，要求半定量分析鉴定到族，双样抽检误差小于20%；

e) 采集到砾石或基岩样品，除现场作肉眼鉴定外，选代表性样品作薄片分析，鉴定出岩石名称。

6.4.2　碎屑矿物鉴定

6.4.2.1　样品制备

底质的碎屑矿物鉴定，一般在粒度分析后，直接选取所需粒级制备鉴定样。

6.4.2.1.1　样品分离

样品分离如下：

a) 样品分离采用淘洗盘法或重液法进行；

b) 如果矿物颗粒表面带有铁质或粘土质薄膜时，将样品盛入三角烧杯中，加入草酸钠溶液[$\rho(Na_2C_2O_4)=2\ g/dm^3$]煮沸1 h。

6.4.2.1.2　样品分离要求

样品分离要求如下：

a) 样品分离称量，使用感量0.001g天平；

b) 分离样品的量一般小于10 g,若大于10 g,应进行缩分;

c) 样品分离后,轻、重矿物达不到矿物定量的最低要求数(300粒),应在该粒级样品中再取样品进行分离;

d) 分离出的轻、重矿物,要求轻矿物中基本不含重矿物,重矿物中轻矿物的含量不得超过10%。

6.4.2.2 **分析鉴定**

6.4.2.2.1 **矿物的定性分析**

矿物定性分析的主要内容:

a) 样品量小于0.4 g,应全样观察鉴定,超过0.4 g,用四分法或条带分段法缩分;

b) 矿物定名,并描述矿物的颜色、结晶程度、大小、形态、结构构造、透明度、磨圆度、包裹体和风化程度等;

c) 双目实体镜不能完全鉴别时,可采用油浸法,微量矿物化学鉴定法,以及发光、光谱、X射线和电子探针等辅助方法;

d) 鉴定结果记入碎屑矿物鉴定表。

6.4.2.2.2 **矿物的定量分析**

矿物定量分析的主要内容:

a) 矿物定性分析后,在双目镜或偏光镜下采用条带颗粒记数或视域法进行定量计算;

b) 定量时,应分别对轻矿物和重矿物各数300个～500个颗粒,在轻矿物的定量中,应将长石中的钾长石和斜长石,碳酸盐中的方解石、霎石(霰石)和贝壳颗粒分开计数;

c) 计算轻、重矿物中的每一种矿物在其中的质量分数,计算式为:

$$\eta = \frac{R}{Q} \times 100 \qquad \cdots\cdots(5)$$

式中:

η——矿物颗粒质量分数,单位为%;

R——矿物颗粒数;

Q——计算的矿物颗粒总数。

6.4.2.3 **资料整理**

资料整理要求:

a) 矿物定性和定量的记录、表格和计算结果分别整理,编制碎屑矿物鉴定报表;

b) 根据要求编制轻、重矿物质量分数分布图,单矿物质量分数分布图,矿物组合分区图,样品站位图等图件;

c) 编写鉴定报告。

6.4.3 **粘土矿物鉴定**

6.4.3.1 **样品制备**

6.4.3.1.1 **样品分离提纯**

样品分离提纯如下:

a) 称取沉积物样50 g～100 g,加蒸馏水洗涤搅拌成1 000 cm^3的悬浮液,按斯托克斯沉降定律,用吸管吸取所需粒级,重复多次,至获得5 g～7 g干粘土止;

b) X射线衍射、差热、电镜等分析样品在50℃恒温水浴锅上蒸干,红外吸收光谱及化学元素分析样品应在150℃以下烘箱内烘干。

6.4.3.1.2 **样品处理和制片**

6.4.3.1.2.1 **X射线衍射分析样的处理和制片**

一批分析样品作X射线衍射分析时,需处理制成三种不同的定向片:

a) 每个样品各取35 mg～40 mg,去铁,去有机质,用镁-甘油饱和处理或乙醇饱和处理,制成定向片；

b) 选择分析样品数的10%，各取35 mg～40 mg，去铁，去有机质，制成自然定向片；

c) 再选分析样品数的10%，各取35 mg～40 mg，去铁，去有机质，用6 mol/dm^3 盐酸溶液浸泡，加热至80℃，恒温30 min，制成定向片。

定向片载片为3.3 cm×4.3 cm玻璃片或素瓷片，制成晾干，置于存有硝酸钙的干燥器中，24 h后测试。

6.4.3.1.2.2 红外吸收光谱分析样的处理和制片

称取1 mg～1.5 mg干粘土与200 mg溴化钾(KBr)混合研磨后压制成片，立即上机测试。

6.4.3.2 样品鉴定

6.4.3.2.1 定性分析

粘土矿物定性分析方法：

a) 以X射线衍射分析为主，适当抽样做差热或红外吸收光谱、电镜、能谱等分析，提高定性的准确度；

b) 同一批样品应在同一条件下测试；

c) 分析获得的扫描图谱与有关资料比对，确定出粘土矿物族种名称，同时，定出非粘土矿物组分。

6.4.3.2.2 半定量分析

粘土矿物半定量分析方法：

a) 确定“权因子”：蒙脱石(doo_1)用4，伊利石(doo_1)用1，绿泥石(doo_4)用1.75，高岭石(doo_2)用1，绿泥石(doo_2)＋高岭石(doo_1)用2.5，蒙脱石-伊利石混层矿物用2.5，伊利石-绿泥石混层矿物用1.75，混层粘土矿物用其组分权因子的平均值；

b) 以镁-甘油处理的X射线衍射扫描图谱为准，量取各粘土矿物峰高强度值(峰顶至背景线的距离)，权因子的倒数乘以峰高强度值，与加权峰高强度值之和的百分比，对应于该矿物的质量分数；

c) 样品中粘土矿物加权峰高之和的计算公式为：

$$w = \frac{1}{4}h_m + h_i + \frac{1}{2.5}h_{(c+k)} + \frac{1}{2.5}h_{(m+i)} + \frac{1}{2.5}h_{(c+i)} + \cdots \qquad (6)$$

式中：

w——样品中数种粘土矿物加权峰高之和，单位为cm；

h_m——蒙脱石的峰高，单位为cm；

h_i——伊利石的峰高，单位为cm；

$h_{(c+k)}$——绿泥石＋高岭石的复合峰高，单位为cm；

$h_{(c+i)}$——绿泥石-伊利石混层粘土峰高，单位为cm；

$h_{(m+i)}$——蒙脱石-伊利石混层粘土峰高，单位为cm。

式(6)右边各项与w的百分比代表相应矿物的质量分数。

d) 计算绿泥石与高岭石的质量分数须先用1/4 min慢扫描得绿泥石(doo_4)、高岭石(doo_2)的峰高值，用下式计算质量分数：

$$H_{(c+k)} = h_k + \frac{1}{1.75}h_c \qquad (7)$$

式中：

$H_{(c+k)}$——绿泥石(doo_4)与高岭石(doo_2)加权峰高之和，单位为cm；

h_k——高岭石峰高，单位为cm；

h_c——绿泥石峰高，单位为cm。

$$w_k = \frac{h_k}{H_{(c+k)}} \times w_{(c+k)} \qquad (8)$$

式中：

w_k——高岭石质量分数，单位为%。

h_k——高岭石峰高，单位为 cm；

$H_{(c+k)}$——绿泥石(doo_4)与高岭石(doo_2)加权峰高之和，单位为 cm；

$w_{(c+k)}$——式(6)求出的绿泥石与高岭石质量分数之和。

$$w_c = w_{(c+k)} - w_k \quad \cdots\cdots(9)$$

式中：

w_c——绿泥石质量分数，单位为%；

$w_{(c+k)}$——式(6)求出的绿泥石与高岭石质量分数之和；

w_k——高岭石质量分数，单位为%。

6.4.3.3 资料整理

资料整理要求如下：

a) 将各分析图谱等原始资料装订成册；

b) 填写粘土矿物分析报表；

c) 根据要求绘制分析站位图、单矿物质量分数分布图、粘土矿物质量分数组合直方图，粘土矿物组合分区图，粘土矿物柱状分布图；

d) 编写粘土矿物鉴定分析报告。

6.5 沉积物物理力学性质测试

6.5.1 技术指标

沉积物物理力学性质测试的主要技术要求：

a) 土样必须是原状土样，未失水；

b) 一组测试样品，长度约 25 cm～30cm，直径 6 cm～8 cm；

c) 含水量、原状土相对密度、十字板抗剪强度和天然粘着力等尽量在现场测定。

6.5.2 含水量测定

6.5.2.1 测定方法

测定方法如下：

a) 取代表性试样 15 g～30 g，放入称量盒，盖好盒盖，用感量 0.01 g 天平称量；

b) 揭开盒盖，将试样连盒放入烘箱，在温度 100℃～105℃下烘至恒重；

c) 烘干后的试样，放入干燥器内冷至室温，盖好盒盖，称量。

6.5.2.2 含水率的计算公式

$$w = \left(\frac{m_W}{m_d} - 1\right) \times 100 \quad \cdots\cdots(10)$$

式中：

w——含水量，单位为%；

m_W——湿(原状)土质量，单位为 g；

m_d——干土质量，单位为 g。

6.5.3 原状土相对密度测定

6.5.3.1 测定方法

测定方法如下：

a) 切取原状土样，厚度大于环刀高度 0.3 cm～0.5 cm，环刀涂薄层凡士林，放在土样上，其圆心对准土样中心；

b) 将环刀垂直下压，边压边用钢丝锯削去外围土样直至土样伸出环刀为止，削平环刀两端余土，并将环刀外壁擦净，用感量 0.01 g 天平称重；

c） 取代表性样品测定含水量。

6.5.3.2 原状土密度和干原状土密度的计算公式

$$\rho = \frac{m_W}{V} \qquad (11)$$

式中：

ρ——原状土密度，单位为 g/cm³；

m_W——湿土质量，单位为 g；

V——环刀容积，单位为 cm³。

$$\rho_d = \frac{\rho}{1 + 0.01w} \qquad (12)$$

式中：

ρ_d——干原状土密度，单位为 g/cm³；

ρ——原状土密度，单位为 g/cm³；

w——含水量，单位为%。

6.5.4 相对密度测定

土的相对密度为土颗粒在 100℃～105℃下烘至恒重时的质量与同体积 4℃下纯水的质量之比值。

6.5.4.1 测定方法

测定方法如下：

a） 将烘干土样研散，过 2 mm～5 mm 筛，取代表性样 15 g，装入烘干比重瓶，烘干，放入干燥器冷却，称量；

b） 在比重瓶中加中性溶液至比重瓶一半，放入真空缸内抽气，时间约 1 h～2 h，直至悬液内无气泡逸出为止；

c） 待悬液澄清后，用滴管加中性液至比重瓶刻度，加比重瓶塞，使多余中性溶液自瓶塞毛细管中溢出，擦干、称量、测定瓶内中性溶液温度。

6.5.4.2 相对密度计算公式

$$G_s = \frac{m_d}{m_1 + m_d - m_2} G_{kt^\circ} \qquad (13)$$

式中：

G_s——土的相对密度；

m_d——干土质量，单位为 g；

m_1——瓶和中性溶液总质量，单位为 g；

m_2——瓶、中性溶液和土总质量，单位为 g；

G_{kt°——t℃中性溶液相对密度（中性溶液的相对密度随温度变化曲线预先绘制）。

6.5.5 粘着力的测定

6.5.5.1 天然粘着力测定方法

天然粘着力测定方法如下：

a） 切取均质原状土试样，长、宽和高各 5 cm，整平试样表面，放在粘着力仪底座上；

b） 调节仪器底座使试样与粘锤接触，加适量压力使粘锤与试样完全接触，轻轻卸去压力（避免碰击粘锤杆）；

c） 调节粘着力仪使两端平衡，在粘着力仪另一端小心加钢珠或砝码，直至粘锤离开试样为止；

d） 用感量 0.01 g 天平称钢珠质量，并测定试样含水量。

6.5.5.2 最大粘着力测定方法

最大粘着力测定方法如下：

a） 把土样风干、研散，过 0.5 mm 筛，取过筛后土样 200 g，放在调土皿中加少量蒸馏水，搅拌均

匀,盖土湿布,静置 12 h;
b) 用调土刀调匀,并测试土样有否粘着调土刀,如没有,需加少量蒸馏水调匀,直到土样开始粘着调土刀为止;
c) 取部分试样密实填满仪器的试杯,并在桌上轻轻敲击排出试样中空气,刮平试样表面,放在仪器底座上,按天然粘着力 b)、c)、d)测定步骤测定粘着力和含水量;
d) 把试杯中余土挖出与调土皿中土样混合,加 2 cm^3～3 cm^3 蒸馏水搅匀,重复测定粘着力与含水量,直至所求的粘着力由小→大→小的转变过程,约 5 个以上粘着力数据。

6.5.5.3 **天然粘着力计算与最大粘着力确定**

天然粘着力计算与最大粘着力确定方法如下:

a) 天然粘着力计算公式为:

$$f_0 = \frac{mg}{10A} \quad \cdots\cdots(14)$$

式中:

f_0——天然粘着力,单位为 kPa;

m——钢珠质量,单位为 kg;

A——粘锤面积,单位为 cm^2;

g——当地重力加速度,单位为 m/s^2。

b) 最大粘着力确定

按天然粘着力计算方法计算不同含水量下土的粘着力 f_i,以含水量为横坐标,粘着力为纵坐标,绘制它们的关系曲线,曲线的最高点即为最大粘着力 f 与其对应的含水量 W_f。

6.5.6 **抗压强度的测定**

6.5.6.1 **压缩试验**

压缩试验方法如下:

a) 用压缩仪上环刀切取试样(其过程见原状土密度测定)并测定试样原状土密度和含水量;
b) 试样上下各放一张湿润滤纸,连环刀一起放入压缩容器的透水石上,小心安装护环、透水石和加压板,把压缩容器置于加压柜架中心;
c) 调整量表使其指针读数为某一数值;
d) 逐级加荷压缩 24 h,最后 1 h 的压缩稳定不超过 0.05 mm,然后成倍增加下一级荷重,一般压缩试验到 0.4 kPa 为止,高压压缩试验到 3.2 kPa 为止;
e) 压缩试验结束后,测定压缩后试样含水量。

6.5.6.2 **抗压强度有关指标的计算**

抗压强度有关指标的计算如下:

a) 抗压强度有关参数计算见附录 E;
b) 以压力 p 为横坐标,沉降量 s 或孔隙比 e 为纵坐标,绘制单位沉降量或孔隙比与压力的关系曲线;
c) 作 e-$\log p$ 曲线,求原状土先期固结压力 P_c。

6.5.7 **贯入强度测定**

6.5.7.1 **小型贯入强度试验**

小型贯入强度试验方法如下:

a) 依据土质软硬程度,选择贯入探头并与贯入仪连接;
b) 将贯入探头对准土样中心,慢慢压入土样直至探头深入土样;记录贯入最大值;
c) 每 2 cm 土样测定一个贯入强度。

6.5.7.2 计算贯入强度的公式

$$P_a = \frac{p}{A} \times 10 \qquad \cdots\cdots(15)$$

式中：

P_a——贯入强度，单位为 kPa；

p——贯入仪读数，单位为 N；

A——贯入探头截面积，单位为 cm^2。

以贯入强度为横坐标，土样深度为纵坐标，绘制贯入强度随深度变化曲线。

6.5.8 抗剪强度测定

6.5.8.1 快剪试验

快剪试验方法如下：

a) 用仪器环刀按原状土密度测定要求切取一组四个原状土试样，并测量原状土密度和含水量；

b) 四个试样上下各放一张塑料薄膜（大小与环刀直径一致），把试样推入盒内透水石上，并加透水石、压盖板、钢珠、压力框架；

c) 转动手轮，使量力环前端与上剪切盒钢珠接触，调整量力环中量表读数为零，（如需测记垂直变形，则安装垂直量表）；

d) 施加垂直压力：四个试样的垂直压力分别为 0.05 kPa、0.1 kPa、0.2 kPa 和 0.4 kPa，各个垂直压力可一次施加，也可分次施加，达到要求压力；

e) 施加垂直压力后，立即拨去剪切盒固定插销，开动秒表，以 4 r/min～12 r/min 均匀速度转动手轮，使试样在 3 min～5 min 内剪损，手轮每转一圈，测记量力环量表读数，直至剪损，剪切后尽快取出试样，测定剪切面上的含水量。

6.5.8.2 固结快剪试验

固结快剪试验方法如下：

a) 按 6.5.8.1 的 a)、b)、c)过程进行，其中试样上下改放湿滤纸，分别推入四个剪切盒内进行固结；

b) 施加垂直压力进行固结，其过程与压缩试验一致，但各试样垂直压力分别达到 0.05 kPa、0.1 kPa、0.2 kPa 和 0.4 kPa 为止，每小时垂直变形不超过 0.05 mm 时为达到固结稳定，按快剪过程施加水平剪切力进行剪切；

c) 如果试样在预压仪上固结，当四个试样移至剪切仪后，每小时固结稳定仍需不超过 0.05 mm 的变形才可进行剪切。

6.5.8.3 快剪和固结快剪强度计算

快剪和固结快剪强度计算如下：

a) 应变控制式直接剪切仪所测得试样的剪应力及剪切位移根据下式计算：

$$\tau_i = CR \qquad \cdots\cdots(16)$$

式中：

τ_i——剪应力，单位为 kPa；

C——量力环率定系数，单位为 kPa/ mm；

R——量力环量表读数，单位为 mm。

$$\Delta L = nl - R \qquad \cdots\cdots(17)$$

式中：

ΔL——剪切位移，单位为 mm；

l——手轮每转一周剪切位移的距离，单位为 mm，$l=20\times0.01$ mm；

R——量力环量表读数，单位为 mm；

n——手轮转数。

b) 以剪应力为纵坐标，剪切位移为横坐标绘制 τ_i 与 ΔL 的四条关系曲线，关系曲线上剪应力峰点或稳定值作为抗剪强度 τ；

c) 以抗剪强度是 τ 为纵坐标，垂直压力 P 为横坐标，绘制 τ-P 关系曲线，该曲线应为一直线，直线的倾角为土的内摩擦角 φ，直线在纵坐标上的截距为土的内聚力 C。

6.5.8.4 小型十字板抗剪强度测定

6.5.8.4.1 小型十字板剪力试验

小型十字板剪力试验方法如下：

a) 用削土刀整平原状土样表面，依据土质软硬程度选用十字板头，并与十字板剪力仪连接；

b) 将十字板对准土样中心，轻轻压入土样直至十字板头底面与土样接触，慢慢转动十字板剪力仪，约在 0.5 min～1 min 内剪损土样，记录剪力仪上剪损值，并测定土样的含水量和原状土密度。

6.5.8.4.2 十字板抗剪强度计算公式

$$C_a = KR \qquad (18)$$

式中：

C_a——十字板剪切强度，单位为 kPa；

K——十字板头率定系数，单位为 kPa；

R——十字板剪力仪读数值。

以十字板抗剪强度为横坐标，土样深度为纵坐标，绘制十字板抗剪强度随深度变化曲线。

6.5.9 富钴结壳与岩石物理力学性质

6.5.9.1 技术要求

技术要求如下：

a) 结壳试样必须保持原状。试样采取可在结壳与岩石中钻取(拖网获得的样品)，或研磨成圆柱状。在钻取和研磨过程中试样不得有人为裂隙出现；

b) 钻取试样直径为 48 mm～54 mm，高度与直径之比为 2.0～2.5。高度与直径的误差不得大于 0.3 mm，端面不平整误差不得大于 0.05 mm。端面应垂直于试样轴线，最大偏差不得大于 0.25°；

c) 试样数量、抗压强度和抗拉强度试验每组 3 个试样，抗剪强度试验每组 5 个试样，点荷载强度试验每组 5 个～10 个试样；

d) 点荷载强度试验中圆柱体试样每组不小于 5 个，作径向试验时试样长度与直径之比不应小于 1.0，作轴向试验时加荷两点间距与直径之比宜为 0.3～1.0。方体或不规则体试样每组不小于 10 个，加荷两点间距宜为 30 mm～50 mm，加荷两点间距与加荷处平均宽度之比宜为 0.3～1.0，试样长度不应小于加荷两点间距；

e) 结壳与岩石的物理性质试验基本与沉积物的试验一致，需作平行试验。其中相对密度(比重)试验，应用粉碎机粉碎结壳与岩石，并过 0.25 mm 的筛孔。

6.5.9.2 结壳与岩石抗压强度测定

6.5.9.2.1 抗压强度试验

抗压强度试验方法如下：

a) 将圆柱形试样置于试验机承压板中心，调整球形座使试样两端面与承压板接触均匀；

b) 以每秒 0.5 MPa～1.0 MPa 速度加荷直至试样压损破裂。记录破坏进荷载，加荷过程中试样变化现象，描述试验破坏形态。

6.5.9.2.2 **抗压强度计算公式**

$$R = \frac{P}{A} \quad \cdots\cdots (19)$$

式中：

R——富钴结壳或岩石的抗压强度，单位为 MPa；

P——试样破坏荷载，单位为 N；

A——试样截面积，单位为 mm^2。

6.5.9.3 **结壳与岩石抗剪强度测定**

6.5.9.3.1 **抗剪强度试验**

抗剪强度试验方法如下：

a) 将圆柱形试样置于试验机剪切盒内，试样与剪切盒间缝隙用填料填实，预定剪切面应位于剪切盒缝中部。法向荷载和剪切荷载应通过预定剪切面中心，法向位移和剪切位移的测表应对称布置，各测表数量不小于 2 只；

b) 每个试样施加不同法向应力，所施加的最大法向应力不小于预定法向应力。法向应力施加完毕即测读法向位移，5 min 后再测读一次，即可施加剪切荷载；

c) 按预估最大剪切荷载分 8 级～12 级施加，每次施加后即测读剪切位移和法向位移，5 min 后再测读一次即施加下一级剪切荷载，直至剪切破坏。当剪切位移量变化大时，可适当加密剪切荷载分级；

d) 将剪切荷载退至零，试验结束。描述剪切面破坏情况，擦痕分布、方向和长度，量测剪切面面积和剪切面的起伏差，绘制沿剪切方向断面高度的变化曲线。

6.5.9.3.2 **计算抗剪强度**

计算抗剪强度要求如下：

a) 法向应力和剪应力按下列各式计算：

$$\sigma = \frac{P}{A} \quad \cdots\cdots (20)$$

式中：

σ——作用于剪切面上的法向应力，单位为 MPa；

P——作用于剪切面上的总法向荷载，单位为 N；

A——试样剪切面积，单位为 mm^2。

$$\tau = \frac{Q}{A} \quad \cdots\cdots (21)$$

式中：

τ——作用于剪切面上的剪切应力，单位为 MPa；

Q——作用于剪切面上的总剪切荷载，单位为 N；

A——试样剪切面积，单位为 mm^2。

b) 绘制各法向应力下的剪切应力与剪切位移及法向位移关系曲线，根据曲线确定各剪切阶段的剪切应力；

c) 根据各剪切阶段的剪切应力和法向应力绘制关系曲线，按库伦表达式确定试样的抗剪强度参数。

6.5.9.4 **结壳与岩石抗拉强度测定**

6.5.9.4.1 **抗拉强度试验**

抗拉强度试验方法如下：

a) 通过试样直径两端沿轴线方向划两条平行的加载基线，将两根垫条沿加载基线固定试样两端。(垫条建议采用电工胶木板，其宽度与试样直径之比为 0.08～0.1)；

b) 将试样置于试验机承压板中心,调整球形座使试样均匀受荷,并使垫条与试样在同一加荷轴线上;

c) 以每秒 0.3 MPa~0.5 MPa 的速度加荷直至破坏。记录破坏荷载,加荷过程中出现的现象,以及描述破坏后试样状况。

6.5.9.4.2 抗强强度计算公式

$$\sigma_\tau = \frac{2P}{\pi Dh} \qquad \cdots\cdots (22)$$

式中:

σ_τ——富钴结壳或岩石的抗拉强度,单位为 MPa;

P——试样破坏荷载,单位为 N;

D——试样直径,单位为 mm;

h——试样厚度(长度),单位为 mm。

6.5.9.5 富钴结壳或岩石点荷载强度测定

6.5.9.5.1 点荷载强度试验

点荷载强度试验方法如下:

a) 圆柱体试样作径向试验时,将试样放入点荷仪球端圆锥之间,使上下锥端与试样直径两端紧密接触,量测加荷点间距,接触点距试样自由端的最小距离不应小于加荷两点间距的 0.5;

b) 圆柱体试样作轴向试验时,按上述装好试样,量测加荷两点间距及垂直于加荷方向试样的宽度;

c) 方块体与不规则体试验时,选择试样最小尺寸方向为加荷方向,按上述装好试样后,量测加荷点间距及通过两加荷点最小截面的宽度(或平均宽度)。接触点距试样自由端的距离不应小于加荷点间距的 0.5;

d) 稳定施加荷载,使试样在 60 s 内破坏。记录破坏荷载,描述试样破坏状态。破坏面应贯穿整个试样,并通过两加荷点为有效试验。

6.5.9.5.2 计算点荷载强度

计算点荷载强度要求如下:

a) 点荷载强度按下式计算:

$$I_s = \frac{P}{D_e^2} \qquad \cdots\cdots (23)$$

式中:

I_s——未经修正的富钴结壳或岩石的点荷载强度,单位为 MPa;

P——试样破坏荷载,单位为 N;

D_e——等价试样直径,单位为 mm。

b) 径向试验时,等价试样直径 D_e 应按下列公式计算:

$$D_e^2 = D^2 \qquad \cdots\cdots (24)$$

式中:

D_e——等价试样直径,单位为 mm;

D——加荷点间距,单位为 mm。

$$D_e^2 = DD' \qquad \cdots\cdots (25)$$

式中:

D_e——等价试样直径,单位为 mm;

D——加荷点间距,单位为 mm;

D'——上下锥端发生贯入后,试样破坏瞬间的加荷点间距,单位为 mm。

c) 当轴向方块体或不规则块体试验时,等价试样直径 D_e 按下列公式计算:

$$D_e^2 = \frac{4WD}{\pi} \quad \cdots\cdots (26)$$

式中:

D_e——等价试样直径,单位为 mm;

D——加荷点间距,单位为 mm;

W——通过两加荷点最小截面的宽度(或平均宽度),单位为 mm。

$$D_e^2 = \frac{4WD'}{\pi} \quad \cdots\cdots (27)$$

式中:

D_e——等价试样直径,单位为 mm;

D'——上下锥端发生贯入后,试样破坏瞬间的加荷点间距,单位为 mm;

W——通过两加荷点最小截面的宽度(或平均宽度),单位为 mm。

d) 当加荷两点间距不等于 50 mm 时,应对计算值进行修正。当其试验数据较多,且同一组试样中等价直径具有多种尺寸时,应根据试验结果绘制 D_e^2 与破坏 P 的关系曲线,在曲线上查找 $D_e^2=2\,500\ \mathrm{mm}^2$ 对应的 P_{50} 值,试样点荷载强度按下列公式计算:

$$I_{s(50)} = \frac{P_{50}}{2\,500} \quad \cdots\cdots (28)$$

式中:

$I_{s(50)}$——经尺寸修正的试样点荷载强度,单位为 MPa;

P_{50}——根据 $D_e^2—P$ 关系曲线,D_e^2 为 2 500 mm^2 时的破坏荷载 P 值,单位为 MPa。

e) 当加荷两点距离不等于 50 mm,且试验数据较少,不宜采用上述方法修正,应按下列公式计算点荷载强度:

$$I_{s(50)} = FI_s \quad \cdots\cdots (29)$$

式中:

$I_{s(50)}$——经尺寸修正的试样点荷载强度,单位为 MPa;

F——修正系数;

I_s——未经尺寸修正的富钴结壳或岩石的点荷载强度,单位为 MPa。

$$F = \left[\frac{D_e}{50}\right]^m \quad \cdots\cdots (30)$$

式中:

F——修正系数;

D_e——等价试样直径,单位为 mm;

m——修正指数,由同类富钴结壳或岩石的经验值确定。修正指数 $m=2(1-n)$,其中 n 为 $\log P—\log D_e^2$ 关系曲线的斜率。

6.5.10 资料整理

6.5.10.1 工程地质单元的划分

根据调查区沉积物力学性质特征,结合地貌、沉积物的地质年代、物质组成、结构构造等,把性质相近的层或土区划分为工程地质单元和土体单元。

6.5.10.2 物理力学性质指标统计

同一工程地质单元要做各参数测定指标统计,编制统计表和散点图,以此反映测定指标的变化范围,从散点图可直接求出单元体的指标值。

6.5.10.3 测定报告

沉积物物理力学性质测定报告的内容包括目的任务、测定项目与工作量、测区沉积物物理力学性质垂直和水平变化规律、工程地质条件评价等。

6.6 沉积物古生物鉴定

6.6.1 技术指标

技术指标如下：

a) 根据任务确定鉴定的门类、定量或定性鉴定，以及其分类单位；
b) 样品采集不得混样和污染；
c) 样品处理和制备，应使化石充分分离并高度富集，化石表面清洁，结构和纹饰清楚，防止化石破损；
d) 定量鉴定，应称量准确，缩分均匀，统计精确；
e) 样品清洗和浸泡均用过滤水或蒸馏水。

6.6.2 孢粉分析

6.6.2.1 样品制备

样品制备要求如下：

a) 样品处理采取酸碱法、氢氟酸法等，除去沉积物中的钙质和其他杂质；清洗干净后的样品用相对密度为 2.2 的重液进行至少两遍的离心分离，分离后称重；
b) 样品充分浮选后制成活动片和固定片；
c) 样品处理制备应列表登记，登记内容包括：原编号、实验室编号、岩性、样品来源及采集地点、水深、湿重、干湿比和干质量、分离后样品质量、每片样品质量、处理方法等。以下各门类样品处理制备均仿此要求列表登记。

6.6.2.2 鉴定分析

孢粉化石统计时，放大倍数选用 250 倍～300 倍，观察孢粉化石微结构用 600 倍。油浸镜用 1 000 倍以上。每个样品鉴定 200 粒以上。

鉴定过程中应注意区分出混入的现代孢粉及再沉积孢粉。

鉴定分析结果按样品编号、分类名称、粒级、粒数与质量分数列表统计。

6.6.3 有孔虫分析

6.6.3.1 样品制备

样品先作干湿比测定，然后称重、浸泡，充分散开后筛洗，筛孔径为 0.006 3 mm，筛上部分经烘干称重后供鉴定。

6.6.3.2 鉴定分析

鉴定分析要求如下：

a) 样品缩分后，选一份样品进行鉴定统计，每个样品鉴定统计：通常底栖有孔虫不少于 100 个个体，浮游有孔虫不少于 300 个个体；
b) 除分类鉴定外，应观察磨损、破碎程度和溶蚀现象等；
c) 根据要求，作壳体微细结构观察和化学成分分析等，并选取代表性的个体进行扫描电镜照相或显微照相。

6.6.4 硅藻分析

6.6.4.1 样品制备

样品制备要求如下：

a) 取样数量通常为 10 g，含砂量大的沉积物可多取，粉砂及更细沉积物可少取；
b) 湿样烘干后称质量，求出干湿比后再浸泡；
c) 加稀盐酸去钙，加 30%（体积分数）双氧水（或浓硫酸）去有机质；

d) 洗净的样品离心去水，然后加两倍于样品体积、相对密度为2.4的重液，以1 500 r/min速度离心分离20 min，富集的硅藻用水稀释并加数滴冰乙酸，然后洗去重液；

e) 用吸管吸取搅拌均匀的硅藻悬浮液，均匀置于盖玻片上，晾干，用加拿大树脂固片。

6.6.4.2 鉴定分析

鉴定到种。观察和描述壳体大小、磨损程度、溶解特征、破碎状况、压实程度及壳体内矿物充填情况等。

每个样品统计不少于200个个体，壳体完整程度达1/2以上者方可参与计数。

6.6.5 放射虫分析

6.6.5.1 样品制备

与硅藻样品的处理相同，样品浸泡、去钙、去有机质等。处理后的样品用0.063 mm孔径筛筛洗，筛上部分烘干称质量，制片方法与硅藻相同。每片所用样品需称质量，片子要均匀无气泡。

6.6.5.2 鉴定分析

鉴定要求同6.6.4.2。

6.6.6 钙质超微化石分析

6.6.6.1 样品制备

样品制备要求如下：

a) 鉴定样品为小于0.035 mm粒级的沉积物；

b) 取1 g样浸泡，处理液的pH值大于或等于9.4，需除去有机质时加30%的H_2O_2；

c) 光显微镜下鉴定的样品制片是将泡散的样品搅拌成泥浆，取数滴涂于盖玻片上，在酒精灯或电热板上烤干，反转盖在涂有封片剂的载玻片上。

也可以采用涂片法：

a) 用干净牙签取少量沉积物置于载玻片上，加蒸馏水用牙签充分搅拌后，将粗粒沉积物刮去，使细粒沉积物的悬浮液均匀分布在载玻片上；

b) 将载玻片置于搅拌加热器上烤干后，将盖玻片用中性树脂胶粘在载玻片上制成固定片。

扫描电镜观察的样品，将泡散的泥浆用反复离心法、烧杯法、滴管法或滤纸法将化石进一步富集，最后摇匀后制成。

6.6.6.2 鉴定分析

偏光镜下放大1 000倍鉴定，每片统计10个视域以上。

扫描电镜放大3 000倍鉴定，进行分类和微细结构观察。

6.6.7 介形虫分析

样品制备和鉴定分析同6.6.3条。

6.6.8 其他微体古生物鉴定

翼足类及其他软体动物微体化石、鱼石、鱼耳石、轮藻、珊瑚及苔藓虫等微体化石的样品制片和鉴定分析同6.6.3条。

沟鞭藻的样品制备和鉴定分析同6.6.2条。

硅鞭藻、几丁虫的样品制备和鉴定分析同6.6.4条。

海绵骨针的样品制备和鉴定分析同6.6.5条。

6.6.9 大型生物鉴定

软体动物、甲壳动物的鉴定统计方法见GB/T 12763.6。

珊瑚、钙藻、苔藓虫等需切片，制成光片或薄片进行鉴定。

6.6.10 资料整理

资料整理要求如下：

a) 整理鉴定统计表，计算相对和绝对含量；

b) 编制站位图、数量分布图、组合分区图、分类单位垂直分布图、曲线图等；

c) 编写鉴定报告。

6.7 沉积物化学测定

本标准仅列出沉积物化学测定中常规测定项目及其测定要求，在保证分析准确度的前提下，测定方法可自选。

6.7.1 技术指标

技术指标如下：

a) 沉积物化学测定的主要项目有：

现场测定项目：E_h、pH、Fe^{3+}/Fe^{2+}等；

室内测定项目：有机碳、全氮、碳酸盐、SiO_2、Al_2O_3、Fe_2O_3、MgO、CaO、Na_2O、K_2O、TiO_2、P_2O_5、MnO、灼减量等；

b) 分析质量要求，采用标准样品法，须在每批样品分析的同时，插入两个或两个以上标准样品（国内一级或二级），允许分析误差范围见表5；

c) 室内分析应进行抽样检查，随机抽取30%的样品重复分析，75%以上的双样在允许偏差范围内（见表5）者为整批样品分析合格。

表5 沉积物化学测定允许误差范围

组分	质量分数/%	允许误差/%	组分	质量分数/%	允许误差/%
SiO_2	＞50 ＜50	0.7 0.6	P_2O_5	＞1 0.5～1 ＜0.5	0.3 0.2 0.1
Al_2O_3	＞20 ＜20	0.7 0.5	灼减量		0.5
Fe_2O_3	＞5 ＜5	0.5 0.3	pH		±0.3pH 单位
MgO	＞10 5～10 ＜5	0.6 0.5 0.4	E_h		10 mV
			Fe^{3+}/Fe^{2+}		0.2
CaO	＞10 5～10 ＜5	0.6 0.5 0.4	可溶硅（SiO_2）	＞5 1～5 ＜1	0.5 0.4 0.2
K_2O	＞10 5～10 ＜5	0.7 0.5 0.3	碳酸盐（$CaCO_3$）	＞15 5～15 ＜1	1.00 0.75 0.5
Na_2O	＞10 5～10 ＜5	0.7 0.5 0.3	有机碳	＞5 1～5 ＜1	0.5 0.4 0.3
MnO	＞1 0.5～1 ＜0.5	0.3 0.2 0.1	全氮	＞0.5 ＜0.5	0.1 0.05
			Cl		0.2
TiO_2	＞1 ＜1	0.2 0.1	FeO		0.5

注：含量小于0.1%的组分以$(A-B)/(A+B)\times 100\% \leqslant 50\%$来衡量。$A$、$B$分别为重复分析的两个数据。

6.7.2 pH值测定（电位法）

6.7.2.1 主要仪器

主要仪器包括：

a) 准确度为0.01的pH计或离子计；

b) 玻璃电极及其配套的饱和甘汞电极。

6.7.2.2 试剂

试剂包括：

a) 标准缓冲溶液

苯二甲酸氢钾[$c(KHC_8H_4O_4)=0.05\ mol/dm^3$](25℃，pHs=4.003)；

磷酸二氢钾[$c(KH_2PO_4)=0.025\ mol/dm^3$]，磷酸氢二钠[$c(Na_2HPO_4)=0.025 mol/dm^3$](25℃，pHs=6.864)；

十水四棚酸钠[$c(Na_2B_4O_7\cdot 10H_2O)=0.01 mol/dm^3$](25℃，pHs=9.182)；

b) 配制标准溶液用蒸馏水应煮沸并加入20 cm^3 蒸馏水冷却，电导率小于 2×10^{-6} s/cm，其pH以5.6～6.0为宜。

6.7.2.3 分析提要

分析提要如下：

a) 按规定对仪器进行预热、温度补偿调节、零点调节及定位，定位用的标准缓冲液选择接近被测沉积物之pH值；

b) 称取有代表性的新鲜湿样约20 g，于50 cm^3 烧杯中，加入20 cm^3 蒸馏水，剔除硬物，搅成糊状，半小时内进行测定；

c) 洗净电极，用滤纸吸去水分，插入搅匀后的样品(玻璃电极的球泡部分应全部浸入样品中，并稍高于甘汞电极的陶瓷芯端)，放置平衡30 min后读数，应重复测量至前后两次读数一致，误差不超过0.01～0.02。

6.7.3 E_h 值测定(氧化还原电位法)

6.7.3.1 主要仪器

主要仪器包括：

a) 铂电极和甘汞电极；

b) 其他仪器设备同pH值测定。

6.7.3.2 试剂

醌氢醌($C_{12}H_{10}O_4$)饱和缓冲溶液：pH值为4.00或4.01。

6.7.3.3 分析提要

分析提要如下：

a) 电极检查和校正

以洗净的铂电极为指示电级“+”极，饱和甘汞电极为参比电极“－”极，将电极浸入醌氢醌饱和缓冲溶液中，测量 E_h 值，测定值与理论值(25℃时为+221 mV)之差超过5 mV，应更换铂电极；

b) 取新鲜湿样约20 g，将两对(电极间距不超过1 cm)铂电极-饱和甘汞电极，或用两支铂电极与一支饱和甘汞电极组合，同时插入样品中，待平衡后(一般30 min)读数，应重复测定，前后两次读数不超过2 mV～3 mV，取平均值；

c) 计算和温度校正

从仪器上读得的电位值是 E_h 值与饱和甘汞电极的电位差，需按下式换算得沉积物的 E_h 值：

$$E_h = E_a + E_b \qquad \cdots\cdots(31)$$

式中：

E_b——仪器上测得的电位值，单位为mV；

E_a——饱和甘汞电极电位，单位为mV，其随温度变化，在25℃时其值为243 mV，温度每增加10℃，约低6 mV～7 mV，由于 E_h 的最小读数误差为5 mV，故若温度变化不显著时，可不作校正。

6.7.4 Fe^{3+}/Fe^{2+} 比值测定(EDTA 容量法)

6.7.4.1 主要器皿

主要器皿包括:

a) 滴定管,25 cm^3;

b) 移液管,15 cm^3。

6.7.4.2 试剂

试剂包括:

a) 5%(体积分数)盐酸(HCl)溶液;

b) 乙酸钠溶液[$c(CH_3COONa \cdot 3H_2O)=3$ mol/ dm^3];

c) 碳酸氢钠($NaHCO_3$ 固体);

d) 500 g/dm^3 过硫酸铵[$(CH_4)_2S_2O_8$]溶液;

e) 100 g/dm^3 水杨酸($C_7H_5O_3Na$)溶液;

f) EDTA 二钠盐溶液[$c(C_{10}H_{14}N_2O_8Na_2 \cdot H_2O)=0.01$ mol/dm^3]。

6.7.4.3 分析提要

分析提要如下:

a) 称取 2 g 新鲜湿样,置于 150 cm^3 三角烧瓶中,加入 0.5 g 碳酸氢钠、5%盐酸 60 cm^3～80 cm^3,迅速塞上带 S 形玻璃管的橡皮塞,使试样均匀散开,低温加热,并保持微沸 10 min(严格控制温度),冷却,澄清;

b) 移取上层清液 15 cm^3 于 50 cm^3 三角烧瓶中,以乙酸钠调节至 pH=1.5～2.5,加水杨酸钠指示剂 2 滴～3 滴,加热至 50℃～60℃,用 0.01 mol/ dm^3 EDTA 溶液滴定至紫葡萄色完全退去,溶液呈黄色为终点;

c) 往溶液中加过硫酸溶液 3 滴～4 滴,摇匀氧化试样呈葡萄色(否则表示无 Fe^{2+} 存在),放置 3 min～5 min,将又呈紫葡萄色的溶液加热至 50℃～60℃,再用 EDTA 溶液滴定至终点;

d) 计算公式为:

$$Fe^{3+}/Fe^{2+} = A/B \qquad (32)$$

式中:

A——滴定高价铁消耗 EDTA 溶液的体积,单位为 cm^3;

B——滴定低价铁消耗 EDTA 溶液的体积,单位为 cm^3。

6.7.5 二氧化硅测定(碱熔-氟硅酸钾容量法)

6.7.5.1 主要仪器

主要仪器包括:

a) 银坩埚;

b) 高温箱式电阻炉:1 000℃～1 600℃;

c) 碱式滴定管:25 cm^3。

6.7.5.2 试剂

试剂包括:

a) 固体氢氧化钾(KOH);

b) 300 g/dm^3 氯化钾(KCl)溶液;

c) 200 g/dm^3 氟化钾($KF \cdot 2H_2O$)溶液;

d) 50%(体积分数)乙醇(酒精)洗液,以氯化钾饱和;

e) 氢氧化钠标准溶液[$c(NaOH)=0.200$ mol/dm^3]。

6.7.5.3 分析提要

分析提要如下:

a) 称取 0.1 g(准确至 0.000 5 g)试样于银坩埚中;

b) 加 2 g 氢氧化钾,放入高温电阻炉中逐渐升温至 650℃～700℃熔融 15 min～30 min 取出,趁热用 10 cm^3 煮沸过的热水浸取,在不断搅拌下加 10 cm^3 浓硝酸,10 cm^3 氯化钾溶液,冷至室温,加少许纸浆,加入 10 cm^3 氟化钾溶液充分搅拌,放置 5 min～10 min(视沉淀时温度而定,最多不超过 20 min);

c) 用定性滤纸过滤,用酒精洗液冲洗烧杯并沉淀各 3 次～4 次,洗去大部分游离酸和铁、铝、锰等杂质,将沉淀物连同滤纸摊入 300 cm^3 烧杯中,加 10 cm^3 酒精洗液,1 滴～2 滴甲基红指标剂,捣碎滤纸;

d) 用 50 g/dm^3 氢氧化钠中和大量游离酸,然后用 0.1 mol/ dm^3 盐酸和氢氧化钠反复中和,迅速加入 150 cm^3 预先中和的沸水,加 1 cm^3 酚酞指示剂。用标准氢氧化钠溶液滴至微红色为终点,同时测定试剂空白;

e) 计算公式为:

$$w_{SiO_2} = \frac{c_{(NaOH)}(V - V_0) \cdot F}{m} \times 100 \qquad \cdots\cdots(33)$$

式中:

w_{SiO_2}——沉积物中二氧化硅的质量比值,单位为%;

$c_{(NaOH)}$——氢氧化钠标准溶液的浓度,单位为 mol/dm^3;

V——滴定时消耗氢氧化钠溶液的体积,单位为 dm^3;

V_0——试剂空白消耗氢氧化钠溶液的体积,单位为 cm^3;

F——0.015,即消耗 1 cm^3 浓度为 1 mol/dm^3 氢氧化钠相当的二氧化硅的量,单位为 g;

m——样品质量,单位为 g。

6.7.6 铝钙镁铁钛锰的测定(ICP-AES 法)

6.7.6.1 主要仪器

主要仪器包括:

a) 高频等离子体发生器;

b) 光谱仪;

c) 测微光度计;

d) 光谱投影仪。

6.7.6.2 试剂(均用分析纯试剂和二次去离子水)

标准系列:分别用海绵铁、金属锰、铝、碳酸钙、氧化镁、氧化钛制成 1 mg/cm^3 溶液,用逐级稀释法,制成混合标准系列,见表 6,此系列均含 2%(体积分数)盐酸。

表 6 标准系列

单位为 μg/cm^3

被测元素	系列号						
	1	2	3	4	5	6	7
Mn	0.125	0.250	0.500	0.750	1.000	2.000	3.000
Al	2.50	5.00	7.50	10.00	25.00	50.00	75.00
Mg	2.50	5.00	7.50	10.00	20.00	30.00	40.00
Ca	2.50	5.00	7.50	10.00	20.00	30.00	40.00
Ti	0.50	0.75	1.000	2.000	3.000	4.000	5.000

6.7.6.3 分析提要

分析提要如下:

a) 样品溶液的制备,采用氢氟酸-硝酸-高氯酸酸溶系统,除尽氟离子,不去溶,制成盐酸浓度为 2%(体积分数),样品浓度为 1 mg/cm^3 的溶液;

b) 按已选择好的测定条件摄谱、显影、定影、测出诸谱线的净黑度值，于标准曲线中查出元素含量。计算式为：

$$w(x)=\frac{\rho(x)\cdot f(x)}{\rho_0}\times 100\% \quad\cdots\cdots(34)$$

式中：

$w(x)$——某元素质量比值，单位为%；

$\rho(x)$——工作曲线上查得某元素浓度，单位为 $\mu g/cm^3$；

$f(x)$——某元素换算为氧化物的系数；

ρ_0——试样中样品浓度，单位为 $\mu g/cm^3$。

6.7.7 钾钠测定(火焰原子吸收法)

6.7.7.1 主要仪器及工作条件

主要仪器及工作条件如下：

a) 原子吸收分光光度计；

b) 钾和钠空心阴极灯；

c) 灯电流 2 mA；

d) 单色器通带 0.2 nm；

e) 空气-乙炔火焰；

f) 吸收位置：清晰不发亮的氧化焰。

6.7.7.2 试剂

试剂包括：

a) 钾标准溶液[$\rho_{(K_2O)}=100\ \mu g/cm^3$]；

b) 钠标准溶液[$\rho_{(Na_2O)}=100\ \mu g/cm^3$]；

c) 氯化铯溶液[$\rho_{(CsCl)}=100\ mg/cm^3$]；

d) 2%(体积分数)盐酸(HCl)溶液。

6.7.7.3 分析提要

分析提要包括：

a) 样品溶液的制备：同 6.7.6.3a；

b) 标准系列：分别取 $Na_2O(K_2O)$ 100 $\mu g/cm^3$ 的标准液 0、1.0 cm^3、1.5 cm^3、2.0 cm^3、2.5 cm^3、3.0 cm^3 于 25 cm^3 容量瓶中，加入 1.5 cm^3 10 mg/cm^3 的氯化铯，用 2%盐酸稀释至刻度；

c) 取 2 cm^3 1 mg/cm^3 的样品溶液于 10 cm^3 比色管中，加入 0.5 cm^3 10 mg/cm^3 氯化铯，用 2%盐酸稀释至刻度；

d) 样品液及标准系列溶液同时用火焰原子吸收法进行测定。K_2O：$\lambda=766.5$ nm，当钾含量高时，采用 404.4 nm 吸收线测定；Na_2O：$\lambda=589.0$ nm，当钠含量高时，采用 330.2 nm 吸收线测定；

e) 计算公式为：

$$w(Na_2O\text{ 或 }K_2O)=\frac{\rho}{\rho_0}\times 100 \quad\cdots\cdots(35)$$

式中：

$w(Na_2O$ 或 $K_2O)$——样品中 Na_2O 或 K_2O 的质量分数，单位为%；

ρ——查得工作曲线浓度，单位为 $\mu g/cm^3$；

ρ_0——试液中样品浓度，单位为 $\mu g/cm^3$。

6.7.8 有机碳测定(元素分析仪分析)

6.7.8.1 主要仪器

主要仪器包括：

a) CNH 元素分析仪；

b) 超声波水浴；

c) 烘箱；

d) 天平(精度为 0.1 mg)；

e) 20 mL 玻璃瓶(试管或者小玻璃瓶)。

6.7.8.2 试剂

试剂包括：

a) 1 N 无碳(或低碳)HCl 溶液；

b) 标准：可选用乙酰苯胺，光基酸，对氨基苯磺酰胺作为标准，标准中 C 与 TN 的含量范围分别选择 500 μg～800 μg 和 5 μg～100 μg。

6.7.8.3 分析提要

分析提要如下：

a) 沉积物样品经干燥，研成粉末后，定量称取 10 mg～20 mg 用 CHN 元素分析仪测定总碳(TC)的含量；

b) 视样品中有机碳含量，称取同一样品 50 mg～100 mg(W_O)于 20 mL 玻璃瓶中(玻璃瓶称重，定量至 0.1 mg)，向玻璃瓶中加入过量的(≥2 mL)1 N HCl，将此酸化样品置于超声波水浴中振荡 5 min 后取出，然后在烘箱 50℃条件下干燥过夜。

c) 干燥样品取出后，放置在空气中至少 24 h，待其重量达到平衡后称重并减去玻璃瓶重以获得待测样品的最终质量(W_f)，然后将样品研磨均质化， 称取定量样品用 CHN 元素分析仪测定。

d) 计算

有机碳质量分数计算公式为：

$$w(\mathrm{Corg}) = (Corg/M_1) \times (W_f/W_O) \times 100 \qquad \cdots\cdots (36)$$

式中：

$w(\mathrm{Corg})$——样品中有机碳的质量分数，单位为%；

$Corg$——测定的有机碳含量，单位为 mg；

M_1——进样样品的质量，单位为 mg；

W_f——处理后的样品最终质量，单位为 mg。

W_O——样品的初始质量，单位为 mg。

全氮质量分数计算公式为：

$$w(\mathrm{TN}) = (TN/M_1) \times (W_f/W_O) \times 100 \qquad \cdots\cdots (37)$$

式中：

$w(\mathrm{TN})$——样品中全氮的质量分数，单位为%；

TN——测定的全氮含量，单位为 mg；

M_1——进样样品的质量，单位为 mg；

W_f——处理后的样品最终质量，单位为 mg；

W_O——样品的初始质量，单位为 mg。

碳酸盐质量分数计算公式为：

$$w(\mathrm{CaCO_3}) = \frac{(TC - Corg) \times 8.33}{W_f} \times 100 \qquad \cdots\cdots (38)$$

式中：

$w(\mathrm{CaCO_3})$——样品中碳酸盐(以 $CaCO_3$ 计)的质量分数，单位为%；

$Corg$——测定的有机碳含量，单位为 mg；

TC——测定的总碳含量，单位为 mg；

W_f——处理后的样品最终质量，单位为 mg。

6.7.9 磷的测定(磷钒钼黄比色法)

6.7.9.1 主要仪器

主要仪器包括：

a) 分光光度计；

b) 铂坩埚或聚四氟乙烯坩埚。

6.7.9.2 试剂

试剂包括：

a) 氢氟酸(HF)；

b) 1∶1(体积分数)硫酸(H_2SO_4)；

c) 5 mol/dm^3 硝酸(HNO_3)；

d) 活性炭粉；

e) 硝酸，煮沸除去游离氧化氮，使呈无色；

f) 钒酸铵(NH_4VO_3)-钼酸铵[$(NH_4)_6Mo_7O_{24}\cdot 4H_2O$]显色剂；

g) 10%(体积分数)硝酸-显色剂混合溶液[3∶2(体积分数)]；

h) 磷标准溶液：100 μg/cm^3 P_2O_5 标准溶液和 10 μg/cm^3 P_2O_5 标准溶液。

6.7.9.3 分析提要

分析提要如下：

a) 分析溶液的制备

称取 0.2 g 样品置于铂坩埚中，用少许蒸馏水湿润，加 1 cm^3 的 1∶1 硫酸，5 cm^3～6 cm^3 氢氟酸，中温加热分解，并摇动坩埚，待分解完全，冒白烟 10 min 后取下冷却，用小量蒸馏水冲洗坩埚壁，再继续加热蒸发至白烟冒尽，取下坩埚，冷却后加 3 cm^3 的 5 mol/dm^3 硝酸，加热使盐类溶解(控制体积不小于 1.5 cm^3)，加水至大半坩埚，继续加热至白色盐类完全溶解，溶液呈黄色时，将坩埚取下，趁热加少量活性炭脱色(当有机物和硫化物含量较高时，应在称样后置于高温炉 600℃～700℃灼烧，然后再进行酸溶分解)，待溶液冷却后，移入 50 cm^3 容量瓶中定容，用密滤纸干过滤；

b) 标准曲线的绘制

分别吸取 0、10、20、30、40、50……100 μg P_2O_5 标准溶液于 50 cm^3 容量瓶中，加浓硝酸 2 cm^3，用蒸馏水稀释至 30 cm^3 左右，加 10 cm^3 显色剂，摇匀，定容，20 min 后(室温低于 10℃时 40 min后化色)于 450 nm 波长处，用 2 cm 比色池比色；

c) 样品测定

移取 5 cm^3 分析液置于 25 cm^3 干烧杯中，加 5 cm^3 硝酸-显色剂混合液，充分搅匀，20 min 后于 450 nm 波长处，用 2 cm 比色池比色；

d) 计算公式

$$w(P_2O_5)=\frac{c\times 0.2\times 10^{-6}}{m}\times 100 \qquad \cdots\cdots(39)$$

式中：

$w(P_2O_5)$——样品中 P_2O_5 的质量分数，单位为%；

c——标准曲线查得 P_2O_5 的量，单位为 μg；

m——分取样量，单位为 g；

0.2×10^{-6}——系数。

6.7.10 全氮测定(元素分析仪分析)

同 6.7.8。

6.7.11 碳酸盐测定(元素分析仪分析)

同6.7.8。

6.8 底质放射性测年

6.8.1 一般要求

一般要求如下:

a) 实验室须有良好的通风条件和必要的防护、监测设备;

b) 实验室采用的示踪剂和现代碳标准为中国矿物、岩石地球化学学会同位素地球化学委员会铀系组和中国第四纪委员会碳-14学科组提供的标准;

c) 尽量减少样品在制备过程中的损失,提高化学回收率(回收率大于75%);

d) 测量相对误差小于1%,放射性总计数大于10 000次。

海洋底质调查中较常用的几种测年方法和测年范围见表7,其中以不平衡铀系、镤法、放射性碳和^{210}Pb法最成熟,使用最广泛。

6.8.2 不平衡铀系测年

6.8.2.1 样品要求

样品要求如下:

a) 采集的样品应处于封闭系统(样品中^{234}U和^{238}U在形成后的整个时期内不发生迁移);

b) 样品形成初始时不含^{234}U;

c) 样品数量视样品中铀含量而定,一般为干样10 g~20 g。

表7 底质调查中常用的放射性测年方法及测年范围

方法	衰变核子	半衰期 a	测年范围 a	适应测试样品
放射性铍	^{10}Be	1.5×10^6	$2.5\times10^4\sim1.5\times10^7$	大洋泥质沉积物,锰结核等
不平衡铀系	^{234}U	2.48×10^5	$5\times10^4\sim1\times10^6$	珊瑚,石钟乳,贝壳等
镤法	^{230}Th	7.52×10^4	$3\times10^4\sim4\times10^5$	珊瑚,湖、海泥质沉积物,骨化石,结核等
镤法	^{231}Pa	3.28×10^6	$3\times10^4\sim1.5\times10^5$	珊瑚,湖、海泥质沉积物,骨化石,结核等
放射性碳	^{14}C	5 730	<70 000	植物,泥炭,贝壳,骨化石,碳酸盐等
镭法	^{226}Ra	1 600	<10 000	湖泊,近海,陆架泥质沉积物
铅-210	^{210}Pb	22.3	<150	湖泊,近海,陆架泥质沉积物

6.8.2.2 样品制备

样品制备要求如下:

a) 称取样品(精确到0.000 1 g);

b) 加^{232}U-^{226}Th示踪剂;

c) 加酸消化、全溶样品;

d) 用离子交换树脂彻底分离和纯化铀、钍;

e) TTA萃取;

f) 在不锈钢片上点制均匀的铀、钍放射源。

6.8.2.3 样品测量

样品测量要求如下:

a) 用α探测器和脉冲高度分析仪测量铀、钍放射源的α粒子,并进行能谱分析;

b) 仪器分辨率大于50 keV,稳定性良好,测量全过程仪器飘移不超过两道。

6.8.2.4 数据分析

数据分析要求如下:

a） 对所测得的数据必须作本底校正、子母体分离后子体的衰变以及高能峰拖尾对相邻低能峰的影响等校正；

b） 计算样品的地质年代及误差。

6.8.3 镭法测年

6.8.3.1 样品要求

样品要求如下：

a） 样品须是无变形、无搅动的原状样品；

b） 分层取样，间隔为 3 cm～5 cm，并详细记录样品的粒度结构构造等特征；

c） 样品数量：泥质沉积物为 10 g～20g，锰结核为 0.1 g～0.2 g。

6.8.3.2 样品制备

方法同 6.8.2.2。

6.8.3.3 样品测量

方法同 6.8.2.3。

6.8.3.4 数据分析

方法同 6.8.2.4。

6.8.4 放射性碳测年

用常规的液体闪烁法可测四万年左右，用最新的加速器质谱计技术可测七万年。

6.8.4.1 样品要求

样品要求如下：

a） 样品须具有清楚的层位关系，无污染；

b） 样品数量视含碳量及采用方法的需要而定，常规方法一般含有 5 g～10 g 纯碳，采用加速器质谱计技术时，样品中含碳量应不少于 100 mg。

6.8.4.2 样品制备

样品制备要求如下：

a） 二氧化碳的产生，有机碳用燃烧法，无机碳用酸解法；

b） 用硫酸铜溶液、干冰冷阱等纯化二氧化碳；

c） 加金属锂（Li）或钙（Ca），与二氧化碳反应生成碳化物；

d） 加水，与碳化物反应生成乙炔（C_2H_2）；

e） 用干冰、液氮冷阱纯化乙炔；

f） 在催化剂作用下乙炔聚合成苯（C_6H_6），合成苯反应器的真空度不低于 1×10^{-4} hPa。

6.8.4.3 样品测量

样品测量要求如下：

a） 用双道液体闪烁计数器测定^{14}C的β射线，仪器应有较高的探测效率和较低的本底计数，其品质因子应大于 800；

b） 样品测量前、后均需进行至少 24 h 现代碳和本底计数测量。

6.8.4.4 数据分析

数据分析要求如下：

a） 根据测得的样品计数率和现代碳计数率，计算样品的^{14}C年代及测量误差；

b） ^{14}C年代小于 7 000 年的样品应进行树轮年龄校正；

c） 海洋无机碳酸盐样品的年代一般偏老，应进行老碳（死碳）校正。

6.8.5 ^{210}Pb 测年

一般通过测量^{210}Pb 的第二代子体^{210}Po 来获得^{210}Pb 年代。

6.8.5.1 样品要求

方法同 6.8.3.1。

6.8.5.2 样品制备

样品制备要求如下：

a) 称取样品 10 g～20g(精确到 0.000 1 g)；

b) 加^{208}Po示踪剂；

c) 加酸消化、浸取样品；

d) 离心分离，提取清液；

e) 加去干扰离子；

f) 在银片上制备均匀和厚度适中的钋放射源。

6.8.5.3 样品测量

方法同 6.8.2.3。

6.8.5.4 数据分析

数据分析要求如下：

a) 校正本底，子母体分离后子体衰变，^{210}Po峰拖尾对^{208}Po峰的贡献测量数据；

b) ^{210}Pb本底通常由测定同样品中^{226}Ra值得到，也可用柱状样一定深度以下基本保持恒定的^{210}Pb值代替；

c) 进行"混合效应"校正。

6.9 底质古地磁测量

6.9.1 样品采集

采样站位应选择在连续沉积区，取样器必须衬有弱磁性的塑料套管，使岩芯保持取样时的状态保存在套管内，套管两端封闭，存放在阴凉低温处，避免敲击和振动。测量样品取岩芯中心部位未扰动部分，连续采集，注意保持原始沉积结构。样品盒的剩余磁性应小于测量仪器的精密度。

古地磁测量的岩芯要求定向，没有定向系统时，也应做到相对定向。

基岩样品应选取未经受风化的岩体。

6.9.2 测量仪器

根据测量要求，选取测量仪器系统及退磁系统。测量仪器主要有旋转磁力仪、超导岩石磁力仪及磁化率仪。退磁系统主要有热退磁仪、交变磁场退磁仪。

6.9.2.1 测量仪器环境要求及标定

测量仪器环境及标定要求如下：

a) 工作环境要求：磁场梯度平稳、恒温、防尘、防潮、周围 100 m 范围内必须保持安静；

b) 测量之前，对仪器的精密度和正交性进行标定，应达到仪器规定的格值范围内。

6.9.2.2 退磁仪器环境要求及调试

退磁仪器环境及调试要求如下：

a) 工作室要有良好的通风条件；

b) 热退磁系统加热室的磁屏效果应小于 100 nT，冷却室小于 5 nT，退磁峰值温度的指示加热温度与实测加热温度之差小于 5℃；

c) 交变磁场系统、磁清洗的无磁空间区域屏蔽效果小于 5 nT，磁场峰值中心均匀磁场空间区域应大于三块测量样品的体积，磁场峰值的指示值与实测值之差小于 0.5 nT，由磁场峰值逐渐递减至零磁场的全过程，须是匀速衰减，退磁过程的交变磁场应是严格对称的正弦波；

d) 样品退磁结束，应立即取出，保存在磁屏蔽盒内，测量时，应随测随取，不得存放在无磁屏蔽装置的地方，磁屏蔽盒的屏蔽效果，其中心区域小于 5 nT。

6.9.3 测量方法及数据处理

6.9.3.1 测量方法

测量方法如下：

a) 先测量每块样品的天然剩余磁性和磁化率，根据所测的天然剩余磁性参量的不同类型及生成条件，选取典型的样品，进行系统退磁和测量，作出剩余磁性稳定性检验的图表，选取最佳退磁峰值区域，确定原生剩磁和组分；系统退磁的样品数不得少于总样品的10%，最后按选好的最佳退磁峰值区域，对所有测量过天然剩磁的样品进行退磁，测量原生剩余磁性参量；

b) 依据系统退磁数据，采用磁化强度衰减曲线法、立体投影法或矢量分析法等方法，检验剩余磁性稳定性，区分原生磁性和次生磁性部分。

6.9.3.2 剩余磁性参量测量及计算

每块样品均需测量出四组 X、Y、Z 的三项正交分量。计算 X、Y、Z 和剩余磁化强度(J)的平均值，及 D(磁偏角)、I(磁倾角)、ID(磁化方向离散度)和 SD(剩磁强度值的标准偏差)等磁性参量。采用的基本公式见附录G。

6.9.3.3 磁化率测量及计算

测量程序及计算见附录H。

6.9.3.4 剩余磁性的稳定性检验

剩余磁性的稳定性检验要求如下：

a) 根据表8整理每块退磁样品的测量计算结果；

b) 分析退磁的最佳结果：

1) 磁化强度衰减曲线法：以天然剩余磁化强度除以每步退磁后的剩余磁化强度，作退磁作用程度的相关曲线，曲线突变后保持平缓部分所对应的磁场峰值或加热温度值，作为最佳退磁场值；

2) 立体投影法：在球面投影图上，画出磁化方向随退磁程度的变化，磁化方向不变而达到稳定时为最佳退磁值；球面投影中心选定为极地或赤道，使矢量远离畸变较大的圆周附近，下半球矢量用实点表示，为正，上半球用空圈表示，为负；

3) 矢量分析法：在空间透视图上，画出磁化矢量，实点表示在水平面上的投影，空圈表示在垂直平面上的投影，以曲线轨迹开始成直线向原点收缩处为最佳退磁值。

表8 系统退磁磁性参量记录表

站位编号： 岩芯编号： 样品编号： 退磁方法：

峰 值	参 量										备注
	X	X/X_0	Y	Y/Y_0	Z	Z/Z_0	J	J/J_0	D	I	

时间： 记录者： 校核者：

6.9.3.5 剩余磁性参量测量数据整理

每块样品测量和计算的磁性参量，记入磁性参量测量记录表(表9)，进行系统整理。

6.9.3.6 磁化率测量结果的磁性组构特征参量整理

每块样品测量计算的磁性组构特征参量，记入磁性组构特征参量记录表(表10)，进行系统整理。

6.9.4 成果图件

成果图件如下：

a) 总磁化率 K 值变化曲线图；

b) 最大磁化率主轴 K_{max} 方向变化图；

c) 剩余磁性稳定性检验图；

d) 地磁场长期变化图，以周期大约 10^3 年的地磁长期变化的磁偏角，磁倾角为依据绘制而成；

e) 极性磁性地层柱状剖面图，以周期 10^3 年～10^7 年的极性带和极性过渡带(面)为依据绘制。

表 9 磁性参量记录表

站位编号： 位置：$\frac{\varphi}{\lambda}$ 水深： m 岩芯长度： m

样品		剩余磁性参量											
编号	层位	天然剩磁						原生剩余					
		X_N	Y_N	Z_N	J_N	D_N	I_N	X	Y	Z	J	D	I

时间： 记录者： 校核者：

表 10 磁性组构特征参量记录表

站位编号： 位置：$\frac{\varphi}{\lambda}$ 水深： m 岩芯长度： m

样品		K	K_{max}	K_{int}	K_{min}	K_{max}方向	
编号	层位					D	I

时间： 记录者： 校核者：

6.10 调查成果

6.10.1 成果图件

成果图件如下：

a) 调查测线站位图；

b) 沉积物类型图；

c) 碎屑矿物分布或分区图；

d) 粘土矿物分布图；

e) 悬浮体含量分布图；

f) 生物壳体分布图(包括有孔虫、硅藻、放射虫、孢粉、超微化石、大型生物等)；

g) 沉积物主要物理力学参数分布图；

h) 主要化学元素含量分布图；

i) 化学环境分区图。

6.10.2 数据表格

数据表格如下：

a) 站位(含水深)表；

b) 调查成果表；

c) 鉴定成果表；

d) 专业分析报表(包括地质、化学、生物等专业)。

其他一些专业性数据，能用图表的，尽可能使用图表表示。

6.10.3 调查报告

调查报告内容及要求见 4.6.3。

7 海底浅层结构探测

7.1 拖曳式浅地层剖面探测

7.1.1 技术指标

7.1.1.1 浅水型浅地层剖面仪

工作水深:小于 100 m;

探测记录深度:海底面以下(垂直)30 m～50 m;

记录分辨率:20 cm～30 cm。

7.1.1.2 深水型浅地层剖面仪

工作水深:小于 6 000 m;

探测记录深度:海底面以下(垂直)200 m;

记录分辨率:3 m～5 m。

7.1.1.3 剖面记录的地层反射信号和时标信号连贯清晰。

7.1.1.4 测量比例尺与测线布设

地层剖面探测通常为有选择地进行,若进行面积性调查时,其测量比例尺与测线、测网布设要求见表 1。

主测线方向应与海底地形等深线的总趋势方向垂直,或者与区域地质构造走向垂直,联络测线方向与主测线垂直。

7.1.2 测量仪器

拖曳式海底浅地层剖面仪主要由声源、换能器阵和接收记录器三部分组成。

7.1.2.1 声源

浅水型浅地层剖面仪的声源级为 86 dB～90 dB(re1m,1 Pa),频谱为 250 Hz～14 kHz;深水型浅地层剖面仪声源级为 90 dB～97dB(re1m,1 Pa),频谱为 40 Hz～1 kHz。

7.1.2.2 接收换能器

a) 浅水型浅地层剖面仪的水听器技术指标:
   灵敏度 －100 dB/V/Pa～－104 dB/V/Pa;
   接收带宽 100 Hz～10 kHz。
b) 深水型浅地层剖面仪的水听器技术指标:
   灵敏度 －80 dB/V/Pa～－84 dB/V/Pa;
   接收带宽 20 Hz～1.5 kHz。

7.1.2.3 接收、记录设备

接收、记录设备要求如下:

a) 具有在接收频段内可任意选择中心频率和带宽的滤波器;
b) 具有 TVG 增益调节功能;
c) 具有总增益、对比度和门限调节功能;
d) 工作前记录器用信号发生器进行调试,使记录纸上的线条画面深浅均匀,至少有 10 个以上灰阶。

7.1.2.4 仪器安装

一般采取船尾拖曳方式进行测量工作,对浅水型浅地层剖面仪也可采用舷挂式在船的中后部一侧固定安装进行测量工作。

发射机和接收机应接地良好,接收记录设备应安置在船尾部实验室。

7.1.3 海上测量

7.1.3.1 航海要求

调查船应匀速、直线持续航行,不得随意停船;转换测线时,不得小角度转弯。浅水型浅地层剖面仪作业时航行速度不大于 6 kn;深水型浅地层剖面仪作业时航行速度不大于 3 kn。

7.1.3.2 探测记录

探测记录如下:

a) 进入测线探测前,应进行接收机总增益、TVG 增益和接收频段选择调节,使探测剖面获得最佳穿透率和分辨率;拖曳式作业时,应尽量减小换能器入水角,使拖曳阵保持平稳;

b) 剖面记录纸带上应注记测线号、测线探测起始与结束时间、时标、水深及特殊情况简述等;

c) 值班记录应登记值班人姓名、海区、海况、航速、测线探测情况、周围环境状况及特殊情况处理过程等。

7.1.4 资料整理

7.1.4.1 干扰信号的识别

海况、生物、尾流及螺旋桨空化引起的背景噪声属于宽带,在记录上表现为均匀的"雪花"状,机械振动及仪器接地不良引起的电噪声属于窄带,记录上表现为特殊的条带。

与发射脉冲和扫描频率有关的声发射反向散射能量造成混响噪声,它常出现于大功率声源在浅水区工作时,使地层回波模糊,记录分辨率低。

7.1.4.2 地层剖面解释

7.1.4.2.1 解释内容

地层剖面解释内容包括追踪反射界面,划分反射波组,分析反射波组的特征,进行地质解释等。

7.1.4.2.2 地层剖面反射界面划分的原则

地层剖面反射界面划分的原则如下:

a) 同一层组波反射连续、清晰、可区域性追踪;

b) 层组内反射结构、形态、能量、频率等基本相似,与相邻层组有显著差异;

c) 主测线与联络线剖面相同层组的反射界面应能闭合。

7.1.4.2.3 剖面解释

剖面解释要求如下:

a) 区域性强反射界面,且邻层对比差异明显,通常是不同沉积物类型的界面或沉积间断面;

b) 层内及层界面的反射波位移(错位)或扭曲变形,一般是断裂或构造运动引起的地层牵引;

c) 波层组呈现声屏蔽现象,在杂乱反射情况下,出现透明亮点,通常反映沉积物中存在着含气层;

d) 层界面起伏较大,其下,波反射模糊,一般定为声波基底;

e) 呈双曲线反射现象常是水下管道或较大的特异物体(如沉船等)的反映;

f) 地层剖面的准确解释应与钻探资料相结合。

7.2 船载式浅地层剖面探测

7.2.1 技术指标

7.2.1.1 主要技术指标

浅水型浅地层剖面仪主要技术指标同 7.1.1.1 和 7.1.2.2 a),深水型浅地层剖面仪主要技术指标如下:

a) 工作水深:小于 6 000 m;

探测记录深度:海底面以下(垂直)30 m~150 m;

b) 工作频率:线性调频扫描高频段 15 kHz~10 kHz,低频段 2.2 kHz~6.6 kHz;

c) 输出至换能器基阵的功率：峰值 3 kW；

d) 计算机控制可组合低频浅层剖面窗、高频浅层剖面窗和声纳参数及船位资料窗；

e) 具有实时数字化记录资料和对记录的资料进行后处理的能力。

7.2.1.2 测量比例尺与测线布设

船载式浅地层剖面探测通常也为有选择地进行，若进行面积性探测时，其测量比例尺与测线布设要求见表1；主测线方向应与海底地形等深线的总趋势方向垂直，或与区域地质构造走向垂直，联络测线垂直于主测线。

7.2.2 测量仪器

船载式浅地层剖面探测系统以深水浅地层剖面探测为主要内容，并可兼做水深测量。设备硬件由主机和两组安装于船底的换能器基阵及连接电缆组成，主机由计算机工作站、显示器、数字磁带机、发射接收机和线性功率放大器组成。

7.2.3 系统调试

7.2.3.1 启动系统程序

7.2.3.2 视水深范围选择发射功率并开启线性功率放大器（水深大于 4 000 m 时，一般用满功率发射）

7.2.3.3 接通计算机外围设备打印机使其正常打印

7.2.4 海上测量

7.2.4.1 航行要求

调查船沿测线匀速航行，航速不得大于 10 kn，船沿测线偏离不大于 100 m，调查船进入和离开测线时，中途停船或改变航速时均要通告仪器操作室。

7.2.4.2 海底探测

7.2.4.2.1 参数确定

参数确定要求如下：

a) 在测区内进行水深测量，将水深测量值输入探测系统；

b) 进入测线前，发射功率、接收增益作调试校正后整个航次均固定不变，使其定量发射和接收。

7.2.4.2.2 系统监测

进入测线后，值班员首先应启动数字磁带机，并建立文件名。通过显示屏监视探测系统跟踪海底，若探测系统因某种原因无法跟踪海底线，它会自动扩大跟踪门，直至搜索到海底线，这段自动搜索过程一般时间较短。特殊情况下自动搜索时间较长，值班员应作书面记录，以便在信号回放处理时删掉这段探测资料。如系统无法自动搜索海底线，应重新进行 7.2.4.2.1 参数确定。

7.2.4.3 探测记录

探测记录如下：

a) 打印记录。每隔 15 min～30 min 在实时剖面上打印一次时间、水深、船位等信息；

b) 值班记录。每小时记录一次海区、测线号、时间、船位、海况、仪器系统工作情况、调试情况、特殊情况的处理等。

7.2.5 资料整理

资料整理要求同 7.1.4。

7.3 海底浅层结构探测成果

7.3.1 成果图件编制

海底浅层结构探测的成果图件为地层剖面地质解释图；在编制工作前，应收集探测海域海底沉积物的分布及其声速、密度等资料，并根据 7.1.4 资料整理结果，选择适当的水平比例尺与垂直比例尺，绘制地层剖面地质解释图。

7.3.2 调查报告

海底浅层结构探测调查报告的编写内容及要求见 4.6.3。

8 海底热流测量

8.1 技术指标

8.1.1 测点布设

根据地质任务的需要布设热流测点。

测点布设前，应先作地震剖面调查，或收集有关资料，了解海底沉积厚度、水深等变化情况。测点应布设在沉积物松软、沉积层厚度大的地区，沉积物厚度小于 200 m 或基岩海底不能布设热流测点。水深小于 1 000 m 的海区测量时，应收集该海区的底层水温资料，无历史资料时，应于测量工作前两个月连续观测底层水的温度变化，供资料处理用。

8.1.2 剖面测量的测线、测网布设

剖面测量的测线、测网布设要求如下：

a) 热流测量剖面应垂直于地质构造走向，并尽量与其他地球物理剖面相重合，剖面上测点间距一般为 3 km～5 km，地形平坦，沉积层厚度大的地区，测点间距可放宽到 5 km～10 km，地形复杂，沉积厚度变化大的地区，测点间距应加密到 1 km～2 km；在剖面上，每隔 30 km～50 km 取沉积物柱状样，测量热导率；洋中脊、海沟、断裂带等特殊地区，应顺其地质构造走向布设热流剖面；

b) 大区域的平均热流测量时，常以 1°×1°或 5°×5°为格网，均匀布设 3 个～4 个测点，每个格网至少布设一个测点，测量热导率；

c) 热流细测时，以 20 n mile×20 n mile 划为一小区块，每一个区块每隔 2 n mile～3 n mile 布设一条测线，每条测线上布设 3 个～4 个测点，每一小区块内至少要布设两个沉积物柱状取样点，并测量热导率。

8.2 仪器设备

测量海底热流的装置包括测地温梯度和热导率两部分，地温在海底直接测得，热导率可在海底测得，也可采集海底沉积物岩芯样后在室内测得。

8.2.1 数字地温探针

数字地温探针有关要求如下：

a) 热敏元件：

测温范围 −1℃～5℃；

分辨率高于 1×10^{-3}℃；

电阻漂移值不超过 5%。

b) 探针：

内装热敏元件的不锈钢探针承受压强大于 100 MPa，管壁应尽量薄，使在 90 s 内与周围沉积物达到热平衡(最终温度的 95%以上)，外径不超过 3 mm；

c) 安装探针的样管长度不小于 5 m，样管上探针数不少于 5 个，针与针距离为 1 m 或 1.5 m；

d) 地温测量与取样同步进行时，探针可安装在取样管外壁，取样管配重为 300 kg～600 kg。

8.2.2 瞬时热导率探针

瞬时热导率探针有关要求如下：

a) 探针内安装加热细金属丝及热敏元件；

b) 加热丝电阻为 50 Ω，电热丝的电功率为 0.5 W～1.0 W。

8.2.3 声波遥测海底热流探针

声波遥测海底热流探针有关要求如下：

a) 14 个热敏元件和一根加热金属丝组成探针系统，安装在长大于 5 m 的导管内，管壁应能承受大于 5 MPa 的压强，热敏电阻的间距为 3.5×10^{-1} m；

b) 探针插入沉积物 7.5 min 后产生加热脉冲，加热脉冲电压调定为直流 16 V，加热金属丝电阻为 0.465 2 Ω/m，加热脉冲时间 15 s，单位长度的电功率为 500 W/m；

c) 探针系统总重量应大于 340 kg。

8.2.4 深度监视系统

深度监视系统包括：

a) 音响发生器：

声波频率 12 kHz；

声脉冲重复率 1 s^{-1} 或 2 s^{-1}。

b) 音响发生器安装在仪器装置上方 30 m 处的钢缆上。

8.2.5 调查船设备要求

调查船设备要求如下：

a) 船尾应装有可变螺距推进器，可以 1 kn～2 kn 慢速航行；

b) 船甲板绞车钢缆长度应为 1×10^4 m，末端负载应大于 5 t，绞车应能变速，最高下降速度应大于 2.5 m/s。

8.3 海上测量

8.3.1 定位要求

热流测量时，调查船停船定点作业，要求每 10 min～15 min 测定一次船位。作业中，应使船位保持在测点上方，船移位半径不得超过测点水深的 10%。

8.3.2 海底地温测量

8.3.2.1 观测方法

观测方法如下：

a) 根据已知或估算的底层水温调整好“零”电阻值及参考电阻值，确保实测的地温在测程范围内；

b) 探测装置入水后，至离海底 100 m 左右时测量海水底层水温值，然后迅速施放钢缆，使装置的铁管插入海底沉积物内，待探针与周围沉积物温度达到热平衡后，测一组地温数据；

c) 地温观测时，探针应无扰动地插入沉积物内；

d) 探针入海后，视海流和海况，要多放出钢缆 30 m～50 m；

e) 海底现场地温测量的同时，进行沉积物柱状取样，沉积物柱状取样管收回到船上后，应立即卸出柱状芯样放置入船上实验室。

8.3.2.2 数据采集与记录

数字地温系统每 0.5 s 采集一个数据，共采集海水底层温度、沉积物温度（五个）及探管倾斜等七个数据。各数据均记录在磁带上，同时以声脉冲发射到船上。

8.3.2.3 原始数据的登录

地温梯度测量时，应进行监视记录及其他仪器记录数据的登录，其记录表格式见表 11。

8.3.3 海底热导率测定

8.3.3.1 测定方法

海底热导率测定有海底现场测定和室内（实验室）测定两种方法。现场测定是与测地温梯度同时进行的。

8.3.3.2 海底现场测定热导率

海底现场测定热导率方法如下：

a) 探测装置插入海底沉积物中后，仪器按程序工作，前 7.5 min 测量海底地温梯度，后 15 min 测量沉积物热导率；

b) 测地温梯度的采样时间间隔为 15 s，每次采样时间 15 s，在 15 s 内共采集时间码、参考数和 14 个热敏电阻值等 16 个数据，7.5 min 之后，采集沉积物热导率数据，所有数据均记录在磁带上，并以声脉冲发射到船上；

c) 探针与周围沉积物达到热平衡时所测得的数据可靠，应选择后几组采样数据(最后三组或五组)供估算地温梯度用；

d) 测得地温梯度数据后，以脉冲电流加热金属丝，产生热脉冲，其能量传入沉积层，观测热脉冲的衰变，以测定沉积物热导率；

e) 热导率与各时刻的泥温关系为：

$$K=\frac{Q}{4\pi T_a t} \qquad (40)$$

式中：

K——沉积物热导率，单位为 W/(m·℃)；

Q——热脉冲在单位长度放出的总能量，单位为 J/m；

T_a——观测时刻(t)的沉积物温度，单位为℃；

t——观测时刻，单位为 s。

同一测点的热导率，应重复测量三次。

表 11 海底地温梯度测量原始记录表

站号	日期	坐标(经纬度)	水深/m	触底时间	上提时间	探管倾角/(°)	探针数 N	底水温度/℃	探针温度 ℃ T_1 T_2 T_3 T_4 T_5	平均地温梯度/(℃/m)

时间： 记录者： 校核者：

8.3.3.3 室内热导率测定

室内热导率测定方法如下：

a) 从海底取得的沉积物柱状岩芯应无扰动地放置在恒温实验室内，并保持沉积物内的水分，测量热导率前，应使沉积物岩芯的内部温度达到一致，允许误差±0.1℃；

b) 将探针插入岩芯内，当电热丝通电加热后，测量周围沉积的温度变化，求出热导率，其关系式为：

$$K_0=\frac{P}{4\pi\Delta T}\ln\frac{t_2}{t_1} \qquad (41)$$

式中：

K_0——热导率，单位为 W/(m·℃)；

P——单位长度的电功率，单位为 W/m；

ΔT——$\Delta T=T_2-T_1$，T_1 和 T_2 分别为 t_1 和 t_2 时刻的瞬间温度，单位为℃。

c) 表 12 列出某一测位上应登录的数据，工作中，沿着岩芯变更测位，得到多个热导率数据，最后用最小二乘法求出合适的平均热导率。

表 12 热导率测量数据表

时间 t/s	60	120	180	240	300	360	420
热敏电阻/Ω							
对应的沉积物温度 T/℃							
热导率 K/[W/(m·℃)]							

时间： 记录者： 校核者：

8.4 资料整理

8.4.1 资料整理

8.4.1.1 磁记录数据处理

通过计算机，读出原始记录数据，储存在具有文件号的数据磁介质上。对读出的数据进行编辑，剔除受到明显干扰的数据，对数据统计处理时，把那些与平均值偏差大于标准差 1.5 倍的数据舍掉。根据任务要求，采用不同的处理方法。简单的处理方法，只算出地温梯度、热导率和热流密度，较复杂的处理方法，要考虑探针结构的非理想性，以及探针插底时，引起原地温场的扰动对测量数据的影响，还要考虑到探针插入沉积物并非瞬时完成等因素的影响。

数据处理的结果，一般包括：沉积物温度与深度的关系，热导率与深度的关系，温度与布拉德深度的关系，区间地温梯度与深度的关系，热阻与深度的关系，区间热流密度与深度的关系，各测点的平均热流密度等。

8.4.1.2 平均地温梯度估算

用数字地温探测进行海底地温观测时，应尽快估算出平均地温梯度，用最小二乘法求得曲线的平均斜率，即为平均地温梯度。

8.4.1.3 热导率校正

海底现场和室内测得的沉积热导率值有差别，应对室内所得结果作温差和压差校正。

温差校正值计算式为：

$$\Delta K_t = \frac{T_0 - T}{400} \qquad \cdots\cdots(42)$$

式中：

ΔK_t——热导率的温差校正值，单位为[W/(m·℃)]；

T_0 和 T——热导率的室内和海底现场测得的温度，单位为℃。

压差校正值计算式为：

$$\Delta K_P = \frac{D}{183\ 000} \qquad \cdots\cdots(43)$$

式中：

ΔK_P——压差校正值，单位为[W/(m·℃)]；

D——测点水深，单位为 m。

8.4.1.4 热导率计算

经温差校正和压差校正后，热导率 K 的计算式为：

$$K = (1 - \Delta K_t + \Delta K_P) \cdot K_0 \qquad \cdots\cdots(44)$$

式中：

K_0——室内测得的热导率，单位为[W/(m·℃)]；

ΔK_t、ΔK_P 取绝对值。

8.4.1.5 测点平均热流密度计算

平均热流值计算公式为：

$$q = -K \nabla T \qquad (45)$$

式中：

q——热流值，单位为 mW/m^2；

K——平均热导率，单位为 W/(m·℃)；

∇T——平均地温梯度，单位为℃/m；

“－”号代表向上。

8.4.1.6 热流数据登录

热流测量成果数据登录在热流数据表中。

8.4.1.7 热流测量数据的质量评价

热流测量数据的质量评价方法如下：

a) 探针全部插入沉积物、未受任何扰动，测得地温梯度有两组或两组以上是相同的，热导率测量准确度也高，可认定该热流密度完全可信，评为Ⅰ级；

b) 探针全部(或部分)插入沉积物，几组地温梯度比较相近；热导率测量准确度较高，该热流密度比较可信，定为Ⅱ级；

c) 只有一个探针插入沉积物内，估算地温梯度与预想值比较接近，有热导率资料，该热流密度可用，但可信度较差，定为Ⅲ级；

d) 不能使用的热流密度定为Ⅳ级；

e) 海底地形起伏大，沉积盖层极薄区，测得的热流密度常不准确，可信度低，应降其等级，或将其报废。

8.4.2 基础图件的绘制

8.4.2.1 温度-深度图绘制

温度-深度图绘制方法如下：

a) 以海底为零点，纵坐标轴零点上方表示水深，下方表示探针插入的深度，横坐标表示水温或沉积物温度；

b) 水温和水深表示在图的上方，沉积物温度与探针插入深度表示在图的下方；

c) 若测量的同时采取了沉积物柱状样，则应作柱状岩芯图，标在图的右下角。

8.4.2.2 热导率-深度图绘制

热导率-深度图绘制方法如下：

热导率为横坐标，深度为纵坐标，把所测得的热导率值标绘在图上，用最小二乘法求取平均热导率值。

8.4.2.3 热流剖面图绘制

热流剖面图绘制方法如下：

a) 纵坐标代表热流密度，横坐标代表距离，绘制热流剖面图；

b) 剖面右侧代表东或南，左侧为西或北；

c) 图中应附水深及地震剖面或其他综合地球物理剖面资料；

d) 图中应有图名、比例尺、图例和必要的说明。

8.4.2.4 热流平面分布图绘制

热流平面分布图绘制方法如下：

a) 做大面积热流测量时，将热流密度标于一定比例尺图上，或以点表示，或以等值线表示热流的分布；

b) 图中应有图名、比例尺、图例和必要的说明。

8.5 热流资料地质解释

8.5.1 解释前的准备工作

解释前的准备工作要求如下：

a) 收集测区及围区的地质资料，着重收集地形、沉积厚度、断裂与岩浆活动及地壳结构等方面的资料；

b) 收集测区及围区物性资料，如热导率、密度及磁化率等；

c) 收集测区及围区的钻井温度资料；

d) 收集测区及邻区重力、磁力及地震资料。

8.5.2 热流资料的定性解释

8.5.2.1 各类热流区的划分

将测区不同地质构造单元上的平均热流密度按下列标准划分出各类热流区。

a) 热流密度大于 120 mW/m^2 为特高热流密度区；

b) 热流密度 90 mW/m^2～120 mW/m^2 为高热流密度区；

c) 热流密度 70 mW/m^2～90 mW/m^2 为较高热流密度区；

d) 热流密度 55 mW/m^2～70 mW/m^2 为正常热流密度区；

e) 热流密度 40 mW/m^2～55 mW/m^2 为较低热流密度区；

f) 热流密度 40 mW/m^2 以下为低热流密度区。

8.5.2.2 热流异常解释

热流异常定性解释的基本原则：

解释引起热流异常的地质因素，探求高热流异常的热源机制和低热流异常的可能原因。特别注意岩浆活动、断裂活动及局部水循环作用引起的热流异常。提出合适的热流异常关系(热流-年龄关系或冷却板块关系和瞬时伸长关系)。

9 海洋重力测量

9.1 技术指标

9.1.1 测量准确度

测量准确度要求如下：

a) 海洋重力测量准确度以主、联络测线相交点的测量差值计算均方根值作为衡量依据；

b) 小(等)于 1∶50 万比例尺的重力测量，空间异常均方根差不得大于 3×10^{-5} m/s^2；大于 1∶50 万比例尺的重力测量，空间异常均方根差不得大于 2×10^{-5} m/s^2。

9.1.2 测量比例尺与测线布设

9.1.2.1 测量比例尺与测网布设要求

测量比例尺与测网布设要求如下：

a) 根据任务和条件确定测量比例尺，不同比例尺的测网密度见表 1；

b) 主测线(剖面)垂直区域地质主要构造线方向，联络测线垂直于主测线；

c) 相邻图幅，前后航次或不同仪器测量的结合部要有检查测线或重复测线。

9.1.2.2 检查工作量布设

检查工作量布设要求如下：

a) 面积调查以主测线与联络测线相交点的重复测量个数作为检查工作量；按主测线在不同比例尺图幅上每 1 cm 长度 1 个测点计算，布设交点数应不少于总测点数的 5%，交点总数不得少于 30 个；

b) 路线调查的重力测量，应根据情况尽可能安排一些重复测线作为检查工作量。

9.1.2.3 基点布设

a) 重力测量的基点用于控制仪器零点漂移及传递绝对重力值；

b) 重力基点应建立在沿岸港口和岛屿的固定码头上，设立牢固的标志，重力基点采用85国家重力基点网联测；停靠国外码头时，则与IGSN(1971)基点网联测；测量船每次比对重力基点时，要测定仪器相对基点的高程，比对重力基点的误差不得大于$\pm0.5\times10^{-5}$ m/s^2。

9.2 测量仪器

9.2.1 仪器的安装与调试

仪器的安装与调试方法如下：

a) 仪器安装于调查船稳定中心部位机械震动影响小的舱室；

b) 重力仪纵轴沿船的纵轴(首尾连线)方向，面板和平台调节装置面向船尾；

c) 仪器室要防潮、恒温，室温变化范围要符合仪器要求；

d) 静态观测试验，包括：仪器开机的重复性试验；仪器静态零点漂移观测，要求每年度出海测量前连续观测7 d以上，测量后连续观测3 d以上，确定仪器零点漂移的线性度；

e) 动态观测试验，测量前检查仪器在动态时零点漂移(δ_R)的线性度；

f) 仪器调试要严格按照操作规程进行。

重力仪必须在仪器零点漂移(无动态试验数据的话，则以静态试验计算)长时间稳定，月漂移不超过3.0×10^{-5} m/s^{2}时，才能用于海上测量。

9.2.2 仪器常数的测定与校准

每1年～2年测定1次仪器常数，仪器常数相对误差应小于0.1%。

9.3 海上测量

9.3.1 航行要求

航海要求如下：

a) 重力测量时，要求调查船保持匀速直线航行，一条测线或测线段，航速误差在东西方向上不得大于±0.2 kn，航向偏离在南北方向不得大于±1°；

b) 调查船偏离测线要及时缓慢修正，修正速率最大不得超过0.5°/s；

c) 到达每条测线的第一测点前20 min对准设计测线方向，测完每条测线最末一点5 min后方可转向；

d) 作面积测量时，航线偏离计划测线不得大于五分之一测线间距，大于1∶50万比例尺重力测量，船速不得大于15 kn；

e) 调查船转向或变速时，航海部门应提前通知测量值班人员。

9.3.2 测量工作

9.3.2.1 测量前的准备

测量前的准备工作要求如下：

a) 测量工作开始前，仪器应恒温72 h以上，测量前1 h开动陀螺平台系统；

b) 调查船起航前应取得重力基点的有关数据：基点高程和绝对重力值，仪器稳定后的读数(不少于30 min)水深、仪器距当时水面的高差及水面距基点的高差，仪器距码头基点的水平距离和方位，并绘略图；

c) 根据测区重力值变化范围，调整重力测程。

9.3.2.2 测量仪器的检查与管理

测量仪器的检查与管理包括：

a) 日检查内容；

中心报警系统；

电源系统；

恒温器功能；

数字、模拟记录的一致性；

平台功能；

平台管状水准器的调平功能；

上测量轴位置；

重力仪时间标准与其他测量方法时间标准的一致性；

b） 发生明显碰撞平台或重力仪时，应返回刚测过的点或附近基点进行检查，确认仪器正常后才能继续测量；

c） 测量过程中，发现重力仪测程调节旋钮和本体恒温选择旋钮位置变动，又查不清变化时间时，该航次测量结果作废，立即返回基点调整；

d） 遇下列情况之一者，立即终止测量工作：断电、避碰、平台纵、横摇摆角超过20°，仪器故障。

9.3.2.3 测量值班

测量值班要求如下：

a） 海洋重力测量记录时间标准，一般采用北京标准时间，也可采用格林威治时间，但一个测区时间标准必须统一，不得混乱；

b） 值班员按操作规程（或仪器说明书）操作，详细填写值班报，内容包括：测区、测线、方位、航速、航向、仪器状况、操作处置等。

9.3.3 岩石密度测定

岩石密度测定方法如下：

a） 在测区海底或附近陆地采集不同时代、不同岩类的岩石测定密度；

b） 可收集测区及附近地区的岩石密度资料，作实测的补充或替代；

c） 按地质时代排列并作地层、岩石密度柱状图，划分出密度界面。

9.3.4 现场资料质量监控

现场资料质量监控要求如下：

a） 海上测量中，技术负责人应经常检查测量资料的质量情况；

b） 现场资料质量监控内容包括：各项记录面貌、仪器工作状态、有否突然掉格、分析引起重力异常及大梯度变化原因，估算测量交点的差值等；

c） 发现问题，应及时提出重测或补测建议。

9.4 资料整理

9.4.1 原始记录资料的验收与取数

9.4.1.1 原始记录资料

原始记录资料包括：

测线布设图、基点绝对重力值及仪器距基点和水面的高程、仪器静态、动态试验数据，模拟记录纸卷、数字记录、导航定位记录、水深资料、值班班报等。

9.4.1.2 原始记录资料验收的等级标准

原始记录资料验收的合格标准如下：

a） 测线布设合理，能反映测区重力形态，测量准确度达到规定要求；

b） 仪器工作状态正常，试验数据齐全，符合要求；

c） 原始记录齐全、清楚，出现问题处理及时，并有文字说明；

d） 一条测线上连续缺失记录小于测线长的5%，累计缺失小于测线长的10%，不合格测线小于测线总数的5%。

凡达不到合格要求的测线与记录为不合格。

9.4.1.3 取数原则

在各种比例尺的成果图上，主、联络测线的取数间距不得大于 5 mm。

模拟曲线的特征点都应加密取数。

9.4.2 资料计算与校正

9.4.2.1 正常重力场计算

采用 1985 年国际正常重力公式计算，该公式为：

$$r_0 = 978\,032.667\,14 \times \frac{1 + 0.001\,931\,851\,3\,8639\sin^2\varphi}{\sqrt{1 - 0.006\,694\,379\,9\,013\sin^2\varphi}} \qquad (46)$$

式中：

r_0——正常重力场值，单位为 $10^{-5}\mathrm{m/s^2}$；

φ——测点地理纬度，单位为(°)。

9.4.2.2 重力基点系统

海洋重力测量起始点绝对重力值采用 IGSN(1971)系统。

9.4.2.3 厄特渥斯校正值计算公式

$$\delta_{ge} = 7.499 \times V \times \sin A \cdot \cos\varphi + 0.004V^2 \qquad (47)$$

式中：

A——航迹真方位角，单位为(°)；

V——航速，单位为 m/h；

φ——测点的地理纬度，单位为(°)。

亦可用：

$$\delta_{ge} = 7.50 \cdot \frac{\lambda' - \lambda}{t' - t} \cdot \cos^2\varphi \qquad (48)$$

式中：

λ'和λ——前后测点经度，单位为(°)；

t'和t——这些测点上相应的观测时间，单位为 s；

φ——测点纬度，单位为(°)。

9.4.2.4 空间校正值计算公式

$$\delta_{gf} = 0.308\,6H' \qquad (49)$$

式中：

H'——重力仪弹性系统至平均海面的高度，单位为 m；

出海前后船只吃水变化在 1 m 以内，以出海前后船只吃水的平均数进行计算；变化在 1 m 以上，应分段计算；近海还应做潮汐改正；空间校正值误差应小于 $0.2\times10^{-5}\mathrm{m/s^2}$。

9.4.2.5 布格校正计算公式

$$\delta_{gb} = 0.041\,9(\sigma - 1.03)H \qquad (50)$$

式中：

σ——地层密度，基础调查中取 $2.67\times10^{-3}\ \mathrm{kg/cm^3}$；

H——测点水深，以平均海面计算，单位为 m。

9.4.2.6 异常值的计算

异常值的计算方法如下：

a) 空间重力异常计算公式为：

$$\Delta g_f = g + \delta_{gf} - r_0 \qquad (51)$$

$$g = g_0 + C\Delta s + \delta_R + \delta_{ge}$$

式中：

g——测点的绝对重力值，单位为 10^{-5} m/s²；

δ_{gf}——空间校正值，单位为 10^{-5} m/s²；

r_0——正常重力场值，单位为 10^{-5} m/s²；

g_0——基点绝对重力值，单位为 10^{-5} m/s²；

C——重力仪常数；

Δs——测点与基点之间的重力仪读数差，单位为 10^{-5} m/s²；

δ_R——掉格校正值，即仪器零点漂移校正值，单位为 10^{-5} m/s²；

δ_{ge}——厄特渥斯校正值，单位为 10^{-5} m/s²。

b) 布格重力异常计算公式为：

$$\Delta g_b = \Delta g_f + \delta_{gb} \qquad (52)$$

式中：

Δg_b——布格重力异常值，单位为 10^{-5} m/s²；

Δg_f——空间重力异常值，单位为 10^{-5} m/s²；

δ_{gb}——布格校正值，单位为 10^{-5} m/s²。

9.4.2.7 综合调差

综合调差方法如下：

a) 测量资料经各项校正后，在不同测线上，测量值出现的系统误差，可采用综合调差方法消除；

b) 综合调差根据主、联络测线交点的重复测量差值进行，并以主测线、联络测线依次整条测线调整，直到整个区域调平为止。

9.4.3 测量准确度

9.4.3.1 海洋重力测量误差来源

海洋重力测量误差来源如下：

a) 海洋重力仪测量过程造成的误差 ε_i，包括仪器固有误差、外界干扰加速度引起的测量误差，温度系数校正误差、常数测定误差和仪器零点漂移校正误差，这类误差应不大于 $\pm 1\times10^{-5}$ m/s²；

b) 比对重力基点带来的误 ε_s，包括基点连测误差及比对测量误差，应不大于 $\pm 0.5\times10^{-5}$ m/s²；

c) 厄特渥斯校正不完全引起的误差 ε_e，包括由于定位误差引起的航速、航向和地理纬度误差，应不大于 $\pm 1.5\times10^{-5}$ m/s²；1：20 万比例尺调查时，应不大于 $\pm 1\times10^{-5}$ m/s²；

d) 正常场校正误差 ε_r，主要是由于定位误差引起的地理纬度误差，应不大于 $\pm 0.1\times10^{-5}$ m/s²；

e) 空间校正误差 ε_f，主要由重力仪弹性系统与平均海平面之间的高度误差引起的，应不大于 $\pm 0.2\times10^{-5}$ m/s²；

f) 布格校正误差 ε_b，主要由测深误差等引起的布格改正不完全造成的。

9.4.3.2 海洋重力测量误差计算

海洋重力测量误差计算方法如下：

a) 外符合准确度计算公式为：

$$\varepsilon = \pm\sqrt{\frac{\sum_{i=1}^{n}\delta_i^2}{2n}} \qquad (53)$$

式中：

δ_i——为二台仪器在同一测点上的测量差值，单位为 10^{-5} m/s²；

n——为比对测点数。

b） 内符合准确度计算公式为：

$$\varepsilon = \pm\sqrt{\frac{\sum_{i=1}^{n}\delta_{i1}{}^{2}}{2n}} \quad \cdots\cdots (54)$$

式中：

δ_{i1}——为同一台仪器在某测点上重复测量的差值，单位为 $10^{-5}\ \mathrm{m/s^2}$；

n——为比对测点数。

c） 经综合调差后，内符合准确度计算公式为：

$$\varepsilon = \pm\sqrt{\frac{\sum_{i=1}^{nm}\delta_{i2}{}^{2}}{2(n-1)(m-1)}} \quad \cdots\cdots (55)$$

式中：

δ_{i2}——为同一仪器在某测点上经综合调差后的重复测量差值，单位为 $10^{-5}\ \mathrm{m/s^2}$；

n、m——分别代表主测线和联络测线数。

d） 测量误差计算中，允许舍去少数特殊交点值，但舍点率不得超过总交点数的 3%；

e） 同航次多台等精密度仪器测量时，测量误差用公式(53)计算，单台仪器（或多台不等精密度仪器）测量时，测量误差用公式(54)计算，凡经综合调差处理的，一律用公式(55)计算。

9.5 测量成果

9.5.1 成果报表内容

成果报表内容包括：

a） 成果报表的内容包括测点观测时间、经纬度、绝对观测值、经校正后的水深值、空间异常值和布格异常值；表头内容有测量海区、测量船、观测日期、测线号、所用观测仪器及仪器常数、所用重力基点及基点重力值、测线综合调差值等；

b） 成果报表中，测点位置取到秒，水深取到米，重力值取到 $0.1\times10^{-5}\ \mathrm{m/s^2}$。

9.5.2 成果图件编制

成果图件包括：实际材料图、空间重力异常平面剖面图、空间重力异常等值线图。根据任务要求，可增加布格重力异常平面剖面图，布格重力异常等值线图。

9.5.2.1 实际材料图的绘编

实际材料图的绘编要求如下：

a） 重力测量资料经检查校核，质量合格，即可编绘实际材料图；

b） 图上不同类型的点，用下列图标：

国家级基点 ◎

基　　点 ⊙

测　　点 ·

c） 测线号注在测线两端，每 10 个重力观测值取值作一标记横线，横线上注点号，下注该点异常值。

9.5.2.2 重力异常平面剖面图的绘制

重力异常平面剖面图的绘制方法如下：

a） 剖面图横坐标按调查成果图比例尺选取，纵坐标按异常大小及观测准确度适当选取；

b） 剖面的右、上方为正异常，左、下方为负异常，着色时红色表示正，蓝色表示负；

c） 除平面剖面图外，一般剖面图应附小比例尺的剖面位置图。

9.5.2.3 重力异常等值线图的绘制

重力异常等值线图的绘制方法如下：

a） 重力异常等值线图在实际材料图的基础上绘制，重力异常图中不必再标注各类点的符号和异常值，只勾绘等值线，等值线间距不得小于测量准确度的 2 倍～2.5 倍，曲线要圆滑，局部资料不足的地方用虚线；

b) 图例栏内必须注明采用的正常重力公式，绝对重力值系统，布格重力异常图需注明中间层物质平均密度值等；

c) 重力异常等值线图要着色，红色表示正重力异常，蓝色表示负重力异常，以颜色的深浅表示异常的强弱，色层多少视异常特征而定，以图面清晰，浓淡匀称为宜。

9.5.3 重力异常的地质解释

重力异常的地质解释如下：

a) 解释前应收集并消化测区及其围区已有的地质、地球物理、钻探及岩石密度资料；

b) 地质解释主要是通过正、反演等数据处理方法，有效地压制干扰，突出和增强目标异常，以揭示重力异常场分布规律同地质因素的内在联系，根据这种联系来说明地质构造与地壳结构的特征；

c) 地质解释包括定性解释和定量解释等，小比例尺的海洋重力测量以定性解释为主；

d) 在进行综合地球物理调查时，重力异常的解释要与其他地球物理资料(如地磁、地震等)结合进行。

9.5.4 调查成果

9.5.4.1 成果资料和图件

成果资料和图件包括：

a) 原始记录资料内容见 9.4.1；

b) 主测线与联络测线交点测量差值统计计算表；

c) 重力测量成果表；

d) 重力异常基础图件；

e) 海洋重力测量资料验收意见。

9.5.4.2 调查报告

调查报告内容和要求见 4.6.3。

10 海洋地磁测量

10.1 技术要求

10.1.1 测量准确度

测量准确度要求如下：

a) 海洋地磁测量准确度以主、联络测线相交点的测量值差的均方根值作为衡量依据；

b) 不同调查比例尺的测量准确度要求见表 1。

10.1.2 测量误差分配

海洋地磁测量的误差是多项因素的综合误差，它包含测量仪器误差、导航定位误差、船磁影响、地磁日变校正及地磁正常场校正的误差。误差分配表见表 13。

表 13 近海海洋地磁测量误差分配表

单位为 nT

比例尺	均方根差	仪器	导航定位	船磁影响	日变校正	正常场校正
$1:100\times10^4$	≤4	≤2	≤2	≤1	≤2	≤1
$1:50\times10^4$	≤4	≤1	≤2	≤1	≤2	≤1
$1:20\times10^4$	≤2	≤1	≤1	≤1	≤1	≤0.5
$1:10\times10^4$	≤2	≤1	≤1	≤1	≤1	≤0.5

10.1.3 调查比例尺与测网布设

10.1.3.1 调查比例尺与测网布设要求

调查比例尺与测网布设要求如下：

a) 根据调查任务和条件确定比例尺，不同调查比例尺的测网密度见表1；

b) 主测线垂直于区域地质构造走向，联络测线垂直于主测线，大洋磁性海山测量时，可选择海山顶为中心做放射状测线测量。

10.1.3.2 检查工作量布设

检查工作量布设要求如下：

a) 以主测线与联络测线相交点重复测量的个数作为检查工作量；

b) 交点的布设，按主测线在不同比例尺图幅上1 cm长取一测点值计算，交点数应不少于测区总测点数的5%，交点总数不得少于30个；

c) 低磁纬度海区测量时，在有地磁台站的条件下，应布设1条～2条重复测线，检验各项校正效果，消除地磁日变影响。

10.2 测量仪器

海洋地磁测量使用仪器有质子旋进式磁力仪、光泵磁力仪和磁力梯度仪等。

10.2.1 仪器调试

地磁测量仪器进入海区测量前应进行各项调试和试验。

10.2.1.1 仪器的主要技术指标

灵敏度：数字记录具0.25 nT、0.5 nT、1 nT、2 nT、4 nT五档，各灵敏度自校读数误差不大于±2。模拟记录具0.25 nT/ mm、0.5 nT/ mm、1 nT/ mm和2 nT/ mm四档。

抖动度：不大于±1 nT。

10.2.1.2 晶体振荡器的调试

进行稳定性测定，若频率漂移，应调试或更换。

10.2.1.3 传感器配谐的调试

测定传感器配谐和选频放大器的每一档中心频率，不满足技术指标时，应更换元件。

10.2.1.4 静态下仪器信噪比测定与要求

仪器调试后测量其信号电平值与噪声电平值，信噪比应不小于50，否则要继续调试。

10.2.1.5 仪器系统的稳定性试验

调试后的仪器系统进行持续工作状态试验，试验持续时间2 d～3 d，仪器系统应保持稳定状态。

10.2.2 船磁方位影响试验

船磁方位影响试验方法如下：

a) 在地磁平静日，于调查海区或调查海区附近，选择一地磁场平静区（梯度小于6 nT/km），抛设一固定无磁性浮标。调查船沿八个方位（0°、225°、90°、315°、180°、45°、270°和135°）船首、船尾、拖曳传感器三点成一直线通过浮标，传感器与浮标距离要小于20 m，测量值经日变校正后，作方位曲线，供船磁影响校正；

b) 做船磁方位影响试验的同时，进行传感器拖曳距离试验，选择最佳电缆拖曳长度；

c) 在不同纬度海区调查时，均需做船磁影响试验，同一海区，使用不同的调查船作业，须有各自的船磁方位影响校正曲线；

d) 地磁仪器室应配备与航海室同步的导航显示设备。

10.3 海上测量

10.3.1 航行要求

航海要求如下：

a) 调查船应沿布设测线匀速、直线航行；

b) 调查船应提前 3 min 对准测线,使船首、船尾与拖曳传感器三点呈一直线进入测线测量,测线测量结束时,调查船应延迟 3 min 转向;
c) 测线测量中,调查船不得大转向、变速或停船,遇特殊情况必要停船、转向或变速时,应及时通知测量值班室,采取应急措施;
d) 地磁仪器室应配备与航海室同步的导航显示设备。

10.3.2 测量与记录

10.3.2.1 仪器工作状态的选择

仪器工作状态的选择要求如下:
a) 检查电源极性与电压选择开关各档是否正确;
b) 检查测频器自校读数;
c) 调节仪器选频和传感器配谐,使信号电平达到最大,噪声电平最小;
d) 模拟记录作为监视记录,应检查和调试记录仪,记录笔的满偏和复零位应准确、灵活,走纸速度应匀速正确;
e) 数字记录与模拟记录应保持同步,时间、数据应一致;
f) 仪器室温要保持在 25℃以下,并对仪器的石英晶体振荡器吹风降温。

10.3.2.2 仪器管理与仪器检查

仪器管理与仪器检查要求如下:
a) 值班人员要注意观察仪器各仪表显示器和审听磁化鸣声,发现异常时,及时调试或检查维修;
b) 注意测量记录,出现模数不符或跳大数时,应及时调试;
c) 每小时在模拟记录纸上打记时标和测量值,一般以北京标准时间为记时标准,大洋以格林威治时间为标准;
d) 拖曳电缆要采取保护措施,发现变形或受损要及时处理。

10.3.3 地磁日变观测

10.3.3.1 地磁日变观测仪器与站址选择

地磁日变观测仪器与站址选择要求如下:
a) 除磁力梯度仪外,使用其他磁力仪进行海洋地磁测量均应设立地磁日变观测站,在测量的同时,进行地磁日变观测;
b) 地磁日变观测仪器应与海上磁测仪器具相同的准确度;
c) 地磁日变观测站的有效控制半径为 300 km～500 km,观测站应控制整个测区,测区范围大,应设立两个以上的地磁日变观测站,同时进行观测;
d) 地磁日变观测站必须远离供电线、电话线、广播线等交变磁干扰区,观测站 20 m 半径内,磁场梯度变化要小于 1 nT/m。

10.3.3.2 观测记录与磁暴、磁扰处理

观测记录与磁暴、磁扰处理方法如下:
a) 日变观测每 2 min～5 min 连续三次读数,取平均值作为该时磁场值;
b) 日变站每天定时与北京标准时间对时,时钟误差每日不得超过 1 min;
c) 选地磁平静日的连续 24 h 观测值,取平均数作为该日变站磁场基值,绘制每天地磁变化曲线;
d) 日变观测中,遇磁暴、磁扰日时,必须准确记录初动、持续、消失的时间,并及时通知调查船。

10.3.4 岩石磁性参数测定

岩石磁性参数测定方法如下:
a) 在测区内或邻近陆地采集不同时代、不同类型的新鲜岩石,测定它的磁化率和剩余磁化强度;
b) 收集测区及围区已有的岩石磁性资料,按时代、岩类、磁性强弱列表整理。

10.4 资料整理

10.4.1 原始记录资料的验收

10.4.1.1 资料验收

原始记录资料包括：模拟记录纸卷、数字记录（软盘、光盘）、导航定位记录、地磁日变观测记录、值班记录等。原始记录资料的合格标准是：模拟记录曲线抖动度不超过±1 nT 的记录占全部记录的70%以上，抖动度在±1 nT～±2 nT 的记录不超过全部记录的 25%；允许因仪器调试或维修产生的不正常记录不超过全部记录的 5%；各原始记录齐全、清楚。

达不到合格要求的记录。

海上测量结束后，由调查任务执行单位对原始记录资料进行验收，评定等级，给予文字评语。

10.4.1.2 取数间距

在各种比例尺的成果图上，主测线、联络测线的取数间距不得大于 5 mm。

模拟曲线的特征点都应加密取数。

10.4.2 资料整理与校正

10.4.2.1 地磁正常场

海洋地磁测量的正常场计算采用国际高空物理和地磁协会（IAGA）五年一度公布的国际地磁参考场 IGRF（见附录 F）。

10.4.2.2 地磁日变校正

地磁日变校正方法如下：

a) 根据日变站或测区附近地磁台站同步测量所绘制的日变曲线进行日变校正，发现磁场水平偏高或偏低时，可引进磁场附加值进行调整，磁场图的基值等于日变基值加附加值；
b) 同一测区使用两个以上日变资料时，它们之间的日变基值统一到某一台站；
c) 变化幅度小于 100 nT 磁扰日变记录，可用于日变校正，磁扰日的日变校正分为二个步骤：先对平静日（磁扰发生前、后三天的日变曲线平均值）变化值校正，用地方时；然后再进行磁扰校正，用世界时；磁扰校正值为实测日变值减去平均磁平静日变化值。

10.4.2.3 船磁影响校正

测量值减去调查船实际航向相应的船磁影响方位曲线值。

10.4.2.4 地磁异常计算

地磁异常计算公式为：

$$\Delta T = T - T_d - T_s - T_0 \qquad (56)$$

式中：

ΔT——地磁异常值，单位为 nT；
T——地磁场总磁场测量值，单位为 nT；
T_0——地磁正常场值，单位为 nT；
T_d——地磁日变偏差值，单位为 nT；
T_s——船磁影响偏差值，单位为 nT。

10.4.2.5 测量准确度计算

测量准确度计算公式为：

$$\varepsilon = \pm\sqrt{\frac{\sum_{i=1}^{n}\delta_i^{\ 2}}{2n}} \qquad (57)$$

式中：

$\delta_i = \Delta T_{主测线} - \Delta T_{联络测线}$，单位为 nT；
n——总检查交点的数目。

强磁异常区的交点差很大，可不参加准确度的计算，但弃点数不能超过总交点数的3%。

作磁测误差正态分布曲线，若不成正态分布，应检查统计数据，把有明显系统误差地段分开另行统计。

10.5 测量成果

10.5.1 成果报表

成果报表内容：表头应有测量海区、测量船、测量日期、测量仪和测线号等；表内内容应包括：序号、时间、经纬度、总 T 值、正常场值、船磁方位校正值、地磁日变值和 ΔT 值等。

10.5.2 成果图件和编制要求

10.5.2.1 成果图件

成果图件包括：

a) 实际材料图；

b) 地磁异常(ΔT)平面剖面图；

c) 地磁异常(ΔT)等值线图；

d) 地磁场总强度 T 等值线图。

10.5.2.2 图件编制

图件编制包括：

a) 实际材料图

编制方法和要求同9.5.2.1；

b) 地磁异常(ΔT)平面剖面图

依据实际材料图，取测线的起止点作直线横坐标，测线的各测点垂直投影到横坐标上，测点的nT值为纵坐标绘制剖面图。当(ΔT)平面剖面图中正、负异常不协调时，可调整零线，使正异常和负异常的面积约各占一半；(ΔT)平面剖面图绘图的纵比例尺每厘米代表50 nT～100 nT；

c) 地磁异常(ΔT)等值线图

(ΔT)等值线图的等值线间距应不小于测量准确度的2.5倍；勾绘等值线图要参考地质资料及其他地球物理资料；

d) 磁场总强度 T 等值线图

T 等值线间距及绘制要求与(ΔT)等值线图相同。

10.5.3 地磁异常的数据处理和地质解释

10.5.3.1 解释前的准备工作

解释前的准备工作要求如下：

a) 收集测区及相邻陆地的资料，包括地质、区域地质构造、钻探等资料，尤其是岩浆活动、断裂活动及结晶基底特征资料；

b) 收集岩石密度、磁性等物性资料；

c) 收集测区及相邻地区的重力、地磁、地震和地热资料。

10.5.3.2 地磁异常的分类及分区

依据异常的轴向、形状、排列特征以及强度可分为带状异常、线性异常、等轴状异常、异常梯阶带等，依据异常的组合关系可分为平静磁场区、条带状磁场区和杂乱磁场区等。

10.5.3.3 数据处理

可采用“斜磁化条件下(ΔT)的切线法”和常规数据处理方法，计算磁性体最小埋藏深度，及其几何参数和磁性参数。常规数据处理方法包括：磁化方向变换(化极)；位场解析延拓(向上延拓、向下延拓)；磁场方向导数计算(求导)；磁源重力异常计算(假重力异常)和磁性基底反演计算。

10.5.3.4 条带磁异常计算

对大洋和边缘海盆中条带磁异常的正演拟合计算(如二维矩形条板组合体模型计算),与国际地磁极性年表对比,可确定海底扩张的速率及形成年龄。识别条带磁异常应结合地震、重力、地热及深海钻探等资料,进行综合解释。

10.5.3.5 地磁异常的地质解释

地质解释的内容包括:沉积岩厚度变化、基岩岩性与形态、基底结构和断裂特征、岩浆岩活动、区域地质构造特征等。

10.5.4 调查报告

调查报告的内容要求见4.6.3,调查报告应附成果图件。

11 海洋地震调查

11.1 技术指标

11.1.1 调查质量的主要技术指标

调查质量的主要技术指标如下:

a) 组合气枪总容量不低于规定值的80%,声压不小于90%,整条测线的空废炮率小于6%;
b) 不正常工作道不超过总道数的1/24;
c) 监视记录的计时线清晰,道亦均匀,气枪同步信号和激发信号(TB)的断点清楚。

11.1.2 调查比例尺与测线布设

调查比例尺与测线布设要求如下:

a) 根据任务和工作条件确定调查的比例尺,不同调查比例尺的测线布设要求见表1;
b) 主测线垂直于区域地质构造走向,联络测线垂直于主测线,可视具体情况不等距布设测线;
c) 地震测线应尽量与其他地球物理测线一致,尤其应通过钻探井位或声纳浮标测点。

11.2 调查仪器

11.2.1 数字地震仪系统技术指标

以目前环境基础调查中,常用的48道数字地震仪系统为例,提出技术指标:

a) 前放一致性:
幅度差在−2%~2%;
相位差0±1 ms。
b) 噪音和漂移
噪音:前放增益为2^8时,噪音不大于0.13 μV;
前放增益为2^6时,噪音不大于0.19 μV;
前放增益为2^4时,噪音不大于0.66 μV;
漂移:任何道的漂移0±1 μV。
c) 主增益台阶
平均台阶准确度要求:
1~4台阶在−0.06%~0.06%;
5台阶在−0.08%~0.08%;
6台阶在−0.20%~0.20%;
7台阶在−0.60%~0.60%。
单道台阶准确度要求:
1~4台阶在−0.1%~0.1%;
5台阶在−0.15%~0.15%;
6台阶在−0.30%~0.30%;

7 台阶在－1%～1%。

d) 串音

主放增益为 1FP 时，串音不大于－78 dB；

主放增益为 2FP 时，串音不大于－72 dB。

e) 畸变

畸变不大于 0.06%。

f) 陷波

任何道的衰减不小于 40 dB。

g) A/D 转换器纯正性

线性误差不大于 0.02%。

h) 动态范围

动态范围大于 78 dB。

i) 脉冲响应

振幅差在－2%～2%；

相位差为 2 ms。

j) 漏码率

全"1"码测试要求漏码率不大于 1×10^{-6}。

k) 磁带机

扭曲不得超过一排位组时间的 0.25%；

读振幅误差在－10%～10%；

带速瞬时变化在－2%～2%。

l) 系统计时

应精确到 1×10^{-4} s。

11.2.2 静电监视记录仪技术要求

静电监视记录仪技术要求如下：

a) 光学部件

检流计和光学部件每年清洁一次，保证纸记录清晰。

b) 计时线

每月检查计时线，顶部与底部的误差应不大于 0.5 ms(纸记录)；

每年进行计时线的准确度检查，误差要求不大于±1 ms。

c) 走纸恒速

每六个月检验一次走纸速度，每百根计的线性误差应小于 2%。

d) 检流计

用一组公共脉冲进行检测；

道间相位差不大于±1 ms；

幅度一致性不大于±10%。

11.2.3 气枪震源

气枪震源技术要求如下：

a) 单枪启动稳定性要求±1 ms；

b) 组合阵内各枪应同步工作，启动误差保持在±2 ms 以内；

c) 气枪容量不小于设计的 80%，声压不小于设计的 90%；

d) 峰峰比不小于 6。

11.2.4 电缆

电缆技术要求如下：

a) 全缆绝缘电阻(下水前)应大于 10 MΩ；

b) 电缆串音大于 60 dB；

c) 电缆拖曳噪音小于 0.1 Pa；

d) 各道间的相位差小于 1 ms；

e) 各道间的振幅变化在 15%以内；

f) 电缆定深器可控范围 3 m～30 m。

11.2.5 仪器检验

11.2.5.1 日检查

每日工作前录取指数振荡器记录一张。

11.2.5.2 月检查

月检查要求如下：

a) A/D 转换器、主放、前放直流漂移调零；

b) 前放增益调节；

c) 计算机检验项目：前放一致性、噪音和漂移、增益台阶准确度、串音、畸变、陷波、A/D 转换器线性、动态范围、脉冲响应、漏码率；

d) 模拟测试项目：主放比较器调零、主放对钟计时容限、A/D 转换器时钟计时容限、系统计时、AGC 功能、头段解偏。

11.2.5.3 年检查

完成全部月检查项目，并做下列工作：

a) 全面维修保养仪器，着重清洁磁带机，检验磁带机读振幅、扭曲和速度误差；

b) 修理或更换性能不佳或有隐患的机械部件与电子部件；

c) 全面校准测试仪器，达到出厂指标；

d) 检查回放系统。

11.2.6 地震仪器的使用与维护

地震仪器的使用与维护要求如下：

a) 建立仪器档案，详细记录仪器在使用过程中发生的故障及处理方法；

b) 仪器使用要遵守操作规程和仪器说明书的有关规定；

c) 仪器室要保持清洁、干燥、防尘，当湿度在 40%～80%之外，及温度高于 30℃，或低于 5℃时，不应使用仪器；

d) 仪器室应放置二氧化碳(干冰)灭火机，确保仪器安全；

e) 仪器长期不使用时，要经常通电，定期给仪器备用板充电；

f) 仪器必须取得合格的年、月检记录后方可用于调查，每日工作前须取得合格的日检记录。

11.3 海上测量

11.3.1 航行要求

航行要求如下：

a) 船速和航向应保持稳定，航速要求在 5 kn 左右，船只偏离测线超出规定范围时，要及时缓慢修正，修正率不得大于 2°/km；

b) 到达测线起点前 2 km 处应使电缆拉直，到达测线终点后，船只应继续沿航向工作，延续距离应等于半个排列长度，进入测线或测线结束一般要有合格的卫导定位点；

c) 地震测量中，一般由定位系统控制震源激发，采取等距离或等时间放炮，定位炮号应与地震文件号相对应；

d) 航线偏离设计测线不得大于测线间距的 1/5；

e) 船只必须偏离原定航向或减速时，应事先通知地震值班人员，随后应尽快修正航向使船只回到设计测线上；

f) 驾驶人员应经常监视拖带的震源和电缆，当发现有船只要通过电缆的水面时，应提前做好下沉电缆事宜。

11.3.2 测量方法

反射地震调查一般用水平叠加(共深度点)方法，覆盖叠加次数与排列长度根据地质任务而定。

解决某些特殊问题可采用合成排列剖面法(SAP)、扩展排列剖面法(ESP)、声纳浮标法或三维地震法、高分辨率地震法等。

11.3.3 测量要求

测量要求如下：

a) 仪器检验项目、时间、方法及技术指标应符合说明书及操作规程的规定；

b) 每日(或每条测线)工作前，录制正常工作条件下的电缆噪音，可录制在生产磁带上；

c) 地震电缆每次下水工作前，所有地震道、辅助道应处于正常工作状态，水断信号应记录正常；

d) 施工中测线测量中断，应在该航次补作，测线正向连接时，要炮点连续，反向连接时要重复观测一个排列(炮点至最远检波器的距离)的长度；

e) 月检以 30 d 为限，最长不超过 37 d；

f) 根据任务不同，地震勘探前应做仪器检验，以选择最佳仪器参数。

11.3.4 监测记录

监测记录要求如下：

a) 每条测线的首尾炮点测量中每 40 炮应回放一张监视记录，特殊情况下要及时回放监视记录；

b) 首炮及测量中每隔 40 炮取一张气枪记录，震源故障应及时记录并在班报中详细记载故障情况；

c) 选择某道记录作单道监视剖面，监视记录中计时线应清晰，道亦均匀，气枪同步信号和激发信号(**TB**)的断点清楚；

d) 时标参考信号的相位和幅度稳定，时标的误差每 5 s 为±1 ms；

e) 监视记录两端加盖登录章，填写各项内容；

f) 测量中海况突然变化或船加速时，应及时录制电缆噪音，噪音电平超过标准，应停止作业。

11.3.5 地震班报

地震班报要求如下：

a) 首、尾炮号及测量中每隔 40 炮按要求如实完整地填写一次数据；

b) 炮号和文件号须对应无误；

c) 记录测量中影响质量的因素；注明废品炮点号、文件号、坏道的道号，按时间放炮，应注明放炮的时间间隔；

d) 班报用铅笔填写，不得用橡皮涂擦，有修改时，应将原记录划出重写。

11.4 资料整理

11.4.1 原始资料验收

11.4.1.1 资料验收项目

资料验收项目包括：

a) 试验资料：电缆噪音、震源能量与沉放深度、仪器接收因素选择、设备更换及工作方法改变等；

b) 原始记录资料：数字地震磁带资料、数字地震监视记录、单道剖面记录、数字地震仪的日检和月检资料、气枪打印记录、导航定位资料以及记录和手簿等。

11.4.1.2　原始资料验收标准

合格记录和测线：

a）仪器日检、月检记录合格；

b）仪器因素或方法符合设计要求；

c）不正常工作道（死道、乱道、反道灵敏度低于邻道 6 dB、噪声超过指标的地震道）不超过总道数的 1/24；

d）电缆拖曳噪声不大于 3 mPa，沉放深度误差不大于 2.5 m，尾标偏离不大于 15°；

e）组合气枪总容量不低于规定值的 80%，声压不小于 90%；

f）炮间距误差在 500 m 范围内小于±50 m，整条测线的空废炮率小于 6%；

g）n 次覆盖的 n 个连续炮点中不超过 $n/2$ 个空、废炮；

h）单道监视记录基本完整清晰。

凡不符合上述要求者皆为不合格记录和测线。

11.4.2　资料处理要求

11.4.2.1　处理设计书内容

处理设计书内容包括：

a）地质任务；

b）海上工作及原始质量分析；

c）对已有处理资料的分析；

d）处理任务和项目；

e）试处理与批量处理；

f）资料处理与计划；

g）处理成果的提交。

11.4.2.2　速度谱、频谱图件的要求

速度谱、频谱图件的要求如下：

a）每个速度谱、频谱均应打印测线号、CDP（共深度点）号、谱的类别、处理日期、分析时窗等；

b）速度谱的宽行列表参数应与处理设计书提供的参数一致；

c）速度谱显示及道集动校正显示均应清晰；

d）速度谱的求值范围能包含实际的速度值；

e）速度谱选点合理，其密度满足处理与解释的要求。

11.4.2.3　静电剖面的要求

静电剖面的要求如下：

a）静电显示图的墨迹均匀，波形清晰，增益比例合适；

b）图头名称与相应的作业宽行名称一致，其内容包括：作业单位、测区、测线号、主要采集因素、处理流程的主要参数、剖面比例尺、处理日期、测线位置图等；

c）时间剖面的两侧应有时间标注，深度剖面的两侧应有深度标注；

d）剖面上方应有测线交点、CDP 号以及相应的炮点号。

11.4.2.4　照相剖面的要求

照相剖面的要求如下：

a）每条剖面应有图头，内容同静电剖面；

b）剖面上方应有测线方向、CDP 号及实际测线炮点号、相交测线标注、叠加速度数据、水深及电缆偏角；

c）剖面中无波形畸变，无明显的振荡噪音和感应现象，增益与比例尺匹配，进道方向正确，步进距离均匀；

d) 洗相良好，图面清晰干净，无漏光、无折痕、手印、撕裂、色彩均匀、片透明度好。

11.4.2.5 **剖面的比例尺**

根据地质任务选择合适的比例尺。常规比例尺有两种：

正常比例尺：时间比例尺 10 cm/s，横比例尺 1.5 mm～2 mm/道间；

缩小比例尺：时间比例 5 cm/s，横比例尺 0.75 mm～1 mm/道间。

11.4.2.6 *X*—*Y* 绘图，要求图头正确，图幅完整，绘图线条清晰，无断开、位移、撕裂、污损等缺陷。比例尺大小及参数选择合适。

11.4.2.7 **处理成果质量评价**

提交检验的各项成果资料应完整无缺，表格填写正确、齐全。资料处理的合格标准为：

a) 因转录造成丢失、废炮不大于总炮数的 1%；深层出现的信号畸变小于总炮数的 2%，任何 100 个CDP 道内，不正常值不大于 4 道；

b) 预处理造成的丢炮或数据不全的炮小于总炮数的 2%～3%；

c) 处理方案及参数、编码与任务书基本一致，各主要模块及参数无错误，个别次要模块或参数使用有误，但不影响成果剖面质量；

d) 机器运转正常、程序运行正确、总 CDP 道数正确，出现的不正常道小于总 CDP 道的 2%；

e) 处理任务书、处理记录本、宽行列表及其各项中间监视基本齐全；

f) 成果剖面、洗相及图头显示整洁、齐全；

g) 波形基本无畸变、无振荡噪音及感应现象；

h) 变面积适当，灰阶度符合要求，胶片透明度较好；

i) 进道方向正确，距离和记时线错动不大于 4 ms；

j) 成果剖面能达到处理方案预期的地质效果。

凡达不到合格标准者为不合格。

11.4.3 **地震资料解释**

11.4.3.1 **基础资料收集**

地震资料解释前，应收集下列资料：

a) 水深图、测线位置图；

b) 速度资料及有关数据；

c) 采集和处理过程中形成的数据和资料；

d) 有关的地质、钻探和其他地球物理资料。

11.4.3.2 **波的对比和反射层序划分**

波的对比和反射层序划分方法如下：

a) 综合分析剖面结构及波组特点，识别时间剖面上的正常反射波、侧面波、断面波、回转波、绕射波及各种干扰等，结合地震地层学的标志进行对比；

b) 分析区域地质、钻探和其他地球物理资料，划分反射层序，确定与地质层位的对应关系；

c) 浅、中、深层全面整体对比，着重于主要目的层，防止串层；

d) 根据波组系统中断、产状突变、断面波、绕射波等，结合偏移剖面分析，判定断点；

e) 波的对比解释应重复检查，利用多种方法处理的时间剖面，应验证对比解释的可靠性。

11.4.3.3 **速度资料分析**

速度资料分析要求如下：

a) 均方根速度：辨别有效反射波和其他干扰波的速度信息，提取有效波的均方根速度；

b) 平均速度：对不同方法获得的速度资料进行综合分析，提取适合于时深转换的平均速度；由速度谱取得的速度资料应进行校正和换算；

c) 层速度：利用各种速度资料，提供各地质层位不同岩层的层速度；

d) 对比平均速度和层速度的横向变化规律，编绘反映速度横向变化的有关剖面图和平面图件，提供给时深转换和进一步解释；

e) 解释过程中，对时间剖面上反射波的错断，同相轴的突变(数目和形状)，反射波的分叉、合并、扭曲、强相位转换，以及出现的特殊波，应反复对比、分析，以得出地质解释。

11.5 调查成果

11.5.1 成果图件

11.5.1.1 深度剖面图的绘制

深度剖面图的绘制方法如下：

a) 区域性长测线，或通过构造及钻探井位的主要测线，应绘制深度剖面图；

b) 深度剖面图用实线和虚线分别表示反射界面的可靠性，在不同界面的适当位置(如端点、高点、低点、测线交点)标志 t_0 值。

11.5.1.2 平面图(等 t_0 图或构造图)的绘制

平面图(等 t_0 图或构造图)的绘制方法如下：

a) 选择有地质意义的、反射能量强、且能连续追踪、反映浅、中、深不同构造层构造形态的层面，作平面图；

b) 将各条剖面上同一波组的断点标绘在平面图上，连接同一条断层的断点；

c) 平面图上进行断点组合时，要分析同方向测线的剖面特征、断层性质、断开层位、断面产状、断距变化及相交测线的断层面组合情况等，先连接断距大、延伸长的主要断层；

d) 以不同符号标示断层的可靠程度，同一地区的各类断层按统一标准划分等级，同一断层在不同层位的平面图上应统一编号或命名；

e) 构造图编绘须进行空间校正，在等 t_0 图上进行空间校正的同时，也要作断层校正；

f) 平面图应有相应的实际材料图。

11.5.2 成果报告

成果报告内容见 4.6.3，报告主要附图包括：

a) 地震测线位置图；

b) 区域测线或主要测线综合解释剖面图；

c) 分层构造图(等 t_0 图或等深度图)；

d) 等厚度图；

e) 其他图件。

附 录 A
（规范性附录）
等比制（φ值标准）粒级分类表

等比制（φ值标准）粒级分类见表 A.1。

表 A.1 等比制（φ值标准）粒级分类表

粒组类型	粒级名称		粒径范围		$\varphi=-\log_2 d$		代号
	简分法	细分法	mm	μm	d	φ	
岩块(R)	岩块(漂砾)	岩块	＞256		256	−8	R
砾石(G)	砾石	粗砾	256～128		128	−7	CG
			128～64		64	−6	
		中砾	64～32		32	−5	MG
			32～16		16	−4	
			16～8		8	−3	
		细砾	8～4		4	−2	FG
			4～2		2	−1	
砂(S)	粗砂	极粗砂	2～1	2 000～1 000	1	0	VCS
		粗砂	1～0.5	1 000～500	$\frac{1}{2}$	1	CS
	中砂	中砂	0.5～0.25	500～250	$\frac{1}{4}$	2	MS
	细砂	细砂	0.25～0.125	250～125	$\frac{1}{8}$	3	FS
		极细砂	0.125～0.063	125～63	$\frac{1}{16}$	4	VFS
粉砂(T)	粗粉砂	粗粉砂	0.063～0.032	63～32	$\frac{1}{32}$	5	CT
		中粉砂	0.032～0.016	32～16	$\frac{1}{64}$	6	MT
	细粉砂	细粉砂	0.016～0.008	16～8	$\frac{1}{128}$	7	FT
		极细粉砂	0.008～0.004	8～4	$\frac{1}{256}$	8	VFT
粘土(泥)(Y)	粘土	粗粘土	0.004～0.002	4～2	$\frac{1}{512}$	9	CY
			0.002～0.001	2～1	$\frac{1}{1\,024}$	10	
		细粘土	＜0.001	＜1	$\frac{1}{2\,048}$	＞11	FY

附 录 B
（规范性附录）
φ值-毫米换算表

φ值-毫米换算表见表B.1。

表 B.1 φ值-毫米换算表

φ值	(+φ) mm	(−φ) mm	φ值	(+φ) mm	(−φ) mm	φ值	(+φ) mm	(−φ) mm	φ值	(+φ) mm	(−φ) mm
0.00	1.0000	1.0000	0.50	0.7071	1.4142	1.00	0.5000	2.0000	1.50	0.3536	2.8284
01	0.9931	0070	51	7022	4241	01	4965	0139	51	3511	8481
02	9862	0140	52	6974	4340	02	4931	0279	52	3487	8679
03	9794	0210	53	6926	4439	03	4897	0420	53	3463	8879
04	9718	0285	54	6877	4540	04	4863	0562	54	3439	9079
05	9659	0355	55	6830	4641	05	4841	0705	55	3415	9282
06	9593	0425	56	6783	4743	06	4796	0849	56	3392	9485
07	9526	0498	57	6736	4845	07	4763	0994	57	3368	9690
08	9461	0570	58	6690	4948	08	4730	1140	58	3345	9897
09	9395	0644	59	6643	5052	09	4697	1287	59	3322	3.0105
0.10	9330	0718	0.60	6598	5157	1.10	4665	1435	1.60	3299	0314
11	9266	0792	61	6552	5263	11	4633	1585	61	3276	0525
12	9202	0867	62	6507	5369	12	4601	1735	62	3253	0737
13	9138	0943	63	6462	5476	13	4569	1886	63	3231	0951
14	9075	1019	64	6417	5583	14	4538	2038	64	3209	1166
15	9013	1096	65	6373	5692	15	4506	2191	65	3186	1383
16	8950	1173	66	6329	5801	16	4475	2346	66	3164	1602
17	8890	1251	67	6285	5911	17	4444	2501	67	3143	1821
18	8827	1329	68	6242	6021	18	4414	2658	68	3121	2043
19	8766	1408	69	6199	6133	19	4383	2815	69	3099	2266
0.20	8705	1487	0.70	6156	6245	1.20	4353	2974	1.70	3078	2490
21	8645	1567	71	6113	6358	21	4323	3134	71	3057	2716
22	8586	1647	72	6071	6472	22	4293	3295	72	3035	2944
23	8526	1728	73	6029	6586	23	4263	3457	73	3015	3173
24	8468	1810	74	5987	6702	24	4234	3620	74	2994	3404
25	8409	1892	75	5946	6818	25	4204	3784	75	2973	3636
26	8351	1975	76	5905	6935	26	4175	3950	76	2952	3870
27	8293	2058	77	5864	7053	27	4147	4116	77	2932	4105
28	8236	2142	78	5824	7171	28	4118	4284	78	2912	4343
29	8179	2226	79	5783	7291	29	4090	4453	79	2892	4581

表 B.1(续)

φ值	(+φ) mm	(−φ) mm	φ值	(+φ) mm	(−φ) mm	φ值	(+φ) mm	(−φ) mm	φ值	(+φ) mm	(−φ) mm
0.30	8123	2311	0.80	5743	7411	1.30	4061	4623	1.80	2872	4822
31	8066	2397	81	5704	7532	31	4033	4794	81	2852	5064
32	8011	2483	82	5664	7654	32	4005	4967	82	2832	5308
33	7955	2570	83	5625	7777	33	3978	5140	83	2813	5554
34	7900	2658	84	5586	7901	34	3950	5315	84	2793	5801
35	7846	2746	85	5548	8025	35	3923	5491	85	2774	6050
36	7792	2834	86	5510	8150	36	3896	5669	86	2755	6301
37	7738	2924	87	5471	8276	37	3869	5847	87	2736	6553
38	7684	3014	88	5434	8404	38	3842	6027	88	2717	6808
39	7631	3104	89	5396	8532	39	3816	6208	89	2698	7064
0.40	7579	3195	0.90	5359	8661	1.40	3789	6390	1.90	2679	7321
41	7526	3287	91	5322	8790	41	3763	6574	91	2661	7581
42	7474	3379	92	5285	8921	42	3729	6759	92	2643	7842
43	7423	3472	93	5249	9053	43	3711	6945	93	2624	8106
44	7371	3566	94	5212	9185	44	3686	7132	94	2606	8371
45	7321	3660	95	5176	9319	45	3660	7321	95	2588	8637
46	7270	3755	96	5141	9453	46	3635	7511	96	2570	8906
47	7220	3851	97	5105	9588	47	3610	7702	97	2553	9177
48	7170	3948	98	5070	9725	48	3585	7895	98	2535	9449
49	7120	4044	99	5035	9862	49	3560	8089	99	2517	9724
2.00	0.2500	4.0000	2.50	0.1768	5.6569	3.00	0.1250	8.0000	3.50	0.0884	11.314
01	2483	0278	51	1756	6962	01	1241	0556	51	0878	392
02	2466	0558	52	1743	7358	02	1233	1117	52	0872	472
03	2449	0840	53	1731	7757	03	1224	1681	53	0866	551
04	2432	1125	54	1719	8159	04	1216	2249	54	0860	632
05	2415	1411	55	1708	8563	05	1207	2821	55	0854	713
06	2398	1699	56	1696	8971	06	1199	3397	56	0848	794
07	2382	1989	57	1684	9381	07	1191	3977	57	0842	876
08	2365	2281	58	1672	9794	08	1183	4561	58	0836	959
09	2349	2575	59	1661	6.0210	09	1174	5150	59	0830	12.042

表 B.1(续)

φ值	(+φ) mm	(−φ) mm	φ值	(+φ) mm	(−φ) mm	φ值	(+φ) mm	(−φ) mm	φ值	(+φ) mm	(−φ) mm
2.10	2333	2871	2.60	1649	0629	3.10	1166	5742	3.60	0825	126
11	2316	3169	61	1638	1050	11	1158	6338	61	0819	210
12	2300	3469	62	1627	1475	12	1150	6939	62	0813	295
13	2285	3772	63	1615	1903	13	1142	7544	63	0808	381
14	2269	4076	64	1604	2333	14	1134	8152	64	0802	467
15	2253	4383	65	1593	2767	15	1127	8766	65	0797	553
16	2238	4691	66	1582	3203	16	1119	9383	66	0791	641
17	2222	5002	67	1571	3643	17	1111	9.0005	67	0786	729
18	2207	5315	68	1560	4086	18	1103	0631	68	0780	817
19	2192	5631	69	1550	4532	19	1096	1261	69	0775	906
2.20	2176	5948	2.70	1539	4980	3.20	1088	1896	3.70	0769	996
21	2161	6268	71	1528	5432	21	1081	2535	71	0764	13.086
22	2146	6589	72	1518	5887	22	1073	3179	72	0759	178
23	2132	6913	73	1507	6346	23	1066	3827	73	0754	269
24	2117	7240	74	1497	6807	24	1058	4479	74	0748	361
25	2102	7568	75	1487	7272	25	1051	5137	75	0743	454
26	2088	7899	76	1476	7740	26	1044	5798	76	0738	548
27	2073	8232	77	1466	8211	27	1037	6465	77	0733	642
28	2059	8568	78	1456	8685	28	1029	7136	78	0728	737
29	2045	8906	79	1446	9163	29	1022	7811	79	0723	833
2.30	2031	9246	2.80	1436	9644	3.30	1015	8492	3.80	0718	929
31	2017	9588	81	1426	7.0128	31	1008	9177	81	0713	14.026
32	2003	9933	82	1416	0616	32	1001	9866	82	0708	123
33	1989	5.0281	83	1406	1107	33	0994	10.0561	83	0703	221
34	1975	0631	84	1397	1602	34	0988	1261	84	0698	320
35	1961	0983	85	1387	2100	35	0981	1965	85	0693	420
36	1948	1337	86	1377	2602	36	0974	2674	86	0689	520
37	1934	1694	87	1368	3107	37	0967	3388	87	0684	621
38	1921	2054	88	1358	3615	38	0960	4107	88	0679	723
39	1908	2416	89	1350	4110	39	0954	4831	89	0675	825

表 B.1(续)

φ值	(+φ) mm	(−φ) mm	φ值	(+φ) mm	(−φ) mm	φ值	(+φ) mm	(−φ) mm	φ值	(+φ) mm	(−φ) mm
2.40	1895	2780	2.90	1340	4643	3.40	0947	5561	390	0670	929
41	1882	3147	91	1330	5162	41	0941	6295	91	0665	15.032
42	1869	3517	92	1321	5685	42	0934	7037	92	0661	137
43	1856	3889	93	1312	6211	43	0928	7779	93	0656	242
44	1843	4264	94	1303	6741	44	0921	8528	94	0652	348
45	1830	4642	95	1294	7275	45	0915	9283	95	0647	455
46	1817	5022	96	1285	7812	46	0909	11.0043	96	0643	562
47	1805	5404	97	1276	8354	47	0902	0809	97	0638	671
48	1792	5790	98	1267	8899	48	0896	1579	98	0634	780
49	1780	6178	99	1259	9447	49	0890	2356	99	0629	889
4.00	0.0625	16.000	4.50	0.0442	22.627	5.00	0.0313	32.000	5.50	0.0221	45.255
01	0621	111	51	0439	785	01	0310	223	51	0219	570
02	0616	223	52	0436	943	02	0308	447	52	0218	886
03	0612	336	53	0433	23.103	03	0306	672	53	0216	46.206
04	0608	450	54	0430	264	04	0304	900	54	0215	527
05	0604	564	55	0427	425	05	0302	33.128	55	0213	851
06	0600	679	56	0424	588	06	0300	359	56	0212	47.177
07	0595	795	57	0421	752	07	0298	591	57	0211	505
08	0591	912	58	0418	918	08	0296	825	58	0209	835
09	0587	17.030	59	0415	24.084	09	0294	34.060	59	0208	48.168
4.10	0583	148	4.60	0412	251	5.10	0292	297	5.60	0206	503
11	0579	268	61	0409	420	11	0290	535	61	0205	840
12	0575	388	62	0407	590	12	0288	776	62	0203	49.180
13	0571	509	63	0404	761	13	0286	35.017	63	0202	522
14	0567	630	64	0401	933	14	0284	261	64	0201	867
15	0563	753	65	0398	25.107	15	0282	506	65	0199	50.213
16	0559	877	66	0396	281	16	0280	753	66	0198	563
17	0556	18.001	67	0393	457	17	0278	36.002	67	0196	914
18	0552	126	68	0390	634	18	0276	252	68	0195	268
19	0548	252	69	0387	813	19	0274	504	69	0194	625

表 B.1(续)

φ值	(+φ) mm	(−φ) mm	φ值	(+φ) mm	(−φ) mm	φ值	(+φ) mm	(−φ) mm	φ值	(+φ) mm	(−φ) mm
4.20	0544	379	4.70	0385	992	5.20	0272	758	5.70	0192	984
21	0540	507	71	0382	26.173	21	0270	37.014	71	0191	52.346
22	0537	635	72	0379	355	22	0268	271	72	0190	710
23	0533	765	73	0377	538	23	0266	531	73	0188	53.076
24	0529	896	74	0374	723	24	0265	792	74	0187	446
25	0526	19.027	75	0372	909	25	0263	38.055	75	0186	817
26	0522	160	76	0369	27.096	26	0261	319	76	0185	54.192
27	0518	293	77	0367	284	27	0259	586	77	0183	569
28	0515	427	78	0364	474	28	0257	854	78	0182	948
29	0511	562	79	0361	665	29	0256	39.124	79	0181	55.330
4.30	0508	698	4.80	0359	858	5.30	0254	397	5.80	0179	715
31	0504	835	81	0356	28.051	31	0252	671	81	0178	56.103
32	0501	973	82	0354	246	32	0250	947	82	0177	493
33	0497	20.112	83	0352	443	33	0249	40.224	83	0176	886
34	0494	252	84	0349	641	34	0247	504	84	0175	57.282
35	0490	393	85	0347	840	35	0245	786	85	0173	680
36	0487	535	86	0344	29.041	36	0243	41.070	86	0172	58.081
37	0484	678	87	0342	243	37	0242	355	87	0171	485
38	0480	821	88	0340	446	38	0240	643	88	0170	892
39	0477	966	89	0337	651	39	0238	933	89	0169	59.302
4.40	0474	21.112	4.90	0335	857	5.40	0237	42.224	5.90	0167	714
41	0470	259	91	0333	30.065	41	0235	518	91	0166	60.129
42	0467	407	92	0330	274	42	0234	814	92	0165	548
43	0464	556	93	0328	484	43	0232	43.111	93	0164	969
44	0461	706	94	0326	696	44	0230	411	94	0163	61.393
45	0458	857	95	0324	910	45	0229	713	95	0162	820
46	0454	22.009	96	0321	31.125	46	0227	44.017	96	0161	62.250
47	0451	162	97	0319	341	47	0226	426	97	0160	683
48	0448	316	98	0317	559	48	0224	632	98	0158	63.119
49	0445	471	99	0315	779	49	0223	942	99	0157	558

表 B.1(续)

φ值	(+φ) mm	(−φ) mm	φ值	(+φ) mm	(−φ) mm	φ值	(+φ) mm	(−φ) mm	φ值	(+φ) mm	(−φ) mm
6.00	0.0156	64.000	6.50	0.0110	90.510	7.00	0.0078		7.50	0.0055	
01	0155	445	51	0110	91.139	01	0078		51	0055	
02	0154	893	52	0109	773	02	0077		52	0055	
03	0153	65.345	53	0108	92.411	03	0077		53	0054	
04	0152	799	54	0107	93.054	04	0076		54	0054	
05	0151	66.257	55	0107	701	05	0076		55	0053	
06	0150	718	56	0106	94.353	06	0075		56	0053	
07	0149	67.182	57	0105	95.010	07	0074		57	0053	
08	0148	649	58	0105	670	08	0074		58	0052	
09	0147	68.120	59	0104	96.336	09	0073		59	0052	
6.10	0146	594	6.60	0103	97.006	7.10	0073		7.60	0052	
11	0145	69.071	61	0102	681	11	0072		61	0051	
12	0144	551	62	0102	98.360	12	0072		62	0051	
13	0143	70.035	63	0101	99.044	13	0071		63	0051	
14	0142	522	64	0100	733	14	0071		64	0050	
15	0141	71.012	65	0100	100.427	15	0070		65	0050	
16	0140	506	66	0099		16	0070		66	0049	
17	0139	72.004	67	0098		17	0069		67	0049	
18	0138	505	68	0098		18	0069		68	0049	
19	0137	73.009	69	0097		19	0069		69	0048	
6.20	0136	517	6.70	0096		7.20	0068		7.70	0048	
21	0135	74.028	71	0096		21	0068		71	0048	
22	0134	543	72	0095		22	0067		72	0047	
23	0133	75.061	73	0094		23	0067		73	0047	
24	0132	584	74	0094		24	0066		74	0047	
25	0131	76.109	75	0093		25	0066		75	0047	
26	0130	639	76	0092		26	0065		76	0046	
27	0130	77.172	77	0092		27	0065		77	0046	
28	0129	708	78	0091		28	0064		78	0046	
29	0128	78.249	79	0090		29	0064		79	0045	

表 B.1(续)

φ值	(+φ) mm	(−φ) mm	φ值	(+φ) mm	(−φ) mm	φ值	(+φ) mm	(−φ) mm	φ值	(+φ) mm	(−φ) mm
6.30	0127	793	6.80	0090		7.30	0064		7.80	0045	
31	0126	79.341	81	0089		31	0063		81	0045	
32	0125	893	82	0089		32	0063		82	0044	
33	0124	80.449	83	0088		33	0062		83	0044	
34	0123	81.008	84	0087		34	0062		84	0044	
35	0123	572	85	0087		35	0061		85	0043	
36	0122	82.139	86	0086		36	0061		86	0043	
37	0121	711	87	0086		37	0061		87	0043	
38	0120	83.286	88	0085		38	0060		88	0043	
39	0119	865	89	0084		39	0060		89	0042	
6.40	0118	84.449	6.90	0084		7.40	0059		7.90	0042	
41	0118	85.036	91	0083		41	0059		91	0042	
42	0117	627	92	0083		42	0058		92	0041	
43	0116	86.223	93	0082		43	0058		93	0041	
44	0115	823	94	0081		44	0058		94	0041	
45	0114	87.427	95	0081		45	0057		95	0040	
46	0114	88.035	96	0080		46	0057		96	0040	
47	0113	647	97	0080		47	0056		97	0040	
48	0112	89.264	98	0079		48	0056		98	0040	
49	0111	884	99	0079		49	0056		99	0039	
8.00		0.0039	8.50		0.0028	9.00		0.0020	9.50		0.0014
01			51			01			51		
02		0039	52		0027	02		0019	52		0014
03		0039	53		0027	03		0019	53		0014
04		0038	54		0027	04		0019	54		0014
05		0038	55		0027	05		0019	55		0013
06		0038	56		0027	06		0019	56		0013
07		0038	57		0027	07		0019	57		0013
08		0037	58		0026	08		0019	58		0013
09		0037	59		0026	09		0019	59		0013
		0037			0026			0018			0013

表 B.1(续)

φ值	(+φ) mm	φ值	(+φ) mm	φ值	(+φ) mm	φ值	(+φ) mm
8.10	0036	8.60	0026	9.10	0018	9.60	0013
11	0036	61	0026	11	0018	61	0013
12	0036	62	0025	12	0018	62	0013
13	0036	63	0025	13	0018	63	0013
14	0035	64	0025	14	0018	64	0013
15	0035	65	0025	15	0018	65	0012
16	0035	66	0025	16	0018	66	0012
17	0035	67	0025	17	0017	67	0012
18	0035	68	0024	18	0017	68	0012
19	0034	69	0024	19	0017	69	0012
8.20	0034	8.70	0024	9.20	0017	9.70	0012
21	0034	71	0024	21	0017	71	0012
22	0034	72	0024	22	0017	72	0012
23	0033	73	0024	23	0017	73	0012
24	0033	74	0023	24	0017	74	0012
25	0033	75	0023	25	0016	75	0012
26	0033	76	0023	26	0016	76	0012
27	0032	77	0023	27	0016	77	0012
28	0032	78	0023	28	0016	78	0011
29	0032	79	0023	29	0016	79	0011
8.30	0032	8.80	0022	9.30	0016	9.80	0011
31	0032	81	0022	31	0016	81	0011
32	0031	82	0022	32	0016	82	0011
33	0031	83	0022	33	0016	83	0011
34	0031	84	0022	34	0015	84	0011
35	0031	85	0022	35	0015	85	0011
36	0030	86	0022	36	0015	86	0011
37	0030	87	0021	37	0015	87	0011
38	0030	88	0021	38	0015	88	0011
39	0030	89	0021	39	0015	89	0011

表 B.1(续)

φ值	(+φ) mm	φ值	(+φ) mm	φ值	(+φ) mm	φ值	(+φ) mm
8.40	0030	8.90	0021	9.40	0015	9.90	0011
41	0029	91	0021	41	0015	91	0010
42	0029	92	0021	42	0015	92	0010
43	0029	93	0021	43	0015	93	0010
44	0029	94	0020	44	0014	94	0010
45	0029	95	0020	45	0014	95	0010
46	0028	96	0020	46	0014	96	0010
47	0028	97	0020	47	0014	97	0010
48	0028	98	0020	48	0014	98	00099
49	0028	99	0020	49	0014	99	00098
						10.00	00098

附 录 C
（规范性附录）
沉析(吸管)法采样深度和沉降时间表

沉析(吸管)法采样深度和沉降时间表见表 C.1。

表 C.1 沉析(吸管)法采样深度和沉降时间表

粒径/mm	0.063		0.032		0.016		0.008		0.004				0.002				0.001			
深度/cm	15	10	10		10		10		10		5		5		3		5		3	
t ℃	s	s	min	s	min	s	min	s	h	min	min	s	h	min	h	min	h	min	h	min
10	56	37	2	30	9	58	39	53	2	40	79	47	5	19	3	11	21	3	12	38
11	55	36	2	25	9	41	38	46	2	36	77	31	5	10	3	6	20	28	12	17
12	53	35	2	21	9	26	37	42	2	31	75	23	5	2	3	1	19	54	11	57
13	52	34	2	18	9	10	36	41	2	27	73	22	4	53	2	56	19	22	11	37
14	50	33	2	14	8	56	35	42	2	23	71	25	4	46	2	51	18	51	11	19
15	49	33	2	10	8	42	34	47	2	19	69	32	4	38	2	47	18	22	11	1
16	48	32	2	7	8	28	33	53	2	16	67	46	4	31	2	43	17	53	10	44
17	46	31	2	4	8	15	33	1	2	12	66	3	4	24	2	39	17	26	10	28
18	45	30	2	1	8	3	32	12	2	9	64	25	4	18	2	35	17	0	10	12
19	44	29	1	58	7	51	31	24	2	6	62	49	4	11	2	31	16	35	9	57
20	43	29	1	55	7	40	30	39	2	3	61	18	4	5	2	27	16	11	9	42
21	42	28	1	52	7	29	29	55	1	59	59	50	3	59	2	24	15	48	9	29
22	41	27	1	50	7	18	29	13	1	57	58	26	3	54	2	20	15	25	9	15
23	40	27	1	47	7	8	28	32	1	54	57	5	3	43	2	17	15	4	9	3
24	39	26	1	45	6	58	27	53	1	52	55	46	3	43	2	14	14	43	8	49
25	38	25	1	42	6	49	27	15	1	49	54	31	3	38	2	11	14	23	8	38
26	37	25	1	40	6	40	26	39	1	47	53	18	3	33	2	8	14	4	8	26
27	37	24	1	38	6	31	26	4	1	44	52	7	3	28	2	5	13	45	8	15
28	36	24	1	36	6	22	25	30	1	42	51	0	3	24	2	2	13	28	8	5
29	35	23	1	34	6	14	24	57	1	40	49	54	3	20	2	0	13	10	7	54
30	34	23	1	32	6	6	24	25	1	38	48	50	3	15	1	57	12	53	7	44
31	34	22	1	30	5	59	23	55	1	36	47	49	3	11	1	55	12	37	7	34
32	33	22	1	28	5	51	23	25	1	34	46	50	3	7	1	52	12	22	7	25
33	32	21	1	26	5	44	22	57	1	32	45	53	3	4	1	50	12	7	7	16
34	32	21	1	24	5	37	22	29	1	30	44	57	3	0	1	48	11	52	7	7
35	31	21	1	23	5	30	22	2	1	28	44	4	2	56	1	46	11	38	6	59
36	30	20	1	21	5	24	21	36	1	26	43	13	2	53	1	44	11	24	6	51
37	30	20	1	19	5	18	21	11	1	25	42	22	2	49	1	42	11	11	6	43
38	29	19	1	18	5	12	20	47	1	23	41	34	2	46	1	40	10	58	6	35
39	29	19	1	16	5	6	20	23	1	22	40	46	2	43	1	38	10	46	6	27

注：本表假设颗粒为球体，平均相对密度 2.65，介质为水。

附 录 D
（规范性附录）
沉积物粒度三角分类图

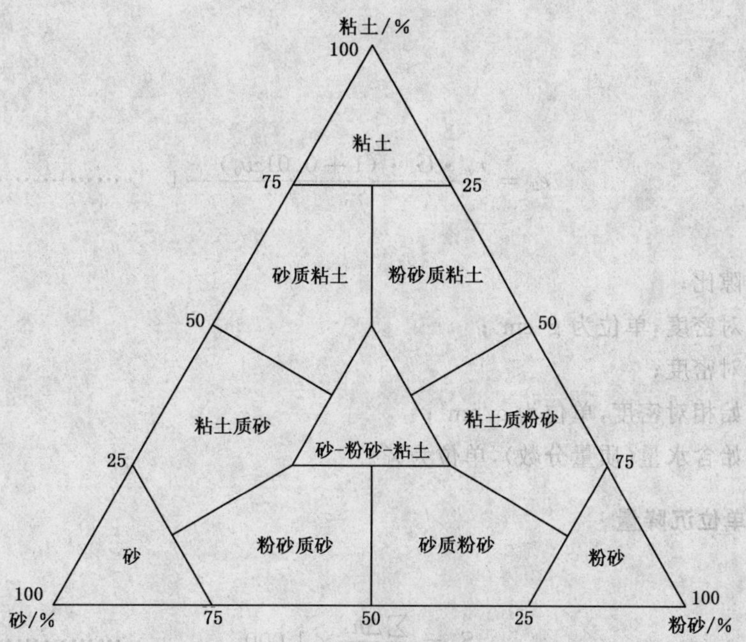

图 D.1 沉积物粒度三角图分类

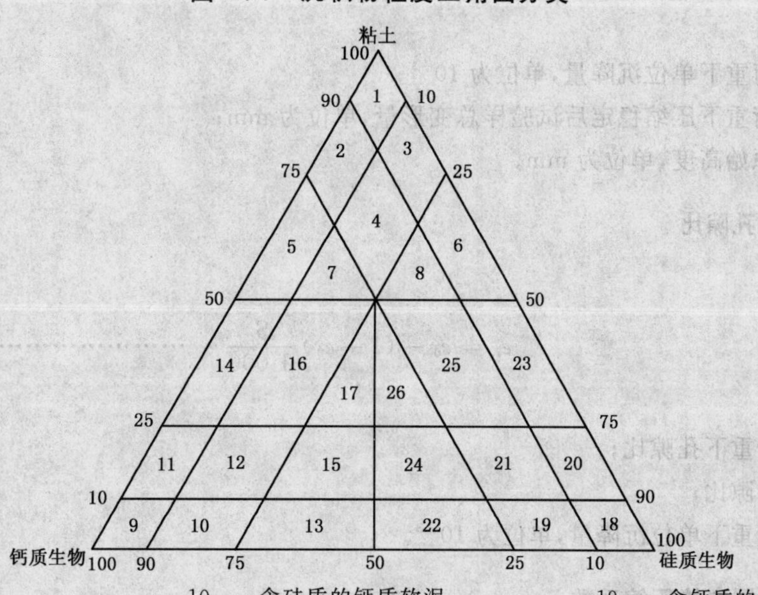

1——粘土；
2——含钙质粘土；
3——含硅质粘土；
4——含硅质和钙质的粘土；
5——钙质粘土；
6——硅质粘土；
7——含硅质的钙质粘土；
8——含钙质的硅质粘土；
9——钙质软泥；
10——含硅质的钙质软泥；
11——含粘土的钙质软泥；
12——含粘土和硅质的钙质软泥；
13——硅质钙质软泥；
14——粘土钙质软泥；
15——含粘土的硅质钙质软泥；
16——含硅质的粘土钙质软泥；
17——粘土硅质钙质软泥；
18——硅质软泥；
19——含钙质的硅质软泥；
20——含粘土的硅质软泥；
21——含粘土和钙质的硅质软泥；
22——钙质硅质软泥；
23——粘土硅质软泥；
24——含粘土的钙质硅质软泥；
25——含钙质的粘土硅质软泥；
26——粘土钙质硅质软泥

图 D.2 深海沉积物等三角图解分类

附　录　E
（规范性附录）
抗压强度有关参数计算

E.1　初始孔隙比

计算公式：

$$e_0 = \frac{r_w \cdot G_s \cdot (1 + 0.01w_0)}{r_0} - 1 \quad \cdots\cdots (E.1)$$

式中：

e_0——初始孔隙比；

r_w——水的相对密度，单位为 g/cm^3；

G_s——土粒相对密度；

r_0——试样起始相对密度，单位为 g/cm^3；

w_0——试样起始含水量(质量分数)，单位为%。

E.2　各级荷重下单位沉降量

计算公式：

$$S_i = \frac{\sum \Delta h_i}{h_0} \times 1\,000 \quad \cdots\cdots (E.2)$$

式中：

S_i——各级荷重下单位沉降量，单位为 10^{-3}；

Δh_i——某一荷重下压缩稳定后试验样总变形量，单位为 mm；

h_0——试样原始高度，单位为 mm。

E.3　各级荷重下孔隙比

计算公式：

$$e_i = e_0 - (1 + e_0)\frac{S_i}{1\,000} \quad \cdots\cdots (E.3)$$

式中：

e_i——各级荷重下孔隙比；

e_0——初始孔隙比；

S_i——各级荷重下单位沉降量，单位为 10^{-3}。

E.4　某一荷重范围内的压缩系数

计算公式：

$$a_v = \frac{e_i - e_{(i+1)}}{P_{(i+1)} - P_i} \quad \cdots\cdots (E.4)$$

式中：

a_v——某一荷重范围内的压缩系数，单位为 kPa^{-1}；

e_i——各级荷重下孔隙比；

P_i——某一荷重值，单位为 kPa。

E.5　某一荷重范围内压缩模量

计算公式：

$$E_s = \frac{P_{(i+1)} - P_i}{S_{(i+1)} - S_i} \times 1\,000 \qquad \text{(E.5)}$$

式中：

E_s——压缩模量，单位为 kPa；

P_i——某一荷重值，单位为 kPa；

S_i——某一荷重下单位沉降量，单位为 10^{-3}。

E.6　某一荷重范围内体积压缩系数

计算公式：

$$m_v = \frac{1}{E_s} \cong \frac{m_v}{1 + e_i} \qquad \text{(E.6)}$$

式中：

m_v——某一荷重范围内体积压缩系数，单位为 kPa^{-1}；

E_s——某一荷重范围体积压缩模量，单位为 kPa；

e_i——各级荷重下孔隙比；

m_v——某一荷重范围内的压缩系数，单位为 kPa^{-1}。

E.7　压缩指数

计算公式：

$$C_c = \frac{e_i - e_{(i+1)}}{\log P_{(i+1)} - \log P_i} \qquad \text{(E.7)}$$

式中：

C_c——压缩指数；

e_i——各级荷重下孔隙比；

P_i——某一荷重值，单位为 kPa，计算中取绝对值。

E.8　固结系数

计算公式：

$$C_v = \frac{0.848h^2}{t_{90}} \qquad \text{(E.8)}$$

式中：

C_v——固结系数，单位为 cm^2/s；

h——某一荷重下，试样原始高度与终了高度的平均值之半，单位为 cm；

t_{90}——每级荷重下固结度达 90% 所需压缩时间，单位为 s。

附 录 F
（规范性附录）
地磁正常场计算公式及其参数：国际地磁参考场 IGRF

F.1 国际地磁

国际地磁参考采用国际大地测量和地球物理学会（IUGG）1971 年通过的国际椭球，其参数为：

赤道半径：A=6 378.160 km；

极半径：B=6 356.775 km；

偏率：$f=\frac{A-B}{A}=\frac{1}{298.25}$；

国际地磁参考场是用地心球坐标的实型球谐级数及其导数表达的。

F.2 地磁位

$$U = a\sum_{n=1}^{n=10}\sum_{m=0}^{m=n}\left(\frac{a}{r}\right)^{n+1}\left[g_n^m\cos m\lambda + h_n^m\sin m\lambda\right]P_n^m(\cos\theta) \qquad \text{(F.1)}$$

F.3 地磁场总强度模的三个分量

分别为：

$$\left.\begin{aligned}
X &= \frac{1}{r}\frac{\partial u}{\partial\theta} = \sum_{n=1}^{n=10}\sum_{m=0}^{m=n}\left(\frac{a}{r}\right)^{n+2}\left[g_n^m\cos m\lambda + h_n^m\sin m\lambda\right]\frac{\mathrm{d}}{\mathrm{d}\theta}P_n^m(\cos\theta)\\
Y &= \frac{-1}{r\sin\theta}\frac{\partial u}{\partial\lambda} = \sum_{n=1}^{n=10}\sum_{m=0}^{m=n}\left(\frac{a}{r}\right)^{n+2}\cdot\frac{m}{\sin\theta}\left[g_n^m\cos m\lambda - h_n^m\sin m\lambda\right]P_n^m(\cos\theta)\\
Z &= \frac{\partial u}{\partial r} = \sum_{n=1}^{n=10}\sum_{m=0}^{m=n} -(n+1)\cdot\left(\frac{a}{r}\right)^{n+2}\left[g_n^m\cos m\lambda + h_n^m\sin m\lambda\right]P_n^m(\cos\theta)
\end{aligned}\right\} \qquad \text{(F.2)}$$

X、Y、Z 分别代表地心坐标地磁总强度的北向分量、东向分量和垂直分量。

F.4 地磁场总强度模

$$|T| = (x^2 + y^2 + z^2)^{1/2} \qquad \text{(F.3)}$$

式（F.1、F.2、F.3）中：

a——参考球体的平均半径（6 371.12 km）；

r——参考球心起算的径向距离；

θ——余纬；

λ——从格林威治起算的经度；

$P_n^m(\cos\theta)$——是 n 阶 m 次施米特正交型伴随勒让德函数；

g_n^m 和 h_n^m——球谐系数。

$$P_n^m(u) = \frac{1}{2^n n!}\left[\frac{\varepsilon_m(n-m)!(1-u^2)^m}{(n+m)!}\right]^{1/2}\cdot\frac{\mathrm{d}^{m+n}(u^2-1)^n}{\mathrm{d}u^{m+n}} \qquad \text{(F.4)}$$

式中：

$u=\cos\theta$；当 $m=0$ 时，$\varepsilon_m=1$；当 $m\geqslant 1$ 时，$\varepsilon_m=2$。

时间和球谐系数值的关系为：

$$C_n^m(t)=C_n^m(t_0)+C_n^m\cdot(t-t_0) \qquad \text{(F.5)}$$

式中：

$C_n^m(t)$，$C_n^m(t_0)$——基本场系数；

C_n^m——年变系数，单位为 nT/a。

附 录 G
（规范性附录）
剩余磁性参量基本计算公式

剩余磁性参量基本计算公式如下：

$$X=\sum x, Y=\sum y, Z=\sum z$$

$$\left.\begin{aligned} J &= \sqrt{x^2+y^2+z^2} \\ D &= \mathrm{tg}^{-1}\frac{Y}{X} \\ I &= \sin^{-1}\frac{Z}{J} \end{aligned}\right\} \qquad \text{(G.1)}$$

式中：

X、Y、Z——剩余磁化强度的北向、东向、垂直分量，单位为 A/m；

J——剩余磁化强度，单位为 A/m；

D——剩磁偏角，单位为(°)；

I——剩磁倾角，单位为(°)。

附　录　H
（规范性附录）
磁化率测量及计算方法

H.1　等体积每块样品的测量

等体积每块样品测量的次序如图 H.1、图 H.2 所示：

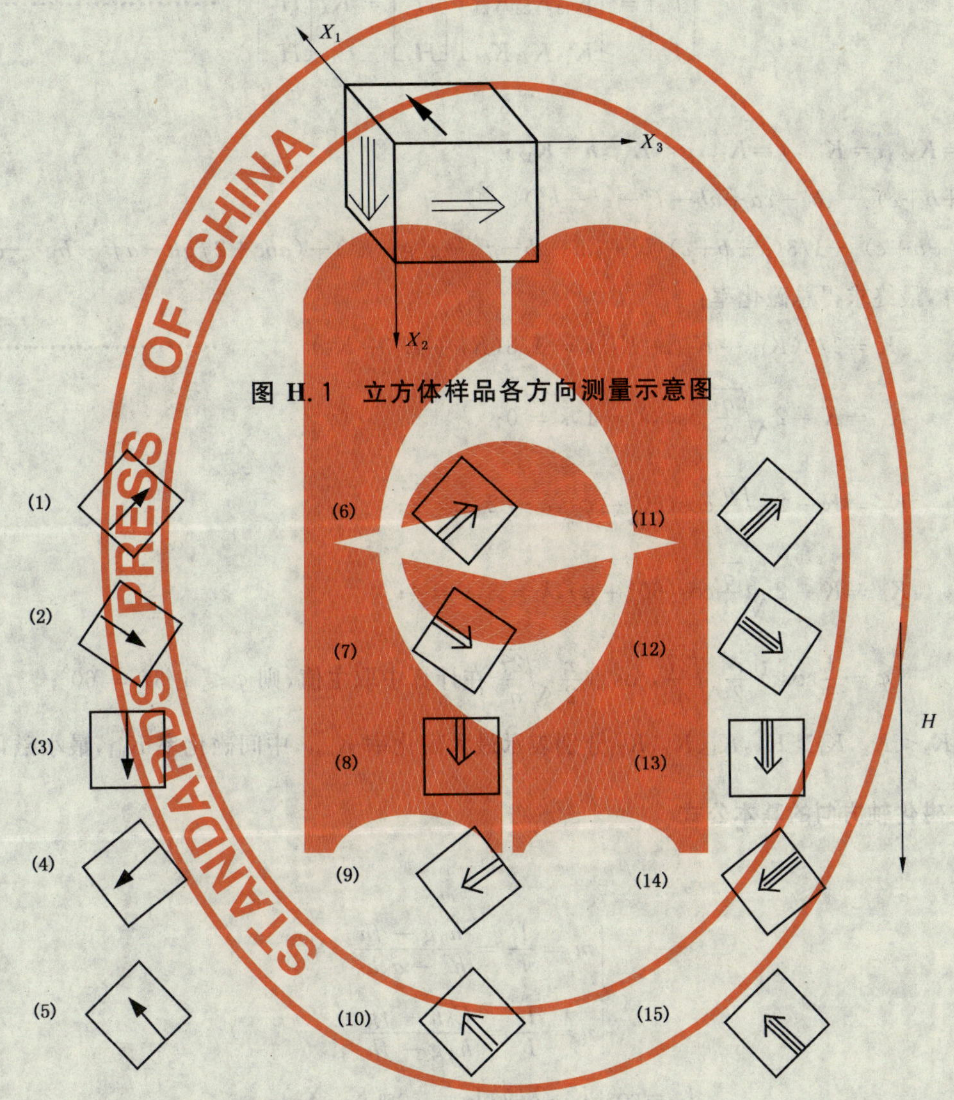

图 H.1　立方体样品各方向测量示意图

图 H.2　15 个测量方向的旋转测量示意图

立方体样品的测量方位与磁场矢量 H、i、e 和冷却轴的方向有关。

H.2　求主磁化率值的基础方程

$$\vec{J} = K \cdot \vec{H} = K_{\lambda} \cdot \vec{H} \qquad \cdots\cdots\cdots\cdots (\text{H.1})$$

式中：

$\vec{J}$——感应磁化强度，单位为 A/m；

K——磁化率；

$\vec{H}$——磁场强度，单位为 A/m。

λ 依次为 1、2、3，代表三个主磁化值。设磁场 $\vec{H}$ 沿某一个 λ 主轴方向，这时感应磁化强度 $\vec{J}$ 平行于 $\vec{H}$。

式(H.1)中。K_λ 是沿着 λ 主轴的磁化，是个标量；$\vec{H}$ 矢量，即 λ 主轴与坐标系 X_1、X_2、X_3 轴的方向余弦分别 I_1、I_2、I_3；将式(H.1)作矩阵运算，其矩阵方程为：

$$\begin{bmatrix} J_1 \\ J_2 \\ J_3 \end{bmatrix} = \begin{bmatrix} K_{11} K_{12} K_{13} \\ K_{12} K_{22} K_{23} \\ K_{13} K_{23} K_{33} \end{bmatrix} \begin{bmatrix} H_1 \\ H_2 \\ H_3 \end{bmatrix} = K_\lambda \begin{bmatrix} H_1 \\ H_2 \\ H_3 \end{bmatrix} \qquad \cdots\cdots (H.2)$$

令：

$a=K_{11}, b=K_{22}, c=K_{33}, f=K_{23}, g=K_{13}, h=K_{12}$；

$q=1/3(a+b+c)^2-(bc+ca+ab-f^2-g^2-h^2)$

$r=2/27(a+b+c)^3-1/3(a+b+c)(bc+ca+ab-f^2-g^2g-h^2)+(abc+2fgh-af^2-bg^2-ch^2)$

作矩阵运算，最终求得总磁化率：

$$K=1/3(K_{11}+K_{22}+K_{23})=1/3(K_1+K_2+K_3) \qquad \cdots\cdots (H.3)$$

$$K_1=K+2\sqrt{\frac{q}{3}}\cos\varphi, \lambda=1, s=0;$$

$$K_2=K-2\sqrt{\frac{q}{3}}\cos(60^\circ-\varphi), \lambda=2, s=2;$$

$$K_3=K-2\sqrt{\frac{q}{3}}\cos(60^\circ+\varphi), \lambda=3, s=4;$$

$$\varphi=\frac{1}{3}\cos^{-1}\frac{r}{2}\sqrt{\frac{27}{q^3}}, \cos^{-1}\frac{r}{2}\sqrt{\frac{27}{q^3}} \text{ 在计算中取主值，则 } \varphi\leqslant 1/3\pi=60^\circ;$$

所以，$K_2<K_3$，$K_1>K_3$，K_1、K_3、K_2 分别表示最大磁化率 K_{max}，中间磁化率 K_{int}，最小磁化率 K_{min}。

H.3 求主磁化轴方向的基本公式

令：

$$\begin{cases} m=\dfrac{I_1}{I_3}=\dfrac{h_0g-fh}{h^2-a_0h_0} \\ n=\dfrac{I_2}{I_3}=\dfrac{C_0h-fg}{h_0g-fh} \end{cases}$$

$$I_1=\cos(K_\lambda, X_1), I_2=\cos(K_\lambda, X_2),$$
$$I_3=\cos(K_\lambda, X_3);$$

则：

$$I_1=\frac{m}{\sqrt{m^2+n^2+1}} \quad I_2=\frac{n}{\sqrt{m^2+n^2+1}}$$

$$I_3=\frac{1}{\sqrt{m^2+n^2+1}}, D=\mathrm{tg}^{-1}\frac{n}{m};$$

I 为 K_λ 的方向余弦(磁化率主轴的倾角)，单位为(°)；

D 为 K_{λ} 的方位角(磁化率主轴的偏角),单位为(°)。

计算 K_{max}、K_{int}、K_{min} 主轴方向的公式:

$$D=\begin{cases}\operatorname{arctg}\dfrac{n}{m}, m>0\\ \operatorname{arctg}\dfrac{n}{m}+180^{\circ}, m<0\end{cases} \quad\cdots\cdots(\text{H.4})$$

$$I=\arcsin\frac{1}{\sqrt{m^{2}+n^{2}+1}} \quad\cdots\cdots(\text{H.5})$$

ICS 07.060
A 45

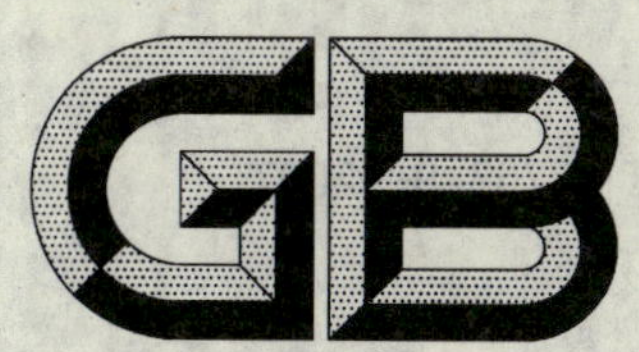

中华人民共和国国家标准

GB/T 12763.9—2007

海洋调查规范
第9部分：海洋生态调查指南

Specifications for oceanographic survey—
Part 9: Guidelines for marine ecological survey

2007-08-13 发布　　　　2008-02-01 实施

中华人民共和国国家质量监督检验检疫总局
中国国家标准化管理委员会　发布

前　言

GB/T 12763《海洋调查规范》分为11部分：

——第1部分：总则；

——第2部分：海洋水文观测；

——第3部分：海洋气象观测；

——第4部分：海水化学要素调查；

——第5部分：海洋声、光要素调查；

——第6部分：海洋生物调查；

——第7部分：海洋调查资料交换；

——第8部分：海洋地质地球物理调查；

——第9部分：海洋生态调查指南；

——第10部分：海底地形地貌调查；

——第11部分：海洋工程地质调查。

其中第9部分、第10部分和第11部分对应于GB/T 12763—1991是新增部分。

本部分为GB/T 12763《海洋调查规范》的第9部分。

本部分与GB/T 12763的第1部分至第7部分、GB/T 17378的第4部分、第5部分和第7部分配套使用。

本部分的附录A为资料性附录。

本部分由国家海洋局提出。

本部分由国家海洋标准计量中心归口。

本部分由国家海洋局第一海洋研究所负责起草，国家海洋局第三海洋研究所参加起草。

本部分主要起草人：陈尚、李瑞香、朱明远、王宗灵、张朝辉、吕瑞华、丁德文、唐森铭。

海洋调查规范
第 9 部分:海洋生态调查指南

1 范围

GB/T 12763 的本部分规定了海洋生态调查的内容、方法、技术要求和资料处理。

本部分适用于中华人民共和国管辖的近海、海湾、河口海洋生态调查,大洋生态调查可参照使用。

2 规范性引用文件

下列文件中的条款通过 GB/T 12763 的本部分的引用而成为本部分的条款。凡是注日期的引用文件,其随后所有的修改单(不包括勘误的内容)或修订版均不适用于本部分。然而,鼓励根据本部分达成协议的各方,研究是否可使用这些文件的最新版本。凡是不注日期的引用文件,其最新版本适用于本部分。

GB/T 12763.1 海洋调查规范 第 1 部分:总则

GB/T 12763.2 海洋调查规范 第 2 部分:海洋水文观测

GB/T 12763.3 海洋调查规范 第 3 部分:海洋气象观测

GB/T 12763.4 海洋调查规范 第 4 部分:海水化学要素调查

GB/T 12763.5 海洋调查规范 第 5 部分:海洋声、光要素调查

GB/T 12763.6 海洋调查规范 第 6 部分:海洋生物调查

GB/T 12763.7 海洋调查规范 第 7 部分:海洋调查资料交换

GB/T 12763.8 海洋调查规范 第 8 部分:海洋地质地球物理调查

GB/T 17378.4 海洋监测规范 第 4 部分:海水分析

GB/T 17378.5 海洋监测规范 第 5 部分:沉积物分析

GB/T 17378.7 海洋监测规范 第 7 部分:近海污染生态调查和生物监测

3 术语和定义

GB/T 15919—1995 和 GB/T 12763 确立的相关术语和定义以及下列术语和定义适用于本部分。

3.1

海洋生态系统 marine ecosystem

一定海域内生物群落与周围环境相互作用构成的自然系统,具有相对稳定功能并能自我调控的生态单元。

[GB/T 15919—1995,定义 2.94]

3.2

海洋生物群落结构 marine biotic community structure

海洋生物群落的物种组成、空间格局和时间动态等特征。

3.3

海洋生态系统功能 marine ecosystem function

海洋生态系统中的物质循环、能量流动、信息传递及其调控作用。

3.4

海洋生态系统健康 marine ecosystem health

海洋生态系统随着时间的进程有活力并且能维持其组织结构及自主性,在外界胁迫下容易恢复。

3.5

优势种　dominant species

具有控制群落和反映群落特征、数量上所占比例较多的种群。

［GB/T 15919—1995,定义2.88］

3.6

指示种　indicated species

海洋生物群落在一定海域一定状态出现的标志性的物种。

3.7

关键种　keystone species

食物网中处于关键环节起到控制作用的物种。

3.8

物种多样性　species diversity

生物群落中物种的丰富度及其个体数量分布。

3.9

群落均匀度　community evenness

生物群落中各物种间数量分布的均匀程度。

3.10

群落演变　temporal change of community

生物群落的结构随时间而发生的变化。

3.11

群落空间格局　spatial pattern of community

沿一定的环境梯度(如纬度梯度、水深、温度梯度、盐度梯度、营养盐梯度、底质类型等)海洋生物群落结构发生相应改变而形成的分布型。

3.12

生态压力　ecological stress

来自陆地、海洋、大气的自然干扰和人类活动对海洋生态系统产生的胁迫。

3.13

富营养化　eutrophication

海水中营养盐的自然或人为增加及其引起的生态效应。

3.14

污染压力　pollution stress

入海污染物质对海洋生态系统结构和功能的胁迫。

3.15

养殖压力　aquaculture stress

通过养殖生产输出物质对海洋生态系统物质循环的胁迫。

3.16

捕捞压力　fishing stress

通过捕捞生产输出物质对海洋生态系统物质循环的胁迫。

4　一般规定

4.1　技术设计和调查计划编制

4.1.1　技术设计

接受调查项目后,承担单位应根据任务书或合同书的要求,在调查工作开始前,进行详细的技术设计，内容应包括：

a) 调查目的和任务。

b) 调查海区、采样层次，参照 GB/T 12763.2、GB/T 12763.4、GB/T 12763.6 的规定执行。

c) 站位布设原则：

1) 研究对象空间分布变化大的区域，多布站位；空间差异小的区域，少布站位；

2) 人类活动强度大的海区多布站位，近岸海区多布站位，内湾多布站位，环境复杂的海区多布设站位等；

3) 海湾和近岸调查站位间隔不低于每 10 分 1 个站位，河口和排污口应适当加密设站，远海调查站位间隔不低于每 1° 1 个站位。具体站位间隔应根据调查的目标和对象确定；

4) 沿调查要素变化梯度（如盐度、温度、深度、营养盐、污染物、海流流向、潮区等）布设站位；

5) 考虑经费保障和时间；

6) 其他特殊要求。

d) 调查时间和频率：

1) 调查时间应考虑环境对生物的长期效应，应保证资料的连续性。调查时间和频次应根据具体的调查对象作适当调整，调查频次的时间间隔原则上应小于调查对象的生活（变化）周期；

2) 昼夜连续观测推荐每 3 h 采样一次，一昼夜共九次。在正规半日潮的海区，应考虑潮周期，采样时间应包括高潮时和低潮时，采用现场自动记录仪可加密观测；

3) 大面和断面调查建议 1 个～3 个月调查一次，各月调查的时间间隔应尽量相等。海湾、河口、港湾调查应在相同的潮期进行，适当增加调查频次；

4) 季度调查宜安排在 2 月、5 月、8 月和 11 月，如有特殊需要应根据不同海区调整调查月份；

5) 突发事故，如赤潮灾害、溢油、污染物排放等，应增加调查频次；

6) 海洋工程及海岸工程的环境影响调查，根据管理需求安排调查频率和时间。

e) 调查要素、方法、技术要求。

f) 测定方法与质量控制。

g) 上船的人员、仪器设备、试剂和表格。

h) 室内的分析人员、仪器设备、试剂和表格。

i) 对调查船及其主要设备的要求。

j) 调查资料质量要求与资料的整理和验收。

k) 应提交的调查成果及完成时间。

l) 其他特殊要求。

4.1.2 调查计划编制

在技术设计的基础上应编制调查计划，按 GB/T 12763.1 的规定执行。

4.2 调查内容

4.2.1 海洋生态要素调查

4.2.1.1 海洋生物要素调查

海洋生物要素调查包括：

a) 海洋生物群落结构要素调查；

b) 海洋生态系统功能要素调查。

4.2.1.2 海洋环境要素调查

海洋环境要素调查包括：

a) 海洋水文要素调查；

b) 海洋气象要素调查；

c) 海洋光学要素调查；
d) 海水化学要素调查；
e) 海洋底质要素调查。

4.2.1.3 人类活动要素调查

人类活动要素调查包括：
a) 海水养殖生产要素调查；
b) 海洋捕捞生产要素调查；
c) 入海污染要素调查；
d) 海上油田生产要素调查；
e) 其他人类活动要素调查。

4.2.2 海洋生态评价

4.2.2.1 评价对象

评价对象包括：
a) 微生物；
b) 浮游植物；
c) 浮游动物；
d) 游泳动物；
e) 底栖生物；
f) 潮间带生物；
g) 污损生物。

4.2.2.2 评价内容

评价内容包括：
a) 海洋生物群落结构评价；
b) 海洋生态系统功能评价；
c) 海洋生态压力评价。

4.3 海上调查作业一般规定

有关海上调查作业的一般规定按 GB/T 12763.1 的规定执行。

4.4 质量控制管理

质量控制包括质量控制体系的建立、调查全过程的质量控制以及对调查分析人员的要求等。有关质量控制管理的详细内容按 GB/T 12763.1 的规定执行。

4.5 资料整理、交换以及成果验收

4.5.1 数据记录、整理、交换和验收

数据的记录、整理、交换和验收按 GB/T 12763.1 和 GB/T 12763.7 的规定执行。

4.5.2 航次报告编写

每个航次结束后，应及时按合同或任务书和 GB/T 12763.1 的规定编写航次报告。

4.5.3 精密度

精密度要求如下：
a) 浮游植物、浮游动物和小型底栖生物样品计数的精密度，以标准误差表示；
b) 群落结构差异比较需进行显著性统计检验。若取样前已存在某种零假设，则可根据几种试验设计类型做出检验。建议 3 个重复样时，成对比较的显著水平最小不超过 10%，4 个重复样时为 3%，5 个重复样时为 1%；若要在 5% 的水平获得显著差异，一般至少需要 4 个重复样。

4.5.4 资料归档

资料归档按 GB/T 12763.1 的规定执行。

5 海洋生物要素调查

5.1 海洋生物群落结构要素调查

5.1.1 微生物、叶绿素 a、游泳动物、底栖生物、潮间带生物和污损生物调查

微生物、叶绿素 a、游泳动物、底栖生物、潮间带生物和污损生物调查均按 GB/T 12763.6 的规定执行。

5.1.2 浮游植物调查

5.1.2.1 网采样品和采水样品的采集、处理

网采样品和采水样品的采集与处理按 GB/T 12763.6 的规定执行。

5.1.2.2 采水样品的鉴定计数

采水样品显微鉴定计数时分三个粒级：小于 20 μm、20 μm～200 μm、大于 200 μm。粒级按细胞最大长度计算，对于那些多个细胞聚集形成的群体，则按群体的最大长度分级。对于小于 20 μm 的浮游植物鉴定到种或属会有一定难度，如没有倒置显微镜和荧光显微镜，细胞的测量和计数都有困难，可根据调查任务的要求酌情处理。

5.1.2.3 绘制分布图

分别绘制总浮游植物和各粒级浮游植物细胞密度的分布图和粒级结构图，各粒级浮游植物细胞密度的等值线取值标准参照 GB/T 12763.6 执行，也可视具体情况酌情增减。

5.1.3 浮游动物调查

5.1.3.1 网采浮游动物

网采浮游动物调查按 GB/T 12763.6 的规定执行。

5.1.3.2 水采浮游动物

5.1.3.2.1 技术要求

采样技术要求如下：

a) 采样层次：按 GB/T 12763.6 的规定执行；
b) 分级：20 μm～200 μm、200 μm～500 μm、大于 500 μm；
c) 采水量：30 dm^3～70 dm^3，依不同海区情况而定；
d) 连续观测采样频次：每 3 h 采样一次，一昼夜共 9 次。

5.1.3.2.2 样品处理

样品处理步骤如下：

a) 过滤：取 20 dm^3～60 dm^3 水样，依次经 500 μm、200μm、20 μm 筛绢过滤，分别冲洗到小瓶中，各规格筛绢也可自行设计成直径大小不同的小网，网口直径一般为 15 cm、20 cm、25 cm 均可，网衣长度分别为 15 cm、20 cm、30 cm，滤过样品的规定同 GB/T 12763.6 规定的网采样品；
b) 样品编号：按 GB/T 12763.6 浮游动物的规定，但编号末尾应加 020、200 和 500，分别表示经 20 μm、200 μm、500 μm 筛绢过滤。

5.1.3.2.3 鉴定计数

水采浮游动物的鉴定计数按 GB/T 12763.6 浮游动物的规定执行。

5.1.3.2.4 数据处理

水采浮游动物的数据处理按 GB/T 12763.6 中浮游动物的数据处理方法执行。但应计算各粒级浮游动物的种类、个体数量和生物量（粒级小的浮游动物如原生动物，可酌情考虑不称量），并绘制浮游动物总数和各粒级的分布图和粒级结构图，各粒级的个体数量和生物量的等值线取值标准参照 GB/T 12763.6浮游动物的规定执行，也可视具体情况酌情增减。

5.2 海洋生态系统功能要素调查

海洋生态系统功能要素目前着重调查初级生产力、新生产力和细菌生产力，具体调查内容按

GB/T 12763.6的规定执行。

6 海洋环境要素调查

6.1 海洋水文要素调查

6.1.1 深度、水温、盐度、水位和海流

深度、水温、盐度、水位和海流调查按GB/T 12763.2的规定执行。

6.1.2 温跃层和盐跃层

调查方法同水温和盐度。特别处理如下:提取CTD仪器输出的每米水层的水温和盐度,记录格式参见表A.1和表A.2,绘制水温、盐度的垂直分布图,确定温跃层和盐跃层的上界深度、下界深度、厚度和强度。

温跃层和盐跃层判断标准按GB/T 12763.7的规定执行。

6.1.3 海面状况

记录调查期间每日和采样时刻的海洋状况,包括:海水混浊状况、波浪大小、漂浮物种类等。

6.1.4 入海河流径流量和输沙量

对调查海区影响比较大的河流,应收集海上调查期间的入海径流量和输沙量。

6.2 海洋气象要素调查

6.2.1 日照时数

从调查海区附近的气象台站收集调查期间逐日(月)的日照时数。

6.2.2 气温、风速和风向

气温、风速、风向的调查按GB/T 12763.3的规定执行。

6.2.3 天气状况

记录调查期间每日和采样时刻的天气状况,如阴、晴、雨、雾等。

6.3 海洋光学要素调查

6.3.1 海面照度、水下向下辐照度和真光层深度

海面照度、水下向下辐照度调查按GB/T 12763.5的规定执行。

真光层深度计算如下:提取表层和每米水层的向下辐照度数据,作垂直分布图,确定向下辐照度为表层的100%、50%、30%、10%、5%和1%的深度。

真光层判断标准:取向下辐照度为表层1%的深度作为真光层的下界深度;若真光层大于水深,取水深作为真光层的深度。

6.3.2 透明度

透明度调查按GB/T 17378.4的规定执行。

6.4 海水化学要素调查

6.4.1 总氮、硝酸盐、亚硝酸盐、铵盐、总磷、活性磷酸盐、活性硅酸盐、溶解氧和pH

总氮、硝酸盐、亚硝酸盐、铵盐、总磷、活性磷酸盐、活性硅酸盐、溶解氧和pH调查按GB/T 12763.4的规定执行。

6.4.2 化学耗氧量

化学耗氧量调查按GB/T 17378.4的规定执行。

6.4.3 重金属、有机污染物和油类

重金属(总汞、铜、铅、镉、总铬、砷)、有机污染物(硫化物、氰化物、有机氯农药、挥发酚类)和油类调查按GB/T 12763.4和GB/T 17378.4的规定执行。所测定的要素可根据调查任务和海区的具体情况酌情增减。

6.4.4 悬浮颗粒物(SPM)和颗粒有机物(POM)

6.4.4.1 技术要求

6.4.4.1.1 采样层次

采样层次按 GB/T 12763.4 规定的标准层次采样。

6.4.4.1.2 采水量

近海水采水量一般 1 000 cm^3～2 000 cm^3,远海水一般 2 000 cm^3～3 000 cm^3,可视具体情况酌情增减。

6.4.4.1.3 精密度

重复样品的相对误差为±10%。

6.4.4.2 样品处理与测定

6.4.4.2.1 滤膜的预处理

滤膜的预处理如下:

a) 将 ϕ47 mmGF/F 玻璃纤维滤膜先在 450℃下灼烧 5 h,待冷却至室温后,置于干燥器保存;

b) 称重:将灼烧过的玻璃纤维滤膜编号,用 0.01 mg 的电子天平称其膜重。

如果只测定 SPM,可用 0.45 μm 醋酸纤维滤膜代替,详细方法按 GB/T 12763.4 的规定执行。

6.4.4.2.2 过滤

过滤步骤如下:

a) 过滤设备:包括滤器、抽滤瓶和真空泵;

b) 过滤:取水样,近海水 1 000 cm^3～2 000 cm^3、远海水 2 000 cm^3～3 000 cm^3,经 GF/F 玻璃纤维滤膜真空过滤(过滤压力不超过 50 kPa)。

6.4.4.2.3 样品处理、称重与计算

样品的处理、称重与计算如下:

a) 滤过的玻璃纤维滤膜按顺序号平放在搪瓷盘中,在 60℃干燥箱中烘干 24 h,待恢复至室温后称重,将称得的重量减去膜重,得出悬浮颗粒物的重量;

b) 将称过的膜一一对应放入小玻璃培养皿中,记好顺序编号。如果一个培养皿中放几张膜,膜与膜之间必须用无尘的铝箔纸隔开。然后在 450℃马福炉中灼烧 5 h,待恢复至室温后取出,放入干燥器中。称重时逐一从干燥器中拿出称重。避免在空气中暴露时间过长增大测量误差。称得的重量为颗粒无机物的重量,再被悬浮颗粒物的重量减,得数为颗粒有机物的重量。

6.4.4.3 数据处理

数据记录参见表 A.3,计算 SPM 和 POM 含量,单位为 mg·dm^{-3},绘制平面分布图和垂直分布图。

6.4.4.4 等值线取值标准

SPM 取值标准为 1.0,2.5,5.0,10.0,15.0,20.0,25.0,50.0。POM 取值标准为 0.1,0.5,1.0,2.0,3.0,4.0,5.0,10.0,15.0,20.0。

以上取值标准,可视具体情况酌情增减。

6.4.5 颗粒有机碳(POC)和颗粒氮(PN)

6.4.5.1 技术要求

6.4.5.1.1 采样层次

颗粒有机碳(POC)和颗粒氮(PN)的采样层次按 GB/T 12763.4 规定的标准层次采样。

6.4.5.1.2 采水量

近海水 1 000 cm^3～2 000 cm^3,远海水 2 000 cm^3～5 000 cm^3,可视具体情况酌情增减。

6.4.5.1.3 检测下限

颗粒有机碳 20 μg·dm^{-3},颗粒氮 5 μg·dm^{-3}。

6.4.5.1.4 分级

分四级：小于 2 μm、2 μm～20 μm、20 μm～200 μm、大于 200 μm。

6.4.5.1.5 精密度

重复样品的相对误差为±10%。

6.4.5.2 样品处理与测定

样品处理与测定按以下步骤进行：

a) 滤膜和网具：ϕ25 mm 玻璃纤维滤膜(预先在 450℃下灼烧 5 h 待用)、2 μm 核孔滤膜、20 μm筛绢和 200 μm 筛绢；

b) 过滤设备：包括滤器、支架、抽滤瓶和真空泵；

c) 过滤：取四份完全相同水样，每份水样体积：近海水 200 cm^3～500 cm^3、远海水1 000 cm^3～3 000 cm^3，分别标记为 A、B、C、D。水样 A 直接经玻璃纤维滤膜过滤；水样 B 依次经200 μm 筛绢、玻璃纤维滤膜过滤；水样 C 依次经 20 μm 筛绢、玻璃纤维滤膜过滤；水样 D 依次经2 μm 核孔滤膜过滤、玻璃纤维滤膜过滤。过滤时抽气负压应小于 50 kPa；

d) 样品预处理：滤过的玻璃纤维滤膜和未过滤的滤膜(作为对照)放入培养皿中，置于密闭容器中，用浓盐酸蒸气熏蒸 30 min。熏蒸过的样品置于－18℃冷冻暂存，并尽快置于干燥箱中在 60℃温度下干燥 24 h，取出置于干燥器保存；

e) 样品测定：采用元素分析仪测定，氧化温度 750℃～760℃。

6.4.5.3 数据处理

数据处理如下：

a) 颗粒有机碳：

A、B、C、D 四份样品的颗粒有机碳分别表示为：POC_A、POC_B、POC_C、POC_D 则：

总的有机碳：$POC_{GF/F}=POC_A$；

小于 2 μm 粒级的有机碳：$POC_{GF/F-2}=POC_D$；

2 μm～20 μm 粒级的有机碳：$POC_{2-20}=POC_C-POC_D$；

20 μm～200 μm 粒级的有机碳：$POC_{20-200}=POC_B-POC_C$；

大于 200 μm 粒级的有机碳：$POC_{200}=POC_A-POC_B$。

数据记录参见表 A.4，计算各粒级的 POC 含量，单位为 μg·dm^{-3}，绘制平面分布图和粒级结构图。

b) 颗粒氮：

A、B、C、D 四份样品的颗粒氮分别表示为：PN_A、PN_B、PN_C、PN_D 则：

总的颗粒氮：$PN_{GF/F}=PN_A$；

小于 2 μm 粒级的颗粒氮：$PN_{GF/F-2}=PN_D$；

2 μm～20 μm 粒级的颗粒氮：$PN_{2-20}=PN_C-PN_D$；

20 μm～200 μm 粒级的颗粒氮：$PN_{20-200}=PN_B-PN_C$；

大于 200 μm 粒级的颗粒氮：$PN_{200}=PN_A-PN_B$。

数据记录参见表 A.5，计算各粒级的 PN 含量，单位为 μg·dm^{-3}，绘制平面分布图和粒级结构图。

6.4.5.4 等值线取值标准

各粒级颗粒有机碳取值范围为 25、50、75、100、250、500、1 000、大于 1 000；颗粒氮取值范围为 5、10、25、50、75、100、250、500、大于 500。

以上取值标准，可视具体情况酌情增减。

6.5 海洋底质要素调查

6.5.1 底质类型、粒度、有机碳、总氮、总磷、pH 和 Eh

底质类型、粒度、有机碳、总氮、总磷、pH 和 Eh 的调查均按 GB/T 12763.8 的规定执行。

6.5.2 底质污染物：硫化物、有机氯、油类、重金属（总汞、铜、铅、镉、总铬、砷、硒）

硫化物、有机氯、油类、重金属（总汞、铜、铅、镉、总铬、砷、硒）的调查按 GB/T 17378.5 的规定执行。

7 人类活动要素调查

7.1 海水养殖生产要素调查

调查海区如果存在一定规模的养殖活动，应调查养殖海区坐标、面积，养殖的种类、密度、数量、方式；收集养殖海区多年的养殖数据，包括养殖时间、种类、密度、数量、单位产量、总产量、养殖从业人口等，并制作养殖空间分布图。具体养殖数据根据不同海区的养殖情况相应增减。

7.2 海洋捕捞生产要素调查

存在捕捞生产活动的海区，应现场调查和调访捕捞作业情况，进行渔获物拍照和统计，并收集该海区多年的捕捞生产数据，包括捕捞生产海区坐标、面积，捕捞的种类、方式、时间、产量，渔船数量（马力），网具规格，捕捞从业人口等，并制作捕捞生产空间分布图。具体捕捞生产数据根据不同海区的情况相应增减。

7.3 入海污染要素调查

存在排海污染（陆源、海上排污等）的调查海区，应调查和收集多年的排污数据，包括排污口、污染源分布，主要污染物种类、成分、浓度、入海数量、排污方式等，并制作排污口和污染源的空间分布图。具体情况根据不同海区的污染源的情况相应增减。

7.4 海上油田生产要素调查

存在油田生产的调查海区，应收集多年的油田生产和污染数据，包括石油平台位置、坐标、数量、产量、输油方式、污水排放量、油水比、溢油事故发生时间、溢油量、污染面积、持续时间，受污染生物种类和数量，使用消油剂种类和使用量等，并制作石油污染源分布图。具体情况根据不同海区的污染源的情况相应增减。

7.5 其他人类活动要素调查

若调查海区存在建港、填海、挖沙、疏浚、倾废、围垦、运动（游泳、帆船、滑水等）、旅游、航运、管线铺设等情况，而且对主要调查对象可能有较大影响时，应调查这些人类活动的情况，调查要素主要包括位置、数量、规模、建设和营运情况，对周围海域自然环境的影响程度，排放污染物的种类、数量、时间等，对海洋生物的影响程度等方面。具体内容根据调查目标确定。

8 海洋生物群落结构分析与评价

8.1 单元法分析

8.1.1 生物量评价

8.1.1.1 评价对象

评价对象包括微生物、浮游植物群落、浮游动物群落、游泳动物群落、底栖生物群落、潮间带生物群落和污损生物群落。

8.1.1.2 评价方法和结果表达

分析各类群的个体数量（微生物指菌落数量，浮游植物指细胞数量，底栖生物、潮间带生物和污损生物指栖息密度）和生物量，绘制空间分布图，评价其变化趋势。

8.1.2 优势种评价

8.1.2.1 评价对象

评价对象包括浮游植物群落、浮游动物群落、游泳动物群落、底栖生物群落、潮间带生物群落和污损生物群落。

8.1.2.2 评价方法

采用优势度评价。某一个站位的优势度，用百分比表示。优势度的计算公式如下：

$$D_i = \frac{n_i}{N} \times 100 \quad \cdots\cdots\cdots\cdots(1)$$

式中：

D_i——第 i 种的百分比优势度，单位为%；

n_i——该站位第 i 种的数量；

N——该站位群落中所有种的数量，单位可用个体数、密度、重量等表示。

8.1.2.3 **结果表达**

分析群落优势种丰度及其优势度，绘制空间分布图，评价其变化趋势。

8.1.3 **指示种评价**

8.1.3.1 **评价对象**

评价对象包括浮游植物群落、浮游动物群落、游泳动物群落、底栖生物群落、潮间带生物群落和污损生物群落。

8.1.3.2 **评价方法和结果表达**

分析不同环境压力（如有机污染、重金属污染、油污染等）下生物群落出现的指示性物种，计算其生物量，绘制空间分布图，评价环境和群落的变化趋势。

8.1.4 **关键种评价**

8.1.4.1 **评价对象**

评价对象为海洋食物网，包括浮游食物网、高营养阶层食物网、底栖碎屑食物网等。

8.1.4.2 **评价方法和结果表达**

分析食物网各营养阶层的关键物种，计算其生物量，绘制空间分布图，评价其变化趋势。

8.1.5 **物种多样性评价**

8.1.5.1 **评价对象**

评价对象包括浮游植物群落、浮游动物群落、底栖生物群落、潮间带生物群落。

8.1.5.2 **评价方法**

采用物种多样性指数评价。物种多样性指数一般采用 Shannon 信息指数计算，计算公式如下：

$$H' = -\sum_{i=1}^{s} P_i \log_2 P_i \quad \cdots\cdots\cdots\cdots(2)$$

式中：

H'——种类多样性指数；

P_i——群落第 i 种的数量或重量占样品总数量之比值；

s——群落中的物种数。

数量可以采用个体数、密度表示；重量可用湿重或干重表示。

8.1.5.3 **结果表达**

计算生物群落的物种多样性，制作空间分布图，评价其变化趋势。多样性指数的等值线取值标准为 0.5，1.0，1.5，2.0，2.5，3.0，3.5，4.0，4.5，5.0，6.0，7.0，8.0。

以上取值标准，可视具体情况酌情增减。

8.1.6 **群落均匀度评价**

8.1.6.1 **评价对象**

评价对象包括浮游植物群落、浮游动物群落、底栖生物群落、潮间带生物群落。

8.1.6.2 **评价方法**

采用均匀度指数评价。采用 Pielou 均匀度指数，计算公式如下：

$$J' = \frac{H'}{\log_2 s} \quad \cdots\cdots\cdots\cdots(3)$$

式中：

J'——均匀度指数；

H'——群落实测的物种多样性指数；

s——群落中的物种数。

8.1.6.3 **结果表达**

计算不同生物群落的均匀度，制作空间分布图，评价其变化趋势。均匀度指数等值线取值标准为0.2，0.4，0.6，0.8，1.0。

以上取值标准，可视具体情况酌情增减。

8.1.7 **群落演变评价**

8.1.7.1 **评价对象**

评价对象为浮游植物群落、浮游动物群落、底栖生物群落、潮间带生物群落。

8.1.7.2 **评价方法**

群落演变评价采用演变速率指标，群落演变速率指标采用 β 多样性指数评价。β 多样性指数测度群落间的相似性大小。

演变速率(E)的计算方法如下：

$$E = 1 - \frac{S_{\mathrm{IM}i}}{S_{\mathrm{IMO}}} \quad \cdots\cdots(4)$$

式中：

S_{IMO}、$S_{\mathrm{IM}i}$——初始群落和时间尺度上第 i 群落的相似性指数。

相似性指数计算公式如下：

$$S_{\mathrm{IM}} = 2\frac{N_{coi}}{S_{\mathrm{O}} + S_i} \quad \cdots\cdots(5)$$

式中：

N_{coi}——$N_{coi} = \sum_{j=1}^{n} \min(N_{coo}, N_{coi})$，表示初始群落和时间尺度上第 i 时刻群落共有种的个体数较小者之和；

n——第 i 时刻和初始群落共有的物种数；

S_{O}、S_i——初始群落和第 i 群落的物种数。

演变速率(E)介于0～1之间。$E=0$，两个群落结构完全相同，没有发生演变；$E=1$，两个群落结构完全不同，没有共同种，发生完全演变。通常情况下，$0<E<1$，两个群落的结构发生部分改变。

8.1.7.3 **结果表达**

计算不同生物群落的演变速率，沿时间系列绘制演变图，评价其演变趋势。

8.2 **多变量分析**

8.2.1 **评价对象**

评价对象主要适用于无运动能力或运动能力较弱的浮游植物、浮游动物和区域性较强的底栖生物和潮间带生物群落。

8.2.2 **分析方法**

等级聚类(Cluster)、非度量多维标度(MDS)、主分量分析(PCA)等多变量分析是包括一系列以等级相似性为基础的非参数技术方法，用于分析生物群落的空间格局和确定其主要支配因素。

8.2.2.1 **等级聚类(Cluster)**

等级聚类的目的是确定生物群落样品的自然分组，使得组内样品彼此间较组间样品更为相似，分析结果以树枝图的形式表示，该图给出了样品间彼此的相似性水平。

8.2.2.2 **非度量多维标度(MDS)**

非度量多维标度就是在一个低维标序空间中建立一个样品的"地图"或构型图，使样品间欧氏距离的等级顺序与其相似性或非相似性的等级顺序保持一致，比较准确地反映复杂的生物群落样品之间的关系。非度量多维标度与等级聚类结合使用可以有效地揭示群落变化的连续梯度。

8.2.2.3 **主分量分析(PCA)**

主分量分析的功能是把多维空间中的点向低维空间作有效投影以使点的排列遭受最小可能的畸变，得到较少的主要分量，并尽可能多地反映原来变量的信息，并找出生物群落变化的主要支配因素。

8.2.3 **分析步骤**

分析包括如下步骤：

a) 原始生物资料矩阵和环境资料矩阵的建立；

b) 样品间(非)相似性测定和(非)相似性矩阵的建立；第 j 个与第 k 个样品间的 Bray—Curtis 相似性 S_{jk} 由下式计算：

$$S_{jk}=100\times\left\{1-\frac{\sum_{i=1}^{p}|y_{ij}-y_{ik}|}{\sum_{i=1}^{p}(y_{ij}+y_{ik})}\right\} \qquad \cdots\cdots(6)$$

式中：

y_{ij}——原始矩阵第 i 行和第 j 列的输入值。表示第 j 个样品中第 i 种的丰度(或生物量)($i=1,2,\cdots p$；$j=1,2,\cdots\cdots n$)，y_{ik} 由此类推。

c) 计算原始环境矩阵中每对样品间环境组成非相似性，产生一个三角形非相似性矩阵。第 j 与第 k 个样品间的欧氏距离非相似性(d_{jk})计算公式为：

$$d_{jk}=\sqrt{\sum_{i=1}^{p}(y_{ij}-y_{ik})^2} \qquad \cdots\cdots(7)$$

式中符号同式(6)；

d) 通过样品的聚类和标序表达群落结构格局；

e) 统计检验。

8.2.4 **群落结构差异的统计检验**

等级聚类、非度量多维标度和主分量分析的结果应进行群落结构差异显著性检验。可采用以下几种检验：

a) 方差分析(ANOVA)；

b) 样品相似性矩阵的 ANOSIM 检验；

c) BIOENV/BVSTEP 分析；

d) RELATE 检验。

多变量分析的内容视研究目的和调查任务承担单位的技术条件确定是否进行或是部分进行。

8.2.5 **数据处理**

上述多变量分析的数据处理可以自行编写程序，也可采用现成软件。

8.2.6 **结果表达**

绘制多变量分析有关图表：如等级聚类图、MDS 图、主分量贡献图、ABC 曲线、K—优势度曲线等。

9 海洋生态系统功能评价

9.1 初级生产功能评价

海洋生态系统中初级生产功能主要由浮游植物承担，初级生产提供了生态系统运转的大部分的能量来源。初级生产功能采用初级生产力评价，单位：$mg\cdot m^{-3}\cdot d^{-1}$ 或 $g\cdot m^{-2}\cdot d^{-1}$(均以碳计)。

绘制初级生产功能的空间分布图，评价其变化趋势。

9.2 新生产功能评价

新生产指由浮游植物利用新进入真光层的营养盐完成的有机物生产。新生产功能采用新生产力评价，单位：$mg\cdot m^{-3}\cdot d^{-1}$ 或 $g\cdot m^{-2}\cdot d^{-1}$（均以碳计）。

绘制新生产功能的空间分布图，评价其变化趋势。

9.3 细菌生产功能评价

海洋生态系统中细菌生产功能主要由异样细菌承担，细菌生产提供了生态系统运转的补充能量来源。细菌生产功能采用细菌生产力评价，单位：$mg\cdot m^{-3}\cdot d^{-1}$ 或 $g\cdot m^{-2}\cdot d^{-1}$（均以碳计）。

绘制细菌生产功能的空间分布图，评价其变化趋势。

10 海洋生态压力评价

10.1 富营养化压力评价

富营养化压力评价采用海水营养指数。营养指数的计算主要有两种方法。

第一种方法考虑化学耗氧量、总氮、总磷和叶绿素 a。计算公式如下：

$$N_I = C_{COD}/S_{COD} + C_{TN}/S_{TN} + C_{TP}/S_{TP} + C_{Chla}/S_{Chla} \quad \cdots\cdots(8)$$

式中：

N_I——营养指数；

C_{COD}、C_{TN}、C_{TP}、C_{Chla}——分别为水体中化学耗氧量、总氮、总磷、叶绿素 a 的实测浓度；

S_{COD}、S_{TN}、S_{TP}、S_{Chla}——分别为水体中化学耗氧量、总氮、总磷、叶绿素 a 的评价标准，见表 1。

当营养指数大于 4 时，认为海水达到富营养化。

表 1 海水富营养化评价标准

S_{COD}	S_{TN}	S_{TP}	S_{Chla}
$3.0\ mg\cdot dm^{-3}$	$0.6\ mg\cdot dm^{-3}$	$0.03\ mg\cdot dm^{-3}$	$10\ \mu g\cdot dm^{-3}$

此方法为仲裁方法。

第二种方法考虑化学耗氧量、溶解无机氮、溶解无机磷。计算公式如下：

$$N_I = (C_{COD} \times C_{DIN} \times C_{DIP})/4\,500 \quad \cdots\cdots(9)$$

式中：

N_I——营养指数；

C_{COD}、C_{DIN}、C_{DIP}——分别为水体中化学耗氧量（$mg\cdot dm^{-3}$）、溶解无机氮（$\mu g\cdot dm^{-3}$）、溶解无机磷（$\mu g\cdot dm^{-3}$）的实测浓度；

4 500——为 COD、DIN 和 DIP 的三类海水水质标准值的乘积。

当营养指数 $N_I>1$，认为水体富营养化。

10.2 污染压力评价

10.2.1 氮污染压力评价

采用氮污染压力指数评价。

某月（年）的氮污染压力指数等于该月（年）的入海氮通量除以该月（年）水体中总氮平均含量。这里，入海氮通量指进入调查海区的氮的总量，包括无机态氮和有机态氮。计算公式如下：

$$P_N = F_{LUXN}/C_N \quad \cdots\cdots(10)$$

式中：

P_N——氮污染压力指数，单位为 m^3/月（年）；

F_{LUXN}——入海氮通量，单位为 kg/月（年）；

C_N——水体中总氮含量，单位为 $kg\cdot m^{-3}$。

根据以上计算，确定高污染压力海区，分析氮污染压力的变化趋势。

10.2.2 磷污染压力评价

采用磷污染压力指数评价。

某月(年)的磷污染压力指数等于该月(年)的入海磷通量除以该月(年)水体中总磷平均含量。这里,入海磷通量指进入调查海区的磷的总量,包括无机磷和有机磷。计算公式如下:

$$P_P = F_{LUXP}/C_P \quad \cdots\cdots(11)$$

式中:

P_P——磷污染压力指数,单位为 m^3/月(年);

F_{LUXP}——入海磷通量,单位为 kg/月(年);

C_P——水体中总磷含量,单位为 $kg \cdot m^{-3}$。

根据以上计算,确定高污染压力海区,分析污染压力的变化趋势。

10.2.3 油污染压力评价

采用油污染压力指数评价法。

某月(年)的油污染压力指数等于该月(年)的入海油通量除以该月(年)水体中油的平均含量。计算公式如下:

$$P_O = F_{LUXO}/C_O \quad \cdots\cdots(12)$$

式中:

P_O——油污染压力指数,单位为 m^3/月(年);

F_{LUXO}——入海油通量,单位为 kg/月(年);

C_O——水体中油含量,单位为 $kg \cdot m^{-3}$。

根据以上计算,确定高污染压力海区,分析污染压力的变化趋势。

10.2.4 有机污染压力评价

采用 COD 污染压力指数评价。

某月(年)的 COD 污染压力指数等于该月(年)的入海 COD 通量除以该月(年)水体中 COD 的平均含量。计算公式如下:

$$P_{COD} = F_{LUXCOD}/C_{COD} \quad \cdots\cdots(13)$$

式中:

P_{COD}——COD 污染压力指数,单位为 m^3/月(年);

F_{LUXCOD}——入海 COD 通量,单位为 kg/月(年);

C_{COD}——水体中 COD 含量,单位为 $kg \cdot m^{-3}$。

根据以上计算,确定 COD 高污染压力海区,分析污染压力的变化趋势。

10.3 养殖压力评价

采用养殖压力指数法评价。

对于滤食性贝类和浮游生物食性鱼类,其养殖压力指数等于单位时间内养殖收获净输出的有机碳(氮)通量除以该调查区同时期水体中颗粒有机碳(氮)的平均含量。单位时间为月或年。计算公式如下:

$$P_{PA} = P_A/C_{POC-PON} \quad \cdots\cdots(14)$$

式中:

P_{PA}——养殖压力指数,单位为 m^3/月(年);

P_A——养殖收获净输出的有机碳或有机氮通量,单位为 kg/月(年);

$C_{POC-PON}$——水体中颗粒有机碳或有机氮含量,单位为 $kg \cdot m^{-3}$。

这里,养殖收获净输出的碳(氮)通量等于养殖收获物的有机碳(氮)通量减去苗种和饵料的有机碳(氮)通量。

$$P_A = P_{RODA} \times f_A - Q_A \times f_A - F_{OODA} \times f_{FOODA} \quad \cdots\cdots(15)$$

式中:

P_{RODA}——养殖产量,单位为 kg/月(年);

Q_A——养殖苗种投放量,单位为 kg/月(年);

F_{OODA}——饵料投喂量,单位为 kg/月(年);

f_A——养殖生物的有机碳(氮)含量系数;

f_{FOODA}——投喂饵料的有机碳(氮)含量系数。

根据以上计算,确定高养殖压力的海区,分析养殖压力的变化趋势。

10.4 捕捞压力评价

捕捞压力分为两类。在高营养阶层,捕捞直接减少渔业生物的现存量,称为Ⅰ类捕捞压力。在低营养阶层,捕捞加速浮游生态系统中颗粒有机物质的输出,称为Ⅱ类捕捞压力。捕捞压力评价应分别进行。

10.4.1 Ⅰ类捕捞压力评价

采用Ⅰ类捕捞压力指数法评价。某月(年)的捕捞压力指数等于该月(年)渔获量除以该月(年)的渔业资源现存量。计算公式如下:

$$P_{PF} = P_F / S_F \quad \cdots\cdots (16)$$

$$P_F = P_{RODF} \times f_F \quad \cdots\cdots (17)$$

式中:

P_{PF}——捕捞压力指数,单位为 km^2/月(年);

P_F——通过渔获物输出的有机碳(氮)通量,单位为 kg/月(年);

S_F——调查海区的渔业资源现存量(以有机碳或有机氮计),单位为 $kg \cdot km^{-2}$;

P_{RODF}——渔获量,以湿重计算,单位为 kg/月(年);

f_F——渔获物中有机碳(氮)含量系数。

若研究的渔获量和资源量指同一种类,或者虽然是不同种类但具有相同的有机碳(氮)含量,它们的单位可以用质量表示,不必转换为碳(氮)计算。

渔业资源现存量计算按 GB/T 12763.6 的规定执行。

根据以上计算,确定高捕捞压力的海区,分析捕捞压力的变化趋势。

10.4.2 Ⅱ类捕捞压力评价

采用Ⅱ类捕捞压力指数法评价。某月(年)的捕捞压力指数等于该月(年)渔获物的有机碳(氮)通量除以该月(年)海水中颗粒有机碳(氮)平均含量。计算公式如下:

$$P_{PF} = P_F / C_{POC-PON} \quad \cdots\cdots (18)$$

$$P_F = P_{RODF} \times f_F \quad \cdots\cdots (19)$$

式中:

P_{PF}——捕捞压力指数,单位为 m^3/月(年);

P_F——通过渔获物输出的有机碳(氮)通量,单位为 kg/月(年);

$C_{POC-PON}$——水体中颗粒有机碳(氮)含量,单位为 $kg \cdot m^{-3}$;

P_{RODF}——渔获量,单位为 kg/月(年);

f_F——渔获物中有机碳(氮)含量系数。

根据以上计算,确定高捕捞压力的海区,分析捕捞压力的变化趋势。

11 编写海洋生态调查报告

11.1 海洋生态调查报告内容

编写内容包括:

a) 前言。

b) 调查海区的自然环境和社会经济特征。

c) 野外调查工作状况。

d） 样品采集分析和数据处理方法。

e） 质量计划实施情况报告。

f） 调查资料汇编。

g） 图集。

h） 海洋生态调查分析：

海洋生态调查分析主要内容包括：

1） 调查海区生物特征；

2） 调查海区环境特征；

3） 调查海区人类活动特征；

4） 调查海区海洋生物群落结构评价；

5） 调查海区海洋生态系统功能评价；

6） 调查海区生态压力评价；

7） 调查海区海洋生态系统总体评价；

8） 改善生态环境健康的对策建议。

a)～g)项内容按 GB/T 12763.1 的规定编写。

11.2 编写要求、完成时间和调查成果验收

编写要求、完成时间和调查成果验收按 GB/T 12763.1 的规定执行。

附　录　A
（资料性附录）
记录表格式

A.1　调查海区温跃层特征值记录表，见表A.1。

A.2　调查海区盐跃层特征值记录表，见表A.2。

A.3　调查海区悬浮颗粒物（SPM）和颗粒有机物（POM）测定记录表，见表A.3。

A.4　调查海区不同粒级的颗粒有机碳（POC）测定记录表，见表A.4。

A.5　调查海区不同粒级的颗粒氮（PN）测定记录表，见表A.5。

表 A.1 调查海区温跃层特征值记录表

海区： 调查船： 测定日期： 年 月 日

站位	经度	纬度	水深/m	温跃层上界深度/m	温跃层下界深度/m	温跃层厚度/m	温跃层强度/(℃·m^{-1})

测定者： 计算者： 校对者：

表 A.2 调查海区盐跃层特征值记录表

海区：　　　　　　　调查船：　　　　　　　　　　　　　　　　测定日期：　　　年　　月　　日

站位	经度	纬度	水深/m	盐跃层上界深度/m	盐跃层下界深度/m	盐跃层厚度/m	盐跃层强度/m^{-1}

测定者：　　　　　　　　　　　　计算者：　　　　　　　　　　　校对者：

表 A.3 调查海区悬浮颗粒物和颗粒有机物测定记录表

海区________ 调查船________ 站位________ 经度________ 纬度________ 航次________

水深________ 采样日期________ 年___月___日 测定日期________ 年___月___日

第___页 共___页

序号	滤膜编号	水层/m	过滤水体体积/dm^3	滤膜质量/mg	60℃烘干后质量/mg	450℃灼烧后质量/mg	*SPM*/($mg \cdot dm^{-3}$)	*POM*/($mg \cdot dm^{-3}$)	备注

测定者： 计算者： 校对者：

表 A.4　调查海区不同粒级的颗粒有机碳测定记录表

海区________　调查船________　站位________　经度________　纬度________　航次________

水深________　采样日期________年____月____日　　　测定日期________年____月____日

第____页　共____页

序号	滤膜编号	水层/m	过滤水体体积/dm^3	POC_A/($\mu g \cdot dm^{-3}$)	POC_B/($\mu g \cdot dm^{-3}$)	POC_C/($\mu g \cdot dm^{-3}$)	POC_D/($\mu g \cdot dm^{-3}$)	$POC_{GF/F}$/($\mu g \cdot dm^{-3}$)	$POC_{GF/F-2}$/($\mu g \cdot dm^{-3}$)	POC_{2-20}/($\mu g \cdot dm^{-3}$)	POC_{200}/($\mu g \cdot dm^{-3}$)

测定者：　　　　　　　　计算者：　　　　　　　　校对者：

表 A.5 调查海区不同粒级的颗粒氮测定记录表

海区______ 调查船______ 站位______ 经度______ 纬度______ 航次______

水深______ 采样日期______ 年___月___日 测定日期______年___月___日

第___页 共___页

序号	滤膜编号	水层/m	过滤水体体积/dm^3	PN_A/($\mu g \cdot dm^{-3}$)	PN_B/($\mu g \cdot dm^{-3}$)	PN_C/($\mu g \cdot dm^{-3}$)	PN_D/($\mu g \cdot dm^{-3}$)	$PN_{GF/F}$/($\mu g \cdot dm^{-3}$)	$PN_{GF/F\text{-}2}$/($\mu g \cdot dm^{-3}$)	$PN_{2\text{-}20}$/($\mu g \cdot dm^{-3}$)	PN_{200}/($\mu g \cdot dm^{-3}$)

测定者： 计算者： 校对者：

参 考 文 献

[1] 国家海洋局.海洋生态环境监测技术规程,2002.

[2] 马克平.生物群落多样性的测度方法.见钱迎倩,马克平主编.生物多样性研究的原理和方法.北京:科学出版社,1994.

[3] 任海等编.恢复生态学导论.北京:科学出版社,2002.

[4] 沈国英等编.海洋生态学.北京:科学出版社,2002.

[5] 大森倍,池田勉著.罗会明等译.黄振祥校.浮游动物生态的研究.北京:科学出版社,1987.

[6] J.S.格雷著.阎铁等译.张志南校.海洋沉积物生态学——底栖生物群落结构与功能导论.北京:海洋出版社,1987.

[7] 杨鹤鸣等.胶州湾海水颗粒有机碳和颗粒氮测定方法的改进.见董金海等主编.胶州湾生态学研究.北京:科学出版社,1994.

[8] 邹娥梅等.黄东海温跃层的分布特征及其季节变化.黄渤海海洋,2001,19(3):8-18.

[9] 邹景忠等.渤海湾富营养化和赤潮问题的初步探讨.海洋环境科学,1983,2(2):42-55.

[10] 任海,邬建国,彭少麟.生态系统健康的评估.热带地理,2000,20(4):310-316.

[11] 郭玉洁等.GB/T 15919—1995 海洋学术语 海洋生物学.中国标准出版社,1996.

[12] UNESCO-IOC ed. Training course report on environmental effects on benthic communities. No. 19, 1992.

[13] Harris P ed. Phytoplankton ecology: structure, function and fluctuation. Chapman & Hall, 1986.

[14] Jumars P A ed. Concepts in biological oceanography. Oxford University Press, 1993.

[15] Lalli C M and Parsons T R eds. Biological oceanography: an introduction. Pergamon Press, 1993.

[16] Rapport D J ed. Ecosystem health. Oxford : Blackwell Science Inc, 1998.

[17] Maeda M ed. Microbial processes in aquaculture. London: Biocreate Press, 1999.

ICS 07.060
A 45

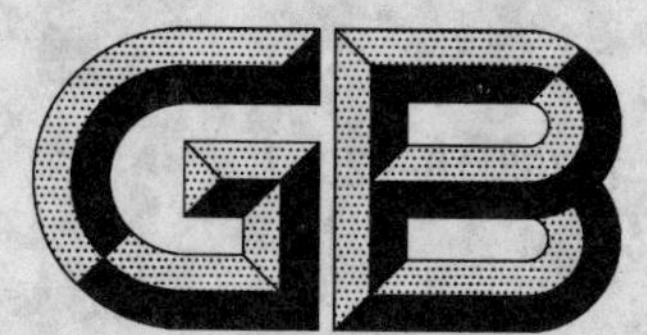

中华人民共和国国家标准

GB/T 12763.10—2007

海洋调查规范
第10部分:海底地形地貌调查

Specification for oceanographic survey—
Part 10:Submarine topography and geomorphology

2007-08-13 发布　　2008-02-01 实施

中华人民共和国国家质量监督检验检疫总局
中国国家标准化管理委员会　发布

前　言

GB/T 12763《海洋调查规范》分为11部分：

——第1部分：总则；

——第2部分：海洋水文观测；

——第3部分：海洋气象观测；

——第4部分：海水化学要素调查；

——第5部分：海洋声、光要素调查；

——第6部分：海洋生物调查；

——第7部分：海洋调查资料交换；

——第8部分：海洋地质地球物理调查；

——第9部分：海洋生态调查指南；

——第10部分：海底地形地貌调查；

——第11部分：海洋工程地质调查。

其中第9部分、第10部分和第11部分对应于GB/T 12763—1991是新增部分。

本部分为GB/T 12763《海洋调查规范》的第10部分。

本部分与GB/T 12763的第1部分、GB/T 12763的第7部分和GB/T 12763的第8部分配套使用。

本部分的附录B和附录E为资料性附录，附录A、附录C、附录D和附录F为规范性附录。

本部分由国家海洋局提出。

本部分由国家海洋标准计量中心归口。

本部分由国家海洋局第二海洋研究所（国家海洋局海底科学重点实验室）、国土资源部广州海洋地质调查局海军海洋测绘研究所起草。

本部分主要起草人：李家彪、吴庐山、翟国军、于晓果、邱燕、谢锡君、吴自银、何水原。

海洋调查规范
第10部分:海底地形地貌调查

1 范围

本部分规定了海底地形地貌调查的基本内容、方法、资料整理及调查成果的要求。

本部分适用于1:10万～1:100万比例尺的海底地形地貌调查,更大比例尺海底地形地貌调查也可参考。

2 规范性引用文件

下列文件中的条款通过本标准的引用而成为本标准的条款。凡是注日期的引用文件,其随后所有的修改单(不包括勘误的内容)或修订版均不适用于本标准。然而,鼓励根据本标准达成协议的各方研究使用这些文件的最新版本。

GB 12319—1998 中国海图图式

GB 12327—1998 海道测量规范

GB 12898—1991 国家三、四等水准测量规范

DZ/T 0179—1997 地质图用色标准及用色原则(1:50 000)

IHO S-44:1998 IHO Standards for Hydrographic Surveys(国际海道测量规范)

3 术语和定义

3.1

多波束测深 multibeam echo sounding

采用发射、接收指向正交的两组声学换能器阵,获得垂直航向、由大量波束测深点组成的测深剖面,并在航行方向上形成由一系列测深剖面构成的测深条带,从而实现高分辨率地形测量的一种方法。

3.2

侧扫声纳测量 旁扫声纳测量 side scan sonar survey

采用声学换能器对海底进行扫描,获得海底回波信号,实现海底地貌成像的一种物探调查方法。

3.3

浅地层剖面测量 subbottom profile survey

利用声波在海底以下介质中的透射和反射,采用声学回波原理,获得海底浅层结构声学剖面的一种物探调查方法。

4 一般规定

4.1 调查目的与内容

根据任务的要求实施调查,获取海底地形地貌数据,通过对调查数据的校正和改正,进行数据分析、处理和成图,编制调查区海底地形图和海底地貌图,揭示调查区海底地形地貌变化特征和规律,为经济建设、国防建设和海底科学研究提供基础资料。

海底地形地貌调查作业内容包括:技术设计、仪器检验、测前准备、海上测量、数据处理与成图、资料检查验收与归档。

4.2 技术设计

4.2.1 资料收集

所收集的资料应包括：

a) 最新海底地形数据和最新出版的海底地形图、海图；

b) 最新侧扫声纳、浅地层剖面数据和最新出版的海底地貌图；

c) 潮位资料及其他测量有关的资料；

d) 助航标志及航行障碍物的情况。

对收集的资料，应对其可靠性及准确度情况进行全面分析，并作出对资料采用与否的结论。

4.2.2 技术设计

技术设计的主要内容：

a) 任务来源及测区概况；

b) 前人调查研究状况及调查区地形地貌基本特征；

c) 测区范围与调查比例尺；

d) 测线布设与预计测线工作量；

e) 调查船、仪器以及仪器检验项目和要求；

f) 海上测量的技术要求；

g) 数据处理、成图的技术要求；

h) 进度安排、人员分工与质量保障措施；

i) 预期成果与调查报告内容；

j) 资料验收与经费概算；

k) 相关图表(航行计划示意图、测线布设示意图、测线端点坐标表等)。

技术设计书需装订成册，由设计人员签名、测量单位主管业务负责人签署意见后报批，经上级业务主管部门或任务下达单位审查批准后方可实施。

4.3 调查的技术要求

4.3.1 调查的基本方式

调查的基本方式为走航连续测量。测量项目有单波束测深、多波束测深、侧扫声纳测量、浅地层剖面测量。

根据调查的目的和任务，采用不同比例尺的测线网方式调查或全覆盖方式调查。

调查中应尽量采用多项目的综合调查；同一测区的调查，测线或测网布设应统一，使调查资料相互印证，以提高综合解释水平。

4.3.2 调查的基本内容

海底地形调查的基本内容包括：导航定位、水深测量、水位测量以及数据处理和成图。水深测量包括深度测量和一些必要的改正(吃水改正、声速改正、船姿改正、升沉改正和水位改正等)。

海底地貌调查的基本内容包括，在海底地形调查的基础上，进行海底侧扫声纳测量和浅地层剖面测量，结合其他地质地球物理资料进行数据处理、分析和成图。

4.3.3 调查的比例尺与测线布设

在采用测线网方式进行海底地形地貌调查时，主测线采用垂直地形或构造总体走向布设，联络测线应尽量与主测线垂直，不同调查比例尺的主测线和联络测线的测线间距见表1。在采用全覆盖方式进行海底地形地貌调查时，多波束测深和侧扫声纳测量的主测线采用平行地形或构造总体走向布设，相邻测幅的重叠应不少于测幅宽度的10%，联络测线应不少于主测线总长度的5%，且至少布设1条跨越整个测区的联络测线。

相邻测区，不同类型仪器、不同作业单位之间的测区结合部，在采用测线网方式调查时，应至少有一条重复检查测线；在采用全覆盖方式调查时，应有一定宽度的重叠区，以保证所测对象的检验和拼接。

在海底构造复杂或地形起伏较大的海区，应加密测线，加密的程度以能完善地反映海底地形地貌变化为原则。

表 1　海底地形地貌测线网调查中的测线间距要求

项　目	调查比例尺	主测线间距×联络测线间距/km
海底地形测量	1∶100 万	10×100
	1∶50 万	5×50
	1∶25 万	2.5×25
	1∶10 万	1×5
海底侧扫声纳调查	1∶100 万	20×100
	1∶50 万	10×50
	1∶25 万	5×25
	1∶10 万	2×10
海底浅层剖面调查	1∶100 万	20×100
	1∶50 万	10×50
	1∶25 万	5×25
	1∶10 万	2×10

4.3.4　准确度

导航定位采用 DGPS，定位准确度应优于 10 m。

在水深小于 30 m 时，水深测量准确度应优于 0.3 m；在水深大于 30 m 时，水深测量准确度应优于水深值的 1%。

4.3.5　测量基准与投影分幅

测量和成图应遵循以下要求：

a)　坐标系统采用“WGS-84 坐标系统”；

b)　深度基准采用理论最低潮面，深度基准面的高度从当地平均海面起算，一般应与国家高程基准进行联测；

c)　高程采用“1985 国家高程基准”，远离大陆的岛、礁，其高程基准可采用当地平均海面；

d)　时钟系统采用 GMT 时间；

e)　参考椭球体采用“WGS-84 椭球体”；

f)　投影采用墨卡托投影，分幅采用自由分幅；

g)　基准纬度根据调查与成图区域确定，以尽量减少图幅变形为原则。

4.4　资料检查与验收

资料检查与验收的内容和程序：

a)　任务执行单位应对原始资料、数据处理与成图、准确度评定、数字信息的合理性以及资料的完整性进行全面检查；

b)　资料检查合格后进行验收；资料验收结果须作文字评语，参加验收者签字，单位盖章，作为调查成果鉴定验收和资料归档的内容之一。

4.5　调查成果

4.5.1　原始记录

包括导航定位记录，各类模拟、数字记录与实测参数，记录表(簿)及航迹图和各种监视记录剖面图等。这些调查的第一手资料，是调查的初级成果。

4.5.2　基础图件

对调查获得的数据经室内处理、分析与计算，按成图比例尺要求，编制基础图件。海底地形地貌调查的基础图件包括海底水深图、地形图、地貌图、侧扫影像平面图和浅地层剖面图等。

4.5.3 调查报告

调查报告的内容包括：

a) 任务要求与技术设计：调查任务的来源和目的、调查海区的范围和地理位置、海区的自然状况、调查项目内容和测线布设、工作量和内外业工作安排、组织分工和协作情况等；
b) 海上调查与资料整理：海上调查的工作方法、仪器设备性能及检验情况、导航定位手段和保障情况、工作量统计和工作完成情况、原始资料的完整性、调查数据的准确度和质量评估、调查资料的整理方法、成果资料的质量评价等；
c) 资料分析与解释：资料分析方法及其依据、各要素的分布特征、规律和综合分析等；
d) 结论与建议。

4.6 资料归档

归档内容包括：

a) 调查任务书，或合同书、委托书等；
b) 课题论证报告、技术设计、方案报告及其审批意见；
c) 课题调查实施计划、站位表和测线布设图等；
d) 调查原始记录；
e) 计算、分析整理的成果数据报表及说明；
f) 各种图表、图件（包括底图）、照片及文字说明；
g) 航次报告和专题总结报告；
h) 调查报告及成果验收书；
i) 课题成员及经费结算表。

归档要求归档文件内容齐全、完整，签字手续完备。

归档单位原则上为调查任务执行的科技档案室，本单位无科技档案室的，交上一级科技档案室，或任务书、合同书规定的档案室。

5 单波束测深

5.1 技术要求

5.1.1 技术设计

5.1.1.1 资料收集

所收集的资料应包括：

a) 最新出版的海底地形图和海图；
b) 验潮站和水文站资料；
c) 助航标志及航行障碍物的情况；
d) 其他与测量有关的资料。

对收集的资料，应对其可靠性及准确度情况进行全面分析，并做出对资料采用与否的结论。

5.1.1.2 技术设计

技术设计的主要内容：

a) 根据任务书和4.2.2要求制定技术设计书；
b) 根据技术设计书和调查海区情况制订测量实施方案，并应说明验潮站的布设和水准点的分布及联测要求；
c) 技术设计书和测量实施方案经专家和主管部门审批，然后付诸实施。

5.1.2 测量准确度

在单波束测深过程中，导航定位准确度应优于10 m。在水深小于30 m时，水深测量准确度应优于0.3 m；在水深大于30 m时，水深测量准确度应优于水深值的1%。

5.1.3 测量比例尺与测线布设

根据调查任务的要求确定海底地形测量比例尺；测线布设按 4.3.3 执行。

5.1.4 测量手段

定位是测深的主要内容，定位仪采用 DGPS 定位仪，其数据更新率应不低于 1 Hz，定位准确度满足 5.1.2 的要求，DGPS 基准台的平面位置准确度应符合国家 GPSE 级网的要求。

测深仪选择应考虑深度的测量范围、测深准确度、分辨率和检测可靠性等因素。地貌复杂海区，应选择垂直指向角小的单波束测深仪；港湾、航道和沿岸测量应选用浅水单波束测深仪，近海测量一般选用量程适中的单波束测深仪，远海测量则选用深水单波束测深仪。其主要技术指标应达到：

a) 测深准确度：测量准确度符合 5.1.2 的要求；

b) 换能器波束垂直指向角：不大于 30°；

c) 适航性：当船速不小于 10 kn，测量船横摇不大于 10°、纵摇不大于 5°的情况下仪器能正常工作；

d) 记录方式：数字记录方式或模拟记录方式。

5.2 水位观测

验潮站水位观测准确度应优于 5 cm，时间准确度应优于 1 min。沿岸至 20 km 以内的近海海域应采用实测水位观测资料；当沿岸验潮站不能控制测区水位变化时，可利用自动验潮仪、高精度差分 GPS 测量水位或潮汐数值预报方法预报水位。验潮站布设、水准联测和水位观测按附录 A 执行。

5.3 测前准备

5.3.1 测深仪检验

测深仪检验包括：

a) 停泊稳定性试验

试验场必须选择在水深大于 5 m 的海底平坦处，连续开机时间不得少于 2 h；试验中，每隔 5 min 比对一次水深，水深比对限差应在 0.3 m 以内。对于非固定安装的测深仪，应利用检查板(Bar Check)进行检查比对。

b) 航行试验

当测深仪换能器安装后或变换位置时都应进行航行试验。试验时，选择水深变化较大的海区，检验测深仪在不同深度和不同航速下工作是否正常。

5.3.2 DGPS 定位仪检验

DGPS 定位仪检验要求：

a) 测前应进行不少于 12 h 的定点准确度比对试验及稳定性试验，采样间隔 1 s；

b) 测前在已知点上应进行不少于 30 min 的比对试验，采样间隔 1 s；

c) 卫星仰角应不小于 5°。

5.4 海上测量

5.4.1 航行要求

航行要求包括：

a) 调查船尽量保持匀速、直线航行；

b) 船只在线测量时，航向变化应不大于 5°/min；遇特殊情况必须停船、转向或变速时，应及时通知测量值班室，采取应急措施；

c) 更换测线时，尽量缓慢转弯；

d) 实际航线与计划测线的偏离应不大于测线间距的 25%。

5.4.2 深度测量

深度测量要求：

a) 测深时，应进行定位和水深数据的实时综合采集与记录，数据采集可按等时或等距方式采集，定位点间隔应不小于图上 1 mm；

b） 对于海底地形变化剧烈的地区，须作加密测量，加密的程度以完善反映海底地形为原则；

c） 岛屿、明礁、干出礁、灯塔等助航标志及人工建筑物，深度测量测至水深 5 m 等深线或离其图上距离 1.5 cm 处。

5.4.3 深度改正数测定和计算

测深仪测深时，应测定仪器的总改正数。总改正数包括以下各项改正数的代数和：声速改正数、吃水改正数以及潮位改正数。

a） 测区于水深为 0 m～20 m 时，采用校对法直接求测深仪总改正数，可用水听器或检查板对测深仪进行校正。校对仪器时，测深仪器应处于正常工作状态，海况平静，船只处于漂泊和平稳状态下进行；

b） 测区水深大于 20 m 时，测深仪声速改正数利用实时声速测量或水文资料计算。

5.4.4 补测或重测

在下列情况下应进行补测或重测：

a） 测深仪漏测测线长度超过图上 2.5 mm 时，均应补测；在地貌复杂海区，不得发生漏测现象；

b） 实际航线与计划测线的偏离超过测线间距的 25%时；

c） 主、检比对超过 5.8.1 的规定要求时；

d） 验潮站水位观测不符合 5.2 要求时。

5.4.5 水深拼接测量和比对

不同时期、不同单位和不同设备施测的相邻图幅之间，必须进行拼接测量和重合点比对，具体要求如下：

a） 在拼接处应至少重叠一条测深线；

b） 重叠测深线布设方法：每幅图应各自从拼接的图廓线起向外 1 cm 以内的区域中布设一条比对线；

c） 图幅水深拼接比对中，主、检水深重合点比对超过 5.8.1 的要求，或虽未超限，但存在系统误差以及对测量成果质量有疑问时，均应分析原因正确处理，或报告上级业务部门处理，并将处理情况写入技术总结。

5.4.6 数据记录

数据记录包括：

a） 定位信息采用数字记录方式采集，定位仪数据输出应设置为最高更新率；

b） 水深信息采用数字记录方式采集，记录应采集全部水深信息；模拟记录需同时提供打印剖面；

c） 数据备份包括全部原始数据文件，数据备份必须由专人负责，定期进行并及时编写记录。

5.4.7 测量质量监控

测量质量监控要求：

a） 技术负责人应经常检查测量资料的质量情况；

b） 值班人员要实时监视仪器工作状态，检查数据记录设备是否正常运行，数据记录质量是否良好；

c） 发现问题，应及时进行处置。

5.4.8 班报

班报记录的内容和格式参见附录 B 中表 B.1；具体要求：

a） 海岸带调查区每隔 15 min 记录一次班报，陆架区调查区每隔 30 min 记录一次班报，深海调查区每隔 1 h 记录一次班报；测线开始、结束必须记录时间、测线号；

b） 遇到仪器发生故障、船只干扰等特殊情况必须及时采取措施，并记录班报；

c） 值班人员必须对记录质量进行自检，现场记录字迹清楚，不得涂改，各栏内容必须按要求填写；

d) 班组长要对班报记录进行不定期抽查,技术负责人要对每个作业周期的班报记录进行全面检查。

5.5 资料整理

5.5.1 现场资料整理

应在作业现场对所取得的各项资料进行整理,并对测量数据质量做出初步评价。资料整理的内容如下:

a) 有效测线完整性检查;

b) 结合航迹水深点图,确定水深补测和加密;

c) 各种纸质打印资料整理、装订和会签;

d) 数据备份。

5.5.2 现场资料检查

作业组应对全天的班报记录和测量数据进行检查和浏览,检查班报记录和测量记录是否完整、数据质量是否可靠;并进行数据备份。检查情况应记入当天的班报记录。

海上测量工作结束后,作业组应对所获得的测量资料进行全面检查,检查合格后方可进行内业数据处理。

5.6 数据处理

5.6.1 一般要求

数据处理应采用业务主管部门认可的数据处理软件。

数据处理各阶段均应进行交叉检查,确保数据成果无误。

测量成果应按统一格式输出,装订整齐美观,会签齐全;同时还应形成统一格式文件,并附数字成果说明文档,以磁盘或光盘形式提交,磁盘或光盘标签注记清楚。

5.6.2 定位数据处理

当定位中心与测深中心二者水平位置不重合时,须根据测定的偏心距进行测点位置归算;剔除定位粗差点。

5.6.3 水深数据处理

水深数据处理应包括换能器吃水改正、声速改正和水位改正。当水深大于 200 m 时,可不进行水位改正。

5.7 数据成图

5.7.1 图件种类

图件种类包括:测线航迹图、实测水深图和海底地形图。

5.7.2 图件绘制

实测水深图和海底地形图依据海底地形离散数据文件,利用计算机辅助制图方法绘制。

5.8 准确度评估

5.8.1 重合点水深比对限差

由重合点水深(两点相距图上 1.0 mm 以内)所列出的不符值数列的处理步骤如下:首先对不符值进行系统误差及粗差检验,剔除系统误差和粗差后,其主检不符值限差为:水深小于 30 m 时为 0.6 m;水深大于 30 m 时为水深的 2%。超限的点数不得超过参加比对总点数的 10%。

5.8.2 准确度估计指标

利用主测线与联络测线交点水深不符值,进行水深测量准确度估计,其估计指标的计算公式为:

$$M = \pm\sqrt{\frac{\sum_{i=1}^{n} d_i^{\,2}}{2n}} \qquad \cdots\cdots(1)$$

式中：

M——重合点水深不符值中误差，单位为米（m）；

d_i——主测线与联络测线在重合点 i 处的深度不符值，单位为米（m）；

n——主测线与联络测线的重合点数。

6 多波束测深

6.1 技术要求

6.1.1 技术设计

6.1.1.1 资料收集

所收集的资料应包括：

a） 最新测量的水深数据和最新出版的海底地形图和海图；

b） 验潮站和水文站资料；

c） 助航标志及航行障碍物的情况；

d） 其他与测量有关的资料。

对收集的资料，应对其可靠性及准确度情况进行全面分析，并做出对资料采用与否的结论。

6.1.1.2 技术设计

技术设计的主要内容：

a） 根据任务书和 4.2.2 要求制定技术设计书；

b） 根据技术设计书和调查海区情况制订测量实施方案，并应说明验潮站、声速剖面站的布设和水准点的分布及联测要求，声速剖面站的布设要求符合 6.4.2；

c） 技术设计书和测量实施方案经专家和主管部门审批，然后付诸实施。

6.1.2 测量准确度

在多波束测深过程中，导航定位准确度应优于 10 m；当水深小于 30 m 时，水深测量准确度应优于 0.3 m，当水深大于 30 m 时，水深测量准确度应优于水深的 1%。

6.1.3 测量比例尺与测线布设

根据调查任务的要求确定调查比例尺和多波束测深的调查方式（全覆盖调查或非全覆盖的测线网调查）。

多波束测深调查的测线布设要求见 4.3.3。在多波束全覆盖测量时，相邻测区，不同时期、不同类型仪器、不同作业单位之间的测区结合部应布设重叠区，重叠区宽度在水深小于 200 m 的浅水区应不少于 500 m，在水深大于 200 m 深水区应不少于 2 km，以保证所测水深的检验和拼接。

6.1.4 测量手段

导航定位使用 DGPS 定位仪，所采用的 DGPS 定位仪的数据更新率应不低于 1 Hz，定位准确度满足 6.1.2 的要求，DGPS 基准台的平面位置准确度应符合国家 GPSE 级网的要求。

多波束系统选择应考虑测深范围、测深准确度、覆盖率和更新率等因素。根据调查海域水深分布范围，确定适合任务需要的多波束系统。其主要技术指标应达到：

a） 测深准确度：测量准确度符合 6.1.2 的要求；

b） 换能器波束角：应不大于 2°；

c） 在扇区开角不大于 150°时，波束数应不少于 100 个；

d） 姿态传感器横摇、纵摇测量准确度应不低于 0.05°，升沉测量准确度应不低于 0.05 m 或实际升沉量的 5%取大者；罗经测量准确度应不低于 0.1°；

e） 具备数字记录方式。

6.2 水位观测

水位观测要求按 5.2 执行。

6.3 测前准备

6.3.1 测前检测与系统安装

在多波束测深系统正式进行系统参数测定和海上测量工作前，定位设备、声速剖面仪、电罗经和姿态传感器(涌浪补偿器或垂直参考单元)等设备需按各自要求进行检测，确保系统的正常工作。

多波束测深系统的安装应遵循如下要求：

a) 多波束换能器应安装在噪声低且不宜产生气泡的地方；

b) 姿态传感器应安装在能准确反映多波束换能器姿态的位置，其方向平行于测量船的轴线；

c) 电罗经应安装在测量船的艏尾线上，方向指向船艏；

d) 定位仪天线应安装在测量船顶部比较开阔的地方；

e) 多波束测深系统各组成部分的空间相对关系测量准确度应优于 0.05 m。

6.3.2 系统参数测定

系统安装完毕后应进行参数测定。参数测定必须按横摇偏差、电罗经偏差、纵摇偏差、导航时延(同一目标探测法)或按横摇偏差、电罗经偏差、导航时延(剖面重叠法)和纵摇偏差的顺序测定。各参数每年度至少测定一次。当系统内部各部分相对位置关系发生变化时，必须重新测定。当导航系统发生变更时须重新测定导航时延参数。各参数测定的要求如下：

a) 横摇偏差测定的准确度应优于±0.05°；可在平坦海区布设一条计划测线，同速往返测量；

b) 罗经偏差测定的准确度应优于±0.1°；可跨越一线性目标物布设一条计划测线，同速往返测量；

c) 纵摇偏差测定的准确度应优于±0.05°；可在一陡坡或特征物上布一计划测线，同速度往返测量；

d) 测深与定位的时间延迟测定的准确度应优于±0.1 s；可在一特征物上布一计划测线，同速度往返通过目标测量两次，此法称为同一目标探测法；或同向不同速度通过目标，速度差别尽可能大，同时要保持均匀并严格在计划航线上行驶，此法称为剖面重叠法，测量中应尽量采用此法。

6.3.3 系统稳定性试验

选择水深大于 20 m 的平坦海区，对水深进行 2 h 重复测量，要求水深比对误差符合 5.8.1 准确度要求。

6.3.4 系统航行试验

选择海底地形起伏有代表性的海区，进行不同深度和不同航速下的多波束水深测量，要求每个发射脉冲接收到的有效波束数大于总波束数的 95%。

6.4 海上测量

6.4.1 换能器吃水测定

每次测量开始前和结束后均需测定换能器吃水，测量间隔不大于 15 d，测量准确度应优于 5 cm。

6.4.2 声速剖面测量

声速剖面测量要求：

a) 在每次进入测区开始测量时，应至少在测区进行 1 次声速剖面测量；

b) 在 1.0°×1.0°范围内至少应有 3 个声速剖面，测定的时间和位置的选择应考虑声速剖面的时空变化；

c) 如测区水团结构时空变化较大时，应加密声速剖面的测量数，加密的程度以能完善地反映水团结构时空变化为原则；

d) 每个声速剖面的声速测量准确度应优于 1 m/s。

6.4.3 测线测量

多波束全覆盖测量时，应满足：

a) 根据多波束数据更新率、波束脚印和测区最浅水深确定船只的最大航速。最大航速按下式计算：

$$V = 2n(H-D) \cdot \mathrm{tg}(A/2) \quad \cdots\cdots\cdots\cdots\cdots\cdots (2)$$

式中：

V——最大航速，单位为米/秒(m/s)；

H——测区最浅水深，单位为米(m)；

D——换能器吃水，单位为米(m)；

n——测区最浅水深的多波束数据更新率，单位为秒$^{-1}$(s^{-1})；

A——船艏方向的波束角。

b) 测量时船只应提前 500 m 上线，保持匀速直线航行，航向修正速率不得超过 5°/min；

c) 更换测线时，船只必须在测线延长线上匀速直线航行 500 m，然后再转向；

d) 船只偏离航线不能超过条幅宽度的 10%；

e) 测量时应确保每个发射脉冲接收到的有效波束数不大于总波束数的 75%；

f) 测量定位点的间距应根据多波束系统要求设置，或不大于成果图上 1 mm；

g) 测量中如发现航行障碍物，须在不同方向对其进行探测，以测出其范围和最浅深度；

h) 岛屿、明礁、干出礁、灯塔等助航标志及人工建筑物的深度测量同 5.4.2。

多波束非全覆盖测线测量时，船只偏航距应不超过测线间距的 25%，并应满足本条款 b、c、e、f 和 g。

6.4.4 补测和重测

遇有下列情况之一，则须进行补测和重测：

a) 漏测测线长度超过图上 2.5 mm 时，均应补测；

b) 系统波束接收率未达到 6.4.3 e)的要求时；

c) 主测线与联络测线的重合点水深比对未达到 5.8.1 规定时；

d) 测量船因避碰等原因偏离航线未达到 6.4.3 要求时。

全覆盖测量时，遇到地形剧烈变化情况造成条幅间空白时，应对空白区进行补测。

6.4.5 数据记录

数据记录要求：

a) 实时测量数据应记录在采集计算机的硬盘上，实时记录应包括原始数据文件、声速剖面文件和测量参数文件；

b) 每天进行一次硬盘实时记录文件备份，保证至少 2 套实时记录文件备份，备份实时记录文件的磁盘应粘贴标签，标签应标明日期、文件名和测线号，并由专人负责备份和保管；

c) 每 5 d 进行光盘或磁带实时记录文件备份，备份时要及时编写记录。

6.4.6 测量质量监控

质量监控的内容包括：

a) 观察系统状态显示和波束质量显示窗口，以监视系统各传感器的工作情况和波束的质量；

b) 观察波束剖面显示，以监视声纳参数设置、横摇偏差补偿是否正确，条幅内波束是否完整和声速剖面是否失效；

c) 观察航迹显示，以监视船位有无突跳并确保相邻测线间的重叠宽度；

d) 观察硬盘和磁带机等数据记录设备的工作是否正常，确保测量数据的完整记录；

e) 观察条幅图，随时查看已测数据相邻条幅拼接是否正常。

6.4.7 班报

班报记录内容和格式参见附录 B 中表 B.2，要求如下：

a) 海岸带调查区每隔 15 min 记录一次班报，陆架区调查区每隔 30 min 记录一次班报，深海调查区每隔1 h记录一次班报；测线开始、结束必须记录时间、测线号、经纬度等；

b) 所有的参数设置及其更改必须记录；遇到系统、航向、航速、水深突变等特殊情况，必须记录班报；

c) 值班人员必须对记录质量进行自检，现场记录字迹清楚，不得涂改，各栏内容必须按要求填写；

d) 班组长要对班报记录进行不定期抽查，技术负责人要对每个作业周期的班报记录进行检查。

6.5 资料整理

6.5.1 现场资料整理

为了检查和校核外业工作的总体质量，应对所取得的数据进行初步编辑处理，并对测量数据质量做出初步评价。资料整理和处理的项目如下：

a) 根据航迹图检测原始数据是否丢失，进行完整性检查；

b) 通过数据编辑，剔除突变的错误数据和质量较差的边缘数据，以对数据质量进行初步评价；

c) 绘制测区地形草图，对各种纸质打印资料、班报记录进行整理、装订和会签；

d) 班组长对原始数据文件和已编辑文件进行百分之百检查，并进行磁盘数据备份。

6.5.2 现场资料检查

每天工作结束后，作业组应对全天的班报记录和测量数据进行检查和浏览，检查班报记录和测量记录是否完整，查看波束接收率和测量质量情况等，检查情况应记入每天的班报记录。

海上测量工作结束后，作业组应对所获得的测量资料进行全面检查，检查合格后方可进行内业数据处理。

6.6 数据处理

6.6.1 一般要求

使用系统提供的软件，对测量数据进行数据编辑和水深改正。

数据编辑和水深改正均应按格式进行班报记录，班报记录格式参见附录B中表B.3。

测量成果应统一表达为由每个波束的经度、纬度、水深组成的海底地形数字信息文件，即离散数据文件；文本文件装订整齐美观，会签齐全；数字成果以光盘形式提交，光盘标签注记清楚，并有说明文档。

6.6.2 数据编辑

对于定位数据中的跳变点、罗经数据中的航向异常变化和姿态传感器数据中的船姿跃变等进行编辑改正处理。

利用系统软件根据坡度、深度、信噪比等对深度数据进行自动滤波处理，剔除不合格数据；利用人机交互式方法剔除不符数据，深度数据编辑应遵循水深变化区间原则、地貌变化连续原则、相邻条幅对比原则和中央波束基准原则。

6.6.3 水深改正

水深改正包括：

a) 换能器吃水改正：根据实测的换能器吃水，按时间线性内插法求得其改正数；

b) 声速剖面改正：根据厂商提供的多波束系统软件进行改正。声速剖面的采样节点应满足多波束系统软件对声速剖面数据的要求；

c) 水位改正：对于水深大于200 m的海区原则上不作水位改正，对于小于200 m水深的海区必须进行水位改正。

6.6.4 水深数据生成

使用正确的系统参数，测量数据经编辑和改正后，通过系统提供的软件，形成由每个波束的经度、纬度、水深组成的海底地形数字信息文件，即离散数据文件。离散数据文件磁盘须粘贴标签，标签应标明盘号、测量单位、测量日期等。

6.7 数据成图

6.7.1 图件种类

图件种类包括：实测水深图、立体影像图和海底地形图。

6.7.2 数据网格化

数据网格化可采用距离加权法或高斯权函数法等；最小网格间距应保证每个网格内有3个采样点；最大网格间距应不大于成果图上5 mm的实际距离；

6.7.3 图件绘制

实测水深图、立体影像图和海底地形图依据海底地形离散数据进行网格化，利用计算机辅助制图方法绘制。

6.8 准确度评估

可利用定点法、重复测线法、交叉测线法和相邻测区拼接的重叠区的重合点水深数据进行比对，其方法和准确度要求按5.8.1规定。

利用主测线与联络测线重合点水深不符值，进行水深测量准确度估计，其估计指标的计算公式为：

$$M = \pm\sqrt{\frac{\sum_{i=1}^{n} d_i^2}{2n}} \quad \cdots\cdots\cdots\cdots (3)$$

式中：

M——重合点水深不符值中误差，单位为米(m)；

d_i——主测线与联络测线在重合点 i 处的深度不符值，单位为米(m)；

n——主测线与联络测线的重合点数。

7 侧扫声纳测量

7.1 技术要求

7.1.1 技术设计

7.1.1.1 资料收集

所收集的资料包括：

a) 最新测量的侧扫声纳数据和最新出版的海底地形图、海图；

b) 底质类型资料；

c) 助航标志及航行障碍物的情况；

d) 其他与测量有关的资料。

对收集的资料，应对其可靠性及准确度情况进行全面分析，并做出对资料采用与否的结论。

7.1.1.2 技术设计

技术设计的主要内容：

a) 根据任务书和4.2.2要求制定技术设计书；

b) 根据技术设计书和调查海区情况制订测量实施方案；

c) 技术设计书和测量实施方案经专家和主管部门审批，然后付诸实施。

7.1.2 测量准确度

测量过程中，船只导航定位准确度应优于10 m，拖体位置准确度应优于拖缆长度的10%。

7.1.3 测量比例尺与测线布设

根据调查任务的要求确定测量比例尺；测线布设要求见4.3.3。

在全覆盖测量时，相邻测区，不同时期、不同类型仪器、不同作业单位之间的测区结合部应布设重叠检查区，重叠检查区宽度应不小于500 m。

如遇海底障碍物，应及时采取小量程进行加密扫测，加密的程度以能反映其性质和范围为原则。

7.1.4 测量手段

导航定位应使用DGPS定位仪，所采用的DGPS定位仪的数据更新率应不低于1 Hz，定位准确度满足7.1.2的要求，DGPS基准台的平面位置准确度应符合国家GPSE级网的要求。

侧扫声纳系统选择应考虑工作水深、扫描量程和更新率等因素。近海、浅海测量应选用浅水型侧扫声纳系统，深海、远海测量则选用深水型侧扫声纳系统。其主要技术指标应达到：

a) 换能器船艏方向的波束角：不大于2°；

b) 分辨率：不低于1 m；

c) 最大单侧扫幅宽度：不小于400 m；

d) 记录方式：数字记录或模拟记录；模拟记录同时可打印剖面记录。

7.2 测前准备

7.2.1 仪器安装

记录仪安装在船只摆动较小的实验室；仪器系统的安装应有良好的接地条件，避免电信号干扰；浅海调查时，应根据调查区水深确定拖曳方式，声纳操作室应有较好的通视条件。

7.2.2 测前调试

作业前，应在测区或附近选择有代表性的海域进行调机，确保声纳信号质量，图谱记录清晰，调完后，采集和记录参数在测量时一般不再改动，遇特殊情况改动时，应及时在班报和打印记录上进行记录。

7.3 海上测量

7.3.1 测量航行

测量航行要求：

a) 测量船应尽可能保持匀速、直线航行，船速不得超过6 kn，拖鱼入水后，不得停船或倒车，避免急转弯；

b) 拖鱼离海底高度应控制在最大扫幅宽度的10%，海底起伏较大的水域，可适当调整高度；

c) 更换测线时，船只应大弧度转弯，保证船只和船尾水下拖曳设备在进测线前对准测线；

d) 作业时偏航距应不大于测线间距的25%（测线网调查方式）或条幅宽度的10%（全覆盖调查方式）；

e) 测量定位点的间距应不大于成果图上1 mm；

f) 每条测线的漏测率应不超过测线长度的5%，连续漏测应不超过图上2.5 mm；在地貌复杂海区，不得发生漏测现象。

7.3.2 测量记录

测量记录要求：

a) 监视记录图像和各项采集参数，及时发现是否有异常情况出现；

b) 监视数据采集记录系统和实时打印纸记录是否正常，发现问题及时纠正；

c) 发现海底障碍物或特殊地貌形态，应及时记录，以备解释和准确度评估使用；

d) 实时纸介质记录应保持整洁，不得有人为痕迹；使用磁记录的系统，应做好原始数据的磁介质备份；

e) 原始资料记录应包括记录纸（磁带）卷号、测线号、定位点号、时间、航速、航向、拖缆入水长度、声纳量程、频率、时间变化增益控制（TVG）和电路调谐状况等信息。

7.3.3 班报

班报记录的内容和格式参见附录B中表B.4；具体要求：

a) 海岸带调查区每隔15 min记录一次班报，陆架区调查区每隔30 min记录一次班报，深海调查区每隔1 h记录一次班报；测线开始与结束必须记录时间和测线号；

b) 遇到仪器发生故障、船只干扰、缆长变化等特殊情况必须及时采取措施，并记录班报；

c) 值班人员必须对记录质量进行自检，现场记录字迹清楚，不得涂改，各栏内容必须按要求填写；

d) 班组长要对班报记录进行不定期抽查，技术负责人要对每个作业周期的班报记录进行全面检查。

7.4 资料整理

7.4.1 现场资料整理

为了检查和校核外业工作的总体质量,应在作业现场对所取得的各项资料进行整理,并对测量数据质量做出初步评价。资料整理内容如下:

a) 有效测线完整性检查;

b) 结合航迹图和侧扫声纳条幅图,确定补测和加密;

c) 各种纸质打印资料整理、装订和会签;

d) 数据备份。

7.4.2 现场资料检查

作业组应对全天的班报记录和测量数据进行检查和浏览,检查班报记录和测量记录是否完整、数据质量是否可靠;并进行数据备份。检查情况应记入当天的班报记录。

海上测量工作结束后,作业组应对所获得的测量资料进行全面检查,检查合格后方可进行内业数据处理。

7.5 数据处理与成图

7.5.1 一般要求

使用侧扫声纳系统提供的专用处理软件或标准软件,根据调查要求,对数据进行拖体位置、航速及倾斜距离校正,以获得纵横比为1:1的海底侧扫声纳平面图像;全覆盖测量时,应根据实测航线进行声纳图像拼接和反射率的入射角校正,按任务书要求编制海底侧扫声纳镶嵌图。

7.5.2 数据处理、成图与解释

系统进行定位、水深、地形校正,将各种微地貌形态标绘在海底侧扫声纳条幅平面图上;全覆盖测量时,进行声纳图像拼接,绘制海底侧扫声纳镶嵌图。具体内容包括:

a) 导航定位数据的编辑、校准和准确度评估;绘制航迹图;

b) 根据船只位置、声纳拖体沉放深度、拖缆入水长度及方位等信息,进行声纳拖体位置归算;

c) 对船速变化造成的记录与实际地形的比例失调进行校正;

d) 绘制海底侧扫声纳条幅平面图;

e) 编制海底侧扫声纳镶嵌图;

f) 对砂堤(脊)、水下河谷、冲刷沟槽、裸露基岩等特殊地形及水下障碍物进行形态量算;

g) 对海底底质和微地貌特征等进行解释。

8 浅地层剖面测量

8.1 技术要求

8.1.1 技术设计

8.1.1.1 资料收集

所收集的资料包括:

a) 最新测量的浅地层剖面、单道地震数据和最新出版的海底地形图、海图;

b) 地层、岩性和底质类型资料;

c) 助航标志及航行障碍物的情况;

d) 其他与测量有关的资料。

对收集的资料,应对其可靠性及准确度情况进行全面分析,并做出对资料采用与否的结论。

8.1.1.2 技术设计

技术设计的主要内容:

a) 根据任务书和规范要求制定技术设计书;

b) 根据技术设计书、历史测量情况和调查海区地层分布特征制订施工设计;

c) 技术设计书和施工设计经专家和主管部门审批,然后付诸实施。

8.1.2 测量准确度

在测量过程中,调查船导航定位准确度应优于10 m;浅地层剖面仪测量时,探测分辨率一般应优于1 m,探测深度一般应不小于30 m;单道地震仪测量时,探测分辨率一般应优于3 m,探测深度一般应不小于200 m。

8.1.3 测量比例尺与测线布设

根据调查任务的要求确定测量比例尺,各调查比例尺的测线间距见表1;测线布设要求如下:

a) 采取测线方式进行测量,主测线的布设应垂直地层的总体走向,联络测线应尽量与主测线垂直;在不了解地层走向的地区,主测线的布设应垂直地形或构造总体走向;近岸作业时,主测线可垂直等深线布设。

b) 在测量过程时,遇海底地层分布变化较大的海区,应加密测线,加密的程度以能完善地反映海底地层空间变化为原则。

8.1.4 测量手段

浅地层剖面测量根据探测深度不同,可采用浅地层剖面仪或单道地震系统两种方式。

8.1.4.1 浅地层剖面仪

导航定位使用DGPS定位仪,所采用的定位仪的数据更新率应不低于1 Hz,定位准确度满足8.1.2的要求,DGPS基准台的平面位置准确度应符合国家GPSE级网的要求。浅地层剖面仪由处理单元和传感器组成。其主要技术指标应达到:

a) 探测准确度:应符合8.1.2的要求;

b) 接收带宽:100 Hz～20 kHz;

c) 声源级:10 dB～100 dB;

d) 声源频谱:250 Hz～15 kHz;

e) 记录方式:数字记录或模拟记录;模拟记录同时可打印剖面记录。

8.1.4.2 单道地震系统

导航定位使用DGPS定位仪,所采用的定位仪的数据更新率应不低于1 Hz,定位准确度满足8.1.2的要求,DGPS基准台的平面位置准确度应符合国家GPSE级网的要求。单道地震系统由震源系统和电缆接收系统组成。震源系统根据用途不同和能量的不同分为声波脉冲发生器、电火花和气枪。电缆接收系统由接收电缆和信号处理、储存部分组成。单道地震仪的主要技术指标应达到:

a) 探测准确度:应符合8.1.2的要求;

b) 电缆接收带宽:10 Hz～20 kHz;

c) 电缆接收灵敏度应优于−90 dB/V/μBa;

d) 震源声源级:50 dB～300 dB;

e) 震源频谱:40 Hz～10 kHz;

f) 组合震源的同步准确度应优于0.5 ms;

g) 具备数字记录方式,记录数据应有SEG-Y格式,同时可打印剖面记录。

8.1.4.3 浅地层剖面测量接收、记录设备

接收、记录设备应:

a) 具有在接收频段内可任意选择中心频率和带宽的滤波器;

b) 具有TVG增益调节功能;

c) 具有总增益、对比度和门限调节功能;

d) 对数字浅地层剖面仪和数字单道地震系统而言,应能实时接收导航定位数据;

e) 工作前记录器用信号发生器进行调试,使记录纸上的线条画面深浅均匀,至少有10个以上灰阶。

8.2　测前准备

8.2.1　仪器安装

舷挂式浅地层剖面仪安装于船的中后部一侧；拖曳式浅地层剖面仪拖曳于船的尾部。

单道地震的接收电缆与声源视水深分别拖曳于船尾部一侧或两侧；震源箱必须放置在干燥、温度低于60℃的环境中，远离触发放大器和记录仪；若用电极作为震源，电极电缆和检波器接收电缆必须相距1 m以上，避免相互感应。

震源箱、发射和接收换能器必须良好接地，接收记录设备应安置在船尾部实验室。

驾驶台、仪器操作室和后甲板三方的语音通信畅通。

8.2.2　测前调试

导航定位数据接入后，应进行浅地层剖面仪和单道地震系统与导航定位仪之间的时钟同步，消除两系统之间的时间迟延；GPS定位仪稳定性和准确度试验见5.3.2。

浅地层剖面仪的传感器位置以及单道地震震源和接收信号电缆的位置应与定位系统的天线位置进行归算。浅地层剖面仪在固定安装和舷挂式安装时，其位置归算准确度应优于0.05 m，在拖曳式安装时，其位置归算准确度应优于拖缆长度的10％；浅地层剖面仪拖曳式换能器，应使拖曳阵保持平稳。

地震震源试验时，电火花试验应在浓度为5％的盐水中进行，气枪充气试验应在水中进行；地震接收电缆测试时，应确保接收电缆无漏油，水听器充油管内无气泡；接收电缆和震源电缆入水后绝缘电阻不小于1 MΩ。

系统的声源(震源)、接收单元和数据处理单元与GPS定位系统及外设连接正确，各部分工作正常。

8.2.3　海上试验

通过海上试验调整仪器参数，获得一组符合调查海域和调查目标的最佳设置参数。

浅地层剖面仪的试验项目包括：实际测量深度范围内的最佳发射频率、脉宽和增益参数；单道地震系统的试验项目包括：实际测量深度范围内的最佳震源能量和接收增益、滤波、延迟以及记录长度、采样频率、通道数、同步类型、海底跟踪值。浅地层剖面仪在水深大于100 m的调查区域，应使用频率较低的声波发生传感器或增加设备的发射能量以获得最佳的测量效果。

单道地震系统在不同水深可使用不同震源系统，30 m以内的水深可使用声波脉冲发生器，30 m～300 m可使用电火花，并根据水深的不同调整震源能量和电缆接收的频率等参数以获得最佳测量效果；水深大于300 m的测量，应使用气枪，根据水深的不同调整气枪的气压和电缆接收的频率等参数以获得最佳的测量效果。施工过程中，根据实际情况调整电缆长度、沉放深度以及震源和水听器中心之间的距离，以便获得最佳采集效果。

8.3　海上测量

8.3.1　测线测量

测线测量要求：

a）根据项目技术要求和试验的结果，选择并设置设备的调查参数；

b）调查船应匀速、直线航行，船速应不大于6 kn；

c）更换测线时，船只应大弧度转弯，保证船只和船尾水下拖曳设备在进测线前对准测线；

d）作业时偏航距应不大于测线间距的25％；

e）测线未完需续测时，续测测线应在断点处进行大于2 km的重复测线；

f）测量定位点的间距应不大于成果图上1 mm。

8.3.2　测量记录

测量记录要求：

a）地层反射信号的剖面记录需连贯清晰；剖面记录纸带上必须注记测线号、航向、扫描宽度、时标、水深、测线探测起始与结束时间及特殊情况简述等；每卷记录的首尾必需写上项目名称、记录纸的卷号和作业时间；

b) 单条测线的漏测率不得超过测线长度的5%，连续漏测不得超过1 km；

c) 作业参数确定后，一般不能随意更改，由于水深和底质类型变化较大影响到剖面记录质量时，仪器操作员可对采集参数需作适当的调整，以保证记录剖面的质量和穿透的深度，同时必须在记录班报上注明；

d) 在记录面貌出现异常时，必需及时检查原因，尽快排除故障；

e) 注意数据记录是否正常，使用磁介质记录时，应在工作前格式化，在保存时应远离大磁场的干扰，确保数据的安全；

f) 测量过程中应及时进行自检、自查，发现问题及时改进，对不合格的剖面记录必须补做或重做。

8.3.3 班报

记录班报内容和格式参见附录B中表B.5、表B.6。应及时记录测线探测情况、周围环境状况及特殊情况处理过程等。

从记录剖面上发现可能为新的断裂、滑坡、塌陷、浅层气及其他特殊地质体时，必须仔细观察并认真记录。

8.4 资料整理

8.4.1 现场资料整理

为了检查和校核外业工作的总体质量和资料完整，应对所取得的数据进行回放，并做出初步评价。资料整理和处理的内容如下：

a) 根据航迹图并与设计测线进行对比，检查是否有遗漏未测的测线，进行完整性检查；

b) 通过数据回放或打印记录检查，对数据质量进行初步评价；

c) 检查记录磁带和打印资料是否完整，对各种纸质打印资料、班报记录进行整理、装订和会签；

d) 班组长对原始数据文件应进行百分之百检查，并进行数据备份。

8.4.2 现场资料检查

作业组应对全天的班报记录和测量数据进行浏览，检查班报记录和测量记录的完整性、剖面反射信号的连续性和定位数据的准确性等，检查情况应记入当天的班报记录。

海上测量工作结束后，作业组应对所获得的测量资料进行全面检查，检查合格后方可进行内业数据处理。

8.5 数据处理与解释

8.5.1 一般原则

使用浅地层剖面测量设备提供的专用处理软件或标准软件，根据调查要求，对数据进行预处理、常规处理和特殊处理。依据浅地层剖面测量资料反射界面的特征划分反射层序，绘制地层(反射层)剖面图和地层厚度图，并依据反射层内部结构特征分析活动断裂、滑坡、塌陷、浅层气、岩体等地质类型，绘制断层分布图和特殊地质体分布图。

8.5.2 浅地层剖面仪资料解释

资料解释内容包括：

a) 识别和划分松散层和基岩；

b) 识别和解释表层断层；

c) 识别和分析表层地质体类型；

d) 分析地貌特征。

8.5.3 单道地震系统资料解释

资料解释内容包括：

a) 识别干扰信号，区分背景噪声干扰和多次反射波干扰；

b) 识别反射界面，划分地震层序，利用所收集的地质资料划分地层；

c) 解释主要断层，特别应识别断至海底的活动断层；

d) 根据地震相和其他资料分析古地貌和古沉积环境；

e） 识别和分析特殊地质体。

9 海底地形图和地貌图编绘

9.1 一般规定

坐标系统、投影系统、分幅和基准纬度按4.3.5规定。

图件应标明图号、图名、比例尺、坐标系统、深度基准、高程基准、投影系统、基准纬度、深度注记、(彩色图)深度色标、经纬度注记、图例、位置略图、密级、调查单位、调查时间和资料说明等。

图件采用计算机绘制。

9.2 图式图廓

9.2.1 图式符号

图式符号采用GB 12319。

9.2.2 图号、图名及图面整饰

图号与图名按任务书规定执行，图面整饰见附录C。图面内容可根据协调、清晰和美观的原则作适当调整。

9.2.3 图廓、经纬网的绘制

内图廓线粗0.1 mm，外图廓线粗1.5 mm。内图廓线至外图廓线外沿距离为10 mm。

图廓经纬网短线绘在内外图廓之间，且与内图廓正交，线长为3 mm，线粗为0.1 mm；经纬网短线细分间隔和经纬格网绘制根据调查比例尺和任务书要求而定，以清晰、美观和科学为原则；纬度的注记在细分线上方，经度的注记在细分线右侧，四个图廓点的经纬度注记见附录C。

9.3 成图准确度要求

图廓边长与计算值的误差不超过0.1 mm；图廓对角线、经纬网各线段长度与计算值的误差不超过0.2 mm；图内各要素的绘制误差不超过0.3 mm。

9.4 海底地形图编绘

9.4.1 数据资料准备

汇总全部实测数据资料，对未测区域可使用历史数据资料，历史数据资料的选取原则为：

a） 相关的最新测量数据以及最新出版的海底地形图和海图，其资料的准确度满足所成图件比例尺的准确度的要求；

b） 在数据资料重叠的情况下，应优先使用最新测量的数据资料，并按多波束数据、单波束测深数据、纸质图件的顺序选取；

c） 纸质图件数字化时应进行图面几何变形矫正。

9.4.2 图内要素

图内要素除等深线外，还应包括海岸、岛屿、干出滩、明礁和灯塔、航标等助航标志、人工建筑物以及水下特殊地形等。

9.4.3 等深线绘制

等深线可分为计曲线、基本等深线(首曲线)、辅助等深线(间曲线)。

等深距划分见表2；必要时可以清晰、美观、科学和客观反映海底地形变化为原则，并根据调查比例尺、调查海域、水深地形变化和任务书要求适当调整等深线间距。

表2 等深线类型划分

单位为m

等深线水深	水深≤200 m	200 m＜水深≤1 000 m	水深＞1 000 m
计曲线	50	500	1 000
基本等深线	10	100	200
辅助等深线	5	10	100

水深区间采用分层设色。0 m～50 m、50 m～200 m、200 m～1 000 m、1 000 m～2 000 m、

2 000 m～3 000 m、3 000 m～4 000 m、4 000 m～5 000 m和5 000 m以上，共设八层蓝色，色调逐级增加，分层设色RGB代码见表3；必要时可以清晰、美观、科学和客观反映海底地形变化为原则，并根据调查比例尺、调查海域、水深地形变化和任务书要求适当调整分层色调。

等深线用黑线表示，基本等深线粗0.2 mm，计曲线粗0.25 mm，辅助等深线粗0.15 mm。

等深线注记应成组配置，字头方向应在270°～90°之间。在斜坡方向不易判读处和最低一条封闭等深线上应加绘示坡线。

岛屿、岸线、明礁、干出礁、灯塔等助航标志及人工建筑物，可从同比例尺或大比例尺航海图转绘。

9.4.4 特殊水深点注记

应在地形图上对特殊水深点进行注记，以反映隆起的海岭、海山的最高点和海盆、海沟、海槽的最低点的水深；水深注记的中心为水深的实测点位，水深注记单位为m。

表3 地形图分层设色的RGB代码

水深/m	设色RGB代码		
0～50	243	249	254
50～200	215	237	251
200～1 000	235	246	253
1 000～2 000	179	222	248
2 000～3 000	163	214	245
3 000～4 000	117	197	240
4 000～5 000	69	183	236
＞5 000	17	174	232

9.5 海底地貌图编绘

9.5.1 一般要求

地貌图应根据地貌类型划分的原则进行编绘，利用最新资料；地貌图应反映地貌的形态结构、物质组成、成因机制、发育演变及其空间分布规律。

9.5.2 图内要素

地貌图全面、系统反映图幅内地貌研究成果，以图示方式综合表现海区地貌结构、成因、演变特征。编图主要要素包括：等深线、地貌类型、地貌结构、地质构造、海底底质、水动力(流、潮、波)、泥沙运动、海岸变迁、地貌年龄、灾害地质类型和典型地貌剖面等。具体内容和要求如下：

a) 等深线：一般500 m以内选取20 m、50 m、100 m、200 m等深线，大于或等于500 m的等深线间距为500 m；可根据比例尺大小及图面需要适当增加或删减等深线；

b) 地貌形态成因类型：地貌图主体图示内容和基本制图单元；

c) 地貌形态与结构：地貌分类低级单元，补充表示各种规模较小、有意义的地貌或个别形态；

d) 地质构造：表示控制成图区域地貌形成、发育、分布的构造；

e) 海底底质：表示海底表层沉积物类型；

f) 水动力和泥沙运动方向：流、潮、浪以及泥沙的运动方向；

g) 海岸变迁：反映晚第四纪以来的海岸变迁；

h) 地貌年龄：用地质时代、同位素年龄或序列代号表示古海岸线、古地貌体等的年龄；

i) 地质灾害类型：滑坡与崩塌、浅断层与活动断层、埋藏古河道、沙波与沙丘、浅层气、底辟、陡坎与断裂谷、浊流和地震等；

j) 典型地貌剖面：选择1条～2条横切区域地貌总体格局、地貌类型比较齐全和充分反映区域地貌特征的地貌剖面。

9.5.3 地貌分类

9.5.3.1 地貌分类原则

地貌分类根据“以构造地貌为基础，内-外营力相结合，形态-成因相结合，分类和分级相结合”的原则，按地貌体的大地构造位置、形态特征、规模大小，从内营力到外营力的成因因素，地貌体的主从关系，依次逐级划分为四级。地貌分类系统见附录D，地貌形态成因类型参见附录E。

9.5.3.2 一、二级地貌单元

一、二级地貌单元为大地构造地貌单元。一级地貌单元包括大陆地貌、大陆边缘地貌和大洋地貌；二级地貌单元根据大地构造性质、形态特征和水深变化等进行划分，自陆向海依次划分为海岸地貌、陆架和岛架地貌、陆坡和岛坡地貌、深海盆地貌四种。

9.5.3.3 三级地貌单元

三级地貌单元在二级地貌单元基础上进一步按形态特征、主导成因因素和地质时代等因素划分，由基本地貌形态成因类型组成，是地貌编图的主体图示内容。

a) 海岸三级地貌单元：分为堆积型(海积阶地、平原、海滩、水下堆积阶地、水下堆积岸坡等)、侵蚀-堆积型(潮流沙脊群、水下侵蚀-堆积岸坡)、侵蚀型(海蚀台地或海蚀阶地、水下侵蚀岸坡)、生物(红树林滩、珊瑚礁滩、贝壳滩或贝壳堤)和人工地貌。

b) 陆架和岛架三级地貌单元：分为堆积型(平原、水下三角洲、大型水下浅滩、台地)、侵蚀-堆积型(平原、潮流沙脊群、潮流沙席、水下阶地、陆架或岛架斜坡)、侵蚀型(平原、大型侵蚀浅洼地)和构造型(台地、洼地)；同时考虑到地貌体的地质时代，早全新世以来形成的地貌体，称为“现代”，早全新世以前形成的地貌体，称为“古”或“残留”。

c) 陆坡和岛坡三级地貌单元：分为堆积型(堆积型陆坡斜坡或岛坡斜坡、大型海底扇)、构造-堆积型(深水阶地、陆坡盆地)、构造-侵蚀型(海底大峡谷)和构造型(断褶型陆坡陡坡或岛坡陡坡、海台、海山群、海丘群、海槽)。

d) 深海盆三级地貌单元：分为堆积型(深海平原、深海扇)、构造型(海沟、中央裂谷、深海洼地)和构造-火山型(洋中脊、深海海岭、海山群、海丘群、断裂槽谷山脊带)。

9.5.3.4 四级地貌单元

四级地貌单元按独立的形态划分，以形态特征为主体，是地貌分类中最低一级地貌单位，可同时在不同的高级地貌单元中出现，一般成因要素单一，规模较小。四级地貌单元类型见附录D。

9.5.4 编绘原则

9.5.4.1 地貌图的编绘和负载内容

地貌制图应遵循由表及里、从粗到细的原则，首先确定一、二级地貌单元，然后勾画三、四级地貌单元。

地貌图的负载内容因比例尺和调查海区不同而异；一般1∶10万～1∶25万比例尺重点表示四级地貌，1∶50万～1∶100万比例尺重点表示三级地貌。在地貌单元类型简单的调查海区，可根据具体情况，以清晰、美观、科学和完整反映海底地貌变化为原则，适当增加新的四级地貌单元类型。

9.5.4.2 地貌图的图示方法

地貌图采用多层结构的组合图型表示，用相互叠置的多层平面载负全面图示地貌内容。用不同的基色、色块及不同颜色的图斑、代号、符号、注记表示不同形态的地貌实体，展现各种地貌主要特征、相互关系和成因。

9.5.4.3 地貌图的图例系统

按地貌分类系统(见附录D)和图例系统(见附录F)规定，制定编图区具体地貌分类和图例。本标准未规定的地貌单元类型的设色参照DZ/T 0179—1997中规定色标选色。

9.5.5 编绘方法

9.5.5.1 表示方法

地貌图采用分级分类以及基色、色块、代号、符号、注记等相结合的多层面状组合叠加的方法表现。

9.5.5.2 二级地貌单元

二级地貌单元用基色表示,同时使用蓝色英文字母代号。由陆向海颜色由暖色调向冷色调变化。二级地貌单元的类型线用粗点划线表示,点直径为0.6 mm,线段粗0.4 mm,线段长10 mm,两线段间距为5 mm。二级地貌单元代号:海岸带为CL,大陆架和岛架为SH,大陆坡和岛坡为SL,深海盆为MS。一级地貌单元由二级地貌单元组成,二级地貌单元的填色应完全覆盖一级地貌单元。具体要求如下:

a) 陆地地貌以红、棕基色为主,从山地、丘陵、平原颜色逐渐变浅。
b) 海岸带因宽度较窄,设色视比例尺大小而定。中、小比例尺,海岸带不单独设色,平均海面以上用相邻的陆地地貌颜色,平均海面以下用相邻的大陆架地貌类型颜色。大比例尺,海岸带以浅黄绿色为基色。
c) 大陆架和岛架以浅黄绿色为基色,为区分大陆架和岛架,大陆架基色偏浅些,而岛架基色偏深些。
d) 大陆坡和岛坡以浅蓝色为基色,为区分大陆坡和岛坡,大陆坡基色偏浅,岛坡基色偏深些。
e) 深海盆以蓝色为基色。

9.5.5.3 三级地貌单元

三级地貌单元在二级地貌单元基础上,按附录表F.1要求叠加三级地貌单元色块,并加注不同的代号。三级地貌的类型线用细点划线表示,点直径为0.4 mm,线段粗0.25 mm,线段长6 mm,两线段间距为5 mm。

9.5.5.4 四级地貌单元

四级地貌单元按附录F中图F.1和图F.2要求用不同颜色的点状、线状、面状符号表示,其范围用细线圈出,线粗0.15 mm。

9.5.5.5 地貌类型的边界

各种地貌类型的边界要求作定位、定形编绘;图斑、密集符号的选留或合并,应保持其分布特点,疏密适度。具体要求如下:

a) 图面上允许保留的最小图斑面积:圆形或椭圆形为0.4 cm^2,长条形为0.6 cm^2,小于规定面积的应作特殊处理或转化为相应符号;
b) 对于规模小而密集分布的图斑,可酌情合并;
c) 对反映地貌形态和发育特点具有较为重要意义的孤立图斑,可夸大比例尺表示;
d) 各个图斑均应选择适当位置加注地貌形态成因类型代号。

9.5.5.6 典型剖面

典型剖面应具体标明剖面位置、方向、海平面、地貌形态成因类型、地质构造、底质类型(符号)、岩相、年代和比例尺等内容。水平比例尺与地貌图相同,垂直比例尺可适当放大,视地形起伏而定。

9.5.5.7 其他要素

其他地貌编图要素的表示如下:

a) 海底底质类型用绿色英文字母代号表示:基岩R,砾石G,粗砂CS,中砂MS,细砂FS,粉砂T,砂-粉砂-粘土S-T-Y,粘土Y。年代用绿色地质年代符号表示;
b) 与地貌成因密切相关的水动力(流、潮、波)和泥沙运动均以运动线符号表示,见附录F中图F.2;
c) 古海岸线以岸线符号、岸线序列和加注岸线年龄(地质年代或绝对年龄)表示,见附录F中图F.2;
d) 灾害地质类型以线段和符号表示,见附录F中图F.2。

附 录 A
（规范性附录）
水位观测与预报

A.1 一般原则

验潮站水位观测准确度应优于 5 cm，时间准确度应优于 1 min。当沿岸验潮站不能控制测区水位变化时，可利用自动验潮仪、高精度差分 GPS 测量水位或潮汐数值预报方法预报水位。

长期验潮站是测区水位控制的基础，主要用于计算平均海面，一般应有 2 年以上连续观测的水位资料。

短期验潮站用于补充长期验潮站的不足，与长期验潮站共同推算确定测区的深度基准面，一般应有 30 d 以上连续观测的水位资料。

临时验潮站在水深测量时设置，至少应与长期站或短期站在大潮期间同步观测水位 3 d，主要用于深度测量时的水位改正。

A.2 验潮站布设

验潮站布设的密度应能控制全测区的潮汐变化。相邻验潮站之间的距离应满足最大潮高差不大于 1 m、最大潮时差不大于 2 h、潮汐性质基本相同。对于潮时差和潮高差变化较大的海区，除布设长期站或短期站外，还应设立临时验潮站。

A.3 验潮站站址的选择原则

验潮站站址的选择应遵循：

a) 水尺前方应无沙滩阻隔，海水可自由流通，低潮不干出，能充分反映当地海区潮汐情况的地方；
b) 水尺应设在岸滩坡度较大的地方；
c) 水尺能牢固设立，受风浪、急流冲击和船只碰撞等影响较小的地方，如有可能尽量在固定码头壁上安装水尺；
d) 能牢固埋设工作水准点，并便于与主要水准点以及国家水准点、控制点进行联测的地方；
e) 水准标石已破坏的旧验潮站，重新设站时应尽量与旧站址重合。

A.4 验潮站水准点标志的埋设

每个验潮站须埋设工作水准点和主要水准点标志各一个。

工作水准点应设在水尺附近，以便经常检查水尺零点的变动情况；可在岩石、固定码头、混凝土面、石壁上凿标志再以油漆作记号。不具备上述条件时，亦可埋设牢固的木桩。

主要水准点应设在高潮线以上、地质比较坚固稳定、能长期保存、易于进行水准联测的地方。在验潮站附近的水准点和三角点，经检查合格，可作为主要水准点。主要水准点的选定及埋石按 GB 12898 的要求执行。

A.5 水准联测

主要水准点应与国家水准点联测，联测要求应根据路线长短按 GB 12898 有关规定执行。

工作水准点与主要水准点之间的高差，按四等水准测量要求，工作前后各测定一次。

验潮站的水尺，至少有一根水尺零点与工作水准点之间的高差是用等外水准测定的。各水尺零点之间的相互高差，可在海面平静时，用水面水准或等外水准的方法测定。水面水准法要求两根水尺同时进行读数,连续读数三次,其高差互差不得超过 3 cm,取中数使用,超限者应重测。

水位观测过程中,应经常检查工作水准点与水尺零点、便携式验潮仪零点之间的相互高差有无变化,如发现或怀疑零点有变化时(如大风浪或水尺受碰撞后)应及时进行高差联测,当零点变动超过 3 cm时,应重新确定相互间的高差关系。

A.6 水位观测

水尺观测水位的要求:

a) 设立的水尺,要求牢固、垂直于水面,高潮不淹没、低潮不干出,两根水尺的衔接部分至少有 0.3 m的重叠;

b) 水位观测,应至少 0.5 h 观测一次,整点时必须观测,读到厘米,时间记到整分;

c) 高、低平潮及其前后 1 h 和潮位变化异常时,每隔 10 min 观测一次水位;

d) 在风浪较大、海面波动不稳定时,可取波峰和波谷的平均值作为水位读数;

e) 当水尺将要干出或将被淹没时,必须立即增设新水尺,可先观测,然后用水面水准或等外水准得出水尺零点间的高差关系;特殊情况下,也可先在固定物上标出水位的痕迹,然后再转到水尺上读数;

f) 水位观测时,当水尺的瞬时水深小于(含)0.3 m 时,应更换水尺;更换水尺时,应同时读取两根水尺的读数,其差值不得大于 2 cm,并记入手簿相应栏内,原水尺读数供校核;

g) 因故漏测时,应按实际观测时间的数据记载,不得为了凑数而擅自插入水位读数;

h) 进行同步观测时,应在 1 时、7 时、13 时、19 时观测风向、风力、气压,并记载天气状况,如阴、雨、晴、雪等;

i) 验潮站所使用的 GMT 时钟,每天必须校对一次,并记在手簿的备注栏内,其时钟准确度应优于 1 min。

验潮站不同水尺的零点读数应归化到统一的水位零点。水位零点一般假定在工作水准点以下整米处,但必须低于最低潮位。验潮站的水位零点一经确定,不得改变。利用旧站进行水位观测时,也可以采用其深度基准面作为水位零点。

附 录 B
（资料性附录）
海底地形地貌测量班报表

表B.1～表B.6中给出了海底地形地貌测量中单波束测深、多波束测深、侧扫声纳测量和浅地层剖面测量的班报表格式。

表 B.1 单波束测深班报表

测区　　　　　　调查船　　　　　　　　　　　日期　　　　　　海况

时间	测线号	水深	航向	船速	纬度	经度	操作者	备 注

技术负责：　　　　班组长：　　　　　　　第　　页　　　　共　　页

表 B.2 多波束测深班报表

测区　　　　　　调查船　　　　　航次　　　　　　日期　　　　　　海况

时间	水深	波束数	幅宽	航向	船速	纬度	经度	测线号	操作者	备注

技术负责：　　　　班组长：　　　　　　　第　　页　　　　共　　页

表 B.3 多波束测深数据处理班报表

测区　　　　　　调查船　　　　　　航次　　　　　　日期　　　　　　海况

序号	文件名	编辑后文件名	测线号	编辑人	时间	检查人	备 注

技术负责：　　　　　　班组长：　　　　　　第　　页　　　　　　共　　页

表 B.4 侧扫声纳测量班报表

测区　　　　　　调查船　　　　　　航次　　　　　　日期　　　　　　海况

卷号	测线号	时间	定位点号	航向	船速	拖缆长度	拖鱼距海底距离	声纳量程	工作频率	备 注

操作者：　　　　　　技术负责：　　　　　　第　　页　　　　　　共　　页

表 B.5　浅地层剖面测量班报表

测区　　　调查船　　　航次　　　日期　　　海况　　　仪器名称　　　工作频率

测线名	纬度	经度	时间	航向	航速	激发间隔	扫描宽度	延时	备注

操作者：　　　技术负责：　　　第　页　　　共　页

表 B.6　单道地震测量班报表

项目　　　工区　　　调查船　　　海况　　　日期

卷号	测线名	定位点号	时间	航向	激发间隔	扫描宽度	滤波	延时	备注
震源：			记录系统：			接收系统：		电极类型：	

操作者：　　　技术负责：　　　第　页　　　共　页

附 录 C
（规范性附录）
海底地形图整饰格式

图 C.1 规定了海底地形图整饰的格式要求。

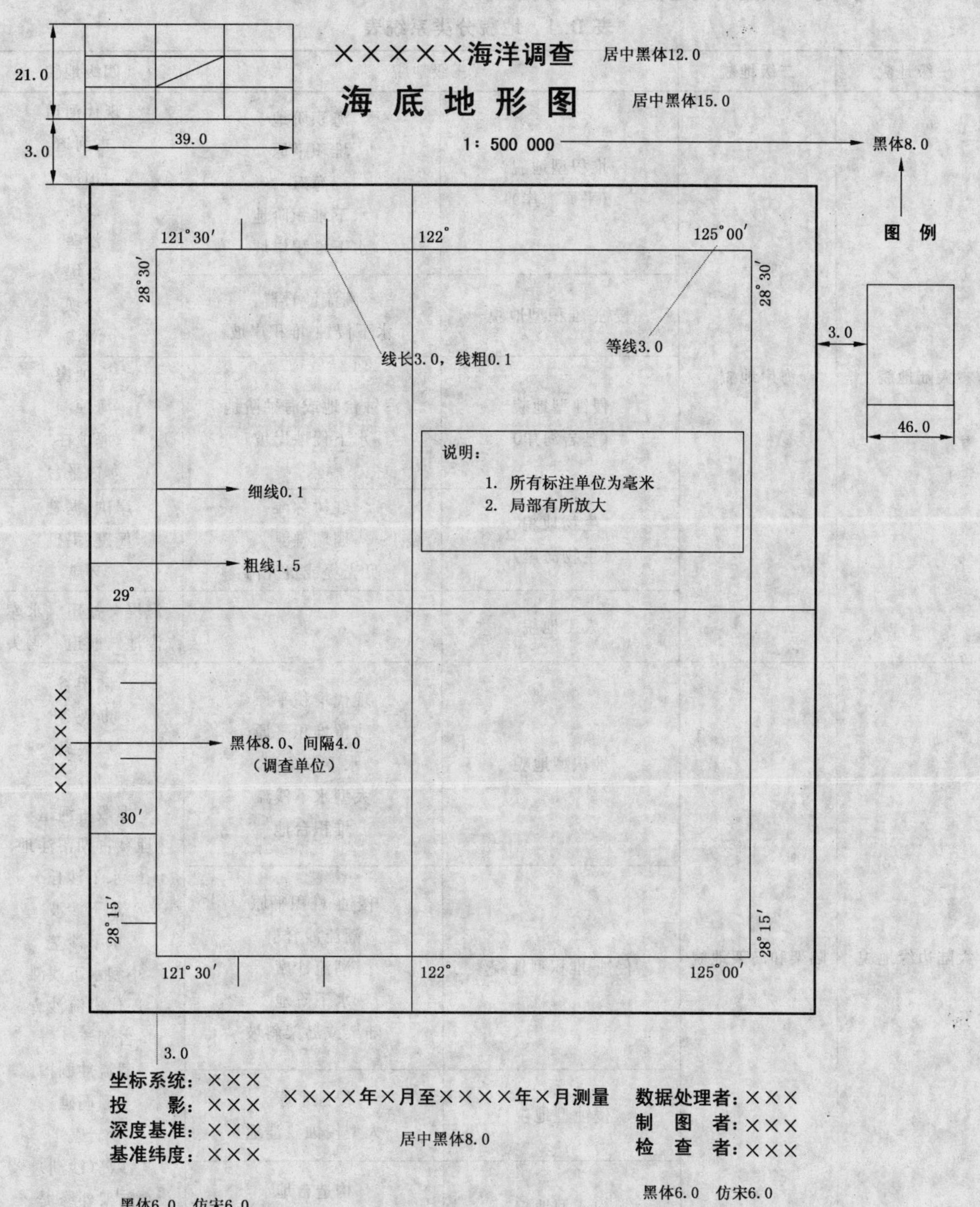

图 C.1 海底地形图整饰格式

附 录 D
（规范性附录）
地貌分类系统

表 D.1 列出了一级至四级地貌单元的分类系统。

表 D.1 地貌分类系统表

<table>
<tr><th>一级地貌</th><th>二级地貌</th><th colspan="2">三级地貌</th><th>四级地貌</th></tr>
<tr><td rowspan="5">大陆地貌</td><td rowspan="5">海岸地貌</td><td>堆积型地貌
（平原海岸）</td><td>海积阶地
堆积平原
海滩
水下堆积阶地
水下堆积岸坡</td><td rowspan="2">现代河道
古河道
沼泽
沙嘴
沙垄
沙堤
沙坝
潮沟</td></tr>
<tr><td>侵蚀-堆积型地貌</td><td>潮流沙脊群
水下侵蚀-堆积岸坡</td></tr>
<tr><td>侵蚀型地貌
（基岩海岸）</td><td>海蚀台地或海蚀阶地
水下侵蚀岸坡</td><td>海蚀崖
海蚀洞
海蚀柱
海蚀平台</td></tr>
<tr><td>生物地貌
（生物海岸）</td><td>红树林滩
珊瑚礁滩
贝壳堤或贝壳滩</td><td>岸礁（裾礁）
堡礁（堤礁）
环礁</td></tr>
<tr><td>人工地貌</td><td></td><td>海堤 盐田 水库
港池 航道 码头</td></tr>
<tr><td rowspan="4">大陆边缘地貌</td><td rowspan="4">陆架和岛架地貌</td><td>堆积型地貌</td><td>现代堆积平原
残留堆积平原
水下三角洲
大型水下浅滩
堆积台地</td><td rowspan="4">陆架谷
断裂谷
海底扇
沼泽
埋藏古河道
埋藏古湖沼洼地
水下沙丘
水下沙波
水下沙垄
小型水下浅滩
现代潮流沙脊
古潮流沙脊
潮流冲刷槽
珊瑚礁
岩礁
沙岛（沙洲）
陆架外缘堤
海釜</td></tr>
<tr><td>侵蚀-堆积型地貌</td><td>侵蚀-堆积平原
潮流沙脊群
潮流沙席
水下阶地
陆架或岛架斜坡</td></tr>
<tr><td>侵蚀型地貌</td><td>侵蚀平原
大型侵蚀浅洼地</td></tr>
<tr><td>构造型地貌</td><td>构造台地
构造洼地</td></tr>
</table>

表 D.1(续)

<table>
<tr><th>一级地貌</th><th>二级地貌</th><th colspan="2">三级地貌</th><th>四级地貌</th></tr>
<tr><td rowspan="4">大陆边缘地貌</td><td rowspan="4">陆坡和岛坡地貌</td><td>堆积型地貌</td><td>堆积型陆坡
岛坡斜坡
大型海底扇</td><td rowspan="4">崩塌谷
断裂谷
海底滑坡
浊积扇
地垒型平台
(或地垒山)
地堑式洼地
(或地堑谷)
陡坎
陡崖
海山
海丘
珊瑚礁</td></tr>
<tr><td>构造-堆积型地貌</td><td>深水阶地
陆坡盆地</td></tr>
<tr><td>构造-侵蚀型地貌</td><td>海底大峡谷</td></tr>
<tr><td>构造型地貌</td><td>断褶型陆坡
岛坡陆坡
陆坡或岛坡海台
陆坡或岛坡海山群
陆坡或岛坡海丘群
陆坡或岛坡海槽</td></tr>
<tr><td rowspan="3">大洋地貌</td><td rowspan="3">深海盆地貌</td><td>堆积型地貌</td><td>深海平原
深海扇</td><td rowspan="3">珊瑚礁
水下浅滩
浊积扇
海渊
小型隆脊
平顶山
断裂槽谷
山间谷地
山间洼地
断裂槽谷
陡崖
海山
海丘
海台
深海滩
小型洼地</td></tr>
<tr><td>构造型地貌</td><td>海沟
中央裂谷
深海洼地</td></tr>
<tr><td>构造-火山型地貌</td><td>洋中脊
深海海岭
深海海山群
深海海丘群
断裂槽谷山脊带</td></tr>
</table>

附　录　E
（资料性附录）
地貌形态成因类型

E.1　海岸带地貌

海岸带是具有一定宽度的陆地与海洋相互作用的地带，上界为现代潮、波作用所能达到的上限，下界为波浪作用的下限-波基面（即波蚀临界深度）。现代海岸带由陆地向海洋可划分为滨海陆地（潮上带）、海滩（潮间带）和水下岸坡（潮下带）三部分。海岸带受波浪、潮汐、海流、河流等方式运动的水体和生物、风力作用，形成各种海积、海蚀和生物、风成地貌，其形成过程和形态结构受着地形、地质构造、海面升降、河流、气候和生物等影响。

E.1.1　海积阶地

由于构造隆起或海平面下降，海积平原被改造成阶地。

E.1.2　海积平原

指在海岸带的砾石滩、沙滩及泥滩等扩展延伸形成的广大平坦地面。为海相沉积物组成的平原。

E.1.3　海滩

位于平均高潮线与平均低潮线之间的潮间带，地面平缓向海倾斜，由泥沙及砾石组成。根据主要组成物质，可分为泥滩、沙滩和砾滩三种。热带、亚热带还发育红树林海滩和珊瑚礁海滩。在贝壳生物较多的海岸可形成贝壳滩。

E.1.3.1　泥滩

分布于潮流作用的滨岸平原、海湾、河口湾沿岸或大河河口两侧，受河流及沿岸细粒物质大量补给和潮流作用为主的海洋动力控制，淤积作用显著，沉积物主要为细颗粒的粉砂和粘土淤泥。泥滩坡度平缓，宽度很大，一般为数公里至十几公里，沉积物由海向陆由粗变细。

E.1.3.2　沙滩

分布于以波浪作用为主的沿岸，由海岸物质横向运动堆积而成，一般分布在海湾处，外形一般比较平直，坡度比泥滩大，沉积物分选好，主要由松散细粒物质（各类砂）组成。

E.1.3.3　砾滩

主要分布于以波浪作用为主的基岩海岸，尤以海山群海岸的岬角最为明显。侵蚀作用强烈，在海岸不断后退过程中形成。砾滩狭窄，坡度陡，砾石大小不等，分选差，砾石成分与近岸基岩相同。

E.1.3.4　红树林海滩

主要分布于热带、亚热带中背风浪而正在向海伸展的低平的泥滩上，由红树林植被起主导滞留沉积作用的一种生物海岸。

E.1.3.5　珊瑚礁海滩

在热带海岸由造礁珊瑚建造起主导作用的一种生物地貌类型。依托海岸发育的珊瑚礁即岸礁（裾礁），而在大陆边缘和大洋中发育的珊瑚礁，有堡礁、环礁、台礁和溺礁等几种类型。珊瑚礁上往往有波浪与风作用形成的由珊瑚礁碎屑堆积成的沙洲或灰沙岛，由环岛沙坝及内圈的洼地组成。

E.1.3.6　贝壳滩

指海岸带淤泥质海岸平原上由软体动物贝壳（如牡蛎、蛤等为主）的碎屑和细沙、粉沙组成的海滩。

E.1.4　水下堆积阶地

分布在水下岸坡的坡脚，由中立带以下向海移动的泥沙堆积而成。在粗颗粒物质组成的陡坡海岸，水下堆积阶地比较发育。

E.1.5　水下岸坡

指海岸带的水下斜坡部分，系低潮线至波基面间向海自然延伸的斜坡。下界水深一般为 20 m～40 m。常为海湾、河口三角洲和沿岸台地所间断而呈不连续分布，斜坡上可发育海蚀阶地和海积阶地。按堆积、侵蚀作用强弱，分堆积岸坡、侵蚀-堆积岸坡和侵蚀岸坡。

E.1.5.1　水下堆积岸坡

通常分布于大河河口附近，与大河悬移质泥沙大量入海和随沿岸流扩散、堆积相关。岸坡坡度较小(0°03′～0°04′)，宽 10 km～40 km，沉积物较细，多为泥质粉砂和粘土。

E.1.5.2　水下侵蚀-堆积岸坡

属水下堆积岸坡与侵蚀岸坡之间的过渡型岸坡。沉积物除部分源于大河补给外，主要来自近岸中、小河流和沿岸侵蚀物质。

E.1.5.3　水下侵蚀岸坡

为海洋动力较强的高能侵蚀作用形成的水下岸坡。分布于浪强、入海陆源碎屑少的基岩海岸、黄土海岸、废河口三角洲海岸等下面，坡脚与波浪作用下限相符。岸坡陡(>3°)、窄，主要为砂、砾质组成。

E.1.6　海蚀平台或海蚀阶地

海蚀崖长期受携带泥沙的激浪磨蚀，不断后退，并在其前方形成一个向海微斜的近似平坦的基岩台地。其上有时覆有砂、砾等海积物，或残留有较坚硬岩石形成的海蚀柱或海蚀残丘等，低潮时部分出露海面，高潮没于海面之下。后期由于陆地上升或海平面下降，海蚀平台被抬升后即形成海蚀阶地。

E.2　大陆架和岛架地貌

大陆架是大陆边缘的浅水部分，为大陆水下的延伸部分，属于大陆型地壳。从纵向地形剖面来看，其分布范围从低潮线开始，向深海方向微微倾斜到地形明显变陡转折的地带。这种转折点连线又称坡折线。因而大陆架的实际范围是从低潮线开始到坡折线之间的地带。坡折线水深一般在 200 m～300 m之间，大陆架地形一般较平坦，平均坡度多在 0°02′～0°10′之间。大陆架地貌发育与附近陆地密切相关，受构造运动及海平面升降变化所控制，是以外力作用为主形成的地貌。内陆架为现代动力作用形成的各种堆积和侵蚀地貌，外陆架主要为晚更新世末期和全新世早期形成的残留地貌。

岛架是岛弧边缘的浅水平台，从地形剖面上看，岛架是从低潮线开始向深海方向缓缓倾斜到岛架外缘坡度变陡转折的地带(坡折线)。岛架外缘转折点较大陆架明显，宽度窄，一般在 20 km～100 km 之间，平均坡度比陆架大 2 倍～3 倍，为 0°05′～0°20′之间。岛架上一般冲蚀切割强烈，地形也比大陆架复杂。地貌类型以堆积型和构造型为主。

E.2.1　现代堆积平原

分布在内陆架，受河流和海洋水动力作用携带的大量沉积物堆积于此，形成广阔平坦的平原地貌。表层的现代沉积物变化较复杂，除岸边沉积物较粗外，绝大部分为粉砂粘土质沉积物。根据堆积的地理位置可分为河口湾堆积平原、海湾堆积平原和浅海堆积平原三类。

E.2.1.1　河口湾堆积平原

主要分布在喇叭型河口湾附近，由现代河流和潮流动力作用形成的平原，其沉积结构较为复杂，发育有泥质浅滩、潮流冲刷槽和沙脊(坝)等。

E.2.1.2　海湾堆积平原

分布在两个岬角之间的湾头处，由湾头高地径流、波浪、潮流冲刷的泥沙携带到此大量堆积而形成的海积平原。海底平坦向外海倾斜，有时在湾口发育沙坝。

E.2.1.3　浅海堆积平原

一般分布在水深 50 m 范围内的海域，以海洋水动力为主形成的海积平原。

E.2.2　残留堆积平原

分布于陆架区，晚更新世低海平面时期，河流和海洋等水动力甚至风力作用冲蚀和堆积形成的平原地貌。其特点一是沉积物粒径比内侧现代堆积平原粗，以砂性沉积物为主体，形成规模宏伟的“砂带”，具有残留沉积物的特征，若为风沙堆积物，则称之为大陆架沙漠化；二是沉积物年龄的测定及古生物组合特征分析，虽然经冰后期海平面上升，现代水动力的改造，但仍以残留的地貌形态和沉积物为主体。

E.2.3 水下三角洲

在河流入海处地势较为平坦、海洋动力作用较弱的地带，由河流携带大量的泥沙堆积而未露出水面的大型扇形堆积体及被埋藏的早期形成的三角洲。根据出露情况、形成时代可分为现代水下三角洲和水下古三角洲。

E.2.3.1 现代水下三角洲

包括现代河流三角洲和潮成三角洲两种。河成水下三角洲是最主要类型，分布于河流入海处，而且逐年向海推进，在海底地貌动态上为扇形的堆积体，可分为三角洲平原和三角洲前缘。潮成三角洲仅分布在潮流作用强烈的地方，是以涨潮流和落潮流为动力搬运堆积而成的扇形堆积体。

E.2.3.2 古水下三角洲

一般在水深数十米至陆架外缘发育，底质属残留沉积。是指晚更新世海平面下降或冰后期海平面上升导致古河口进退，由于河流作用形成的不同时期扇形堆积体。有的几个三角洲扇形体相互叠置，并经过后期海洋水动力改造，常为厚、薄不等的现代沉积层掩埋，其形态不如现代水下三角洲典型。

E.2.4 大型水下浅滩

高出周围海底数米或数十米的椭圆形或长条形中间高周边低的堆积体。组成物质较邻近地貌体的粗，一般为砂质沉积物，滩面上有沙波、小型沙丘和小型沟槽等。

E.2.5 侵蚀-堆积平原

早期形成的堆积平原经冰后期海侵或现代海流、潮流、波浪作用长期改造而形成，底质为砂泥质沉积。其上常发育古三角洲、古湖沼洼地、古河谷、水下阶地、古沙堤、陆架谷和现代冲刷槽、沙波等。

E.2.6 台地

由平坦的台面和坡度较大的斜坡组成，其形成和发展与现代堆积作用和基底断块构造相关，分堆积台地和构造台地。

E.2.6.1 堆积台地

通常分布在内陆架堆积作用强烈的现代沿岸地区，由大河及近源中、小河流入海泥沙堆积而成。沉积物以粉砂、粘土为主，顶部可形成活动的风暴沙丘和强潮流形成的脊、槽相间的次级线状地貌。

E.2.6.2 构造台地

与断裂构造密切相关，分布于长期处于构造隆升或阶状断裂发育区，台地四周为多组构造围限，由平缓台面和四周陡峻的斜坡组成。台地常覆现代沉积盖层，台面上多见裸露的基岩残丘。

E.2.7 潮流沙脊群、潮流沙席

主要分布在水深 30 m～50 m 以浅的内陆架潮流作用较强（往复流速大于 0.5 m/s～1 m/s）的海区，形成的沙脊和槽沟成条带状相间分布的群体，沙脊线状延伸好，长度一般 10 km～50 km，宽一般 2 km～5 km，高 5 m～20 m。当潮流流速降至 0.5 m/s 以下，往复流转为旋转流时，则形成平缓的潮流沙席。

E.2.8 水下阶地

陆架上呈阶梯状分布的水下平台。平台较宽阔，宽度不一，它的前、后缘陡坎转折极明显，阶地上的沉积物，表层多为现代海洋沉积物，而底层多为陆地河流冲积物（砂砾层），或是滨海相对较粗粒的碎屑沉积物，有时候还分布有珊瑚礁或冰川堆积物。表明水下阶地从前是沿岸浅海或滨海大陆的一部分，后来由于陆地下沉或海面上升才为海水淹没。

E.2.9 陆架或岛架斜坡

陆架斜坡是陆架区坡度较陡的区域，其坡度比邻近陆架的平均坡度大 2 倍～3 倍。主要分布在滨岸附近或陆架外缘海域。

岛架斜坡是岛架中地形坡度较大的地段，一般比邻近的岛架平原平均坡度大2倍～5倍，往往受海底谷切割。岛架斜坡主要分布在滨岸海区和岛架外缘海区。前者称滨岸水下斜坡，后者称为岛架外缘斜坡。

E.2.10 侵蚀平原

由海流、潮流、波浪长期强烈冲蚀而成的陆架平原。平原上发育密集的侵蚀浅洼地和谷形明显的古河道(沉溺谷)、沉溺的沿岸古沙堤或海成阶地。

E.2.11 大型侵蚀浅洼地

陆架区长期受潮流或海流侵蚀冲刷形成的宽浅的负地形，表层沉积物多为全新世早期及之前形成的残留沉积。

E.2.12 构造洼地

受持续下降的断陷盆地控制，洼地周缘轮廓清晰，边缘坡度陡，底面平坦，偶有孤丘分布，第四系沉积最厚达数百米。

E.3 陆坡和岛坡地貌

大陆坡位于大陆架与深海盆地的过渡带，即陆架外缘坡折线与陆坡坡脚线之间的陡坡地带。大陆坡属于过渡型地壳，坡度陡，地形变化复杂，其平均坡度一般是3°～6°，是其邻近陆架区平均坡度的5倍～10倍以上。大陆坡地貌主要受构造作用、火山活动及水下重力作用控制，形成各种堆积型、侵蚀型和构造-火山型地貌。

岛坡是岛弧中地形陡峭的海域，分布在岛弧两侧岛架与深海盆地或巨型海槽、巨型海沟之间，即岛架外缘地形由缓变陡的坡折线和岛坡下部地形由陡变缓的坡脚线之间的地带。岛坡属过渡型地壳，地形起伏变化大，是岛弧中地形变化最复杂的海域，宽度比大陆坡窄，但其平均坡度比大陆坡大，约为大陆坡平均坡度的两倍左右。地貌类型以构造型地貌为主，此外还发育堆积型、侵蚀型等外力地貌。

E.3.1 陆坡或岛坡斜坡

陆坡或岛坡斜坡分堆积型陆坡或岛坡斜坡和断褶型陆坡或岛坡斜坡两类，分布于陆坡或岛坡的上部和中下部。

E.3.1.1 堆积型陆坡或岛坡斜坡

一般分布在陆坡或岛坡上部，为大陆坡或岛坡上坡面起伏较小的单斜坡，坡面宽而连续性好，地形相对平缓的区域。地形坡度一般在3°～8°之间。因大量沉积物覆盖了崎岖不平的基底，致使该区地形起伏变化小，坡度也较为平缓。

E.3.1.2 断褶型陆坡或岛坡陡坡

一般分布在陆坡或岛坡的中下部，也有的分布于陆坡的上部，是陆坡或岛坡中地形较陡、以断层作用为主的单斜坡，地形坡度在8°以上，地形变化复杂，常见顺坡延伸的海底峡谷。

E.3.2 大型海底扇

陆坡或岛坡上的扇形堆积体，其形成与海底谷密切相关，往往分布在海底谷的出口处。这是由于海底谷上物质不断被冲刷，并携带到出口处大量堆积而形成的扇形堆积体。

E.3.3 深水阶地

多分布在水深2 000 m以下浅的海域，是大陆坡或岛坡上单斜面毗邻的深水平坦面，一般均呈阶梯状平行陆架外缘坡折线走向分布，可呈现为多级阶梯状，阶梯面相对平坦，坡度小于2°。

E.3.4 陆坡盆地

在较为宽阔、平缓的陆坡上发育的四周高中部低的负地形，长、宽数百公里，一般盆底较为平坦，边坡地形较陡，相对高差数十到数百米，盆地中残存众多孤山、孤丘。

E.3.5 陆坡或岛坡海台

陆坡或岛坡上有一定的平坦面，周边为斜坡的大型地貌体。台面与台坡水深变化较大，台面水深一般为数百米，台坡水深变化大，有的直落深海平原，最大高差可达 4 000 m。海台基盘多为裂离的陆壳残块，上覆不同厚度的沉积层，部分呈浅滩、暗礁、沙洲或出露海面的岛屿，热带海洋中常见珊瑚礁。

E.3.6 陆坡或岛坡海山群

陆坡或岛坡上由众多海山海丘（以高差大于 500 m 的海山为主体）组成的地形起伏变化复杂的区域。主要受构造作用控制，往往是基性或超基性岩浆沿着张性断裂喷溢而成，其分布具有明显的规律性，可分为链状海山或线状海山。

E.3.7 陆坡或岛坡海丘群

陆坡或岛坡上由波状起伏的诸多海丘组成的区域，一般多为相对高差为 50 m～200 m 的低海丘，相对高差为 200 m～500 m 的高海丘较少，有的成片状分布，有的成线状或链状分布。

E.3.8 海底大峡谷

是陆坡上大型的长条状负地形，一般长数十公里至数百公里。海底峡谷与断裂构造密切相关，一般是沿着断裂构造，并经滑塌作用触发高密度的浊流冲刷发育而成，是一种构造-侵蚀型地貌。海谷的轴线有的成直线型（短谷），有的成蛇曲型（长谷）。海谷的上部横剖面多为“V”型，宽度窄，坡度陡，高差大；海谷的下部横剖面多为“U”型，宽度大，坡度缓，高差小。

E.3.9 陆坡或岛坡海槽

陆坡或岛坡上长条状的、比海沟相对宽、浅的舟状洼地，可分为封闭型和半封闭型两种。形态特征为两侧槽壁陡峻，并有雁状张性断裂发育，槽底较平坦，横剖面为“U”型。槽底上覆较厚的新生代沉积。根据其地质构造的差异，可分为构造裂谷型海槽（西沙海槽、中沙海槽）、弧前盆地型海槽（北吕宋海槽、西吕宋海槽）、消亡海沟型海槽（南沙海槽）。

E.4 深海盆地貌

深海盆为边缘海中最低洼的部分。一般水深大，地形较为平坦，除洋中脊、海山、海丘、中央裂谷、洼地、海沟等起伏较大的地形外，大部分为平坦的深海平原。

E.4.1 深海平原

深海盆地貌中地形最平坦部分，也是海盆的主体，平均坡度为 0°05′～0°15′。新生代沉积厚数百米至数千米，表层为粉砂质粘土、生物软泥和薄层浊流沉积，平原上尚有许多海山、海丘和浅洼地。

E.4.2 深海扇（浊积扇）

分布于陆坡、岛坡的海底峡谷出口末端。面积数百至数千平方公里，坡度平缓，有时发育大型沙波。表层为粉砂质粘土，粗屑物质以放射虫和陆缘砂为主，可夹有浅海生物和植物碎屑。

E.4.3 深海海岭

为大洋盆地中呈狭长绵延的海底山脉，由一系列呈串珠状或众多密集的海山、海丘组成，其延伸长度一般为数千公里，宽约 100 km～200 km，一般高出两侧洋盆 1 000 m～3 000 m，有的可达近万米。海岭往往有一隆起的基座，在基座上发育火山，高出水面的成为岛屿。

E.4.4 深海海山群

海盆中大型海山（相对高差大于 500 m）和高海丘（相对高差为 200 m～500 m）大量分布的区域，并以海山为主体。主要受板块构造作用控制，往往是基性或超基性岩浆沿断裂喷溢而成。海山分布具有明显的规律性，可分为链状海山或线性海山。

E.4.5 深海海丘群

由海底波状起伏的诸多海丘组成，一般多为相对高差为 50 m～200 m 的低海丘，相对高差为 200 m～500 m 的高海丘相对少些，有的成片状分布，也有的成线状或链状分布，其成因与深海海山群相同。

E.4.6 深海洼地

深海平原上宽浅的低洼部分，形态各异，有的呈椭圆形，有的呈长条形，一般低于周围海底 200 m～300 m，其周围为海山、海丘环绕的山间盆地或弧后扩张的构造裂谷形成的低洼地。

E.4.7 海沟

海沟是位于岛弧一侧或两侧的狭窄深沟，长约 1 000 多公里，宽 40 km～70 km，一般水深为 5 000 m～8 000 m，最深可达 11 034 m。海沟的横剖面为"V"字形，两侧沟不对称，陆侧坡壁较陡，坡度一般大于 10°，洋侧坡壁较缓，坡度一般为 3°～8°。海沟底部的现代沉积物很薄，最大厚度不超过 1 000 m，沉积物主要为深海软泥、陆源浊流沉积等，呈楔形体展布于海沟一端或两端。海沟地貌由一系列深洼地、海山和海丘组成。

E.4.8 洋中脊

大洋中脊是地球上最长的海底山系，为热地幔物质上涌的地方，即海底扩张中心和新地壳产生的地带。大洋中脊地形比较复杂，由一系列和大洋中脊平行的纵向岭脊和谷地相间排列组成，这些岭脊和谷地被一系列横向转换断层切断成不连续的段落，在谷地和横向转换断层交汇处形成一些很深的横向凹槽。大洋中脊水深约 2 500 m～4 000 m，高于两侧洋盆约 1 500 m 左右，宽度不一，最宽可达 1 000 km～1 500 km以上。大洋中脊脊顶崎岖，两翼平缓，少数山峰出露海面形成岛屿。

E.4.9 中央裂谷

沿洋中脊轴部延伸的巨大的断裂谷，为长条形的负地形，一般较邻近洋中脊低 500 m～1 500 m，边坡地形稍陡，裂谷底不平坦，有海山、浅源地震和高热流分布。

E.4.10 断裂槽谷山脊带

由转换断层形成的一系列平行的、呈线状相间排列的槽谷和山脊组成，与大洋中脊呈切割关系。一般长数百至数千公里，宽数十至数百公里，槽脊相对高差为数百至数千米。

附 录 F
（规范性附录）
地貌图图例系统

表 F.1、图 F.1 和图 F.2 分别给出了各地貌成因类型的代号、各地貌形态与结构的图例、其他地貌图成图要素的图例及其相应的 RGB 色标编号。

表 F.1 地貌形态成因类型

地貌单元	地貌类型	代号	RGB 色标编号		
海岸地貌	海积阶地	CL_1	255	255	191
	海积平原	CL_2	255	255	191
	海滩	CL_3	255	255	191
	水下堆积阶地	CL_4	239	255	191
	水下堆积岸坡	CL_5	239	255	191
	水下侵蚀-堆积岸坡	CL_6	239	255	191
	水下侵蚀岸坡	CL_7	239	255	191
	海蚀台地或海蚀阶地	CL_8	255	255	191
陆架和岛架地貌	现代堆积平原	SH_1	239	255	191
	残留堆积平原	SH_2	239	255	191
	侵蚀-堆积平原	SH_3	239	255	223
	侵蚀平原	SH_4	239	255	223
	现代水下三角洲	SH_5	247	255	163
	古水下三角洲	SH_6	247	255	163
	大型水下浅滩	SH_7	191	255	163
	堆积台地	SH_8	229	255	229
	潮流沙脊群、潮流沙席	SH_9	239	255	191
	水下阶地	SH_{10}	163	255	207
	陆架或岛架斜坡	SH_{11}	223	255	191
	大型侵蚀浅洼地	SH_{12}	239	255	223
	构造台地	SH_{13}	229	255	229
	构造洼地	SH_{14}	239	255	223
陆坡和岛坡地貌	堆积型陆坡或岛坡斜坡	SL_1	207	255	231
	断褶型陆坡或岛坡陡坡	SL_2	191	255	223
	大型海底扇	SL_3	178	255	255
	深水阶地	SL_4	163	255	207
	陆坡或岛坡海台	SL_5	215	255	163
	陆坡或岛坡海槽	SL_6	153	255	255
	陆坡盆地	SL_7	178	255	255
	陆坡或岛坡海山群	Sm	166	229	255
	陆坡或岛坡海丘群	Sk	166	229	255

表 F.1（续）

地貌单元	地貌类型	代　号	RGB 色标编号		
深海盆地貌	深海平原	MS_1	127	255	255
	深海扇	MS_2	127	255	255
	深海海岭	MS_3	166	229	255
	深海海山群	MS_4	166	229	255
	深海海丘群	MS_5	166	229	255
	深海洼地	MS_6	127	255	255
	海沟	MS_7	102	255	255
	洋中脊	MS_8	166	204	255
	中央裂谷	MS_9	115	255	255
	断裂槽谷山脊带	MS_{10}	166	204	255

地　貌　类　型	图　　例	RGB 色标编号		
现代河道		0	255	255
古河道	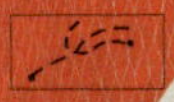	0	255	255
海积阶地	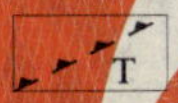	255	255	0
沼泽		0	255	0
滨岸沙堤		0	0	0
沙坝		0	0	0
连岛坝		0	0	0
沙咀		0	0	0
冲决扇		217	153	76
天然堤		0	0	0
河口边滩		0	0	0
沙丘	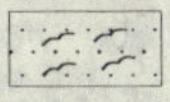	0	0	255
粉砂-淤泥滩	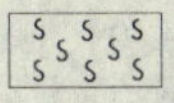	0	0	0
沙、砾滩	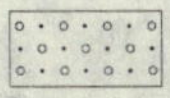	0	0	0
红树林	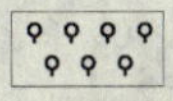	0	255	0

图 F.1　地貌形态与结构

地 貌 类 型	图 例	RGB 色标编号		
盐蒿		0	255	0
暗沙或暗滩		255	0	0
珊瑚礁		255	0	0
沉没环礁/沉没台礁	① ②	0	255	0
礁滩/塔礁	③ ④	0	255	0
贝壳滩		0	0	0
贝壳堤		0	0	0
海滩岩		0	0	255
海蚀崖、古海蚀崖		0	0	255
海蚀洞	3	0	0	255
海蚀柱	3	0	0	255
人工海堤		0	0	0
水库		0	255	255
盐田		0	255	255
养殖场		0	255	255
防护林		0	255	0
现代水下三角洲		0	0	255
古三角洲		0	0	255
海底扇(浊积扇)		0	0	255
埋藏古河道		0	0	255
埋藏古河沼洼地		0	0	255
水下阶地		0	0	255
水下沙坝		0	0	255

图 F.1(续)

地 貌 类 型	图 例	RGB 色标编号		
水下沙丘		0	0	255
水下沙波		0	0	255
潮汐通道		0	0	255
水下浅滩	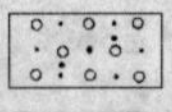	0	0	255
现代潮流沙脊		0	0	255
古潮流沙脊		0	0	255
潮流冲刷槽		0	0	255
陆架(岛架)谷	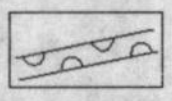	0	0	255
断裂谷	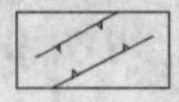	0	0	255
冲刷沟谷		0	0	255
海底峡谷		0	0	255
小型台地或隆丘	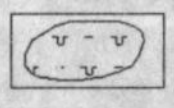	0	0	255
地垒式平台		0	0	255
陆架浅洼地		0	0	255
山间小盆地(或洼地)		0	0	255
深海平原洼地		0	0	255
海底滑坡	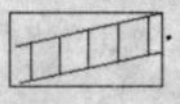	0	0	255
陡坎(或陡崖)		0	0	0
海山		0	0	0
海丘		0	0	0
构造台地		0	0	0
海底平顶山		0	0	0

图 F.1(续)

类　别	图　例	RGB 色标编号		
实测断层	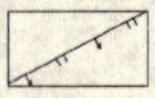	255	0	0
推测断层	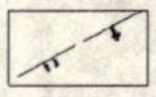	255	0	0
隐伏断层	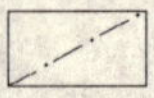	255	0	0
区域性断层	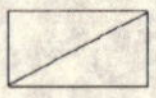	255	0	0
活动断层和浅断层	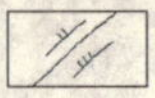	255	0	0
浅层气	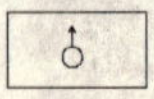	0	0	0
底辟(泥丘)		0	0	0
常风向	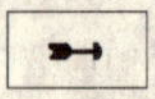	0	255	255
强风向		0	255	255
主要涨潮流		0	255	255
主要落潮流		0	255	255
常浪向	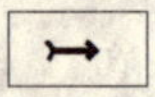	0	255	255
强浪向		0	255	255
沿岸流		0	255	255
环流、海流		0	255	255
泥沙流	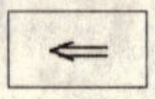	0	255	255
基岩海岸	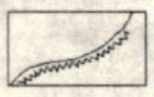	0	0	0
砂质海岸	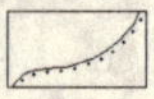	0	0	0
淤泥质海岸		0	0	0
红树林海岸	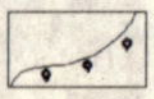	0	0	0
淤进岸		0	0	0
稳定岸		0	0	0
蚀退岸		0	0	0

图 F.2　补充图例

类　　别	图　　例	RGB 色标编号		
古海岸线		0	0	0
二级地貌界线		0	0	255
三级地貌界线		0	0	255
地貌剖面线	A　B	0	0	0
沉积物类型线		0	0	0
可供大、中港口选址的岸段		0	0	0
可供建海滨浴场和旅游度假村岸段		0	0	0
可供开发旅游风景区的岸段		0	0	0
可供大型海涂开垦和水产养殖区的		0	0	0
底质污染类型及界线	II—I　N—3	0	0	0

图 F.2（续）

ICS 07.060
A 45

中华人民共和国国家标准

GB/T 12763.11—2007

海洋调查规范
第11部分:海洋工程地质调查

Specifications for oceanographic survey—
Part 11: Marine engineering geological investigation

2007-08-13 发布　　　　2008-02-01 实施

中华人民共和国国家质量监督检验检疫总局
中国国家标准化管理委员会　发布

前　言

GB/T 12763《海洋调查规范》分为11部分：

——第1部分：总则；

——第2部分：海洋水文观测；

——第3部分：海洋气象观测；

——第4部分：海水化学要素调查；

——第5部分：海洋声、光要素调查；

——第6部分：海洋生物调查；

——第7部分：海洋调查资料交换；

——第8部分：海洋地质地球物理调查；

——第9部分：海洋生态调查指南；

——第10部分：海底地形地貌调查；

——第11部分：海洋工程地质调查。

其中第9部分、第10部分和第11部分对应于GB/T 12763—1991是新增部分。

本部分为GB/T 12763的第11部分，应与其第1部分、第8部分和第10部分配套使用。

本部分的附录A是规范性附录，附录B、附录C、附录D、附录E、附录F、附录G、附录H、附录I和附录J是资料性附录。

本部分由国家海洋局提出。

本部分由国家海洋标准计量中心归口。

本部分由国家海洋局第一海洋研究所、国家海洋局第二海洋研究所、国土资源部中国地质调查局、广州海洋地质调查局和中国地震局地球物理研究所共同起草。

本部分主要起草人：李培英、李萍、潘国富、郑志昌、尤惠川、叶银灿、石要红、曾宁烽、刘乐军、杜军、莫建、陈俊仁、王文海。

海洋调查规范
第11部分:海洋工程地质调查

1 范围

本部分规定了海洋工程地质调查的内容、方法与技术要求。

本部分适用于1:10万、1:25万和1:50万比例尺的区域海洋工程地质调查。大比例尺的海洋工程地质调查可参照使用。

2 规范性引用文件

下列文件中的条款通过GB/T 12763本部分的引用而成为本部分的条款。凡是注日期的引用文件,其随后所有的修改单(不包括勘误的内容)或修订版均不适用于本部分,然而,鼓励根据本部分达成协议的各方研究是否可使用这些文件的最新版本。凡是不注日期的引用文件,其最新版本适用于本部分。

GB 11884—1989 弹簧度盘秤

GB 12327—1998 海道测量规范

GB/T 12763.1 海洋调查规范 第1部分:总则

GB/T 12763.8 海洋调查规范 第8部分:海洋地质地球物理调查

GB/T 12763.10 海洋调查规范 第10部分:海底地形地貌调查

GB/T 15406—1994 土工仪器的基本参数及通用技术条件

GB/T 50123—1999 土工试验方法标准

SL 237—1999 土工试验规程

ASTM D5778—1995 Standard Test Method for Performing Electronic Friction Cone and Piezocone Penetration Testing of Soils

Annual Book of ASTM Standards, Section 4, Soil and Rock (I): D420-D5779, Volume 04.08, 2000

3 术语和定义

下列术语和定义适用于GB/T 12763的本部分。

3.1

海洋工程地质调查 marine engineering geological investigation

在海洋工程规划或建设之前运用地质、工程地质及有关学科的理论知识和相应的技术方法,在预选场址及其附近进行的海洋地质调查。

3.2

区域海洋工程地质调查 regional marine engineering geological investigation

大范围小比例尺(1:10万~1:50万)的海洋工程地质调查。

4 基本规定

4.1 调查的目的与任务

4.1.1 目的

海洋工程地质调查目的:

a) 为海洋开发、规划与管理和海洋工程的选址、设计与施工等提供基础资料和图件；

b) 为海洋工程地质研究积累资料。

4.1.2 任务

海洋工程地质调查任务为：查明调查区内区域工程地质条件和灾害地质要素分布，进行海底工程地质区划和工程地质条件综合评价。

4.2 调查内容

调查内容应包括：

a) 水深与地形地貌特征；

b) 地层岩性、结构、层序、厚度、分布等；

c) 岩土层的物理力学性质及其空间变化等；

d) 灾害地质要素及分布特征；

e) 地震地质构造及地震安全性评价；

f) 海底工程地质区划与工程地质条件综合评价。

4.3 基本技术要求

4.3.1 调查图幅

海洋工程地质调查应按国际图幅分幅，也可根据需要自由分幅。

4.3.2 技术定额

海洋工程地质调查的技术定额取决于调查区工程地质条件的复杂程度、研究程度和调查任务的要求，可参照表1执行。

表1 海洋工程地质调查技术定额

单位为厘米

海区[a]类型	水深测量[b]		侧扫[b]声纳	地层剖面调查	多道地震[d]	磁力[d]调查	底质取样		现场测试	工程地质钻探
	单波束[c]	多波束[d]					表层	柱状		
	线间距	线间距	线间距	线间距	线间距	线间距	点间距	点间距	点间距	点间距
简单	5	全覆盖	5	5	5	10	5×5	10×10	10×10	40×40
中等	4		4	4	4	8	4×4	8×8	8×8	30×30
复杂	3		3	3	3	3	3×3	6×6	6×6	25×25

a 复杂区：是指资料不丰富且海底地形复杂、海洋动力条件变化剧烈的海域。资料较丰富且海底地形复杂，海洋动力条件变化剧烈或海底地层复杂或构造活动发育区。
简单区：是指海底地形平缓单调，海洋动力条件变化不大的海区。
中等区：介于上述两者之间的海区。

b 水深测量和侧扫声纳如不能满足工作需要，则另计工作量，并在同步作业后调整作业。线间距与点间距均指图上距离。

c 单波束测量按 GB/T 12763.10 执行。

d 选作项目。

4.3.3 测线布设原则

调查的测线应按下列原则布设：

a) 主测线在图上 1 cm 长取一测点值计算，主测线与检测线交点数应不少于调查区总点数的5%；

b) 多波束测深调查主测线方向应平行于海底地形总体走向；其他方式调查，主测线方向应垂直于海底地形走向。检测线与主测线垂直；

c) 现场进行初步解释。若发现有特殊或灾害性的地质现象，应在其附近增加测线，进一步查明并确定其性质和分布范围。

4.4 调查阶段的划分与要求

4.4.1 海洋工程地质调查阶段的划分

海洋工程地质调查应分为四个阶段：

a) 调查设计书编写阶段；

b) 外业调查实施阶段；

c) 资料处理与测试分析阶段；

d) 调查成果编制阶段。

4.4.2 调查设计书编写

调查设计书应按如下要求编写：

a) 在编写调查设计书之前，应尽量收集调查区的区域背景资料及前人调查研究成果；

b) 外业工作开始前调查设计书应编写完毕并通过审查，未经主管部门批准不得开展外业调查；

c) 调查设计书的主要内容应包括：

 1) 前言：调查目的、任务、工作范围、工作内容、主要技术要求以及调查中应重点解决的问题等；

 2) 区域概况：气候、海洋水文、水深地形、地貌、地质和地震等；

 3) 调查内容、工作量和技术指标；

 4) 调查船只和主要调查仪器设备；

 5) 技术路线；

 6) 预期成果；

 7) 工作进度；

 8) 质量控制与管理；

 9) 健康安全与环境保护；

 10) 人员组织；

 11) 经费预算。

4.5 成果

调查成果应由以下三部分组成：

a) 原始资料汇编；

b) 成果图表；

c) 报告。

5 工程地球物理调查

5.1 导航定位

5.1.1 技术要求

工程地球物理调查导航定位的技术要求为：

a) 定位方法采用实时差分 GPS 技术；

b) 同一条作业船上，导航软件应尽可能满足地球物理调查设备同步定位，并作好位置参数改正记录；

c) 定位准确度不大于±10 m；

d) 坐标系采用 WGS-84 坐标系统，根据需要也可采用其他坐标系统；投影采用墨卡托投影，根据需要也可采用高斯-克吕格投影及 UTM 投影等；

e) 工作前要求在已知点上进行 GPS 比测试验。若采用非 WGS-84 坐标系统，应在测区附近进行至少三个已知国家等级控制点的比测试验，计算相应的坐标转换参数。

5.1.2 导航定位作业

导航定位作业应根据下列要求进行：

a) GPS船台的架设：

1) GPS接收天线应安装在调查船上净空条件好的部位，远离通信天线和雷达；

2) 计算地球物理调查设备传感器与GPS接收天线之间的相对距离，确定各传感器的真实位置。

b) GPS定位：

1) 差分GPS定位应至少能同时接收四颗GPS卫星的信号数据；

2) 用于定位的卫星仰角应大于5°，卫星几何图形强度因子(PDOP)值应小于5；

3) 差分GPS数据更新率不大于1次每秒。

c) 调查船导航定位：

1) 调查船应提前上线，延时下线，按要求匀速航行；

2) 航迹与设计测线偏距不大于测线间距的5%；

3) 值班记录应详细记录测线号、航向、起始与结束点号与时间、定位信号干扰、中断情况及处理方案等。

5.1.3 定位资料整理

定位资料整理按如下要求进行：

a) 作业资料整理与检查：

1) 值班记录中应记录每日作业情况、设备故障及作业中遇到的问题；

2) 导航定位值班记录应与地球物理调查值班记录和调查记录纸所记的测线号、点号、日期、时间一致；

3) 打印资料应注明内容，不得对其中的任何部分进行涂改或撕贴；

4) 数据电子文件应包括如下要素：线号、点号、日期、时间、经纬度、直角坐标及备注等；对数字记录磁盘/光盘进行标识，包括调查海区、单位、日期、仪器名称和型号、测线号、起止点号/炮号、记录格式等。

b) 内业资料整理和航迹图绘制：

1) 严禁修改原始数据；

2) 编制工程地球物理调查航迹图。

5.2 水深测量

5.2.1 技术要求

水深测量应按如下技术要求进行：

a) 测量准确度：水深不大于30 m时，误差小于0.3 m；水深大于30 m时，误差小于实际水深的1%；

b) 测线布设：

1) 单波束测深系统测深时，主测线应垂直等深线方向，检测线垂直于主测线，且其总长应不少于主测线总长的5%；

2) 多波束测深系统测深时，主测线应平行等深线的主方向，检测线垂直于主测线；全覆盖水深测量，保证相邻测线间不少于10%的重叠；

c) 基准面：深度基准面采用理论最低潮面，根据需要也可采用其他高程基准。

5.2.2 测量仪器

水深测量应采用单波束测深系统或多波束测深系统。根据需要同时使用单波束和多波束测深系统：

a) 单波束测深系统：工作频率10 kHz～220 kHz，应同时采用数字和模拟记录方式；

b) 多波束测深系统：多波束测深系统应具有姿态校正和声速改正等功能。

5.2.3 海上测量

海上测量应按下列要求进行：

a） 水位控制：水位控制按 GB 12327—1998 中 6.1 执行；

b） 测量实施：

1） 单波束测深系统按 GB 12327—1998 的相应要求进行。根据需要使用涌浪补偿器；

2） 多波束测深系统按 GB/T 12763.8 的相应要求进行。

c） 测量记录：

1） 填写值班记录，记录测线开始和结束时间、调查船航行情况、各项仪器参数的变化、中断情况、测量者、数据存贮文件名等；

2） 测深模拟记录上应标注项目名称、调查日期与时间、仪器型号、测线号和测线起止点号及记录人等。

5.2.4 资料整理

海上测量资料整理按如下要求进行：

a） 单波束测深系统按 GB 12327—1998 的相应要求进行；

b） 多波束测深系统按 GB/T 12763.8 的相应要求进行。

5.2.5 成果图件

海上测量成果图件应包括：

a） 编制水深地形图；

b） 根据需要编制三维地形图。

5.3 侧扫声纳调查

5.3.1 技术要求

侧扫声纳调查应按下列技术要求进行：

a） 根据调查比例尺和调查区海底地形的复杂程度选择合适的工作频率和量程；

b） 全覆盖声纳测量时，相邻两测线的扫描重叠率不少于 20%；

c） 侧扫声纳系统应具有航速校正和斜距校正等功能；

d） 模拟与数字记录同时进行；

e） 拖鱼距海底的高度控制在扫描量程的 10%～35%；测区水深较浅及在海底起伏较大的海域，拖鱼距海底的高度可适当增大；

f） 海底扫描图像清晰；

g） 漏测超过或等于 3 个定位记点、记录声图无法正确判读时，应进行补测。

5.3.2 调查实施

侧扫声纳调查应按下列要求进行：

a） 调查开始前，在作业海区附近调试设备，确定最佳工作参数；

b） 拖鱼入水后，调查船应保持稳定的航速（小于 6 kn）和航向，避免使用大舵角、停车或倒车；

c） 采用水下定位系统或传统方法进行拖鱼位置改正；

d） 模拟记录声纳图像标注，其内容包括项目名称、调查日期与时间、仪器型号、仪器参数变化情况、测线号和测线起止点号等；

e） 值班记录报表填写，其内容包括项目名称、调查海区、作业船只、记录人、海况、海面水体障碍物、突发事件、仪器名称与型号、日期、时间、测线号、点号、航速、航向、量程、工作频率、拖缆投入和入水长度、记录纸卷号和数字记录文件名等。

5.3.3 资料整理

侧扫声纳调查应按下列要求整理资料：

a） 检查值班记录、声纳模拟图像记录和数字记录是否完整、清晰；测线、点位、点号是否一致；

b） 剔除声纳图像记录上的干扰信号和噪声；

c） 结合水深、沉积物等有关资料，解释海底地貌特征，分析海底表面灾害地质要素；

d) 确定海底目标物的位置、形状和分布范围；

e) 根据需要进行声纳图像镶嵌。

5.3.4 成果图件

侧扫声纳调查应编制下列图件：

a) 综合其他有关资料编制海底地貌图；

b) 根据需要制作调查区局部的声纳图像解译图或镶嵌图。

5.4 地层剖面探测

5.4.1 技术要求

地层剖面探测应按如下技术要求进行：

a) 根据调查任务需要选择浅地层、中地层或较深地层剖面探测；

b) 浅地层剖面探测地层分辨率优于 0.3 m，中地层剖面探测地层分辨率优于 1 m，较深地层剖面探测地层分辨率优于 3 m；

c) 记录剖面图像清晰，没有强噪声干扰和图像模糊、间断等现象。

5.4.2 仪器设备

地层剖面探测的仪器设备应满足以下要求：

a) 浅地层剖面仪的声源一般采用电声或电磁脉冲，频谱为 500 Hz～15 kHz；

b) 中地层剖面仪的声源一般采用电磁脉冲或小型电火花，频谱为 200 Hz～5 kHz；

c) 较深地层剖面仪的声源一般采用电火花、气枪、水枪或枪阵组合，频谱为 60 Hz～2 kHz；

d) 发射机具有足够发射功率，接收机具有足够的频带宽和 TVG 增益调节功能，能同时进行模拟记录剖面输出和数字采集处理与存贮。

5.4.3 调查实施

地层剖面探测应按如下要求实施：

a) 调查开始前，在作业海区附近调试设备，确定最佳工作参数；

b) 拖曳式声源和水听器阵应拖曳于船尾涡流区外且平行列置；水听器阵稳定拖浮在海面以下 0.1 m～0.5 m；

c) 调查船航行要求按本部分 5.3.2 执行；

d) 水深变化较大时，应及时调整记录仪的量程及延迟；

e) 在风浪情况下，需用涌浪滤波器进行滤波；

f) 保证测线剖面记录的完整性，漏测 2 个定位记点、记录图谱无法正确判读时，应进行补测；

g) 模拟记录图像标注，其内容包括项目名称、调查日期与时间、仪器型号、仪器参数变化情况、测线号、测线起止点号和测量者等；

h) 值班记录报表填写，其内容包括项目名称、调查海区、测量者、仪器名称与型号、日期、时间、测线号、点号、航速、航向、量程、声源功率、接收增益、工作频率、拖缆入水长度、记录纸卷号和数字记录文件名等。

5.4.4 资料整理

地层剖面探测应按如下要求进行资料整理：

a) 检查值班记录、地层剖面模拟图像记录和数字记录是否完整、清晰；测线、点位、点号是否一致；

b) 识别地层剖面图像记录上的干扰信号；

c) 根据剖面图像的反射结构、振幅、频率和同相轴连续性等特征，结合地质钻孔资料等，划分声学地层层序，解释海底沉积物结构、地层构造，并推测其沉积物类型、沉积环境及其工程地质特性等；分析地层中的灾害地质要素，确定其性质、大小、形态、走向及分布范围；

d) 依据钻孔层位对比、声速测井或其他测量方法获取的实际地层声速资料进行时间-深度转换；没有实际地层声速资料时，可根据不同地层的深度采用 1 500 m/s～1 700 m/s 的假设声速进行时间-深度转换，并在图上注明。

5.4.5 成果图件

地层剖面探测的图件应按如下要求编制：

a) 编制地层剖面解译图，其水平与垂直比例应合理，且纵横比例不应小于1∶25；图面内容包括地形剖面线、地层界面、岩性、灾害地质要素、主要地物标志、取样站位、钻孔位置及其柱状图和测试结果等；

b) 编制主要层位的地层等厚度图和地层界面埋深图。

5.5 多道数字地震调查

5.5.1 技术要求

多道数字地震调查应满足如下技术要求：

a) 道数不小于24道，道间距不大于25 m，数据采样率不大于1 ms；

b) 不正常工作道数低于4%或低于4道，测线空废炮率低于5%；

c) 监视记录的计时线应清晰，道迹均匀，气枪同步信号和激发信号(TB)的断点清楚；每条测线的首、尾炮及每隔40炮应显示一套纸质监测记录；

d) 测线布设尽量与其他地球物理测线一致，尽可能通过已有钻孔位置。

5.5.2 仪器设备

多道数字地震调查的仪器设备应达到如下技术性能：

a) 主机：

1) 前放一致性：幅度差±2%；相位差±1 ms；

2) 噪音：前放增益为2^8时，噪音不大于0.13 μV；前放增益为2^6时，噪音不大于0.19 μV；前放增益为2^4时，噪音不大于0.66 μV；

3) 漂移：任何道的漂移0±1 μV；

4) 串音：主放增益为1FP时，串音不大于−78 dB；主放增益为2FP时，串音不大于−78 dB；

5) 畸变：畸变不大于0.06%；

6) 陷波：任何道的衰减大于40 dB；

7) A/D转换器纯正性：线性误差不大于0.02%；

8) 动态范围：动态范围大于78 dB；

9) 脉冲响应：振幅差−2%～2%；相位差在2 ms以内；

b) 震源：

1) 采用小容量、小排量的气枪、水枪等；

2) 枪工作压力不低于额定压力的95%或12 410.6 kPa；

3) 枪控制器的准确度±0.1 ms；

4) 震源子波的频带应保持足够的宽度，特别要注意低频丰满度；

5) 组合气枪点火同步误差应控制在0.3 ms以内，最大不超过0.5 ms，超过0.3 ms的数量不应大于总数的20%；

c) 接收电缆：电缆定深器可控范围3 m～30 m；根据需要配置带RGPS的尾标。

5.5.3 调查实施

多道数字地震调查应按下列要求进行：

a) 采用水平迭加(共深度点)方法，其覆盖迭加次数与排列长度据实际需要而定；

b) 调查开始前，在作业海区附近调试设备，确定最佳工作参数；

c) 震源和电缆入水后，调查船保持稳定航速(一般不超过5.5 kn)和航向。提前上线距离大于后拖电缆长度(包括尾标)的1.5倍，以保证在正式放炮前把电缆拖直。每条测线的首炮、尾炮和每盘记录磁带的末炮及每40炮，均在作业班报上标记一次水深数值；

d) 电缆的羽角应记录在现场作业班报上，至少每 40 炮记录一次，羽角不超过左右 7°；

e) 回放和检查监视记录；

f) 填写作业班报，记录清楚，一式三份。记录磁带贴上标签，标注项目名称、调查海区、调查船名、日期、测线号、盘号、起始和结束的炮号、坏炮数等。

5.5.4 资料整理

多道数字地震调查应按下列要求整理资料：

a) 检查仪器调试资料和原始记录资料是否齐全，标识是否清晰、详实；

b) 地震资料处理包括：野外带解编、单炮与单道显示、坏炮与坏道编辑、叠前去噪、观测系统定义、滤波与振幅补偿、震源子波反褶积、静校正、多次波衰减和速度分析、动校正和迭加、迭后时间偏移、时变滤波、动平衡、成果剖面和成果记录带等；

c) 地震资料解释：根据地震剖面的反射结构、振幅、频率和同相轴连续性等特征，结合地质钻孔资料等，划分地震层序，解释海底沉积物结构、地层构造，并推测其沉积物类型、沉积环境及其工程地质特性等；分析地层中的灾害地质要素，确定其性质、大小、形态、走向及分布范围；

d) 根据速度分析，提取均方根速度或平均声速、层速度，用于时间-深度的转换。

5.5.5 成果图件

成果图件应编制地震剖面解译图、主要层位的地层等厚度图、地层顶界面埋深图和分层构造图（等 t_0 图或等深度图）等，其要求按 5.4.5 执行。

5.6 磁法调查

5.6.1 技术要求

按 GB/T 12763.8 中相关规定执行。

5.6.2 调查实施

按 GB/T 12763.8 中相关规定执行。

5.6.3 资料整理

磁法调查应按如下要求进行资料整理：

a) 检查值班记录、模拟记录纸卷、数字记录、地磁日变观测记录等是否完整、清晰，测线、测点号是否一致；

b) 对模拟记录纸卷、数字记录和地磁日变观测记录等进行标识，其内容主要包括项目名称、调查海区、日期、仪器名称与型号、测线号、船向和航速、测线起止点号和时间等；

c) 地磁异常计算：

地磁异常按下式计算：

$$\Delta T = T - T_0 - T_d - T_s \qquad \cdots\cdots(1)$$

式中：

ΔT——地磁异常值，单位为纳特斯拉(nT)；

T——地磁场总磁场测量值，单位为纳特斯拉(nT)；

T_0——地磁正常场值，单位为纳特斯拉(nT)；

T_d——地磁日变偏差值，单位为纳特斯拉(nT)；

T_s——船磁影响偏差值，单位为纳特斯拉(nT)。

地磁正常场计算采用国际高空物理与地磁协会(IAGA)五年一度公布的国际地磁参考场(IGRF)。

d) 磁异常解释：进行磁异常的地质解释，识别海底磁性地质体或物体，并确定其位置和范围等。

5.6.4 成果图件

磁法调查的成果图件应包括：

a) 磁异常(ΔT)平面剖面图；

b) 磁异常(ΔT)等值线图。

6 海底土的物理力学性质调查

6.1 工程地质取样

6.1.1 技术要求

工程地质取样应按如下技术要求进行：

a) 取样站位按网格布设，其间距见表1；

b) 取样设备及样品质量等级见表2和附录A；

表2 取样设备及样品质量等级

取样器		样品质量等级(土的扰动程度)
表层取样器	蚌式取样器	Ⅳ(完全扰动土)
	箱式取样器	Ⅰ(不扰动土)Ⅱ(轻微扰动土)
柱状取样器	重力取样器	Ⅰ(不扰动土)Ⅱ(轻微扰动土)
	振动取样器	Ⅱ(轻微扰动土)Ⅲ(显著扰动土)

注：不扰动土系指原位应力状态业已改变，但土的结构、密度、含水率基本没变，能满足岩土工程的室内试验的各项要求。

轻微扰动土系指所取的原状样土的结构等已有轻微变化，但基本能满足岩土工程的室内试验的各项要求。

显著扰动土系指所取的原状样土的结构等，已有明显变化，除个别项目外已不能满足岩土工程的室内试验要求。

完全扰动土系指所取土样已完全改变原有土的结构和密度，只可做对土的结构、密度等没有要求的岩土试验。

c) 取样时应两次定位，调查船到站和取样器到达海底时各测定一次；

d) 一次取样样品重量达不到要求时，应重复取样，最多三次；样品重量达不到要求的则视为空站，空站率不大于5%；

e) 先测水深，再进行取样；现场测试和编录，填写取样记录表(参见附录B)；按规定数量采集样品，按照6.1.4规定程序进行处理。

6.1.2 表层取样

表层取样应按如下要求进行：

a) 取样方法：粘性土表层取样应主要采用箱式取样器，其次为蚌式取样器；底质为基岩或碎石的区域宜采用拖网取样。

b) 取样要求：

1) 样品重量不小于1 000 g；

2) 箱式取样深度不小于30 cm，达不到30 cm的作为扰动样；

3) 箱式取样器到达甲板后，在箱体内插管取原状样。

6.1.3 柱状取样

柱状取样应按下列要求进行：

a) 取样方法：柱状取样以重力取样为主，振动取样辅之。

b) 取样要求：

1) 柱状样长度：软(粘)底质不小于3 m，中等底质1 m～3 m，硬(砂)底质不小于0.5 m；

2) 硬(砂)底质区采用振动取样方法，样品长度不小于2 m；

3) 样品直径不小于72 mm；

4） 取样管内应放塑料衬管。

6.1.4 现场编录和样品处理

工程地质取样的现场编录和样品处理按如下要求进行：

a） 一般要求：

1） 样品取出后立即进行现场编录；

2） 现场编录采用表格，一律用 2H/H 铅笔填写；

3） 对样品进行照相等。

b） 现场编录内容参见附录 B、附录 C，应包括如下各项内容：

1） 颜色和气味；

2） 状态和粘性；

3） 物质组成；

4） 结构构造；

5） 土类名称。

c） 样品处理：

1） 扰动样装入样品袋，再套 2 层～3 层塑料袋密封，塑料袋之间放样品标签；

2） 柱状样品，按 30 cm～50 cm 间距截取；样品两端加盖密封盖，然后用胶带缠裹并蜡封；自上而下编号和标记，按上下直立状态（原始）装入专用样品箱，严禁倒放或平放；

3） 箱式插管原状样的处理与柱状样相同；

4） 样品应妥善装箱，样品与样品之间和样品与箱壁之间充填缓冲材料（如塑料泡沫）；箱面标注“此面向上”、“防碰”等醒目字样；样品箱置于安全地点；运输途中严格避免震动；

5） 样品标注内容：项目名称、作业海区、取样站位、样品编号、取样时间、取样深度及上、下端等。

6.2 工程地质钻探

6.2.1 孔位布置原则

工程地质钻探应按如下原则进行：

a） 根据地质资料、物探资料确定钻探孔位。选择在地层出露较全且水深相对较浅的地段，并尽量布设在声学地层剖面线上；

b） 相邻图幅的工程地质钻孔应尽量连成大剖面，并且垂直于调查区的构造线；

c） 在地质现象复杂区适当增设钻孔。

6.2.2 钻探基本要求

工程地质钻探应符合如下基本要求：

a） 实际钻探孔位与设计孔位距离图面上小于 0.5 mm；

b） 开钻前及终孔后均进行水深测量，并做潮位改正；钻进过程中每回次量测水深，以核定孔深；

c） 同一孔位钻两个孔时，一个孔用于原位测试，另一个孔用于全取芯，两孔间距不大于 10 m；

d） 孔深：钻探孔深要求钻至目标层或基岩面下 2.0 m；

e） 取芯方法：淤泥采用压入式法取芯，粘性土采用液压或干钻卡法取芯；砂性土采用锤击法取芯或根据需要采用回转法取芯；风化破碎带与卵石层采用冲击回转法取芯；基岩可采用卡料卡法取芯，对于易破碎岩石采用卡簧取芯。

开孔前，先用液压法（粘性土）或锤击法（砂土）取芯，再下隔水套管。回次进尺不超过岩芯管长度的三分之二，以保证岩芯的完整性；深孔开口直径不小于 108 mm，基岩处应不小于 72 mm；

f） 钻孔要求全取芯，岩芯直径不小于 72 mm；

g） 岩芯采取率：粘性土不低于 80%，砂性土不低于 60%，风化破碎带不低于 50%，基岩不低于 70%；

h) 深斜校正：进尺 30 m 及终孔时应进行孔深校正；孔深误差小于 0.3%，孔斜小于 1°。

6.2.3 钻探班报和钻孔编录

钻探班报和钻孔编录应按下列要求进行：

a) 班报内容：施工日期、船名、海况、水深、孔位、开孔与终孔时间、回次起止时间、回次进尺、工作内容、土层名称、施工情况及钻进异常等，参见附录 F。

b) 编录内容：土层名称、岩性、照相、取样深度、标贯位置、取样记录和现场测试记录等，参见附录 G。

c) 岩芯处理：从岩芯管内取出样品后，首先用保鲜纸或锡箔纸包好，然后再放至金属取样盒（铝质或合金等）或硬塑料管封装，最后再用电工胶布缠绕并封蜡；样品应标示清楚编号、取样深度、上下关系等，并垂直放入样品箱中，再将样品箱放置船舱，以减轻震动，低温保存。

6.2.4 钻孔成果资料与完井报告

钻孔成果资料与完井报告应符合下列要求：

a) 完井资料：
   1) 钻孔完井报告；
   2) 钻孔工程地质综合柱状图；
   3) 钻探班报；
   4) 钻孔编录表；
   5) 现场测试图表。

b) 完井报告主要内容：
   1) 钻探目的与任务；
   2) 施工时间、钻孔坐标、标高和水深等；
   3) 钻进方法和钻探工艺；
   4) 钻进中的异常情况；
   5) 钻孔质量验收情况。

6.3 工程地质试验

6.3.1 现场测试

应按如下技术要求进行现场测试：

a) 技术要求

   现场测试应按以下技术要求进行：
   1) 样品取上后，首先进行肉眼鉴定和描述，然后在截取的岩芯样段的顶/底部或箱式原状样中间部位，进行微型十字板剪切和微型贯入等试验；
   2) 现场进行样品的含水率(w)、密度(ρ)试验，方法和程序按 GB/T 50123—1999 中的 4 和 5.1 执行；
   3) 测试应避开试样中的硬质包含物和裂隙部位；
   4) 根据土质的软硬程度，选取不同类型的测头和不同测力范围的仪器。

b) 微型贯入试验

   微型贯入试验应按下列要求进行：
   1) 微型贯入仪弹簧的加工精度应符合 GB 11884—1989 一级精度标准的规定；
   2) 贯入时应避开试样中的硬质包含物和裂隙部位；
   3) 贯入点与试样边缘之间的距离和平行试验贯入点之间的距离应不小于 3 倍测头直径；
   4) 测头应匀速地压入土中至测头上刻划线与土面接触为止。压入时测杆与土样应垂直；
   5) 平行试验不小于 3 次，剔除偏差较大的值后，取其平均值，作为测试结果。测试数据记录于附录 B 和附录 C 中。

c) 微型十字板剪切试验

该试验适用于均质饱和软粘土,试验操作应按下列要求进行:

1) 测试前检查仪器是否正常;

2) 用切土刀修平被测土样表面;将剪力板垂直插入被测土样至剪力板翼片的高度;

3) 将指针拨至零点,以1圈每分的速度匀速旋转剪力仪的扭筒,直至样品被剪断,试验结束;若样品剪切强度超过仪器量程,试验结束;

4) 读出样品的试验读数,记录于附录B或附录C中,同时记录仪器型号和剪切板规格。

6.3.2 原位测试

根据底质特征、各种测试方法的使用条件、准确度和难易程度选择适宜的原位测试方法。

a) 标准贯入试验(SPT)

标准贯入试验应按下列要求进行:

1) 除坚硬土层外,测试前应先击入15 cm,不记击数;

2) 试验前清孔时,应避免对土层的扰动。下放贯入器时不得冲击孔底,孔底的废土高度不得超过5 cm。试验时探杆应拧紧,保持垂直,避免晃动;

3) 对不均质土层,应增加试验点密度;

4) 对于坚硬密实的土层和风化岩,标准贯入试验击数宜以50击为限,并记录其实际的贯入深度,参见附录H;

5) 标准贯入试验击数 N 值应按其测试深度标注于钻孔柱状图或地质剖面图上。绘制标准贯入试验击数 N 与深度关系曲线;

6) 根据标准贯入试验击数,结合相关区域资料确定砂土的密实度、内摩擦角和粘性土的无侧限抗压强度,进行地基承载力和土层液化可能性等评价。

b) 静力触探试验(CPT)

静力触探试验应按下列规定进行:

1) 一般规定:

——钻孔式CPT,调查船上应装有波浪补偿器或者类似设备;座底式CPT电缆应具有足够长度;

——触探探头应定期标定,每次试验前也应进行标定,要求标定次数不少于三次。对可测量孔隙水压力的探头,试验前应用硅油或甘油饱和,饱和度不小于95%;

——传感器参数可参照表3。

表3 传感器参数规定

传感器准确度	灵敏度	非线性误差	重复性误差	滞后性误差	取零误差	温度漂移	绝缘度	
							新探头	旧探头
≤1%	≤1%	≤1%	≤1%	≤1%	≤1%	<0.000 5℃	≤500 M	≤200 M

2) 测试方法:

——开始测试时,探头短程贯入,待探头的温度与地温一致后,记录其初始读数。测试结束时,同样标定一次。二次标定数据差值应不大于1%,否则,废弃试验结果,并要求重新调换或维修探头后再测;再次贯入时,在贯入一定深度后,再记录初始读数;

——贯入速率应恒定为2 cm/s,推力应为垂直方向;

——每次触探连续进行,获得连续完整的锥端阻力、侧壁摩擦力或孔隙水压力等参数的深度变化曲线。保存测试结果,填写测试记录表,参见附录H;

——仪器的标定、调试和测试步骤等按照ASTM D5778—1995执行。

3） 资料处理：

——原始记录曲线的修正，其内容包括初读数校正、曲线形状校正和深度校正等；

——测试完工后需提交测试报告、测试曲线和图表、现场测试记录表和探头标定结果图表等（含电子文本）；

——标准 CPT 的土层简单分类见图 1。

4） 测试报告内容：

——目的与任务；

——坐标、标高、水深；

——作业时间；

——仪器型号和探头（编号）；

——测试结果曲线；

——试验中的异常情况；

——根据锥端阻力和摩阻比等，进行工程地质分层；

——测试质量验收。

c） 原位十字板测试

原位十字板测试应按以下要求进行：

1） 十字板的规格：

——十字板头叶片的两端可以是 90°，可以是带锥度；

——十字板的规格按表 4 确定。

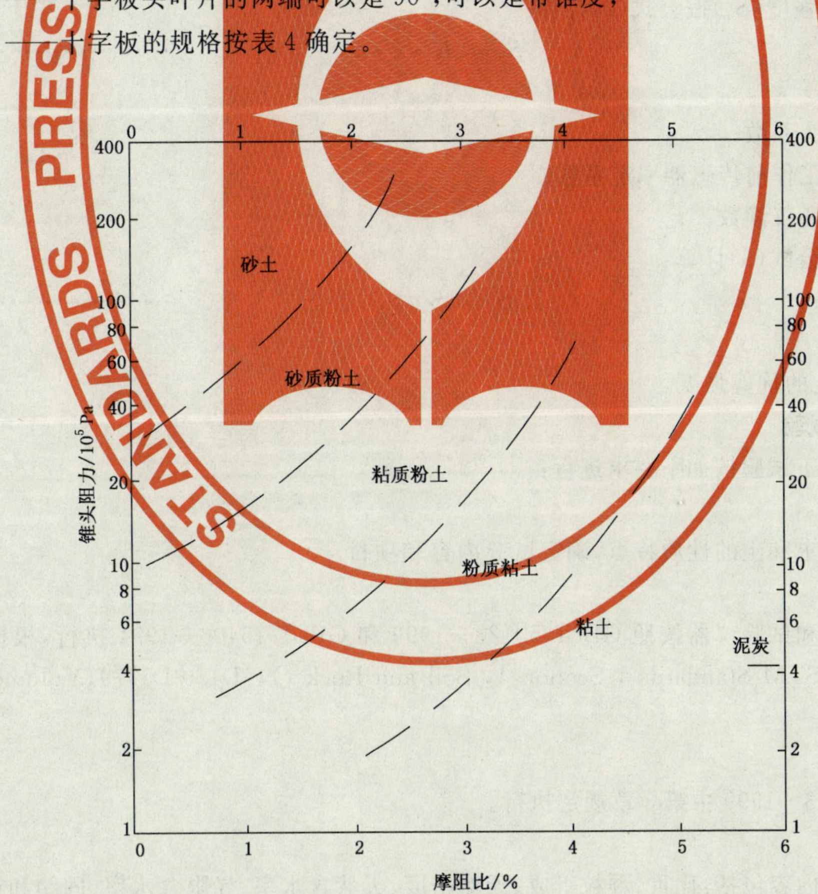

图 1 标准 CPT 的土层简单分类图

表 4 野外十字板尺寸

单位为毫米

钻孔外径尺寸	直径	高度	叶片厚度	十字板钻杆直径
57.2	38.1	76.2	1.6	12.7
73.0	50.8	101.6	1.6	12.7
88.9	63.5	127.0	3.2	12.7
101.6	92.1	184.1	3.2	12.7

2） 十字板的实施：

——在取芯钻孔中作原位十字板测试。凡厚度大于 1 m 的粘土层中均作十字板测试。厚层粘土每隔 2 m 作一次测试；

——每次测试，十字板头贯入粘土的深度至少是十字板头直径的 5 倍；

——十字板就位后施加的角速度小于 0.6 rad/s。通常土体破坏的时间 2 min～5 min，较硬土中很少变形就达到破坏，要降低角速度，以便应力应变参数能较好地测定；

——十字板转动过程中，应保持恒定的标高，记录最大的转矩；

——测定最大力矩后，十字板快速转动 10 转以上，待重塑过程后一分钟开始测定重塑强度；

——在粉砂、砂或者砂砾与贝壳层中，不做原位十字板测试。

3） 十字板的资料应用：

抗剪强度(S_u)按公式(2)计算：

$$S_u = K \cdot \xi \cdot \varepsilon \qquad (2)$$

式中：

K——十字板头系数；

ξ——十字板工作前传感器率定系数；

ε——电阻应变仪读数。

灵敏度(S_t)按公式(3)计算：

$$S_t = S_u / S_u' \qquad (3)$$

式中：

S_u'——重塑土的抗剪强度。

6.3.3 室内土工试验

土样的室内土工试验按如下要求进行：

a） 试验内容

应根据项目要求和土的性质特点，确定试验内容和项目。

b） 试验方法

试验操作步骤和试验仪器按照 GB/T 50123—1999 和 GB/T 15406—1994 执行，根据需要可按照 Annual Book of ASTM Standards , Section 4, Soil and Rock (I)：D420-D5779，Volume 04.08，2000 执行。

c） 试样制备

按 GB/T 50123—1999 中第 3 章规定执行。

d） 常规试验

1） 试验内容包括：比重、颗粒组成、天然密度、天然含水率、界限含水率、固结和抗剪强度等；

2） 颗粒分析试验首先对溶液进行洗盐处理，当大于 0.075 mm 的颗粒超过试样总质量的 10%时，应先进行筛析法试验，然后经过洗筛，过 0.075 mm 筛，再用密度计法或移液管法进行试验分析；

3） 界限含水率可采用液塑限联合测定法、76 g 圆锥仪法、碟式液限法和滚搓法；

4） 固结试验的稳定时间以 24 h 为准，为缩短固结试验周期，可采用 1 h 逐级加荷的快速试验法；

5） 抗剪强度试验可采用直接剪切试验或三轴压缩试验方法；三轴压缩试验应制备 3 个以上性质相同的试样；根据土质情况选择合适的围压组合进行试验。

e） 动力学试验

应根据工作需要选择相应的动力学试验内容，试验方法按 SL 237—1999 执行。

f） 土的工程分类

1） 适用范围

本部分适用于近海工程非钙质海底土的分类；

2） 一般规定

就下列特征作为分类依据：

——土颗粒组成特征；

——土的塑性指标：液限（w_L）、塑限（w_P）和塑性指数（I_P）；

——土中有机质含量。

3） 土的分类和定名

土的分类和定名按如下要求进行：

——土按有机质含量可划分为无机土、有机质土、泥炭质土、泥炭。有机质含量小于 5% 的土称为无机土；有机质含量大于 5% 小于 10% 的土称为有机质土；有机质含量大于 10% 小于 60% 的土称为泥炭质土，有机质含量大于 60% 的土称为泥炭；

——土按颗粒级配或塑性指标可划分为碎石土、砂土、粉土和粘性土。碎石土定名标准见表 5，砂土、粉土、粘性土定名标准见表 6。

表 5 碎石土分类

土的名称	颗粒形状	颗粒级配
漂石	圆形及亚圆形为主	粒径大于 200 mm 的颗粒超过总质量 50%
块石	棱角形为主	
卵石	圆形及亚圆形为主	粒径大于 20 mm 的颗粒超过总质量 50%
碎石	棱角形为主	
圆砾	圆形及亚圆形为主	粒径大于 2 mm 的颗粒超过总质量 50%
角砾	棱角形为主	

表 6 砂土、粉土和粘性土的分类

土的名称		颗粒组成		塑性指数 I_P/%	天然含水率 w/%	孔隙比/e
		粒径/mm	含量/%			
砂土	砾砂	＞2	25～50			
	粗砂	＞0.5	＞50			
	中砂	＞0.25	＞50			
	细砂	＞0.075	＞85			
	粉砂	＞0.075	＞50			

表 6（续）

土的名称		颗粒组成		塑性指数 I_P/%	天然含水率 w/%	孔隙比/e
		粒径/mm	含量/%			
粉土	砂质粉土	＞0.075 ＜0.005	＜50 ＜10	$3<I_P\leqslant 7$		
	粘质粉土	＞0.075 ＜0.005	＜50 ＞10	$7<I_P\leqslant 10$		
粘性土	粉质粘土			$10<I_P\leqslant 17$		
	粘土			＞17		
	淤泥质粘土			＞10	＞液限 w_L	$1.0\leqslant e<1.5$
	淤泥			＞10	＞液限 w_L	≥1.5

注 1：定名时根据颗粒级配由大到小以最先符合者确定。

注 2：当砂土中小于 0.005 mm 的土的塑性指数大于 10 时，应冠以含粘性土定语，如含粘性土粗砂等。

g） 资料整理

按 GB/T 50123—1999 中附录 A 执行。

h） 成果

室内土工试验成果应包括以下内容：

1） 土工试验图表：包括土工试验成果表、剪切试验曲线、固结试验曲线、颗粒级配曲线等；

2） 物理力学指标统计表；

3） 试验报告。

7 区域地震安全性分析

7.1 主要工作内容

海洋工程地质调查的地震安全性分析应包括下列内容：

a） 地震构造评价；

b） 地震活动性分析；

c） 地震烈度与地震动衰减关系确定；

d） 潜在震源区划分；

e） 地震活动性参数确定；

f） 地震危险性概率分析；

g） 地震区划。

7.2 地震构造评价

7.2.1 地震构造环境评价范围

地震构造环境评价区域应取为对地震安全性有影响的海洋工程调查区域及其外延 150 km 的范围。

7.2.2 地震构造环境评价内容

地震构造环境评价内容应包括：收集已有的地震、地质和地球物理资料，开展必要的工程地球物理调查，分析区域的地质构造与新构造特征、地球物理场与地壳结构特征、主要构造基本特征等地震构造环境，编制区域地震构造图。

7.2.3 工程调查区地震构造评价

应在工程调查区开展必要的地球物理调查，对第四纪地质、断裂构造及其活动性进行分析，确定主要断层的规模、展布、活动性质、最新活动时代等参数，并判断其最大潜在地震的震级。

7.2.4 区域地震构造图编制

应依据实际调查和已有资料编制区域地震构造图，标注下列内容：

a) 第四纪晚期活动断层、第四纪断层、前第四纪断层及其性质、产状和活动性参数；

b) 新生代沉积盆地及其第三系和第四系的等厚度线或其底界面的埋深等深度图；

c) 破坏性地震的震级和震中位置；

d) 现代构造应力场方向。

7.2.5 地震区与地震带划分

应按下列原则划分地震区和地震带：

a) 依据地球物理场与地壳结构、地质构造及其演化、地震活动的区域性差异划分地震区；

b) 依据构造活动与地震活动在空间分布上的成带性和一致性划分地震带。

7.2.6 综合评价

应依据 7.2～7.3 规定的工作结果，对区域地震构造环境进行综合评价，确定不同震级的具体地震构造条件。

7.3 地震活动性分析

7.3.1 地震目录编制

应依据正式出版的地震目录和地震部门的地震报告，按下列原则编制地震目录：

a) 对不同版本地震目录有关参数的差异，特别是震级的系统偏差进行比较分析，确定地震参数的取舍；

b) 历史地震应包括区域内自有地震记载以来的全部破坏性地震事件；

c) 现代地震应给出区域内自有台网观测以来的全部可定震中位置的地震事件，其震级下限可视地区和工作要求而定，宜为 2 级或 3 级。

7.3.2 震中分布图编制

应依据区域地震目录，按下列规定编制地震震中分布图：

a) 以不同颜色区分历史地震和现代地震；

b) 以圆圈大小分级标示地震震级；

c) 标明大地震具体的发震时间和震级大小；

d) 注明地震资料的起止年代。

7.3.3 地震活动时空特征分析

地震活动时空特征分析应包括下列内容：

a) 不同空域、不同时段各级地震的可靠性和完整性；

b) 地震的空间分布特征及其与活动构造的关系；

c) 地震的时间分布特征及未来地震活动趋势。

7.4 地震烈度与地震动衰减关系确定

7.4.1 地震烈度衰减关系的确定

可采用椭圆或圆模型确定地震烈度衰减关系，其形式为：

$$I = C_1 + C_2 M + C_3 \lg(R + R_0) + C_4 R + \varepsilon \quad \cdots\cdots (4)$$

式中：

I——地震烈度；

C_i——回归常数（其中 i=1,2,3,4）；

M——震级；

R——震中距，单位为千米(km)；

R_0——近场距离饱和因子，单位为千米(km)；

ε——随机变量。

确定具体模型及其参数时，宜采用有仪器记录的地震烈度资料，并应体现近场烈度饱和，且长、短轴衰减关系在震中处的烈度差别应小于半度；区域范围和构造差异较大时，可分区确定地震烈度衰减关系，以体现不同区域的地震烈度衰减差异。

7.4.2 地震动衰减关系的确定

确定基岩地震动衰减关系，应考虑加速度峰值在大震级和近距离的饱和特征，其形式为：

$$\lg Y = C_1 + C_2 M + C_3 M^2 + C_4 \lg(R + R_0(M)) + C_7 R + \varepsilon \quad \cdots\cdots(5)$$

$$R_0(M) = C_5 \exp(C_6 M) \quad \cdots\cdots(6)$$

式中：

Y——地震动参数；

$R_0(M)$——近场距离饱和因子，单位为千米(km)；

$C_i(i=1,2,\cdots)$、M、R 和 ε 的意义见 7.4.1。

应依据工作区的地震烈度衰减关系以及参考区的地震烈度和地震动衰减关系，换算与确定工作区的地震动衰减关系，其标准差不应小于参考区地震动衰减关系的标准差。

7.5 潜在震源区划分

7.5.1 潜在震源区划分步骤

潜在震源区划分应按以下步骤进行：

a) 划分出不同特点的地震区(带)；

b) 在地震区(带)内，依据构造活动和地震活动特征，确定构造应变能的主要释放带，作为未来破坏性地震的潜在震源带；

c) 在潜在震源带内，依据构造类比和地震重复性确定各潜在震源带的分段性特点及高震级潜在震源区所在段落；

d) 最终依据不同震级地震发生的构造环境和标志，依次划分出具有不同震级上限的潜在震源区。

7.5.2 潜在震源区划分标志

按下列标志，并依据本章 7.2.5 规定得到的区域地震构造环境评价结果，划分潜在震源区。

a) 破坏性地震的震级与震中位置；

b) 小震和微震的密集带；

c) 地震空间分布的特征地段；

d) 大型构造块体和新构造活动的边界；

e) 第四纪断陷盆地及其规模、结构和断陷幅度；

f) 第四纪断层及其性质、规模、特殊结构和活动性；

g) 与地震相关的深部构造和地球物理场异常变化部位；

h) 依据地震分布图像和构造几何特征确定潜在震源区边界。

7.6 地震活动性参数确定

7.6.1 地震活动性参数

地震活动性参数应包括地震带、潜在震源区和本底地震的下列参数：

a) 地震带的震级上限；

b) 地震带的 b 值；

c) 地震带的地震年平均发生率；

d) 地震带的起算震级；

e) 潜在震源区的震级上限；

f) 潜在震源区各震级档的地震年平均发生率的权系数；

g) 潜在震源区地震烈度或地震动衰减长轴取向及其方向性函数；

h) 本底地震的震级和年平均发生率。

7.6.2 地震带的地震活动性参数确定原则

应按下列原则确定地震带的地震活动性参数：

a) 依据地震带内历史地震最大震级和地震构造特征，综合确定地震带的震级上限。有古地震资料的地区，可按古地震遗迹所显示的规模进行确定；

b) 依据地震目录，并考虑地震资料的完整性、可靠性、代表性及必要的样本量，删除前、余震后统计地震带的 b 值；

c) 依据地震带的 b 值以及当前所处的地震活动时段和未来的地震活动趋势确定地震带的地震年平均发生率；

d) 各地震带的起算震级宜取为 4.0 级。

7.6.3 潜在震源区的地震活动性参数的确定原则

应按下列原则确定潜在震源区的地震活动性参数：

a) 潜在震源区震级上限依据潜在震源区内的地震活动性和地震构造特征确定，考虑的因素包括历史地震最大震级、古地震强度、构造类比标志和地震活动图像判别结果；

b) 潜在震源区震级上限按 0.5 级分档，潜在震源区内各震级档的地震年平均发生率按式(7)确定：

$$v_{i,M_j} = v_{M_j} \cdot f_{i,M_j} \quad \cdots\cdots(7)$$

式中：

v_{i,M_j}——第 i 个潜在震源区、第 j 个震级档的地震年平均发生率；

v_{M_j}——地震带内第 j 个震级档的地震年平均发生率；

f_{i,M_j}——第 i 个潜在震源区、第 j 个震级档的地震年平均发生率的权系数，采用包括潜在震源区的构造活动及其可靠性程度、历史地震和古地震活动特征、中长期地震预测结果和面积大小等多因素综合确定。

7.6.4 潜在震源区地震烈度或地震动衰减长轴方向及其函数和本底震级的确定

应按下列原则确定潜在震源区地震烈度或地震衰减长轴方向及其函数和本底震级：

a) 依据活动构造的几何结构和断层走向确定各潜在震源区地震烈度或地震动衰减长轴的取向及其方向性函数；

b) 本底地震震级可取为潜在震源区震级上限的最低值减 0.5 级，其年平均发生率依据实际资料统计得到。

7.7 地震危险性概率分析

7.7.1 场点地震烈度或地震动参数的年超越概率的计算

场点地震烈度或地震动参数的年超越概率的计算按式(8)进行：

$$P(Z \geqslant z) = 1 - \exp\left(-\sum_{i=1}^{N_s}\iint_{A_i\,\theta}\frac{1}{A_i}\sum_{j=1}^{N_M} v_{i,M_j} P(Z \geqslant z \mid E) f_i(\theta)\,\mathrm{d}\theta\,\mathrm{d}A_i\right) \quad \cdots\cdots(8)$$

式中：

Z——地震烈度或地震动参数；

z——给定的地震烈度值或地震动参数值；

$P(Z \geqslant z)$——地震烈度值或地震动参数值大于等于某一给定值的概率；

$f_i(\theta)$——第 i 个潜在震源区的方向性函数；

θ——可能的主破裂方向；

A_i——第 i 个潜在震源区的面积，单位为 km^2；

$P(Z \geqslant z \mid E)$——第 i 个潜在震源区内发生所考虑的地震时，场点地震烈度值或地震动参数值超过某一给定值的概率；

N_M——震级分档档数；

N_S——潜在震源区总数。

7.7.2 地震危险性概率计算的不确定性校正

衰减关系不确定性校正可按式(9)进行：

$$P(Z \geqslant z) = \int_{-k\sigma}^{+k\sigma} P(Z \geqslant z \mid \varepsilon f(\varepsilon)) \mathrm{d}\varepsilon \qquad \cdots\cdots(9)$$

式中：

k——常数，可取 3；

σ——衰减关系的标准差；

ε——回归分析中不确定性的随机变量；

$f(\varepsilon)$——ε 的概率密度函数。

其他不确定性因素的影响可采用多种方案、参数调整进行敏感性分析与校正。

7.8 地震区划

7.8.1 地震区划的基本规定

地震区划应符合如下基本规定：

a) 依据地震危险性概率分析结果和海底土的物理力学性质分区结果编制地震区划图；

b) 地震区划图可以以地震烈度或地震动参数表示；

c) 计算网格场点间距不大于地理经纬度 0.05°。在结果变化较大的地段，宜适当加密控制点。

7.8.2 地震区划的表述

地震区划的表述应符合下列基本要求：

a) 地震烈度区划图以整度分区；

b) 用超越概率水平表述，超越概率水平应依据工程要求确定，50 年超越概率 10% 的地震烈度为基本烈度；

c) 地震动区划图用超越概率水平的等值线分区表述，其数值以不大于 50% 的速率递增。

7.8.3 地震区划分区界限的确定

依据计算结果确定地震区划的分区界限时，应考虑下列因素进行适当调整与修饰：

a) 潜在震源区和地震活动性参数的可变动范围及其对地震区划结果的影响；

b) 地形地貌差异及其可能影响；

c) 地震烈度或地震动参数的准确度。

7.9 地震安全性分析成果

海洋工程地质调查的区域地震安全性分析成果应包括：

a) 地震震中分布图及说明书；

b) 区域地震构造图及说明书；

c) 地震烈度(或地震动参数)区划图及说明书。

视海洋工程地质调查要求、比例尺大小和复杂程度，上述三幅图件可以综合编绘成一幅。

8 成果

8.1 成果

海洋工程地质调查成果应包括以下三部分：

a) 资料汇编；

b) 系列图件；

c) 调查报告。

8.2 资料汇编

8.2.1 基本要求

资料汇编应按以下基本要求进行：

a) 数据准确、资料齐全；

b) 分门别类、先表后图，并做简要说明；

c) 图表均应注明编制者、校对者、审核者，图表编制时间；

d) 成果形式：电子文件和纸质文件。

8.2.2 基本内容

资料汇编应包括如下内容：

a) 设计测线、站位和实际测线、站位；

b) 试验成果图表；

c) 钻孔与柱状岩芯工程地质综合柱状图；

d) 典型侧扫声纳图像及解译图；

e) 典型地层剖面图像及解译图；

f) 灾害地质要素登记表；

g) 水文气象观测报表与成果表。

8.3 成果图

8.3.1 基本要求

应按以下基本要求编制成果图：

a) 图面内容数据准确，资料齐全，表述规范；

b) 图面层次清楚，内容丰富，比例协调，图例清晰；

c) 涉及陆地的图件标明岸线、主要河流、主要城市和国界等基本地理要素；

d) 按有关规范要求标注基准面、投影、比例尺、编图单位、责任人和编图日期等；

8.3.2 主要图件

海洋工程地质调查应编制以下成果图：

a) 实际材料图：标注测线、测线号、测点号、航迹方向、取样站位和工程地质钻孔等；

b) 水深地形图：标注水深值、等深线；

c) 海底地貌图：标明海底地貌分区、基本地貌类型以及海底构筑物和障碍物等；

d) 海底表层岩土类型图：标明海底表层岩土类型分布及分区；

e) 地层等厚度和埋深图：编制主要层位的顶界面埋深图和地层等厚度图；

f) 地震震中分布与地震区划图：标明主要地震断裂、地震震中和地震烈度或地震动参数；

g) 钻孔柱状图：标明层位、岩性、结构构造、接触关系、时代、岩性描述和主要土工试验与原位试验数据等；

h) 灾害地质图：标明各种灾害地质要素及其分布；

i) 综合工程地质图：根据上述基础图件编制。

8.3.3 综合工程地质图

综合工程地质图图面应包括工程地质平面图、剖面图、综合柱状图和工程地质分区简表等，并按以下原则编制：

a) 综合工程地质图的图面配置：

图面中央为工程地质图；主图左侧为综合工程地质柱状图，右侧为图例；主图下方为工程地质剖面图；工程地质分区简表放在合适位置；

b) 工程地质图图面内容：

1) 海底岩土类型；

2) 工程地质分区；
3) 钻孔、原位测试站位和工程地质剖面线等；
4) 主要水深等深线；
5) 主要海洋水文要素；
6) 主要灾害地质要素。

c) 工程地质剖面图：
1) 选1条～2条剖面线，应跨越调查区主要岩土类型、地层、钻孔和工程地质分区，能够反映区内海洋工程地质条件的总体规律；
2) 浅层构造、典型灾害地质要素、地层及接触关系等；
3) 钻孔位置、取样站位、原位测试位置及有关参数等；
4) 水平比例尺与主图一致；水平比例尺与垂直比例尺相协调。

d) 工程地质综合柱状图；
e) 工程地质分区简表：阐明调查区内工程地质大区、区、亚区基本特征。

8.4 调查报告

调查报告应分别编写调查航次报告和综合调查报告。

8.4.1 调查航次报告

调查航次报告主要内容应有：

a) 绪言：调查目的与任务；
b) 调查区域概况：气象与气候、海洋水文、地形地貌和区域地质概况；
c) 航次计划：调查范围、勘测项目与工作量、工作方法及主要技术指标、调查船、时间安排、人员组织和设计测线与站位等；
d) 调查船调查设备：调查船、导航定位系统、地球物理调查设备、取样与钻探设备、原位测试和实验室分析设备等；
e) 调查实施；
f) 基本认识与建议。

8.4.2 综合调查报告

综合调查报告主要内容应包括：

a) 绪言：调查任务与目的、区域调查研究史及现状；
b) 区域概况：气象与气候、水文、区域地质、地形地貌和资源等；
c) 调查程序与方法：调查设计、调查仪器设备、技术依据、工作量、工作进度、项目组织和分工等；
d) 地形地貌：地形特征和地貌类型、分布及发育等；
e) 声学地层及第四纪地层：地层层序、结构构造及空间分布和地质构造特征等；
f) 海底岩土的基本特征：工程地质层序、岩土物理力学性质及其工程地质特征；
g) 灾害地质特征及分布规律：种类、规模、分布和可能产生的危害；
h) 区域地震安全性评价：地震构造环境、地震活动性、地震烈度及区划等；
i) 工程地质条件综合评价：区域构造背景、第四系岩性、工程地质分区、工程地质单元与岩土特性、灾害地质要素和海底稳定性等；
j) 结论与建议；
k) 参考文献。

8.4.3 工程地质分区原则与命名

工程地质分区应在综合归纳测区内工程地质条件基本特征的基础上，根据其相似性和差异性而进行分区，其主要依据是地质构造、地形与地貌单元、岩土地质特征和灾害地质要素等。依次分为大区、区和亚区：

a） 大区主要依据构造地貌的基本特征，分为大陆架、大陆坡和深海平原等；

b） 区的划分主要依据区域构造特征、地貌类型、底质类型等。命名原则：构造单元＋地貌类型；

c） 亚区的划分主要依据灾害地质要素、岩土体结构及物理力学性质。命名原则为灾害地质要素特征＋岩土特征。

9 质量管理

9.1 质量管理目的

保障海洋工程地质调查全过程规范操作，高质量地完成设计、勘测、试验、资料整理和报告编写等项工作，确保数据资料准确可靠，满足要求。

9.2 质量管理内容

包括调查设计管理、资源管理、外业调查实施管理、内业资料整理管理、报告编写管理、数据资料汇交管理和档案管理。

9.3 质量管理过程和方法

9.3.1 调查设计管理

调查设计管理按下列要求进行：

a） 根据调查的目的与任务，编制调查实施方案。调查实施方案应包括：

  1） 调查的质量目标及要求；

  2） 确定调查过程、文件和资源的需求；

  3） 作业方法；

  4） 验收准则；

  5） 完成调查所需的记录；

  6） 海上现场安全工作程序和应急预案。

b） 调查实施方案应经技术专家审核。

9.3.2 资源管理

资源管理按下列要求进行：

a） 根据调查实施方案组织调查队伍，确定项目质量负责人。参与调查人员应取得由合法资质机构颁发的与调查项目相符的上岗资质证书，并经过必要的岗前培训；

b） 根据调查实施方案确定调查仪器设备，并核实其经过标定或校准，处于适用状态；

c） 根据调查实施方案确定调查船，并核实其性能及其配置满足调查要求。

9.3.3 外业调查实施管理

外业调查实施管理按下列要求进行：

a） 应根据调查实施方案，组织人员、设备、船只开展外业调查；

b） 现场调查时应确保调查仪器设备处于适用状态，操作人员应熟练地使用；

c） 外业调查过程中应由指定人员进行当日或阶段性现场评估验收；

d） 现场调查时应保持原始资料、样品和原始记录的清晰、完整；

e） 外业工作结束后，应由项目质量负责人会同有关专家对获得的原始资料和样品按照合同要求及实施方案进行质量验收，并形成验收报告；

f） 校对人员应核对原始记录，保证资料的完整性，并指派专人保管。

9.3.4 内业资料整理管理

内业资料整理管理按下列要求进行：

a） 采取必要的措施确保外业调查资料的完整交接，交接记录应予以保留；

b） 对资料整理和计算结果进行校对和复核；

c） 使用计算机进行数据整理、表格和图像绘制的，录入、校对、复校和审核人员均应签字确认；

d) 项目内业资料整理完成后，应由项目组负责组织对已形成的文件、资料、记录、图件及成果数据作全面的质量审查并形成记录。

9.3.5 报告编写管理

报告编写管理应按下列要求进行：

a) 分报告应由专业组(课题组)负责人组织编写，成果报告应由项目负责人负责或组织编写；

b) 报告提纲必应符合项目要求；

c) 分报告应由项目负责人进行审核验收，包括基础资料、图件、实施过程形成的有关记录、文字报告等内容。

9.3.6 数据资料汇交管理

数据资料汇交管理应按下列要求进行：

a) 最终形成的调查报告应按照合同或项目任务书规定的形式提交调查项目委托单位评审；

b) 对于调查项目委托单位提出的反馈意见及相应的更改记录应予以保留。

9.3.7 档案管理

属于归档范围的资料按 GB/T 12763.1 的要求进行归档管理。

附 录 A
（规范性附录）
土试样质量等级划分与试验内容

土试样质量等级划分与试验内容如表 A.1 所示。

表 A.1 土试样质量等级划分与试验内容

级 别	扰 动 程 度	试 验 内 容
Ⅰ	不扰动	土类定名、含水率、密度、强度试验、固结试验
Ⅱ	轻微扰动	土类定名、含水率、密度
Ⅲ	显著扰动	土类定名、含水率
Ⅳ	完全扰动	土类定名

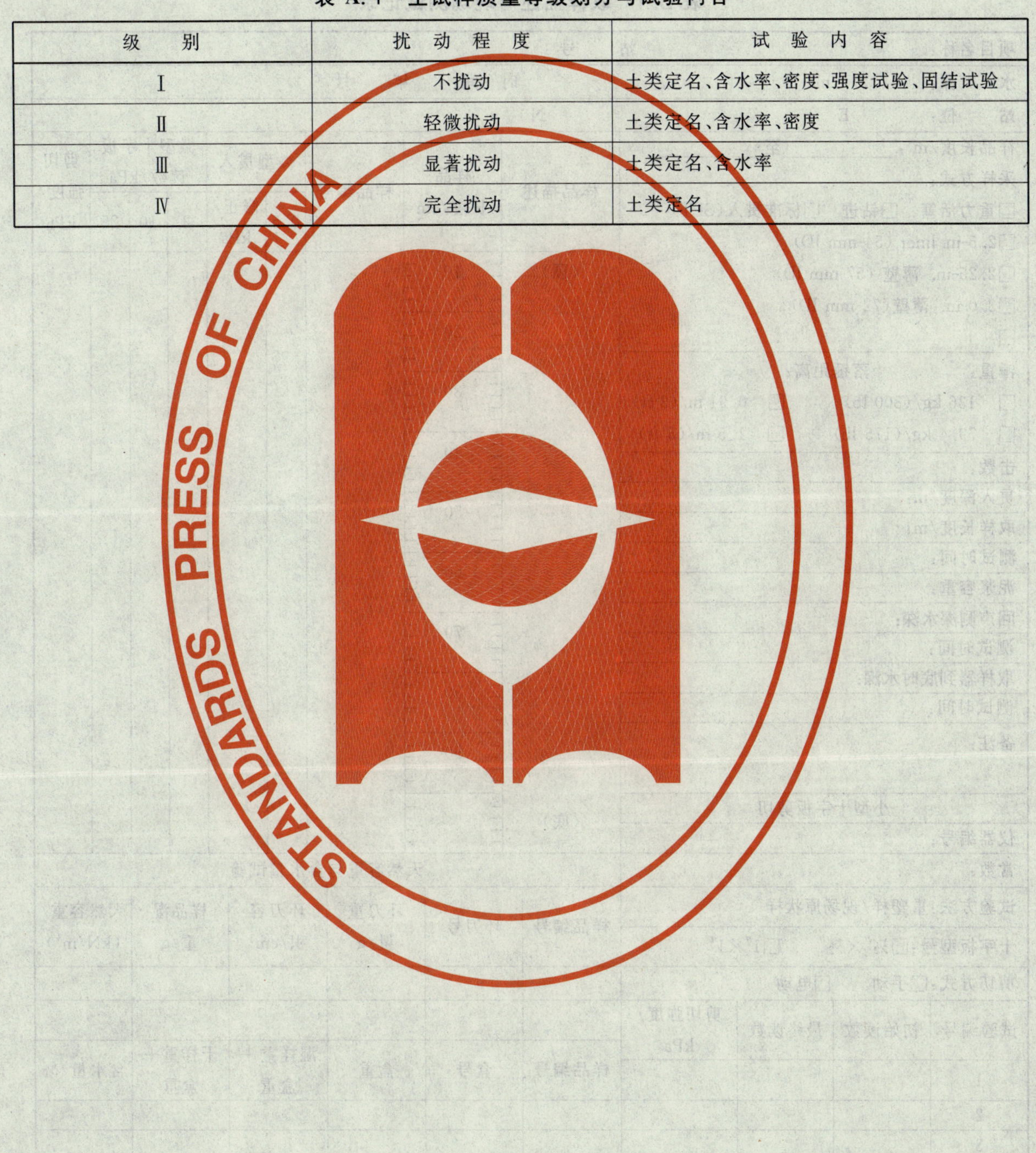

附 录 B

（资料性附录）

取样描述与现场测试记录表

取样描述与现场测试记录内容如表 B.1 所示。

表 B.1 取样描述与现场测试记录

项目名称：	站 号：
水 深： m	时 间： 年 月
站 位： E	N

样品长度/m：________至________
采样方式： □重力活塞 □钻进 □标准贯入(SPT) □2.5-in. liner (54-mm ID) □2.25-in. 薄壁 (57-mm ID) □3.0-in. 薄壁(72-mm ID) □
锤重： 落锤距离： □ 136 kg/(300 lb) □ 0.91 m/(3 ft) □ 79.4 kg/(175 lb) □ 1.5 m/(5 ft)
击数：
贯入深度/m：
取样长度/m：
测试时间：
泥浆容重：
回声测深水深：
测试时间：
取样器到底时水深：
测试时间：
备注：
小型十字板剪切
仪器编号：

样品描述	样品长度/cm	样品编号	微型贯入		微型十字板读数/kPa			剪切强度/kPa
			0.5	修正/kPa	2	10	25	
（顶）	10							
	20							
	30							
	40							
	50							
	60							
	70							
	80							
	90							
（底）								

常数：
试验方法：重塑样/现场原状样
十字板型号：□½″×½″ □1″×1″
剪切方式：□手动 □电动

试验编号	初始读数	最终读数	剪切强度/kPa
1			
2			
3			

天然容重与含水量试验

样品编号	环刀号	环刀重量/g	环刀容积/cm^3	样品湿重/g	天然容重/(kN/m^3)

样品编号	盒号	盒重	湿样重＋盒重	干样重＋盒重	含水量/%

样品描述

备注：

采样者：________ 记录者：________ 校对者：________

附　录　C
（资料性附录）
箱式/柱状采样记录表

箱式/柱状采样记录内容如表 C.1 所示。

表 C.1　箱式/柱状采样记录

海　区：_____　站　号：_____　站　位：_____E_____N_____　取样时间：_____年_____月_____日

船　名：_____　水　深：____m　采样方法：_____　取样管进尺深度：____m　样品长度：____m　分析者：_____

层序	柱状剖面图	层厚	颜色	气味	定名	特征描述			含生物状况	样品编号及保存处理			备注
						物质组成、结构、构造等	塑性/密实度	粘性		样品编号	测试项目	保存箱号	

采样者：________　记录者：________　校对者：________

附 录 D
（资料性附录）
粘性土、粉土的现场鉴别表

粘性土、粉土的现场鉴别内容如表 D.1 所示。

表 D.1 粘性土、粉土的现场鉴别

鉴别方法	粘 土	粉质粘土	粉 土
湿润时用刀切	切面非常光滑，刀刃有粘腻的阻力	稍有光滑面，切面规则	无光滑面，切面比较粗糙
用手捻摸的感觉	捻摸湿土有滑腻感，当水分较大时极易粘手，感觉不到有颗粒的存在	仔细捻摸感觉到有少量细颗粒，稍有油腻感，有粘滞感	感觉有细颗粒存在或感觉粗糙，有轻微粘滞感或无粘滞感
粘着程度	湿土极易粘着物体（包括金属与玻璃），干燥后不易剥去，用水反复洗才能去掉	能粘着物体，干燥后容易剥掉	一般不粘着物体，干后一碰就掉
湿土搓条情况	能搓成小于 0.5 mm 的土条（长度不短于手掌）手持一端不致断裂	能搓成 0.5 mm～2 mm 的土条	能搓成 2 mm～3 mm 的土条
干土的性质	坚硬，类似陶器碎片，用锤击才能打碎，不易击成粉末	用锤易击碎，用手难捏碎	用手很易捏碎

附 录 E
（资料性附录）
粘性土状态的现场鉴别表

粘性土状态的现场鉴别内容如表 E.1 所示。

表 E.1 粘性土状态的现场鉴别

稠度状态	坚 硬	硬 塑	可 塑	软 塑	流 塑
粘土	干而坚硬，很难掰成块	1. 用力捏先裂成块后显柔性，手捏感觉干，不易变形 2. 手按无指印	1. 手捏似橡皮有柔性 2. 手按有指印	1. 手捏很软，土块变形，土块掰时似橡皮 2. 用力不大就能按成坑	土柱不能起立，自行变形
粉质粘土	干硬，能掰开或捏成块，有棱角	1. 手捏感觉硬，不易变形，土块用力可打散成碎块 2. 手按无指印	1. 手按土易变形、有柔性，掰时似橡皮 2. 能按成浅坑	1. 手捏很软，有柔性，掰时似橡皮 2. 用力不大就能按成坑	土柱不能起立，自行变形

附 录 F
（资料性附录）
工程地质钻探班报表

工程地质钻探班报内容如表 F.1 所示。

表 F.1 工程地质钻探班报

施工单位＿＿＿＿＿＿

项目名称＿＿＿＿＿＿ 终孔孔深＿＿＿＿＿＿m

钻孔编号＿＿＿＿＿＿ 岩芯总长＿＿＿＿＿＿m

钻机型号＿＿＿＿＿＿ 开孔水深＿＿＿＿＿＿m 海 况：＿＿＿＿＿＿

调查船名＿＿＿＿＿＿ 终孔水深＿＿＿＿＿＿m 日 期：＿＿＿＿＿＿

时间			工作内容简述	回次进尺/m			回次	岩芯		孔深/m			工程地质资料		
自	至	计		自	至	计		岩芯编号	长度/m	自	至	计	标贯试验击数/击	取样编号	备注

机长：＿＿＿＿＿＿ 班长：＿＿＿＿＿＿ 记录员：＿＿＿＿＿＿

附　录　G
（资料性附录）
钻孔野外编录表

钻孔野外编录内容如表 G.1 所示。

表 G.1　钻孔野外编录

调查船：　　　　　　钻机型号：　　　　海况　　　　共_____页　　　　第_____页

<table>
<tr><td colspan="4">孔号：</td><td>孔口标高：　　m</td><td>编录人：</td><td colspan="2">现场监督：</td></tr>
<tr><td colspan="4" rowspan="2">施工地点：</td><td rowspan="2">钻孔坐标：X：
Y：</td><td>开孔水深：　　m</td><td colspan="2">开孔时间：</td></tr>
<tr><td>终孔水深：　　m</td><td colspan="2">终孔时间：</td></tr>
<tr><td>层序</td><td>深度</td><td>厚度</td><td>柱状图</td><td colspan="2">岩　性　描　述</td><td>取样编号及深度</td><td>备　注</td></tr>
<tr><td></td><td></td><td></td><td></td><td colspan="2"></td><td></td><td></td></tr>
</table>

编录：　　　　　　校对：　　　　　　技术负责：　　　　　　项目技术总监：

附　录　H
（资料性附录）
静力触探试验（CPT）班报表

静力触探试验（CPT）班报内容如表 H.1 所示。

表 H.1　静力触探试验（CPT）班报

工程名称＿＿＿＿＿＿　　　　　　　　　　　　　工程地点＿＿＿＿＿＿＿＿

试验孔号＿＿＿＿＿＿　　　　　　　　　　　　　孔口标高＿＿＿＿＿＿ m

孔位坐标＿＿＿＿＿＿　　　　　　　　　　　　　试验日期＿＿＿年＿＿＿月＿＿＿日

触探回次编　号	回　次开始时间	回　次结束时间	水深/m	初读记录	文件名及存放位置	备　注
1						
2						
3						
4						
5						
6						
7						
8						
9						
10						
11						
12						
13						
14						
15						
16						

校准：　　　　　　　　　　　　记录：　　　　　　　　　　　　技术负责：

附 录 I
（资料性附录）
标准贯入试验(SPT)记录表

标准贯入试验(SPT)记录内容如表 I.1 所示。

表 I.1 标准贯入试验(SPT)记录

项目名称＿＿＿＿＿＿ 工程地点＿＿＿＿＿＿

试验孔号＿＿＿＿＿＿ 孔口标高＿＿＿＿＿＿m

水 深＿＿＿＿＿＿m 试验日期＿＿＿年＿＿＿月＿＿＿日

标贯位置/m	贯入深度/m	锤击数/击	触探杆长度/m	土样描述	杆长校正/击	土层自重校正/击	备 注

试验者： 记录者： 校准者：

附 录 J
（资料性附录）
原位十字板试验记录表

原位十字板试验记录内容如表 J.1 所示。

表 J.1 原位十字板试验记录

项目名称____________　　　　工程地点

试验孔号____________　　　　孔口标高____________ m

水　深____________ m　　　　试验日期________年________月________日

试验深度/m	钢环变形读数 R	原状土破坏最大读数 R_y	扰动土破坏最大读数 R_c	轴杆与土摩擦最大读数 R_g	十字板常数 K	钢环系数 C
	0.01 mm	0.01 mm	0.01 mm	0.01 mm	m^{-2}	kN/0.01 mm

试验者：　　　　　　　　记录者：　　　　　　　　校准者：

ICS 43.020
T 04

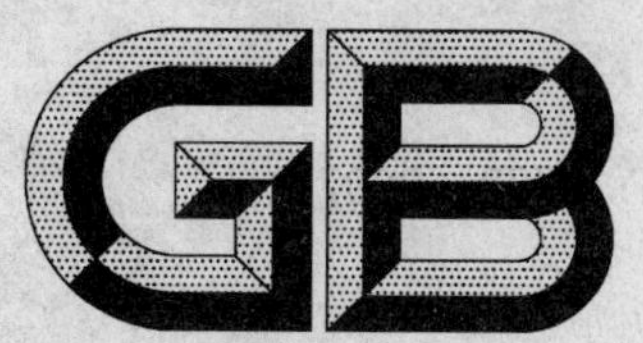

中华人民共和国国家标准

GB/T 12782—2007
代替 GB/T 12782—1991

汽车采暖性能要求和试验方法

Motor vehicle—Heating performance requirement—Test method

2007-04-30 发布 2007-12-01 实施

中华人民共和国国家质量监督检验检疫总局
中国国家标准化管理委员会 发布

前　言

本标准代替 GB/T 12782—1991《汽车采暖性能试验方法》。主要修订差异为：

——标准名称更改为“汽车采暖性能要求和试验方法”；

——考虑到试验的可操作性，本标准规定增加选用环境温度为(－15±2)℃时测量汽车采暖性能，相应达到性能要求时的时间由 40 min 改为 40 min 和 35 min；

——取消“测温位置”这一术语，直接引用“测温点”，增加测温点的确定方法；

——明确规定试验样车为整备质量状态，空载，乘员数为 2～3 人；

——为保证风窗玻璃视线清楚和采暖效果，暖风出风位置可以根据实际情况进行调整；

——原标准要求试验往返各进行一次，试验结果取平均值，本次修订取消该条。

本标准附录 A 为资料性附录。

本标准由国家发展和改革委员会提出。

本标准由全国汽车标准化技术委员会归口。

本标准起草单位：国家汽车质量监督检验中心(襄樊)。

本标准主要起草人：熊恭祥、左涛。

本标准所替代标准的历次版本发布情况为：

——GB 1334—1977；

——GB/T 12782—1991。

汽车采暖性能要求和试验方法

1 范围

本标准规定了汽车采暖性能要求和试验方法。

本标准适用于各类汽车。

2 规范性引用文件

下列文件中的条款通过本标准的引用而成为本标准的条款。凡是注日期的引用文件，其随后所有的修改单(不包括勘误的内容)或修订版均不适用于本标准，然而，鼓励根据本标准达成协议的各方研究是否可使用这些文件的最新版本。凡是不注日期的引用文件，其最新版本适用于本标准。

GB/T 12534 汽车道路试验方法通则

3 术语和定义

下列术语和定义适用于本标准。

测温点 Measure the position of the temperature

温度传感器的安装部位。

4 性能要求

在环境温度(−25±3)℃下试验进行到 40 min 或在环境温度(−15±2)℃下试验进行到 35 min 时，汽车采暖性能应达到以下要求：

a) 驾驶员、副驾驶员足部温度不小于 15℃；

b) 乘客足部温度不小于 12℃；

c) 驾驶员、副驾驶员头部温度比足部温度低(2～5)℃。

5 试验条件

5.1 试验仪器

5.1.1 多点温度计，测量范围：(−50～+100)℃，精度为 0.5℃。

5.1.2 风速风向仪，测量范围：(1～10)m/s，精度为 0.5 m/s。

5.2 试验环境

试验应在无雨雪的天气进行，环境温度：(−25±3)℃或(−15±2)℃，风速不大于 3 m/s。

5.3 试验车辆

5.3.1 试验车辆应处于整车整备质量状态，车上乘员 2～3 人。

5.3.2 试验开始前，启动发动机至发动机冷却液温度处于稳定状态。

5.3.3 安装独立燃烧式暖风装置的汽车，在试验开始前 10 min 点燃暖风装置，进行预热。

5.4 其余试验条件及试验车辆的准备按 GB/T 12534 的规定。

6 试验方法

6.1 测温点的确定

6.1.1 驾驶员头部的测温点：驾驶员左耳外侧 20 mm 处。

6.1.2 驾驶员足部的测温点：距客厢内壁 100 mm、地板上表面 20 mm，前后方向距驾驶员头部测温点

500 mm 处。

6.1.3 副驾驶员头部的测温点:副驾驶员右耳外侧 20 mm 处。

6.1.4 副驾驶员足部的测温点:距客厢内壁 100 mm、地板上表面 20 mm,前后方向距副驾驶员头部测温点 500 mm 处。

6.1.5 紧靠车门的乘员乘坐位置足部的测温点(或者为紧靠车门前、后座椅的乘员足部的测温点):距客厢内壁 100 mm、地板上表面 20 mm,前后方向距乘员右耳 500 mm 处。

6.1.6 最后一排座椅的最外侧两个乘坐位置的乘员足部的测温点:距客厢内壁 100 mm、地板上表面 20 mm,前后方向距乘员右耳 500 mm 处。

6.1.7 车外温度测温点:右后视镜中心距镜面 20 mm 处。

6.1.8 其他测温点可自行确定。

6.2 试验程序

6.2.1 试验人员安装好试验仪器,清洁汽车风窗玻璃内外表面,驾驶员起动汽车进行预热。

6.2.2 当发动机冷却液温度处于稳定状态时(独立燃烧式暖风装置预热 10 min),打开全部车门及车窗,15 min 后全部试验人员进入车内,关闭车门、车窗及通风孔。

6.2.3 汽车用直接档(无直接档,用速比最接近 1 的档位,自动变速箱采用 D 档)以 40 km/h(乘用车以 60 km/h)的稳定车速行驶,驾驶员起动全部采暖装置,并调到最大采暖位置(为保证风窗玻璃视线清楚和采暖效果,暖风出风位置可以根据实际情况进行调整,但不能调整出风量),同时试验人员开始记录各测温点的温度。

6.2.4 试验开始后,每隔 5 min 测量、记录一次各测温点的温度。试验开始和结束后,各测量一次环境温度、风速及风向。试验总时间为 40 min。

7 试验结果

7.1 绘制各测温点的温度-时间变化曲线。

7.2 试验结果记入附录 A。

附　录　A
（资料性附录）
汽车采暖性能试验记录表

汽车型号________　出厂日期________

VIN________　里程表读数________

试验地点________　试验日期________

暖风装置型号________　天　　气________

路面状况________　环境温度________℃

气　　压________　湿　　度________%RH

风向（试验前/试验后）________　风速（试验前/试验后）________

驾驶员________　试验人员________

试验时车速________

测温点		试验时间/min								
		0	5	10	15	20	25	30	35	40
驾驶员	头									
	足									
副驾驶员	头									
	足									
乘客足部	测点 1									
	测点 2									
	测点 3									
	测点 4									
	测点 5									
其他测温点										
车外温度